MEMOIRES

POUR SERVIR
A L'HISTOIRE
DES
INSECTES.

Par M. DE REAUMUR, de l'Académie Royale des Sciences.

TOME SECOND.

Suite de l'Histoire des Chenilles & des Papillons ; Et l'Histoire des Insectes ennemis des Chenilles.

A PARIS,
DE L'IMPRIMERIE ROYALE
M. DCCXXXVI.

PRÉFACE,

Où l'on donne une idée génerale des Mémoires qui compofent ce Volume, & quelques fupplemens à ceux du Volume précedent.

LE premier Volume de cet Ouvrage ne traite que des Chenilles, des Crifalides & des Papillons; il n'a pourtant pas fuffi, à beaucoup près, pour donner les principes de l'Hiftoire générale des Infectes qui vivent fucceffivement fous ces trois formes. Auffi avons-nous averti qu'il nous reftoit à faire paroître plufieurs Mémoires fur ces mêmes Infectes. Le nombre & l'étenduë de ces derniers Mémoires ont même été plus loin que nous ne l'avions prévû; ils rempliront prefqu'en entier ce fecond volume. Je n'y en ai pourtant fait entrer aucun auquel j'euffe pû y refufer place, fans obmettre un article effentiel à l'Hiftoire que nous avons commencée. Je fuis d'ailleurs fi éloigné de penfer que j'aye donné trop d'étenduë à chacun de ces Mémoires en particulier, que je ne les regarde pour la plûpart, que comme des titres que j'ai commencé à remplir, que comme des places préparées aux nouvelles obfervations qui fe feront par la fuite.

Nous avons fait remarquer dans le premier volume *, qu'entre les papillons de même efpece, il y en a qui reftent plus ou moins de temps fous la forme de crifalide, & cela felon la faifon dans laquelle la chenille s'eft transformée. Ce fait méritoit plus que d'être remarqué; il méritoit qu'on fût attentif aux conféquences finguliéres qu'on en peut tirer, & qu'on fît les expériences auxquelles il invite. Il

** Mem. XI. pag. 471.*

Tome II.   a

 PRÉFACE.

nous conduit directement à penser que quelqu'admirable
que soit la composition du corps des insectes, que quoique
leurs machines ne soient pas faites avec moins d'art &
d'appareil que celles auxquelles nous sommes unis, nous
pouvons presque prolonger ou 'abréger à notre gré leur
durée; que nous pouvons faire que le cours de la vie d'un
insecte soit deux fois, trois fois, quatre fois, &c. plus long
que ne l'a été jusqu'ici celui d'aucun autre insecte de son
espece; que nous pouvons au contraire, sans faire de mal
à l'insecte, sans lui nuire, abréger considérablement le
cours de sa vie; c'est-à-dire, que nous pouvons mettre
cet insecte en état de faire, pendant un temps assés court,
la même suite d'opérations, qu'il n'eût faite que dans un
temps beaucoup plus long. Nous sommes, dis-je, conduits à ces conséquences par l'observation qui nous a appris que tel papillon ne reste, en été, que quelques semaines sous la forme de crisalide, pendant qu'un autre papillon de la même espece sera retenu pendant plusieurs
mois sous la même forme de crisalide, s'il ne l'a prise que
dans l'automne; car de-là il suit qu'un certain degré de
chaleur peut rendre l'accroissement du papillon très-rapide,
& qu'un certain degré de froid peut rendre son accroissement très-lent. La chaleur & le froid influeront de même
sur les déperissemens ou décroissemens de l'insecte. Or la
vie complette de tout animal n'est qu'une suite de degrés
d'accroissement, & une suite de degrés de décroissement.
Il étoit curieux de voir ce que nous pouvons suivant cette
idée, non-seulement pour prolonger & pour abréger la
durée de la vie des insectes, qui sont successivement chenilles, crisalides & papillons; mais aussi ce que nous pouvons de semblable sur la vie des insectes en géneral, soit
qu'ils ayent, ou qu'ils n'ayent pas à subir des transformations. Ce sont ces recherches qui font l'objet du premier

Mémoire; on doit être excité à les pousser plus loin que nous n'avons fait, par les connoissances curieuses qu'elles nous promettent; elles semblent même nous en promettre d'utiles, & elles nous en ont déja donné de cette derniére espece. La consommation des œufs est un objet considérable; les œufs frais sur-tout, nous sont souvent d'un grand secours: les recherches de ce Mémoire, & les réflexions qu'il nous a donné occasion de faire, nous ont mis sur la voye de trouver le secret de conserver pendant plusieurs mois, pendant des années, des œufs presqu'aussi frais, c'est-à-dire, presque dans le même état qu'ils étoient le jour où ils ont été pondus.

Dans le second Mémoire, nous achevons, en quelque sorte, l'histoire générale des papillons; nous y rapportons les différentes maniéres dont s'accouplent ceux de différentes especes; nous y décrivons les parties tant des mâles que des femelles, que la nature a préparées pour la conservation des especes; nous y parcourons les différentes & singuliéres figures des œufs de diverses especes de papillons; enfin nous y faisons admirer l'adresse avec laquelle certains papillons sçavent arranger leurs œufs; leur attention à les déposer dans les endroits les plus convenables, afin que les chenilles qui en écloront, trouvent à leur naissance de la nourriture toute prête. Nous y voyons jusqu'où va l'amour des papillons de quelques especes pour leurs œufs. Pour les couvrir, ils se dépouillent eux-mêmes; ils s'arrachent leurs propres poils pour en faire une couverture à leurs œufs, & cela avec beaucoup de dextérité; ils ont un derriére qui sçait faire tout ce que feroit en pareil cas une main adroite.

Dans les Mémoires suivans, nous venons aux histoires particuliéres, ou moins générales des chenilles. Dans le troisiéme & dans le quatriéme; nous parlons de celles qui ſçavent vivre en ſocieté, qui travaillent en commun. Le troiſiéme Mémoire traite de celles qui ne paſſent pas enſemble toute leur vie, de celles dont les ſocietés ſe diviſent avant que les chenilles qui les compoſent, ſoient en état de ſe transformer en criſalides. La plus commune de toutes les chenilles, & à laquelle nous en avons donné le nom, celle dont on ne trouve que trop de nids dans nos jardins, nous fournit un exemple de ces derniéres eſpeces de chenilles. Les nids des communes ſont des logemens où elles paſſent l'hiver, & où dans des ſaiſons plus douces elles ſe retirent pendant la nuit & pendant la pluye; ce ſont de vrais labyrinthes, dont elles ſçavent bien trouver tous les tours & détours. Nous pavons nos chemins; pour rendre ceux par leſquels elles paſſent journellement, plus unis & plus doux, elles les tapiſſent de toiles de ſoye. D'autres chenilles vivent dans les prairies en commun, elles habitent ſous une même tente faite de toiles de ſoye, & qui eſt ſoûtenuë par quelques pieds de plantin, ou de gramen; elles mangent toutes les feuilles qui ſont ſous cette tente & aux environs. Après que tout ce qui eſt à leur portée a été conſommé, elles décampent, & vont enſemble filer plus loin une nouvelle tente. Dans le même Mémoire, nous verrons combien d'inſectes, en apparence très-délicats, ſont en état de réſiſter aux plus grands froids; que la liqueur blancheâtre ou verdâtre qui circule dans leurs vaiſſeaux, & qui eſt leur ſang, ne peut être gelée ni coagulée par des froids exceſſifs; que les chenilles qui doivent être le plus expoſées au froid, ſont le plus en état de le ſoûtenir; enfin que celles qui ne ſont pas en état d'y réſiſter, ſçavent s'enfoncer ſous terre à des profondeurs où le grand froid ne ſçauroit ſe faire ſentir. Nous y verrons des chenilles qui ſe font de très-gros nids ſur le pin, & qui donnent une ſoye qui par ſa quantité & ſa qualité, mérite qu'on cherche à en faire uſage.

Dans le quatriéme Mémoire, nous donnons les hiftoires de diverfes efpeces de chenilles, dont les focietés font
plus durables que celles des chenilles du Mémoire précedent; ce font des focietés à vie, & même par-delà; c'eft-
à-dire, que les chenilles qui les compofent, reftent enfemble tant qu'elles font chenilles, & que les crifalides dans
lefquelles elles fe transforment, fe trouvent placées les
unes auprès des autres. Il y a de ces derniéres fociétés très-
nombreufes; il y en a de plus de fix à fept cens chenilles.
Une telle focieté n'eft pourtant qu'une même famille; elle
n'eft compofée que de freres & de fœurs, pour ainfi dire.
La marche de celles que nous avons nommées *proceffionnaires*, eft finguliére; la troupe eft toûjours conduite par
un chef; cette troupe forme des évolutions peut-être de
tous les genres, dont les troupes les mieux difciplinées en
fçavent faire. Ces mêmes proceffionnaires nous donnent
occafion d'examiner pourquoi certaines chenilles nous
caufent des demangeaifons, & produifent des élevûres fur
notre peau. On verra qu'il n'y a que celles qui font veluës
qui puiffent nous caufer cette incommodité, & que l'attouchement de toutes les chenilles veluës n'eft pas à craindre. Celles-là feules peuvent nous faire du mal, dont les
poils font des efpeces d'épines qui, quoique prodigieufement déliées, font affés roides pour piquer notre peau, &
s'y engager. Le même Mémoire nous fera connoître des
chenilles qui femblent pouffer la délicateffe au point de
craindre les frottemens des feuilles contre leur corps; elles
ne touchent qu'avec leurs dents, celles dont elles fe nourriffent. Ces chenilles font couchées enfemble dans des
toiles de foye, comme dans des efpeces de hamacs; elles
font, pour ainfi dire, au lit pendant qu'elles mangent; elles
avancent feulement la tête en-dehors de leurs toiles; elles
ne détachent que la fubftance du deffus de la feuille. Quand
elles ont ainfi rongé le deffus de toutes les feuilles qui font

autour de leurs toiles, elles abandonnent ces toiles, & vont ailleurs en filer d'autres femblables aux premiéres.

Des chenilles qui vivent en focieté, nous paffons à celles qui vivent dans une parfaite folitude. Nous parlons dans le cinquiéme Mémoire de celles qui depuis qu'elles font nées, jufqu'à ce qu'elles foient papillons, fe tiennent dans des efpeces de cellules où elles ne peuvent avoir de communication avec aucuns autres infectes. Une feuille d'arbre roulée avec beaucoup d'art, fait le logement d'une de ces chenilles. Nous expliquons la méchanique au moyen de laquelle ces chenilles induftrieufes parviennent à rouler fi bien des feuilles. Nous verrons qu'elle dépend de la ftructure particuliére des liens de foye qu'elles fçavent employer pour faire & maintenir les tours des rouleaux, & de la maniére dont elles fçavent pefer fur les liens avec une partie du poids de leur corps, pour obliger les deux portions de la feuille qu'elles roulent, à s'approcher l'une de l'autre. Tout de fuite nous parlons de diverfes efpeces de chenilles, dont les unes vivent dans un paquet de plufieurs feuilles qu'elles ont réunies, & dont les autres fe contentent de courber une feule feuille. Nous faifons pourtant connoître quelques autres chenilles qui roulent en commun des feuilles, & qui vivent en commun dans des feuilles roulées. Ce Mémoire a déja été imprimé parmi ceux de l'Académie de 1730. mais il reparoît ici avec beaucoup d'additions.

Certaines chenilles ont des attitudes, ou des formes très-propres à les faire reconnoître; nous avons raffemblé quelques-unes de ces chenilles-ci dans le fixiéme Mémoire. On y en voit une belle & grande qui vit des feuilles du troëne, dont l'attitude ordinaire eft de tenir fa partie antérieure élevée d'une maniére qui lui donne quelque reffemblance avec un fphinx. Une autre a le plus fouvent le corps plié en deux, & de côté. Une autre tient prefque toûjours fa tête renverfée fur fon dos. Le corps de quelques autres forme des ziczacs dans un plan perpendiculaire à celui sur lequel elles sont posées. Enfin, les chenilles que nous avons mises dans la quatriéme classe, ont toutes des formes qui s'éloignent beaucoup de celles des autres chenilles ; nous donnons dans ce sixiéme Mémoire quelques exemples de leurs formes singuliéres. Quelques-unes de ces chenilles qui vivent sur le saule sont remarquables par leur espece de queuë fourchuë ; chacune des deux branches qui la composent, est l'étui d'une corne charnuë que la chenille en fait sortir quand il lui plaît, & dont elle se sert comme d'une espece de fouet, pour chasser les mouches qui s'appuyent sur son corps. C'est pour elle un instrument bien important ; nous verrons qu'il peut l'empêcher d'être mangée toute vive par les vers qui sortent des œufs que certaines mouches pourroient laisser sur son corps, ou dans son corps même.

Nous avons accordé le septiéme Mémoire à trois especes de papillons singuliers ; son titre offre une place toute prête aux autres papillons singuliers qu'on observera par la suite. La première de ces especes est celle de ce papillon que nous avons nommé paquet de feuilles féches, parce qu'il a l'air d'un pareil paquet de feuilles. Le papillon à tête de mort, dont il a déja été parlé dans le tome premier, reparoît ici, & on y donne son histoire complette. Il est encore plus remarquable par un cri plaintif qui lui est particulier, que par la figure d'une tête de mort qu'on croit voir sur son corcelet. Nous y prouvons que ce cri est produit par le frottement de la trompe contre les cloisons barbuës entre lesquelles elle est logée. Une espece de papillon qui vit sur l'éclair, est remarquable par sa petitesse ; il faudroit bien des centaines de mille de ces papillons mis dans une balance pour la tenir en équilibre contre le papillon à tête de mort. Ce petit papillon est d'ailleurs singulier par la structure de sa trompe. Il fait peu d'œufs, mais les chenilles qui en éclofent, croiffent vîte, au moyen de quoi il y a beaucoup de générations de ces papillons dans une année, & par-là ils multiplient prodigieufement.

Les arpenteufes, les chenilles qui femblent mefurer le chemin qu'elles parcourent, ont été rangées dans deux claffes *, dans la cinquiéme & dans la fixiéme ; celles qui ont douze jambes, c'eft-à-dire quatre intermédiaires, ont été placées dans la cinquiéme ; & celles qui n'ont que dix jambes, ou que deux intermédiaires, ont été mifes dans la fixiéme. Je ne fuis pas fûr encore d'avoir trouvé plus d'une efpece de chenilles à douze jambes ; je leur ai pourtant accordé à elles feules le huitiéme Mémoire. Il eft fingulier que cette efpece de chenille paroiffe avec des varietés de couleur qui devroient fuffire pour en faire diftinguer plufieurs efpeces. Mais une fingularité dont nous nous fommes mal trouvés, & qui feule méritoit que nous fiffions un article particulier de ces chenilles, c'eft que, quoiqu'elles m'euffent toûjours paru affés rares, elles fe font multipliées prodigieufement en 1735. elles ont fait d'étranges ravages dans une grande partie du Royaume, & fur-tout aux environs de Paris, où elles ont dévoré des champs entiers de légumes. Elles avoient jetté l'allarme dans Paris au point qu'il falloit avoir du courage pour ofer manger de la falade, & même pour ofer manger des herbes cuites. Nous examinons dans ce Mémoire fi les craintes qu'on a eues du venin de ces chenilles, étoient fondées, & s'il y a véritablement des chenilles venimeufes. Enfin nous tâchons d'expliquer pourquoi des chenilles rares peuvent, d'une année à l'autre, devenir extrêmement communes. Le papillon de cette chenille des légumes pare fon derriére dans le temps de l'accouplement, de deux houppes de poils finguliéres.

Les arpenteufes à dix jambes fourniroient feules la matiére d'un gros volume à qui voudroit décrire toutes celles

qu'il

* Tom. I. Mem. II. pag. 73.

qu'il pourroit trouver dans le pays qu'il habite ; nous n'a-
vons pû au moins leur refufer un Mémoire entier, le neuviéme, dans lequel nous nous fommes contentés de rapporter quelques fingularités de quelques - unes des efpeces
de divers genres de ces chenilles. Nous y expliquons comment certaines arpenteufes fçavent fe cacher à nos yeux, &
par le moyen le plus fimple ; elles fe contentent de coler à
plat deux feuilles l'une contre l'autre, comme le hazard
pourroit les placer ; en un mot, d'une maniére qui ne fait pas
foupçonner qu'il y ait des chenilles entre ces feuilles. Une
efpece d'arpenteufes nous a donné un papillon nocturne qui
paroîtra très-fingulier aux naturalifles, parce qu'il a le port
d'aîles, qui entre dans le caractére des papillons diurnes des
premiéres claffes. Ce qui leur paroîtra encore fingulier,
c'eft qu'une arpenteufe, pour fe métamorphofer en crifalide, fçache fe fufpendre par un lien de foye ; jufqu'ici on
a cru que cette adreffe n'étoit connuë que des chenilles
qui donnent des papillons diurnes, & celle - ci en donne
un nocturne. Ce qui paroîtra plus géneralement une fingularité, c'eft qu'il y ait beaucoup d'efpeces d'arpenteufes,
dont tous les papillons femelles ne femblent pas être des
papillons ; ils font des papillons fans aîles. Des chenilles
de plufieurs genres, & les arpenteufes plus qu'aucunes autres, fçavent une maniére abregée de defcendre des plus
hauts arbres, & de s'y remonter, elles fe fervent d'un fil
de foye, qui eft pour elles une corde. Le fait en géneral
eft connu, mais les procedés de la chenille qui defcend
avec un fil, & qui fe remonte par fon moyen, n'ont point
été expliqués ; ils méritoient de l'être, & ils le font dans
ce Mémoire. Dans le même Mémoire nous avons indiqué les caractéres au moyen defquels on peut diftinguer
des claffes & des genres d'arpenteufes.

   Dès qu'il y a des chenilles qui vivent toûjours au milieu

Tome II.   . b

de l'eau, & qui y fçavent faire les mêmes manéges que
les autres font fur terre, ces chenilles ne devoient pas être
laiffées dans l'oubli. Dans le dixiéme Mémoire j'ai donné
l'hiftoire complette de deux efpeces de chenilles aquatiques; & j'ai expliqué l'art avec lequel elles fe font des efpeces de fourreaux, dans lefquels elles fe tiennent au milieu
de l'eau, fans que l'eau touche prefque leur corps; elles
font dans l'eau fans fe mouiller.

Après avoir entendu parler de tant d'efpeces de chenilles
dans le premier volume, & dans celui-ci, après avoir vû
qu'une feule efpece, & même une efpece dont les individus
font ordinairement rares, peut faire de grands ravages, on
devroit craindre, ce femble, que tous nos arbres ne fuffent
dépouillés par les chenilles, que toutes nos plantes ne puffent à peine leur fournir affés de pâture, & qu'elles ne nous
laiffaffent aucune efpece de récolte à faire. Mais les infectes
nous forcent fans ceffe d'admirer la fageffe avec laquelle
tout a été combiné. Dans ce prodigieux nombre d'efpeces
de chenilles, au goût de chacune defquelles conviennent
plufieurs efpeces de plantes; dans ce prodigieux nombre
d'efpeces de chenilles, dis-je, il ne s'en trouve aucune dans
ce pays qui aime les feuilles de ces plantes qui donnent les
grains qui nous fourniffent notre aliment effentiel, du pain.
Il y a plus, malgré le nombre prodigieux d'efpeces de chenilles, malgré la grande fécondité des papillons, on doit
peut-être être furpris qu'elles puiffent fe perpetuer, quand
on fçait quel eft le nombre de leurs ennemis, combien d'infectes & combien d'autres animaux cherchent à les détruire.
Ceft dans le onziéme Mémoire que nous faifons connoître
la plûpart des ennemis des chenilles. On y verra que beaucoup de différentes efpeces de mouches ont été inftruites à
aller dépofer leurs œufs fur le corps, ou dans le corps même
des chenilles. Les vers fortis des œufs d'une mouche, fe

nourriſſent de la ſubſtance intérieure d'une chenille. Mais ce qui doit nous ſurprendre, c'eſt que cette chenille qui a le corps tout rempli de vers, vit & ne paroît pas en ſouffrir. L'Auteur de tant de merveilleux ouvrages a voulu que ces vers ſe perpetuaſſent, qu'ils parvinſſent à ſe transformer en mouches, & ils n'y parviendroient pas ſi la chenille qui les doit fournir d'alimens, mouroit trop vîte. Comment vit-elle, pendant que tout ſon intérieur ſemble devoir être dévoré! Le huitiéme Mémoire du premier volume nous a appris que dans une chenille il y a, pour ainſi dire, de quoy faire deux animaux, que les parties de deux machines animales y ſont raſſemblées, celles d'une chenille, & celles d'un papillon. Les vers ſçavent ne point manger les parties eſſentielles à la chenille, ils ne mangent que celles qui ſont propres au papillon; par-là toutes les vuës ſont remplies, la chenille vit & croît, & elle fait vivre & croître les vers; mais elle ne parviendra pas à ſe métamorphoſer en papillon, & les vers parviendront à ſe transformer en mouches.

Nous revenons encore aux chenilles dans le douziéme Mémoire. Dans les précedens, nous n'avons ſuivi que celles qui vivent ſur les plantes & ſur les arbres, & ordinairement ſur les feuilles; il nous reſte à en faire connoître de bien des genres, & de bien des eſpeces, à la ſûreté deſquelles la nature ſemble avoir été le plus attentive. Ce ſont celles à qui elle a appris à ſe mieux cacher, & à paſſer leur vie dans une grande obſcurité. C'eſt dans l'intérieur des arbres & des plantes, dans leurs tiges, dans leurs branches que ſe tiennent pluſieurs eſpeces de chenilles dont il s'agit dans ce Mémoire. L'écorce, l'aubier, & même le bois le plus dur ſont des alimens qu'elles aiment. Telle chenille qui eſt logée dans le tronc d'un grand & gros arbre, ſe trouve dans une maſſive & ſolide tour, dont les murs lui fourniſ-ſent de quoi vivre. D'autres eſpeces de chenilles plus

petites nous paroîtront avoir encore été mieux traitées ; elles
fçavent fe cacher dans des habitations moins folides à la
vérité, mais defquelles elles tirent des alimens que nous
leur envions. Tant de fruits, fouvent excellens, dont nous
ne jouiffons pas toûjours avec affés de reconnoiffance, ont
été partagés entre ces chenilles & nous. Les poires, les
pommes, les prunes, les chataïgnes, les noix, les noifettes,
&c. les grains même qui nous font les plus néceffaires, ont
été deftinés à faire vivre quantité d'efpeces de chenilles.
Il y a des années où nous femblons avoir quelque raifon
de trouver que la part des fruits qui leur a été accordée,
eft trop grande ; dans certaines années il y a plus de ces
fruits que nous nommons verreux, qu'il ne nous en refte
de fains. Les chenilles des fruits, comme toutes les autres,
fe transforment en papillons. Chaque papillon femelle
pond un grand nombre d'œufs. Cependant, ce qui eft très-
digne d'être remarqué, chaque fruit, chaque prune, chaque poire & chaque pomme, quelque groffe qu'elle foit,
n'eft habitée que par une feule chenille. Le papillon veut-
il que chacun des infeétes à qui il donne naiffance, ait en
propre un fruit entier ! ne laiffe-t-il fur chaque fruit qu'un
feul œuf ! évite-t-il de le dépofer fur le fruit où un autre
papillon femelle a déja pondu un des fiens ! Ce fait fuppofe dans le papillon, non-feulement un grand amour
pour les petits qu'il doit mettre au jour, mais il le fuppofe
capable de bien des circonfpeétions, & de bien des connoiffances. Ne faut-il pas croire plûtôt que la petite chenille qui s'eft logée la premiere dans un fruit, fçait s'en
conferver la poffeffion, & qu'elle a le courage & la force
néceffaires pour empêcher d'autres chenilles de s'y introduire ! Notre douziéme Mémoire nous apprend des faits
qui paroiffent prouver que par rapport à certains fruits,
c'eft la prévoyance du papillon qui doit être admirée, &

que par rapport à d'autres fruits, tout ce qu'il y a de fingulier ici doit être mis fur le compte de la chenille. Enfin
nous y verrons que quand chaque chenille a pris tout fon
accroiffement dans l'intérieur d'un fruit, que quand elle
ceffe d'avoir befoin de manger, elle perce le fruit, elle en
fort, elle va pour l'ordinaire, s'enfoncer fous terre. Elle
s'y fait une coque dans laquelle elle fe transforme en crifalide, & de laquelle fort le papillon.

Nous venons d'indiquer les principales matiéres qui
font entrées dans ce volume: fur ce court expofé, on
s'attend peut-être que la lecture des Mémoires fera plus
agreable qu'on ne la trouvera; il eft fûr au moins que des
extraits un peu étendus de ces Mémoires plairoient à bien
des lecteurs, plus que les Mémoires mêmes. Les faits finguliers & curieux y feroient plus rapprochés; ils ne feroient pas féparés les uns des autres par des détails fouvent
peu intereffans & quelquefois très-fecs; telles font des defcriptions d'infectes, de chenilles & de papillons qui ne
fçauroient jamais être amufantes, mais qui cependant font
effentielles à un ouvrage de la nature de celui-ci. Il n'eft
pas moins néceffaire de faire connoître la chenille & le papillon dont on veut rapporter les procedés induftrieux,
qu'il l'eft de peindre le caractére d'un Géneral, lorfqu'on
veut donner l'hiftoire des batailles qu'il a gagnées.

J'ai pourtant épargné le plus qu'il m'a été poffible, de
ces détails néceffairement fecs, peut-être même que la
crainte de les multiplier m'a trop retenu dans le neuviéme
Mémoire, dans celui qui traite des chenilles arpenteufes à
dix jambes; je n'ai pas ofé m'arrêter, autant que la matiére
me paroiffoit le demander, aux caractéres des genres premiers, des genres feconds, & des efpeces de cette nombreufe claffe de chenilles. J'avoue pourtant que j'avois de
quoi m'encourager à ofer davantage: trois des Mémoires du premier volume ont été employés à diftribuer les

chenilles & les papillons en claffes & en genres. Rien affûrément n'eft plus fec que ces diftributions ; auffi ai-je averti ceux qui ne vouloient lire que pour s'amufer, de paffer legérement fur ces trois Mémoires, & même de ne les point lire du tout. Néantmoins dans une des vifites dont une grande Princeffe * honoroit les infectes, tant ceux que je garde en vie, que ceux que je conferve morts, elle me fit voir que non-feulement elle avoit lû ces Mémoires rebutans, mais que tous les caractéres des claffes & des genres qui y font déterminés, lui étoient plus préfens qu'à moi-même ; elle m'indiquoit les papillons fecs qu'elle vouloit que je lui montraffe, par les proprietés générales de leur claffe, & par les particularités de leur genre & de leur efpece : je n'en étois pourtant pas étonné ; je fçais qu'elle veut tout fçavoir, & tout fçavoir par principes, & je fçais avec quelle furprenante facilité elle apprend tout. Mais un tel exemple ne m'a point enhardi, il ne m'a paru rien conclurre pour le plus grand nombre des lecteurs.

L'ordre, la méthode & les détails exacts contentent les efprits à qui une connoiffance fuperficielle des objets dont ils s'occupent, ne fuffit pas ; mais ceux qui ne veulent que s'amufer en lifant un ouvrage, n'y voudroient trouver que des faits remarquables. L'hiftoire des infectes n'a pas encore affés pris la forme de fcience, on n'en eft pas encore communément au point de vouloir fatiguer fon attention & fa mémoire, pour en apprendre les principes.

C'eft un avantage propre aux Écrivains qui font des compilations, & qu'ils ont fur les Auteurs qui traitent les matiéres plus à fond, de pouvoir choifir dans chaque fujet ce qui eft le plus capable de plaire. Leur travail eft extrêmement utile ; ils préfentent les fciences dépouillées de ce qu'elles ont d'épineux, à ceux qui n'ont pas le temps de les approfondir ; ils peuvent faire naître du goût & de

* S. A. S. Madame la Ducheffe du Maine.

l'amour pour elles à ceux à qui elles étoient indifférentes :
mais il n'arrive que trop souvent à ces mêmes E'crivains
de perpétuer contre leur gré les erreurs; ils ne sont pas
toûjours par eux-mêmes assés au fait des matiéres qu'ils
traitent, & ils veulent s'épargner les discussions; ils puisent
dans différentes sources, & ils ne se croyent plus respon-
sables de rien, dès qu'ils citent leurs garants. Cependant
comme on croit qu'ils n'ont puisé que dans des sources
qu'ils ont reconnuës pour bonnes, & qu'ils n'y ont pas
pris ce qui eût dû être rejetté, on est disposé à recevoir
pour vrai ce qu'ils nous rapportent. Pour ne parler que
des compilations d'histoire naturelle, à combien de faits
faux, rapportés par Aristote & par d'autres, n'ont-elles pas
donné une sorte d'autorité! plus un fait a été dit & redit
de fois, & plus on est disposé à le croire; on ne cherche
pas assés à voir que cent E'crivains qui rapportent ce fait,
ne sont que de simples échos de celui qui l'a dit la premiére fois. Je pourrois citer un grand nombre d'exemples des faits qu'il faudroit retrancher des compilations
d'histoire naturelle qui ont paru dans ces derniers temps,
soit chés nos voisins, soit chés nous, & de celles même
qui ont été le mieux reçûes du public, & qui le méritoient.

Les Mémoires de ce volume ne paroîtront peut-être
que trop longs, du moins je le crains; je n'en suis pourtant pas moins convaincu, comme je l'ai déja dit, qu'ils
n'ont pas pour la plûpart toute l'étenduë qu'ils devroient
avoir. A mesure qu'on accordera plus d'attention aux
insectes, on fera des observations qui m'ont échappé : celles
même que je rapporte sont quelquefois imparfaites; il
m'arrive quelquefois de parler d'une chenille dont je n'ai
pas encore eu le papillon, & de parler d'un papillon dont
la chenille ne m'est pas encore connuë : c'est avertir les
observateurs de ce qui reste à faire, & c'est les inviter à profiter des occasions qui pourront leur faire voir en entier ce

que je n'ai vû qu'à moitié. J'aurai aſſûrément des ſupplé-
méns à donner à mes Mémoires, & quand ces ſupplémens
ne ſeront pas trop conſidérables, je placerai ceux qui appartiennent aux volumes précedens, dans la Préface du dernier volume : je vais commencer par celle-ci à en uſer
comme je crois le devoir faire dans la ſuite.

Dans le premier Mémoire du premier volume, ou dans
celui qui y tient lieu de Préface, il y a deux articles ſur leſquels je n'ai pas aſſés inſiſté. Le premier eſt celui de l'origine des inſectes, ſçavoir s'ils naiſſent ou peùvent naître
de corruption, comme tous les anciens, & des modernes
après eux, l'ont prétendu. Le ſecond eſt ſur le degré de
croyance qu'on doit accorder aux faits rapportés par pluſieurs Naturaliſtes. C'eſt en liſant l'extrait du premier volume de ces Mémoires, qui a été donné par les Journaliſtes de Trevoux, que j'ai vû que je ne m'étois pas aſſés
étendu ſur les deux articles dont je viens de parler. Par
rapport au premier, j'ai ſuppoſé que les inſectes ne naiſſent
pas de corruption ; j'ai mis même au nombre des obſtacles
qui avoient le plus arrêté les progrès de nos connoiſſances
ſur les inſectes, l'opinion des anciens qui les faiſoit ſortir
de la pourriture de différens corps ; car dès qu'on croyoit
qu'ils venoient de corruption, la partie la plus curieuſe de
leur hiſtoire, tout ce qui a rapport à la maniére dont ils ſe
perpétuent, ne ſembloit pas demander à être étudiée. Je
croyois alors rapporter un ſentiment qui n'avoit plus beſoin
d'être combattu, que depuis qu'on s'étoit accoûtumé à
analyſer les idées, à ne recevoir pour vrayes que celles qui
étoient claires, il n'y avoit plus au moins de phyſiciens à
qui il fallût prouver que des chairs pourries, que des bois
pourris ne ſe transformoient point en des machines orga-
niſées qui ont autant ou plus de parties que les nôtres,
& des parties dont le jeu & l'accord ne ſçauroient être
aſſés admirés. D'ailleurs il me ſembloit que les obſervations

de

de Swammerdam, de Malpighi, de Leeuwenhoek, de
Vallifnieri, & celles de plufieurs autres Naturaliftes devoient avoir ouvert les yeux à ceux qui raifonnent peu,
& à qui des faits mal obfervés en avoient impofé. Mais
j'ai vû qu'il falloit encore revenir à la charge contre un fentiment qui n'eft pas auffi géneralement profcrit que je l'a-
vois penfé, & qu'il devroit l'être. Je n'euffe pas foupçónné
qu'il eût trouvé des défenfeurs en France, & fur-tout dans
une focieté de fçavans auffi célebre que celle qui travaille
aux Journaux de Trevoux ; cependant fi elle veut bien
avouer qu'il pourroit fe faire que ce fentiment ne fût pas
vrai, elle croit le devoir laiffer au moins parmi ceux qui
font probables, & qu'il ne doit pas être mis au rang de
ceux dont la fauffeté eft prouvée. Cette focieté fçavante
penfe qu'au moyen de quelques modifications, qu'elle
attribuë au Pere Kircker, & qu'au moyen de la vertu plaftique ou féminale que ce Pere a fait agir, on peut expliquer d'une maniére fort ingénieufe, comment les infectes
naiffent de corps pourris; & que cette explication s'accorde
très-bien avec les faits. Il m'eft arrivé de mettre Kircker
& Bonanni au nombre des modernes qui ont penfé avec
les anciens que les infectes naiffent de putréfaction, & on
verra bien-tôt fi j'ai eu raifon de les y mettre. Les Journaliftes de Trevoux prétendent que je devois une place
diftinguée à ces deux fçavans Jéfuites ; & c'eft pour le
prouver qu'ils expofent ce qu'ils appellent le fentiment de
Kircker, & qu'ils y applaudiffent *.

Mais par rapport à Kircker & à Bonanni, difent-ils, *qu'il
a enveloppés dans la claffe des anciens qui croyoient la génération des infectes, l'effet d'une fimple putréfaction, il nous
permettra de remarquer que Kircker avoit pris un parti mitoyen
entre le fyfteme ancien & le moderne, qui n'étoit pas encore
affés développé de fon temps ; car ce grand homme n'a pas*

* *Mem. pour
l'hiftoire des
Sciences &
des beaux
Arts. Juin
1735. pag.
1119.*

Tome II.   c

prétendu que des corps organifés, tels qu'il reconnoiffoit les infectes, puffent venir de corps non organifés, ni même que de tel corps organifé il pût naître indifféremment tout corps organifé quelconque.

Sa penfée bien prife, eft que tout étant organifé dans un corps organifé, & les parties des corps organiques étant elles-mêmes des corps organiques ; la corruption ne faifoit que détacher ces petits corps organiques qui compofoient un grand corps, & que ces petits corps ainfi détachés formoient les infectes, lefquels, fans avoir préexifté dans des femences appropriées, préexiftoient au moins en puiffance dans la vertu plaftique ou féminale qui eft répanduë dans tous les grands corps. Ce fyfteme peut n'être pas vrai ; mais il eft fort ingénieux, & du refte tout-à-fait conforme & à l'efpece de hazard qui donne naiffance à tant d'infectes, & à l'appropriation en quelque forte affés marquée de certains infectes à de certains corps, & à de certaines parties de certains corps foit végetaux, foit animaux.

Et un peu plus bas ils adjoûtent : *S'il étoit auffi bien démontré que la première origine des infectes eft dûë à un fimple développement de femences préexiftentes, qu'il l'eft que leur transformation ou leur régéneration, ou feconde origine eft dûë à un fimple développement de ces infectes, le fyfteme de Kircker tomberoit abfolument avec celui des anciens.*

Il eft, ce me femble, aifé de faire voir qu'il eft auffi démontré que les infectes ne naiffent point de corruption, qu'il l'eft que leurs métamorphofes apparentes ne font que des dépouillemens, & par des preuves du même genre ; & il fera aifé de faire voir que le fyfteme du Pere Kircker ne fe foûtient pas mieux que celui des anciens. Mais avant que de l'entreprendre, je prie les Journaliftes de Trevoux de me permettre de leur repréfenter à mon tour qu'il n'y a qu'un excès de fenfibilité pour les Peres Kircker & Bonanni, qui ait pû les porter à fe plaindre de ce que *j'ai enveloppé ces Peres dans la claffe des anciens qui regardoient les infectes comme l'effet d'une fimple putréfaction.* L'épithéte de fimple eft pourtant ici de trop, & adjoûtée à mon texte. *J'ai dit que les anciens avoient cru pouvoir faire naître les infectes de la pourriture des corps de différentes efpeces, & qu'il y avoit eu de notre temps des hommes illuftres, les fameux Peres Kircker & Bonanni, qui n'avoient pas abandonné ce fentiment;* je ne fçais point auffi de modernes qui y ayent été plus attachés, qui ayent plus cherché à le faire triompher. Le Pere Bonanni a fait imprimer un volume *in-4.º* plein d'obfervations, par lefquelles il prétend l'établir. Le Pere Kircker parle en une infinité d'endroits d'infectes qui naiffent de pourriture; il diftingue leurs différentes maniéres de naître; il en fait éclorre des œusf, & il en fait naître bien davantage de corruption, & affûrément il ne ménage pas cette derniére façon de s'exprimer Pourquoi donc ces Peres méritoient-ils une exception! *c'eft qu'il avoit,* le Pere Kircker (car on ne dit rien du Pere Bonanni) *c'eft qu'il avoit fur la génération des infectes un fyfteme mitoyen entre le fyfteme ancien & le fyfteme moderne.* Mais ce fyfteme du Pere Kircker, comme celui des anciens, fuppofe que les infectes naiffent de pourriture, & il tend à nous expliquer comment ils en naiffent. Comme je ne croyois pas qu'il y eût aucun fyfteme qui pût donner la moindre vray-femblance à un tel fentiment, à un fentiment qui me paroiffoit également contraire aux obfervations exactes, & aux raifonnemens les plus conféquens, je n'ai pas cru, dans le premier volume, devoir m'arrêter à expofer le fyfteme du Pere Kircker fur la génération des infectes; je le dois faire à préfent, dès qu'on prétend que ce fyfteme n'eft point tombé, & que d'habiles gens foûtiennent qu'il eft pour le moins vray-femblable. Pour même ne lui ôter rien de ce qui peut le faire valoir, rien de ce qui lui donne un air de fyſteme complet, je l'expoſerai un peu autrement que n'ont fait les Journaliſtes, & préciſément tel que le Pere Kircker l'a donné. Ce ſçavant Jéſuite a penſé que toutes les parties des animaux ſont remplies de petits corps très-volatiles qu'il appelle tantôt des corpuſcules ſpiritueux, tantôt des eſprits animaux, tantôt des eſprits ſéminaux. Ces corpuſcules extrêmement volatiles, ces eſprits reſtent dans l'animal tant qu'il vit; mais l'animal vient-il à périr, & à ſe corrompre, ces corpuſcules s'échappent, & ont beaucoup de part enſuite à la production de divers autres animaux, mais moins grands & moins nobles que l'animal dont ils ſe ſont échappés. Le Pere Kircker, pour nous faire mieux entendre l'uſage qu'il fait de ces petits corps, ſe fixe à l'exemple ſuivant: quand un cheval eſt mort, qu'il ſe corrompt, on ne peut pas dire que l'ame du cheval s'envole; mais les eſprits ſéminaux du cheval ſe détachent du cadavre, ils s'échappent, ils vont voltiger dans l'air, & ils y ſont diſperſés çà & là. Il n'arrivera jamais à cette quantité d'eſprits de ſe trouver réunie à un corps fixe pareil à celui à qui elle étoit unie cy-devant; il ne lui arrivera jamais de contribuer à faire un autre cheval tel que le premier; mais s'il arrive, & il arrivera qu'une portion de ces eſprits, auxquels il reſte encore de la vertu ſéminale, ſe joigne à une quantité ſuffiſante de matiére fixe & de matiére convenable, auſſi-tôt au moyen de la vertu plaſtique qui eſt dans les eſprits & dans la matiére fixe, un corps ſe forme & s'organiſe; un animal eſt produit, il naît. Mais ce nouvel animal eſt d'une autre eſpece que celui qui en ſe pourriſſant, a fourni les eſprits; une portion des eſprits d'un cheval ne pourra ſuffire qu'à faire un inſecte. Ainſi, comme ce Pere continuë de l'expliquer, les eſprits ſéminaux qui ont été ſéparés de quelque ſubſtance animale qui s'eſt corrompuë, voltigent

dans l'air; ils font enfuite portés par les pluyes & par les
vents fur les plantes & fur les arbres; ils font introduits
dans des pores terreftres: alors il fe fait des femences d'une
nouvelle œconomie animale; la forme plaftique de la femence qui eft cachée dans les efprits, façonne cette matiére
au moyen de l'humidité. C'eft ainfi, felon ce Pere, qu'une
grenouille, une mouche, une fauterelle, &c. font produites.

Voilà affûrément ce qu'on peut appeller un fyfteme.
Nous pourrions demander pourquoi on en gratifie par pré-
dilection le Pere Kircker, malgré les droits qu'a deffus un
autre Jéfuite, le Pere Cabée. Bonanni a rapporté les propres termes dans lefquels ce dernier Pere s'explique fur la
génération des infectes, & on croit qu'il les rapporte deux
fois, mais qu'il raccourcit feulement la citation, lorfqu'il
donne tout de fuite le fentiment du Pere Kircker fur la
même matiére; il ne manque dans le paffage du Pere Cabée que le terme de forme plaftique, en la place duquel
on trouve celui de vertu formatrice; car pour les efprits
volatiles, leur maniére de fe détacher du cadavre, de fe
réunir à un autre corps fixe; tout en un mot, jufqu'à
l'exemple du cheval, fe trouve dans le Pere Cabée. Le
Pere Bonanni ne femble pas même vouloir trop donner la
gloire de ce fyfteme au Pere Cabée, avant que de tranfcrire
ce que ce dernier a imprimé fur l'origine des infectes, il
dit que le Pere Cabée a fuivi la méthode de philofopher
des anciens, & le prouve, en rapportant le fyfteme que
nous venons d'expofer. D'ailleurs la plûpart des traits par
lefquels les Journaliftes ont prétendu caractérifer le fentiment du Pere Kircker, lui font communs avec les anciens.
Ce grand homme, difent-ils, *n'a pas prétendu que des corps
organifés, tels qu'il reconnoiffoit les infectes, puffent venir de
corps non organifés, ni même que de tel corps organifé il pût
naître indifféremment tout corps organifé quelconque.* Les

anciens ont voulu que ce fût la chair d'un bœuf, ou d'un veau pourri qui fût propre à donner des abeilles; que celle d'un cheval pût être convertie en guefpes & en bourdons; & que ce fût de la chair pourrie d'un âne que naiffoient les fcarabés. Voilà de curieufes diftinctions communes aux anciens & au Pere Kircker, & par rapport auxquelles il a quelquefois enchéri fur eux; quelquefois même il les redreffe. Il trouve mauvais, par exemple, qu'on ait dit que les abeilles & les guefpes, &c. ne pouvoient naître que des bœufs, des chevaux & des ânes; il prétend qu'elles peuvent naître de même des cerfs. Il n'eft pas pourtant certain qu'il n'ait fait naître les infectes que de corps or-ganifés, il faut au moins pour cela qu'il ait organifé les bouës dont il a fait naître les huitres. Les anciens avoient affûrément admis la divifion des fibres faite par la corrup-tion, & eft-il bien fûr qu'ils ne fe fuffent pas élevés jufqu'à penfer à un agent équivalent à la vertu plaftique, & défi-gné par un autre nom, eux qui avoient fi volontiers re-cours à des vertus formatrices, à des vertus occultes, & à des formes actives! Mais ne nous arrêtons pas à contefter au Pere Kircker la gloire du fyfteme qu'on lui attribue; nous confentons même qu'on le regarde comme ingé-nieux, comme un joli Roman phyfique.

Cependant s'il étoit vrai que l'Auteur de la nature eût établi que des animaux puffent naître en certaines circon-ftances des matiéres foit animales, foit vegetales qui fe corrompent, donneroit-on une explication fatisfaifante de ces nouvelles productions au moyen du fyftême du Pere Kircker! s'il étoit vrai, par exemple, que des abeilles naif-fent des chairs d'un bœuf qui fe pourriffent; s'il étoit vrai qu'un bœuf fe transformât en abeilles, une fi étonnante transformation s'expliqueroit-elle bien au moyen des ef-prits animaux qui fe font introduits dans les fibres divifées par la corruption, & du fecours de la vertu plaftique! On

avanceroit une propofition bien éloignée de toute vray-
femblance, & qui auroit un grand air de ridicule, fi on
difoit férieufement que toutes les fibres d'un grand animal
ne font qu'un affemblage d'œufs d'infectes; que les fibres
d'un bœuf ne font qu'une file continuë d'œufs d'abeilles; ou pour fatisfaire à tous les phénoménes, que ces
fibres font des files d'œufs de différentes efpeces de mouches, diftribuées alternativement, & qu'il n'y a qu'à faire
développer les embryons contenus dans ces œufs, pour
faire naître des abeilles, ou des mouches de quelqu'autre
efpece. Mais il eft bien autrement inconcevable qu'une
portion de fibres puiffe être façonnée par les agens du Pere
Kircker, au point néceffaire pour qu'elle devienne un infecte. Qu'on tâche de fe repréfenter combien il y a loin de
cette portion de fibres, pénétrée d'un auffi grand nombre
qu'on voudra d'efprits volatiles ou féminaux, jufqu'à un infecte, & on n'imaginera pas qu'il y ait de vertu plaftique ou
féminale qui puiffe opérer un pareil ouvrage. Pour faire un
infecte de cette portion de fibres imbibée d'efprits, quelle
organifation, ou plûtôt quel nombre prodigieux d'organi-
fations ne faudroit-il pas lui donner ! A-t-elle un eftomach,
des inteftins, des poulmons, un cerveau; en un mot tous
ces vifcéres, dont chacun en particulier eft une machine fi
furprenante, & d'autant même plus furprenante pour le
commun des hommes, qu'elle eft plus petite ! A-t-elle,
cette portion de fibres, ces yeux qui font eux-mêmes un
affemblage de plufieurs milliers d'yeux! A-t-elle des aîles,
des jambes, des antennes, une trompe, & enfin tant de
parties d'une ftructure fi admirable ! Comme portion de
fibre, & de fibre pénétrée par les efprits animaux les plus
volatiles, elle eft bien éloignée de contenir un affemblage
de tant de parties, dont chacune en particulier eft elle-
même digne de toute notre admiration. Qu'on pouffe la
fiction au plus loin où elle pût être portée, auffi bien rien

n'eſt capable d'arrêter l'imagination qui a commencé à s'égarer; qu'on ſuppoſe que chacun des eſprits animaux qui a été introduit dans la portion de fibre, eſt pour ainſi dire, l'œuf, l'embryon d'une des parties de l'animal; enfin qu'on ſuppoſe que toutes ces parties étonnantes ſoient faites; qui les réunira! qui mettra entr'elles l'accord & la dépendance qui y doit être! C'eſt apparemment la vertu plaſtique qui eſt capable de cela, & c'eſt même elle apparemment à qui on fait faire tous les merveilleux organes que nous venons de nommer. Qu'elle eſt intelligente, qu'elle eſt grande, qu'elle eſt puiſſante cette vertu plaſtique qui ſçait produire de tels ouvrages! N'héſitons point à la nommer; la vertu, l'intelligence qui d'un petit morceau de chair, d'un petit morceau de bois ſçait faire un inſecte, ne peut être autre que celle qui a ſçû faire l'univers de rien.

Ce ſyſteme employé par le Pere Kircker pour expliquer comment les inſectes naiſſent de pourriture, ne paroît pas ſeulement ingénieux aux journaliſtes, ils le trouvent *du reſte tout-à-fait conforme à cette eſpece de hazard qui donne naiſſance à tant d'inſectes, & à l'appropriation en quelque ſorte aſſés marquée de certains inſectes à certains corps, ou à certaines parties de corps, ſoit vegetaux, ſoit animaux.* Si on ne s'arrête pas à des apparences groſſieres, ſi on eſt attentif à toutes les circonſtances d'où dépend la naiſſance des inſectes, on ſera convaincu que le hazard n'y a pas plus de part qu'il n'en a à celle des grands animaux, à celle de l'homme même. Cette appropriation ſi marquée de certains inſectes à certains corps, ſoit du regne vegetal, ſoit du regne animal, devoit même conduire à penſer que le hazard n'a ici que la part qu'il a à la production des êtres organiſés dont l'origine nous eſt le mieux connuë. De la viande corrompuë fourmille quelquefois de vers, mais jamais elle ne nous fera voir des chenilles; c'eſt que les papillons ne vont jamais faire leurs œufs ſur la viande, mais que les meres

mouches

mouches de certaines efpeces vont dépofer leurs œufs fur
cette viande; celles de quelques autres efpeces font vivipa-
res, & y laiffent des vers vivans. La prévoyance des meres
les conduit à faire naître leurs petits fur les matiéres propres
à leur donner des alimens. Rien n'eft affûrément plus admirable que cette appropriation de certains corps, ou de certaines parties de ces corps, à certains infectes; mais ce qu'il
faut admirer, ce n'eft pas que l'infecte vienne de ces corps,
c'eft que la mere fçache choifir ces corps, connoître ceux
qui font propres à nourrir fes petits, & que des nourritures
fi différentes foient affectées & effentielles à des animaux
naiffans, dont les efpeces nous paroiffent peu différer entr'elles; c'eft fur quoi la fuite de cet ouvrage nous fournira
un grand nombre de faits curieux. Depuis qu'on ne s'eft
pas contenté de raifonner dans le cabinet, depuis qu'on a
obfervé les infectes, ces exemples admirables de prévoyance
fe font multipliés. Les inteftins du cheval femblent appropriés à certains vers courts; le cheval femble les rejetter par
l'anus dans un certain temps. Qu'on n'ait point une hor-
reur peu convenable à des philofophes, qu'on ramaffe ces
vers, qu'on les garde, on les verra, par la fuite, fe transformer
en des mouches à deux aîles affés femblables à de petits
bourdons: parmi ces mouches on diftinguera des mâles
& des femelles; on verra ces mouches s'accoupler, même
dans les poudriers dans lefquels on les tiendra renfermées.
Qu'on foit attentif à obferver dans les faifons convenables
les chevaux qui font à la campagne, fur-tout ceux qui
paiffent dans les prairies; fi on leur leve la queuë dans de
certains temps, on trouvera deffous une mouche pareille à
celle qui eft fortie de nos vers; là elle cherche à s'introduire dans l'anus, & elle tente enfuite de pénétrer plus avant.
Ce font fouvent ces mouches qui déterminent les chevaux
qui paiffoient tranquillement, à prendre le galop, à ruer,

Tome II.   . d

à lever le derriére. Après avoir obfervé ces faits, fera-t-on difpofé à croire que les inteftins du cheval, ou les matiéres qui y font contenuës, font appropriés dans le fens des anciens, à la naiffance de ces vers! Non affûrément, mais on admirera la prévoyance de la mouche qui s'introduit dans les inteftins du cheval, pour dépofer fes œufs dans le feul endroit qui convienne apparemment aux petits qui en doivent naître. On admirera de même qu'une autre mouche fçache qu'elle doit entrer, & qu'elle entre dans le nez d'un mouton pour y faire fes œufs.

Que les Journaliftes de Trevoux peuvent-ils demander de plus, pour que le fyfteme qui fait naître les infectes de corruption, s'ils veulent, de corps organifés, & de corruption aidée par la vertu plaftique & féminale; pour que le fyfteme de Kircker foit tombé avec celui des anciens, que peuvent-ils, dis-je, demander de plus que l'affemblage de tant de preuves qui ont été rapportées jufqu'ici! Pour renverfer ce fyfteme, ou ces fyftemes, il n'y a qu'à établir que les infectes de toutes efpeces produifent des individus de leur efpece; il me femble qu'il ne fera pas difficile de prouver enfuite que l'Auteur de la nature n'a pas eu recours encore à un autre moyen pour les perpétuer, & qu'il eft auffi certain qu'aucun infecte n'eft jamais né d'aucun corps pourri, qu'il l'eft qu'aucun grand animal, qu'aucun cheval, qu'aucun bœuf, &c. n'a jamais eu une telle origine. Qu'on life les Naturaliftes exacts, & on y verra qu'ils ont obfervé des infectes de toutes claffes, de beaucoup de genres & de beaucoup d'efpeces de chaque genre, & qu'entre toutes les efpeces qu'il leur a été permis d'obferver, il n'en eft aucune qu'ils n'ayent trouvée ovipare ou vivipare. Des apparences qui, quoique groffiéres, demandoient quelqu'attention & des foins pour qu'on en vît le faux, ont paru prouver que les infectes tiroient leur naiffance de corps

pourris, de différentes natures. On a vû des vers croître
fur la viande, & on en a conclu que certaines parties de
cette viande avoient été animées, & s'étoient transformées
dans les vers qui la prenoient pour aliment. Redi s'eft donné
la peine de faire un grand nombre d'expériences par lefquelles il a très-bien prouvé que les vers ne paroiffent que
fur la viande fur laquelle des mouches ont dépofé des œufs,
qu'il ne naît jamais de vers fur la viande dont les mouches
ne peuvent approcher. On a vû des morceaux de fromage
fe peupler d'un million de mittes, on en a conclu qu'elles
naiffoient du fromage, & on devoit feulement conclurre
qu'à tout âge elles l'aiment. Leeuwenhoek a fait voir
que parmi les mittes, il y a des mâles & des femelles, que
les femelles font un grand nombre d'œufs : enfin fi on renferme du fromage fur lequel il n'y a point de mittes, dans
un vafe où elles ne puiffent pénétrer, jamais il n'en paroîtra
fur le fromage. Il fe forme fur les feuilles, fur les tiges des
arbres des tumeurs de bien des efpeces différentes, qu'on
appelle galles. Ces galles renferment des vers qui fe tranfforment en mouches : quelques fçavans ont cru que ces
vers ne pouvoient devoir leur naiffance qu'au fuc même
de l'arbre. Malpighi a prouvé par des obfervations exactes
que des mouches femblables à celles qui viennent des vers
des galles, donnoient naiffance aux vers qui s'élevent dans
ces fortes de tubérofités ; que ces mouches ont au derriére
une tarriére au moyen de laquelle elles percent le bois ou
les feuilles, pour y dépofer leurs œufs ; qu'où l'œuf a été
dépofé il fe forme une tumeur dans laquelle le ver naiffant
fe trouve enveloppé, & qui le couvre tant qu'il a befoin
d'être couvert, jufqu'à ce qu'il ait pris des aîles. Les vers
qui croiffent dans l'intérieur des fruits ont paru y devoir
être formés, jufqu'à ce qu'on ait découvert les mouches
& les papillons qui fçavent choifir des fruits naiffans pour

leur confier leurs œufs. De petits fcarabés, trop connus
par les ravages qu'ils font dans nos greniers, ont paru être
produits dans les grains de bled; on a étudié ces infectes,
on les a vû s'accoupler, faire des œufs, &c. On a allégué
pour exemple des infectes qui naiffent de corruption, ceux
qui pendant toute leur vie fe tiennent fur de plus grands
animaux qu'ils fuccent. Des obfervateurs attentifs & éclairés nous ont donné des hiftoires curieufes de ces infectes;
ils ont diftingué parmi les puces & les poux des différens
animaux, des mâles & des femelles; ils ont vû leurs accouplemens; ils ont vû les femelles pondre.

Enfin toutes les efpeces d'infectes qui ont été citées
pour prouver que les infectes naiffent de pourriture, ont
elles-mêmes fourni des preuves contre cette opinion; par
préference, elles ont été étudiées par des Naturaliftes qui
zélés pour la vérité, fouhaitoient la faire connoître à des
fçavans qui en étoient encore à penfer comme le peuple;
ils font parvenus à voir l'origine de ces infectes, & à s'affurer
qu'elle étoit femblable à celle des animaux les plus connus.
Que demande-t-on de plus, pour renverfer ce prétendu
fyfteme qui veut faire naître les infectes de différentes
matiéres altérées ou corrompuës, qu'une fuite d'inductions
fi complette, & qui s'accorde d'ailleurs fi fort avec la
meilleure façon de philofopher! Plus le nombre des obfervations fe multipliera, & plus ces inductions acquerront de
force; elles en ont déja une qui approche fort de celle d'une
démonftration phyfique, fi elles ne l'ont pas réellement.

Il refte à la vérité bien des efpeces d'infectes à qui on n'a
vû encore faire ni œufs, ni petits, je dis fimplement des
efpeces & non des claffes, mais c'eft qu'on ne les a pas affés
fuivies. Il en doit être de ces infectes comme des quadrupédes & des oifeaux qu'on nous apporte des Pays étran-
gers, quoiqu'on n'ait pas vû les uns mettre bas & les autres

pondre, on n'a aucun doute ſur leur origine. Dès que
nous ſçavons comment les chevaux, les cerfs, les loups, les
chiens naiſſent, dès que nous ſçavons comment naiſſent
les poules, les aigles, les perdrix, les roitelets, nous croyons
ſçavoir aſſés comment naît le nouveau quadrupéde, le
nouvel oiſeau qu'on nous fait voir. Nous ſçavons au moins
juſqu'où peuvent aller nos doutes, nous pouvons au plus
être incertains ſi deux animaux d'eſpece ou de genre voiſins n'ont point concouru à la production du nouvel animal qu'on nous préſente.

Or dès qu'on eſt convaincu que tous les inſectes produiſent des inſectes de leur eſpece, on doit l'être bien-tôt
que tous les inſectes doivent leur naiſſance à d'autres inſectes de leur eſpece. Dès qu'on ſçait que la conſtruction
du corps des inſectes n'eſt pas moins admirable que celle
du corps des grands animaux; dès qu'on a quelqu'idée de
l'appareil merveilleux des parties deſtinées à la génération,
qui ſont dans l'intérieur des inſectes; dès qu'on voit enfin
que la ſageſſe infinie a eu recours, pour les faire naître &
multiplier, au moyen qu'elle employe pour faire naître les
grands animaux; ne paroîtra-t-il pas inconcevable qu'elle
employe, pour les faire naître, un autre moyen qui ne
demandoit pas que tant d'organes ſurprenans euſſent été
préparés pour la même fin! S'il ne falloit qu'un peu de
viande pourrie, que quelques plantes réduites en fumier
pour donner naiſſance à des mouches ordinaires, à des
abeilles, à des gueſpes, à des ſcarabés, à des grenouilles,
&c. il n'étoit plus néceſſaire que les deux ſexes ſe trouvaſ-
ſent dans ces différentes eſpeces de petits animaux. Les
parties eſſentielles à l'accroiſſement & à la fécondation des
œufs y ſeroient de ſurcroît.

On ne l'a admiſe, cette derniére voye de multiplier les
inſectes, que parce qu'elle a paru plus groſſiére, plus conforme au mépris qu'on avoit pour eux. Mais quand on

d iij

fçait que des milliers d'efpeces de papillons qu'on a obfervées, font des œufs, & que c'eft de ces œufs que naiffent
les chenilles, quelqu'un pourra-t-il croire qu'il y a des chenilles qui naiffent des œufs d'un papillon, & qu'il y a des
chenilles de cette même efpece qui naiffent immédiatement des feuilles du chou, comme Ariftote l'a dit! Quelqu'un qui feroit crédule à ce point, pourroit croire qu'il
y a des pays où les hommes, & où tous les grands animaux
fortent immédiatement de la bouë, & de gros troncs d'arbres pourris.

Au lieu de dégrader les infectes en les faifant naître de
la pourriture, on les élevoit beaucoup trop au-deffus des
grands animaux. Dans ce fyfteme, l'Auteur de la nature
ne s'eft pas contenté d'employer, pour les faire naître, la
voye qu'il a choifie pour donner naiffance aux grands
animaux, il a encore eu recours pour les multiplier, à une
autre voye qui, quoiqu'en apparence plus fimple, eft réellement plus merveilleufe. Pour qu'un petit morceau de
chair pourrie, de bois pourri, de fruit pourri, devienne le
corps d'un infecte, c'eft-à-dire l'affemblage d'un nombre
prodigieux d'étonnans organes; il faut qu'un agent bien
habile préfide à la formation & à l'arrangement de tous ces
organes; un pareil ouvrage, comme nous l'avons déja dit,
ne peut être executé que par l'Auteur même de l'univers.

Comment a-t-on donc pû fe perfuader que les infectes
fe multiplioient par deux voyes différentes! Je ne me
lafferai point de le répeter, c'eft que les hommes font toûjours la duppe des idées de grand & de petit. Ceux même
qui fçavent le mieux que le grand & le petit ne font que
de fimples rapports, cédent fouvent, fans s'en appercevoir,
aux impreffions que le grand fait fur eux. La difpofition
des grands corps dont le ciel eft orné, leur circulation, la
régularité avec laquelle ils décrivent certaines courbes, les
loix de leurs mouvemens, les temps de leurs révolutions,

leurs vîteſſes relatives à leurs diſtances du ſoleil, ſont l'objet de ſpéculations ſublimes, & dignes des plus beaux gé-
nies. Quelqu'un qui auroit paſſé ſa vie à méditer les mouvemens de ces grands corps, ſoit de ceux qui ſont lumineux
par eux mêmes, ſoit de ceux qui reçoivent du ſoleil la lumiére qu'ils nous renvoyent, paroîtroit s'être occupé des
plus nobles ſujets, & cela indépendamment des utilités qui
pourroient nous revenir des mouvemens des aſtres mieux
connus. Mais celui qui auroit paſſé ſa vie à étudier quelques
parties, quelques organes des inſectes, leurs cœurs, leurs
poulmons, leurs parties deſtinées à la génération, leurs
trompes, leurs yeux ſi compoſés, qui auroit cherché les
cauſes des mouvemens & des actions de ces différentes
parties; celui, dis-je, qui n'auroit eu que de pareilles recherches pour objet, paroîtroit au commun, même des ſça-
vans, s'être occupé de trop peu de choſe. Si on a des idées
ſi différentes de l'objet des derniéres recherches, de celles
que l'on a de l'objet des premiéres, c'eſt que les grandes
étenduës en impoſent. Il y a peut-être plus de difficulté
à expliquer les cauſes du mouvement des liqueurs dans
les inſectes, les préparations & les filtrations de celle qui
devient de la ſoye dans les organes de quelques-uns, l'action
de leur eſtomach, le jeu de leurs admirables poulmons, les
accroiſſemens de ces inſectes, leurs dépouillemens, leurs
transformations; il y a peut-être plus de difficulté à trouver la cauſe du mouvement du moindre muſcle, qu'à trouver celle des mouvemens des corps céleſtes, & ce ſont des
connoiſſances qui ont des rapports plus prochains avec
cette machine dont notre bien-être actuel dépend ſi fort.
Le plus difficile & peut-être le plus utile ne nous paroît
ici le moins eſtimable, que parce qu'il roule ſur des objets incapables de frapper notre imagination par leur grandeur. S'il eût plû à celui à qui les prodiges ne coûtent
rien, que l'on trouvât ſoit ſur la ſurface de la terre, ſoit

dans la terre, des millions de petites boules creufes de criftal, dans la cavité defquelles on découvrît avec d'excel-lens microfcopes, de petits corps qui fe mouvroient con-tinuellement autour d'un centre lumineux, comme les planétes fe meuvent autour du foleil, des efpeces d'atomes dont les mouvemens imitaffent ceux des planétes ; ces petits globes paroîtroient d'abord d'admirables machines ; ce feroit une recherche digne d'un phyficien de connoître les temps des révolutions de ces grains d'une prodigieufe petiteffe, qui y feroient ce que les planétes font dans le grand tourbillon. Mais quand on fe feroit une fois familia-rifé avec ces petits globes, parce qu'on en auroit trouvé par-tout fous fes pas ; quand on viendroit à comparer ce qu'ils ont de merveilleux avec le merveilleux des machines animales de pareil ou de plus petit volume, avec des infe-ctes, ce feroient les machines animales qui fe faifiroient de prefque toute notre admiration. Ce que les petites fphéres nous offriroient de plus frappant, ce feroient les différens mouvemens périodiques de fix à fept globules autour d'un centre. Combien de mouvemens plus admirables & plus variés ne découvrons-nous pas dans les corps des plus petits infectes ! Combien de millions de globules y paffent & repaffent par des chemins dont les courbûres font autre-ment tortueufes que celles des routes que fuivent les corps céleftes ; fi la liqueur qui tient lieu de fang aux plus petits in-fectes eft, comme le fang des grands animaux, compofée de globules en grande partie ! Combien d'autres mouvemens admirables dans ces machines, outre ceux de la circulation ! Il y en a de deftinés à donner entrée à l'air dans le corps, & à l'en faire fortir. Combien de mouvemens font néceffai-res pour l'accroiffement de la machine, pour lui faire pren-dre des matiéres étrangéres ; pour fe les approprier, pour fe les unir, pour en augmenter fon extenfion en tout fens ! Faifons attention à tout ce qui fe paffe dans l'intérieur

de cette

de cette machine pour qu'elle donne naiſſance à un grand
nombre d'autres machines qui lui ſont ſemblables en petit,
& qui l'égaleront par la ſuite en grandeur. Enfin les machines animales nous offrent une infinité d'objets dont chacun
eſt capable d'épuiſer notre admiration ; notre eſprit ne voit
rien d'auſſi ſurprenant, d'auſſi véritablement grand dans le
jeu conſtant de ſix à ſept boules, quelque grandes qu'elles
ſoient, ni même dans les mouvemens conſtans & réguliers
d'une infinité de globes.

Ne craignons pas de placer encore ici une réflexion
qui va à l'éloge des inſectes : pourquoi après tout crain-
drions-nous de trop louer les ouvrages de l'Etre ſuprême !
Une machine nous paroît d'autant plus admirable, & elle
fait chés nous d'autant plus d'honneur à ſon inventeur, que
quoiqu'auſſi ſimple qu'il eſt poſſible par rapport à la fin à
laquelle elle eſt deſtinée, il entre dans ſa compoſition un
plus grand nombre de parties, & de parties très-différentes
entr'elles. Nous avons une grande idée du génie de l'ouvrier qui a ſçû réunir & faire concourir à la même fin tant
de parties différentes & néceſſaires. Celui qui a fait les
machines animées que nous appellons des inſectes, n'a aſſûrément fait entrer dans leur compoſition que les parties
qui y devoient être. Combien, malgré leur petiteſſe, ces
machines nous doivent-elles paroître plus admirables que
celles des grands animaux, s'il eſt certain qu'il entre dans
la compoſition de leur corps beaucoup plus de parties qu'il
n'en entre dans celle des corps énormes des élephans &
des baleines. Pour faire paroître au jour un papillon, une
mouche, un ſcarabé, en un mot, tous les inſectes qui ont
à ſubir des transformations, il a fallu au moins faire l'équivalent de deux animaux, faire une chenille dans laquelle le
papillon prît tout ſon accroiſſement, faire des vers dans
leſquels la mouche & le ſcarabé puſſent croître.

Tome II.   e

Nous paſſons au ſecond des deux articles ſur leſquels nous avons trop peu inſiſté dans le premier Mémoire du premier volume, & nous y paſſons d'autant plus volontiers, que nous continuerons d'examiner ce qui a été allégué de plus poſitif, pour prouver que les inſectes naiſſent de corruption, & ſur-tout la réalité des faits les plus propres à diſpoſer favorablement pour le ſyſteme du Pere Kircker. Sur quoi nous voulons donc appuyer actuellement plus que nous ne l'avons fait, c'eſt ſur la défiance dans laquelle on doit être par rapport à la vérité des faits rapportés par pluſieurs Naturaliſtes. Les faits ſont aſſûrément les ſolides & les vrais fondemens de toutes les parties de la phyſique; & l'hiſtoire naturelle n'eſt preſque que le récit de la ſuite des faits que la nature nous offre. Le raiſonnement ne doit jamais ſe trouver en oppoſition avec des faits certains ; mais le raiſonnement doit nous faire diſtinguer entre les faits qui ont été rapportés, ceux à qui nous devons une pleine croyance, de ceux qui ſont équivoques, & de ceux qui ſont faux. Il ne permettra pas d'adjoûter foi à ceux qui ſont directement contraires à d'autres dont la certitude nous eſt connuë; il ne nous permettra pas de recevoir pour vrais ceux qui détruiſent des principes inconteſtables. Enfin la critique a établi des regles pour juger des faits; le détail de ces regles ſeroit aſſés inutile ici; on ſçait de reſte que des faits rapportés ſur des ouis-dire, & que des faits rapportés par des Auteurs dont la bonne foi eſt ſuſpecte, ne prouvent rien. Mais on ne ſçait pas aſſés combien peu d'hommes ſont capables de bien voir en matiére de phyſique & d'hiſtoire naturelle; ce n'eſt pas une qualité auſſi commune qu'on ſe le pourroit imaginer, que celle de ſçavoir donner ſon attention à toutes les circonſtances d'un fait qui méritent d'être obſervées. Trop ſouvent l'obſervateur eſt dans des diſpoſitions propres à lui montrer les

objets tout autres qu'ils ne font. L'amour outré du merveilleux, un trop fort attachement à un fyfteme lui fafcinent
quelquefois les yeux. Goedaert nous fournira un exemple
des effets que la prévention peut produire dans l'obfervateur; il a cru que des infectes pouvoient donner naiffance
à d'autres infectes d'une efpece différente de la leur. Il a
vû fortir des vers du corps d'une chenille, & il a cru que
ces vers étoient les véritables enfans de la chenille. Plein
de cette idée, il a penfé que la chenille prenoit des foins
pour fes petits nouvellement nés; il a cru enfuite voir
cette chenille filer une coque de foye pour les couvrir, &
il nous rapporte qu'il l'a vû. Si la véritable origine de ces
vers lui eût été connuë, s'il avoit fçû qu'ils la devoient à une
mouche qui avoit dépofé dans le corps de la chenille des
œufs dont ils étoient fortis, il n'eût pas penfé que la chenille eût été capable de fentimens tendres pour des vers
qui avoient dévoré une grande partie de fon intérieur; il
n'eût pas imaginé alors qu'elle eût dû filer pour les couvrir, & il eût vû alors qu'elle ne file point pour eux; que
ce font les vers eux-mêmes qui, peu après leur naiffance,
fe filent chacun une petite coque; que ce font eux-mêmes qui filent une enveloppe générale, fous laquelle toutes les petites coques font renfermées, comme il eft expliqué dans le onziéme Mémoire.

Mais le Pere Kircker eft plus propre qu'aucun Auteur
que je fçache, à nous montrer ce que peut la prévention
pour un fyfteme, pour faire voir ce qui n'eft pas, & pour empêcher de voir ce qui eft. Ce célebre & laborieux E'crivain
avoit affûrément de meilleurs yeux qu'il n'en faut pour
voir les faits qu'il nous affûre avoir vûs par rapport à la
génération des infectes; il en rapporte beaucoup de la certitude defquels il eft fi convaincu, qu'il invite à répeter
après lui les expériences qui les donnent; & ce font des

expériences simples, qui, pour être répetées, demandent
peu de peine & peu de temps. Tant de faits fi authenti-
quement atteftés, font pourtant faux. Je fuis néantmoins
perfuadé que le Pere Kircker les croyoit vrais ; rien ne
porte à foupçonner fa probité, & il n'eft nullement à préfumer qu'il en ait voulu impofer à fes contemporains, & à
toute la poftérité, avec une hardieffe dont les hommes les
plus méprifables, les plus déterminés menteurs, ne feroient
pas capables.

   Ce fçavant Jéfuite étoit convaincu qu'il n'y a pas une
petite parcelle d'un infecte qui ne pût devenir un infecte
tel que celui dans la compofition duquel elle entre. Plein
de cette idée, il a cru voir naître, & nous affûre l'avoir vû,
des milliers de fourmis du cadavre d'une feule fourmi ; de
forte, dit-il, que tout le cadavre fembloit fe réfoudre en
fourmis. Au refte il nous affûre qu'il n'eft point particulier aux fourmis qui fe corrompent, de fe transformer en
d'autres fourmis ; qu'il arrive en pareil cas aux fcarabés &
à tous les autres infectes de fe transformer en des milliers
d'infectes de leur efpece. Voilà des faits bien communs
& bien fimples ; ce font pourtant des faits que perfonne
n'a jamais vûs depuis le Pere Kircker, & qu'affûrément on
ne verra jamais, fi les loix de la nature reftent telles qu'elles
font. Qu'on obferve un cadavre de fourmi, ou il fe confervera fec, ou il fera diffous par la pourriture ; tout ce
qu'on pourra voir dans certaines circonftances, c'eft que
ce cadavre fera rongé par des vers, ou par d'autres infectes que le préjugé du Pere Kircker lui a apparemment
fait prendre pour des fourmis.

   La recepte qu'il nous donne pour produire des fcor-
pions, eft plus curieufe, & elle mérite d'autant plus d'être
rapportée, que le Pere Kircker, après en avoir fait l'é-
preuve avec fuccès, invite le lecteur à la répeter, il lui

certifie qu'il la trouvera très-véritable. Prenez des cadavres de scorpions, broyez-les, mettez-les dans un vase de verre, arrosez-les d'une eau dans laquelle des feuilles de basilic ayent été macérées; pendant un jour d'été, exposez-le tout au soleil. Si vous observez ce mêlange avec une loupe, vous verrez qu'il s'est converti dans une innombrable quantité de scorpions. On apperçoit bien ce qui peut en avoir imposé ici au Pere Kircker, il aura pris des insectes des liqueurs pour des scorpions. Ce qui l'embarasse dans ce fait, n'est pourtant pas la naissance de tant de scorpions, c'est la sympathie que la plante appellée basilic peut avoir avec le scorpion.

Tout le monde ne peut pas répeter l'expérience qui fait naître des scorpions, quelque simple qu'elle soit, parce que tout le monde n'a pas des scorpions; mais le Pere Kircker nous indique une expérience aussi certaine, & qu'on peut faire en tous lieux: c'est une maniére aussi commode de produire des vers de terre. On fera périr & sécher les vers de terre; on les réduira en poudre; on remplira un vase d'une terre grasse & douce, & on mêlera avec cette terre la poudre des vers desséchés; on aura soin d'arroser la terre d'eau de pluye. Voilà tout fait, tout préparé, les vers ont été bien semés, on n'aura que trois à quatre jours à attendre, au bout desquels on trouvera que toute la terre du vase fourmille de vers. Ils ne seront pas alors plus gros, à la vérité, que les plus petits vers du fromage; mais qu'on se donne un peu de patience, & ce Pere nous assûre qu'on les verra parvenir à la grandeur des vers de terre ordinaires. Au moyen de cette expérience, le Pere Kircker explique à merveille la prodigieuse multiplication des vers de terre, pourquoi les chemins en paroissent pleins après les pluyes qui ont arrosé les cadavres des vers de terre morts & desséchés. Est-il encore des physiciens, des philosophes qui puissent adjoûter quelque foi à de telles expériences! En est-il

même à qui elles puissent faire naître quelque doute, sur-
tout parmi ceux qui ont admiré les deux sexes réunis dans
chaque ver de terre, & qui ont vû comment se fait leur
double accouplement ! Sont-ce des expériences qui puissent mériter d'être répétées ! J'avouë que j'ai une espece
de honte de dire que j'ai semé de la poudre de vers de
terre, avec les précautions marquées par Kircker, & que
j'ai planté en terre comme des boutures, des morceaux
de vers très-secs, sans qu'il en soit jamais né un seul ver de
terre. Il falloit avoir le droit complet de dire que ces faits
sont faux, pour répondre d'une maniére satisfaisante à des
gens qui pensent qu'il n'y a aucune espece d'évidence qui
puisse être opposée à des faits qu'on soûtient vrais.

Enfin, le Pere Kircker fait naître les insectes de presque
toutes les especes, d'une maniére équivalente à celle que
nous venons de rapporter. Il adjoûte pourtant quelquefois des circonstances particuliéres; par exemple, par rapport aux serpens, il veut qu'on les fasse rotir avant que de
les pulvérifer, pour les mettre en état d'être semés. Leur
poudre mêlée avec une terre convenable qui sera arrofée
d'eau & expofée au soleil, donnera au bout de huit jours de
petits vers qu'on élevera, & qui deviendront des serpents
parfaits, qui pourront ensuite se multiplier par l'accouplement, & cela si on a foin d'arrofer de lait mêlé avec de
l'eau la terre dans laquelle font les jeunes serpents. Redi
s'est donné la peine d'éprouver cette derniére recepte, on
croit bien qu'il n'a pas eu la satisfaction de la voir réuffir.

Nous rendrions cet article trop long fi nous continuions
de rapporter tous les faits de même espece fur la génération
des grenouilles, des mouches à deux aîles, des coufins,
des abeilles, des guefpes, des chenilles, des fauterelles, &c.
que le Pere Kircker attefte véritables pour les avoir vûs &
bien obfervés. Malgré ce que ces faits peuvent avoir de
plaifant, ils nous font faire des retours fur nous-mêmes,

capables d'attrifter ; ils nous montrent trop les bornes de l'efprit humain ; ils nous apprennent que les préjugés peuvent fur nous beaucoup plus que nous ne l'imaginerions, puifqu'ils ont fait voir à un homme fi célébre tant de faits qui n'ont jamais exifté. Le Pere Kircker croyoit pourtant que les infeétes peuvent fe multiplier par l'accouplement, il l'accorde au moins à plufieurs ; mais il ne penfoit pas que ce fût la feule maniére dont ils fe reproduifent, il en indique beaucoup d'autres. On apperçoit affés ce qui peut lui en avoir impofé dans certaines circonftances, comme lorfqu'il fait naître les mouches à miel, les guefpes, les bourdons, &c. de la pourriture de différentes matiéres ; toutes ces derniéres mouches ont quatre aîles, mais il y a plufieurs efpeces de mouches à deux aîles, qui peuvent occafionner des méprifes ; il y en a qui au premier coup d'œil reffemblent à des abeilles ; il y en a d'autres qui reffemblent à des frelons ; d'autres qui reffemblent à des bourdons. Ces mouches dépofent leurs œufs fur différentes matiéres corrompuës, & fur plufieurs efpeces d'excrémens. Les vers éclos des œufs fe nourriffent des matiéres fur lefquelles les œufs ont été dépofés ; ils croiffent dans ces matiéres, ils s'y transforment par la fuite dans des mouches à deux aîles qui ont été prifes pour des abeilles, des frelons, des bourdons, &c. Nous donnerons dans un autre volume les hiftoires des différentes mouches à deux aîles qui ont trompé des obfervateurs trop peu attentifs.

Malgré tous les faits qui ont été rapportés foit par les anciens, foit par les modernes, on doit donc regarder les principes fuivans, comme des principes certains de l'hiftoire des infeétes. 1.º Qu'il n'y a aucune efpece d'infeéte qui ne foit ovipare ou vivipare ; qui ne fe perpétue, foit en pondant des œufs, foit en mettant au jour des petits vivans.

2.º Qu'il n'eft point d'infeéte qui naiffe véritablement

de la corruption d'aucune matiére foit végetale, foit animale, de la corruption d'aucune matiére que ce foit; mais
les matiéres qui fe pourriffent, donnent fouvent une nourriture convenable à des infectes naiffans.

3.° Qu'aucune efpece d'infectes n'engendre véritablement aucun infecte d'une efpece différente de la fienne,
& propre à fe perpétuer; mais il arrive fouvent qu'une efpece d'infectes fournit de la nourriture, & même des fortes
de nids à des infectes d'efpeces différentes de la fienne; les
chenilles, par exemple, n'engendrent point ces vers qui
fortent de leur corps pour fe transformer en mouches; ces
vers naiffent d'œufs pondus par des mouches femblables à
celles dans lefquelles ils fe transforment. Nous ne fçavons
pourtant pas encore s'il n'arrive point parmi les infectes,
que ceux d'efpeces différentes s'accouplent quelquefois
enfemble, comme il arrive que deux quadrupédes d'efpeces
différentes, & même de genres différens, & que deux oifeaux d'efpeces différentes & de genres différens s'accouplent enfemble; mais nous devons penfer que s'il fe fait
parmi les infectes de ces accouplemens contraires aux regles ordinaires, & que fi des infectes en naiffent, ces derniers infectes ne fçauroient fe perpétuer. Si, par exemple,
de l'accouplement d'un petit papillon avec une mouche,
il naiffoit des infectes qui ne fuffent ni mouches, ni papillons, ces nouveaux infectes feroient apparemment auffi
incapables de fe multiplier que le font les mulets qui naiffent de l'accouplement d'une jument avec un âne. L'auteur de la nature a voulu que notre terre fût peuplée d'un
nombre prodigieux d'efpeces d'animaux, il lui en a donné
ce qu'il convenoit qu'elle eût; mais il n'a pas voulu que le
nombre des efpeces y augmentât à l'infini. Avec le temps
la terre n'eût pas fuffi à nourrir les efpeces d'animaux auxquels elle a été accordée, fi de nouvelles efpeces, propres
à produire d'autres efpeces nouvelles euffent pû paroître
journellement. 4.° Nous

4.º Nous pouvons prendre encore pour principe que les especes des insectes sont aussi invariables dans leurs formes, que le sont les especes des grands animaux. Je veux dire que de quelques alimens qu'un insecte se nourrisse, il ne deviendra pas un insecte d'une espece différente de celle dont il eût été, ou d'une forme différente de celle qu'il eût euë, s'il se fût nourri de tous autres alimens. Quoique, par exemple, le Pere Kircker croye avoir observé que si un papillon laisse, ce que ce Pere appelle les excrémens du papillon, & qui sont ses œufs, que si le papillon, dis-je, laisse ses œufs sur des plantes, sur des arbres, sur des fleurs différentes, les chenilles qui sortent des œufs, deviennent différentes selon la nature & la qualité de l'arbre, de la plante, de la fleur, & qu'elles se transforment en des papillons différens; quoiqu'il croye que c'est là la vraye cause des varietés que les papillons nous offrent, il est constant cependant, pour s'en tenir à cet exemple, qu'une chenille d'une certaine espece ne vit que des feuilles d'un certain nombre d'especes de plantes, & que de quelque plante qu'elle se soit nourrie, elle se transforme en un papillon semblable à celui d'un des œufs duquel elle est sortie. En un mot, il n'est pas plus certain que les poulets nourris d'œufs de fourmis ne deviennent pas des perdrix, que quelqu'aliment qu'on donne à un perdreau rouge, il ne deviendra jamais une perdrix grise, qu'il est certain que de quelques feuilles que se nourrisse une chenille, elle deviendra un papillon semblable à celui à qui elle doit la naissance.

Je donnerai encore ici un supplément à un des Mémoires du premier volume, au quatriéme. J'ai expliqué dans ce Mémoire comment les chenilles changent de peau plusieurs fois dans leur vie, comment elles parviennent à laisser une dépouille si complette que tout l'extérieur d'une

chenille s'y trouve. J'y ai fait voir que les poils qui paroissent
sur le corps d'une chenille veluë, étoient auparavant cachés & rassemblés en paquets sous la peau que la chenille
a quittée, & j'ai indiqué les usages que ces poils peuvent
avoir pour séparer la vieille peau de celle qui doit bien-tôt
être exposée au jour. Enfin j'y ai décrit les mouvemens
& les efforts au moyen desquels une chenille vient à bout
de faire fendre sa peau au-dessus du dos, assés près de la
tête. Dès qu'il s'est fait là une fente, elle est bien-tôt ag-
grandie par la partie du corps qui tend à sortir par une
ouverture trop petite. C'est dans l'endroit le plus foible
que la peau créve, & cet endroit est le même dans cent
& cent chenilles de même espece, & dans cent & cent
chenilles d'especes différentes. La régle générale & très-
générale, est que la chenille sort de sa vieille peau par l'ouverture qu'elle s'est faite sur le dos près de la tête; cependant
M. Bazin a observé une espece de chenille dont la peau
se fend sur le côté, c'est par le côté de sa vieille peau que
la chenille s'en tire. Je n'ai point vû cette chenille dans
l'opération, mais j'en ai eu plusieurs de la même espece
qui ont changé de peau dans les poudriers où je les tenois
renfermées. Quand j'ai examiné les dépouilles qu'elles
avoient laissées, j'ai vû effectivement que la fente qui avoit
permis à la chenille de sortir, étoit un peu au-dessus de la
ligne des jambes, c'est-à-dire dans un endroit assés éloigné
du dessus du dos. Là est l'endroit le plus foible de la peau
des chenilles de cette espece, qui sont grosses & veluës,
& dont il y en a une représentée tome I. pl. 35. fig. 1.

Le Pere de Lignac de l'Oratoire, capable de faire des
observations sur des sujets qui donnent moins de prise aux
sens que les chenilles, capable des plus abstraites spécula-
tions de métaphysique, a vû sur l'épine une chenille d'une
espece qu'il m'a écrit être assés semblable à celle qui est

gravée tome I. pl. 32. fig. 11. qui s'étoit tirée de sa vieille
peau par une fente qu'elle y avoit faite le long du ventre.
Ainsi quoique dans le commun des especes de chenilles,
ce soit au-dessus du dos que la peau est le plus foible, il y
a quelques especes qui l'ont plus foible sur le côté, & d'autres qui l'ont plus foible sous le ventre.

Enfin, M. Bazin m'a écrit qu'il avoit observé une chenille veluë à poils roux qui vit sur le sureau, qui a encore
une autre façon de se tirer de sa dépouille; elle force son
vieux crane à se détacher tout d'une piece; le vieux crane
tombe comme un bonnet tomberoit de dessus la tête; la
chenille pousse ensuite son corps en avant; elle le fait sortir peu à peu de la vieille peau par l'ouverture que le vieux
crane y a laissée, mais elle n'oblige point la peau dont elle
se tire, à se fendre. Quand une chenille, & sur-tout quand
celle dont nous venons de parler, paroît avec sa nouvelle
peau, on est souvent surpris de lui voir une si grosse tête.
On ne conçoit pas comment le nouveau crane pouvoit
être contenu sous l'ancien. J'ai dit aussi tome I. Mém. iv.
pag. 190. qu'il falloit nécessairement que le nouveau crane,
lorsqu'il est sous l'ancien, eût une forme allongée; qu'il ne
pouvoit y en avoir qu'une partie placée sous l'ancien, &
qu'il devoit s'étendre jusques sous le premier anneau. M.
Bazin m'a écrit qu'il avoit vû ce que je n'avois fait que
soupçonner; la chenille qui pour changer de peau, fait
tomber son vieux crane, le lui a permis. Dans des temps
prochains du fort de l'opération, la vieille peau du premier
anneau & le vieux crane sont très-transparens; il a vû, à
ce qu'il assûre; très-distinctement les machoires du nouveau crane sous l'ancien, & cinq des yeux du nouveau
crane sous la vieille peau du premier anneau. Plus on observera, & plus on trouvera d'additions à faire à nos Mémoires, & plûtôt on parviendra à sçavoir les faits les plus
curieux de l'Histoire des Insectes.

f ij

J'aurois même déja des additions à faire à quelques-uns des Mémoires de ce second volume; ce n'est, par exemple, que depuis que le huitiéme Mémoire a été imprimé, que j'ai eu le papillon d'une arpenteuse dont il est parlé dans ce Mémoire, & qui est remarquable par ses attitudes variées & bizarres. Elle est gravée pl. 27. fig. 17. & 18. Le papillon de cette chenille, qui est de la quatriéme classe des nocturnes, est pourtant un de ceux que les Naturalistes jugeront des plus dignes d'être connu, parce qu'il a un port d'aîles propre à caractériser un nouveau genre de papillons nocturnes. Soit qu'il marche, soit qu'il soit en repos, il tient toûjours ses quatre aîles élevées, mais de façon qu'il reste un espace vuide affés considérable, entre les deux aîles d'un côté, & les deux autres de l'autre côté; une portion de chacune des inférieures est pliée, & vient s'appliquer sur le dessus du corps, elle le couvre & le cache; par cette derniére circonstance, le port d'aîles de ce papillon nocturne ressemble à celui des papillons diurnes de la quatriéme classe. Nous trouverons quelqu'autre occasion de faire mieux connoître ce papillon, & d'en faire graver des figures que nous n'avons pas eu à temps, pour les pouvoir placer dans la planche 27. où elles auroient dû être.

En lisant ce volume, on trouvera une incommodité qu'il ne m'a pas été possible d'épargner, on y est souvent renvoyé aux planches du premier volume. Il seroit plus agréable d'avoir dans le livre qu'on lit toutes les figures dont il y est fait mention, mais on ne voudroit pas avoir un livre très-grossi par des planches qu'on a ailleurs; pour épargner les renvois aux figures du premier volume, il eût fallu faire reparoître dans ce second une bonne partie de celles qui sont dans l'autre. Il m'est revenu affés généralement qu'on avoit trouvé le premier volume d'une grosseur qui le rendoit incommode à tenir & à manier; il a été aifé de ne pas laisser le même défaut à celui-ci; je désirerois fort qu'ils n'euſſent l'un & l'autre que des défauts auſſi aiſés à corriger.

Je dois chercher à complaire à ceux qui aiment les inſectes; c'eſt auſſi en faveur de ceux qui aiment les papillons,
qui, ſenſibles à la beauté, à l'éclat, & à la varieté des couleurs de leurs aîles, tâchent d'en attraper pour les con-
ſerver ſecs, c'eſt en faveur, dis-je, de ces curieux que j'ai
donné pour ſujet de la Vignette du premier Mémoire de
ce Volume, une chaſſe aux papillons. L'inſtrument qui m'a
paru le plus propre pour les prendre ſans gâter leurs aîles,
y eſt repréſenté. On y a auſſi repréſenté des hommes munis
de cet inſtrument, & qui en font uſage. Je crois d'ailleurs
qu'il devroit être mis au nombre de ceux dont les jardiniers
ſe ſervent. Une partie du fruit de leurs travaux ne leur ſeroit
pas ſi ſouvent enlevée par les chenilles, ils conſerveroient
bien des légumes, ſi, comme je le dis dans le huitiéme
Mémoire, ils ſe divertiſſoient de temps en temps à prendre les papillons de leurs jardins. Tuer un ſeul papillon femelle, c'eſt quelquefois détruire trois à quatre cens chenilles, avant qu'elles ayent encore fait le plus petit déſordre.

L'inſtrument propre à cette chaſſe eſt un filet formé,
ſoit d'un rézeau pareil à celui des filets des pêcheurs, mais
plus ſerré, ſoit d'un rézeau pareil à celui des coëffes de
perruques, ſoit même d'une ſimple gaze, ſi on ne s'embar-
raſſe pas qu'il dure long-temps. Un gros fil de fer roulé en
cerceau de treize à quatorze pouces de diamétre, eſt la baſe
de ce filet; on prend le fil de fer un peu plus long qu'il n'eſt
néceſſaire qu'il le ſoit pour former le cerceau, & cela afin
de donner une eſpece de queuë à ce cerceau, en tortillant
les deux bouts du fil l'un ſur l'autre dans une longueur
de deux à trois pouces. On lie cette queuë contre un des
bouts d'une canne longue à volonté, ou on fait entrer
cette queuë dans le bout creux d'une canne qui ſert de
manche à l'inſtrument. On recourve le cerceau de fer
d'un ruban de fil plié en deux, & dont les deux bords ſont

appliqués l'un fur l'autre, & coufus enfemble du côté de la circonférence intérieure du cerceau; c'eft à ce ruban qu'on coud un morceau circulaire de rézeau, ou de gaze. Le milieu de ce rézeau doit avoir une ouverture circulaire affés grande pour laiffer paffer la main librement. Enfin tout autour de cette ouverture on coud un des bouts d'une autre piece de gaze, ou de rézeau : fi celle-ci fe foû-tenoit en l'air, elle formeroit une poche cylindrique, une efpece de manchon. L'autre bout de cette poche porte un ruban, au moyen duquel on peut le plifler & fermer comme une bourfe. Cette efpece de poche eft la partie effentielle à l'inftrument pour prendre le papillon, & pour le prendre fans gâter fes aîles. On imagine affés comment on peut couvrir avec le filet un papillon pofé à terre, ou en quelqu'endroit convenable; mais s'il falloit foûlever le filet pour paffer la main deffous, le papillon profiteroit de l'ouverture pour s'échapper, ou on fe prefferoit trop de le faifir, & on ne pourroit pas ménager affés fes aîles. Au moyen de la poche, on n'eft point obligé de foûlever le filet; on ouvre le bout de cette poche, on fait entrer fa main dedans, & on prend à loifir & doucement le pa-pillon; ainfi on conferve fes aîles avec toute leur fleur. Je connois des chaffeurs exercés qui, avec ce filet, attrapent même des papillons en volant. Ils élevent leur filet au-deffus & vis-à-vis du papillon qui vole, ils conduifent en-fuite promptement le filet contre terre, ou ils le raménent contre une des bafques du devant de leur habit, & le pa-pillon fe trouve pris.

TABLE
DES MEMOIRES
CONTENUS DANS CE VOLUME.

TABLE.

MEMOIRES

MEMOIRES
POUR SERVIR
A L'HISTOIRE
DES INSECTES.

PREMIER MEMOIRE.

DE LA DUREE DE LA VIE
DES CRISALIDES;

Des moyens de la prolonger, & des moyens de l'abréger;
Et comment on peut prolonger & abréger la durée
qui semble prescrite à la vie complette de quantité
d'Insectes de différents genres.

DANS le dernier Memoire du premier volume, nous avons vû le papillon sortir de ses enveloppes de crisalide; nous l'avons laissé avec ses aîles bien étenduës: il semble que nous n'avons plus qu'à le suivre dans ce qu'il va faire pendant le reste de sa vie. Ce ne sera pourtant

Tome II. .A

que dans le second Memoire que nous acheverons son histoire. Dans celui-ci, nous croyons devoir retourner encore une fois à la crisalide, sous la forme de laquelle le papillon a souvent passé la plus longue partie de ses jours.

Qu'il y ait des insectes de différens genres, ou même de différentes especes, dont la durée de la vie soit considérablement plus longue que celle des autres; cela est dans l'ordre auquel nous sommes accoûtumés: mais il doit nous paroître bien singulier qu'il y ait des animaux de même espece, qui, lorsqu'ils naissent dans une saison, vivent quatre à cinq fois moins de temps que lorsqu'ils naissent dans une autre saison, quoique la vie de ceux dont la durée est si courte, ne soit abrégée par aucune maladie ni par aucun accident, & quoiqu'ils parviennent à la même grandeur à laquelle parviennent ceux dont la vie est si considérablement plus longue. En un mot, la vie de ceux dont la durée est si courte, est aussi complette que la vie de ceux de même espece, dont la durée est beaucoup plus longue. La vie complette, selon l'institution de la nature, n'est qu'une suite de degrés d'accroissement, & une suite de degrés de décroissement ou de dépérissement. L'animal qui a passé par les mêmes suites de degrés d'accroissement & de décroissement dans un ou deux mois, a eu une vie aussi complette, que celle de l'animal qui n'a passé par ces suites de degrés d'accroissement & de décroissement qu'en une ou en plusieurs années. Or, quand certains insectes naissent dans une saison, le cours de leur vie complette est quatre à cinq fois plus long, que lorsqu'ils naissent dans une autre saison. Il en est de ces insectes comme il en seroit des hommes, si ceux qui naissent sous les zones froides, vivoient quatre à cinq siecles, pendant que ceux qui naissent entre les tropiques ou sous l'équateur auroient peine à atteindre quatre-vingt ans. Une belle & singuliere chenille qui vit du fenouil, nous a donné

occafion ailleurs * de faire remarquer, que lorfque des chenilles de cette efpece fe transforment en crifalides vers la
fin d'Août ou dans le commencement de Septembre, leurs
crifalides paffent l'hyver & reftent crifalides pendant neuf
à dix mois, ou, ce qui eft la même chofe, le papillon vit
néuf à dix mois caché fous les enveloppes de crifalide;
au lieu que lorfque les chenilles de la même efpece fe métamorphofent en crifalides dans le mois de Juillet, chaque crifalide ne refte crifalide que treize jours, le papillon
au bout de treize jours eft en état de fe tirer de fes enveloppes. Voilà donc des crifalides qui ne vivent crifalides
que treize jours, pendant que d'autres de la même efpece
vivent crifalides pendant dix mois. Les parties de certains
papillons n'acquiérent qu'en dix mois la confiftance, la folidité & la force que les parties de quelques autres papillons de même efpece acquiérent en treize jours.

Les durées totales des vies des infectes de même efpece,
qui doivent eftre succeffivement chenilles, crifalides & papillons, & qui font nés dans des faifons différentes, ne font
pas entr'elles dans un rapport auffi différent que celui des
vies des crifalides, que celui de treize jours à dix mois;
mais elles ne laiffent pas de l'être dans un rapport qui ex-
prime une différence qui nous doit paroître confidérable.
L'infecte né en Juillet fous la forme de chenille, ne perira l'année fuivante fous la forme de papillon, que dans
le mois de Juin, & l'infecte né fous la forme de chenille
dans le mois de May, perira fous la forme de papillon,
dans le mois de Juillet de la même année. Enfin, l'un
pour être né peut-être un mois plus tard, vit onze mois
& plus, pendant que la vie de celui qui eft né un mois
plûtôt, eft fixée à deux mois ou à deux mois & demi.

Un grand nombre d'efpeces de chenilles, foit de celles qui donnent les papillons diurnes, comme la chenille

A ij

* Tom. I.
mem. XI. p.
462. Pl. 30.
f 8. 2. 3. & 4.

du fenouil que nous venons de citer, foit de celles qui donnent des papillons nocturnes, pourroient nous fournir des exemples d'infectes, qui quand ils naiffent au printemps, ont une vie très-courte, en comparaifon de celle des infectes de même efpece qui naiffent en été.

Par rapport aux chenilles qui donnent des papillons nocturnes, on n'a qu'à fuivre dans nos jardins celle qui eft caractérifée par une piramide charnuë, * pofée fur le quatriéme anneau, qui eft remarquable par deux rayes d'un beau jaune, & qui vit des feuilles de tous nos arbres fruitiers, & par préférence de celles du prunier & de l'abricotier. Cette chenille, dis-je, nous donnera des occafions commodes de faire des obfervations femblables à celles que nous venons de rapporter fur la chenille du fenouil, fur fa crifalide & fur fon papillon.

* Tom. 1. Pl. 42. fig. 6.

Il a été bien prouvé * que l'infecte que nous appellons chenille, eft un papillon caché fous des vêtémens organifés dont il a befoin pour croître; que le papillon croît fous la forme d'une chenille, & que c'eft fous la forme de crifalide que fes parties fe fortifient. La grande différence qui fe trouve entre la durée de ces infectes, tombe fur le temps neceffaire pour rendre leur accroiffement complet: car on peut regarder comme une forte d'accroiffement, le temps pendant lequel des parties qui ont toutes leurs dimenfions, acquiérent la fermeté & la folidité qui leur eft neceffaire, & c'eft ce qui fe fait tant que le papillon paroît crifalide. L'accroiffement du papillon eft donc plus prompt ou plus lent, felon que le temps lui eft plus ou moins favorable. L'accroiffement du papillon, comme celui des plantes, dépend des faifons: du bled, du froment femé en Octobre ou en Novembre, ne parvient gueres plûtôt à maturité, que du bled qui n'a été femé qu'en Mars ou en Avril, & cela, parce que le bled paffe tout l'hyver en terre

* Tom. 1. mem. VIII.

fans croître fenfiblement. Cent autres plantes croiffent plus en deux femaines d'un temps favorable, que dans plufieurs mois d'un temps très-froid ou trop fec. Cette analogie qui fe trouve entre l'accroiffement des papillons & celui des plantes, ne nous doit pourtant paroître finguliere, que parce que nous ne fommes pas accoûtumés à en voir une pareille entre l'accroiffement des plantes & celui des grands animaux.

Nous voyons affés pourquoy la chaleur eft neceffaire à l'accroiffement des plantes, puifque nous voyons que c'eft elle qui met en mouvement dans leur intérieur cette feve, dont une portion doit s'unir à leurs parties. L'efpece d'accroiffement qui fe doit faire dans le papillon fous la forme de crifalide, ne dépend pas du fuc nourricier qui lui fera apporté de dehors; il a fait fa provifion de tout celui qui lui eft neceffaire, lorfqu'il étoit fous les enveloppes de chenille. Mais ce fuc nourricier demande à être mieux diftribué, à être digeré, & fur-tout à être épaiffi. Nous avons vû que toutes les parties du papillon qui vient de fortir de deffous la peau de la chenille, n'ont que la confiftance d'une bouillie; elles font, pour ainfi dire, trop délayées, elles ne peuvent prendre une confiftance convenable, à moins qu'une partie de la liqueur trop fluide dont elles font imbibées, ne s'evapore; ce n'eft que par la tranfpiration que la portion excedente de ce liquide peut être chaffée. Mais cette tranfpiration fe fait difficilement à travers les enveloppes de la crifalide, qui font comme cruftacées, & par confequent très-compactes; un certain degré de chaleur eft donc neceffaire pour produire cette tranfpiration.

Des expériences rapportées dans le premier volume * ont appris, que certaines efpeces de crifalides ont perdu environ un dix-huitiéme de leur poids, lorfque le papillon

* I. vol.
mem. VIII.
pag. 383.

A iij

est prêt à paroître libre. Des crisalides d'autres especes peuvent en perdre davantage, & d'autres peuvent en perdre moins; mais toûjours le papillon ne devient en état de se tirer des enveloppes de crisalide, que quand il a transpiré une certaine quantité de matiere aqueuse. D'autres expériences m'ont fait voir cette matiere, qui s'échappe du corps des crisalides par l'insensible transpiration. Dans le mois de Juillet, j'ai renfermé des crisalides, chacune dans un tube de verre de quatre à cinq pouces de longueur, & scellé hermetiquement par les deux bouts. Un des bouts de quelques-uns de ces tubes avoit même été renflé en boule. Quelques-unes des crisalides à qui j'avois ôté toute communication avec l'air intérieur, étoient venuës de la plus belle des chenilles du chou. Au bout de quelques jours je vis des gouttelettes de liqueur attachées contre les parois intérieures de la boule; elles s'y multipliérent chaque jour, elles coulérent dans l'endroit le plus bas, où rassemblées elles avoient un volume qui surpassoit celui de huit à dix grosses gouttes d'eau jointes ensemble, une partie du corps de la crisalide étoit dans l'eau. Cette liqueur étoit aussi claire & aussi transparente que de l'eau le peut être. Les crisalides que j'ai mises dans d'autres tubes étoient venuës de chenilles qui donnent des papillons nocturnes, elles sont restées cinq à six mois dans les tubes sans paroître sensiblement alterées; mais les papillons n'en sont point sortis; ils ont péri, peut-être, parce que la liqueur qui transpiroit de leur corps étoit ensuite employée à mouiller ou à tenir trop humide la peau de la crisalide. Mais quand le papillon seroit né dans chaque tube, nous n'en aurions pas mieux vû ce que nous voulions voir, que les crisalides transpirent, & que ce qui s'échappe de leur corps est une liqueur très-claire.

Il est donc certain que le papillon ne devient en état

de se tirer de son fourreau de crisalide, que ses parties ne sont suffisamment fortifiées ou affermies, que lorsqu'il s'en est échappé une certaine quantité de liqueur par la voye de l'insensible transpiration ; que la chaleur est l'agent le plus propre à faire évaporer le trop d'humidité dont les parties du papillon étoient baignées ; enfin que selon que cette quantité de matiere est enlevée plus promptement ou plus lentement, le papillon doit conserver plus ou moins long-temps la forme de crisalide.

Ce principe simple m'a paru nous conduire à conclurre que nous pourrions abréger ou prolonger à notre gré la durée de la vie complette, non seulement de toutes les especes d'insectes qui doivent devenir papillons, non seulement de celles dont les individus ont des durées de vie inégales selon le mois dans lequel ils naissent, mais que nous pouvions de même allonger ou accourcir celle de toutes les especes de papillons, dont les individus ont vécu jusqu'ici un temps à peu près égal, & généralement celle de tous les insectes qui se métamorphosent en crisalides & en nimphes qui n'ont pas besoin de prendre de nourriture, comme font tant de scarabés de genres différents, & comme font tant de genres de mouches. Enfin il m'a paru que nous devions conclurre qu'il y avoit une infinité de machines animales, dont nous pouvions accélerer ou retarder l'accroissement, comme celui des plantes, quoique ces machines animales, méprisées par ceux qui ne les ont jamais considérées avec attention, soient plus composées, plus admirables & faites peut-être avec plus d'artifice que celles qui nous interessent le plus, & dont nous avons la plus grande idée. Quoiqu'il ne s'agisse que d'insectes, il étoit curieux, ce me semble, de faire les expériences propres à apprendre si notre puissance sur eux alloit jusqu'à pouvoir abréger & allonger le cours de leur vie. D'ailleurs, ces

experiences m'ont paru propres à étendre nos connoiffances fur l'œconomie animale en general, & n'avoir pas
des rapports auffi éloignés qu'on le pourroit croire avec
ce qui nous regarde de plus près.

Par rapport au raccourciffement de la vie des infectes,
il ne s'agiffoit que de fçavoir fi ceux qui paffent tout l'hyver, & fouvent huit à dix mois en crifalide, ne vivoient
fi long-temps dans cet état, que faute d'être expofés à un
air affez chaud; s'il n'y avoit point de rifque à accélerer
un développement que la nature vouloit qui fe fît peu
à peu. Il n'étoit queftion que de tenir pendant l'hyver des
crifalides de diverfes efpeces dans un air auffi chaud que
celui du beau printemps ou de l'été, pour voir l'effet qu'il
produiroit fur elles. Cette expérience toute fimple qu'elle
eft, eût été affés difficile à executer, fi le jardin du Roy
ne m'en eût donné le moyen. Dès qu'on y entre, deux
magnifiques ferres, nouvellement conftruites, annoncent
combien fon état eft changé depuis qu'il a paffé dans le
département de M. le Comte de Maurepas, qui fe repofe
dans cette partie pour l'execution des ordres de Sa Majefté,
fur l'activité & l'intelligence de M. du Fay. Ces ferres y ont
été conftruites fur d'heureufes proportions; au moyen du
foleil qui agit puiffamment fur elles, & du feu qu'on y entretient, on y fait regner le printemps, & quelquefois
même l'été au milieu de l'hyver.

Ces ferres deftinées à conferver les plantes, me parurent
extrêmement propres à faire des expériences fur la maniere
d'accélerer l'accroiffement, l'affermiffement des parties du
papillon cachées fous l'enveloppe de crifalide, ou, ce qui eft
la même chofe, d'abréger le cours de fa vie complette. Dans
le mois de Janvier 1734. j'y portai un grand nombre de
crifalides de différentes efpeces, chacune dans le poudrier
où elle s'étoit tirée de fa peau de chenille; j'y en portai
beaucoup

beaucoup plus d'efpeces qu'il n'en étoit befoin pour les
expériences dont il s'agit, tant de celles qui devoient donner
des papillons diurnes, que de celles qui en devoient donner
de nocturnes. Sûr du fuccès de ces expériences, autant qu'on
peut l'être de celui de quelque expérience qu'on tente pour
la première fois, je cherchois en même-temps à fatisfaire à
l'impatience que j'avois de voir les papillons dans lefquels fe
transformoient diverfes efpeces de chenilles que je n'avois
pas élevées dans les années précedentes.

La reuffite fut précifement telle que je l'avois attenduë;
des papillons parurent dans mes poudriers au milieu de
l'hyver, quelques uns fe tirérent de leurs enveloppes au
bout de dix à douze jours; d'autres ne les quittérent qu'au
bout de trois femaines, & d'autres confervérent leur forme
de crifalide pendant cinq à fix femaines & plus. Ces varietés font de celles que j'avois dû prévoir; entre les crifalides il y en avoit dont les papillons feroient fortis dans le mois
de May, d'autres dont les papillons ne devoient paroître
que dans le mois d'Aouft ou vers le commencement de
Septembre. Cinq à fix jours avoient été ici pour chacun
de ces papillons environ ce qu'eût été un mois pour eux
fi les crifalides euffent été expofées aux injures de l'air ou
cachées fous terre, car parmi celles que j'avois portées
dans les ferres, il y en avoit de celles qui fe tiennent en terre
& de celles qui reftent à l'air. Une femaine valoit un mois
même aux crifalides qui ont befoin des chaleurs des mois
de Juin & de Juillet, parce que la chaleur des ferres n'étoit
pas fujette à tant de viciffitudes que l'eft celle de nos mois
les plus chauds. Les nuits font quelquefois plus chaudes
dans ces ferres que ne le font nos nuits d'été.

Je ne m'arrêterai point à citer des exemples de papillons
à qui j'ai confidérablement abrégé le temps qu'ils devoient
paffer fous la forme de crifalide; j'en pourrois faire une

. B

énumeration affés longue, & d'autant plus inutile à prefent,
que dans les memoires qui doivent fuivre celui-ci, je ferai
obligé plus d'une fois, en parlant du temps où certains
papillons ont paru avec leurs aîles développées, d'avertir
que leurs crifalides avoient été mifes dans une des ferres
du jardin du Roy.

Qu'on ne croye pas au refte que ces papillons qu'on
avoit preffé de paroître au jour, étoient moins bien con-
ditionnés, que s'ils ne fuffent nés qu'à leur terme ordinaire, qu'ils étoient contrefaits ou foibles; rien ne leur
manquoit à chacun de ce que pouvoit avoir le papillon de
leur efpece le mieux conformé. Plufieurs femelles, fur
tout celles qui étoient phalénes ou nocturnes, firent leurs
œufs, & perirent peu après, comme nous verrons dans le
memoire fuivant qu'elles periffent quand leur ponte eft
faite. Le papillon qui s'eft délivré de fes œufs a fatisfait à
tout ce que la nature exige de lui, il meurt. Le cours de
la vie de nos infectes eft donc réellement abrégé des mois
qu'ils n'ont pas paffés fous la forme de crifalide, car ils
n'en vivent pas plus long-temps papillons pour avoir vécu
crifalides pendant un temps plus court.

Dès le 21. Novembre 1734. je fis porter des poudriers
où étoient des crifalides, dans les ferres du jardin du Roy,
je les y fis porter près de deux mois plûtôt que la premiere
fois. Les papillons quittérent auffi deux mois plûtôt la forme de crifalide; & cela, parce que les deux mois qu'ils
euffent paffés à l'air ou en terre fous cette forme, n'euffent
pas avancé fenfiblement leur accroiffement. Une femaine
y tint lieu à certaines crifalides de plus de trois mois de
vie. J'eus dès les premiers jours de Decembre des papillons
qui ne devoient paroître qu'en May. Nous avons fait entendre cy-deffus qu'il y a des papillons dont on a deux générations de chenilles dans la même année; un papillon

par exemple, qui eſt né au mois de May, fait des œufs
d'où des chenilles ſortent dans le même mois, ou vers le
commencement de Juin. Les chenilles ſorties de ces œufs,
donnent des papillons avant la fin de Juillet, & ces papillons
font des œufs d'où des chenilles éclofent en Août ou en
Septembre: des papillons de pluſieurs autres eſpeces qui
naiſſent plûtard, ne donnent chaque année qu'une génération de chenilles. Il eſt clair, qu'en faiſant naître en Decembre des papillons qui n'auroient dû naître qu'en Juin ou en
Juillet de l'année ſuivante, on aura aiſément dans une année
deux générations de ces papillons, ou de leurs chenilles.
Ce n'eſt pas aſſûrement un ſecret qui paroiſſe fort à deſirer
à preſent que celui de multiplier les générations des chenilles & des papillons, mais que ſçait-on, ſi ce qui nous eſt
inutile aujourd'hui, ne deviendra pas utile quelque jour!
Si on découvroit une nouvelle eſpece de chenilles qui donnât autant de ſoye que les vers à ſoye, qui fût plus aiſée à
élever, mais qui n'eût qu'une génération par an, quoiqu'elle vécût de feuilles qu'on peut trouver pendant toute
l'année, on ſe ſerviroit de cette voye pour augmenter le
nombre de ſes générations.

Il n'eſt preſque pas beſoin d'avertir que le moyen dont
nous nous ſommes ſervis pour accélerer le développement
des papillons, n'eſt pas moins efficace pour accélerer celui
des mouches de diverſes eſpeces, des ſcarabés, & généralement celui de tous les inſectes qui paſſent par l'état de criſalides & de nimphes, qui ne font point d'uſage de leurs
jambes. Il n'eſt point de curieux en inſectes, qui, quand il
aura une ſerre chaude à ſa diſpoſition, ne ſoit charmé d'y
faire accomplir dès le commencement de l'hyver, des métamorphoſes qu'il ne pourroit ſe promettre de voir qu'en
été. Nous n'aimons pas à prendre des ſoins qui ne doivent
nous donner des connoiſſances qu'après un temps qui nous

paroît long. Dans de petits appartements bien échauffés par
des poëles, on accélerera de même le développement des
infectes. Un de mes amis, à qui j'avois appris ce qui s'étoit
paffé dans les ferres du jardin du Roy, s'eft diverti à Strafbourg à faire paroître au jour pendant l'hyver les papillons
de toutes les crifalides qu'il a pû trouver.

Pour accélerer le développement des infectes cachés
fous la forme de crifalide ou de nimphe, on peut avoir
recours à une chaleur plus égale & plus conftante que
celle des poëles, qui coûtera moins à entretenir, & dont
l'effet fera plus prompt. Jufques icy, les poules n'ont guere
couvé que des œufs, mais il m'a paru qu'on pouvoit fort
bien leur faire couver des crifalides & des nimphes; qu'on
pouvoit, au lieu de poulets, faire éclore fous des poules des
papillons, des mouches, des fcarabés, &c. On ne les détermineroit pas à couver immédiatement des crifalides, dont la
groffeur eft trop éloignée de celle de leurs œufs; d'ailleurs
les crifalides moins dures même que les œufs des petits
oifeaux, feroient bientôt écrafées par le feul poids de la
poule, & par les mouvemens qu'elle fe donne en differents temps. Mais quand une poule a l'envie ou le befoin de couver, elle ne montre pas grand difcernement,
elle échauffe des pierres arrondies qu'on laiffe dans fon
nid, comme elle échauffe fes propres œufs; il n'y avoit
donc aucun lieu de douter qu'une poule ne couvât des
boules creufes de verre, ou des boules creufes & allongées en forme d'œuf, & auffi groffes ou plus groffes que
des œufs. Si dans une de ces boules de verre il y a des crifalides, la poule qui couvera la boule de verre, couvera les
crifalides. Elles feront défenduës par les parois de cette
boule contre le poids de la poule, comme l'embrion du
poulet l'eft par la coque, & elles profiteront de même ou
à peu près de la chaleur de la poule.

Pour en faire l'expérience, je pris une boule de verre creufe, dont la figure & la groffeur étoient à peu
près les mêmes que celles d'un œuf de poule d'Inde. La
boule étoit percée à un de fes bouts, & c'eft par cette
ouverture que je fis entrer des crifalides dans l'intérieur de
l'œuf. Celles qui fervirent à la premiere épreuve, étoient venuës d'une chenille épineufe de l'ortie, reprefentée tom. 1.
Planche 26. fig. 1. elles s'étoient attachées par le derriere
contre le couvercle de papier qui bouchoit le poudrier,
dans lequel les chenilles avoient été nourries. Sans décro-
cher la crifalide, je coupai un petit quarré de papier vers
le milieu duquel étoit fon attache. Je coupai ainfi huit
petits quarrés de papier, ou ce qui eft la même chofe,
j'ôtai huit crifalides du poudrier ; je frottai de colle la
furface du papier oppofée à celle à laquelle la crifalide tenoit, & j'eus attention d'appliquer cette furface frottée
de colle contre les parois intérieures de l'œuf. Je plaçai
les crifalides auffi proches les unes des autres qu'elles le
pouvoient être. Quand l'œuf de verre étoit dans une pofition, telle que l'endroit où les crifalides étoient collées,
étoit le plus elevé, elles pendoient comme d'une voute.
Après avoir ainfi arrêté huit crifalides dans l'œuf, je bouchai fon ouverture avec un bouchon de liege. Loin pourtant de chercher à ôter toute communication à l'air intérieur avec l'air extérieur, je fongeai à lui en ménager une.
Je coupai une portion du bouchon dans toute fa longueur, afin que fon contour ne fût point circulaire, &
qu'il reftât un vuide entre le contour du trou & le bouchon.

Tout étant ainfi préparé, je plaçai l'œuf de verre avec
des œufs ordinaires qu'une poule couvoit depuis quelques jours. Je trouvai le lendemain qu'elle avoit mis cet
œuf au bord du nid, & elle l'y a toûjours tenu ; d'ailleurs

elle le couvroit bien ; elle l'a toûjours confervé bien chaud.
L'effet de la chaleur parut dès le premier jour, toutes les
parois intérieures de l'œuf de verre furent couvertes de
vapeur, ou plûtôt de goutelettes d'eau très-fenfibles qui
avoient été fournies par la tranfpiration confidérable qui
s'étoit faite dans les crifalides. J'ôtai le bouchon, afin de
donner de la facilité à s'évaporer à une humidité qui auroit pû nuire aux crifalides fi elle fût reftée. Quand l'œuf
fut fec, c'eft-à-dire, au bout de quelques minutes, je remis le bouchon, & je replaçai l'œuf de verre fous la poule.
Ni le lendemain ni les jours fuivants je n'apperçûs plus
de vapeurs contre fes parois intérieures. La grande tranfpiration s'étoit faite en moins de vingt-quatre heures. Enfin au bout de quatre jours, je vis paroître le premier,
apparemment, des papillons qui foit né fous une poule, &
le premier des papillons de cette efpece qui ait fi peu
refté fous la forme de crifalide. Ils font cependant de ceux
qui y reftent pendant le moins de temps. J'avois confervé
dans le poudrier où les crifalides de l'œuf de verre avoient
été prifes, d'autres crifalides de même efpece, & qui s'é-
toient tirées du fourreau de chenille le même jour. C'eft
le 21. & le 22. Juin qu'elles l'avoient toutes quitté ; celles du poudrier que j'avois laiffé fur une fenêtre en dehors,
fe transformérent les unes le 5. les autres le 6. les autres
le 7. & le 8. Juillet ; & de celles qui avoient été mifes
fous la poule le 22. Juin au foir, la premiere fe transforma
le 26. après midi. Je trouvai quatre autres papillons dans
l'œuf le 27. au matin ; & il en eut un qui n'y parut développé que le 28. au matin. Deux autres crifalides perirent dans l'œuf, de huit il n'y en eut que fix qui devinrent papillons ; mais il en perit autant à proportion de celles que j'avois laiffées dans le poudrier. Les papillons qui
étant expofés à la chaleur de l'air extérieur dans une faifon

favorable se sont tirés le plûtôt de leurs enveloppes de crisalides, ne s'en sont donc tirés qu'au bout de quatorze jours, & un papillon de même espece s'est dégagé des siennes sous la poule au bout de quatre jours. Son développement a été bien hâté. A la verité, quatre autres papillons se transformérent un demi jour, & un autre un jour & demi plus tard que le premier. Peut-être qu'ils se sont trouvés dans des endroits de l'œuf qui ont été tenus moins chauds. Le développement au reste de tous les papillons de même espece, ne se fait pas précisément dans le même temps, il suppose une espece d'accroissement; & dans les animaux de même espece, l'accroissement se fait plus ou moins vîte selon les dispositions intérieures de l'animal. Nous avons dit aussi, qu'entre les crisalides du poudrier, il y en eut d'où les papillons ne sortirent que deux jours après que d'autres papillons furent sortis des leurs.

Je collai contre les parois intérieures d'un autre œuf de verre qui avoit une figure assés sphérique, six crisalides venuës d'une autre espece de chenille épineuse de l'ortie, représentée tom. 1. pl. 25. fig. 3. précisément comme j'avois collé celles dont j'ai parlé ci-devant. Quelques accidents qu'il seroit inutile de rapporter, firent perir cinq de ces crisalides. Une seule qui resta saine, se transforma en papillon au bout de six ou de sept jours. Je suis incertain du jour précis, parce que les crisalides dont il s'agit furent collées à l'œuf dans deux jours differents, & que j'ignore si le papillon qui est venu à bien est sorti d'une de celles qui avoient été collées les premieres, ou de celles qui l'avoient été un jour plus tard. Quoi qu'il en soit, les papillons ne sont sortis pour le plûtôt qu'au bout de vingt, ou de vingt-un jours des crisalides de même espece qui étoient restées dans leur poudrier, exposées à la seule chaleur de l'air que nous respirons.

Mais le développement des papillons qui paffent l'hy-ver, qui paffent neuf à dix mois fous la forme de crifalide, doit être bien autrement accéleré par la chaleur d'une poule qui couve. Il y a apparence qu'au moyen de cette chaleur, tel papillon pourra paroître avec fes aîles déve-loppées, dans l'été même où la chenille fe fera transformée en crifalide, quoique felon le cours ordinaire de la nature, il ne dût fe montrer fous la forme de papillon que dans l'été fuivant; mais c'eft une expérience que je n'ai pas encore faite, parce que je n'ai pû avoir des crifalides qui paffaffent l'hyver pendant que j'avois des poules qui cou-voient.

J'ai fait l'expérience de mettre fous une poule dans des œufs de verre, des coques dans lefquelles étoient ren-fermées des nimphes de mouches à deux aîles : le temps de la naiffance de quelques mouches y a été confidéra-blement avancé.

J'ai pourtant lieu de croire, que le degré de chaleur qu'une poule donne à fes œufs, eft plus grand que celui que des crifalides & des nimphes de certaines efpeces peuvent foûtenir. J'ai mis fous la poule dans les œufs de verre, beau-coup de coques dans lefquelles étoient des mouches à deux aîles, d'une efpece qu'il feroit long & inutile de faire con-noître à prefent ; il fuffit de dire, qu'aucune mouche n'eft fortie de ces coques, elles ont peri; elles fe font defféchées chacune dans l'intérieur de la fienne; au lieu que les mou-ches de même efpece font venuës à bien dans le poudrier où j'avois laiffé de pareilles coques. Des crifalides de cer-taines efpeces font auffi peries dans les œufs de verre, & il y a toute apparence que c'eft pour y avoir eu trop chaud.

Le degré de chaleur que la poule communique à fes œufs eft affés confidérable. Je l'ai mefuré avec mon ther-mometre, je ne l'ai pas trouvé toûjours le même. La liqueur
du

du thermometre qui avoit refté fept à huit heures fous la poule, a pour le moins monté à 3 1. degrés & demi au-deffus de la congélation, & pour le plus elle s'eft élevée à 3 2. degrés & demi : je l'ai trouvée à ce point fous une poule dans un temps où les poulets étoient prêts à éclore, & où quelques-uns avoient déja becqueté leur coque. La chaleur naturelle de la poule fembloit alors ranimée & augmentée par le fentiment de joye que lui donnoient les cris des poulets prêts à naître.

Nous ne connoiffons point de pays où les poulets éclofent des œufs expofés à l'air, nous en pouvons donc conclurre qu'il n'y a point de pays connu où la chaleur foit pendant vingt & un jours confécutifs égale à celle qui fait monter la liqueur de nos thermometres à 3 1. degrés & demi ou à 3 2. degrés.

Au refte, on pourroit avoir recours à des poules qui couvent, pour faire même éclore des papillons, des mouches, des fcarabés, &c. dont les crifalides & les nimphes ne peuvent foûtenir le degré de chaleur exprimé par le 3 2ᵉ. de notre thermometre. On pourroit affujettir l'œuf de verre au-deffous des veritables œufs, foit près du fond, foit près des bords du nid, pour ne faire agir fur l'œuf de verre qu'un degré de chaleur plus moderé.

Dès que nous fçavons le moyen d'abréger le cours de la vie des infectes qui ont à fubir des transformations, parce que nous fçavons celui d'accélerer leur développement, il paroît que nous devons fçavoir auffi le moyen de prolonger le cours de la vie de ces mêmes infectes; que nous n'avons qu'à prendre la voye contraire, qu'à retarder leur accroiffement. Pour mettre le papillon en état de fe tirer de fes enveloppes de crifalide au milieu de l'hyver, nous n'avons qu'à le faire trouver pendant quelques jours de cette faifon dans un air auffi chaud que celui de l'été; fi au contraire nous prolongeons l'hyver pour une crisalide ou pour une nimphe, si nous faisons en sorte, que pendant l'été elle ne soit jamais environnée d'un air chaud; il est évident que nous arrêterons la transpiration, ou que nous la diminuerons considérablement, ou ce qui est la même chose, que nous empêcherons les parties du papillon de se fortifier pendant l'été, & que nous prolongerons ses jours. Cela, dis-je, est évident, mais il ne l'est pas de même, que le papillon dont le développement aura été retardé, viendra à bien. Il en pourroit être des crisalides comme des œufs qui se corrompent s'ils sont gardés trop long-temps: on peut craindre de faire perir le papillon, si on le retient sous la forme de crisalide par de-là le terme qu'il y est retenu dans l'ordre naturel. L'expérience du moins en étoit aisée à faire. Ce que font des serres chaudes en hyver pour avancer l'accroissement du papillon, les caves & les glacieres le doivent être en été pour le retarder, ce sont des serres froides. Des caves ordinaires que j'avois plus à portée qu'une glaciere, m'ont paru suffire pour faire cette expérience. Pendant l'hyver, vers la fin de Janvier 1734. je mis dans différens poudriers de verre différentes especes de crisalides, les papillons des unes devoient sortir de leurs enveloppes dans le printemps, & ceux des autres devoient sortir des leurs en été. Je bouchai ces poudriers avec du liege & de la cire, non pas cependant hermetiquement, mais à un point où l'humidité de la cave ne pouvoit pas s'y introduire sensiblement. Pour ne pas entrer actuellement dans de trop longs détails, & pour fixer l'attention, je ne parlerai que d'un de ces poudriers dans lequel j'avois renfermé trois crisalides de la belle chenille du titimale *. Lorsque je les portai à la cave, la temperature de l'air y tenoit la liqueur du thermometre dont j'ai donné la construction, à huit degrés & demi au-dessus de la congélation; c'est un

* Tom. I. Pl. 13. fig. 1.

degré de chaleur plus grand que celui qui auroit été alors dans un appartement sans feu, mais je ne l'avois pas jugé af-fés considérable pour avancer sensiblement l'accroissement du papillon. Les crisalides dont il s'agit s'étoient dépouillées de leur fourreau de chenille vers la mi-Août 1733. & elles auroient dû se transformer en papillon au plûtard vers le commencement de Juillet 1734. c'est-à-dire, environ un an après la naissance de l'insecte sous la forme de chenille.

Dans les mois chauds de 1734. je descendois de temps en temps à la cave pour y visiter ces crisalides, pour voir si elles étoient encore crisalides : ceux de Juillet & d'Août se passèrent sans qu'elles se transformassent; cependant l'air des caves avoit profité de la chaleur de l'été, l'état de ce-lui des miennes fut marqué par onze degrés & demi au-dessus de la congélation; mais onze degrés & demi n'ex-priment pas une chaleur suffisante pour agir efficacement sur les crisalides de l'espece qui étoit en experience. Ayant quitté Paris vers le commencement de Septembre, je ne les pus revoir que vers le 15. Novembre; alors je les trou-vai avec leur premiére forme; je les retirai de leurs pou-driers pour les mieux examiner, pour voir si elles étoient encore en vie; je les mis sur ma main pour les échauffer: bientôt elles s'y donnerent tous les mouvemens que se don-nent en pareil cas les crisalides les plus vigoureuses, elles agiterent vivement leurs parties posterieures. Enfin aujour-d'hui, en Août 1735. elles se portent très-bien, elles font des crisalides en très-bon état, & de chacune desquelles un papillon ne sçauroit manquer de sortir, si je les exposois à un air dont le degré de chaleur fût égal à celui de nos jours d'été. Voilà donc la vie de ces insectes prolongée d'un an, ou renduë une fois plus longue, puisque les papillons qui se feroient tirés de leurs enveloppes, & qui seroient peris peu après en 1734. dans le mois de Juillet, font encore sous la forme de crisalides bien vivantes dans le mois d'Août 1735. Mais combien leur vie pourroit-elle être prolongée de plus! C'est ce que j'ignore, & ce que la suite des expériences nous apprendra. Tout paroît pourtant porter à croire, qu'elle le peut être de plusieurs autres années, & peut-être de plus d'années que nous n'osons le penser. Quand le temps de la transformation des crisalides approche, il se fait des changemens dans leurs couleurs aisés à reconnoître par ceux qui ont suivi ces insectes. Mes crisalides du titimale ont encore précisément la même couleur qu'elles avoient lorsque je les portai à la cave, c'est-à-dire, un brun beaucoup plus clair que n'est celui des mêmes crisalides prêtes à se métamorphoser, & qui a encore une teinte de verd.

Il est encore à remarquer que nous n'avons pas retardé le développement de ces insectes autant que nous l'aurions pû; les crisalides n'ont été portées à la cave que dans le mois de Janvier, elles ont profité, en 1733, pendant partie du mois d'Août, pendant celui de Septembre, & peut-être dans bien des jours du mois d'Octobre, de l'action d'un air assés chaud, qui a pû avoir fait plus sur elles que l'air temperé d'une cave n'y sçauroit faire en plusieurs années.

Enfin, si au lieu de tenir ces crisalides dans une cave, où pendant l'hyver même la chaleur de l'air étoit de huit degrés au-dessus de la congélation, & où dans le mois d'Août elle étoit de onze degrés & demi, on les tenoit dans une glaciere, dans un lieu où l'air n'eût jamais qu'un ou deux degrés de chaleur au-dessus de la congélation, on prolongeroit encore davantage les jours de ces crisalides, ou, ce qui est la même chose, on retarderoit beaucoup l'affermissement des parties du papillon.

L'air de la cave qui a entre huit à onze degrés de chaleur, peut même être assés chaud pour avancer l'accroissement

de certains papillons. Il en eſt encore ici de leur accroiſſement comme de celui des plantes; toutes ne demandent
pas le même degré de chaleur pour parvenir à porter des
fruits, & pour que leurs fruits viennent en maturité. Enfin
des papillons qui ſont plus près d'être à terme, à qui il
manque peu pour être en état de ſe tirer de leurs derniéres
enveloppes, acquiérent les forces néceſſaires, mais plus à
la longue, dans la cave. J'ai porté à la cave, mais un peu
tard, des criſalides de la groſſe chenille du poirier * qui   * *Tom. I.*
donne le papillon paon, je les y ai portées ſeulement quinze *Pl.48.fig.1.*
jours à trois ſemaines avant le temps où ces papillons devoient perdre la forme de criſalide. Ceux-cy ſont nés ſeulement cinq ou ſix ſemaines plûtard qu'ils ne fuſſent nés
ſi je les euſſe gardés dans mon cabinet. Des criſalides de
la belle chenille du chou furent portées dans la cave vers
la fin de Janvier; des papillons n'en ſortirent qu'environ
deux mois plûtard que ceux des criſalides des poudriers de
mon cabinet ſortirent des leurs. Mais il y a apparence que
ſi les criſalides des groſſes chenilles du poirier, que ſi celles
des chenilles du chou euſſent été miſes dans la cave peu de
temps après qu'elles s'étoient tirées de la peau de chenille,
elles ſe feroient transformées beaucoup plus tard, & qu'elles auroient encore plus tardé à ſe transformer, ſi elles euſſent été dans un air plus froid que celui de la cave. Une
chaleur telle que celle du printemps, produit une ſuffiſante tranſpiration dans certaines criſalides, & une chaleur
plus longue & plus forte, telle que celle de l'été, eſt ne-
ceſſaire pour opérer dans d'autres la tranſpiration ſuffiſante.
Cela eſt aſſés prouvé, puiſqu'entre les différentes eſpeces
de criſalides qui paſſent l'hyver, il y en a qui ſe transforment en papillon dans le printemps, & d'autres qui ne ſe
transforment qu'à la fin de l'été. Pour tenir plus long-
temps dans l'eſtat de criſalide les papillons à qui il faut

C iij

moins de chaleur pour s'en tirer, on les mettra dans des glacieres. L'humidité a trop pénetré dans quelques-uns des poudriers de la cave qui n'avoient pas été bouchés affés exactement : les crifalides y ont moifi, & font peries ; cet accident a empêché que je n'aye eu jufqu'ici autant d'expériences fur des vies de papillons prolongées que je comptois en avoir. Une odeur de moifi avoit même pénetré dans le poudrier où étoient mes crifalides de la chenille du titimale, mais elle ne leur avoit pas nui ; il n'étoit pas entré dans le poudrier affés de vapeur pour humecter fenfiblement la terre.

La bouteille où l'on mettra des crifalides en expérience dans la cave, doit donc être bien bouchée, fans pourtant l'être hermétiquement, il doit y refter une, mais très-petite communication avec l'air extérieur.

Le 12. Juin j'ai porté à la cave des crifalides qui s'étoient tirées de leurs depouilles de chenilles le même jour ; ces crifalides étoient de celles-là mêmes que j'ai fait couver par une poule *, & fous laquelle il y en a eu qui fe font transformées en papillons diurnes au bout de quatre jours, & d'autres au bout de cinq jours. Enfin ces crifalides étoient de celles qui expofées à l'air extérieur dans la même faifon, ne reftent crifalides que pendant quatorze jours. Celles qui ont été placées dans la cave font reftées crifalides jufques au 2.ᵉ & au 3.ᵉ jour d'Août. Des papillons qui fous la poule n'auroient demeuré que quatre jours dans leurs enveloppes de crifalides, qui expofés à l'air extérieur y feroient reftés au plus pendant quatorze jours, y font donc reftés pendant près de deux mois ayant été tenus dans la cave ; & j'ignore pendant combien de temps ils y feroient reftés s'ils euffent été tenus dans un air plus froid, tel que celui d'une glaciere.

Nos premiéres expériences nous ont donc appris que

Pag. 13. & fuivantes.

nous pouvions abréger confidérablement le cours de la vie complette d'un infecte, le rendre cinq à fix fois plus court; & nos derniéres expériences nous apprennent que nous pouvons rendre le cours de la vie des infectes peut-être cinq à fix fois plus long, & au moins une fois plus long qu'il ne l'eft ordinairement. Mais c'eft une queftion, en fuppofant les animaux capables de penfées ou au moins de fentimens, quels font de ces papillons ceux à qui nous avons rendu de bons ou de mauvais offices. Si nous avons fait un bien réel à ceux dont nous avons prolongé les jours, & fi ceux à qui nous les avons abrégés en les faifant croître plus vîte, ont à fe plaindre de nous, ou fi au contraire ces derniers ne font pas ceux que nous avons le mieux traités! Leur vie comme la nôtre eft un chemin à parcourir; pour la rendre complette, il faut, comme nous l'avons déja dit, paffer par une fuite de degrés d'accroiffement, & par une fuite de degrés de décroiffement prefcrites par la nature. Tous nos papillons devoient arriver à un terme où nous avons conduit les uns bien plûtôt qu'ils n'euffent pû efperer d'y être, & nous y avons fait arriver les autres bien plû-tard qu'ils ne l'euffent dû. Je fçais que nos fentimens inté-rieurs & nos fouhaits nous dictent la décifion de cette quef-tion, nous aimons que la route de notre vie foit longue, nous la trouvons beaucoup trop courte; cependant un pe-re qui pourroit conduire, & qui conduiroit dans quelques femaines fes enfans à l'état de l'âge viril, feroit-il un pere dénaturé! fur-tout, fi dans ce peu de femaines où il auroit fçû procurer un accroiffement fi fubit à leur corps, il avoit eu en même-temps le talent d'orner leur efprit de toutes les connoiffances qu'ils n'auroient acquifes qu'en dix-fept à dix-huit années de travail. On auroit peine à pro-noncer contre un tel pere. Qui nous ôteroit nos premiéres années, qui les feroit paffer en quelques jours, nous ôteroit

peu ; qu'eſt-ce que c'eſt que de vivre alors! Il eſt bien hu‑
miliant pour nous que l'accroiſſement de notre eſprit, pour
ainſi dire, tienne ſi fort à celui du corps, que ſon étenduë,
ſa force, ſa juſteſſe, ſa pénétration, augmentent à meſure
que les parties de notre corps ſe développent & ſe fortifient;
il eſt encore plus humiliant que notre eſprit décroiſſe avec
notre corps. Quelque rapides, quelque ſubits que nous
paroiſſent nos ſentimens & nos penſées, les uns & les au‑
tres le pourroient être beaucoup davantage. Que manque‑
roit-il à quelqu'un pour la même durée, ou plus exacte‑
ment pour la même valeur de la vie, qui par quelque pro‑
dige, auroit eu en peu de mois les mêmes accroiſſemens
& les mêmes décroiſſemens de corps, & enfin la même ſuite
de penſées & de ſentimens qu'il n'auroit eu naturellement
que dans le cours d'une vie ordinaire! Aſſûrement par rap‑
port au corps & par rapport aux penſées, il ne lui manque‑
roit rien ; le temps qui lui manqueroit par rapport aux ſen‑
timens agréables ſeroit quelque choſe, car c'eſt un bien d'ê‑
tre affecté agréablement, & un plus grand bien de l'être pen‑
dant plus de temps; mais la vivacité d'un ſentiment, un plus
grand degré de plaiſir qu'il nous cauſe pourroit compenſer
la durée d'un ſentiment plus foible & moins agréable; d'où
il eſt clair qu'une vie de quelques ſemaines, & même de
quelques jours, peut équivaloir à une vie de pluſieurs ſiecles.

Malgré tout ce que ces réflexions peuvent avoir de vrai,
on ne laiſſera pas de ſouhaiter que le ſecret de prolonger la
vie des hommes fût auſſi connu que celui de prolonger la
vie des criſalides. Qui l'auroit ce ſecret, ſeroit aſſûrement
maître des richeſſes de l'univers. Ne ſera-t'on pas tenté de
penſer qu'il ne doit pas être mis au rang des recherches chi‑
meriques! au moins paroîtra-t'il que tout ce qui a été dit
du terme que la nature a preſcrit à la vie de chaque ani‑
mal, de ce terme fatal qu'on ne peut paſſer, a été dit trop

vaguement

vaguement & trop généralement, puisqu'il est prouvé que la vie de tel animal, de tel insecte, n'a été fixée à quelques mois ou à un an, que jusqu'à ce que le moyen de la prolonger à deux, à trois ans, ou à plus, ait été trouvé.

Avant que de nous arrêter à examiner si nous devons nous livrer aux espérances trop flatteuses que les expériences rapportées cy-devant pourroient faire naître, voyons de suite tout ce qui semble les favoriser. Les insectes dont nous avons prolongé les jours cy-devant, étoient, pour ainsi dire, dans l'enfance, c'est en retardant leur accroissement que nous avons rendu leur vie plus longue; mais nous avons déja des preuves, & les expériences que nous faisons nous en donneront apparemment encore en plus grand nombre & de plus complettes, que nous pouvons même augmenter la durée de la vie des insectes qui ont pris tout leur accroissement. On sçait que plusieurs especes de quadrupedes, comme les ours, les marmottes, les rats de campagne appellés loirs, passent une partie de l'hyver sans prendre d'alimens: on dit qu'ils dorment alors, mais leur sommeil n'est pas, sans doute, précisément de la nature du nôtre. Les expériences de Sanctorius ont appris que pendant un bon sommeil, la transpiration insensible est considérable chez nous. Pendant que la masse de notre corps se repose, les liqueurs n'en circulent pas sensiblement moins vîte dans son intérieur, au lieu que dans les animaux qui passent plusieurs mois sans manger, le mouvement des liqueurs doit être extrêmement ralenti. Ils sont dans une espece de létargie, dans une espece d'engourdissement; à peine semblent-ils vivre alors. Aussi la durée d'un pareil état, quelque considérable qu'elle soit, ne prend rien peut-être, ou prend très-peu sur la durée d'une vie active. Presque tous les insectes qui passent l'hyver, le passent ainsi sans prendre de nourriture, & dans un engourdissement si parfait, qu'ils paroiffent morts , & que leur retour à une vie active femble une réfurrection. Tel infecte, après être parvenu à fon dernier terme d'accroiffement, doit vivre une année entiere dont il paffera quatre à cinq mois dans l'engourdiffement , & fans prendre de nourriture. Qu'on prolonge fon état d'engourdiffement, c'eft-à-dire, qu'on le tienne pendant une année entiere dans un air froid comme nous y avons tenu des crifalides, je fuis perfuadé que le temps qu'on lui aura fait paffer dans cet état létargique ne prendra rien, ou prendra peu fur la durée de fa vie active. Peut-être que le fommeil de certains infectes pourroit être pouffé auffi loin que celui du Chien des Sept Dormans des Mahometans. C'eft de quoi je n'ai pourtant pas des preuves affés complettes , mais voici celles que m'a déja fournies un infecte extrêmement actif, & qu'on n'eft pas difpofé à croire capable de foûtenir plufieurs mois de diéte fans en être incommodé. Je veux parler de celui-là même , par l'exemple duquel on nous excite à l'amour du travail & à prévoir nos befoins ; en un mot , de la laborieufe fourmi. Quoiqu'il n'y ait qu'une voix peut-être, depuis que les hommes connoiffent les infectes, pour vanter fa prévoyance, malgré les jolies fables dont elle a fourni le fujet, malgré fes fages & gayes queftions & réponfes à la cigale ; enfin, quelque établi qu'il foit que l'induftrieufe & prudente fourmi fe fait pendant l'été des magafins qui doivent fervir à la nourrir pendant l'hyver , tous ces prétendus magafins n'ont rien de réel ; cent & cent recherches m'ont appris que les fourmis ne fçavent ce que c'eft que de faire des provifions. Quand elles portent des grains de bled & d'autres grains à leurs habitations, elles les y portent précifément comme les brins de bois, pour les faire entrer dans la conftruction de leur édifice; c'eft ce qui fera prouvé inconteftablement dans leur hiftoire. Il n'y a peut-être point d'infectes à qui toute cette

prévoyance & tout ce travail fuſſent plus en pure perte.
A quoy ſerviroient des amas de bled pendant l'hyver à des
fourmis qui le paſſent ammoncelées les unes ſur les autres,
& ſi immobiles qu'elles ſemblent mortes! Bien-loin qu'elles euſſent la force d'entamer des grains de bled , elles n'ont
pas alors celle de ſe mouvoir. Ce ſeul fait nous apprend
combien les faits d'hiſtoire naturelle les plus reçûs, ont
encore beſoin d'être examinés de nouveau. La vraye prudence des fourmis ſe réduit à ſe mettre le plus à l'abri qu'il
leur eſt poſſible, du froid, dont un degré aſſés mediocre eſt
capable de les priver de tout mouvement. Vers le commencement de Mars il y a ordinairement des jours aſſés
chauds pour les ranimer, alors elles commencent à paroître, elles vont chercher de la nourriture. J'ai gardé chez
moi pendant l'hyver des milliers de très-groſſes fourmis,
dans de grands poudriers; j'ai enſuite fait durer pour elles
le froid capable de les tenir engourdies, pendant les mois de
Mars, Avril & May, ſans qu'elles ayent paru en avoir ſouffert. Quand je les ai miſes dans un air chaud, elles y ont
montré toute la vigueur de celles dont le ſommeil avoit été
la moitié moins long. Pluſieurs fourmis & quantité d'autres
eſpeces d'inſectes ſont actuellement en expériences chez
moi, elles y ont déja eu un hyver plus long qu'elles ne devroient l'attendre, je le ferai durer pour elles juſqu'à l'année prochaine; & j'ai lieu de croire qu'elles ſoûtiendront,
ſans en ſouffrir, ce long hyver, & que je les aurai fait vivre
une année de plus. Je tiens actuellement à cette épreuve,
des chenilles qui paſſent l'hyver ſans manger, des papillons
diurnes qui pendant l'hyver ſont cachés & immobiles dans
des troncs d'arbres, des mouches, des ſcarabés, &c. Je ren-
drai compte dans la ſuite du ſuccès de ces expériences, elles ſont ſimples, & j'invite des curieux en matiere de phyſique à en tenter de pareilles.

D ij

Quoique la vie d'une mouche, d'un papillon, d'une fourmi, dépende d'une œconomie auſſi admirable que celle dont dépend la vie des plus grands animaux, on ſeroit plus touché du ſuccès de pareilles expériences faites ſur de grands animaux, ou au moins ſur des quadrupedes. Les marmottes m'avoient paru un de ceux ſur leſquels on les pourroit tenter plus commodement. J'avois imaginé d'en tenir une pendant un long temps, pendant pluſieurs années dans une glaciére; mais mes premiéres tentatives m'ont appris que c'étoit une expérience difficile à faire réuſſir. Dans une chambre où la chaleur de l'air n'étoit pendant le mois de Janvier qu'à quatre à cinq degrés au-deſſus de la congélation, je renfermai une marmotte dans un grand baquet de bois rempli de terre en partie avec quelques poignées de foin. Bientôt elle ſongea à s'y loger commodement; elle creuſa la terre, elle tranſporta le foin dans le trou qu'elle avoit creuſé, & s'y diſpoſa un lit fait comme le nid d'un gros oiſeau. Pendant quatre jours conſecutifs, je la viſitai à bien des repriſes, elle me paroiſſoit endormie, mais ſouvent elle feignoit plûtôt de l'être qu'elle ne l'étoit. Elle s'ennuya un jour de la feinte, & trouva le moyen de ſoûlever le couvercle du baquet pour aller chercher de la nourriture; j'ai lieu de le croire ainſi, puiſqu'après que je l'eus remiſe dans ſon baquet, & que j'eus chargé le couvercle, de façon qu'elle ne pouvoit le ſoûlever, après avoir encore fait l'endormie, elle ſe mit à manger de la viande que je lui avois laiſſée. Le degré de froid de la chambre n'eſtoit donc pas aſſés conſidérable pour l'endormir, ou plûtôt pour l'engourdir. Dans le mois de Février je fis porter le baquet où elle étoit, dans le jardin, & cela un ſoir qui promettoit une nuit très-froide; elle le fut auſſi; la liqueur du thermometre deſcendit à près de cinq degrés au-deſſous de la congélation: malgré ce froid, la marmotte, non feulement ne fut pas engourdie, elle mangea même partie d’un bon morceau de bœuf cuit qui étoit dans fon baquet. Le froid qui engourdit les marmottes eft donc de plus de cinq degrés au-deffous de la congélation, bien plus grand que celui qui regne dans une glaciére. Il n’eft pourtant pas fûr que le degré de froid neceffaire pour les engourdir, le foit pour entretenir l’engourdiffement. Qu’on obferve le premier degré de froid qui a été capable de faire perdre tout mouvement à un infecte, & qu’on obferve enfuite le degré de moindre froid ou de chaleur neceffaire pour lui rendre l’activité, & on trouvera que l’infecte refte encore fans mouvement dans un air dont le froid eft bien moindre que le froid qu’on a été obligé d’employer pour le mettre hors d’état de fe mouvoir. Peut-être auffi, que ceux entre les mains de qui cette marmotte avoit été, à force de l’inquiéter & de l’agiter, l’avoient accoûtumée à manger pendant le froid. On feroit peut-être plus aifément l’expérience de tenir dans un long fommeil ces rats appellés loirs : je n’ai pû parvenir à en voir dans l’état d’engourdiffement dans lequel ils paffent l’hyver ; mais feu M. Varignon fur le témoignage duquel je compte autant que fur celui de mes yeux, m’a affuré qu’il avoit eu un loir fi endormi pendant l’hyver, qu’il ne venoit à bout de le réveiller qu’en approchant une de fes jambes affés près d’une bougie pour qu’elle le brûlât legerement ; fon reveil ne duroit qu’un inftant ; il retomboit dans fon profond fommeil dès qu’on ceffoit de le tourmenter.

Nous ne commençons à compter la vie des animaux que du temps où ils ont commencé à vivre pour nous, mais tous les phyficiens fçavent que le petit animal exifte au moins dans l’œuf dès que l’œuf eft fécondé. Des expériences connuës & communes, ont appris que ce petit animal peut y être retenu plus ou moins de temps, felon que l’œuf

est plûtôt ou plûtard fomenté par une chaleur convenable.
Dans les pays où on éleve les vers à soye, des femmes ac-
célerent l'accroissement des petits vers renfermés dans les
œufs, en portant ces œufs dans leur sein ; en quelques
semaines elles mettent en état de percer leur coque &
d'en sortir, des vers qui n'en seroient sortis qu'au bout
de cinq à six mois s'ils avoient été exposés à l'air libre. En
tenant les mêmes œufs dans des lieux froids, on les conserve une année, & des années, sans que les petits éclosent.
Il y a donc des temps très longs pendant lesquels on arrête l'accroissement sensible du petit animal sans le faire
perir. Si on médite bien cette idée, si on en tire toutes les
conséquences qu'elle peut fournir, elle paroîtra très-fa-
vorable au sentiment de ceux, qui pour nous consoler de
l'impossibilité que nous voyons à expliquer la premiere formation des êtres organisés, veulent qu'ils ayent existé depuis que le monde est monde, & qu'ils ne se développent
que quand les circonstances y aident.

Dès que nous voyons qu'un insecte qui ne vit pour
nous que quelques mois, peut avoir vêcu auparavant plusieurs années dans un œuf, parce qu'il n'y croissoit point,
nous pouvons concevoir qu'il y a eu des temps où cet insecte prodigieusement plus petit qu'il ne l'est dans l'œuf,
étoit renfermé sous une enveloppe d'une petitesse indé-
terminable, où il vivoit sans s'étendre & sans se développer, & qu'il y a pû être renfermé pendant des siécles & des
suites de siécles sans croître sensiblement. Les plantes sont
propres à nous disposer à nous révolter moins contre une
idée qui a quelque chose d'effrayant. La graine est l'œuf,
dans lequel la petite plante est renfermée. Il est connu que
certaines graines sont en état de germer après avoir été
gardées pendant plus de vingt ans, c'est-à-dire, que la petite plante a pû rester renfermée dans la graine pendant

plus de vingt ans fans y perir; elle y a vêcu vingt ans fans croître. Qu'eft-ce que la grandeur d'une plante renfermée dans une graine d'orme & de hêtre, par rapport à celle à laquelle elle doit parvenir! L'arbre qui eft réduit fi en petit dans cette graine, a pû être d'une petiteffe prodigieufement plus grande; il peut y avoir eu des temps où il étoit renfermé dans une graine d'une groffeur infenfible, des temps où il étoit auffi petit par rapport à ce qu'il eft dans une graine ordinaire, qu'il eft petit dans cette graine par rapport au plus grand orme. L'imagination feule s'effraye ici, la raifon n'eft point étonnée de toutes ces énormes petiteffes, dès qu'elle s'eft convaincuë de la divifibilité de la matiére à l'infini.

Enfin, dès qu'il eft bien prouvé qu'une chenille peut refter des années dans un œuf fans y croître & fans y déperir, il ne doit paroître aucune impoffibilité qu'elle y refte pendant des fiecles, & pendant des fuites de fiecles; & ce que nous avons vû poffible par rapport aux infectes, nous le doit paroître également par rapport aux plus grands animaux. Quelle peine pouvons nous avoir d'accorder que le poulet qui n'eft qu'embryon, que germe, peut fubfifter dans fon œuf pendant une longue fuite d'années! & ce qui aura été accordé du poulet le doit être de tous les plus grands animaux, qui, s'ils ne naiffent pas d'œufs femblables à ceux des poules, doivent toûjours être confervés & croître fous des enveloppes équivalentes à celle des œufs; car ce n'eft pas feulement dans les œufs des infectes que les petits animaux peuvent fe conferver long-temps fans y perir, il en eft apparemment de même des œufs des autres animaux. Nous rapporterons d'autant plus volontiers les expériences que nous avons ébauchées par rapport aux œufs des oifeaux, qu'elles nous apprendront au moins une pratique qui peut avoir des utilités.

Il n'eft pas indifferent de pouvoir conferver des œufs de poule très-frais pendant long-temps, & ces expériences nous en donneront le moyen. Tous les œufs que couve une poule ne font pas également frais ; fi elle les a tous pondus, il y en a tel qui eft de quinze à feize jours plus vieux qu'un autre. L'embryon perit dans l'œuf lorfque l'œuf devient trop vieux, parce que l'œuf fe corrompt ; mais il y vivroit quelquefois plus long-temps fi on empêchoit l'œuf de fe corrompre.

Obfervons ce qui fe paffe dans un œuf à mefure qu'il fe corrompt, & nous ferons conduits à trouver des expédiens pour le conferver fain, ou ce qui eft la même chofe, frais. Malgré la tiffure compacte de fa coque écailleufe, malgré la tiffure ferrée des membranes flexibles qui lui fervent d'enveloppe immédiate, l'œuf tranfpire journellement, & plus il tranfpire & plûtôt il fe gâte. Il n'eft perfonne qui ne fçache que dans un œuf frais & cuit, foit mollet, foit au point d'être dur, la fubftance de l'œuf remplit fenfiblement la coque ; & qu'au contraire il refte un vuide dans tout œuf vieux, qui eft cuit, & un vuide d'autant plus grand que l'œuf eft plus vieux. Ce vuide eft la mefure de la quantité du liquide qui a tranfpiré au travers de la coque. Auffi pour juger fi un œuf, même qui n'eft pas cuit, eft frais, on le place entre une lumiere & l'œil ; la tranfparence de la coque permet alors de voir que l'œuf vieux n'eft pas plein dans fa partie fupérieure.

Des obfervations moins vulgaires, & qui ne pouvoient être faites que par des yeux plus éclairés que ceux du commun des hommes ; des obfervations faites par Bellini & par Valifnieri, nous ont découvert les conduits par lefquels l'œuf peut tranfpirer. Ils ont vû que dans les enveloppes qui renferment le blanc & le jaune de l'œuf, il y a des conduits à air qui communiquent au travers de la coque

avec

avec l’air extérieur. On voit où font ces paffages lorfqu’on tient un œuf fous le récipient de la machine pneumatique dans un vafe plein d’eau purgée d’air. A mefure qu’on pompe l’air du récipient, celui qui eft dans l’œuf fort par des endroits où la coque lui permet de s’échapper.

Un fait qui prouve encore très-bien que la coque de l’œuf eft pénétrable à l’air, c’eft que le poulet prêt à éclore fait entendre fa voix avant qu’il ait commencé à becqueter fa coque, & avant qu’il l’ait même fêlée. On l’entend crier très-diftinctement, quoique fa coque foit bien entiére. Je fçai que ce fait a été nié par un phificien qui a beaucoup d’efprit & de connoiffances, il n’a pas cru que le poulet pût fe faire entendre alors; apparemment parce qu’il n’a pas cru qu’il y eût de communication entre l’air intérieur de l’œuf, & l’air extérieur: il a regardé le poulet comme renfermé dans un vafe fcellé hermetiquement. Il eft cependant très-certain qu’on entend crier le poulet dans une coque, à laquelle il n’a pas fait encore la moindre ouverture. J’en ai entendu, & j’en ai fait entendre à d’autres, plufieurs dans des œufs dont les coques étoient très-continuës par tout. Afin qu’il ne me reftât aucun fcrupule fur des fentes extrêmement petites, jai lavé ces œufs; muni d’une forte louppe, j’ai obfervé leurs coques avec foin, & je n’ai pû appercevoir la moindre fêlure fur plufieurs œufs, dans chacun defquels il y avoit un poulet qui crioit affés fort.

Malgré la tiffure ferrée de fes membranes & de fa coque, l’œuf peut donc tranfpirer & il tranfpire. Il eft pour nous un œuf d’autant plus vieux, ou , plus exactement, d’autant moins bon qu’il a plus tranfpiré. Les payfans de quelques provinces du royaume agiffent comme s’ils fçavoient cette phifique, ils confervent les œufs que leurs poules pondent, dans l’Automne pour les envoyer à Paris en hyver. Ils les tiennent dans des tonneaux où ils font entourés de toutes parts de cendre bien preffée. La cendre qui s'applique contre les coques bouché beaucoup de leurs pores, elle rend la tranfpiration plus difficile. Ces œufs font mangeables dans un temps où ils euffent été entierement corrompus, fans cette précaution. L'eau dans laquelle on tient les œufs frais les conferve pendant quelques jours par une femblable raifon.

Mais il m'a paru qu'on pouvoit mieux faire pour conferver des œufs, que de les tenir fous la cendre ou fous l'eau; que pour arrêter plus fûrement la matiere aqueufe qui tend à s'en échapper par l'infenfible tranfpiration, il n'y avoit qu'à les enduire d'un vernis impénétrable à l'eau. Il y a fept à huit ans que j'en fis la premiére expérience, & cela vers la mi-Avril. Je couvris plufieurs œufs, qui avoient été pondus le même jour, d'une couche de vernis de lacque diffoute dans l'efprit de vin; le jour fuivant je donnai encore une couche du même vernis à ces œufs; ainfi la coque de chaque œuf fe trouva renfermée dans une coque de vernis.

Vers les premiers jours de Juillet, c'eft-à-dire, au bout de deux mois & demi, & de mois chauds, je voulus voir ce que mon opération avoit produit, en quel état étoient mes œufs; j'en fis cuire quelques-uns. Lorfqu'ils furent ouverts, leur blanc parut auffi beau & auffi grainé que celui des œufs cuits le jour même où ils ont été pondus; ils avoient tout le lait qu'on demande à l'œuf le plus frais. J'en mangeai un, & j'en fis manger à quelques perfonnes délicates en œufs frais; ils furent trouvés auffi bons que des œufs frais peuvent l'être. Les œufs qui n'ont trempé dans l'eau que pendant deux ou trois jours paroiffent très-frais, ils ont le blanc & le lait des œufs les plus frais, mais ils ont un goût qui déplaît à ceux qui fe connoiffent en œufs. Nos œufs vernis, nos œufs frais de deux mois & demi n'avoient nullement ce mauvais goût des œufs trempés, ni goût defagréable quelconque. Un autre fecret connu pour conferver des œufs frais, eft de les faire cuire, & on les fait chauffer quand on veut les manger. Quelques perfonnes capables de faire des expériences, & qui ont fait celle-ci, m'ont dit qu'elles avoient mangé des œufs qu'elles avoient fait cuire deux ou trois mois auparavant, qu'ils paroiffoient frais, mais qu'ils avoient un goût peu agréable. La viande cuite fe corrompt moins vîte que la viande crue; mais la viande cuite fe corrompt après un certain temps. La cuiffon peut donc empêcher un œuf de fe gâter auffi vîte qu'il eût fait s'il fût refté crud, mais elle ne peut le conferver bon que pendant un temps affés court.

L'expérience par rapport aux œufs vernis a été pouffée loin; je n'en ai fait cuire quelques-uns qu'après les avoir gardés un an, & je n'en ai fait cuire d'autres qu'au bout de deux ans. Ces œufs fi vieux fe trouvérent pleins de beaucoup de lait, leur blanc étoit très-blanc, & femblable à celui des œufs frais; mais leur goût n'étoit pas auffi agréable que celui des œufs véritablement frais, ni que celui des œufs vernis depuis trois à quatre mois; il étoit tel que celui des œufs qu'on a fait tremper dans l'eau pendant plufieurs jours. C'eft beaucoup pourtant, qu'après deux ans il ne s'y fût fait qu'une altération fi legére.

Apparemment que ces œufs euffent pû être gardés frais, ou au moins mangeables encore pendant plufieurs années; mais des rats trouvérent moyen d'entrer dans l'endroit où je les gardois, ils percérent les coques & les vuidérent. Je les crus tous dans cet état, & je ne daignai pas ôter les coques vuides & percées de l'endroit où elles étoient. Je ne l'ai fait que cette année; parmi les coques vuides j'ai encore trouvé deux œufs qui avoient été épargnés, mais leur vernis avoit été ramolli par le jaune & le blanc qui avoient

coulé des autres œufs; ils étoient collés contre la tablette
fur laquelle ils étoient pofés. J'en fis cuire un, plus du tiers
de fa coque étoit vuide, auffi étoit-il très corrompu. Sans
faire cuire l'autre je caffai fa coque, & j'en emportai un
morceau: fi j'euffe fait cuire cet œuf, il eût eu apparemment dans fon jntérieur un vuide auffi grand que celui qui
s'étoit trouvé dans le précedent; cependant dès que le
morceau de coque eût été détaché, il parut plus que plein;
la membrane flexible qui contient le blanc & le jaune s'é-
leva dans cet endroit au-deffus de la coque, & elle paroiffoit prête à crever par la tenfion qu'elle fouffroit. C'eft qu'il
fe faifoit alors une fermentation confidérable dans l'œuf;
je le caffai, & il répandit une odeur déteftable. Parmi les
œuvres de M. Valifnieri de l'édition *in-folio*, on a imprimé une lettre de M. Stancari où il parle de quatre œufs
laiffés dans une boifte pendant quatre ans; un de ces
quatre œufs avoit été enduit de ftuc. Dans des journaux
d'Italie, il eft fait mention d'œufs qu'on trouva dans un
vieux mur qu'on démoliffoit. Il y a plus de vingt ans
que M. l'Abbé Bignon m'envoya un œuf qu'on difoit
avoir été trouvé près de Meulan dans un bloc maffif de
pierre tiré d'une carriere. Ce dernier œuf me parut un
œuf de canne. Tous ces œufs n'avoient pas été entourés
de matiére capable d'empêcher fuffifamment l'évaporation, de matiéres affés impénétrables à une liqueur aqueufe; ils étoient gâtés. M. Stancari dit, que quand le fien
eût été tiré du ftuc, fon blanc fuintoit au travers de la coque, que fon blanc s'étoit fondu; il étoit pouffé dehors
par la fermentation qui fe faifoit dans l'intérieur de l'œuf.

Ce qui eft de certain, c'eft qu'en enduifant des œufs de
vernis, on les confervera frais auffi long-temps qu'on peut
en avoir befoin. Ceux qui font au fait des vernis ne crain-
dront pas que cette opération foit chére; il feroit aifé à

un homme de vernir bien des centaines d'œufs dans un jour, & les vernis à meilleur marché, pourvû qu'ils féchent promptement, & qu'ils foient impénétrables à l'eau, y feront propres. La confommation des œufs eft fi grande qu'ils font un objet digne d'attention. Ne feroit-il pas agréable, s'il n'en coûtoit que très-peu de plus, de fubftituer les œufs frais aux œufs vieux qu'on nous prépare de tant de façons, & aufquels on eft obligé d'avoir recours! D'ailleurs on ne courroit pas rifque de gâter, comme il arrive quelquefois, les ragoûts dans lefquels on les fait entrer. Pendant l'hyver les œufs frais font toûjours rares & chers dans les grandes villes, on peut les y rendre communs & à meilleur marché dans cette faifon. Qui eût eu à Paris pendant l'hyver de 1709. provifion d'œufs vernis, eût fait une grande fortune; tel œuf frais y fut vendu fix livres; c'eft un cas à la vérité bien extraordinaire. Les vaiffeaux qui partent pour des voyages de long-cours, auroient des rafraîchiffemens fûrs pour les malades s'ils avoient des provifions d'œufs frais. Dans plufieurs pays du Nord où les poules ne pondent point pendant l'hyver, on pourra rendre les œufs frais communs.

Je ne fçaurois dire précifément de combien la façon de vernir les œufs les enchérira peu, mais je puis en donner quelque idée. Jai pris une petite bouteille pleine d'efprit de vin, qui contenòit la vingt-quatriéme partie d'une pinte. J'ai fait diffoudre deux parties de gomme lacque-platte avec une partie de colophone dans l'efprit de vin de ma petite mefure. Cette quantité de vernis m'a fuffi pour bien vernir environ trois douzaines d'œufs; ainfi avec une pinte d'efprit de vin on verniroit au moins foixante douze douzaines d'œufs. Mettons l'efprit de vin à cinquante fols la pinte, ce qui eft plus que ne peut valoir celui qui eft nécef-faire ici. Suppofons que la quantité de lacque-platte & de

colophone qu'aura diſſout cet eſprit de vin aille à vingt-
deux ſols, ce qui eſt la mettre haut, la gomme-lacque ne
valant que cinquante ſols la livre, & la colophone ſept
à huit ſols. De ce calcul il ſuit que la dépenſe en vernis
pour chaque douzaine d'œufs ne ſçauroit aller à un ſol.
L'expérience apprendra probablement que des couches
beaucoup plus minces que celles que j'ai appliquées peuvent ſuffire, & j'ai lieu de croire que ce qui ſera conſommé en vernis, n'ira pas même à la moitié du prix auquel
nous venons de l'évaluer.

Reſte à eſtimer à quoi ira la dépenſe de la main de l'ouvrier. Un ouvrier ſtilé pourra vernir au pinceau bien des
douzaines d'œufs en un jour. On n'a été qu'environ deux
minutes à me vernir chaque œuf avec un très-petit pinceau, & par conſéquent peu expéditif; ainſi on m'a verni
deux douzaines & demie d'œufs dans une heure. Mais ſi
au lieu d'étendre le vernis avec un pinceau, l'expérience
apprend qu'il ſuffit de plonger l'œuf dans le vernis & de
l'en retirer, combien verniroit-on d'œufs par jour de cette
maniere! Au reſte, ce travail devroit être fait à la campagne,
des femmes en ſeroient très-capables. Des payſannes qui
verniroient chaque jour les œufs frais de leurs poules, n'en
trouveroient pas moins le temps de fournir aux ſoins de
leur ménage.

Ce qui paroîtra le plus embarraſſant, ce ſera de tenir
l'œuf pendant qu'on le vernira, car il ne faut pas toucher
avec les doigts les endroits vernis. On pourroit faire l'ouvrage à deux fois, vernir l'œuf à moitié & le poſer enſuite
par le bout qui n'eſt pas verni dans une eſpece de coco-
tier de terre, ou ſeulement dans un vaſe plein de ſable.
Quand le vernis appliqué ſeroit ſec on verniroit le reſte de
l'œuf. Mais il me paroît plus commode, ſur tout ſi on
s'en tient à plonger les œufs dans le vernis, d'attacher à un

des bouts de l'œuf un fil avec un peu de cire d'espagne, de
l'y cacheter. C'est le moyen dont je me suis servi pour les
vernir au pinceau : on tient l'œuf par le fil, & après qu'il
est verni, le fil donne la facilité de le suspendre à un clou
ou à un cerceau qui pend en l'air, & qui est soûtenu comme un croc à viande par une corde, ou comme les cerceaux ausquels on pend des bougies. La façon d'attacher
le fil avec de la cire d'espagne emporte encore un peu
de temps, plus d'une demie minute pour chaque œuf.
Tous ces petits frais joints ensemble ne sçauroient augmenter bien sensiblement le prix des œufs vernis.

Mais je dois avertir, que pour faire cuire à propos les
œufs vernis, il est necessaire de les tenir dans l'eau bouillante cinq à six fois plus de temps qu'on n'y tiendroit des
œufs frais ordinaires. L'œuf verni doit rester dans l'eau
bouillante un peu plus de trois minutes. La cause même qui
fait que le vernis conserve l'œuf, le rend plus long à cuire.
Pour que l'œuf cuise, une portion de son humeur aqueuse
doit s'évaporer, & le vernis s'oppose à l'évaporation. L'œuf
seroit encore bien plus long-temps à cuire, si la chaleur qui
ramollit le vernis ne le mettoit dans un état où il peut moins
résister aux parties qui font effort pour s'échapper.

Mais pour revenir au principal objet de ce memoire,
il reste à sçavoir, si nous conservons l'embryon du poulet
vivant dans les œufs que nous conservons frais pendant
un temps si long. On peut craindre que l'odeur du vernis
& tout passage bouché à l'air par ce vernis, ne l'y fassent
périr, ne l'y étouffent. Pour décider cette question, je donnai à couver à une poule sept œufs ordinaires, deux œufs
vernis, & cinq œufs que j'avois dévernis ; ceux-ci avoient
été enduits pendant près de deux mois & demi, c'étoient
les plus vieux que j'eusse alors. Pour les dévernir je m'étois
contenté de les mouiller d'esprit de vin qui avoit un peu

ramolli le vernis, que j'avois enlevé ensuite en le ratissant avec un morceau de verre. Je n'avois pas osé laisser tremper les œufs dans l'esprit de vin pendant le temps nécessaire pour dissoudre le vernis, de crainte que cette subtile liqueur ne pénetrât au travers de la coque, & qu'elle ne fît périr l'embryon. Par mal-adresse de la poule ou par quelqu'autre accident, un des œufs vernis fut cassé. Au bout de vingt jours ou vingt jours & demi les poulets éclorent à l'ordinaire des œufs qui n'avoient point été vernis; mais il n'en sortit point, ni de l'œuf verni ni des œufs dévernis : deux de ceux-ci étoient ce qu'on appelle des œufs clairs, étant secoués ils faisoient du bruit, ils avoient du vuide dans leur intérieur. Je les cassai, & je vis qu'ils étoient des œufs pourris.

Cette premiére expérience sembloit prouver que le vernis dont les coques des œufs avoient été enduites, avoit fait périr le germe du poulet; il pouvoit cependant se faire que les œufs qui avoient été vernis fussent des œufs qui n'avoient pas été fécondés. Il falloit répeter l'épreuve avant que de décider; d'autant plus que l'œuf verni, & les trois autres œufs dévernis, qui restoient, paroissoient pleins; secoués, ils ne faisoient entendre aucun flottement. Je remis ces quatre œufs tout chauds sous une autre poule qui couvoit depuis deux jours, je les y laissai pendant dix-sept jours. Ne voyant pas paroître de poulets après un si long terme, je les retirai de dessous la poule; les trois œufs dévernis étoient devenus des œufs clairs, c'est-à-dire, des œufs dans lesquels on entendoit un flottement lorsqu'on les secouoit. Je les cassai tous trois, je ne vis rien dans leur intérieur qui eût bien la forme de poulet, mais ils ne me firent pas sentir de mauvaise odeur. Pour l'œuf verni, il étoit resté plein, on avoit beau le secouer on ne s'appercevoit pas du plus petit bruit. Je le cassai,

curieux

curieux de voir ce qui étoit dans son intérieur. Je n'y trouvai rien que le blanc & le jaune, mais qui me sembloient précisément dans l'état de ceux des œufs ordinaires ; en un mot, cet œuf qui avoit été couvé pendant plus de trente-huit jours me parut un très-bon œuf, & tel que ceux que nous mangeons. Il n'y avoit plus moyen de le faire cuire en œuf à la coque, la sienne avoit été trop cassée; mais on le fit cuire avec du beure, comme ceux qu'on appelle des œufs au miroir. Deux personnes qui étoient avec moi en voulurent goûter, nous en mangeâmes tous trois, & nous le trouvâmes aussi bon qu'un œuf cuit de cette maniere le peut être; nous ne lui trouvâmes aucun goût différent de celui des meilleurs œufs.

Voilà assûrement la plus forte des épreuves à laquelle les œufs vernis pussent être mis, & j'aurois eu peine à croire qu'ils l'eussent soûtenue. Nous ne sçavons rien dire de plus pour faire entendre qu'un œuf est detestable, que de dire qu'il a été couvé ; en voilà un qui l'a été pendant plus de trente-huit jours sans être alteré sensiblement. Je ne crains point à présent de dire qu'on peut porter les œufs vernis au bout du monde, qu'on leur peut faire passer la ligne, sous laquelle ils ne seront pas exposés à une chaleur plus grande que celle qu'ils soûtiennent sous la poule ; le vernis les deffendra.

Les faits que nous venons de rapporter ne me parurent pas suffire encore pour prouver que le germe périt dans l'œuf verni : ils prouvent bien que si un poulet pouvoit éclore d'un œuf verni, il faudroit que cet œuf fût peut-être couvé pendant une suite d'années plus longue que nous ne l'imaginons. Ils prouvent encore que nous n'avions pas bien déverni les œufs que nous avions donné à couver comme œufs dévernis : trois de ces œufs, après avoir été couvés pendant trente-huit jours, étoient à la vérité devenus des œufs moins pleins ; mais ils n'étoient pas des œufs puants comme l'auroient été, en pareil cas, des œufs ordinaires. Il y étoit apparemment resté plus de vernis que je ne l'avois crû, des couches minces que je n'avois pû appercevoir avoient suffi pour arrêter ou pour diminuer considérablement la transpiration.

J'ai donc apporté plus d'attention à dévernir d'autres œufs ; je les ai laissé tremper pendant quelques instants dans l'esprit de vin, je les ai ratissés ; je les ai plongés ensuite dans l'esprit de vin, & je les ai frottés à differentes reprises jusques à ce que j'aie eu rendu leur coque aussi blanche qu'elle l'étoit avant que d'être vernie. Je mis quatre de ces œufs sous une poule ; après qu'elle les eût couvés pendant dix-neuf jours, temps où les poulets devoient être prêts à éclore, & où effectivement j'en avois tiré un à qui il ne manquoit presque plus rien, d'un œuf qui n'avoit jamais été verni ; après, dis-je, ces dix-neuf jours, je tirai les œufs dévernis de dessous la poule. Un des quatre faisoit entendre du flottement lorsqu'on le secouoit, & ne valoit rien : les trois autres étoient bien pleins ; j'en cassai deux qui étoient de bons œufs, & je doutai si je n'y trouverois pas un embryon tel qu'il est dans les œufs couvés depuis peu de jours. Malgré les soins que j'avois crû apporter à les dévernir, je n'y avois pas réussi apparemment, le vernis avoit pénétré dans l'intérieur de la coque, au-dessous de la couche que j'avois enlevée en ratissant ; ce qui me détermine à le croire, c'est que les œufs s'étoient conservés sains. Je cassai le quatriéme œuf ; pour celui là enfin il avoit été bien déverni : j'y trouvai un poulet tout couvert de ses plumes, un poulet tout prêt à éclore ; mais je ne sçai s'il fût éclos, ou au moins s'il eût vécu. Le hazard a voulu que le premier poulet que j'aie été bien sûr d'avoir vû dans un œuf déverni, étoit un poulet monstrueux ; il n'avoit qu'une tête, un corps, deux aîles; mais il avoit quatre jambes & quatre cuiſſes. Les phyſiciens n'ont pas beſoin que je m'arrête à prouver que le vernis n'avoit en rien contribué à cette pro-duction monſtrueuſe; qu'il n'étoit pas cauſe qu'il y avoit eu un germe de plus dans cet œuf, que dans le commun des œufs; de ce que les deux germes s'y étoient réunis, & qu'il n'étoit reſté à l'extérieur que les deux cuiſſes, & les deux jambes de l'animal d'un de ces germes. Tout cela, dis-je, n'eſt pas néceſſaire à prouver, & quelque ſyſteme qu'on ſuive ſur la production des monſtres, il n'y en a pas, je crois, où l'on veuille que le vernis a fait naître deux cuiſſes de plus. Mais ce poulet tout monſtrueux qu'il étoit, ſuffit pour nous mettre en état de décider la queſtion qui paroiſſoit très-incertaine; pour décider que le vernis ne fait pas périr le germe de l'œuf. En verniſſant des œufs on prolonge donc la vie de l'embryon; mais pendant combien de temps la peut-on prolonger par ce moyen? c'eſt ce qui ne pourra être ſçû que quand on aura fait couver des œufs qui au-ront reſté ſous le vernis pendant plus de mois que celui-ci, & qu'on prendra des précautions que j'ai négligé de pren-dre pour empêcher le vernis de pénétrer dans l'intérieur de la coque, & pour pouvoir bien dévernir les œufs.

Qu'on ne croie pas au reſte que j'ai pû prendre un œuf non verni pour un œuf déverni. La mépriſe n'étoit pas poſſible, parce que j'avois laiſſé au bout de chaque œuf déverni, la goutte de cire d'eſpagne à laquelle étoit attaché le fil par lequel on le tenoit pendant qu'on paſſoit le pinceau chargé de vernis ſur la coque.

Il reſulte de ces dernieres expériences, qu'une couche de vernis, quelque mince qu'elle ſoit, ſuffit pour conſer-ver les œufs.

Avant que de ceſſer de parler des œufs, faiſons atten-tion à l'effet ſingulier que produiſent ſur eux différens dégrés de chaleur. Dans l'air qui n'a que le dégré de chaleur que nous appellons du froid, l'œuf se conserve sain pendant un temps assés long; l'œuf se corrompt s'il est dans un air chaud, & se corrompt d'autant plus vîte que la chaleur de l'air est plus considérable; & cela pourtant seulement jusqu'à ce que la chaleur qui agit sur l'œuf, soit à un certain dégré; si elle passe ce dégré, elle produit le développement & l'accroissement du poulet. Alors l'œuf ne se corrompt point; si la même chaleur agissoit sur un œuf qui ne fût pas fécondé, elle le feroit corrompre très-vîte. Lorsque la chaleur suffit pour produire le développement du poulet, lorsque le poulet se développe réellement, il empêche donc par son accroissement les substances de l'œuf, dont il doit se nourrir, de se corrompre; il arrête la fermentation qui feroit pourrir l'œuf. La circulation des liqueurs empêche cette espece de fermentation; enfin cette même circulation est cause qu'il ne se fait plus au travers des parois de l'œuf une transpiration aussi considérable. Il se fait pourtant du vuide dans l'œuf dans lequel le poulet croît; mais la membrane qui se détache d'un des bouts de la coque tient assujetties les substances molles qu'elle renferme, elle les contient de maniere qu'on peut secouer l'œuf sans entendre de fluctuation. *

Nous avons donc prouvé qu'on peut prolonger la durée de la vie des insectes qui ne sont encore qu'embryons, qu'on peut encore prolonger la durée de la vie de ceux qui sont, pour ainsi dire, dans un âge moyen, qui ont les formes de crisalides ou de nimphes, & qu'enfin on peut même prolonger la vie de ceux qui ont passé par toutes leurs métamorphoses, & qui ont pris tout leur accroissement. Mais on demandera sans doute encore une fois,

* Voyés Observations sur la formation du poulet, par Antoine Maître Jan. A Paris chez d'Houry, 1722.

s'il n'y a aucun efpoir de prolonger la durée de la vie des machines animales qui nous intereffent le plus; fi nous ne pouvons pas faire fur les nôtres quelque chofe d'équivalent à ce que nous pouvons faire fur celles des infectes ! L'analogie conduit à le faire efperer; & nos défirs peuvent bien ajoûter ici de la force aux preuves qu'elle paroît nous en donner. Les machines des infectes ne font pas moins parfaites aux yeux d'un phyficien que les nôtres, elles font même beaucoup plus compofées, & par là elles paroîtroient plus difficiles à conferver par de-là le terme de leur durée ordinaire. La différence de grandeur n'eft ici de nulle confidération; le plus de grandeur même d'une machine femble être favorable, à certains égards, à fa confervation, plus de folidité y eft jointe. Mais examinons à quoi peut fe réduire ce que nous devons fouhaiter & efpérer.

Après avoir expliqué les moyens d'abréger & les moyens de prolonger le cours de la vie des papillons fous la forme de crifalide, nous avons déja mis en queftion s'il y auroit à gagner en paffant plus lentement par les mêmes dégrés d'accroiffement, & par les mêmes dégrés de décroiffement. La queftion fera encore plus aifée à décider, fi elle eft réduite à fçavoir s'il feroit fouhaitable de pouvoir paffer une longue fuite d'années dans un état de létargie ou d'engourdiffement, tel que celui dans lequel les loirs, les ours, les marmottes & tant d'efpeces d'infectes font pendant tout l'hyver, & cela fans rien retrancher des jours d'une vie active. Ce temps d'engourdiffement, quelque long qu'il pût être, ne devroit prefque pas être compté pour un temps où nous vivrions; notre véritable vie eft la fuite apperçûë de nos penfées & de nos fentimens. Il eft étrange, mais il eft vrai que les fentimens font plus vifs, & que les penfées fe fuccédent plus rapidement dans les machines animales quand le cours des liqueurs eft plus prompt. Nous fçavons que

F iij

dans les violentes agitations des paſſions nos liqueurs circulent avec plus d'impetuoſité que dans l'état naturel, & que nous penſons & ſentons alors plus vivement & plus rapidement.

Mais l'engourdiſſement de l'eſprit dût-il être plus grand que celui du corps, mille gens croient peut-être qu'ils ſeroient heureux s'ils étoient les maîtres de prolonger à ce prix leur vie pendant une longue ſuite de ſiécles. Prêtons nous pour un inſtant à des chimeres qui peuvent les flatter. Quelqu'un qui a pû ſe promettre de vivre pendant quatre-vingt ans, ſaiſiroit comme une idée agréable de durer pendant dix à douze ſiécles, pendant chacun deſquels il n'auroit que huit à neuf ans de véritable vie, de vie active. Quand on a paſſé un certain nombre d'années dans ce monde ici, il n'a plus aſſés de ſpectacles à nous offrir, on a tout vû. Quelqu'un qui ne le reverroit que de ſiécle en ſiécle trouveroit des ſpectacles plus variés, ſoit dans le phyſique, ſoit dans le moral ; la face de la terre pourroit lui faire voir des changemens ; les progrès des ſciences & des arts, les révolutions dans les ſocietés, les changemens dans les mœurs, dans les goûts, dans les modes, offriroient bien des nouveautés amuſantes. Un aſtronome paſſionné pour les progrès de ſa ſcience, qui voudroit connoître le retour précis des certains aſtres, faire des obſervations qui ne peuvent être faites qu'après pluſieurs ſiécles, ſeroit bien tenté de diviſer ainſi ſa vie s'il en étoit le maître.

Suppoſons pour un inſtant le ſecret de diſtribuer à volonté, la durée de la vie, trouvé : eſt-il bien ſûr qu'on en fît uſage ? on feroit alors des réflexions qu'on ne fait pas actuellement. Qui oſeroit ſe plonger dans un ſommeil d'une longue ſuite d'années, pendant lequel on craindroit de périr par des accidens contre leſquels on ne pourroit ſe deffendre, par

dés incendies, par des inondations, par les fuites des guerres, par l'avidité des heritiers, par la negligence de ceux
qui devroient veiller à notre fûreté. Enfin tant de fujets
d'inquietudes viendroient effrayer l'imagination, que je
ne fçais fi on accepteroit même d'être endormi pendant
un hyver entier, & s'il feroit raifonnable de l'accepter. Il
n'y a que ceux à qui la vie eft actuellement à charge, qui
fuffent capables de fe livrer à des fommeils de plufieurs
années.

Mais fans tomber dans une affreufe létargie, ne pourrions-nous pas tirer quelque parti des obfervations que
les infectes nous ont fournies, pour jouir d'une meilleure
fanté, & pour en jouir pendant plufieurs années! Sans
plonger les infectes dans une vraye létargie, nous prolongeons leurs jours, & cela en diminuant leur infenfible tranfpiration. Il en eft des machines animales comme de toutes
les autres machines, indépendamment des caufes étrangéres qui peuvent occafionner leur deftruction, elles font
détruites infenfiblement par les opérations mêmes aufquel-
les elles font deftinées, par leur propre action; elles ne peuvent chacune fournir qu'à une quantité limitée d'opérations. Des rouës qui rouleroient nuit & jour fans dif-
continuer, feroient réduites dans un mois à l'état où elles
fe feroient trouvées au bout d'une année, pendant laquelle
elles n'auroient roulé que deux heures par jour. Il en eft
de même en quelque forte de noftre eftomach, de tous
nos vifcéres, & généralement de toutes les parties de notre corps. Toutes chofes d'ailleurs egales, l'eftomach qui
aura digéré dans un an ce qu'il lui eût fuffi de digérer en
deux, fe fera peut-être autant ou plus ufé dans un an,
qu'il fe fût ufé dans deux. A la vérité, le principe fur lequel font conftruites les machines animales eft tel, qu'une
certaine quantité d'actions leur eft continuellement nécef-

faire, & qu'elles se réparent elles-mêmes en partie ; mais elles ne se réparent qu'en partie, elles ne sont pas immortelles. Leur estomach & leurs intestins extrayent des alimens qu'ils ont reçûs, des sucs qui se distribuent dans toutes les parties, & qui remplacent ce qui se dissipe par l'insensible transpiration. Le principal jeu de ces machines dépend des vaisseaux, & de vaisseaux qui ont un ressort au moyen duquel ils poussent & font circuler les liqueurs qui y sont contenuës ; mais à force de servir, ces vaisseaux se durcissent, se racornissent. Il est ordinaire de trouver les artéres des vieillards ossifiées. Plus la quantité de liqueur que nos vaisseaux auront été chargés de faire circuler dans une année sera grande, & plus aussi la somme des efforts qu'ils auront employés sera grande, & plus ils doivent s'être durcis.

Un des moyens que nous avons employés avec succès pour prolonger la vie des insectes, a été de les tenir dans un air plus froid ; le froid a diminué leur insensible transpiration, & a ralenti leurs mouvemens intérieurs. Nous avons au contraire abrégé le cours de leur vie en les tenant dans un air plus chaud. Le froid & le chaud sont ils capables de produire sur nous de pareils effets ! nous sçavons au moins que le chaud peut quelque chose pour l'accroissement des hommes. Dans les pays chauds les filles sont plûtôt nubiles, & les femmes cessent plûtôt d'être fécondes que dans les pays froids. Il seroit curieux de faire des expériences pour sçavoir si les enfans & les grands animaux de toutes especes ne croissent pas plus vîte pendant l'été que pendant l'hyver ; il y a tout lieu de croire qu'on trouveroit qu'ils croissent plus pendant les mois chauds que pendant les mois froids. Les oiseaux domestiques qui éclosent pendant l'hyver, croissent avec une grande lenteur en comparaison de ceux qui naissent dans une saison plus

favorable.

favorable. Les relations nous donnent plus d'exemples de longues vies d'hommes dans les pays froids que dans les pays chauds, & les différences entre les longueurs des vies des habitans de ces différens climats, feroient peut-être plus confidérables fi les habitans des pays froids ne fe donnoient pas plus d'exercice, & ne mangeoient pas plus que ceux des pays chauds. Communément les habitans des pays chauds font fobres, & ils agiffent peu. Les obfervations faites en Italie par Sanctorius, en France par M. Dodart, & en Angleterre par M. Keil, concourent à établir que la tranfpiration eft plus grande dans les pays chauds que dans les pays froids, & que dans le même pays elle eft plus grande pendant l'été que pendant l'hyver.

Nous ne fommes pas tous deftinés à habiter des pays froids; il feroit dommage que les climats chauds, & furtout que les climats temperés fuffent abandonnés. Il y a même des circonftances qui font que tous les pays froids ne font pas favorables à la longueur de la vie. Quand les Lapons & les Samogétes vivroient plus long-temps que nous, on devroit préférer de paffer une vie plus courte dans des pays plus beaux que les leurs. Mais le feul moyen de diminuer l'infenfible tranfpiration n'eft pas de vivre dans un air froid : ne pourrions-nous pas en employer quelque autre pour conferver nos corps, pour les empêcher de s'ufer, & de dépérir auffi vîte qu'ils font, pour diminuer la quantité de ce qu'ils perdent journellement par la peau ! Ne penfera-t-on pas au contraire qu'en diminuant notre infenfible tranfpiration, on abrégeroit nos jours! On eft convenu d'attribuer la plûpart des maladies à l'infenfible tranfpiration fupprimée ou trop diminuée; & il eft certain que plufieurs maladies n'ont point d'autre caufe. Mais eft-il certain que la quantité d'infenfible tranfpiration qui femble nous être devenuë néceffaire, le foit par l'inftitution de la nature! N'avons-nous

Tom. II.   . G

point accoûtumé nos corps à trop tranfpirer, par le trop de foin que nous avons pris de dérober notre peau aux impreffions de l'air, en la couvrant de vêtemens épais, ferrés & chauds? Nous fçavons que nous pouvons déterminer les évacuations naturelles à fe faire par d'autres voyes que celles par lefquelles elles fe font ordinairement; & qu'il eft dangereux d'arrêter trop fubitement les évacuations qui fe font même contre l'ordre de la nature, quand elles s'y font depuis long-temps. Mais que la grande tranfpiration qui fe fait chés nous foit contre nature ou felon la nature, il paroît certain, qu'elle peut être diminuée au moins peu à peu fans que la fanté en fouffre. La différence des alimens, la différence des climats, la conftitution de l'air, le froid & le chaud influent fur la quantité de matiére qui s'échappe par les pores de la peau. Sanctorius a trouvé à Padouë, que lorfque le poids de tous les gros excrémens enfemble, parmi lefquels l'urine eft comprife, eft de trois livres, le poids de la matiére que nous avons tranfpirée eft de cinq livres; & M. Dodart a trouvé que le poids des gros excrémens eft à Paris, à celui de la matiére qui a été tranfpirée tantôt comme deux à trois, & tantôt comme quatre à cinq. Il a paru à M. Dodart par des expériences faites pendant des jours très-chauds, & par d'autres faites dans des jours très-froids, que la quantité de la matiére qu'on tranfpire à Paris pendant l'hyver, ne va qu'à la moitié du poids de celle qu'on tranfpire en été.

Dès que la quantité de la tranfpiration de nos corps varie, lorfque l'air dans lequel nous vivons paffe du chaud au froid, & du froid au chaud, il eft certain, qu'il y a des pays où les variations de la tranfpiration font plus frequentes, plus fubites, & plus confidérables que dans d'autres; & il y a apparence, que le pays que nous habitons, eft un de ceux où la tranfpiration eft fujette à plus de ces variations. On sera disposé à le croire, si on consulte dans les memoires de l'Académie de 1733. les tables des plus grands chauds & des plus grands froids que nous avons eus à Paris en 1732. & en 1733. & les tables des observations du thermometre, faites à l'isle de Bourbon, entre les tropiques, par M. Cossigny, pendant les mêmes années. On y verra que la liqueur du thermometre fait quelquefois plus de chemin à Paris, dans quatorze à quinze heures d'un jour, qu'elle n'en fait pendant toute l'année dans l'isle de Bourbon; qu'à Paris, il y a des heures de certains jours d'été, où il ne fait pas plus chaud, qu'à de pareilles heures de certains jours de Janvier, ou de Février. Quoique dans l'isle de Bourbon la transpiration doive être considérable, parce que le dégré de chaleur y est toûjours à peu près celui de notre été, cette isle est extrêmement saine, peut-être, parce que la transpiration n'y est pas sujette à de grandes inégalités. Des passages subits d'un air d'été à un air d'hiver, d'un air favorable à la transpiration, à un air qui lui est contraire, doivent être rudes à soûtenir.

Il est pourtant vrai qu'une transpiration trop abondante ne peut que nous affoiblir & nous user. Si nous ignorons à quoi pourroit être réduite la transpiration absolument nécessaire à un homme sain & vigoureux, nous sçavons presque qu'il y a eu, & qu'il y a des hommes très forts, par la peau desquels il se faisoit & il se fait bien moins de secretions que par la nôtre. Si on cherchoit un moyen d'empêcher les corps des hommes de transpirer, je ne crois pas qu'on en trouvât un meilleur que de boucher tous les pores de leur peau avec quelque huile, quelque graisse épaisse, ou avec quelque espece de vernis, comme nous avons arrêté la transpiration des œufs au moyen d'un vernis. Ces robustes Athlétes que l'antiquité nous vante, qui avoient toûjours le corps oint d'huile, tranfpiroient peu apparemment. Nous n'avons qu'à parcourir les voyageurs pour trouver des exemples dans l'Amérique, dans l'Afrique & dans l'Afie, de peuples qui font dans l'ufage de s'enduire chaque jour le corps d'huiles ou de graiffes épaiffes. Les plus dégoûtans de tous les hommes, les Hottentos qui habitent près du Cap de Bonne-efpérance, mêlent de la fuye avec la graiffe dont ils fe barbouillent tout le corps, & font grand cas pour cet ufage de la graiffe de nos cuifines. Il pourroit bien fe faire que les Caraïbes ne fe peigniffent actuellement le corps de rocou, que pour fe parer; mais cette pratique qui fubfifte parmi eux de temps immémorial, à pû n'avoir pas la parure pour premier objet. Ceux qui les premiers y ont eu recours, à cette pratique, peuvent l'avoir reconnuë propre à empêcher la diffipation de leurs forces, & à conferver leur fanté. Ces hommes à la vérité ne vivent pas plus que nous; mais peut-être vivroient-ils moins à caufe de la nature des climats qu'ils habitent, s'ils laiffoient leurs corps autant tranfpirer que les nôtres tranfpirent.

Il eft certain que les hommes qui tranfpirent moins, doivent être moins fujets aux maladies qui viennent de la tranfpiration arrêtée ou diminuée. Les bons effets que produifent des emplâtres & des topiques de bien des genres, ne doivent-ils point être attribués en grande partie à ce qu'ils arrêtent la tranfpiration des parties fur lefquelles ils font appliqués! Je ne fçais pas de combien la tranfpiration eft diminuée dans un bain froid; mais je penfe avec M. Dodart qu'elle y eft diminuée; & il paroît certain que toutes les maladies qui ont été guéries par l'application immédiate de la glace, & même par des boiffons glacées, ne l'ont pas été fans que la tranfpiration ait été diminuée confidérablement.

Tout ce que nous voulons & tout ce que nous devons conclurre des remarques & des réflexions précédentes, c'eft

que c'eſt une matiére à expériences curieuſes & impor-
tantes, que de rechercher à quoi peut être reduite notre
inſenſible tranſpiration, & s'il y auroit des avantages à tirer
de ſa diminution. Nous ne devons pas oſer tenter ſur des
hommes, les expériences qui pourroient les expoſer à quelque riſque; mais la puiſſance ſupérieure d'un état pourroit
ordonner qu'on fît celles que nous propoſons ſur des ſujets
qui ayant mérité des punitions corporelles, ſe trouveroient
très-heureux de n'être condamnés qu'à ſervir à de telles
épreuves. Après tout pourtant, le témoignage de l'antiquité, celui des voyageurs, & les expériences de Sanctorius, de
Meſſieurs Dodart & Keil ſe réuniſſent pour nous prouver
que ce ſont des épreuves qui pourroient être faites ſans
riſque, ſur tout, ſi on y alloit par dégrés inſenſibles, &
qu'on les fît ſur des enfans. On pourroit au moins les faire
ſur des animaux, & il paroît déja prouvé, qu'ils n'en ſouf-
friroient pas. Une expérience de la nature de celles que je
propoſe ſe fait tous les ans en Perſe ſur un des plus grands
animaux, ſur le chameau. Chardin rapporte * *que le poil*
tombe tout à cet animal au printemps, & ſi entiérement qu'il \
paroît comme un cochon échaudé, qu'alors on le poiſſe par tout \
pour le deffendre de la piquûre des mouches. La tranſpiration
doit être bien diminuée & bien ſubitement, dans un animal
dont on enduit toute la peau de poix. La preuve pourtant
qu'il n'en ſouffre pas, c'eſt que cette pratique s'eſt établie
& qu'elle a ſubſiſté.

M. Granger, à qui l'amour de l'hiſtoire naturelle ne
permet de connoître, ni fatigues, ni dangers; qui pour
faire d'utiles & de curieuſes recoltes, a viſité deux fois
l'Egypte d'un bout à l'autre; qui n'a point été effrayé de
vivre avec les Arabes, & de parcourir avec eux les deſerts
qu'ils habitent. M. Granger, dis-je, près de partir de
Roſſette pour paſſer en Syrie, m'écrivit le 17. Avril 1735.

Giij

** Tom. IV.*
pag. 79. E-
dit. de Paris
1723.

une lettre dans laquelle il me raconte une guérifon opérée par un procédé fingulier, & qui a été dûë, au moins en grande partie, à des enduits du genre de ceux dont nous venons de parler. Un François, commis actuellement à Alexandrie chez le fieur Pimantel, après avoir foûtenu pendant deux mois une rude diarrhée, devint hydropique, à tel point que fon ventre touchoit prefque fon menton. Les remedes que lui donnérent les medecins d'Alexandrie, & les chirurgiens des vaiffeaux, pendant quatre à cinq mois, ne lui procurérent aucun foulagement. Fatigué d'une telle maladie, & des remedes tentés fans fuccès, il fe fit voiturer à Roffette, pour s'y mettre entre les mains de deux Arabes qui le traitérent de la maniere fuivante. Ils le firent porter dans une étuve : on l'y mit nud comme la main : on le frotta avec un linge jufqu'à ce que fa peau fût bien rouge. Alors on lui oignit tout le corps avec environ deux onces d'huile de noifette; après quoy on l'enduifit d'un mélange bien chaud de godron, & d'huile de lin. Cette feconde onction faite, on le poudra de grains de bled bien torrefiés & bien chauds, qui s'attachérent à l'enduit de godron. On l'emmaillotta enfuite comme un enfant, & on le laiffa étendu fur le marbre d'une étuve pendant vingt-quatre heures. Après ces vingt-quatre heures on le démaillotta : on lui lava le corps avec de l'eau & du favon. Quand l'enduit eût été emporté, on lui en remit un nouveau, pareil au premier, & on l'emmaillotta comme la premiére fois. Alors les Arabes le firent reporter chez lui ainfi emmaillotté, pour le mettre dans fon lit. Pendant le chemin, il urina fi copieufement que fon enflure étoit prefque diffipée lorfqu'il arriva dans fa maifon. Dans l'intervalle des vingt-quatre heures qui fe paffèrent entre la premiére & la feconde onction, on fit prendre au malade feulement deux bouillons faits de trois pigeons, d'une poignée de poivre & de pareil poids de gingembre, & de clouds de gerofle : on lui permit deux taffes de caffé, mais aucune autre boiffon. Je ne dirai rien du regime qui fut prefcrit pour achever & pour affûrer la guérifon; mais je dois dire, que tous les hydropiques ne foûtiendroient pas un tel remede. M. Granger a grand foin de m'apprendre, que deux Arabes qui furent traités comme le François, & dans le même-temps, ne furent pas auffi heureux. Les pauvres miférables perirent emmaillotés. Le grain roti pouvoit avoir été jetté trop brûlant fur eux; celui qui tomba fur notre François étoit chaud à un point qu'il crut qu'on le rotiffoit lui-même. La chaleur exceffive du grain eft peut-être ici de trop. L'enduit de poix fait peut-être la plus grande partie du remede; & le grain pourroit bien n'avoir été employé que pour épaiffir l'enduit, & donner plus de facilité d'emmaillotter le malade.

Les crifalides nous ont fourni la premiére & la principale matiére de ce memoire; j'ai déja tenté fur elles ce que je propofe de tenter fur les plus grands animaux. Dans l'hiver j'ai enduit d'un vernis, qui n'étoit que de la lacque diffoute dans l'efprit de vin, toute la peau d'une crifalide d'une belle chenille du titimale. J'ai évité avec foin de paffer le pinceau mouillé de vernis fur les ftigmates, mais je n'ai épargné que les ftigmates; tout le refte a été bien verni. Une liqueur aqueufe, telle que celle qui s'échappe du corps de la crifalide pendant que fe font les progrès de l'affermiffement des parties du papillon, une telle liqueur aqueufe, dis-je, ne pouvoit paffer au travers de l'enduit de vernis; elle ne pouvoit s'échapper que par les ftigmates, ou que par peu d'autres endroits. Il me paroiffoit donc, que par ce moyen j'avois confidérablement diminué la tranfpiration de la crifalide; il reftoit feulement à fçavoir, fi mon opération ne feroit point funefte à l'infecte. La crifalide n'a pas paru s'en porter moins bien ; le papillon eft venu en état de fe tirer de fon enveloppe vernie, & s'en eft très-bien tiré : mais ç'a été un mois & demi, ou deux mois plûtard, qu'il ne l'eût fait fi la crifalide n'eût pas été vernie. J'ai donc retardé l'accroiffement du papillon, ou ce qui eft toûjours là même chofe , j'ai prolongé fa vie en diminuant fa tranfpiration au moyen d'un vernis. J'ai traité de même une crifalide venuë de cette grande chenille du poirier qui donne le grand papillon paon , & le papillon eft forti de cette crifalide vernie cinq à fix femaines plûtard que les papillons de même efpece ne font fortis des crifalides non vernies.

SECOND MEMOIRE.
DE L'ACCOUPLEMENT
DES DIFFERENTES ESPECES
DE PAPILLONS;

*De leurs parties destinées à la génération ; des figures
de leurs œufs ; des endroits où ils les déposent,
& avec quelles précautions.*

PARMI nos papillons de tous genres & de toutes
especes, il y a des mâles & des femelles. Ceux des
différens sexes sont aisés à distinguer dans chaque espece.
La regle presque générale pour tous les insectes, & contraire à celle qui s'observe assés ordinairement dans les
grands animaux, c'est que parmi eux les femelles sont
plus grandes & plus grosses que les mâles; cette regle ne
se dément point par rapport aux papillons. Le corps des
mâles est plus petit, plus effilé; celui des femelles est plus
gros, plus renflé & plus arrondi : le derriére des premiers
est plus pointu que celui des autres. Ces différences ne
sont pourtant pas aussi grandes & aussi frappantes dans
les papillons diurnes, qu'elles le sont dans les phalénes. Il
y a des femelles de papillons nocturnes, dont le corps
est une fois plus long que celui des mâles, & plus
gros dans la même, ou dans une plus grande proportion. Dans les deux classes de papillons nocturnes, composées de ceux dont les antennes ont des barbes, les antennes suffisent pour faire reconnoître les mâles & les
femelles. Celles des mâles sont mieux fournies de barbes,

Tome II.   . H

& de barbes plus grandes, qui font plus preffées les unes
auprès des autres ; & arrangées d'une maniére qui donne
une forme plus agréable à l'antenne.

Dans un grand nombre, & même dans la plûpart des
efpeces de papillons foit diurnes, foit nocturnes, les couleurs & les diftributions des couleurs des aîles des mâles &
des aîles des femelles font femblables, ou n'ont que de
ces varietés qu'on n'apperçoit que quand on cherche à
les appercevoir. Ainfi les papillons diurnes des petites che-
*Tom. I. nilles vertes du chou *, foit mâles, foit femelles, ont
Pl.29.fig.7. des aîles blanches, & ne différent que par le nombre &
& 8. la pofition de quelques taches noires. Les couleurs des
aîles des papillons de différens fexes, qui viennent des che-
*Tom. I. nilles épineufes, tant de l'orme que de l'ortie *, ne diffé-
Pl. 25. 26. rent point entr'elles fenfiblement. Les couleurs des aîles
& 27. des grandes phalénes * à yeux de paon, qui fortent de la
*Tom. I. groffe chenille du poirier, paroiffent les mêmes au pre-
Pl. 47. & mier coup d'œil. Mais il y a d'autres efpeces de papillons,
48. & fur-tout de papillons nocturnes, où la femelle & le mâle
font fi différens, qu'on ne foupçonneroit pas qu'ils ne dif-
férent que de fexe, fi on ne les avoit vû s'accoupler en-
*Tom. I. femble. Les papillons que donnent les chenilles * à oreil-
Pl. 24. fig. les du chefne & de l'orme, nous en fourniffent un exem-
1. ple. La couleur du deffus des aîles de la femelle * eft
*Pl. 1.fig. un blanc fale ou un peu jaunâtre, fur lequel on ne voit
11.& 15. que quelques taches brunes. Le fond de la couleur des
aîles du plus grand nombre de leurs mâles * eft très-
*Fig. 12. brun ; mais ce brun eft mêlé avec des ondes & des ta-
& 13. ches de gris & de blancheâtre, dont il feroit difficile de
décrire la diftribution, & qui font un effet agréable. J'ai
pourtant vû quelques-uns de ces mâles dont les aîles
étoient blancheâtres, mais toûjours étoient elles chargées
d'un nombre de taches noires ou brunes qui furpaffoit

confidérablement le nombre des taches brunes des aîles des femelles. Les phalénes dont nous parlons font un des genres où les mâles font le plus petits par rapport à la grandeur des femelles. Leur corps n'a pas la moitié de la longueur de celui de celles-ci, & il en différe encore plus en groffeur qu'en longueur. Si on ajoûte à ces diffé-rences que le mâle porte fur fa tête deux jolies antennes très-fournies de barbes, fouvent droites comme les oreil-les d'un lievre, au lieu que les antennes de la femelle font pendantes, & n'ont que de petites barbes écartées les unes des autres; fi on adjoûte encore que le mâle foûtient fes aîles bien parallélement au plan fur lequel il eft pofé, au lieu que la femelle les laiffe un peu pendre, il paroîtra qu'ici deux papillons, qui ne différent que de fexe, font plus différens à nos yeux que bien des papillons de diffé-rens genres, & même de différentes claffes.

Ce que nous venons de remarquer fur les différentes ma-niéres dont font colorées les aîles de certains papillons de même efpece, mais de différent fexe, fait voir combien eft vicieufe la méthode, dont on a voulu fe fervir, de les dif-tribuer par rapport à leurs couleurs & à l'arrangement de leurs couleurs. Dans l'efpece à laquelle nous venons de nous arrêter, on trouve même des différences de couleurs entre ceux de même fexe; il y a des femelles * dont les aîles ont plus de taches brunes que celles des autres *; & il y a des mâles dont les couleurs fe rapprochent plus de cel-les des femelles que de celles du commun des autres mâles.

Lorfque j'obfervois les chenilles d'où viennent les papil-lons de cette efpece, j'en trouvois de très-femblables en-tr'elles par leurs couleurs, par l'arrangement de leurs poils & dans tout le refte, mais qui différoient confidérablement de groffeur; je les jugeois cependant à peu près de même âge, parce que je les voiois affés fouvent mêlées enfemble;

* Pl. 1. fig.
11.
* Fig. 15.

H ij

je les croyois de deux efpeces femblables, mais l'une plus grande, & l'autre plus petite, à qui les mêmes alimens convenoient. Mais c'étoient des chenilles qui ne différoient qu'en fexe; les petites étoient celles qui devoient donner de petits papillons, des papillons mâles, & les grandes étoient celles qui devoient donner de grands papillons, des papillons femelles. Les crifalides en lefquelles elles fe transformoient, étoient, comme les chenilles de grandeur différente, & c'étoit des petites crifalides que naiffoient les papillons mâles, comme les femelles naiffoient des groffes crifalides. J'ai pourtant vû quelques exceptions à cette regle : de petites crifalides de cette efpece m'ont quelquefois donné des papillons femelles; mais ces crifalides étoient venuës de chenilles à qui j'avois interdit la nourriture dans des temps où elles auroient encore mangé ; elles avoient maigri, diminué de volume avant leur premiére transformation. Lorfqu'entre des chenilles de même efpece & de même âge, qui font pour ainfi dire de même famille, on en voit qui font plus petites que les autres, on ne rifque guéres de fe tromper en affûrant que ce font les mâles, c'eft-à-dire, celles qui donneront les papillons mâles.

Nous avons parlé plus d'une fois de la chenille très-veluë *, que la vîteffe de fa marche nous a fait appeller le lievre. Nous avons dit qu'elle fait fa coque en terre & de terre *, dans laquelle elle fe transforme en une crifalide * d'un noir luifant. Ça été vers la fin de Juillet, & dans le mois d'Août, que plufieurs de ces chenilles font entrées dans la terre du grand poudrier où je les nourriffois. Leurs crifalides y ont paffé tout l'hyver; & ce n'a été que dans le commencement de Juin que les premiers papillons de ces chenilles ont paru au jour. Ce font des papillons nocturnes à antennes à barbes de plumes, qui n'ont point de trompe fenfible; ils font propres à nous faire voir combien les cou-

* Pl. 1.
fig. 1.
* Fig. 2.
* Fig. 3.

leurs des mâles différent quelquefois de celles des femelles. Tous les papillons * femelles de cette espece, que j'ai
eus, avoient le dessus de leurs aîles supérieures d'un beau
blanc, & sur le blanc de chaque aîle, quatre à cinq rangs
de points noirs, souvent parallèles à la base de l'aîle. Le
dessous des quatre aîles, est blanc; la femelle les porte en toit.
Leur disposition a quelquefois une particularité; elles prennent sur le derriere du papillon * une figure qui imite celle
du devant d'un vaisseau. Ses antennes sont noires, & ses jambes sont d'un brun noir : le dessus du corps est feuille-
morte en grande partie, & le dessous noir & blanc.

J'ai eu des papillons mâles * des mêmes chenilles, qui
ne différoient des papillons femelles que par la beauté de
leurs antennes, & qu'en ce que les aîles formoient sur le
dos un toit plus aigu ; d'ailleurs elles étoient du même
blanc, & semblablement piquées de points noirs. Mais j'ai
eu de ces mêmes chenilles des papillons mâles *, dont
tout le dessus des aîles supérieures étoit d'un gris de souris
brun ; leurs jambes antérieures, & tout ce qui environnoit
leur tête, étoit feuille-morte & le reste du corps étoit couvert de poils d'un blanc mêlé d'un peu de gris. Mais le
dessous des aîles supérieures, & les deux côtés des aîles inférieures étoient gris. J'eusse eu peine à prendre un papillon si gris, pour le mâle d'une femelle si blanche, si je ne
l'eusse vû se poser sur elle comme pour s'y accoupler, &
rester constamment dans cette position pendant plus de
seize heures; & si dans la suite je n'eusse eu plusieurs de ces
mêmes papillons qui me sont venus des chenilles lievres
qui donnent les femelles blanches piquées de noir.

Les femelles de quantité de genres de phalénes ne semblent être devenuës papillons, n'avoir pris cette derniére
forme, que pour être en état de faire feconder leurs œufs &
pour les pondre. C'est à quoi se réduit tout ce qui se passe

* Pl. 1. fig.
4. & fig. 7.

* Fig. 4.

* Fig. 9.

* Fig. 5.
& 6. d d. e e.

H iij

dans le court reste de leur vie. Elles font leurs œufs, & elles périssent sans avoir pris de nourriture, & sans avoir cherché à en prendre. Aussi avons nous vû ailleurs que les trompes, les organes avec lesquels les papillons diurnes, & ceux de quelques classes de nocturnes tirent le suc de fleurs, semblent manquer à des phalénes de quelques autres classes. A quoi auroient servi ces organes à ceux qui doivent finir leur vie sans avoir besoin d'alimens, & sans les desirer! Qu'il y ait des animaux qui restent pendant des temps considérables sans prendre de nourriture, mais qui sont pendant ces mêmes temps dans un engourdissement, dans un sommeil qui les fait presque paroître sans vie, nous pouvons n'en être pas bien surpris. Mais nous ne pouvons nous empêcher d'admirer qu'il y ait des animaux qui prennent une provision de nourriture capable de les soûtenir pendant une durée beaucoup plus longue, que celle pendant laquelle ils ont vêcu jusques là; capable de les soûtenir dans des temps éloignés dans lesquels ils feront des actions qui demanderont beaucoup de force & de vigueur, & qui semblent devoir occasionner plus de dissipation que tout ce qu'ils ont fait, quand ils consommoient une grande quantité d'alimens. Tel insecte, très-vorace sous la forme de chenille, est parvenu dans un mois à l'accroissement qui lui convenoit sous cette forme; il cesse pour toûjours de prendre de la nourriture; & cependant il a encore à vivre huit à neuf mois. Il faut qu'il paroisse sous une nouvelle forme, sous celle de crisalide, à quoi il ne sçauroit parvenir sans de grands efforts. Il est vrai que c'est dans un parfait repos qu'il vit sous la forme de crisalide, pendant sept à huit mois, ou plus; mais dans ce temps toutes les parties propres au papillon doivent se fortifier. Que la nourriture qui a été prise pendant que l'insecte étoit chenille y suffise, c'est déja beaucoup; elle le soûtient encore pendant le temps où il eſt obligé d'employer de grands efforts pour quitter ſa derniere dépouille. Le papillon paroît au jour, on croiroit qu'après une ſi longue diéte, il doit être dans une foibleſſe extrême, avoir un beſoin preſſant de prendre de la nourriture, cependant il paroît plein de vigueur. Si c'eſt un mâle, il cherche avec ardeur & vivacité une femelle; il s'accouple avec la premiére qu'il rencontre, & s'accouple avec pluſieurs femelles pendant quelques ſemaines qu'il a encore à vivre. Si c'eſt une femelle, elle a à ſe vuider d'une quantité d'œufs conſidérable; elle eſt pendant pluſieurs jours dans le travail de s'en délivrer; elle les arrange avec ordre & peine, comme nous le verrons dans la ſuite; enfin elle vit pluſieurs ſemaines. La nourriture qu'ont priſe certains papillons de l'un & de l'autre ſexe dans des temps ſi éloignés, pendant qu'ils étoient, pour ainſi dire, de tout autres animaux, leur a ſuffi juſques-là. Voilà aſſûrement une proviſion, une œconomie, & une diſtribution de ſuc nourricier qui doivent nous paroître bien ſinguliéres, & bien admirables.

Les papillons du ver à ſoye ſont un exemple connu de ceux qui perpétuent leur eſpece ſans prendre aucun aliment; ceux qui naiſſent dans les campagnes, ſur les meuriers, ne cherchent pas plus à ſe nourrir, apparemment, que ceux qui viennent de vers qui ont été élevés dans les maiſons; il n'eſt pas particulier à ceux-ci de n'avoir point de trompe ſenſible, de ne paroître aucunement chercher le ſuc des fleurs & des plantes. Cette indifférence pour tous alimens, ou peut-être l'impuiſſance d'en prendre, nous a encore été très-bien montrée par les papillons femelles dont nous avons parlé cy-deſſus, par ceux des chenilles à oreilles du chêne *. Les criſalides de ces chenilles ſont de celles dont j'ai raſſemblé une plus grande quantité, quand j'ai voulu obſerver ce qui ſe paſſe pendant que le

* Pl. 1. fig. 11. & 15.

papillon se tire de son dernier fourreau. Jai dit dans le quatorziéme memoire du tom. 1. que j'avois garni la tapisserie de mon cabinet de ces crisalides. Les papillons mâles * qui en sortent sont vifs & actifs; dès que leurs aîles se sont développées, sechées & affermies, ils prennent l'essor, ils volent de toutes parts, & ils ne semblent être mis en mouvement que par le desir de trouver des femelles. Ce sont ces mêmes papillons dont j'ai parlé dans le 7.ᵉ memoire du tom. I. qu'on voit voler par petites nuées en plein jour dans les bois, quoiqu'ils aient d'ailleurs tous les caractéres des phalénes. Les femelles de cette espece sont aussi lourdes, pesantes & paresseuses que leurs mâles sont legers, vifs & actifs. Celles qui étoient sorties de leurs fourreaux sur ma tapisserie, commençoient à marcher souvent avant que leurs aîles fussent bien étenduës, mais ce n'étoit pas pour aller loin; elles alloient au plus, à deux ou trois pieds de distance de leur dépouille, & pour l'ordinaire elles s'arrêtoient plus près. Je n'ai pas remarqué que dans la campagne elles s'en éloignassent davantage; elles restent presque toûjours sur la même branche, où elles ont vecu sous la forme de crisalide. Quoique ces papillons femelles ayent de grandes & belles aîles, ils ne semblent pas le sçavoir, ils ne cherchent à en faire aucun usage. Les femelles qui étoient nées dans mon cabinet, après avoir marché un peu pour s'éloigner de leur dépouille, se cramponnoient contre la tapisserie, avec les ongles ou crochets qui terminent leurs pieds. Là elles étoient tranquilles, elles attendoient que le mâle vînt les trouver. Elles ne semblent, ni le chercher, ni le fuir, elles ne s'émeuvent pas sensiblement à ses approches, mais elles sont disposées de bonne heure à le recevoir. J'en ai vû qui ont souffert l'accouplement, quoiqu'il n'y eût pas encore un quart d'heure qu'elles se fussent tirées de leur

dépouille

* Pl. 1. fig.
12. & 13.

dépouille, avant que leurs aîles se fussent entiérement développées, & avant que leur corps se fût séché.

Autant que la femelle semble indifférente, autant le
mâle est ardent; il vole de toutes parts, & continuellement, & il semble que ce ne soit que pour en découvrir
quelqu'une. Dès qu'il s'en trouve proche, dès qu'il l'a
touchée, il s'y accouple sur le champ; quelqu'agité & inquiet qu'il parût auparavant, dans l'instant il se calme,
il arrête le mouvement de ses aîles. La facilité que j'a-
vois à faire des mariages de ces papillons, m'a invité à en
faire plusieurs. La maniére subite dont ils s'accomplissent
est plaisante. Je faisois entrer un mâle dans un poudrier
de verre; il ne manquoit pas d'y voler, de chercher par
où il pourroit s'échapper, & de se donner tous les mouvemens qu'un insecte vif & farouche peut se donner en pareil cas. Pendant qu'il étoit dans cette agitation, qu'il
voloit de toutes parts dans le poudrier, je retirois ma main,
& je posois promptement l'ouverture du poudrier contre
ma tapisserie, sur un endroit où il y avoit un papillon femelle. Le mâle inquiet continuoit de voler, & dès qu'un
de ses vols turbulents, dirigé au hazard, l'avoit conduit
à toucher la femelle, sur le champ tout mouvement de
ses aîles étoit arrêté, & bientôt l'accouplement s'achevoit.
Cet accouplement nous donnera un exemple d'une des
maniéres dont se font ceux des papillons.

Après avoir calmé le mouvement de ses aîles, le mâle *   * Pl. 1. fig.
s'applique côte à côte contre sa femelle; je veux dire qu'il   14.
ne se pose point sur elle, qu'il place son corps le long
du sien; mais comme il est bien moins long que celui
de la femelle, & que leurs parties postérieures doivent se
rencontrer, la tête se trouve environ vis-à-vis le milieu du
corps de la femelle. Du côté où est le mâle, qui est ordinairement le côté droit, le bout d'une de ses aîles recouvre

Tome II.   . I

le bout, ou partie du bout de l'aîle de la femelle qui eſt
du même côté. Au moyen de cette diſpoſition, l'accouplement s'achéve dans l'obſcurité. Le mâle allonge &
recourbe le bout de ſon derriére pour le joindre à celui de
la femelle; ſon aîle & celle de la femelle ſont des voiles
ſous leſquels il le conduit, & qui cachent tout ce qui ſe
paſſe dans le reſte de l'opération. Mais le petit myſtére que
les aîles couvrent peut être mis à portée des yeux, ſi on
fait accoupler ces mâles, comme je l'ai fait pluſieurs fois,
avec des femelles poſées contre les parois d'un poudrier de
verre.

L'accouplement dure ſouvent plus d'une demie heure,
& même quelquefois une heure. Après qu'il étoit fini,
le mâle, qui auparavant avoit le plus de vivacité, étoit lan-
guiſſant & ſans force; inutilement lui préſentois-je une
nouvelle femelle; mais au bout de quelques heures la vigueur lui revenoit, il étoit en état de s'accoupler de nouveau.

Pour les femelles de cette eſpece, elles n'ont beſoin de
s'accoupler qu'une fois dans leur vie, & il eſt rare qu'elles
s'y accouplent davantage. Elles commencent à pondre
leurs œufs peu de temps après l'accouplement. J'ai vu de
laſcifs papillons s'accoupler avec des femelles qui avoient
commencé à pondre, mais il ſembloit que c'étoit malgré
elles. Le corps de ces femelles eſt ſi rempli d'œufs qui
ne paroiſſent demander qu'à ſortir, qu'il n'eſt pas étonnant qu'elles commencent leur ponte, dès que l'accouplement eſt fini. J'ai trouvé des œufs que quelques-unes
avoient laiſſés dans leurs dépouilles de criſalides; ils y
étoient entourés de quelques poils. Ces papillons avoient
donc déja pondu avant que de naître; auſſi ſi les mâles
ne viennent pas s'accoupler avec les femelles, elles ne
laiſſent pas que de faire leurs œufs, & de les arranger avec le

même foin. Ce dernier fait n'eft pas propre à faire honneur à leur prévoyance, leurs foins ne devroient pas s'étendre à des œufs inféconds qui ne méritent pas d'être foignés. Elles commencent pourtant plûtard à pondre, lorfqu'elles n'y ont pas été excitées par l'accouplement.

Les aîles de ces papillons femelles, & celles de plufieurs autres nous apprennent combien nous devons être réfervés en général à porter des jugements fur les caufes finales, & en particulier à en porter fur les ufages auxquels font deftinées les parties des animaux. Quelqu'un à qui on demanderoit pourquoi la nature a donné de grandes aîles à ces papillons, ne croiroit pas courir rifque de fe tromper en répondant que c'eft pour voler que les aîles font accordées aux animaux, pour les tranfporter dans les endroits où leurs jambes ne pourroient pas les conduire, ou pour les y tranfporter plus promptement. Ce n'eft pourtant pas pour cette fin que les papillons dont nous parlons, ont été pourvûs de grandes & de belles aîles; ils paffent leur vie entiére fans s'en fervir, fans paroître tenter de s'en fervir, ils ne femblent pas fçavoir que les aîles peuvent les foûtenir en l'air.

Les papillons, tant mâles que femelles des vers à foye *, paffent auffi leur vie fans voler, mais leurs aîles font moins grandes que celles des papillons précédents, & il femble qu'ils en voudroient faire ufage; le mâle fur-tout les agite, fouvent avec vîteffe, même pendant qu'il marche. Mais l'agitation de fes aîles lui eft peut-être néceffaire pour la fin que la nature paroît avoir toûjours en vûë, pour la confervation de l'efpece. Dès que le papillon mâle de notre ver à foye paroît au jour, il ne femble, comme les autres, fonger qu'à s'accoupler; à peine eft il fec, qu'il marche en agitant fes aîles de temps en temps, & tenant le bout de fon derriére recourbé en haut; il cherche en

* Pl. 5. fig. 2.

cette attitude une femelle. Dès qu'il l'a rencontrée, il se
retourne de façon qu'il puisse appliquer le bout de son
derrière contre le sien; alors l'accouplement est bien-tôt
*Pl. 5. fig. 2. parfait *. Cet accouplement nous donne un exemple de
ceux où les corps du mâle & de la femelle sont tout
autrement disposés qu'ils ne le sont dans le premier que
nous avons examiné ; ils sont sur une même ligne, ayant
les têtes tournées vers des côtés diamétralement opposés,
au lieu que dans le premier accouplement les deux corps
étoient parallèles l'un à l'autre, & les têtes tournées vers
le même côté.

Ce que le papillon mâle du ver à soye offre de remarquable pendant l'accouplement, c'est qu'il agite ses aîles
avec vîtesse à différentes reprises. M. Malpighi a pris
plaisir à compter le nombre des agitations d'aîles, & il a
trouvé que le plus souvent il les abaisse & les éleve cent
trente fois de suite : ces mouvements se succèdent les
uns aux autres avec une grande vîtesse ; après quoi il
reste comme mort pendant un quart d'heure, & quelquefois il se sépare de la femelle. Au bout de ce quart d'heure,
s'il s'étoit séparé de la femelle il se raccouple, ou s'il étoit
resté uni à la femelle, il paroît avoir repris vigueur, il recommence à mouvoir ses aîles avec vîtesse ; mais cette
seconde fois il ne les abaisse & ne les éleve qu'environ
trente-six fois de suite. Il paroît pourtant encore vif & gay;
il tient ses aîles droites, au lieu que la femelle a les siennes
pendantes. Enfin vient un nouveau temps de repos, après
lequel le papillon mâle ne donne que peu de mouvements de suite à ses aîles. Ce temps de fêtes & de plaisirs
dure quatre jours, selon les remarques de M. Malpighi,
mais les intervalles de repos deviennent toûjours de plus
longs en plus longs.

Beaucoup de papillons de différentes espéces sont

dispofés comme ceux des vers à foye pendant l'accouplement, ayant leurs têtes tournées vers des côtés diamétralement oppofés, & leur corps fur une même ligne. Mais la
plûpart restent tranquilles pendant toute la durée de l'opération, & fi tranquilles qu'on ne leur voit pas faire le moindre mouvement; les aîles de l'un recouvrent en partie les
aîles de l'autre, & font quelquefois fi bien appliquées deffus, que les deux infectes n'en paroiffent qu'un à deux
têtes. Cette difpofition eft affés ordinaire à plufieurs petites efpeces de papillons qui viennent de chenilles qui
plient ou roulent des feuilles. Pendant la durée de l'accouplement de quelques autres papillons, le corps du
mâle fait un angle avec celui de la femelle, tantôt aigu,
tantôt obtus, & tantôt droit.

D'autres papillons font placés pendant l'accouplement,
comme le font la plûpart des quadrupédes & quantité
d'autres infectes; le mâle eft pofé fur le dos de la femelle.

C'eft ordinairement en l'air que fe font les préludes des
accouplemens des papillons diurnes; on y en voit fouvent voler deux qui tour à tour fe pourfuivent & fe fuient;
ils femblent chercher à fe combattre; mais ils ne veulent
que fe livrer de douces attaques. La guerre alors eft tendre, excepté dans le cas où un mâle tâche de chaffer d'autres mâles qui s'approchent trop de la femelle, à laquelle
il defire de fe joindre. Dans ce pays, les papillons blancs,
ou d'un blanc qui tire fur le citron, qui viennent d'une
petite chenille verte du chou, dont nous avons parlé
dans le onziéme memoire du tome premier, ces papillons,
dis-je, font des plus communs, & de ceux dont il eft plus
aifé de voir l'accouplement s'accomplir. Dans le mois
d'Aouft & dans le commencement de Septembre, les
jardins font remplis de ces papillons; qu'on en obferve
deux de ceux qui voltigent en l'air l'un auprès de l'autre,

on verra, qu'après avoir femblé pendant quelque temps
fe chaffer & fe chercher alternativement, un d'eux qui eft
la femelle, paroît ne pouvoir plus tenir contre les pourfuites
de l'autre; comme fi elle en étoit fatiguée, elle s'échappe
& vient fe pofer fur quelque feuille. Dans l'inftant qu'elle
s'y pofe, elle redreffe fes aîles, elle les applique les unes
contre les autres au-deffus de fon corps. Le corps plus
court que les aîles, fe trouve alors renfermé entr'elles, il
eft à l'abri de toutes les attaques du mâle. Le mâle qui
l'a fuivie jufqu'à cet inftant, & qui ne pourroit faire que
des tentatives inutiles, s'en éloigne un peu; il voltige autour d'elle pour tacher de la furprendre dans un moment
favorable, pour la furprendre dans l'inftant où il lui arrivera d'écarter fes aîles les unes des autres, ou ce qui eft la
même chofe, de mettre fon corps à découvert. Quand la
femelle perfifte à tenir fes aîles droites, le mâle paroît
fe rebuter de voltiger autour d'elle; il prend fon effor
au loin, & fi loin quelquefois qu'on le peut à peine fuivre
des yeux. On croit qu'il a pris fon parti, qu'il a abandonné
une femelle trop févere : mais bientôt on penfe que c'eft
qu'il a voulu rufer. On le voit revenir à tire d'aîles. Quand
le mâle s'eft éloigné, la femelle ouvre ordinairement les
fiennes, elle les pofe pour un inftant, ou pour quelques
inftants parallélement au plan fur lequel elle eft. Si le mâle
arrive avant qu'elle ait pû, ou bien voulu les redreffer,
il fond fur le corps de la femelle, & dans l'inftant l'accouplement fe commence. Mais j'ai quelquefois vû un
mâle qui faifoit dix à douze tentatives inutiles, qui dix à
douze fois fembloit avoir pris le parti de fe détacher de fa
femelle, qui dix à douze fois s'envoloit jufques au bout d'un
jardin, d'où il revenoit autant de fois avant que de faifir
l'heureux moment. La femelle le faifoit languir pendant
plus d'un quart d'heure; mais quelquefois le mâle tombe à

propos fur la femelle, prefque auffi-tôt qu'elle s'eft pofée.

J'ai vû auffi des femelles de la même efpece, qui pour avoir peut-être rebuté trop de fois le mâle, ou pour n'en avoir pas trouvé, reftoient des quarts d'heure entiers fur des feuilles, ayant leurs aîles couchées, & le corps bien à découvert, comme pour inviter les mâles de qui elles pourroient être apperçuës. Dès que quelqu'un venoit tomber fur elles, l'accouplement s'accompliffoit.

Dans le tems où l'accouplement fe commence, le bout du derriere du mâle accroche le bout du derriere de la femelle; celle-ci paroît encore vouloir s'y oppofer, elle vient encore à redreffer fes aîles; mais il n'en eft plus temps; elle ne peut plus les appliquer les unes contre les autres; celles du mâle qui fe trouvent entre deux s'y oppofent. Le mâle lui-même redreffe fes aîles, qui font prefque entierement renfermées entre celles de la femelle *, qui enveloppent en même-temps prefque tout le corps du mâle. On ne voit alors que le corcelet, & la tête de ce dernier qui eft tournée du côté oppofé à celui vers lequel eft tournée celle de la femelle. Tout s'acheve enfuite tranquillement, & fans que l'un ni l'autre papillon fe donnent des mouvemens fenfibles.

* Pl. 2. fig. 3.

Si des momens fi tendres font troublés par quelque importun; fi on veut prendre ces papillons pendant qu'ils font joints enfemble, la crainte ne les oblige point à fe féparer; mais la femelle, comme la plus timide, ou la plus à elle-même, s'envole chargée du poids du corps du mâle qui fe laiffe tranfporter en l'air, fans fe donner aucun mouvement. Il tient fes aîles droites, appliquées les unes contre les autres dans la ligne du milieu du deffus du corps de la femelle; ainfi pofées, elles n'apportent aucun obftacle aux mouvemens de celles de la femelle, & c'eft tout ce qu'il peut faire de mieux. Il feroit difficile

que les mouvemens des aîles du mâle aidaſſent à tranſporter les deux inſectes, du côté vers lequel la femelle
veut aller, ayant l'un & l'autre leurs têtes tournées vers
des côtés oppoſés. D'ailleurs les battemens des aîles du
mâle pourroient arrêter, ou rompre en partie les battemens des aîles de la femelle. J'ai ſuivi pendant plus d'un
quart d'heure une femelle qui tranſportoit ainſi ſon mâle;
dès qu'elle vouloit ſe poſer, je tâchois de la prendre, &
je la faiſois repartir. Mais j'avois beau les inquiéter, ils ne
ſe ſéparoient point, ils partoient & repartoient toûjours
unis. J'ai pris de ces mêmes papillons accouplés, qui ſont
encore reſtés du temps ſans ſe ſéparer. Les mâles dont
nous parlons ne ſont gueres plus petits que leurs femelles, ils ont le corps plus effilé. Mais ce qui peut mieux
aider à les diſtinguer les uns des autres, c'eſt que j'ai trouvé
conſtamment deux taches noires ſur le deſſus de chaque
aîle de la femelle, & une ſeule tache noire ſur chaque aîle
du mâle ; ces taches ne paroiſſent pas ici pl. 2. fig. 3. où
les deſſous des aîles ſe font ſeuls voir.

    D'autres papillons diurnes ſont tout autrement placés
que les précedens pendant l'accouplement. Ils ne ſont encore accrochés l'un à l'autre que par le bout du derriere;
& c'eſt le ſeul endroit par où ils ſe touchent. Mais le
ventre de l'un eſt tourné vers le ventre de l'autre * ; les
deux têtes ſont poſées l'une vis-à-vis l'autre & à même
hauteur, comme elles le feroient, ſi le plaiſir de ſe voir
étoit connu de ces papillons. Ils ont l'un & l'autre leurs
jambes cramponnées contre une même tige de gramen,
ou de quelque autre plante, ou ſur les feuilles qui en
ſortent. Mais l'un eſt d'un côté de la tige, & l'autre eſt
de l'autre côté. Leurs têtes ſont en haut, & leurs derrieres
en bas. Au reſte j'en ai trouvé de ſi tranquilles dans cette
attitude, qu'ils ne furent nullement troublés par la perſonne

qui

* Pl. 2. fig. 8.

qui les y deffina, quoiqu'il fallût quelquefois incliner les branches, ou la tige de la plante fur laquelle ils étoient cramponnés. Après que le deffein fut efquiffé, je les pris, & je les mis dans une boîte où ils reftérent pendant quelques heures fans fe féparer.

Ceux dont je parle, font d'un des genres de la premiére claffe des diurnes. Le fond de la couleur de leurs aîles eft blanc, divers traits noirs font tirés fur ce fond, & femblent difpofés de la même maniére que le feroient des traits noirs, avec lefquels on auroit voulu marquer toutes les nervûres d'une aîle blanche. Les traits noirs de l'aîle du mâle font plus noirs que ceux de l'aîle de la femelle. Ces papillons viennent d'une chenille à feize jambes qui vit fur l'aubefpine, & fur le prunier *; elle a trois rayes d'un brun prefque noir, dont l'une regne tout du long du dos, & qui eft féparée de chaque côté d'une des autres rayes noires par une raye d'un feuille-morte foncé. Ce qui fuit la derniére raye noire, & tout le ventre de la chenille eft d'un blancheâtre qui tire fur le gris de perle. La partie blancheâtre a des poils blancs médiocrement longs, & très fins : les rayes brunes én ont de bruns. Ces poils partent immédiatement de la peau, je veux dire qu'ils ne font point foûtenus par des tubercules, & qu'ils ne font point d'aigrettes.

* Pl. 2. fig.
5.

Ces chenilles font de celles, qui pour fe transformer fe mettent une ceinture de foye. Le fond de la couleur des crifalides *, dans lefquelles elle fe metamorphofent, eft un jaune citron ; des points d'un beau noir font jettés fur ce fond jaune. Par-deffous *, elles ont depuis la tête jufqu'au derriére une bande d'un beau noir. Le bout de leur tête a une feule pointe courte, & dont l'extrémité eft arrondie. J'ai eu de ces crifalides vers le 1 5. de Mai, d'où les papillons font fortis au bout de vingt & quelques jours.

* Pl. 2. fig.
6. & 7.
* Fig. 6.

Tome II. K

De tous les papillons diurnes, les plus tranquilles pendant l'accouplement, & peut-être ceux qui restent le plus long-temps accouplés, ce sont ceux que nous avons mis dans la septiéme classe *, & ceux de l'espéce que nous avons choisie pour caractériser cette classe. Je veux dire, ceux dont le dessus des aîles est d'une couleur changeante d'un verdâtre brun, ou bleuâtre qui tire sur cette couleur qu'on appelle du verd canard. C'est celle qui domine; mais le dessus des aîles supérieures a de plus des taches d'un beau rouge. J'ai trouvé plusieurs fois de ces papillons accouplés dans la campagne, & j'ignorois depuis combien de temps ils l'étoient; mais aiant coupé la tige sur laquelle ils s'étoient fixés, ils se sont laissé transporter chez moi sans se séparer. Ceux que j'avois pris unis ensemble sur les six heures du soir, dans le mois d'Août, ne se détachérent l'un de l'autre que le lendemain sur les dix heures du matin. Pendant l'accouplement, les deux corps font ordinairement un angle, qui est plus ou moins ouvert selon que les points d'appuis que les jambes ont saisis, se sont trouvés placés. Le calice d'une fleur de jacée soûtient ceux que nous avons fait représenter, pl. 2. fig. 2. où le mâle est celui qui est le plus bas.

J'ai dit ailleurs *, que ces papillons viennent d'une chenille qui se fait une coque dont la figure ressemble en grand à celle d'un grain d'orge, & qui par sa couleur & son tissu serré paroît être de paille. Lorsque j'ai parlé de cette chenille, j'ai averti que je n'étois parvenu à en trouver que de celles qui étoient si prêtes à se métamorphoser, qu'elles s'étoient déja filé une coque. J'en ai eu depuis plusieurs dans un âge moins avancé, que j'ai nourries de feuilles de gramen. Cette chenille * paroît presque rase à la vûë simple; elle a pourtant des poils blancs, mais courts, & qui partent de tubercules si écrasés, qu'il faut avoir

recours à la loupe pour les reconnoître. Sa couleur dominante est un beau jaune citron. Elle a cinq rayes faites de
taches noires. Une de ces rayes, celle qui est au milieu
des autres, regne tout du long du dos; les taches qui la
forment sont plus grandes que celles des autres, & sont
chacune un petit quarré. C'est aussi la figure des taches
des rayes qui sont de chaque côté de la précédente. Les
taches des deux autres rayes sont des especes de petits
croissants, dont la concavité est tournée vers le ventre.

Pendant que Melle * * * dessinoit une de ces chenilles,
qui n'étoit pas éloignée du temps de sa métamorphose,
elle observa que des gouttes d'eau sortoient de différents
endroits de sa peau. J'observai le lendemain la même chenille, à qui je vis faire un petit manége que je n'ai vû faire
encore à aucune autre. Avec ses dents, elle prenoit la peau
de divers endroits de son corps, il sembloit qu'elle se
mordît, & réellement elle mordoit son épiderme. Elle le
pinçoit entre ses deux dents, elle le tiroit en haut, & elle
arrachoit la portion qu'elle avoit pincée. Elle détachoit
ainsi successivement différentes portions de son épiderme,
& les jettoit ensuite par terre. Seroit-ce là la façon dont
ces sortes de chenilles muent, ou est-ce seulement dans la
derniére muë qu'elles s'arrachent la peau par petits morceaux! Un jour ou deux après cette opération, cette chenille se fila sa coque; c'étoit vers la fin de Juin.

Les femelles de quantité d'espéces de phalénes, attendent paisiblement le mâle sans paroître le désirer; mais
celles de plusieurs autres especes de phalénes, malgré leur
tranquillité, semblent inviter les mâles qui les appercevront
à venir se joindre à elles. Leur corps n'est pas étendu sur
le plan où elles sont appuyées, elles relevent le bout de
leur derriére au-dessus de leurs aîles * : quelques-unes   * Pl. 2. fig.
même, comme pour le mettre plus en vûë, courbent leur 4.

K ij

corps en crochet, de maniére qu'elles ramenent le bout de leur derriére prefque vis-à-vis le deffus du corcelet. Elles paffent des journées dans cette attitude fi les mâles ne fe préfentent point.

Si on veut être inftruit de la forme & de la ftructure des parties de la génération du papillon mâle du ver à foye, on n'a qu'à confulter les figures & les defcriptions que M. Malpighi nous en a données; on verra dans cet illuftre Auteur, que ces parties ne font, ni difpofées ni confor* mées précifement de la même maniére dans les papillons de toutes efpeces. Les figures que nous avons fait graver, fuffiront pourtant pour en donner une idée générale, foit par rapport aux papillons nocturnes, foit par rapport aux papillons diurnes. Pour voir les parties de la géné-ration de tout papillon mâle, on lui preffera le corps entre deux doigts, affés près de fes derniers anneaux. Une preffion mefurée force le bout de la partie poftérieure à s'allonger, & même à s'ouvrir; on voit alors, dans quantité de papillons nocturnes, quelque chofe de femblable à ce qui eft repréfenté dans les figures 1. & 2. de la pl. 3. elles font deffinées d'après le papillon * de cette chenille de l'abricotier, & de divers autres arbres fruitiers, qui porte fur le dos une pyramide charnuë. La premiére repréfente le bout du derriére, vû du côté du ventre dans l'état où le met la preffion, & l'autre le repréfente vû du côté du dos. Nous y remarquerons d'abord dans l'allignement du milieu du dos un petit crochet écailleux *, qui fe recourbe vers le ventre; & nous remarquerons enfuite de chaque côté une lame *, pareillement écailleufe. Lorfqu'elles font appliquées l'une contre l'autre, elles compofent une ef-pece de boifte dont la figure reffemble à celle qui pour-roit être faite en ajuftant l'un fur l'autre deux cuillerons de cuillieres à foupe, c'eft-à-dire, que chacune de ces

*Tom. I. Pl. 42. fig. 11.

*Pl. 3. fig. 1. & 2. c.

*l, l.

lames a la courbure d'un cuilleron. Leur ſurface intérieure, ou la concave, eſt liſſe & polie; l'extérieure ou la convexe eſt toute couverte de poils ou d'écailles. C'eſt de l'intérieur & du milieu à peu près de la baſe de cette eſpece de boiſte que part la partie du mâle *: cette boiſte ſert auſſi à mettre l'anus * à couvert. Dans les temps ordinaires, les deux lames & le crochet ſont preſque entiérement retirés dans le corps, ſous le pénultiéme anneau; mais dans le temps où le papillon cherche à s'accoupler, il fait ſortir ces mêmes parties. Il marche alors tenant le bout de ſon derriére élevé; & dès qu'il parvient à toucher celui d'une femelle, il le cramponne; il laiſſe tomber ſon crochet * ſur la partie ſupérieure du dernier ou du penultiéme anneau de la femelle. Elle ſe donne quelquefois des mouvemens, comme pour ſe débaraſſer de careſſes qui l'importunent; elle marche comme pour fuir le mâle; mais il la retient, ou il ſe laiſſe traîner par ſon crochet. Bien-tôt même, il la ſaiſit mieux & plus doucement, en lui prenant le derriére entre les deux lames écailleuſes * en forme de cuilleron; & dès lors la partie du mâle ſe trouve placée, de maniére à pouvoir aiſément s'introduire dans celle de la femelle. Dans ces papillons, la partie du mâle eſt logée dans un fourreau charnu, qui ſeul paroît dans la fig. 1.

* Fig. 1. *u.*
* Fig. 1. & 2. *a.*
* *c.*
* Pl. 3. fig. 1. & 2. *ll.*

J'ai fait repréſenter dans une 3.e figure *, le bout du derriére d'un papillon diurne *, deſſiné d'après celui de la chenille brune & épineuſe, qui vit ſolitaire dans des feuilles pliées de l'ortie. Le derriére eſt encore dans l'état où la preſſion l'a mis, ou dans celui où il eſt à peu près pendant l'accouplement. On y voit encore deux lames * courbées en cuilleron, dont la forme eſt aſſés ſemblable à celle des autres figures; mais on n'y trouve point le crochet écailleux, qui dans les autres figures eſt ſur le dos & en dehors des cuillerons. En revanche, en dedans de ces

* Pl. 3.
* Pl. 10. fig. 8. & 9.
* Pl. 3. fig. 3. *ll.*

mêmes cuillerons, près de l'origine de chacun d'eux, s'éleve une autre efpece de crochet écailleux *, leur bafe * eft
comme roulée. A mefure qu'ils s'élevent ils fe courbent
en arc, & diminuent de diamétre pour fe terminer par
une pointe fine. Leur ufage me paroît devoir être le
même que celui du crochet unique des figures précédentes. Le mâle s'en fert apparemment pour tenir la femelle
faifie; mais c'eft quelquefois en l'air, comme nous l'avons
dit, que les papillons diurnes faififfent leurs femelles, ils
ont befoin de crochets plus forts, & autrement difpofés
que ceux dont fe fervent les papillons nocturnes qui attaquent leurs femelles fur terre, ou fur des branches ou
des feuilles d'arbres. Du milieu de l'efpace qui eft entre
les lames & les crochets, s'éleve une partie brune & écailleufe *, qui eft, à proprement parler, le fourreau de celle qui caractérife le mâle. Ce fourreau a quelque air d'un
gros aiguillon de guefpe, fon bout paroît taillé comme
celui d'une plume, au moins eft-il fendu. Quand on preffe
beaucoup le ventre, on fait fortir par le bout de cette efpece d'aiguillon écailleux une partie * comme charnuë,
d'un blanc jaunâtre, qui eft à peu près ronde, & a environ
une longueur égale au tiers ou à la moitié de celle de l'aiguillon. Cette partie eft apparemment celle qui fournit la
liqueur qui féconde les œufs; peut-être pourtant que ce
qu'on voit alors, eft la femence même; elle pourroit être
prefque folide dans le papillon, comme elle l'eft dans
quelques autres animaux.

    On a encore repréfenté dans la fig. 5. le bout du der-
riére d'un papillon mâle, il a été deffiné fur celui de la
phalene de la pl. 43. fig. 9. 10. & 11. On retrouve encore ici les deux lames écailleufes *, mais armées chacune
de quatre crochets, dont les deux plus grands * font prefque perpendiculaires aux furfaces de ces lames. Les deux

autres * plus courts, se dirigent à peu près selon la lon- * gg.
gueur des lames. La base * d'où part le fourreau de la * b.
partie du mâle est charnuë. Sur cette base s'éleve une partie charnuë, qui a des cannelures en spirale. Et de cette
partie sort un aiguillon écailleux *, qui est la partie du * u.
mâle, ou qui en est le fourreau immédiat.

Si on presse le ventre des femelles comme nous avons
presse celui des mâles, il y en a dont le derriére s'allonge
alors beaucoup plus que ne s'allonge celui des mâles en
pareil cas *. On voit aussi alors que le derriére des femelles
de plusieurs genres de papillons a deux lames écailleuses *, * Pl. 9. fig.
placées comme celles des mâles, mais souvent de formes 4. & pl. 5.
plus applaties & plus pointuës par le bout *; elles ressem- fig. 11. & 12.
blent assés aux bouts de ces pinces qui sont entre les mains * ll.
de tant d'ouvriers, & qu'ils nomment des Bruxelles. Nous * Pl. 5. fig.
verrons aussi dans la suite de ce même Mémoire, qu'elles 12.
servent à des usages pareils à ceux pour lesquels les ouvriers se servent des instruments auxquels nous les comparons. Ces lames écailleuses ne se trouvent point au
derriére des papillons tant nocturnes que diurnes de plusieurs genres, elles manquent par exemple au papillon
femelle du ver à soye.

Ce qui est plus constant, c'est qu'au derriére de tout
papillon femelle il y a deux ouvertures; l'une, qui doit être
regardée comme l'anus *, quoiqu'elle soit principalement * Pl. 3. fig.
destinée à laisser sortir les œufs, & qu'elle laisse sortir très- 4. a.
peu d'excréments; elle est la supérieure. L'autre *, qui est * Fig. 4. c.
l'inférieure, est destinée à recevoir la partie du mâle. M.
Malpighi a observé que cette seconde ouverture de la femelle du ver à soye a la figure d'un croissant, & on lui trouve
la même figure dans quantité d'autres papillons phalénes.

Le ventre des femelles des papillons, & sur-tout des
papillons phalénes, est gros, ferme, & distendu. Quand on

l'ouvre, il paroît fi rempli d'œufs, fenfibles par leur forme
& leur groffeur, qu'il femble qu'ils ne laiffent pas de place
à d'autres parties; auffi celle qu'ils leur laiffent eft-elle bien
petite en comparaifon de celle qu'ils occupent. Ils y paroiffent très-preffés les uns contre les autres, & comme
empilés. De là vient que les femelles phalénes font communément très-pefantes, elles femblent furchargées du poids
de leurs œufs; elles font pareffeufes à marcher. On a fini
l'extrait qu'on a donné dans les Mémoires de Trévoux *,
du 1.er volume des Mémoires fur les Infectes, par une remarque qui eft, dit-on, *peut-être digne d'attention, c'eft que
la chenille eft toute terreftre, la crifalide toute aqueufe, & le
papillon tout aërien.* Si nos lourdes femelles, qui ont le
ventre fi farci d'œufs, font aëriennes, elles font affûrément
de l'air bien condenfé. Je ne fçais fi cette idée paroîtra
aux phyficiens digne d'être approfondie davantage, fi elle
ne leur paroîtra pas de celles qui échappent à une imagination vive & poëtique. Mais au moins fuis-je bien aife
qu'ils fçachent qu'elle n'eft aucunement de moi. La mo-
deftie de quelques Journaliftes ne leur permet pas toûjours
de faire affés diftinguer ce qui leur eft propre, de ce qui
l'eft à l'ouvrage dont ils font l'extrait; & il en arrive quelquefois que la vanité de l'auteur en fouffre, lorfqu'il lit
dans l'extrait des remarques, des idées & des expreffions
fouvent meilleures que les fiennes, mais qu'il n'eft pas difpofé à adopter, & qu'il craint que le public ne lui attribuë. Je
me fuis trouvé plus d'une fois dans ce cas, en lifant l'extrait
que je viens de citer, & dont j'aurai encore occafion de parler ailleurs. Lorfqu'on y rend compte, par exemple, de la
dorure éclatante de certaines crifalides, & du parfait repos
dans lequel elles vivent, on dit que cela s'appelle *otium cum
dignitate.* Cela peut être très-joli, mais ne me fentant pas
capable de dire de fi jolies chofes, afin qu'on ne s'y méprît
point

* 1735.
Juillet, pag.
1262.

point, j'euſſe ſouhaité que les Journaliſtes euſſent dit, voilà
ce que nous appellons *otium cum dignitate*.

Mais pour revenir à nos femelles dont le corps ſemble
rempli d'œufs empilés, ſi on les oùvre, ſoit tout du long
du dos, ſoit tout du long du ventre *, avec aſſés de précaution pour ne rien déplacer dans l'intérieur, on apperçoit,
même au premier coup d'œil, une ſorte d'arrangement
dans cette prodigieuſe quantité d'œufs; on en voit qui
ſont placés à la file les uns des autres ; & ſi on veut ſuivre
davantage ces files d'œufs, on en démêle le nombre &
l'arrangement.

M. Malpighi a très-bien décrit & fait repréſenter cet
arrangement, tel qu'il eſt dans le papillon femelle du ver
à ſoye. Imaginons ce papillon diviſé en deux parties égales
& ſemblables, par un plan qui paſſe tout du long de ſon
dos & de ſon ventre; il y a de chaque côté de ce plan
quatre rangées d'œufs * qui ſont comme quatre fils de
perles, ou comme quatre de ces chapelets nommés chapelets à la cavaliére.

Quoique les œufs ſoient diſpoſés comme les grains des
chapelets, on n'imaginera pas qu'ils ſont percés de même
pour laiſſer paſſer une eſpéce de fil ; mais il ſemble que
poſés bout à bout, ils ne ſont retenus les uns contre les
autres que par une matiére gluante. Ils ſont pourtant
réellement contenus dans des vaiſſeaux, ou comme parle
M. Malpighi, dans des eſpéces d'inteſtins extrêmement
minces, tranſparents, & qui ſans doute ont un reſſort qui
contraint chacune de leurs parties à ſe mouler ſur l'œuf
qu'elle renferme. De-là il arrive que dans l'endroit où ſe
touchent deux œufs de forme arrondie, ils paroiſſent ne
tenir enſemble que par un filet ou par un peu de colle.
Le canal, le vaiſſeau ſe contracte par-tout où l'œuf ne le
force point à être dilaté.

Tome II.   . L

* *Pl.* 4. fig.
1.

* *Pl.* 5. fig.
13. *a b c d.*
a b c d.

Les huit vaisseaux qui renferment les œufs, sont tantôt appellés par M. Malpighi les trompes, tantôt les rameaux, tantôt les branches de l'ovaire. Nous leur donnerons ces mêmes noms; & nous nommerons avec lui l'ovaire un ca-nal * qui se termine à l'anus, & qui est très-court en compa-raison des précédents, mais qui est beaucoup plus large. Son diametre est plus grand que celui de deux œufs, il y en a souvent deux posés l'un à côté de l'autre dans l'ovaire, & il en peut recevoir deux à la fois par deux branches * dans lesquelles il se divise. Assés près du point de partage, chacune des deux branches se divise elle-même en deux autres branches dont chacune se subdivise en deux autres, & c'est de ces divisions que naissent les huit trompes, les huit vaisseaux dans lesquels les œufs sont contenus. Ces trompes se dirigent vers le haut du ventre, & vont jusqu'à son origine, où les quatre branches parties d'un même tronc paroissent se réunir.

C'est dans ces vaisseaux, dans ces trompes que les œufs sont formés, ou qu'ils croissent. Chaque trompe en con-tient plus de 64. aussi tel papillon du ver à soye en pond plus de 514. ou 516. lorsqu'il pond tous ceux qu'il a dans le corps; c'est ce que nous apprennent les observations de M. Malpighi.

Nous ne pouvions estre conduits par un guide plus éclairé & plus sûr à observer la structure de parties assés petites, & qui sont si molles, si délicates qu'un rien peut leur faire perdre leur forme. C'est en cherchant à retrou-ver celles qu'il nous a décrites que j'ai vû comme lui, que d'un côté de l'ovaire, un peu avant sa bifurcation, il part une espéce de vaisseau qui se rend à deux corps de figure ovale *, dont la substance & la couleur ressemblent à celle des nerfs. Quelquefois au lieu de ces deux corps il n'y en a qu'un de la figure d'une poire ou d'une olive.

Du tronc qui va de l'ovaire à ces deux corps ou à ce corps
de figure ovale, part un peu auparavant un autre corps *   * *g.*
plus petit, qui a également une figure ovale, & qui jette
à fon autre extrémité des efpéces de racines qui, fi elles
font des canaux creux, font des canaux dont l'extrémité
eft bouchée. M. Malpighi penfe avec vrai-femblance que
ces corps fourniffent quelque liqueur à l'ovaire.

De l'autre côté de l'ovaire, & plus près de l'anus, eft
un autre corps * qui feul eft plus confidérable que ne le   * *ii.*
font enfemble les derniers dont nous venons de parler.
M. Malpighi le compare pour la grandeur & la figure à
une perle. Avant que de faire connoître toutes fes dépendances, nous rappellerons les difpofitions de quelques parties, dont il a été parlé ci-devant, qui nous le feront regarder
comme très-important par rapport à la fécondation des
œufs. Premiérement, c'eft que l'ovaire * fe rend à l'anus, &   * *H.*
que c'eft par l'ovaire & par l'anus que les œufs doivent fortir.
Secondement, que l'ouverture * dans laquelle s'inféere la   * *Pl.* 3. fig.
partie du mâle, eft une ouverture particuliére qui eft à quel-   4. *C.*
que diftance, & au-deffous de l'anus. Par où la liqueur féminale paffera-t-elle pour arriver aux œufs! La partie que nous
venons de comparer à une perle * nous en montre la route.   * *Pl.* 5. fig.
Si on ouvre cette efpéce de perle ou de veffie, qui a de la   13. *ii.*
folidité, on trouve dans fon intérieur une petite grappe de
cinq ou fept boules attachées à un même pédicule. D'un
des deux bouts de cette efpéce de veffie partent deux
branches qui font deux tuyaux creux; l'une * va fe rendre   * *m.*
à l'ovaire, & l'autre * à la partie * de la femelle qui eft   * *k.*
deftinée à recevoir celle du mâle. C'eft ce qui fait que   * *L.*
M. Malpighi regarde avec beaucoup de vrai-femblance la
partie qui a la forme d'une perle, comme la matrice du
papillon. Sa cavité eft remplie d'un fuc muceux, qu'il
compare à de la ptifane d'orge ; il croit que la femence

qui a été dardée par le mâle, y pénétre par le canal qui semble se présenter pour l'y conduire ; qu'elle y est retenuë & fomentée, & qu'ensuite elle est portée dans l'ovaire par le canal de communication * qui est entre lui & la matrice ; qu'elle arrose les œufs, qu'elle les vivifie à mesure qu'ils passent par l'ovaire. Quand la femelle a commencé sa ponte, elle fait sortir de temps en temps des œufs par son anus ; d'autres avancent dans l'ovaire pour occuper la place qu'ils ont laissée ; ainsi de proche en proche il se fait un vuide à la bifurcation de l'ovaire *. Ce vuide est bien-tôt rempli par les œufs qui sortent des trompes pour entrer dans l'ovaire, vers lequel ils sont poussés. Quand ces œufs font route dans l'ovaire, la liqueur qui étoit en réserve dans la matrice, & qui se rend apparemment peu à peu, & continuellement dans l'ovaire par le canal de communication, féconde les œufs. Ainsi un temps extrémement court, un instant presque, suffit pour faire changer l'état de ces œufs, pour les changer de stériles en féconds ; car un papillon qui est en pleine ponte, a bien-tôt fait sortir les œufs que son ovaire peut contenir. Tout ce qui se passe dans la génération est rempli de tant de merveilles, qu'on ne doit pas avoir de répugnance à admettre celle-ci. Il y a plus, les observations & les expériences faites par M. Malpighi forcent à les recevoir ; ces expériences & ces obvations sont si simples, si belles & si décisives, que nous nous persuadons aisément qu'on sera bien aise de les retrouver ici.

Pour les entendre, il faut sçavoir qu'on peut distinguer les œufs du papillon du ver à soye qui ont été fécondés, de ceux qui ne l'ont pas été, long-temps avant que le temps soit arrivé où une petite chenille doit sortir de chacun des premiers. Les œufs ont d'abord une couleur d'un jaune qui tire sur celui du soufre ; ils sont arrondis ;

* Pl. 5. fig. 13. m.

* q q.

ceux dans lefquels des embryons de chenilles ne croiffent point, ceux qui n'ont point été fécondés, confervent leur premier jaune, mais ils perdent partie de leur rondeur; il s'y fait d'un côté un petit creux, un petit enfoncement. Les œufs fécondés au contraire, confervent leur rondeur, & leur couleur jaune ne dure guéres; à cette couleur il en fuccede une qui tire fur le violet. M. Malpighi a ouvert le ventre d'un papillon fémelle qui avoit fouffert l'accouplement du mâle, & qui avoit commencé fa ponte, il lui ôta fon ovaire avec fes trompes & toutes fes autres dépendances, pour les faire deffiner. Les œufs qui étoient contenus dans les trompes confervérent leur couleur de foufre, & ils s'applatirent un peu; mais un œuf qui étoit dans l'ovaire, auprès de l'ouverture par laquelle l'ovaire communique avec la matrice, refta arrondi, & prit dans le temps ordinaire une couleur violette: celui-là étoit fécond, & les autres étoient ftériles.

Il rapporte une autre obfervation propre à confirmer la précedente, faite fur un papillon mort de mort naturelle. Le ventre de ce papillon lui ayant paru plus gonflé qu'il ne devoit l'être, il le diffequa, & il le trouva extrê-mement rempli d'œufs: il obferva dans le bout de l'ovaire, c'eft-à-dire, affés près de l'anus, des œufs de couleur violette. Le refte du tronc de cet ovaire formoit une tumeur. Pendant qu'il étoit occupé à tirer de cet ovaire les œufs féconds, il trouva une efpece de petit inteftin qui fembloit fait de quelque fuc épaiffi. Dans cette efpece d'inteftin étoient contenus des œufs de couleur violette; la nature & la couleur de la matiére qui formoit cette efpece d'inteftin, jointes aux autres circonftances, ont fait conjecturer à M. Malpighi, qu'il étoit formé de la femence que la matrice avoit pouffée dans l'ovaire, & qui s'y étoit épaiffie d'une façon extraordinaire. Cette conjecture lui a paru appuyée par d'autres obſervations ; il a trouvé un ſuc ſemblable à l'ouverture extérieure de la partie de la femelle, & il a vû de cette eſpece de ſemence roulée en ſpirale qui pendoit de l'extrémité de l'uretre de quelques mâles ; mais ce qui eſt certain, c'eſt qu'ici les œufs violets étoient dans l'ovaire.

Pour confirmer que c'eſt là ſeulement que les œufs ſont fécondés, M. Malpighi rapporte les obſervations qui lui ont été fournies par une autre expérience. Il prit une femelle, qui après avoir été long-temps jointe au mâle, avoit commencé à pondre. Après lui avoir ouvert le ven-tre, il tira des trompes les œufs qui y étoient contenus, & qui n'avoient pas touché le tronc de l'ovaire, il les conſerva. Leur couleur jaune ne ſe changea point en une couleur violette ; il s'y fit un enfoncement ; enfin, ce fut inutilement qu'il employa une chaleur douce pour en faire éclore des vers. Il a tenté une autre ex-périence dont le ſuccès eût démontré ce que les obſer-vations précédentes ont au moins rendu très-probable ; il arroſa des œufs non féconds de la ſemence qu'il avoit exprimée de la matrice, ou de celle qu'il avoit tirée des parties du mâle ; les œufs reſtérent cependant ſtériles. S'ils euſſent été fécondés, c'eût été une expérience bien heureuſe ; mais le mauvais ſuccès ne prouve rien contre l'idée qu'un ſuccès plus favorable eût demontrée. Fût-il certain que c'eſt dans l'ovaire que la ſemence féconde les œufs, il eſt évident que pour la faire agir efficacement, il faut des circonſtances qui ne ſe trouveront peut-être jamais, que lorſque la nature elle-même appliquera cette ſemence ſur les œufs. Ce ſont pourtant des expériences qui meritent extrêmement d'être répetées & retournées de toutes les façons. Elles ſont propres à nous donner des éclairciſſemens ſur un des plus grands myſtéres de la nature, fur celui de la génération.

Avant que de quitter l'ovaire de nos papillons, nous ferons encore remarquer qu'il communique avec une ef-pece de veffie ou de double veffie, compofée de deux parties égales & femblables. Elle n'a pas dans tous les pa-pillons la figure fous laquelle M. Malpighi a fait repré-fenter celle du ver à foye *; mais elle eft toûjours de forme oblongue, pofée proche de l'anus, & tranfverfale-ment fur l'ovaire, au-de-là duquel elle s'étend également de part & d'autre; c'eft par fon milieu qu'elle commu-nique avec lui. Dans la figure que M. Malpighi a donnée de celle du ver à foye, elle eft auffi renflée, & plus renflée au milieu qu'en aucun autre endroit; mais dans d'autre papillons *, le milieu de cette veffie eft fi étranglé, qu'on feroit tenté de le regarder comme la jonction de deux veffies différentes. A mefure qu'elle s'en éloigne de part & d'autre, elle fe renfle infenfiblement; & après le point du plus grand renflement, elle diminuë encore de diame-tre jufques à former une pointe qui eft quelquefois fui-vie de quelques renflemens, après lefquels elle rede-vient déliée, & jette divers rameaux. Mais il nous importe moins de connoître la figure de cette veffie ou de ces deux veffies, que de fçavoir qu'elle eft remplie d'une li-queur. M. Malpighi, qui a obfervé que celle qui eft con-tenuë dans la veffie propre au papillon femelle du ver à foye, eft aqueufe & tranfparente, dit qu'il n'a pas pû en reconnoître la nature, parce qu'on n'y en trouve pas affés pour fournir à des effais. Il lui foupçonne différens ufa-ges, comme de mettre la femence plus en état de péné-trer dans les œufs, ou celui de faciliter la fortie des œufs, ou enfin celui d'aider à les conferver. Ce qui lui a paru appuyer l'idée de ce dernier ufage, c'eft que les œufs, lorfqu'ils fortent, font humides, & qu'ils fe collent contre

* Pl. 5. fig.
13. *p, p p.*

* Pl. 4. fig.
2. *r f, f.*

les corps fur lefquels ils ont été dépofés, de maniére qu'il faut employer affés de force pour les en détacher. Nous aurons occafion de prouver bien-tôt que c'eft là le vrai ufage de cette liqueur. On la trouve en grande quantité dans certains papillons, & d'une couleur & d'une confif-tance bien différente de celle du papillon du ver à foye. Ces papillons s'en fervent pour arranger leurs œufs avec beau-coup d'art, & pour les bien conferver. C'eft ce que nous ex-pliquerons après que nous aurons parcouru les principales varietés que nous offrent les figures des œufs, car nous paf-ferons auffi-tôt à décrire ce que les papillons nous ont fait voir de plus remarquable par rapport aux différentes ma-niéres de les arranger, & de pourvoir à leur confervation.

Les œufs du plus grand nombre des efpeces de papil-lons ont de vrayes figures d'œufs, c'eft-à-dire, qu'ils font arrondis, les uns plus pourtant & les autres moins. Les uns font affés exactement de petites fphéres; les autres font des fphéres un peu applaties; les autres font des fphéroï-des plus ou moins allongés, & plus ou moins applatis; d'autres font des cylindres, des efpeces de petits barillets dont les bouts font arrondis; d'autres ont à peu près la forme des fromages d'Hollande. Mais les figures de quan-tité d'autres efpeces d'œufs font moins fimples, & il fem-ble que la nature ait pris plus de foin à les façonner. Celles de quelques-uns font des efpeces de fegments de fphére *; d'autres font de petits cones très écrafés *; le cercle qui fait leur bafe, ou la partie plane de l'œuf, eft appliqué, ou contre quelque feuille, ou contre quelque branche. On ne fçauroit obferver leur partie convexe à la louppe fans regarder avec plaifir le travail qui y paroît : on voit qu'elle eft remplie de canelures arrangées avec beaucoup de re-gularité, qui toutes partent de la bafe, & fe dirigent vers le fommet. Sur quelques œufs toutes ces canelures arrivent à

ce

* Pl. 3. fig. 6. & 7.
* Fig. 9. & 10.

fommet, vers lequel elles tendent. Sur d'autres, il y a alternativement une canelure qui va jufqu'au fommet, & une
qui finit vers la moitié ou plus de la hauteur. Enfin, ces œufs
paroiffent très-joliment fculptés; leurs formes approchent
affés de celles de certains boutons, dont le deffus eft couvert
& orné par des fils d'argent ou d'or trait difpofés par côtes,
ces côtes repréfentent la difpofition des canelures de nos
œufs. Les papillons de plufieurs chenilles qui vivent fur le
chefne, ceux de quelques chenilles du chou, de celles qui entrent en terre, celui d'une chenille veluë du titimale à port
de ciprès, &c. pondent de ces œufs en forme de bouton *.   * Pl. 4. fig. 16.

  Les papillons * de quelques autres chenilles du chou,   * *Tom. I.*
comme ceux de la plus belle de celles de cette plante, &   *Pl. 29. fig. 1.*
comme ceux de la petite chenille verte de la même plante,
font des œufs d'une autre forme, & encore plus finguliére. Ce font autant de petites piramides * dont la bafe   * Pl. 3. fig.
eft pofée contre la furface d'une feuille, comme la bafe   12. 13. &
des piramides ordinaires eft pofée fur la furface de la ter-   14.
re. Mais les bafes de nos œufs piramidaux ne font pas fimplement appliquées contre la feuille, elles y font collées,
fans quoi on imagine affés que les œufs ne s'y foûtiendroient pas long-temps. Le corps de la piramide a au moins
en hauteur trois à quatre fois le diametre de fa bafe; il eft
ordinairement formé par huit côtes arrondies, feparées
par autant de canelures, qui du fommet vont au gros
bout. Chacune des côtes eft elle-même travaillée, elle a
une infinité de petites canelures tranfverfales ou paralleles
à la bafe.

  Les œufs du papillon * de la chenille épineufe, la plus   * *Tom. I.*
commune fur l'orme ont l'air d'une efpece de turban *,   *Pl. 23. fig.*
je veux dire, que le contour de leur bafe a un peu moins   *1. & 2.*
de diametre que celui de leur partie fupérieure. Sur le   * Pl. 3. fig.
bout de celle-ci il y a huit arrêtes efpacées également,   11.

difpofées & taillées à peu près comme les quatre cornes des bonets quarrés. Ces arrêtes defcendent le long du corps de l'œuf, elles y font des côtes qui diminuent infenfiblement de hauteur, & qui difparoiffent avant que d'être arrivées à la bafe. Le corps de l'œuf eft entouré d'une infinité de canelures, ou de cordons plus fins, tous paralleles à la bafe. Pourquoi les œufs de certains papillons ont-ils des figures fphériques, & pourquoi les autres ont-ils des figures piramidales ou coniques! ce font de ces myftéres dont nous ne devons pas même chercher à rendre raifon. Il faut fe contenter d'entrevoir que des chenilles, affés femblables en apparence, peuvent avoir befoin de naître dans des œufs d'une forme & d'une capacité différente. Que d'autres raifons, qui regardent peut-être les papillons mêmes qui pondent ces œufs, demandent des figures différentes à leurs œufs. Dans l'interieur même du corps du papillon, ces œufs ont les figures qu'ils ont quand ils en font fortis.

Il y en a qui font faits comme des efpeces de timbales ou de marmites fans pieds*, c'eft le bout arrôndi qui eft collé contre une feuille ou une tige d'arbre; le bout évafé eft en deffus, tout fon contour a un rebord qui femble fait pour maintenir une efpece de couvercle. C'eft la forme des œufs de certains papillons femelles * qui paroiffent dépourvûs d'aîles, & qui les ont au moins fi courtes, que la loupe eft néceffaire pour les bien voir; nous avons parlé d'une chenille à broffes qui donne ce papillon.

Affés communement la couleur des œufs nouvellement pondus eft blancheâtre ou d'un blanc jaunâtre. Il y en a pourtant qui font d'un blanc éclatant tel que celui de la nacre de perle; mais il y en a de beaucoup d'autres couleurs. On en trouve de toutes les nuances de brun, d'entierement verds & d'un beau verd, de bleus, de couleur de rofe; il y en a d'une feule couleur, & d'autres

*Tome I.
Pl. 19. fig.
16.

* Tome I.
Pl. 19. fig.
12.

de couleurs combinées par taches, &c.

Quelques-uns confervent affés fenfiblement leur même couleur, & prefque leur même nuance de couleur jufqu'au temps où la chenille en fort. Mais les œufs du papillon du-ver à foye nous ont déja appris qu'il y en a d'autres, dont la première couleur n'eft pas durable; nous avons déja dit que d'un jaune couleur de foufre ils paffent affés vîte à une couleur qui tire fur le violet. Les changemens de couleur fe font plus tard dans d'autres œufs, & paroiffent plus finguliers. J'ai gardé chés moi, pour les y faire éclore, les œufs de forme de bouton très applatis * & canelés, qui avoient été dépofés fur les feuilles de l'arbre que nous appellons à Paris, ficomore, par un papillon * qui vient d'une chenille * qui aime les feuilles de cet arbre, & qui aime encore mieux celles du maronnier d'Inde. Lorfque j'eus ces œufs, ils étoient d'un blanc jaunâtre; après avoir été quelques jours fans les voir, je fus frappé du changement qui y étoit arrivé lorfque je les trouvai joliment tachetés de brun, de jaune & de quelques couleurs rougeâtres. Dans les jours fuivans je vis ces mêmes taches changer de figure, de couleur & de grandeur. L'enveloppe de ces œufs, quoique folide eft mince & tranfparente, les couleurs de la chenille qu'elle renferme percent; à mefure que la chenille croît dans l'intérieur de l'œuf, elle fe colore; à mefure même qu'elle croît fes couleurs changent & fe diftribuent différemment. Peutêtre qu'elle ne s'y tient pas conftamment dans une même pofition, l'enveloppe qui permet d'appercevoir fes couleurs, ne permet que rarement de l'appercevoir ellemême. C'eft à l'enveloppe, à l'œuf que les yeux rapportent les changemens de couleurs qui fe font fur la chenille. Les œufs dont l'enveloppe eft plus épaiffe & fans tranfparence, font ceux qui confervent fenfiblement

** Pl. 3. fig. 9. & 10.*

** Tome I. Pl. 34. fig. 11.*

** Tome I. Pl. 34. fig. 7. & 8.*

leur même couleur, ils ne participent point aux changemens de couleur qui se font dans l'intérieur.

Les enveloppes ou coques des œufs de nos papillons sont fermes & solides, elles ne sont pourtant pas composées comme celle des œufs des oiseaux, d'une matiére analogue à celle des coquilles. M. Malpighi regarde la leur comme analogue à la corne, elle est ferme sans être friable, on la coupe avec des ciseaux.

Les papillons semblent avoir été bien instruits par la nature sur le choix des endroits où il convenoit qu'ils déposassent leurs œufs. Chaque œuf ne contient qu'une chenille, c'est une régle à laquelle je ne sçais point d'exception; dès que chaque petite chenille sera sortie de son œuf, elle aura besoin de trouver de la nourriture à portée. Presque tous les papillons semblent aussi prévoir les besoins des chenilles naissantes, & chercher à y pourvoir; ils déposent leurs œufs sur les plantes ou sur les arbres dont les feuilles peuvent fournir une bonne nourriture aux chenilles nouvellement nées. Qu'on ne croye pas, au reste, que si le papillon choisit une plante plûtôt qu'une autre, c'est son propre goût qui l'y porte; qu'il aime à se tenir auprès de cette plante, parce qu'elle lui fournit à lui-même des alimens agréables. Les papillons diurnes qui viennent de différentes espéces de chenilles du chou, ne se nourrissent point sur le chou, ils voltigent continuellement autour de plantes tout-à-fait différentes, ils succent avec leurs trompes le suc de leurs fleurs. Mais quand il s'agit de faire leurs œufs, c'est sur les choux qu'ils se rendent, quoique les choux, souvent encore trop jeunes, n'ayent point de fleurs pour les attirer. C'est ainsi que les papillons de nos chenilles épineuses de l'orme, que les papillons de la chenille du fenouil, & que les papillons de cent autres espéces de chenilles vont pomper le suc des fleurs de mille plantes différentes, & qu'ils se rendent sur celles de l'espéce qui les a nourris pendant qu'ils étoient chenilles, pour y laisser leurs œufs. Aussi quand la figure singuliére de quelques œufs ou quelques autres circonstances donneront envie d'élever les chenilles qui seront éclofes de ces œufs, les feuilles qu'on doit leur offrir pour aliment, font celles de la plante ou de l'arbre sur lequel les œufs ont été trouvés.

Cette régle n'est pourtant pas si constante qu'elle ne souffre des exceptions. Il m'est arrivé plus d'une fois de tenter inutilement de nourrir des chenilles avec les feuilles de la plante sur laquelle étoient attachés les œufs d'où elles étoient sorties. Elles paroissoient même si peu de leur goût qu'elles n'y touchoient pas. Mais les chenilles naissantes dont je parle marchoient bien, & aimoient à marcher; la précaution de mettre de la nourriture à portée de celles qui sçavent très-bien l'aller chercher, est une précaution peu nécessaire. J'ai remarqué que ces mêmes chenilles, nouvellement nées, & que celles de plusieurs autres espéces, quoiqu'elles eussent seize jambes, marchoient d'abord comme des arpenteuses. Elles sembloient n'avoir que douze jambes, les quatre derniéres des intermédiaires étoient alors considérablement plus grandes que les quatre premiéres de ces mêmes jambes.

Si j'eusse douté de la nécessité de la prévoyance que nous venons d'admirer dans le commun des papillons, je m'en ferois convaincu par les expériences que j'ai faites sur des nichées d'œufs de nos papillons de la chenille à oreilles du chesne. J'ai porté de ces nichées chez moi, soit à Paris où mon appartement donne sur le jardin, soit à la campagne; les chenilles y sont éclofes; j'ai placé des nichées nombreuses & même plusieurs ensemble sur mes fenêtres, je voulois voir si l'instinct des chenilles nouvellement nées les déter-mineroit à aller dans les jardins pour trouver des alimens

pareils à ceux que leur eût donné l'arbre fur lequel elles
devoient naître. Elles fe font un peu difperfées, mais enfuite
elles font retournées à leur nid; elles ont fait diverfes tentatives qui les conduifoient fur le mur du bâtiment, elles
revenoient enfuite; & enfin elles ont péri ou fur leur nid
même ou aux environs.

Quelques papillons, & fur-tout des papillons diurnes
de différentes efpéces, difperfent leurs œufs fur les feuilles
ou fur les tiges des plantes; ils les y laiffent un à un & écartés
les uns des autres. Les œufs de ces efpéces de papillons
font difficiles à rencontrer fur les arbres & fur les plantes
bien touffuës. Le papillon lui-même conduit à découvrir
fes œufs, quand il refte du temps dans une place pour
les y pondre tous; mais les papillons qui n'ont qu'à laiffer
un œuf dans chaque place, n'y reftent qu'un inftant; ils
* Pl. 2. fig. 3. l'y font même prefqu'en volant. C'eft ce que le papillon
blanc* de la petite chenille verte du chou, qui fe lie pour
fe métamorphofer, m'a donné affés d'occafions d'obferver. Je voyois voltiger ces papillons fur des choux qui
n'avoient point de fleurs, & je fçavois que ces papillons
ne tiroient rien des feuilles de cette plante. Je voyois enfuite le papillon fe pofer fur une feuille, & en partir prefque fur le champ pour aller voltiger & s'arrêter un inftant
fur une autre feuille, foit du même chou, foit d'un autre
chou. Il étoit naturel d'en conclurre que l'inftant de repos
étoit celui où il dépofoit fes œufs, dès que l'on fçavoit
que les chenilles de ces papillons vivent de chou. Auffi
ayant remarqué, & cela plufieurs fois, l'endroit où le
papillon s'étoit appuyé, j'allois fur le champ l'examiner,
* Pl. 3. fig. & ordinairement j'y trouvois un de nos petits œufs de
14. figure piramidale*, bien pofé fur fa bafe. Cette bafe eft
humectée d'une liqueur vifqueufe qui le retient contre la
feuille fur laquelle il a été appliqué.

D'autres papillons diurnes, & même des diurnes du chou, comme celui de la plus belle de ses chenilles, ne dispersent pas ainsi leurs œufs, ils les arrangent sur la feuille les uns aussi près des autres qu'il est possible ; ils y forment une plaque composée d'un grand nombre de nos petites piramides. D'autres papillons, soit diurnes, soit nocturnes, arrangent aussi leurs œufs, de quelque figure qu'ils soient, par plaques.

Tous les œufs dont nous venons de parler sont attachés par une couche de colle qui n'est sensible que par son effet, assés grand pour les bien retenir ; mais les œufs de quantité d'autres papillons sont non-seulement retenus, ils sont même enchassés presqu'en entier ou en grande partie dans un lit de colle d'une couleur différente de la leur. De tous les nids d'œufs de papillons, celui où cette colle est le plus visible, & qui d'ailleurs est un des plus jolis pour l'arrangement des œufs, est un nid connu des Jardiniers, parce qu'ils le trouvent assés souvent en taillant leurs arbres ; ils l'appellent le brasselet ou la bague, & ils l'ont très-bien nommé. Ces nids * entourent un jet de poirier, de pommier, de pescher, de prunier, comme les bagues ordinaires entourent les doigts, ou comme les brasselets entourent les bras. Ils ressemblent tout-à-fait aux brasselets de grains d'émail ; chaque œuf tient ici lieu d'un de ces grains. Il entre depuis 200. jusqu'à 350. œufs dans chaque brasselet. On ne voit que leur partie supérieure dont le contour est rond & blanc ; le milieu est plus brun ; la sommité est toûjours marquée par un point noir. Ces grains ou œufs qui se touchent seulement par quelques endroits de leur contour, & qui sont pressés les uns contre les autres, laissent nécessairement entre eux des espaces qui sont remplis par une espece de gomme brune, dure & cassante. La largeur du brasselet est formée par 14. à 15. rangs, & jusqu'à 17. rangs d'œufs *. Ils ne sont pas placés

* Pl. 4. fig. 5. & 7. b.

*Fig. 6. & 8.

précisément fur la circonférence d'un cercle, ils font difpofés en tours de fpirale, qui quelquefois s'éloignent peu
de la figure circulaire *. La forme de chaque œuf * tient de
celle d'une piramide tronquée à quatre faces qui ne font
pas bien planes ; elles ont quelque rondeur, & elles fe rencontrent par des angles obtus. La piramide eft pofée de
maniére que la partie de l'œuf qui eft vifible, eft la bafe
de cette piramide, & que le bout où la piramide eft tronquée, eft le plus proche de la branche, à la circonférence
de laquelle les axes de ces piramides font perpendiculaires.
Il fuit de la figure de ces œufs qu'ils ne fe touchent que par
quelques endroits de leur bord extérieur; qu'ils font furtout
féparés les uns des autres vers leur bout le plus proche de
la branche de l'arbre *. Tous les vuides qu'ils laiffent entre
eux font remplis par la gomme dont nous avons parlé,
dans laquelle ils font tous enchaffés & comme fertis *. Le
lit de gomme dans lequel ils font logés va par de-là leurs
bouts, & les empêche de toucher l'écorce de l'arbre.

Il faut une grande provifion de colle ou de gomme à un
papillon pour fournir à la compofition de ce braffelet.
Le papillon * qui le fait eft phaléne ; il nous eft donné
par la chenille que nous avons nommée ailleurs la livrée.
Elle ne s'accommode pas feulement des feuilles des arbres
fruitiers, elle vit très-bien des feuilles d'orme, de faule,
& de celles de différens autres arbres autour des petites
branches defquels j'ai trouvé des braffelets. Cette même
chenille eft une de celles qui fçavent le mieux obfcurcir leur
coque en faifant pénétrer dans fon tiffu une poudre jaune.
Son papillon eft d'une grandeur médiocre, il eft de la 5.^e
claffe des phalénes, ou de la claffe de ceux qui ont des
antennes en plume fans avoir de trompe, & du genre
de ceux qui portent leurs aîles en toit écrafé. Le deffus
des aîles fupérieures de la femelle eft d'un gris ou d'un
brun-clair

* Pl. 4. fig. 6.
* Fig. 9. 10. & 11.
* Fig. 9.
*Fig. 11. gg.
* Pl. 4. fig. 3.

brun-clair tirant fur l'agathe & fur l'ifabelle. Chaque aîle
fupérieure a une large bande tranfverfale plus brune que
le refte. Ce papillon femelle eft de ceux qui ne volent
point, il agite pourtant fes aîles affés fouvent. Le mâle *   *Pl. 4. fig. 4.
eft d'une couleur plus claire que celle de la femelle, la
fienne paroît être mêlée d'une très-légére teinte de jaune.
Deux traits de couleur ifabelle traverfent le deffus de chacune de fes aîles fupérieures ; mais ce font les femelles
qui doivent exciter notre curiofité. J'en ai ouvert pour
voir fi je trouverois dans leur corps le réfervoir de cette
gomme brune qu'elles employent en fi grande quantité ;
je n'ai pû la méconnoître, je l'ai trouvée dans cette veffie
double *, ou plûtôt ces deux veffies que nous avons dit   * Pl. 4. fig.
avoir communication avec l'anus. Ces réfervoirs font bien   2. *r f, r f.*
plus grands dans notre papillon, que dans d'autres papillons qui le furpaffent confidérablement en grandeur.
Avant qu'il ait commencé à faire fes œufs, ces réfervoirs
font remplis d'une matiére trop épaiffe pour que le nom
de liqueur lui convienne, elle a la confiftance d'une bouillie, & fa couleur eft très-brune ; en un mot il eft vifible
que ces veffies font remplies de la gomme fonduë dont
le nid doit être conftruit, de celle dans laquelle les œufs
doivent être enchâffés.

L'ufage de ces veffies bien connu, nous apprend que les
veffies femblablement placées qu'on trouve à tant d'autres
papillons, fourniffent la liqueur qui humecte leurs œufs
lorfqu'ils font près de fortir, & qui les attache contre les
corps fur lefquels ils font dépofés. Mais la quantité de la
liqueur contenuë dans ces réfervoirs ne doit pas être fenfible, lorfqu'il n'en faut fournir que pour humecter légé-
rement les œufs.

En général, les papillons ne font pas des infectes adroits ;
le nid d'œufs de ceux dont nous venons de parler eft

pourtant un ouvrage qui femble demander une forte. d'adreffe. Je n'ai pas befoin de dire que j'ai tout tenté pour parvenir à voir le papillon dans le travail, je n'y ai pourtant pas réuffi, quoique j'aie eu un grand nombre de ces papillons éclos chés moi, & quoique je les tinffe dans de grandes cloches de verre ; à peine ont ils commencé à pondre, mais ils n'ont jamais entouré d'un bracelet d'œufs les petits bâtons que j'avois renfermés avec eux. Ces bâtons étoient fecs, il ne paroît pas pourtant que cette circonftance ait pu les empêcher de finir une opération auffi importante que celle de la ponte. Mais après tout, ce qui étoit de plus effentiel à voir, c'étoit l'endroit où étoit mife en réferve la provifion de gomme. D'autres papillons qui font des nids de matiéres différentes, vont nous donner affés d'idée de la maniére dont les premiers peuvent s'y prendre pour mettre cette gomme en œuvre, & faire leurs nids.

L'induftrie que nous allons examiner eft celle des papillons qui ne laiffent pas leurs œufs expofés aux injures de l'air. Chaque œuf en particulier eft entouré de toutes parts de poils, il eft dans une efpece de loge de duvet. Des poils couvrent encore la maffe entiére formée de l'affemblage de tous les œufs, & fouvent fi bien, qu'on ne voit là la forme d'aucun de ceux qui y font cachés. Cette adreffe eft commune à un grand nombre de genres de phalénes, mais pour expliquer en quoi elle confifte, nous nous fixerons à décrire les procedés du papillon femelle qui vient de la chenille * que nous avons appellée la commune. Ce papillon * eft de grandeur médiocre, il eft de la cinquiéme claffe des nocturnes, de ceux qui ont des antennes à barbes, & qui n'ont point de trompe, & du genre de ceux qui portent leurs aîles en toit, & qui fe croifent un peu vers le bout ; elles font blanches, & fouvent très-blanches. Je ne

* *Tom. I.*
Pl. 6. fig. 2.
& 10.
* *Pl. 5. fig.*
4.

l'ai jamais vû s'en fervir pour voler, ni même tenter de
s'en fervir. Tous les papillons femelles de cette efpece font
lourds & pareffeux; lorfqu'on détache des feuilles fur lefquelles ils fe font arrêtés, ils reftent tranquilles, & fouvent même pendant qu'on les tranfporte, au plus mar-
chent-ils un peu. Ordinairement ils laiffent leurs œufs fur
des feuilles, & quelquefois fur des branches, fur des troncs
d'arbres ou d'arbriffeaux, en gros paquets oblongs *. La
premiére fois qu'on voit un de ces paquets d'œufs fur une
feuille, & tant qu'on ne vient pas à le confidérer de près,
on eft porté à le croire une groffe chenille bien veluë, qui
s'eft tapie là; c'eft-à-dire, qu'on voit une maffe oblongue,
plus large pourtant par rapport à fa longueur, que le corps
d'une chenille ne l'eft par rapport à la fienne; cette maffe
eft auffi plus applatie vers fes bords que ne l'eft le corps
d'une chenille. Cette maffe eft toute recouverte de poils de
même couleur; ceux de la plûpart des nids font roux, &
ceux de quelques autres font d'un brun qui tire fur la couleur de caffé. Tous font dirigés vers le même côté, vers un
des bouts; ils s'inclinent pour fe coucher parallelement les
uns fur les autres; les derniers recouvrent en partie ceux
qui les précédent. En un mot, ils font difpofés comme
ceux d'un drap à longs poils, comme ceux d'un drap de
caftor, ou comme ceux d'un chapeau qui vient d'être bien
broffé; ils forment auffi une efpece de drap ou de feutre
qui couvre tous les œufs, & qui empêche la pluye de
pouvoir pénétrer jufqu'à eux; car au refte cette couche
a affés d'épaiffeur. Les poils font fi preffés, fi bien couchés
les uns contre les autres, que malgré leur longueur, leur
affemblage a un œil velouté ou fatiné. Si on rompt cette
maffe, on voit que fon intérieur eft rempli d'œufs affés
ronds, brillants comme de la nacre, & à peu près de même couleur; ils font placés les uns à côté des autres, &

* Pl. 5. fig.
10.

N ij

les uns au-deſſus des autres; mais on obſerve que chaque œuf eſt enveloppé de poils, de façon qu'il ne ſçauroit être touché par ſes voiſins. La diſpoſition des poils n'a là d'ailleurs rien de regulier, ils ſe croiſent, ils ſont pliés irreguliérement, ils ne ſont employés que comme un du-vet qui doit entourer chaque œuf de toutes parts.

Dans les années ordinaires, dans celles où il n'y a pas eu de grandes mortalités de chenilles, il ne faut qu'avoir envie de voir de ces ſortes de nids d'œufs pour en trouver en grand nombre dans les mois de Juin & de Juillet. Il ne faut pas même être obſervateur bien attentif pour re-connoître où les papillons prennent la grande quantité de poils néceſſaires pour envelopper chaque œuf en par-ticulier, & pour couvrir toute la maſſe. Si on les conſidére ſoit avant qu'ils ayent commencé leur ponte, ſoit pen-dant qu'ils ſont occupés à pondre, on voit que leur corps eſt tout couvert de poils parfaitement ſemblables à ceux qui ſont employés à couvrir le nid. Enfin ſi on compare un papillon qui a fini ſa ponte avec un autre qui ne l'a pas encore commencée, on eſt bientôt convaincu que les poils qui couvroient partie du corps du papillon ont été arra-chés, pour être étendus ſur le nid, & pour le rembour-rer. Le corps du papillon qui n'a point commencé à pondre eſt extrêmement chargé de poils, & le corps de celui qui s'eſt délivré de ſes œufs eſt preſque nud. Nous avons vû dans le XII.ᵐᵉ Memoire du tome 1. des chenil-les qui s'épilent pour ſe faire des coques plus ſolides, mais ici c'eſt pour pourvoir à la conſervation de leurs œufs que des papillons ſe défont de leurs poils. Ce qu'il s'agit de ſçavoir, c'eſt comment le papillon fait paſſer les poils qui ſont ſur ſon corps dans le paquet d'œufs, comment il arrange ceux qui ſont couchés avec ordre ſur la ſurface, & ceux qui ne ſont qu'empilés dans l'intérieur.

Le ventre de ces papillons qui n'ont point encore fait leurs œufs, eſt gros, diſtendu, comme le ſont en pareil temps ceux de la plûpart des autres papillons; ce qui leur eſt particulier, c'eſt que leur partie poſtérieure * eſt plus groſſe que le reſte. Ce n'eſt pourtant pas que la for-me de leur corps ſoit réellement différente de la forme de celui des autres; mais c'eſt que leur derriére eſt entouré par un gros bourlet * compoſé de poils extrêmement preſſés les uns contre les autres. Ils ont auſſi des poils ſemblables ſur le reſte de leur corps, & ſurtout ſous leur ventre; mais les poils qui ſuffiſent pour les couvrir eux-mêmes, n'auroient pas ſuffi pour envelopper leurs œufs, & la nature leur a donné & a placé tout autour de leur der-riére preſque toute la proviſion de poils qui y eſt néceſſaire.

J'ai emporté bien des fois dans mon cabinet de ces papillons prêts à faire leurs œufs, & bien des fois ils les y ont faits ſans que je ſois parvenu à découvrir en quoi con-ſiſtoit leur adreſſe; l'ouvrage ſe finiſſoit ſous mes yeux ſans que je puſſe voir les procedés du papillon; les poils mêmes qu'il met en œuvre ſervent à cacher comment il agit. Le paquet d'œufs n'eſt pas auſſi enveloppé de poils par deſſous qu'il l'eſt par deſſus, c'eſt ce qui me fit pen-ſer que je verrois plus aiſément comment le papillon le travaille par deſſous, que comment il le travaille par deſſus. J'en mis pluſieurs prêts à pondre dans des boîtes carrées de verre; ils n'y commencérent point à faire leurs œufs pendant le jour, ils attendirent que la nuit fût venuë, temps que je n'euſſe pas choiſi pour les obſerver. J'en mis d'autres dans de pareilles boîtes, & dès midi je fis venir la nuit pour eux; je couvris les boîtes où ils étoient, de façon que la lumiére n'y pouvoit pénétrer. Après quelques heures je les découvris, & j'en trouvai qui avoient commencé à pondre. Je ne ſçais s'il eſt conſtant

N iij

qu'ils attendent la nuit pour commencer leur ponte, mais je sçais que quand ils l'ont commencée dans l'obscurité, ils la continuent malgré le grand jour.

Si on les considére comme je les considérois au travers du verre pendant qu'ils sont occupés à pondre, on voit le bout du derriére s'allonger beaucoup plus qu'on ne l'en croiroit capable; le vrai est pourtant que si on presse le ventre du papillon femelle entre deux doigts, on fait sortir de son derriére une espece de long mammelon * qui semble composé d'anneaux, & dans le bout duquel est l'ouverture de l'anus. Mais quand le papillon allonge cette partie parce qu'il a besoin de l'allonger, il lui donne une longueur plus que double de celle qu'elle a quand on l'a forcée à paroître par la pression. L'ouverture de l'anus qui est au bout de cette espece de mammelon ou de cette espece de queuë, est l'ouverture par où sortent les œufs. Et selon que le papillon porte cette espece de queuë un peu plus loin, un peu plus près, un peu plus haut, un peu plus bas, un peu plus à droit ou un peu plus à gauche, il peut laisser des œufs dans différentes places. La petite partie dont nous venons de parler est capable de tous ces mouvemens, & de tant d'autres, comme d'especes de fléxions différentes en tous sens, que malgré sa position & sa figure qui approche de la conique, on peut la regarder comme une espece de main. Quand on l'a vûë se mouvoir, s'agiter, se plier, se contourner avec beaucoup d'agilité & de vîtesse, on n'est point étonné que le papillon qui est lourd & qui semble mal adroit, puisse au moyen de cette partie, arranger très-bien ses œufs, & les couvrir de poils; mais on est surpris de voir un derriére qui a tant de dexterité.

C'est avec cette espece de main conique qu'il s'arrache les poils; ils ne tiennent pas beaucoup au corps du papillon, mais il faut les en ôter peu à peu, & feulement dans la quantité convenable à la place où ils doivent être mis. La partie que nous confidérons, a tout ce qu'il faut pour y réuffir. Nous avons parlé ci-devant de deux lames écailleufes qu'on trouve au derriére de la plûpart des papillons femelles, nous avons dit que celles de quelques-uns ont la forme de cuillerons, mais que d'autres font plus applaties, & qu'appliquées l'une contre l'autre, elles compofent une efpece de pinces affés femblables à celles que les ouvriers nomment des Bruxelles. Le bout de notre queuë, de notre main conique, eft terminé par deux lames qui forment une pince de cette efpece *, avec laquelle il lui eft aifé d'arracher les poils du bourlet qui eft autour de fa partie poftérieure, & ceux de divers autres endroits. C'eft pourtant plus par la pofition, par la ftructure de cette efpece de pince, & par les mouvemens dont eft capable la partie à laquelle elle tient, qu'on juge de fes ufages, que par ce qu'on voit. Les poils dont la pince fe charge, la cachent elle-même. D'ailleurs dans les endroits où elle les porte & où elle les laiffe, il y a d'autres poils épars qui ne permettent pas de voir tout auffi diftinctement qu'on le fouhaiteroit ; on en voit pourtant affés pour s'amufer agréablement, & affés pour prendre idée de l'effentiel des manœuvres. Lorfqu'on obferve au travers du verre les divers mouvemens que fe donne l'efpece de queuë ou de main, on voit qu'elle porte des poils en certains endroits, qu'elle les y dépofe dans un plan à peu près vertical ; qu'enfuite elle fe raccourcit & qu'elle s'alonge alternativement pour bien preffer ces poils, pour en former une couche dont les brins tiennent enfemble. Des poils ayant été portés & preffés dans le même endroit à deux ou trois reprifes, un petit lit fe trouve préparé pour recevoir un œuf ; la queuë qui s'allonge l'y

* Pl. 5. fig. 11. & 12. *II.*

dépofe. Elle fe replie, fe recourbe, fe raccourcit enfuite pour aller prendre dans le bourlet une pincée de poils, qu'elle va auffi-tôt appliquer contre l'œuf nouvellement dépofé, & contre lequel elle preffe ces nouveaux poils. Ceux qui le touchent peuvent s'y attacher parce qu'il eft gluant; mais la feconde couche de poils n'aura pas autant de facilité à s'attacher aux poils mêmes qu'elle rencontre, c'eft pour cela que la queuë s'accourcit & s'allonge fucceffivement pour faire l'office de pilon. Ainfi tous les poils qui rempliffent l'intérieur du nid d'œufs font arrangés irreguliérement comme ceux des rembourrures de chaifes; mais les poils qui font mis à la furface fupérieure, font arrangés avec ordre & dans une même direction, comme nous l'avons dit ci-devant.

Les poils les plus proches du derriére, ceux de la couche la plus intérieure, font les premiers employés. De couche en couche, le papillon arrache fucceffivement tous ceux du bourlet; il va chercher des poils plus éloignés, quand ceux qui étoient plus près ont été mis en œuvre; enfin peu à peu le papillon épile tout fon derriére & une grande partie de fon ventre.

* Fig. 10.

Quand le nid d'œufs eft complet *, quand il a tous fes œufs, il a un volume plus confidérable que celui qu'avoit le corps du papillon avant même qu'il commençât à pondre : ce fait n'a rien d'extraordinaire, les œufs & les poils qui le compofent ne font pas auffi preffés, quelque chofe que l'infecte ait pû faire, que lorfqu'ils étoient dans fon corps & fur fon corps.

* Fig. 10. o.

* n n.

Un des bouts de ce paquet * eft ordinairement pointu, mais arrondi & affés plat; l'autre eft plus relevé & concave *, c'eft celui qui a été fini le dernier, fa concavité eft le moule du derriére du papillon. En quelque temps qu'on confidére ce nid, je veux dire, foit quand il eft

peu

peu avancé ou quand il eſt fini, il eſt toûjours de même
concave du côté du derriére du papillon. Le papillon prend
des temps de repos, il eſt communement vingt-quatre
heures à faire ſa ponte, & quelquefois deux jours. Dans
tous ces temps de repos le bout de ſon derriére reſte logé
dans cette concavité *, & y eſt ſi bien appliqué, que le
nid d'œufs & le corps du papillon ſemblent faire un même corps continu; tout ce qu'on voit alors, paroît appartenir au papillon. Si on tire le papillon de place, on
eſt étonné de voir le paquet d'œufs qui reſte, & combien
le corps de l'inſecte eſt éloigné d'avoir le volume qu'on
lui croyoit. A meſure que le paquet d'œufs croît, le papillon ſe tire un peu en avant, mais il ne s'en éloigne jamais aſſés pour ne le pas couvrir en partie avec le bout
de ſes aîles; ce ſont même les aîles appliquées ſur ce tas
d'œufs, qui aident encore à faire croire qu'il eſt la partie
poſteriéure du corps de l'inſecte.

  Les papillons femelles de nos chenilles à oreilles du
cheſne & de l'orme, ſont auſſi de ceux qui recouvrent
leurs œufs de poils ordinairement roux, & qui quelquefois approchent de la couleur de chamois. L'aſſemblage
de leurs œufs ou le nid, forme une eſpece de plaque *, je
veux dire, qu'il a beaucoup plus de diametre par rapport
à ſa longueur & à ſon épaiſſeur, que n'en ont les nids
des papillons précédents. Ces plaques de figures aſſés irre-
guliéres, ont quelquefois plus d'un pouce de large ſur un
& demi de long, elles ont deux à trois lignes & quelquefois quatre lignes d'épaiſſeur vers leur milieu. Ce que nous
avons rapporté ci-devant nous exempte d'entrer dans aucune explication ſur la maniére dont ces papillons les forment. Ils les appliquent aſſés ſouvent contre les troncs des
arbres, & plus ſouvent encore contre leurs groſſes branches, en deſſous. Ces papillons multiplient extrêmement.

** Pl. 5. fig.
9. n n.*

** Pl. 1. fig.
1,   , 0.*

J'ai vû dans certaines années que le Bois de Boulogne n'avoit presque point de chesne, dont plusieurs des grosses branches ne fussent remplies en dessous, sur une étenduë de plus de sept à huit pieds, & quelquefois d'un bout à l'autre, de ces plaques d'œufs, posées si proches les unes des autres, qu'il y en avoit qui se touchoient. Aussi dans ces années toutes les feuilles des chesnes de ce Bois avoient été dévorées par les chenilles qui se transforment dans ces papillons. Ce n'est qu'au printemps que doivent éclorre les chenilles de ces œufs, qui ont été pondus dans le mois de Juillet. Etant placés en dessous des branches, ils sont moins exposés à être gâtés par les pluyes, qu'ils ne le seroient s'ils étoient en dessus, la branche leur sert de parapluye. Aussi trouve-t-on ces nids bien entiers, bien sains à la fin de l'hiver; tout le changement qu'on y remarque, c'est dans la couleur de leurs poils, qui est devenuë plus blancheâtre.

Ces papillons & ceux de la chenille commune ne quittent souvent leurs nids d'œufs que pour tomber morts ou mourants par terre; quand ils s'éloignent du nid, ce n'est pas pour aller loin. Leur vie n'est que de quelques jours, ou au plus d'une ou de deux semaines. Quand ils ont fait leurs œufs, la fin à nous connuë pour laquelle ils avoient été produits, est remplie, ils n'ont plus besoin de vivre.

Différentes autres especes de papillons couvrent comme ceux dont nous venons de parler, leurs œufs de poils sous lesquels ils sont entiérement cachés; mais plusieurs autres especes ne mettent sur leurs œufs qu'une quantité de poils qui n'empêche pas de les voir; ils les deffendent moins bien, & ils n'ont pas besoin d'être si bien deffendus.

Quelques-uns qui font entrer les poils dans la composition de leur nid, arrangent leurs œufs autour de petites branches qu'ils en entourent en partie ou entiérement,

en un mot difpofés comme les braffelets d'œufs du papillon de la chenille livrée. Je n'ai rien vû de plus joli par
rapport à ces nids recouverts de poils & pofés autour de
petites branches, qu'un qui me fut envoyé par M. Baron
médecin à Luçon, en bas Poitou. Les œufs étoient arrangés en fpirale autour d'une petite branche d'épine,
comme ceux des braffelets *, & enchâffés auffi dans une   * Pl. 3. fig.
couche de gomme qui enveloppoit immédiatement la   15.
petite branche. Le nom pourtant de braffelet ne convenoit pas à leur affemblage, parce qu'il occupoit une très-
longue étenduë de la branche; d'ailleurs, ces œufs n'é-
toient vifibles que quand on avoit enlevé les poils qui les
cachoiént *. Ces poils étoient extrêmement fins, d'une   * Fig. 16.
très-jolie couleur de gris de fouris; ils n'étoient point
couchés comme le font ceux des autres nids que nous
avons décrits; ils étoient droits & comme flottans, quoiqu'ils fuffent très-proches les uns des autres. Ils imitoient
ce fin duvet dont eft garni le corps de certains oifeaux,
ou les poils fins qui fe trouvent fur le caftor & fur d'autres
quadrupédes au-deffous des longs poils. Je ne connois
point le papillon qui fait ce petit nid. Au refte, l'arrangement des poils, celui des œufs, celui même de la gomme dans laquelle font enchâffés les œufs des braffelets,
n'ont plus rien qui doive nous paroître difficile à executer par un papillon, dès que nous fçavons qu'il a un derriére qui peut faire tout ce que feroit, en pareil cas, une
main adroite.

Toutes les femelles de papillons nocturnes que j'ai
obfervées, font leurs œufs peu de temps après s'être tirées de la dépouille de crifalide, mais j'ai lieu de foupçonner, que plufieurs efpeces de papillons diurnes quoique
nées pendant l'été, ne font leurs œufs qu'après la fin de
l'hiver. Dès les premiers jours d'Avril j'ai vû voler plufieurs

especes de papillons diurnes venus de diverses chenilles épineuses, comme de celles de l'orme & de l'ortie. Ces especes de chenilles épineuses n'avoient point encore paru alors. Les papillons sortent en été des crisalides dans lesquelles elles se sont transformées. Enfin les papillons que je voyois voler au commencement d'Avril, étoient ceux mêmes que j'avois trouvés pendant l'hiver, renfermés dans des creux d'arbres. Ayant ouvert un de ces papillons femelles * au mois d'Avril, je lui trouvai le ventre rempli d'œufs. D'où il paroît que ce papillon, qui devoit être né en Juillet, avoit différé sa ponte jusques après l'hiver, sans doute, parce qu'il n'avoit pas été plûtôt en état de la faire. Ainsi quoique les œufs de quantité d'especes de papillons puissent rester pendant tout l'hiver exposés aux injures de l'air sans en souffrir, d'autres œufs demandent à être conservés pendant tout l'hiver dans le corps même du papillon.

* Tom. I.
Pl. 23. fig.
1. & 2.

EXPLICATION DES FIGURES
DU SECOND MEMOIRE.

PLANCHE I.

LA Figure 1, est celle d'une espece de chenille lievre; celle-ci est toute noire, & d'un très-beau noir, elle a seulement la tête rougeâtre, ou presque rouge. Tom. 1. pl. 1. Fig. 16. on a une autre chenille lievre qui est toute rousse, d'un roux un peu brun. On en trouve encore une autre dont les poils sont presque noirs, & qui tout du long du dos a une raye d'un jaune obscur. Ces trois chenilles vivent des mêmes plantes, elles ont les poils distribués de la même maniére. Elles marchent avec une égale vîtesse : elles entrent toutes trois en terre pour se mettre en coque; leurs crisalides sont semblables, & elles donnent des papillons entre lefquels on ne trouve que des différences peu fenfibles, comme quelques petites variétés dans la diftribution des points noirs qui font fur leurs aîles.

La Figure 2, eft celle d'une coque de terre, faite en terre par une chenille lievre.

La Figure 3, eft celle d'une crifalide d'une chenille lievre, elle eft d'un noir luifant; elle eft comme entaillée en *a a*.

La Figure 4, eft celle d'une phaléne femelle, fortie d'une crifalide, telle que celle de la Figure 3, elle eft de la 5.e claffe. Ce papillon a des antennes à barbes de plumes, & n'a point de trompe.

La Figure 5, repréfente un papillon mâle *d d*, *e e*, forti d'une crifalide lievre & pofé fur une femelle pour s'ac-coupler avec elle. *q*, la partie poftérieure du corps de la femelle.

La figure 6, fait voir du côté du ventre les phalénes mâ-les & femelles, que la Figure 5.e fait voir du côté du dos.

La Figure 7, eft celle d'un papillon femelle de la chenille lievre, qui n'a point les aîles refferrées contre le derriére comme la femelle de la Figure 4.

La Figure 8, eft le papillon de la Figure 7. vû par deffous.

La Figure 9, eft celle d'un papillon mâle de la che-nille lievre, qui comme les femelles des Figures 4 & 7, eft blanc & piqué de noir. Il porte fes aîles en toit, fa couleur eft fort différente de la couleur de celui de la Fi-gure 5, qui eft ardoifée.

La Figure 10, eft celle d'un tas d'œufs pondus par le papillon de la Figure 9, ils font d'un blanc qui a une legere teinte de citron. Leur figure eft prefque fpherique: le côté qui touche la feuille fur laquelle ils font dépofés, est seul applati. Un papillon fait plusieurs centaines de ces œufs.

La Figure 11, est celle du papillon femelle des Figures 1, 2, 3, 4 & 5, de la planche 46. tom. 1. dont les aîles sont bien développées. Il tient son corps allongé; aussi la partie postérieure passe les aîles. Elle est grosse, parce qu'elle est très-chargée de poils.

La Figure 12, est celle du papillon mâle de la femelle de la Figure précédente. Il porte ses antennes en oreilles de lievre.

La Figure 13, est celle du même papillon mâle dont les aîles supérieures sont écartées du corps, & laissent voir une partie des aîles inférieures.

La Figure 14, représente le papillon mâle, & le papillon femelle accouplés.

La Figure 15, fait voir le papillon femelle des Figures précedentes, occupé à achever sa ponte. t t, o, le tas d'œufs qu'il a pondus, & recouverts de poils.

La Figure 16, est celle de deux papillons à aîles en plumes, accouplés. Ceux-ci sont du second genre de ces papillons, qui a été caractérisé tom. 1. pag. 323. & 324. Mais c'est une autre espéce de ce genre, que celle qui est représentée tom. 1. pl. 20. fig. 12. & 13. Le corps de ceux qui sont représentés ici, & le dessus de leurs aîles supérieures, ont des taches nuées de différentes couleurs de bois, & des taches joliment distribuées, au lieu que les aîles des autres sont par tout du même brun.

PLANCHE II.

La Figure 1, représente une chenille déja représentée, mais moins bien, tom. 1. pl. 12. fig. 14. qui se file une coque qui semble de paille, & qui a la figure en grand d'un grain d'orge; cette coque est aussi gravée tom. 1. pl. 12.

fig. 14. Cette chenille eſt ici attachée contre une tige de gramen, plante dont elle mange volontiers les feuilles.

La Figure 2, fait voir deux des papillons qui viennent de chenilles de l'eſpece précedente, accouplés & cramponnés contre un calice ſec de jacée. *m* eſt le mâle ; ſon verd canard eſt plus noir que celui de la femelle.

La Figure 3, eſt celle de deux papillons blancs d'une chenille du chou, accouplés.

La Figure 4, montre une petite phaléne dans l'attitude où elle eſt lorſqu'elle attend le mâle, elle tient le bout de ſon derriére relevé, & recourbé vers le corcelet.

La Figure 5, eſt celle d'une chenille qui vit des feuilles d'aubeſpine, & de celles de prunier.

La Figure 6, eſt celle de ſa criſalide, vûë du côté du ventre.

La Figure 7, eſt celle de la même criſalide, vûë de côté & attachée en *l* par un lien, contre une petite branche d'aubeſpine.

La Figure 8, fait voir accouplés & cramponnés ſur une tige de gramen, deux papillons venus de chenilles de l'eſpece de celle de la Figure 5. *m* eſt le mâle ; j'ai tiré du corps de la femelle un œuf ſemblable à ceux du papillon du chou, repréſentés pl. 3. fig. 13. & 14.

La Figure 9, repréſente un de ces papillons, la femelle, vûë pardeſſus ayant les aîles étenduës.

PLANCHE III.

La Figure 1, repréſente en grand le bout du derriére d'une phaléne mâle, tel qu'il paroît lorſqu'on preſſe le ventre de ce papillon, qui eſt celui qui eſt gravé tom. 1. pl. 42. fig. 11. Dans l'état naturel, les parties qu'on a forcées de paroître par la preſſion, ſont cachées ſous le dernier anneau.

LaFigure 2 , eſt le bout du derriére du même papillon, vû du côté du dos. Les mêmes lettres ſont employées pour l'une & l'autre Figure.

ll, deux lames écailleuſes, en forme de cuilleron, qui lorſqu'elles ſont appliquées l'une contre l'autre, compoſent une eſpece de boiſte, telle que deux cuillerons la feroient ; leur ſurface intérieure, & concave eſt liſſe , l'extérieure eſt convexe & toute couverte de poils. *a* l'anus.

c, crochet écailleux, avec lequel le mâle cramponne le derriére de la femelle pour s'accoupler avec elle.

u, fig. 1. la partie du mâle ou, plus exactement peut-être, le fourreau charnu d'où elle ſort.

La Figure 3 , eſt celle du bout du derriére d'un papillon diurne, extrémement groſſi, & vû du côté du ventre, dans le temps où la preſſion a contraint différentes parties à ſortir de deſſous le premier anneau. La Figure eſt priſe d'après le papillon de la planche 10. fig. 8. & 9.

ll, les deux lames en cuilleron, & écailleuſes.

a, montre par une ligne ponctuée la place de l'anus, qui ne ſçauroit paroître dans cette Figure.

cc, crochets écailleux avec leſquels le mâle ſaiſit le derriére de la femelle : ceux-ci ſont diſpoſés pour l'accrocher par-deſſous ou par les côtés ; au lieu que le crochet des fig. 1. & 2. eſt tourné de maniére à accrocher le derriére de la femelle par-deſſus.

mm, deux monticules charnus placés vers la baſe des lames *ll.*

dd, deux petits corps qui ſemblent écailleux, & qui ſont poſés derriére l'étui de la partie du mâle.

u, étui ou fourreau de la partie du mâle, qui eſt brun & écailleux.

& écailleux. Il a quelque air de l'éguillon d'une
guespe. Son bout paroît taillé comme le bec d'u-
ne plume.

x, corps blanc qu'on fait sortir lorsqu'on presse beaucoup le ventre du papillon. Quelquefois ce
qu'on fait sortir ne paroît être que la partie du
mâle. Quelquefois aussi on fait sortir un plus
long corps, & il semble que ce soit la semence
qui ici a beaucoup de consistance.

n, la base des crochets *c c* qui est roulée.

La Figure 4, est celle du derriére d'une phaléne femelle, vû du côté du ventre & grossi, & qu'on a forcé de
se gonfler, & de s'allonger en le pressant avec les doigts.

a, l'anus.

l l, deux lames en cuillerons, & écailleuses.

m m, espece d'anneau, ou de collier échancré, qui
semble écailleux, mais dont l'écaille est plus mince que celle des cuillerons.

c, croissant qui paroît dans l'échancrure du collier
m m. Ce croissant est l'ouverture dans laquelle s'introduit
la partie du mâle.

o o, anneau charnu, dans lequel entrent & se logent
les parties précedentes.

La Figure 5, est encore celle du derriére d'un papillon nocturne mâle, vû du côté du ventre, grossi, & dans
l'état où le met la pression des doigts. Le papillon sur lequel cette Figure est prise, est celui du tom. 1. pl. 43. fig.
9, 10 & 11.

l l, les deux lames écailleuses, en cuillerons.

b, la base charnuë de l'étui de la partie du mâle. Sur
cette base s'éleve une partie charnuë qui paroît
contournée en spirale, ou qui a au moins des canelures spirales. C'est l'étui de la partie du mâle

Tome II.   P

u, éguillon écailleux, qui eſt ou la partie du mâle, ou ſon fourreau immediat.

a, l'anus.

c c, deux crochets qui ici ne ſont pas exactement placés; ils partent du milieu de chaque lame, & chacun eſt preſque perpendiculaire à la ſurface de la lame d'où il ſort. Le mâle peut picquer & ſaiſir le derriére de la femelle de chaque côté avec ces crochets.

g g, ſont deux autres crochets plus courts, que les crochets *c c*. Ceux-ci ſont dirigés ſelon la longueur des lames.

Les Figures 6 & 7, ſont celles de deux œufs en forme de boutons canelés, groſſis avec une forte loupe.

La Figure 8, eſt celle d'une feuille de cheſne, ſur laquelle eſt un tas d'œufs *o o*, tels que ceux des Figures 6 & 7; ils ſont arrangés plus reguliérement que dans cette Figure.

La Figure 9, eſt celle d'un autre œuf à côtes de relief, ou canelé, mais de figure plus applatie que ceux des Figures 6 & 7.

La Figure 10, fait voir trois œufs, tels que celui de la Figure 9, à peu près dans leur grandeur naturelle.

La Figure 11, eſt celle d'un œuf que j'ai tiré du corps du papillon femelle d'une chenille épineuſe de l'orme. Ce papillon eſt repréſenté tom. 1. pl. 23. fig. 1 & 2.

La Figure 12, eſt celle d'un œuf de figure piramidale, extrêmement groſſi au microſcope, pour faire voir tant les canelures principales qui vont de la baſe au ſommet, que les canelures tranſverſales.

La Figure 13, fait voir ces œufs moins groſſis.

La Figure 14, repréſente les mêmes œufs dans leur grandeur naturelle. Les papillons des chenilles du chou, représentés pl. 2. fig. 3 , sont des œufs de la forme de ceux des figures précedentes.

La Figure 15, est celle d'un très-joli nid d'œufs de chenille, attaché sur une petite branche d'épine. Les œufs sont arrangés en spirale, ils sont enchâssés en partie dans de la gomme, & couverts d'un duvet qui les cache à nos yeux.

La Figure 16, est celle d'une portion du même nid, à qui on a enlevé une partie des poils, qui ci-devant couvroient les œufs; ceux-ci paroissent actuellement en *o o*.

La Figure 17, est celle d'une coupe d'une partie du même nid, Figure 15, grossie à la loupe. On y voit quatre œufs, qui par le bout le plus proche de la branche sont enchâssés dans la gomme. Ce nid m'a été envoyé de Luçon en Poitou, par M. Baron. Il a eu les chenilles dont les papillons font ce joli nid; mais je n'ai eu ni ces chenilles, ni leurs papillons.

PLANCHE IV.

La Figure 1, est celle du papillon femelle de la livrée, tom. 1. pl. 5. fig. 7. grossi à la loupe, & dont les tegumens du ventre ont été enlevés pour mettre à découvert les œufs dont il est rempli. Les œufs qui sont les plus proches de l'anus sont ceux qui sont le mieux arrangés à la file les uns des autres.

La Figure 2, est celle du papillon de la Figure 1.re dont les tegumens du dessus du corps ont été emportés. On a aussi retiré les œufs qui cachoient les parties qu'on vouloit mettre en vûë. *r r*, le reservoir, ou les deux reservoirs qui sont remplis de la gomme, dans laquelle les œufs doivent être enchâssés. Cette gomme est brune, & de la consistance d'une bouillie épaisse. *ʃ*, le milieu du reservoir, ou la jonction des deux reservoirs.

La Figure 3 , eſt celle de la phaléne des Figures 1 &
2 , ou du papillon nocturne de la chenille livrée, deſſiné
de grandeur naturelle. Il a des antennes à barbes de plumes.

La Figure 4 , eſt celle du papillon mâle de la femelle
de la Fig. 3.

Les Figures 5 & 7 , font voir de petits jets d'arbre entourés d'une bague ou .d'un braſſelet d'œufs, qui y ont
été dépoſés & arrangés par le papillon nocturne de la
Figure 3. *b* , ces bagues.

La Figure 6 , & la Figure 8 , font les Figures 5 & 6 ,
groſſies au microſcope. Dans la Figure 6, les œufs paroiſſent diſpoſés ſur des lignes ſpirales. On y diſtingue la
fin & le commencement du braſſelet *b , f,* où l'arrangement des œufs n'eſt pas auſſi regulier qu'ailleurs. La Figure 8 fait voir le côté de la petite branche ſur lequel
les œufs font mieux arrangés, & où ils paroiſſent poſés
ſur des cercles.

La Figure 9 , eſt très en grand, celle d'une portion
de braſſelet, qui a été enlevée de deſſus la petite branche;
on voit ici les œufs par le bout qui étoit appliqué contre
la branche; on a ſeulement ôté la gomme dans laquelle
les bouts de ces œufs étoient enchâſſés, parce qu'elle
eût empêché de les voir.

La Figure 10, repréſente un paquet de ſix œufs; les
intervalles qui reſtent entre le petit bout de chacun de ces
œufs, & le petit bout des œufs voiſins , paroiſſent encore
mieux dans cette Figure que dans la précedente. On a
laiſſé une partie de la gomme qui ſe trouve près du gros
bout de chaque œuf.

La Figure 11 , fait voir deux œufs groſſis, dont les
petits bouts font enchâſſés dans la gomme *g g.*

Les Figures 12 & 13 , font celles d'eſpeces de couver-
cles, qui ſe trouvent au bout de chaque œuf. Le milieu

de ce couvercle a tantôt plus de relief, Figure 12, &
tantôt moins, Figure 13.

La Figure 14, est celle d'un papillon nocturne venu
d'une chenille veluë du titimale à port de ciprès, représentée tom. 1. pl. 37. fig. 8. & 15. C'est une phaléne qui
a des antennes à filets coniques, & une trompe. Lorsque
je l'ai euë, ses aîles étoient dépoudrées en grande partie.
Elles étoient gris-blanc où la poudre étoit restée, & les
endroits dépoudrés étoient jaunâtres. Quoique j'aie tenu la crisalide dans des lieux chauds, le papillon n'en est
sorti que le 15. de Mai. Il n'auroit dû naître apparemment
qu'en Septembre.

La Figure 15, fait voir plusieurs œufs de ce papillon
de grosseur naturelle. Ils sont couleur de rose.

La Figure 16, est celle d'un de ces œufs grossi à la
loupe.

PLANCHE V.

La Figure 1, est celle d'une crisalide du ver à soye,
vûë du côté du ventre. Le ver à soye est représenté tom.
1. pl. 4. fig. 14.

La Figure 2, représente le papillon mâle, & le papillon femelle du ver à soye accouplés. Ils sont de la 5.e
classe des phalénes, ils n'ont point de trompe sensible,
& ont des antennes à barbes de plumes.

a, la femelle.

b, le mâle. Ils sont blancs l'un & l'autre, les taches
qui paroissent sur leurs aîles sont d'un blanc sale
ou jaunâtre : les poils du bout du derriére du
mâle couvrent le bout du derriére de la femelle.

La Figure 3, fait voir plusieurs œufs du papillon *a*
fig. 2.

La Figure 4, est celle du papillon nocturne femelle

de la chenille appellée la commune, qui eſt repréſentée
tom. 1. pl. 6. figures 2. & 10.

La Figure 5, eſt celle du papillon mâle de la même
chenille. Quand il eſt en repos, il porte ſes aîles en toit
& cache ſes antennes.

La Figure 6, fait voir le même papillon du côté du
ventre, qui montre de belles antennes à barbes de plumes. Ce papillon n'a point de trompe ſenſible, ainſi il
eſt de la 5.ᵉ claſſe, & du genre de ceux qui portent leurs
aîles en toit. Le mâle & la femelle ont les aîles d'un
beau blanc.

La Figure 7, repréſente le papillon femelle de la Figure 4, à qui on a coupé les aîles pour mettre à découvert le gros bourlet de poils *b b*, qui entoure ſon derriére.

La Figure 8, eſt celle du papillon de la Figure 7,
vû du côté du ventre. Le bourlet de poils *b b*, paroît
auſſi dans cette Figure.

La Figure 9, repréſente un de ces papillons femelles,
poſé ſur une feuille de prunier où il a preſque fini ſa
ponte. *n n o*, la nichée d'œufs, qui ſemble être un pro-
longement du corps du papillon.

La Figure 10, fait voir une nichée d'œufs que le papillon a abandonnée. *n n*, le bout qui a été fini le dernier, celui qui eſt le plus gros, & qui a une cavité mou-
lée ſur le derriére du papillon.

La Figure 11, a en grand, celle du bout du derriére du papillon femelle des Figures précedentes, vû
du côté du ventre. *l l*, deux lames écailleuſes, de figure de cuillerons un peu pointus.

La Fig. 12, fait voir les parties de la Figure 11, du
côté du dos. *l l*, les deux lames écailleuſes plus écartées
l'une de l'autre dans cette Figure, que dans la précedente.

La Fig. 13, repréfente en grand les parties interieures du papillon femelle du ver à foye, qui fervent à l'accroiffement & à la fécondation des œufs. Cette Figure eft celle qu'a donnée M. Malpighi, pl. 12. de fon Traité du ver à foye, reduite à une moindre grandeur. J'ai cru inutile de faire deffiner une nouvelle Figure, parce que je n'ai pas efperé en pouvoir faire faire une plus exacte & mieux entenduë. En gravant on a mis à droite ce qui eft à gauche, mais ce renverfement de pofition n'eft ici d'aucune confequence.

abcd, *abcd*. les huit branches, ou les huit trompes, de l'ovaire, qui femblent autant de chapelets, parce qu'elles font remplies d'œufs pofés à la file les uns des autres.

O H, l'ovaire. Le bout *H*, eft celui qui fe rend à l'anus. Le bout *O*, eft celui qui fe divife en deux branches.

qq, les deux branches principales qui s'inferent dans l'ovaire, & qui chacune fe fubdivifent en deux autres, qui elles-mêmes fourniffent enfuite chacune deux branches.

ef, un corps quelquefois fimple, & quelquefois compofé de deux corps de la figure d'une poire, qui fe rend dans l'ovaire.

g, autre corps de la figure d'une poire, frangé par un bout qui tient au précedent.

ii, corps de la figure & de la couleur d'une perle, que M. Malpighi prend avec beaucoup de vraifemblance pour la matrice.

m, canal ou conduit, par lequel la matrice *ii*, communique avec l'ovaire.

k, autre canal, par lequel la matrice communique avec la partie *L*, de la femelle, qui eft celle qui reçoit la partie du mâle. C'eſt par le canal *k*, que la matiére feminale peut être portée dans la matrice *i i*, d'où par le canal *m*, elle peut pénétrer dans l'ovaire.

p, pp. reſervoirs qui contiennent une liqueur qu'ils peuvent verſer en *r* dans l'ovaire. Cette liqueur ſert à enduire les œufs, à les mettre en état de s'attacher au corps ſur lequel le papillon les dépoſe.

TROISIE'ME

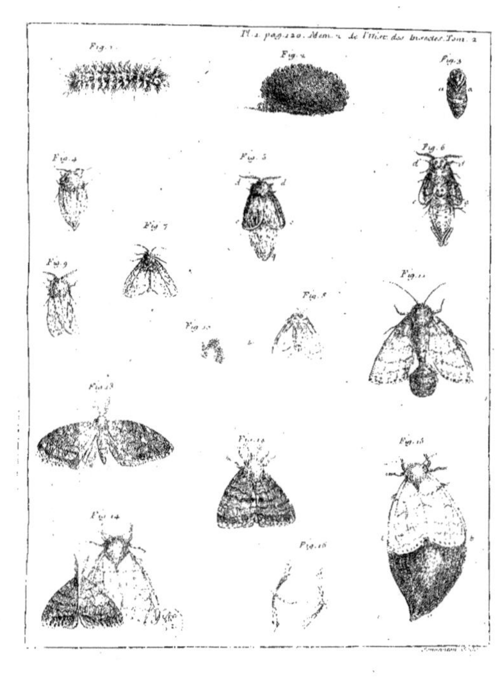

Pl. 1 pag. 220. Mém. de l'Hist. des Insectes. Tom. 2.
Fig. 1.
Fig. 2.
Fig. 3.
Fig. 4.
Fig. 5.
Fig. 6.
Fig. 7.
Fig. 8.
Fig. 9.
Fig. 10.
Fig. 11.
Fig. 12.
Fig. 13.
Fig. 14.
Fig. 15.
Fig. 16.

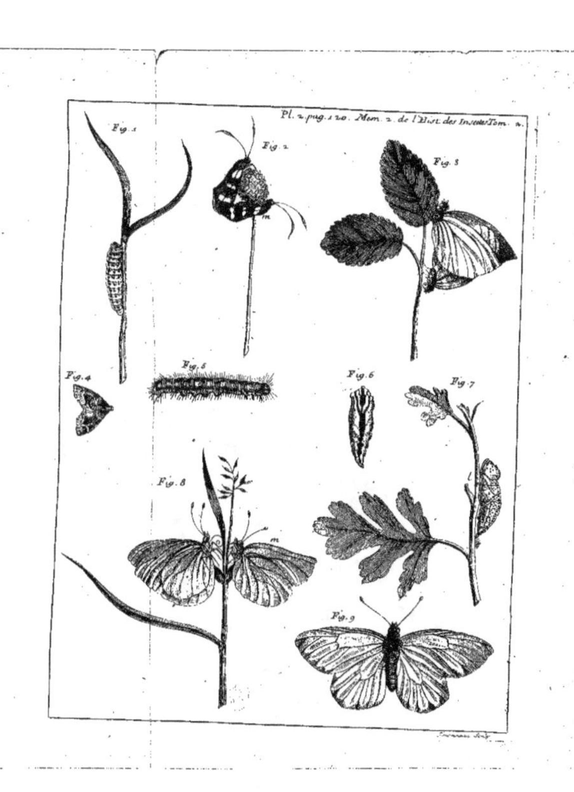

Pl. 2. pag. 120. Mem. 2. de l'Hist. des Insectes Tom. 2.
Fig. 1
Fig. 2
Fig. 3
Fig. 4
Fig. 5
Fig. 6
Fig. 7
Fig. 8
Fig. 9

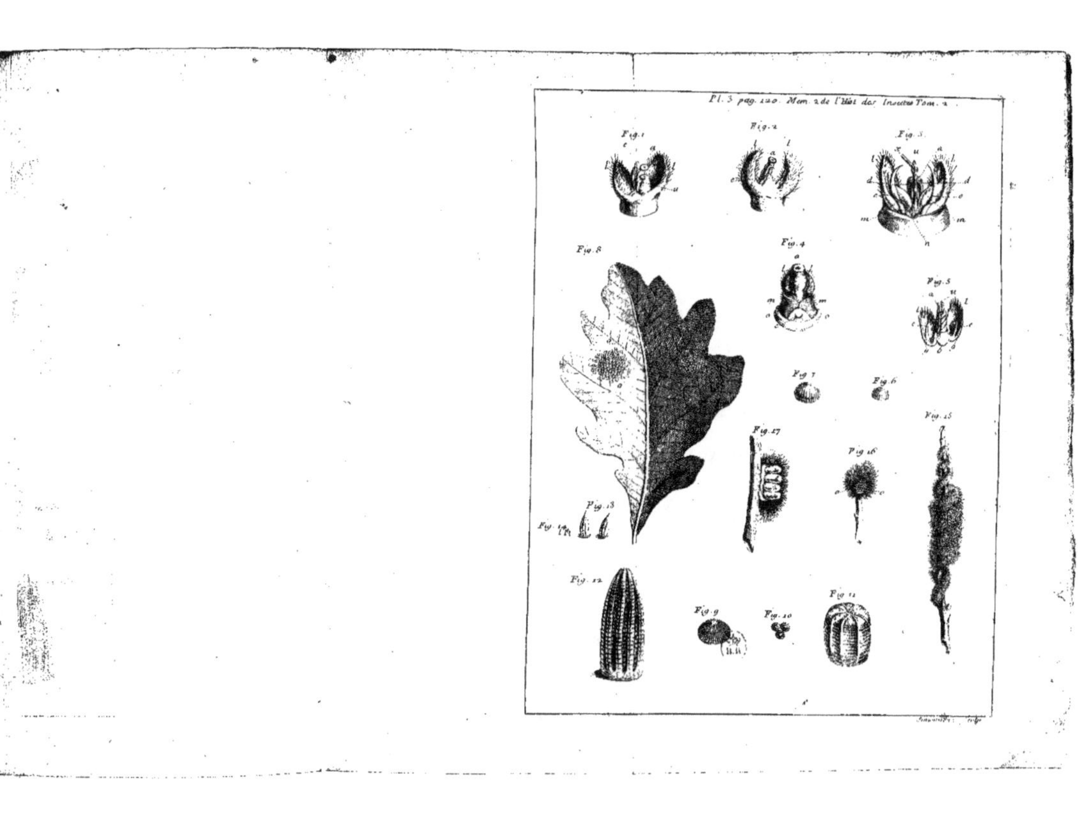

Pl. 3. pag. 120. Mem. 2 de l'Hist. des Insectes Tom. 2.
Fig. 1
Fig. 2
Fig. 3
Fig. 4
Fig. 5
Fig. 6
Fig. 7
Fig. 8
Fig. 9
Fig. 10
Fig. 11
Fig. 12
Fig. 13
Fig. 14
Fig. 15
Fig. 16
Fig. 17

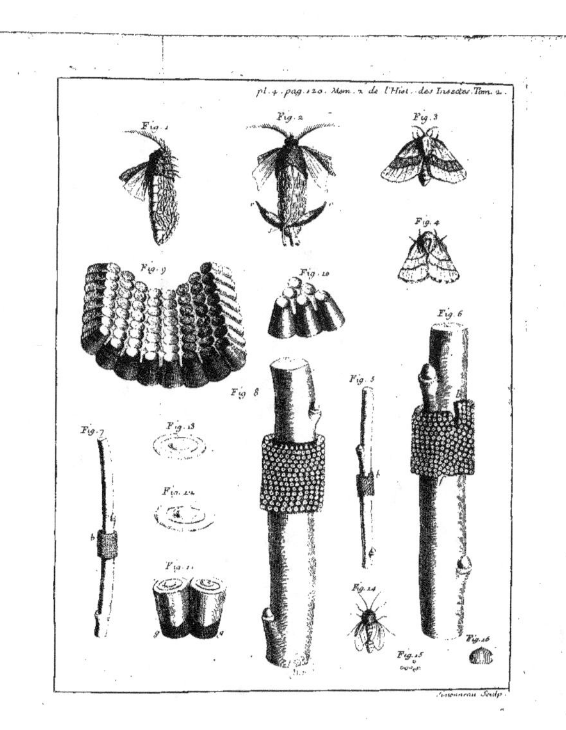

pl. 4. pag. 120. Mem. 2 de l'Hist. des Insectes. Tom. 2.
Fig. 1
Fig. 2
Fig. 3
Fig. 4
Fig. 9
Fig. 10
Fig. 6
Fig. 8
Fig. 5
Fig. 7
Fig. 13
Fig. 12
Fig. 11
Fig. 14
Fig. 15
Fig. 16

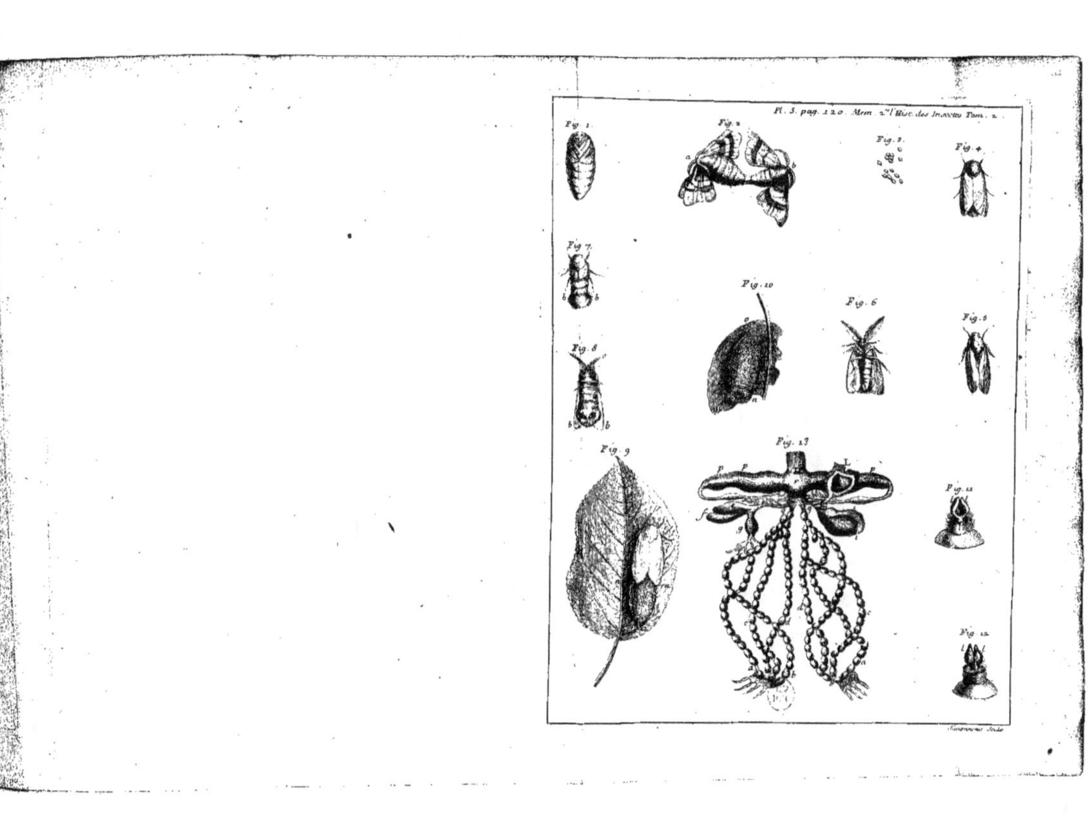

Pl. 5. pag. 120. Mem. 2.e l'Hist. des Insectes Tom. 2.
Fig. 1.
Fig. 2.
Fig. 3.
Fig. 4.
Fig. 5.
Fig. 6.
Fig. 7.
Fig. 8.
Fig. 9.
Fig. 10.
Fig. 11.
Fig. 12.
Fig. 13.

TROISIE'ME MEMOIRE.

DES CHENILLES
QUI VIVENT EN SOCIETE',
Mais seulement pendant une partie de leur vie.

LEs insectes qui vivent ensemble, qui travaillent de concert aux mêmes ouvrages, & pour une même fin, qui sçavent profiter des avantages de la societé, sont ceux à qui nous sommes le plus tentés d'accorder de la raison. L'établissement des societés est peut-être le premier & le plus utile ouvrage de la nôtre : nous serions condamnés à une vie bien misérable, si nous l'étions à vivre seuls, à ne tirer absolument aucuns secours les uns des autres; les plus rudes travaux nous mettroient à peine en état de fournir à une partie de nos besoins. Comment n'admirerions-nous pas des insectes qui, comme nous, sçavent s'entre-aider! Aussi a-t-on admiré de tout temps les républiques des fourmis & celles des abeilles, & elles sont réellement dignes de notre admiration. Pour les chenilles, elles n'ont pas été trop regardées jusqu'ici comme des insectes sociables. Celles du plus grand nombre des genres & des especes, vivent sans paroître avoir de commerce avec les autres de leur espece. Il y en a pourtant de plusieurs genres qui passent toute leur vie en societé, & d'autres qui n'y en passent qu'une partie : ces derniéres sont celles dont les societés sont plus communes, & dont on ne trouve que trop : aussi a-t-on plus cherché à les détruire qu'à les observer.

Les chenilles qui vivent ensemble viennent toutes

d'une même mere, d'un même papillon, & de ces œufs qui
ont été déposés les uns auprès des autres, ou entassés les
uns sur les autres pour former une espece de nid, & cela
dans un intervalle de peu de jours. Les petites chenilles
en éclosent presque toutes dans le même jour; en naissant elles se trouvent ensemble, & elles continuent d'y
vivre. Ces societés ne sont donc, pour ainsi dire, que de
freres & de sœurs; elles ne laissent pas d'être assés nombreuses pour composer quelquefois une république de plus
de six cens ou de sept cens chenilles, & communément de
deux cens ou de trois cens. Il y en a qui ne s'abandonnent
point tant qu'elles sont chenilles; les crisalides qui en viennent sont même arrangées les unes auprès des autres. La
séparation ne se fait que lorsque les papillons sont sortis de
leur derniére dépouille. D'autres chenilles ne vivent ensemble que jusqu'à ce qu'elles soient parvenues à une certaine grandeur; quand ce temps est arrivé, elles se dispersent, chacune va de son côté. Ces derniéres sont celles
que nous nous sommes proposés d'examiner dans ce Mémoire; nous nous bornerons pourtant à en suivre un petit
nombre d'especes, qui suffira pour nous donner une idée
de ce que les autres font en commun. Celles à qui nous
nous arrêterons le plus, sont celles qui sont le plus souvent
sous nos yeux, que nous trouvons presque par tout, &
qui par là nous intéressent le plus : nous rapporterons
aussi quelques faits de quelques especes plus rares.

La chenille que nous avons nommée la commune,
celle de toutes qui fait plus de ravages dans les arbres de
nos jardins & de nos campagnes, est une de celles qui
passent en societé une partie de leur vie, & son histoire est
celle que nous allons donner la premiére.

Cette chenille *, qui ne mérite que trop le nom de
commune, a seize jambes; elle est de grandeur médiocre,

* Tom. I.
Pl. 6. fig. 2.
& 10.

& veluë. L'arrangement de fes poils ne fe diftingue guéres
à la vûë fimple, on apperçoit feulement qu'elle en eft affés
chargée, & d'affés longs; ils font roux. Le fond de la couleur de fon corps, qui paroît au travers des poils, eft brun;
de chaque côté, à diftance à peu près égale de l'origine
des jambes & du milieu du dos, elle a deux petites bandes, ou plûtôt deux lignes de taches blanches, qui femblent être fur fa peau, mais qui font formées par des poils
courts. Sur le milieu du dos elle a deux mammelons rouges, l'un eft fur l'anneau où eft attachée la derniére paire
des jambes membraneufes, & l'autre fur l'anneau fuivant.
La peau du milieu du dos a auffi diverfes autres petites
taches rougeâtres. Si on obferve la même chenille à la
loupe *, on voit que fes poils font diftribués par houppes   * *Tom. I.*
ou aigrettes, qu'il y en a huit fur chaque anneau, quatre   *Pl. 6. fig. 3.*
de chaque côté, les unes au-deffus des autres. Les grands
poils de la premiére & de la feconde aigrette, ou ceux
des deux aigrettes inférieures *, partent de deux petits   * *a, b.*
mammelons hemifphériques. Les grands poils des deux au-
tres aigrettes * s'élevent du contour d'une houppe en brof-   * *c, c.*
fe, compofée de poils fi courts qu'ils ne femblent former
qu'un mammelon charnu. Les poils de ces petites houppes font bruns, au lieu que les grands poils qui s'élevent
autour font roux. Mais la conftruction de la troifiéme
houppe * eft ce qui caractérife plus cette chenille, le mi-   * *c.*
lieu en eft occupé, comme nous l'avons dit, par des poils
en broffe: de la moitié de la circonférence de cette broffe
& de fa partie inférieure partent de longs poils roux; mais
de l'autre partie de la circonférence, de la partie fupérieure, il ne part que des poils blancs * affés courts, dont   * *d.*
plufieurs appliqués les uns contre les autres, femblent
compofer de petites lames: ce font eux qui forment les
deux lignes blanches dont nous avons parlé. Les deux

Q ij

mammelons dont nous avons auſſi parlé ſont rouges * ;
ils ſont charnus. Ils ſont remarquables, en ce qu'ils n'ont
aucuns poils, & en ce que leurs figures ne ſont pas con-
ſtantes ; ſouvent ils s'élevent en pyramides coniques, ſouvent auſſi la pointe de la pyramide eſt retirée en dedans,
& alors ils ont la forme d'un entonnoir.

Nous avons décrit dans le Mémoire précedent les papillons blancs, tant mâles que femelles *, dans leſquels
les chenilles de cette eſpece ſe transforment. Nous y avons
expliqué l'art & le ſoin avec leſquels le papillon femelle
arrange ſes œufs, comment il en forme des nids, dont
l'intérieur eſt bien rembourré de poils, & dont le deſſus

eſt recouvert de pareils poils arrangés très-proprement *.
La ponte de tous les papillons de cette eſpece ſe fait en
quinze jours ou trois ſemaines, parce que toutes les femelles
pondent peu de temps après qu'elles ont commencé à voir
le jour, & elles y employent chacune au plus deux fois
vingt-quatre heures. Celles qui ſe tirent les premiéres du
fourreau de criſalide, s'en dégagent quinze jours à trois ſemaines plûtôt que celles qui s'en tirent les derniéres. Les
petites chenilles ſortent des œufs de chaque nichée environ quinze jours après qu'ils ont été pondus. C'eſt depuis
la mi-Juillet juſques vers le commencement d'Août qu'elles naiſſent toutes.

Chaque tas d'œufs a été appliqué ſur une feuille propre à donner un aliment convenable aux chenilles naiſ-
ſantes. Le jour où celles d'une nichée doivent éclorre
étant arrivé, on en voit à chaque inſtant qui avec leur
tête ſéparent les poils du deſſus du nid, qui viennent de
l'intérieur ſe rendre ſur la ſurface. Après y être un peu
reſtées en repos, elles marchent pour aller chercher de
la nourriture. Pour en trouver elles n'ont qu'à quitter
le tas de poils, ſes environs en offrent de toute prête. Elles

se mettent à ronger le dessus de la feuille sur laquelle il
est posé, car il est à observer que le paquet d'œufs est ordinairement sur le dessus de la feuille. Il y est plus exposé aux
injures de l'air, mais il y est aussi plus exposé aux rayons du
soleil, dont la chaleur n'aide pas peu à faire éclorre les œufs.
D'ailleurs, les chenilles ne peuvent abandonner ce nid,
sans que la nourriture qui leur convient se présente à
elles, ce qui ne seroit pas si le paquet étoit en dessous
de la feuille. Ces jeunes chenilles ne s'accommodent que
du parenchime, de la substance, du dessus de la feuille,
celle du dessous n'est pas de leur goût. Elles ne rongent
qu'à peu près la moitié de l'épaisseur de la feuille, encore ne la rongent-elles pas en entier; elles ne touchent
pas aux grosses nervures, ni même aux fibres d'une grosseur sensible à la vûë simple, elles seroient trop dures pour
de si petites dents, qui n'ont pas encore eu le temps de
s'affermir; elles ne détachent que la substance qui est dans
les petites aires qui sont renfermées par les fibres sensibles.

Dès qu'une chenille naissante s'est mise à ronger la
feuille, elle a bientôt une compagne, une autre qui vient
de sortir du nid va se placer auprès d'elle, côte à côte;
une troisiéme ne tarde pas à se rendre auprès de cette seconde, ainsi de suite se forme un rang de petites chenilles, toutes posées parallelement les unes aux autres, ayant
toutes leur tête sur une ligne à peu près droite. Ce rang
est aussi long que le permet la largeur de la feuille dans
le sens où elles se sont disposées *, elles avancent toutes   * Pl. 7. fig.
à peu près également, toûjours en mangeant.   2.

Ce premier rang étant rempli, la chenille qui vient ensuite en commence un second, en se mettant à la queuë
d'une de celles qui précedent; & peu à peu le second rang
est formé comme le premier l'a été. Un troisiéme se forme
quand le second est complet; & ainsi dans peu de temps

une feuille fe trouve entiérement couverte de chenilles, excepté dans la partie que celles du premier rang ont laiffée devant elles. A mefure que celles du premier rang avancent pour ronger, celles du fecond rang rongent l'endroit que viennent de quitter les derniéres jambes de celles du premier rang. Par cette difpofition chaque rang qui fuit le premier peut trouver à manger fur une bande de la feuille de la longueur d'une file, & qui a pour largeur la longueur d'une chenille, ou ce qui revient au même, chaque chenille d'un rang poftérieur ne peut guéres ronger qu'une furface de la feuille égale à celle que fon corps peut couvrir. Quelquefois toutes les chenilles d'une nichée ne font pas nées encore que les premiéres forties font contraintes d'aller chercher une autre feuille que celle où le tas d'œufs avoit été dépofé. Elles fe rendent & s'arrangent encore mieux dans l'ordre que nous venons de décrire fur cette nouvelle feuille, qui eft une des plus proches de la premiére.

C'eft un affés joli fpectacle que de voir une feuille ainfi couverte de rangs de chenilles toutes occupées à manger à la fois, & avec tant d'ordre. Petites comme elles le font alors, une feuille en peut contenir un grand nombre, elle ne fuffit pourtant pas pour celles d'une même nichée, qui en fournit peut-être plus de trois ou quatre cens. Elles fe partagent auffi fur différentes feuilles voifines, & quelquefois elles s'y mettent plus à leur aife que nous ne venons de le dire; il n'y a quelquefois que deux ou trois rangs, & même qu'un feul rang fur une feuille; quelquefois les têtes des chenilles d'un rang font placées fur une ligne courbe. A peine les premiéres ont elles eu le temps de fe raffafier, qu'elles fe mettent à filer; elles travaillent à tirer des fils d'un des bords de la feuille au bord oppofé, en commençant près de fa pointe.

D'autres fe joignent bien-tôt à celles-ci pour avancer l'ouvrage. Le côté de la feuille qui a été rongé s'eſt plus deſ-
feché que l'autre, la feuille eſt devenuë concave vers ce
côté, de forte que les fils qui font attachés à fes bords fe
trouvent élevés au-deſſus de fon milieu. Bien-tôt tous
ces fils compofent une toile qui forme un voile étendu
fur tout le deſſus de la feuille; pendant qu'un grand nombre de chenilles travaillent à le fortifier, à l'épaiſſir, d'autres rongent tranquillement, & à couvert en quelque forte,
ce qui reſte fur le deſſus de cette feuille. La toile eſt d'a-
bord très-tranſparente, & ne cache pas les chenilles qui
font deſſous, mais celles qui font deſſus y adjoûtent fuc-
ceſſivement tant de fils qu'elles la rendent opaque; alors
elle eſt extrêmement blanche.

Cette toile forme une efpece de tente, au-deſſous de laquelle eſt un logement où les chenilles font à couvert dans
leurs temps de repos; lorſqu'elles ne veulent ni manger ni
filer elles fe rendent fous cette tente. Elles couvrent ainſi
de foye pluſieurs des feuilles dont le parenchime fupérieur
a été mangé, il leur faut pluſieurs de ces petits logemens
pour les contenir toutes. Mais ce ne font là que des logemens pour ainſi dire, faits à la hâte, & en attendant
qu'elles foient en état de s'en procurer un plus fpacieux,
capable de les contenir toutes, & qu'elles habiteront tant
qu'elles vivront enfemble. Elles y travaillent au bout de
quelques jours ; après avoir rongé la moitié de la fubftance
des feuilles qui font près du bout de quelque jeune pouſſe
ou de quelque petite branche, elles commencent leur
grand ouvrage. Pour former ce nouvel edifice, que nous
n'appellerons pourtant que leur nid, elles tapiſſent d'une
toile de foye blanche une aſſés longue partie de la tige
où il doit être; elles enveloppent auſſi d'une toile de foye
une ou deux feuilles des plus proches du bout de cette

tige; enfuite elles font des toiles plus grandes dans lefquelles ces deux ou trois feuilles & la tige fe trouvent renfermées, & qui en embraffant les feuilles, les obligent à s'approcher de la tige, à fe courber vers elle. Elles font prefque toutes occupées en même-temps à ce travail, & toutes au moins y ont part fucceffivement.

On ne voit que trop de ces nids *, dont nous venons de pofer les fondemens, fur les arbres fruitiers de nos jardins en automne, & encore mieux en hiver lorfque toutes les feuilles des arbres étant tombées il n'y a rien qui les cache. Ce font de gros paquets de foye blanche & de feuilles, dont la forme extérieure n'a rien d'agréable ni de conftant. Les uns font plus applatis, les autres font plus renflés, plus arrondis, mais tous ont à l'extérieur quelques angles. A mefure qu'ils deviennent plus étendus, foit en groffeur, foit en largeur ou en longueur, un plus grand nombre de feuilles, de petites branches & même de tiges font comprifes dans l'enceinte du nid. L'irregularité de leur forme extérieure vient de ce qu'ils font formés de plufieurs toiles toutes à peu près planes, tirées foit d'une feuille à une autre, foit d'une feuille à une petite branche, ou d'une feuille, ou petite branche, ou tige, au nid commencé. Ces différentes toiles font autant de cloifons qui partagent l'intérieur du nid en différens appartemens, qui font bien éloignés d'avoir quelque chofe de regulier, mais tous les efpaces compris entre deux toiles font des capacités propres à loger des chenilles. Si on coupe avec des cifeaux, foit tranfverfalement, foit felon fa longueur *, un de ces nids finis, on voit un trèsgrand nombre de cellules dont aucunes ne fe reffemblent par leur figure ou par leur grandeur; toutes enfemble paroiffent former un vrai labyrinthe. On ne peut demêler les routes par où les chenilles peuvent arriver jufqu'aux logemens

* Pl. 6. fig. 1. & pl. 7. fig. 1.

* Pl. 6. fig. 2. 3. 4. & 5.

logemens les plus proches du centre ; mais on les connoît
si on se donne la patience de suivre le travail du nid.
Dans le commencement deux ou trois toiles le renfermoient, & il n'y avoit de logement pour les chenilles
qu'entre ces toiles, & entre elles & la tige ou les feuilles
qu'elles enveloppent. Pour arriver à ce logement, elles
avoient eu attention de laisser à chaque toile un ou deux
trous ronds dont le contour est bien rebordé de soye.
Ces deux ou trois trous étoient les portes qui leur per-
mettoient d'aller dans l'intérieur du nid. Quand elles veulent étendre ce nid, renfermer dans son enceinte un nouvel emplacement par de nouvelles toiles, elles font de
nouvelles portes à ces nouvelles toiles *; quoique ces
nouvelles toiles soient appuyées par un de leurs côtés sur
une des anciennes, les chenilles se donnent bien de garde
de les appuyer dans un endroit où il y a une porte. Le
nid fini se trouve donc composé de plusieurs enceintes
de toiles, & chaque enceinte de toile a ses portes, qui à la
vérité ne sont pas disposées en enfilade comme celles de
nos appartemens, mais qui permettent aux chenilles de
passer d'une enceinte dans une autre.

    Les toiles qui composent ces nids, quoique faites d'u-
ne soye extrêmement fine, sont fortes, & cela parce que
les chenilles y employent chacune un nombre prodigieux
de fils étendus les uns sur les autres ; aussi ces nids resis-
tent-ils à toutes les attaques du vent, & ils doivent y re-
sister & à toutes les injures de l'air, au moins pendant huit
ou neuf mois qu'ils seront habités. Le temps où ils pourroient être le plus dérangés, ce seroit au printemps, si
les tiges qu'ils enveloppent venoient à se couvrir de nouvelles feuilles, à croître elles-mêmes ; mais les chenilles
parent bien cet accident ; elles rongent les principaux
yeux de la tige, elles la mettent hors d'état de pousser ;

* Pl. 6. &
7. fig. 1. p,
pp.

au moins eſt-il conſtant que le bout de la tige que le nid
enveloppe, ſe deſſeche & ne pouſſe plus.

Elles cherchent à rendre faciles tous les chemins qui
vont de leur nid juſqu'aux endroits où elles s'en éloignent
le plus. Nous pavons nos grands chemins, elles tapiſſent
les leurs. Si on y regarde de près, on obſervera que toutes
les avenuës du nid ſont couvertes de toiles de ſoye *;
la principale tige en eſt ordinairement enveloppée tout
au tour ſur une longueur de plus d'un pied au-deſſous
du nid, & quelquefois elle en eſt recouverte en partie
beaucoup plus loin; en un mot, depuis le nid juſqu'où
les chenilles vont manger, on trouve des traces de ſoye.
Les chemins par leſquels elles doivent retourner ſont donc
toûjours marqués, & il leur eſt plus facile de marcher,
de ſe cramponner ſur des feuilles & ſur des tiges tapiſſées
de ſoye, que ſur des tiges & des feuilles nuës.

Ces chenilles ſont peut-être celles à qui des feuilles de
plus de différentes eſpeces d'arbres & d'arbriſſeaux ſont
bonnes, comme je l'ai dit ailleurs. Dans nos jardins c'eſt
principalement ſur les poiriers & ſur les pommiers qu'elles s'établiſſent, & dans la campagne c'eſt principalement
ſur les cheſnes, ſur les ormes & ſur l'aubeſpine; mais
elles s'accommodent des feuilles de beaucoup d'autres eſpeces d'arbres & d'arbriſſeaux; elles aiment fort les feuilles de roſier. Quelquefois elles attaquent même les fruits;
je les ai vû manger de petits abricots verds & de petites poires vertes. Dans certaines années elles détruiſent
beaucoup plus de feuilles qu'on ne croit, & beaucoup
plus que je ne le croyois avant que de les avoir obſervées
pendant les mois d'Août & de Septembre de certaines
années extrêmement ſéches. J'ai ſouvent entendu mettre
ſur le compte de la chaleur & de la ſéchereſſe le pitoya-
ble état où étoient les hayes & les arbres de la campagne,

de ce que leurs feuilles tomboient, ou de ce qu'ils n'en avoient que de defféchées, pendant que ce defordre ne devoit être attribué qu'aux jeunes chenilles de cette ef- pece, qui s'étoient trop multipliées. Nous avons fait re→ marquer qu'elles ne mangent que la fubftance de la par- tie fupérieure de la feuille, une feuille qui a été ainfi mal- traitée n'eft pas long-temps à fe fécher totalement, mais comme elle n'a rien perdu de fa forme, on la croit une feuille qui a été brûlée par l'ardeur du foleil. Il y a quel- quefois des arbres qui, pendant que ceux des environs font verds, n'ont que des feuilles féches, plufieurs paquets d'œufs qui y ont été dépofés fourniffent plus de chenil- les qu'il n'en faut pour les reduire en cet état au bout de quelques femaines. Qu'on examine avec une loupe ces feuilles defféchées, il fera aifé de reconnoître qu'elles ont été rongées par les chenilles. Pendant que la furface inférieure paroîtra telle que doit l'être celle de toute feuille féche, on verra que la furface fupérieure a été creufée en une infinité d'endroits, qu'elle eft comme fculptée.

Dans deux voyages que je fis de Paris en bas Poitou au commencement de Septembre en 1730. & 1731. j'ob- fervai depuis Paris jufqu'à Tours que tous les chefnes, foit grands, foit petits, avoient été attaqués par ces che- nilles; c'étoit fur tout à leurs plus hautes branches, à celles de leurs têtes qu'elles s'étoient adreffées. Les grands chefnes ifolés, ceux qui étoient raffemblés en futaye, les taillis de chefnes de quelque âge qu'ils fuffent, enfin tous ceux des forêts avoient conftamment les feuilles de leurs fommités abfolument féches; il fembloit, & qui n'auroit pas fçû combien notre efpece de chenille fe multiplie, & combien elle fait de ravages, n'auroit pas héfité à croire que quelque vent brûlant avoit reduit en cet état les feuilles

des têtes des arbres dans cette étenduë de pays; on eût
pourtant été embarraffé à expliquer pourquoi les têtes
des fresnes, celles des heftres, celles des peupliers & de
divers autres arbres voifins de ces chefnes, étoient reftées
fraîches & vertes. Dans certains cantons les hayes qui bor-
doient les chemins n'avoient pas une feuille qui ne fû
féche. Les nids des chenilles n'étoient pas difficiles à trouver fur ces hayes & fur ces arbres fi maltraités, on en
voyoit de fort proches les uns des autres. Depuis Tour
jufques au fond du Poitou les chefnes avoient été plu.
épargnés, on en trouvoit beaucoup qui n'avoient aucune
feuille féche, & les autres n'avoient de defféchées que
celles de quelques branches.

Ces nids font des retraites où nos chenilles ne man
quent pas de fe rendre dans des temps de groffes pluyes
elles s'y renferment quand le foleil eft trop ardent, elle
y paffent une partie de la nuit; de forte qu'il y a des heu
res où elles font toutes dedans le nid, & il n'y en a gué
res où on n'y en trouve quelques-unes. Elles s'y renden
pour fe repofer, pour fe mettre à l'abri des injures d
l'air, & elles en fortent pour aller chercher de la nourri
ture. Il leur eft furtout néceffaire dans les temps où elle
ont à changer de peau, c'eft toûjours dans le nid qu'elle
quittent celle dont elles ont à fe défaire; auffi les trouve
t-on remplis de vieilles dépouilles; les chenilles y fon
en fûreté pendant un temps affés critique, & elles n
s'expofent à l'air que quand leur nouvelle peau s'eft fuf
fifamment affermie.

Dès que les froids commencent à fe faire fentir elles f
renferment toutes dans leur nid pour y paffer l'hiver, &
cela quelquefois avant la fin de Septembre, ou au moins
dès le commencement d'Octobre. Pendant tout l'hive
elles y font immobiles; un peu recourbées en arc; fi on

lès en retire, elles femblent incapables de fe donner aucuns mouvemens & véritablement mortes; mais fi on les
tient un peu dans la main, ou qu'on les échauffe, de
quelque façon que ce foit, elles fe redreffent & fe mettent à marcher.

Dans ce pays elles ne commencent à fortir de leur
nid que vers la fin de Mars, ou dans les premiers jours
d'Avril; en 1732. je n'en ai point vû qui l'ayent quitté
avant le 31. Mars. Le Thermometre dont j'ai expliqué la
conftruction dans les Mémoires de l'Académie de 1730.
étoit monté ce jour là à treize degrés & demi au-deffus
du terme de la congélation. A leur premiére fortie elles
s'arrangent les unes auprès des autres fur la furface extérieure du nid, elles le couvrent entiérement d'un côté;
elles paroiffent ne chercher d'abord qu'à refpirer le grand
air. Le même jour néantmoins, ou le jour fuivant, elles
vont chercher de la nourriture; elles doivent avoir grand
befoin d'en prendre après un jeûne qui a duré plus de
fix mois, car quand elles fe font une fois renfermées,
elles ceffent abfolument de manger.

Il paroît au refte que c'eft le degré de chaleur qui a
duré un certain temps qui les détermine à prendre l'effor.
Ce n'eft point, ou ce ne paroît point être la connoiffance
qu'elles ont qu'elles trouveront des alimens, qui en décide. J'ai vû des rofiers qui avoient des feuilles plus de
trois femaines avant que nos chenilles euffent tenté leur
premiére fortie du nid qu'elles s'étoient fait fur ces arbriffeaux; & j'ai vû d'autres chenilles de cette efpece,
hors de ceux qu'elles s'étoient faits fur des chefnes, plus
de quinze jours avant que les boutons de ces arbres com-
mençaffent à s'entr'ouvrir. Celles qui ont paffé l'hiver
dans mon cabinet, dans les nids que j'y avois portés, en
font forties à peu près en même-temps que celles des

R iij

champs font forties des leurs. Alors elles ne fçavent point, ou elles n'ofent point aller chercher de la nourriture au loin, celles qui fortoient de leur nid dans mon cabinet, foit à Paris, foit à la campagne, ne s'en éloignoient que de quelques pieds ; elles n'avoient pas le courage d'aller chercher dans les jardins, qui étoient très-proches, de quoi vivre; après avoir parcouru les environs de leur nid, elles revenoient s'arranger deffus, & périffoient de foibleffe au bout de quelques femaines. Il en peut donc perir beaucoup à la campagne, de celles qui ont fait leur nid fur les arbres dont les feuilles viennent plûtard que celles des arbres de même efpece qui feront dans le même bois ou dans les environs. Il y a des chefnespar exemple, dont les feuilles fe développent quinze jours à trois femaines plûtard que celles des autres. Les chenilles dont les nids font fur des chefnes avancés, & celles dont les nids font fur des chefnes tardifs fortant en même temps, celles des derniers doivent perir quelquefois. Quelque nombre qu'il puiffe en perir par cette caufe, il paroîtra qu'il n'en perit pas encore à beaucoup près affés pour diminuer le nombre de ces infectes, qui maltraitent fi fort les arbres de tant d'efpeces.

Pendant l'hiver il fe fait apparemment très-peu de tranfpiration dans nos chenilles, elles n'ont pas befoin que des alimens réparent ce qu'elles perdent par cette voye; mais l'air devenu plus chaud les fait tranfpirer davantage, & elles fentent alors le befoin qu'elles ont de prendre de la nourriture. Le premier ou le fecond jour de leur fortie, elles vont chercher les feuilles des environs, elles les rongent; alors les feuilles font tendres, auffi ne s'en tiennent-elles pas, comme elles faifoient en automne, à détacher feulement la fubftance de leur partie fupérieure, elles les percent d'outre en outre, elles épargnent au plus les plus groffes fibres. Enfin à mefure que ces feuilles deviennent plus fermes, nos chenilles deviennent plus fortes, auffi par la fuite mangent-elles indiftinctement toutes les parties de la feuille. Ce n'eft auffi qu'au printemps qu'on remarque bien le defordre qu'elles font, parce qu'alors elles dépouillent les arbres de leurs feuilles; elles ne leur avoient pourtant fait guéres moins de mal dès la fin de l'été, mais c'eft un mal, comme je l'ai dit, qu'on met moins alors fur leur compte, parce qu'elles laiffent les feuilles dans leur entier, & qu'on penfe que c'eft la féchereffe qui a fait perir la plûpart de celles qui n'ont perdu le beau verd, que parce que la moitié de leur fubftance a été mangée par nos petits infectes.

Après avoir mangé elles reviennent fur leur nid, & fi l'air eft doux elles fe placent fur fa furface extérieure les unes auprès des autres, elles s'y tiennent en repos & comme immobiles. Mais lorfque l'air devient froid, ou qu'il tombe de la pluye abondamment, elles rentrent dans leur retraite.

Quand elles fe renferment à la fin de l'automne, elles font extrêmement petites; elles fortent au moins auffi petites au printemps, mais alors leur volume croît affez vîte. Leur nid plein de dépouilles & d'excremens n'auroit plus affés de capacité pour les contenir; plufieurs des portes, les plus intérieures fur tout ceffent même d'être proportionnées à la groffeur de leur corps: à mefure qu'elles croiffent, elles fongent donc à étendre l'enceinte de leur nid, elles ajoûtent tout autour de nouvelles toiles. Les efpaces renfermez entre l'ancien nid & les nouvelles toiles leur fourniffent de nouveaux logemens, dont elles augmentent encore le nombre par la fuite en filant encore d'autres toiles. C'eft dans ces nouveaux logemens dont elles augmentent encore le nombre, qu'elles fe rendent toutes les fois qu'elles veulent fe tenir tranquilles, se mettre à l'abri des injures de l'air, ou enfin lorsqu'elles ont à changer de peau ; elles quittent celle de l'hiver peu de jours après leur première sortie.

Enfin, après avoir changé de peau plusieurs fois, le temps de leur dispersion arrive ; à quelque heure, soit du jour, soit de la nuit qu'on observe alors les nids, on les trouve abandonnés ; si on les déchire, on ne rencontre dans leur intérieur que des dépouilles & des excremens, & souvent des insectes de diverses especes qui s'en sont emparés. C'est dans les premiers jours du mois de Mai qu'on commence à voir de ces chenilles une à une, ou par petites troupes dans des endroits fort éloignés des nids, aussi n'en ont elles plus de commun.

Les araignées sont un des insectes à qui il arrive le plus souvent de s'emparer des nids qui ont été abandonnés par nos chenilles. Que cela eût conduit quelqu'un qui n'a pas assés suivi la formation des nids, à les prendre pour l'ouvrage des araignées, on ne pourroit lui reprocher qu'un jugement trop precipité. Mais on auroit peine à croire que dans un siecle aussi éclairé que le nôtre, il y eût quelqu'un qui a prétendu donner des observations sur les insectes, & sur les moyens de les faire perir, qui sur ce qu'il a trouvé des araignées dans ces nids eût fait les araignées meres des chenilles. Ce fait curieux se trouve dans le journal de Verdun de Mars 1734. pag. 165. Là on veut enseigner un moyen de détruire nos chenilles, & on dit, qu'entre les chenilles il y en a qui viennent d'œufs pondus par des papillons, & les autres d'œufs pondus par des araignées de terre. Ces araignées, dit-on, montent sur les arbres, elles y mangent cette bave luisante que les limaçons laissent sur tous les endroits où ils passent, & c'est de quoi elles font leur soye. Elles filent aux bouts des branches, elles depofent des œufs dans des nids d'où sortent
les

les chenilles qu'on voit au printemps. Ce n'eſt pas pour re-
futer ces faits que je les rapporte, mais c'eſt pour faire voir
qu'il y a encore plus d'ignorance dans notre ſiecle qu'on
ne le croiroit, & qu'on y oſe rapporter comme des obſervations, des imaginations éloignées de toute vraiſemblance.
Ne ſemble-t-il pas que l'auteur ait vû des araignées manger la bave des limaçons, & qu'il ſçache bien qu'elles ont
beſoin de cet aliment pour faire leur ſoye! rien n'eſt pourtant plus éloigné du vrai, & même du vraiſemblable.

Mais pour revenir à nos chenilles, depuis leur diſper-
ſion, elles ont encore à changer une fois de peau; pour
y parvenir, elles filent chacune en particulier, ou peu
enſemble, de petites toiles pour y cramponner leurs pieds,
ce qui, comme nous l'avons expliqué ailleurs, leur donne
beaucoup de facilité à ſe tirer de leur dépouille. Quelques-
unes étendent cette toile d'un des bords d'une feuille à
ſon bord oppoſé; une ſeule, & quelquefois quatre à
cinq ſe placent en deſſous de la toile, entre elle & la feuille;
d'autres ſe contentent de couvrir de toile quelque tige
d'arbre, quelques branches, des vingtaines & quelquefois
davantage y travaillent en commun, & s'y accrochent
les unes auprès des autres. Le temps de cette derniére
muë eſt pour elles un temps bien dangereux; pendant l'é-
tat de foibleſſe où il les met, elles ne ſont pas auſſi bien
deffenduës contre les injures de l'air, qu'elles l'étoient
dans les muës précedentes, pendant celles-ci elles étoient
bien à couvert dans un nid compoſé d'un grand nombre
de toiles très-ſerrées. Des pluyes froides qui tombérent
les 10. 11. & 12. de Mai de 1732. & quelques autres
qui tombérent plus tard & dont on ſe plaignoit, nous
faiſoient alors un bien auquel on ne penſoit pas; nos chenilles s'étoient multipliées à un point qui devoit donner,
& qui avoit donné au public de juſtes allarmes; il ne

sembloit pas que les feuilles des nos arbres puffent fuffire pour les nourrir ; & c'eût été bien pis pour l'année fuivante, fi celles qui exiftoient euffent multiplié dans la même proportion qu'avoient multiplié celles de 1731. c'eût été un fleau, plus grand peut-être, que tout ce que l'hiftoire nous rapporte de ceux des fauterelles. La fage prévoyance du Parlement & fon amour pour le bien public ne lui permirent pas de regarder avec indifférence l'avenir que les chenilles fembloient nous préparer. Au commencement de 1732. il rendit un arrêt pour obliger d'écheniller les arbres. Cet arrêt quoique général contre les chenilles, ne regardoit que celles dont nous parlons, ce font les feules dans ce pays dont les nids paroiffent affés fur les arbres en hiver pour qu'on puiffe les trouver fans avoir befoin de chercher beaucoup, les feuls qui pour être trouvés, ne demandent pas les yeux d'un obfervateur. Tout ce que la prudence humaine pouvoit alors ordonner de mieux, étoit affûrement de faire écheniller les arbres, mais les pluyes froides qui tombérent vers la mi-Mai firent plus que n'auroit pû faire tout le peuple du royaume, quand il fe feroit réuni pour travailler felon les louables intentions du Parlement. On peut parvenir à écheniller les arbres des jardins, ceux qui font plantés en allées & même en bofquets ; mais comment feroit-on venu à bout d'écheniller des forêts d'une grande étenduë où il n'y avoit pas un pied d'arbre, foit de taillis, foit de haute futaye, qui ne fût extrêmement chargé de nids de chenilles ! Les pluyes froides dont je viens de parler, firent donc ce que les hommes n'auroient pû faire. J'en avois beaucoup efperé, & je fus attentif à obferver ce qu'elles produiroient ; je voyois chaque jour que dans ces petits tas de chenilles qui s'étoient réunies pour couvrir de foye quelque tige d'arbre ou quelques feuilles pour fe dépouiller, il y en avoit plufieurs dont le corps devenoit flafque; leurs fibres n'avoient plus de reffort; le corps de ces chenilles s'allongeoit beaucoup, & perdoit de fa groffeur & de fa rondeur; elles periffoient enfuite. De jour en jour la mortalité devenoit plus confidérable. Enfin la quantité de chenilles de cette efpece que les pluyes firent perir, eft innombrable. Ces chenilles, dont tous les arbres étoient couverts, devinrent fi rares en moins de dix à douze jours, qu'il me falloit quelquefois en chercher fur plufieurs arbres pour en trouver une feule. Depuis cette grande & heureufe mortalité, ces chenilles ont peu multiplié; il y en a eu fi peu en 1733, en 1734 & en 1735, que s'il n'y en avoit jamais davantage dans d'autres années, le nom de communes leur eût été mal donné.

Dans toutes les années où ces chenilles fe feront beaucoup multipliées, on ne peut pas efperer que les pluyes froides tomberont auffi à propos qu'elles tombérent en 1732. & s'il y a quelque efpece de ces infectes à qui nous devions déclarer la guerre, c'eft à celle-ci; toutes les autres efpeces de chenilles enfemble ne confomment peut-être pas autant de feuilles qu'elle en confomme feule. Il femble donc qu'il feroit à défirer qu'on pût l'empêcher de fe multiplier trop. De tous les moyens qui dépendent de nous, celui de détruire leurs nids, ce qu'on appelle écheniller, eft affûrement le plus fûr; mais tandis qu'on n'y travaillera que par l'amour du bien public & pour prévenir un mal éloigné, on y travaillera avec peu de fuccès. Pour faire agir le commun des hommes il faut un motif d'intérêt particulier & la vûë d'un bien préfent. Si on pouvoit donner quelque valeur à ces nids, fi on étoit parvenu à en pouvoir faire quelque ufage qui les fit entrer dans le commerce, on s'attrouperoit alors dans les campagnes pour en aller ramaffer. Les toiles qui les compofent font fortes ; ne pourroit-on point les carder pour en faire au moins des efpeces de houates de foye! c'eft ce qui mérite d'être éprouvé. Ce feroit affûrement le meilleur moyen d'empêcher ces chenilles de fe multiplier trop, que d'avoir trouvé un objet d'interêt qui portât à détruire leurs nids.

On m'a affûré que les chardonnerets travaillent pendant l'hiver à nous délivrer de cette efpece de chenille, qu'on avoit obfervé qu'ils déchiroient leurs nids à force de les becqueter. Lorfqu'un nid eft ouvert, un chardonneret y peut faire un grand ravage, il peut avaler un grand nombre de ces chenilles, qui ne font pas plus groffes que des grains de bled. Il eft vrai que les chenilles veluës ne font pas celles que les oifeaux cherchent ordinairement : mais on n'eft pas difficile fur le choix des alimens dans un temps de difette, dans un temps de famine ; & l'hiver eft ce temps pour les oifeaux.

Pendant que ces chenilles font très-petites, malgré les différentes couches de toiles qui compofent leurs nids, elles reftent très-expofées aux rigueurs de l'hiver. Car après tout, un nid attaché à des branches, qui n'ont plus de feuilles, & autour duquel l'air circule librement de tous côtés, ne doit pas être long-temps à prendre dans tout fon intérieur le degré du froid de l'air qui l'environne. Ces chenilles alors extrêmement petites, qui par là fembleroient être très-delicates, doivent donc être affés fortes pour refifter au froid. J'ai été curieux d'éprouver quel étoit le degré de celui qu'elles pouvoient foûtenir, & fur tout, quel degré de froid étoit capable de les faire perir. Ce feroit au moins une petite confolation, pendant que l'hiver nous fait fentir un froid trop rude, que de fçavoir qu'il nous délivre d'infectes qui fe font trop multipliés, & qui auroient dépouillé nos arbres au printemps & à la fin de l'été. Mais les expériences que j'ai faites m'ont appris que nous n'avons rien à esperer dans ce pays pour la destruction de cette espece de chenilles, du froid de nos plus terribles hivers, qu'elles sont en état de résister à un froid plus grand que celui de 1709.

On sçait comment on peut faire de la glace en toute saison, en entourant de glace mêlée avec des sels le vase mince dans lequel est l'eau qu'on veut faire geler. Les physiciens sçavent de plus que le degré de froid qu'on peut produire par des mêlanges convenables de glace & de certains sels, est très-supérieur au degré de froid de l'eau qui commence à se geler. Le Thermometre dont j'ai donné la construction dans les Memoires de l'Académie de 1730. auroit dû descendre par le plus grand froid de 1709. environ à quatorze degrés & un quart au-dessous du terme où commence la congélation de l'eau. Vers la fin de Février & pendant les premiers jours de Mars, j'ai placé un Thermometre au milieu d'un mêlange de glace pilée & de sel marin : la liqueur du Thermometre est descenduë à quinze degrés, c'est-à-dire, environ trois quarts de degrés au-dessous du terme où le plus grand froid de 1709. l'eût fait descendre. Dans le même temps que j'enfonçai mon Thermometre dans ce mêlange de sel & de glace, j'y enfonçai un petit tube de verre dans lequel j'avois mis sept à huit de nos petites chenilles; il étoit scellé par le bout inférieur, & son bout supérieur qui restoit au-dessus de la glace, étoit ouvert, je l'y laissai pendant près d'une demi-heure. Lorsque je retirai les petites chenilles du tube dans lequel elles avoient souffert un froid excessif, elles parurent mortes : je les échauffai peu à peu en commençant par les mettre dans de la glace ordinaire; en moins d'un quart d'heure elles furent en état de me faire voir qu'elles étoient en vie; elles se remuérent, elles marchérent.

Le jour suivant je les mis encore à une épreuve plus rude; j'entourai le tube de verre dans lequel je les avois fait entrer, d'un mélange de glace & de sel gemme qui fit descendre la liqueur du Thermometre à plus de dix-sept degrés au-dessous de la congélation. Dans cette seconde épreuve, les petites chenilles eurent donc à soûtenir un degré de froid de près de trois degrés plus grand que celui de 1709. il ne les fit point perir. Le passage subit d'un air assés temperé, (car lorsque je faisois ces expérien-ces, la liqueur du Thermometre étoit environ à huit ou neuf degrés au-dessus de la congélation,) le passage, dis-je, d'un air temperé à un air d'un froid si excessif, devoit être pour elles une épreuve beaucoup plus rude que celle d'un même froid de plus longue durée, qui ne seroit de-venu tel, que par des accroissemens successifs faits pen-dant un grand nombre de jours, comme il arrive en hi-ver. Enfin j'ai fait souffrir à ces mêmes chenilles un froid de dix-neuf degrés, sans les faire perir.

Lister a déja remarqué que les chenilles sont en état de résister à de très-grands froids; il rapporte qu'il en a trouvé qui étoient roides de gelée, & si roides qu'en tombant dans un verre elles y faisoient un bruit sembla-ble à celui qu'y eût fait une petite pierre, ou un petit bâton qui y seroit tombé; que dans cet état cependant elles étoient en vie, & qu'elles en avoient donné des preu-ves incontestables lorsqu'il les avoit échauffées, qu'elles avoient marché. Ce seroit un étonnant prodige, si un insecte dont le sang, dont toutes les liqueurs auroient été gelées, revenoit à la vie, ce seroit là une vraye resurrec-tion; car lorsque toute circulation, tout mouvement des liqueurs est arrêté, l'animal est un animal mort; du moins n'avons nous pas d'autre idée de l'état de mort. J'ai cru devoir éprouver si les chenilles dont les liqueurs avoient été véritablement gelées, reviendroient, pour ainsi dire, à la vie. Nos chenilles communes ne sont pas les seules sur lesquelles j'aie fait des épreuves. J'ai voulu sçavoir si celles de diverses autres especes étoient en état de soûtenir un aussi grand froid. Une de celles dont j'ai voulu éprouver la force contre le froid, est la chenille du pin, dont nous parlerons bientôt, & de celles qui étoient nées, & qui avoient crû sur les arbres de cette espece dans les landes de Bordeaux. J'en ai mis quelques-unes dans un tube de verre, & je leur ai fait souffrir, comme aux communes, le froid de quinze degrés au-dessous de la congélation. Lorsque je les ai retirées du tube elles étoient roides, dures comme de la pierre, ou comme la glace la plus dure. J'en ai coupé quelques-unes comme on coupe une pierre tendre; tout leur intérieur étoit parfaitement gelé: aussi ai-je eu beau réchauffer celles que j'avois laissées entiéres, elles ne sont point revenuës à la vie, elles étoient trop bien mortes.

Un degré de froid fort inférieur à celui qui ne peut rien sur les communes, suffit donc pour faire perir celles du pin. Dans d'autres expériences, un degré de dix à onze degrés de froid a suffi sur ces dernieres. J'en ai tiré du tube qui y avoient soûtenu huit à neuf degrés de froid, qui avoient déja quelque roideur, qui, en tombant dans une tasse de porcelaine, y faisoient du bruit; & qui après avoir été tenuës quelque temps dans un air temperé, ont donné des signes de vie, & ont bientôt repris leur ancienne vigueur. Mais ces chenilles n'avoient pas été gelées à fond. Quoiqu'elles eussent un certain degré de roideur en sortant du tube, elles avoient encore un degré de souplesse.

Les endroits preſſés cedoient ſous le doigt, ce qui n'arrivoit pas à celles qui avoient été glacées à fond, & qui avoient péri. Peut-être même, que le peu de roideur qu'elles avoient, ne venoit que d'une vapeur qui s'étoit congelée autour d'elles, d'une vapeur ſemblable à celle qui ſe gele ſur la ſurface extérieure du vaſe dans lequel eſt contenu le mélange de ſel & de glace.

Ce qu'il y a de certain, c'eſt que je n'ai point vû de chenilles qui aient été véritablement gelées, dont les liqueurs ſoient devenuës glace, qui ne ſoient péries. Dès que tout mouvement de leurs liqueurs a été arrêté, ç'ont été des chenilles parfaitement mortes, comme tout autre animal dans pareil cas ſeroit un animal mort. Mais il reſte toûjours ici des faits ſinguliers, c'eſt que malgré le peu de chaleur qui eſt dans le corps de certaines eſpeces de chenilles, pendant qu'elles ſemblent devoir être très-délicates, parce qu'elles ſont extrêmement petites, les liqueurs qui rempliſſent leurs vaiſſeaux ne peuvent être gelées par un degré de froid plus conſidérable que ceux de nos plus rudes hivers. Qu'il y a des eſpeces de chenilles beaucoup plus grandes, & en apparence plus fortes, dont les liqueurs peuvent être gelées par un degré de froid très-inférieur à celui qui n'ôte rien à la liquidité de la liqueur des autres. Les eſpeces de ſang, les liqueurs qui circulent dans les vaiſſeaux de différentes eſpeces de chenilles, ſont donc les unes par rapport aux autres, ce qu'eſt de l'eſprit de vin, ou une eau-de-vie très-forte par rapport à une eau-de-vie extrêmement foible. Celle-ci ſera durcie, reduite en glace par un degré de froid beaucoup inférieur à un autre degré de froid, au milieu duquel une eau-de-vie très-forte conſervera toute ſa liquidité.

Il eſt connu que le mouvement de l'eau eſt un obſtacle
à ſa

à fa congelation; un eau tranquille, celle d'un foffé, d'un étang fe gele, pendant que l'eau d'une riviere conferve fa liquidité; plus un torrent eft rapide, & moins le froid a de prife deffus pour le geler. Si la circulation des liqueurs de nos petites chenilles communes étoit plus rapide que la circulation des liqueurs des chenilles du pin, de cela feul, il faudroit plus de froid pour fixer les premiéres dans leurs canaux, que pour fixer les fecondes dans les leurs; mais cette caufe n'a point, ou a peu de part à l'effet que nous confidérons. J'ai coupé la tête à trois de nos petites chenilles, je les ai mifes dans un tube de verre, avec d'autres de leur efpece qui étoient en vie & bien faines; j'ai enfoncé le tube dans un mêlange de glace & de fel, qui a fait defcendre la liqueur du Thermometre à 15.degrés au-deffous de la congelation. Quand j'ai retiré les chenilles de ce tube, celles qui avoient eu la tête coupée étoient fouples & molles comme les autres, leurs liqueurs n'avoient point été glacées. D'où il fuit que ces liqueurs n'ont pas befoin pour conferver leur liquidité contre un degré de froid de quinze degrés au-deffous de la congelation, d'être dans le mouvement d'une circulation rapide. Nous ne fommes pas étonnés que des liqueurs inflammables ou fpiritueufes, & que des liqueurs chargées de fels refiftent à de très-grands froids fans fe geler, nous en avons cent & cent exemples; mais il nous doit paroître bien fingulier qu'une liqueur qui n'eft nullement inflammable, qui nous paroît très-infipide & toute aqueufe, qu'une telle liqueur, dis-je, que le fang de quelques efpeces de chenilles, puiffe conferver fa liquidité contre de très-grands froids. Cette liqueur n'eft donc pas auffi fimple que nous la feroient juger les épreuves auxquelles nous nous tenons ordinairement pour connoître la nature des liqueurs.

Tome II. T

Le sang des grands animaux, celui des oiseaux, cel
des quadrupédes, & le nôtre même, se coagulent aisément
outre cela, ils sont bien plus aisément convertis en glac
que le sang des insectes. Le sang d'un pigeon qu'on a fa
couler tout chaud dans un tube de verre, a été réduit e
glace très-dure, par un degré de froid de 7. à 8. degrés au
dessous de la congelation, & eût pu être gelé par un moin
dre froid. Le sang d'un agneau a soûtenu sans se gelei
trois degrés de froid, mais un froid de cinq degrés l
converti en glace. Les grands animaux ont dans leurs cor
une chaleur & un principe de chaleur qui ne se trou
vent pas dans ceux des insectes. Les grands animaux n'
voient donc pas besoin d'avoir un sang qui se gelât au
difficilement que se gele le sang des insectes.

Celui qui a fait les insectes, semble aussi avoir con
stitué leur sang différemment selon qu'ils devoient êt
exposés à souffrir de plus grands ou de moindres froi
Nous avons vû ailleurs, que quantité d'especes d'insecte
après avoir vêcu sous la forme de chenilles, passent to
l'hiiver sous celle de crisalides, & qu'il y a des crisalides q
pendant cette rude saison sont attachées contre des mur
contre des entablemens d'édifices, & contre des branch
d'arbre, & qui y sont nuës, c'est-à-dire, qu'elles ne so
point couvertes par une coque, soit de soye, soit de que
que autre matiére. Telle est la crisalide de la plus belle d
chenilles du chou, & telles sont quantité d'autres crisalid
du genre de celles qui ont l'industrie de se suspendre a
moyen d'une ceinture de fils de soye. J'ai fait souffrir
plusieurs de ces crisalides de très-grands degrés de froic
des froids de plus de 15 à 16 degrés au-dessous de la cor
gelation, sans qu'elles se soient gelées. Nous sçavons qu
d'autres crisalides passent l'hiver assés avant en terre;
elles ne sont pas exposées à un aussi grand froid qu

celles qui font de toutes parts à l'air. J'ai fait fouffrir un froid de fept à huit degrés au-deffous de la congelation à quelques-unes de celles qui fe tiennent en terre; il a fuffi pour les faire périr. Ainfi les infectes qui reftent expofés à de grands froids, font en état de les braver. Ceux qui font plus fenfibles aux impreffions du froid, agiffent comme s'ils prévoyoient celui qui doit regner pendant l'hiver fur la furface de la terre, & auquel ils ne pourroient pas réfifter: je dis qu'ils agiffent comme s'ils le prévoyoient, parce que ce ne font pas les approches de l'hiver, ou le froid actuel qui les dé-terminent à entrer en terre; nous avons vû qu'il y a des chenilles qui s'y enfoncent dans les mois de Juillet & d'Août, & d'autres même dès le commencement du printemps. Peu de temps après y être entrées, elles s'y transforment en crifalides; & ce n'eft que l'année fuivante que le papillon fort de chacune de ces crifalides.

Mais pour reprendre l'hiftoire de nos chenilles de l'efpece appellée la commune, depuis le commencement de Juin jufques vers la fin du même mois, elles vivent folitaires, & ce n'eft que vers le commencement de celui de Juillet qu'elles fongent à fe faire des coques pour y prendre la forme de crifalides. Leurs coques font affés groffiérement faites *; elles font d'une foye brune; leur tiffu eft fi lâche qu'il n'empêche point de voir l'infecte qui y eft renfermé; elles font fouvent fur une feuille de quelque arbre, comme de chefne, d'orme, de poirier, &c. Ce que la chenille fait de mieux, c'eft qu'elle courbe de telle forte la feuille vers le côté où doit être la coque, que la portion de cette coque qui refte à découvert, eft fouvent affés petite. Quelquefois deux ou trois chenilles commencent leurs coques fi proche les unes des autres, qu'elles font obligées de les achever en commun;

** Tom. I. Pl. 31. fig. 9.*

alors deux ou trois crisalides sont renfermées sous une même enveloppe.

Après être restées dans leurs coques pendant quelques jours, elles se transforment en une crisalide qui n'a rien de remarquable, & de laquelle le papillon * sort au bout de dix-huit à vingt jours; de sorte que, comme nous l'avons dit, c'est vers la fin de Juillet que les papillons venus de ces chenilles commencent à être communs; c'est alors qu'ils font des œufs qu'ils couvrent de poils, comme nous l'avons expliqué dans le Memoire précedent. Les chenilles en éclosent vers la fin de Juillet ou dans les premiers jours d'Août.

On pourroit commencer à faire la guerre à ces chenilles avant qu'elles nous eussent encore fait de mal, pendant qu'elles sont encore dans les œufs. Les papillons ne prennent aucun soin de cacher les nids où ils sont renfermés, puisqu'ils les laissent exposés sur le dessus des feuilles. C'est une chasse qu'on pourroit faire au moins dans les jardins, & qui conserveroit à leurs arbres bien des feuilles, que ces chenilles font périr avant la fin de l'été.

Nous avons excité à chercher à faire usage de la soye des toiles des nids de ces chenilles; il seroit plus aisé de mettre à profit celle de leurs coques; elle est extrêmement douce au toucher, elle est fine, & ne laisse pas d'avoir de la force, & peut-être plus qu'il n'en faut pour soûtenir des cardes. J'en ai tord pour en faire de petits brins de la grosseur de ceux de soye à coudre, qui m'ont paru être aussi forts qu'il en est besoin. Il ne seroit pas possible de la devider, parce qu'elle est trop lâche & trop mêlée dans le tissu de la coque ; sa couleur est un brun caffé. Il est vrai que chaque coque ne contient qu'une quantité de soye assés petite, mais aussi ne coûteroit-elle d'autre

foin que celui de la ramaffer, & dans les années où ces
chenilles ont multiplié, on pourroit du matin au foir,
faire une grande recolte de ces coques dans des taillis &
dans d'autres endroits.

Les forêts de pins nourriffent des chenilles * d'une au-   * Pl. 7. fig.
tre efpece, qui paffent une grande partie de leur vie en   3.
focieté, & qui paroiffent plus dignes d'attention que les
précedentes, par la quantité & la qualité de la foye dont
eft fait le nid qu'elles habitent en commun. Je ne me
fuis pas trouvé à portée de les obferver fur les lieux où
elles s'élevent, mais j'ai été mis en état de les fuivre à
Paris, par M. Raoul, Confeiller au Parlement de Bordeaux, qui a beaucoup de goût pour les obfervations d'hiftoire naturelle. Il m'écrivit à la fin de l'année 1731. que
fur les pins de fon pays on trouvoit des nids de chenilles *   * Pl. 3. fig.
qui étoient fort communs en certaines années, & qui   1.
quelquefois étoient plus gros que la tête d'un homme;
qu'il avoit remarqué que la foye de ces nids étoit forte &
blanche. Une lettre écrite conjointement par deux étudians en medecine à Montpellier, & imprimée dans la
même ville en 1710. fur la foye des chenilles du pin,
m'avoit donné envie depuis long-temps de connoître
cette foye, & les chenilles à qui elle eft dûë. En faifant
réponfe à M. Raoul, je le priai de m'envoyer un nid de
ces chenilles; il eut l'obligeante attention de me le faire
peu attendre, il m'en envoya un par le premier courrier
qui partit après l'arrivée de celui par qui ma lettre lui
avoit été apportée. Le temps où je le lui avois demandé,
étoit celui où les chenilles d'un nid s'y font retirées pour y
paffer l'hiver; le nid arriva à bon port, & les chenilles dont
il étoit peuplé ne parurent avoir fouffert aucunement
pour être venuës en pofte. Elles étoient en fi bon état
que plufieurs fortirent bientôt du nid, parce que je l'avois

T iij

mis dans un cabinet où le printemps leur sembla être
revenu. Je les portai ensuite dans un endroit plus froid
elles rentrérent dans le nid, & n'en sortirent que quand
l'air fut réellement devenu plus doux. Je voulus alors
les nourrir, mais je ne pus avoir des feuilles des pins
sur lesquels elles vivent; ce fut inutilement que je leu
presentai des feuilles d'if, des feuilles d'epicia, & d'autres feuilles que je jugeois les plus analogues à celles qu
me manquoient. Elles périrent toutes successivement deu
à trois semaines après que la douceur de la saison les eu
invité à sortir, c'est-à-dire, avant la fin de Mars. Nou
verrons pourtant bientôt qu'il n'est pas sûr qu'elles soien
péries de faim. M. Raoul m'a fait le plaisir de me ren-
voyer plusieurs de ces nids les années suivantes, autan
que je lui en ai demandé.

Je ne doute point que cette espece de chenille ne soi
la même que celle dont il s'agit dans la lettre imprimée
des deux étudians de Montpellier, que j'ai citée ci-
dessus. Il n'est pas nécessaire d'avertir que cette chenille
n'a pas une singularité que ces étudians lui ont attribuée
celle de ne se jamais transformer en papillon, celle de faire
des œufs pendant qu'elle est chenille. Ce seroit là un grand
prodige dans l'histoire des insectes. Mais ce fait qui est rapporté dans la lettre, comme le seroit un fait qui n'auroit
rien de merveilleux, n'y est appuyé par aucunes observations ; on entrevoit seulement quelques circonstances qui
ont pu jetter dans l'erreur ceux qui l'ont écrit, & qui ayant
d'autres objets d'étude, n'avoient pas eu le temps de s'in-
struire de l'histoire des insectes. Mais l'essentiel de cette lettre est l'observation qu'elle a annoncée, sçavoir que la soye
de ces chenilles est très-forte, qu'elle peut être cardée, &
qu'on devroit d'autant plus songer à la faire ramasser dans
les forêts de pins, que les nids y sont souvent très-communs,

qu'il y a de ces nids plus gros que la tête d'un homme , &
que de tels nids fourniroient beaucoup de foye.

Quelque envie que nous ayons de louer la foye de ces
chenilles , & quelque envie que nous ayons qu'on en faffe
ufage , nous devons pourtant avertir qu'elle ne tient
pas tout ce qu'elle promet. M. Raoul , pour me furprendre par une galanterie de celles auxquelles il me croit le
plus fenfible , fit ramaffer beaucoup de cette foye dans le
deffein de la faire préparer , & de m'en faire faire une
paire de bas; une Dame fe chargea de ce foin. Pour achever de nettoyer la foye , elle la fit bouillir dans de l'eau
avec un peu de favon; au bout de deux minutes la foye
ne fut plus en état d'être mife en œuvre , elle fe trouva
toute brifée. M. Raoul ayant foupçonné que les fels du
favon pouvoient trop fur cette foye, il en fit bouillir d'autre
dans de l'eau feule : cette feconde foye fut bientôt reduite
dans l'état de la premiére. De-là , il paroît que fi on vouloit la mettre en œuvre, il faudroit bien fe donner de
garde de la faire bouillir pour la teindre , il faudroit l'employer avec fa couleur naturelle , ou la teindre prefque
à froid. J'ai repeté l'expérience de M. Raoul , fur une affés
petite quantité de cette foye, mais qui a fuffi pour m'apprendre , que pour peu que cette foye foit tenuë dans
l'eau bouillante , elle devient foible & caffante. Il femble
donc que l'eau la diffout ; ce qui nous invite à faire de
nouvelles expériences, pour voir fi dans la nature il y a une
foye que l'eau bouillante peut diffoudre. Une pareille foye
auroit peut-être des utilités pour la compofition de ces
vernis flexibles, & de ces étoffes d'une fabrique tout-à-
fait finguliére , à la recherche defquelles nous avons été
invités dans le troifiéme memoire du premier volume *,
par les obfervations que nous a fournies la matiére à
foye , contenuë encore dans les vaiffeaux de l'infecte.

* *Tom. I.*
pag. 150. &
fuivantes.

Le nid dont j'ai fait graver la figure, pl. 8. fig. 1. étoit un des plus petits, il n'avoit que huit pouces de longueur, & quatre pouces de diametre à son gros bout ; mais les plus grands nids, & les plus petits sont faits sur le même modéle. Leur figure est toûjours à peu près celle d'un cone renversé, ou pour parler moins noblement, & en donner une plus juste idée, le nid ressemble à une espece de petit balay composé de beaucoup de feuilles étroites, telles que sont celles du pin ; des toiles de soyes les ont forcées à prendre cette disposition, dans laquelle elles les maintiennent. En quelques endroits de la surface extérieure, ces toiles sont minces, mais dans d'autres endroits elles sont assés épaisses pour empêcher de voir les feuilles qu'elles enveloppent. Tout l'intérieur du nid est rempli de toiles dirigées en différens sens * qui forment divers logemens pour les chenilles, mais tous ces logemens se communiquent apparemment comme ceux de notre commune. Quelquefois on peut remarquer dans le gros bout du nid une ouverture en forme d'entonnoir *, d'environ quatre lignes de diametre, entourée de toiles plus épaisses que celles des autres endroits : c'est là la grande entrée du nid, mais ce n'est pas la seule. J'en ai observé sur ce même bout deux ou trois autres plus petites, construites de la même maniére. La principale entrée n'est pas constamment dans le même endroit. Ce qui mérite le plus d'attention dans ces nids, c'est assûrement la quantité de leur soye.

Toutes les chenilles du pin sorties des œufs d'un même papillon, travaillent apparemment de concert comme nos communes, à se faire un nid peu de temps après qu'elles sont nées. Elles le font d'abord assez petit, proportionné à leur propre grandeur ; à mesure qu'elles grossissent elles en augmentent l'enceinte ; en filant de nouvelles toiles, elles forcent de nouvelles feuilles à s'y réunir. Ce n'est guéres que

vers

* Pl. 9. fig. 1.

* Pl. 8. fig. 1. & 2.

vers la Touſſaints que ces nids ſont aſſés gros pour ſe faire remarquer. Auſſi les chenilles qui les conſtruiſent & qui les habitent, ne naiſſent que vers le commencement d'Octobre: j'en juge par le temps où les papillons ſont ſortis des criſalides, dans leſquelles des chenilles de cette eſpece s'étoient transformées, & par le temps où ces papillons ont pondu. M. Raoul a obſervé que les chenilles établies dans un même nid, en ſortent toutes à la file environ vers le ſoleil levant, pour aller chercher de la pâture; une trace de ſoye qui forme une eſpece de ruban étroit, car il n'a qu'une ligne de large, marque la route qu'elles ſuivent pour s'éloigner de leur nid, elles y reviennent par la même route deux heures après en être ſorties: ce temps leur ſuffit pour leur repas; les heures peuvent pourtant n'en être pas toûjours ſi reglées, & varier ſelon les temps & les ſaiſons. Je reçûs dans le commencement de Février, un nid de ces chenilles que M. Raoul m'avoit envoyé. M. Bernard de Juſſieu fit porter dans une ſerre du jardin du Roy, une caiſſe où étoit un jeune pin, j'attachai le nid de chenilles contre une des branches de ce pin; les chenilles avoient paſſé dans un climat temperé, & d'une temperature aſſés conſtante; cependant on ne les vit point, ou on en vit peû hors de leur nid pendant le jour, mais on eut aſſés de preuves qu'elles en ſortoient la nuit pour aller manger, par la quantité de feuilles qui parurent rongées, & par la quantité d'excremens qui fut repanduë ſur la ſurface de la terre de la caiſſe.

Pendant les jours très-froids, & pendant les grandes pluyes, celles qui ſont dans les forêts ne s'aviſent pas de ſortir de leur nid; elles ne ſont pas capables de ſoûtenir un froid auſſi rude que celui que peuvent ſouffrir nos communes. Nous avons dit ci-deſſus, qu'un froid de huit

à neuf degrés au-deſſous de la congelation, eſt capable de
les rendre dures comme de la glace, de geler leurs liqueurs,
& par conſéquent de les faire périr; d'où il ſemble qu'on
peut conclurre que dans les Landes de Bordeaux, le froid
de 1709. n'a pas été comme à Paris, d'environ 14. degrés
& un quart au-deſſous de la congelation; toutes les chenilles
du pin y ſeroient péries, & il auroit fallu du temps pour
que le pays en eût été peuplé par des papillons venus de
pays plus chauds. Car ceux-ci ne ſont pas de grands voyageurs, ils n'entreprennent pas des voyages tels que ceux des
hirondelles, & ceux de tant d'autres oiſeaux de paſſage.

Ces chenilles ont pris tout leur accroiſſement avant
la fin de Decembre, & peut-être plûtôt. Celles des nids
qui m'ont été envoyés au commencement de Janvier,
étoient ſenſiblement auſſi grandes que celles des nids
qui m'ont été envoyés dans les mois de Février & de
Mars. Quand la chenille a toute ſa grandeur *, elle n'eſt
guéres plus grande & plus groſſe que les chenilles que
nous avons priſes pour celles de grandeur mediocre. Elle
eſt veluë, ſa peau eſt noire, elle paroît en une infinité
d'endroits au travers des poils. Ceux du deſſus du corps
ſont feuille-morte, & ceux des côtés ſont blancs. Sa tête
eſt ronde & noire; elle a ſeize jambes, dont les membraneuſes ſont armées de demi couronnes de crochets;
celles-ci & les écailleuſes ſont feuille-morte; la peau du
ventre eſt raſe, d'un mauvais blancheâtre qui a une legere
teinte de feuille-morte. Ses poils ne partent nulle part de
tubercules, ils tirent leur origine de la peau même. Pour
faire entendre comment ils ſont arrangés ſur le dos, il
faut expliquer une particularité qu'offre la partie ſupérieure des huit anneaux qui ſuivent les trois premiers.
Cette particularité, digne d'être remarquée, m'avoit
échappé les premiéres fois que j'eus de ces chenilles; elle

* Pl. 7. fig. 3.

fut obfervée par Mlle du **. Pendant qu'elle étoit occupée
à en deffiner une, elle remarqua fur la partie la plus élevée
de chaque anneau * une enceinte ovale, formée par un rebord, par une efpece de cordon bien marqué qui s'élevoit
un peu au-deffus du refte de la peau, & dans l'enceinte duquel il y avoit une cavité. Le petit diametre de l'oval eft
dans le fens de la longueur de la chenille, & plus grand
ou plus petit felon les mouvemens qu'elle fe donne, c'eft-
à-dire, que ce cordon formoit un oval, tantôt plus &
tantôt moins ouvert. Quelquefois l'oval étoit fermé *;
un des côtés de l'enceinte venoit s'appliquer fur l'autre.
Les poils feuille-morte font difpofés autour du cordon
de cet oval, & lui font prefque perpendiculaires en certains temps. Quand la chenille eft en repos, les poils
qui paroiffent partir de la partie du rebord la plus proche
de la tête, fe dirigent vers la tête ; ceux qui partent de
la partie oppofée, tendent vers le derriére ; & ceux qui
partent d'auprès des bouts, s'inclinent vers les côtés.

Les poils blancs ne font point mêlés avec les poils
feuille-morte; ils fortent immédiatement de la peau, &
plus que d'ailleurs du milieu de la circonférence de chaque anneau, un peu au-deffus des jambes. Là il y a de
chaque côté fur chaque anneau, des poils qui forment
une touffe, mais cette touffe n'a point un tubercule pour
bafe. Pour revenir à la petite cavité renfermée par un
rebord, Mlle du ** y obferva encore une particularité: le
dedans étoit rempli d'une matiére comme cotonneufe,
qui étoit formée de poils courts *. Pendant que la chenille fe donnoit des mouvemens, qu'elle ouvroit & qu'elle
fermoit cette efpece de ftigmate, de petits floccons de ce
coton s'élevoient au-deffus des bords de la cavité; ils paroiffoient n'être plus adherents au corps. Auffi bientôt
étoient-ils pouffés hors de l'enceinte, & quelquefois même

V ij

* Pl. 7. fig. 4.

* Fig. 6.

* Pl. 7. fig. 5.

ils étoient dardés dehors à quelque hauteur. Lorsque Mlle du * * voulut me faire voir le jeu de ces floccons, aucune des chenilles que je lui avois remifes, ne voulut le montrer. Celles qu'elle avoit euës venoient de fortir de leur nid pour la premiére fois depuis leur arrivée. J'eus quelque temps après un nouveau nid de ces chenilles, elles en fortirent, je fus attentif à les obferver, & je vis le jeu des floccons de poils cotonneux. Apparemment que les poils courts, renfermés dans la petite enceinte, tiennent peu enfemble lorfque la chenille commence à quitter fon nid; que les mouvements qu'elle fe donne, achevent de les détacher, & que ces mouvemens font même capables de les darder en l'air.

Auffi quelques jours après que ces chenilles ont commencé à fortir de leur nid, il ne paroît plus de poils dans ces enceintes, ou au plus, il en paroît une petite touffe à chaque bout del'oval intérieur. On voit alors une partie de la méchanique qui peut aider à les faire fortir, & même à les faire fauter : car dans certains momens, on voit que la partie du milieu de l'enceinte s'éleve en pyramide bien au-deffus des rebords de l'oval.

J'ai fait périr de ces chenilles dans l'efprit de vin, il s'eft élevé beaucoup de groffes bulles d'air de chacune de ces efpeces de ftigmates du deffus du dos : l'air auroit-il là de plus grandes iffuës qu'ailleurs !

Cette chenille jette quelquefois par le derriére une eau claire qui n'a aucune odeur, elle n'a rien de commun avec fes excremens, qui font des grains durs & jaunâtres, ou verdâtres.

J'ai parlé ci-devant d'un nid de ces chenilles que j'avois mis fur un petit pin dans une ferre du jardin du Roy; au bout de quelques jours on en trouva quelques-unes de mortes, & on n'en trouva plus, ni dans le nid, ni fur le pin; ce qui laiffa dans l'incertitude fur ce qu'elles étoient devenuës. J'en reçûs un autre nid les premiers jours de Mars, que je fis porter au jardin du Roy. Celui-ci fut attaché aux branches d'un pin qui étoit à découvert, c'eft-à-dire, hors des ferres. Au bout de deux jours, toutes les chenilles de cette nichée difparurent encore; heureufement que j'en avois gardé une vingtaine dans un grand poudrier; je leur avois donné des feuilles de pin, dont elles n'avoient tenu aucun compte, il ne me parut pas qu'elles y euffent touché; enfin vers le 15.ᵉ Mars toutes les chenilles du poudrier difparurent. Comme il étoit couvert & rempli de terre en partie, il ne me fut pas difficile de deviner où elles s'étoient retirées, & où pouvoient avoir été celles des nids portés au jardin du Roy. Il étoit hors de doute, que celles de mon poudrier étoient entrées en terre; j'attendis quelques jours à les y chercher; vers le 20. du même mois, ayant remué la terre, j'en trouvai une qui avoit encore fa forme de chenille. Je crus devoir attendre jufques au 29. à fouiller plus avant; alors je trouvai les coques qu'elles avoient filées en terre, & dans lefquelles elles s'étoient transformées en crifalides.

Quoique ces coques * euffent été faites en terre, la terre n'entroit pour rien dans leur compofition, chacune d'elles étoit de pure foye. La quantité de foye qui eft employée à la conftruire, ne répond pas à la facilité qu'a la chenille de filer, & à la dépenfe qu'elle a faite en foye dans les temps précedens; le tiffu de la coque eft à la vérité ferré, mais peu épais; il eft flexible fous les doigts.

En 1734. M. Raoul m'écrivit, que le 26. de Mars on avoit encore trouvé, dans les bois, des nids peuplés de ces chenilles, que le 30. du même mois on n'en pouvoit pas trouver une feule. Dans deux jours, toutes celles qui

* Pl. 8. fig. 3.

reſtoient avoient diſparu, & il y en a qui diſparoiſſent ap
paremment plûtôt, & qui peuvent ceſſer plûtôt de man
ger, puiſque celles qui m'avoient été envoyées vers la fin
de Février, n'ont pas mangé juſques au quinze de Mars
temps où elles ſont entrées dans la terre du poudrier
où je les avois renfermées. M. Raoul donna vers la fin
de Février à M. Cardoze, Docteur en Medecine, un
nid de ces chenilles; M. Cardoze le renferma dans un
boiſte avec des feuilles, qui s'y deſſechérent; les chenil
les ne parurent pas y avoir touché. Il attendit au 2. Avril
à ouvrir la boiſte en preſence de M. Raoul, & ils viren
qu'elles étoient ſorties du nid, qu'elles s'étoient filé de
coques d'une ſoye blanche, & qu'elles s'étoient transfor
mées en criſalides dans ces coques. Ainſi ces chenilles
comme la plûpart de celles qui aiment à s'enfoncer en
terre pour ſe métamorphoſer, ſe métamorphoſent néant
moins, quoique la terre leur manque.

La criſalide de cette chenille du pin *, eſt de la cou
leur la plus ordinaire aux criſalides, d'un brun maron
mais ſa forme a quelque choſe de particulier; ſa parti
antérieure * eſt pointuë, & beaucoup plus pointuë qu
la poſtérieure; celle-ci eſt arrondie, & a deux courts cro
chets *; dans les criſalides des autres chenilles, c'eſt le bou
poſtérieur qui eſt pointu, & l'antérieur qui eſt arrondi.

Ce n'a été que vers la fin de Juillet que les papillon
de mon poudrier * ont quitté l'état de criſalide, qu'il
ſont ſortis de terre. Le fond de la couleur de leurs aîle
ſupérieures, eſt un gris qui n'eſt pas de la même nuanc
ſur celles de tous ces papillons; le gris de celles de quel
ques-uns, eſt un gris-blanc-cendré; le gris de célles d
quelques autres, eſt un gris-brun; des rayes brunes tranſ
verſales, très ondées, & des taches brunes ſont diſtribuée
ſur ce fond : le deſſous des mêmes aîles eſt tout gris; le

*PI. 8. fig. 4. & 5.

*a.

*cc.

*PI. 8. fig. 6. 7. 8. & 9.

deux côtés des aîles inférieures font d'un gris clair, d'un gris presque blanc.

Ce papillon qui n'a rien dans les couleurs de ses aîles de propre à le faire bien distinguer de mille autres, a deux particularités qui ne permettent pas qu'on le confonde avec aucun de ceux que j'ai observés jusques ici. La première, & seulement remarquable dans les femelles de cette espece, c'est que sur la partie supérieure de leur corps près du derriére, il y a une plaque brune, plus relevée que ce qui l'entoure, & un peu luisante *; le reste du corps est velu & feuille-morte. La couleur, la forme, & le luisant de cette espece de plaque arrêtérent mon attention la première fois que je la vis. Je tenois une épingle à la main, avec laquelle je la touchai, pour examiner sa structure. Le frottement de l'épingle produisit un petit spectacle qui me surprit; sur le champ je vis une nuée de petites paillettes qui se détacha. Ces paillettes s'éparpillérent de toutes parts, quelques-unes furent comme dardées en haut, d'autres sur les côtés; mais le fort de la nuée fut de celles qui tombérent doucement par terre. Chacun de ces corps que j'appelle des paillettes, font des lames * extrêmement minces, qui ont quelque ressemblance avec les poussiéres des aîles des papillons, mais qui font bien autrement grandes; quelques-unes ont plus d'une ligne & demie de longueur, & les plus courtes ont une ligne. Leur figure est celle d'especes de palettes; un de leurs bouts est pointu; c'est celui qui est piqué dans la peau : de-là elles vont en s'élargissant , en prenant un peu de rondeur jusques à leur autre bout qui est arrondi, & l'endroit où elles font le plus larges. Là leur largeur est à peu près égale à la moitié de leur longueur. Elles ne font pas absolument planes, elles font courbées de maniére que celle de leurs faces qui est la plus proche

* Pl. 8. fig. 8. *e e.*

* Pl. 8. fig. 12.

du corps du papillon, eſt un peu concave, & par conſéquent la face ſupérieure & oppoſée eſt convexe.

* Pl. 8. fig.
8. & 11.   La plaque élevée * qui ſe fait remarquer ſur le derriére
de ces papillons, eſt donc un amas , & un amas pro-
digieux de ces eſpeces d'écailles en forme de palettes.
en frottant à diverſes repriſes cette plaque avec la pointe
d'une épingle ou celle d'un canif, on peut faire tomber
pluſieurs fois des pluyes de ces écailles : on eſt étonné
qu'il puiſſe y en avoir autant d'entaſſées dans un ſi petit
eſpace; mais c'eſt qu'elles ſont extrêmement minces : elles
ſont par conſequent legeres; d'où il arrive, que pour
peu qu'il y ait d'agitation dans l'air, elle ſuffit pour en
faire élever aſſés haut un grand nombre, & pour en diſ-
perſer beaucoup d'autres de différents côtés , indépendamment de celles qui tombent par terre.

* Fig. 11.   Si on obſerve avec la loupe la plaque formée de
toutes ces petites écailles *, on voit qu'elles ſont poſées en recouvrement les unes ſur les autres , mais de
façon que l'inférieure ne déborde de preſque rien la ſupérieure.

Je ne ſçais s'il y a des papillons mâles de cette eſpece
ſur le derriére deſquels on trouve cette plaque d'écailles
mais je ne l'ai trouvée à aucun de ceux qui ſont nés ché
moi , & je l'ai vûë à toutes les femelles. Celles-ci ont
bien l'air d'en faire quelque uſage pour envelopper leur
œufs : ces écailles ainſi placées ſur le derriére, & ſi aiſée
à détacher, ont une ſorte d'analogie avec les poils entaſſés autour du derriére de certains papillons, & que
nous leur avons vû mettre en œuvre avec tant d'adreſſe
Mais les papillons des chenilles du pin n'ont point voulu pondre chés moi, & par conſequent, ils ne m'ont
point appris s'ils emploient ces écailles pour couvrir leur
œufs , ni ce qu'ils font de tant d'écailles raſſemblée
autou

autour de leur derriére, qui ne leur ont pas été données & placées là pour être inutiles.

Une autre particularité de ces papillons, tant les mâles
que les femelles, c'est la structure du devant de leur teste * :
ils paroiffent avoir deux barbes femblables à celles entre
lefquelles eft roulée la trompe de plufieurs papillons de diverfes efpeces ; mais fi on obferve l'efpace compris entre
ces barbes, on le trouve autrement conftruit que dans les
papillons qui ont une trompe, & qu'il ne l'eft dans ceux qui
n'en ont point, ou au moins de fenfible. Dans ces derniers
cet efpace a une rondeur telle que doit l'avoir un fufeau
de fphere, une côte de melon ; mais dans nos papillons de
la chenille du pin, cet efpace eft rempli par cinq gradins
écailleux & pofés dans une efpece de goutiére écailleufe ;
les gradins s'élevent jufques au-deffus du bord de la goutiére ; le dernier eft creufé vers fon milieu, de forte qu'il
forme deux efpeces de cornes. A quoi fert à ce papillon
d'avoir ainfi le devant de la tête en gradins écailleux ! c'eft
ce que j'ignore.

Nous avons admiré dans le Mémoire précedent l'art avec
lequel le papillon femelle * de la chenille livrée arrange
fes œufs, comment ils font enchâffés dans une gomme
pour former une efpece de bague, ou de braffelet autour
d'une petite branche d'arbre *. Il y a de ces papillons qui
pondent à peu près en même temps que quelques-uns des
papillons de la commune ; cependant les chenilles éclofent
des œufs de ces derniers environ quinze jours après qu'ils
ont été pondus, au lieu que les chenilles ne fortent des
œufs de nos braffelets qu'après l'hiver. La nature nous offre
une infinité de ces variétés. Ces braffelets ne font pas auffi
aifés à appercevoir que le font les nids de commune. Les
jardiniers, qui pour tailler leurs arbres fruitiers, font obligés
de donner un coup d'œil, au moins fur tous les rejettons,

* Pl. 8. fig. 10.

* Pl. 4. fig. 3.

* Pl. 4. fig. 5. & 7.

fur toutes les petites branches, les rencontrent pourtant
affez fouvent fur l'arbre qu'ils taillent; leur jolie forme n
leur fait pas trouver de grace à leurs yeux ; ils fçavent qu
de chacun de ces braffelets, il doit fortir une nombreuf
famille de chenilles. Ceux qui en donnent le moins, e
donnent environ 200. & il y en a d'où il en fort plus d
350. Les chenilles de cette efpece font auffi de celles qu
vivent en focieté pendant une partie de leur vie, & qu
fe difperfent lorfque le temps de filer leur coque appro
che. Tout ce qu'elles offrent de plus remarquable de
puis le temps de leur difperfion, jufqu'à ce qu'elles ayen
pris la forme de papillon, & que ces papillons ayent fai
leurs œufs, a été rapporté dans les Mémoires précedens
Pour avoir leur hiftoire complette, nous n'avons donc
les fuivre que depuis leur naiffance jufqu'au temps de leu
féparation. Dans tout cet intervalle elles nous fourniron
peu de faits finguliers. Ce qu'elles m'ont fait voir de plu
amufant, c'eft combien elles ont à travailler pour naître
pour percer leur coque. Ce que nous en allons rapporté
fera dit pour les chenilles de prefque toutes les autre
efpeces.

En 1732. ce fut le 3. & le 4. Avril que je vis naître le
premiéres livrées. Le braffelet de leurs œufs entouroit un
branche de rofier ; la liqueur de mon thermométre s'élev
ces jours-là à 3 heures après midi à 14 degrés au-deffu
de la congelation. J'ai vû naître d'autres chenilles de l
même efpece, dans la même année, plus de trois femaine
plus tard, dont les braffelets étoient autour de jets d
pefchers; ainfi les œufs d'où les chenilles font éclofes le
premiéres, & qui apparemment avoient été pondus le
premiers, étoient fur un rofier qui pouffe des feuilles bie
plûtôt que le pefcher. La prévoyance de l'efpece de pa
pillon qui fait les braffelets iroit-elle jufques-là ! Ceu

qui font leurs œufs de meilleure heure choifiroient-ils entre les arbres qui peuvent fournir des feuilles propres à nourrir les chenilles qui en fortiront, les arbres qui ont des feüilles les premiers ! Outre tant d'arbres fruitiers dont les livrées rongent les feuilles, elles rongent celles du faule, celles de l'orme; j'ai auffi trouvé des braffelets au-tour de petites branches de faule & d'orme. Si les chenilles de ces derniers braffelets avoient paru au jour auffi-tôt qu'y paroiffent celles du braffelet du rofier, elles n'auroient pû trouver des feuilles que long-temps après leur naiffance, elles feroient péries de faim, car elles mangent & en ont apparemment befoin, le jour même qu'elles font nées, & ce n'eft que long-temps après leur naiffance qu'elles ofent s'éloigner de l'arbre où eft leur nid.

Lorfque nous avons décrit l'arrangement de ces œufs, & la figure de chacun en particulier, nous avons fait re-marquer que le bout de l'œuf qui eft fur le contour exté-rieur du braffelet, a une forte de petit couvercle *. Quand la chenille qui eft renfermée dans l'œuf eft devenuë affez forte, elle perce avec une de fes dents le couvercle; toutes ne le percent pas au même endroit, mais ordinairement c'eft entre le bord & le milieu. Le trou eft d'une grandeur proportionnée à celle de l'inftrument qui l'a ouvert, c'eft-à-dire qu'il laiffe feulement fortir en dehors la pointe de la dent ; mais dès que ce trou eft ouvert la petite chenille eft en état de travailler avec fuccès à l'aggrandir, & à fe faire un paffage par où tout fon corps puiffe fortir. Elle faifit entre la pointe de la dent qui s'eft élevée au-deffus du couvercle, & la dent qui eft reftée au-deffous, une petite portion de ce couvercle, elle la coupe & la déta-che; ainfi fucceffivement & continuellement, elle détache, elle ronge de petites portions du couvercle pour aggran-dir l'ouverture commencée. Les portions qu'elle détache

* Pl. 4. fig. 11. 12. & 13.

X ij

à chaque fois font plus petites qu'on ne fçauroit l'imaginer
j'ai obfervé avec plaifir en donnant à mes yeux le fe
cours d'une loupe forte, les chenilles qui étoient occupée
à ce travail; il a fallu que quelques-unes ayent haché pe
dant une matinée entiére, avant que d'être parvenuës
faire une ouverture dont le diametre fût égal à celui d
leur petite tête. D'autres pourtant en viennent à bou
dans deux heures. Dès qu'elles font parvenuës à fair
paffer leur tête par cette ouverture, elles font en état d
fe tirer affez vîte de leur prifon; elles font fortir leurs deu
premiéres jambes écailleufes, elles les cramponnent fu
les bords de l'ouverture, & au moyen de ce point d'appu
& des efforts faits pour avancer, elles font bientôt paroîtr
en dehors la partie du corps à laquelle tiennent les quatr
autres jambes écailleufes, & elles achevent avec leur fe
cours de fe tirer de la coque de l'œuf; elles fe pofent fur l
braffelet, & y reftent tranquilles les unes auprès des autre
Leurs poils qui étoient preffés & couchés pendant qu'elle
étoient dans l'œuf, fe redreffent; ceux qu'elles ont alor
font extrêmement grands par rapport à la grandeur d
leur corps, confidérablement plus grands dans ce rap
port, que ceux qu'elles auront après avoir changé de peau
Ordinairement il fe paffe deux jours avant que toute
celles d'une même bague foient nées.

Celles qui font éclofes le matin, dès l'après midi du
même jour ou au plus tard le jour fuivant, vont chercher
de la nourriture; elles attaquent les feuilles qui ne commencent qu'à pointer, & fi les feuilles ne paroiffent pa
encore, & que l'arbre ait des fleurs, elles ne les épargnent
pas; je leur ai vû bien maltraiter des fleurs de pefcher.
Quoiqu'elles fe tiennent affez proches les unes des autres
pendant qu'elles mangent, elles fe difperfent plus alors
que ne font les communes; elles ne s'arrangent pas avec

autant d'ordre les unes auprès des autres. Chacune attaque la feuille par un endroit différent du bord, car elles la mangent dans toute son épaisseur.

M. de Maupertuis qui a des yeux excellens & éclairés, & auxquels rien n'échappe de ce que les insectes offrent de plus digne d'être vû, a observé des chenilles nées d'œufs sphériques & couleur de nacre, qui ne se contentoient pas d'avoir fait à leurs œufs une ouverture capable de les laisser sortir. Après être sorties de leur coque, après s'en être même éloignées, elles revenoient dessus pour la ronger; la coque de leur œuf leur fournissoit leur premier aliment, & cela pendant plus de deux jours qu'elles la rongeoient à plusieurs reprises; elles ne laissoient de chaque coque que la petite calotte qui étoit collée contre la feuille. J'ai lieu de croire que plusieurs especes de chenilles s'occupent ainsi après leur naissance, à ronger leur coque, parce que j'ai observé que d'œufs de diverses espéces qui avoient été sphériques, il ne restoit qu'une petite calotte attachée contre la feuille, ou contre le corps sur lequel l'œuf avoit été collé.

A peine nos petites chenilles livrées, nos petites chenilles des bagues ont-elles cessé de manger, qu'elles s'occupent à filer; elles travaillent de concert à des toiles qu'elles étendent aux angles d'où partent les rejettons qui leur fournissent des feuilles. Ces toiles tiennent plusieurs feuilles liées ensemble, & ce sont les feuilles assujetties par les toiles qu'elles mangent par préference. Quand un bouquet de feuilles & celles qui sont aux environs sont rongées, elles vont plus loin filer de nouvelles toiles auprès des feuilles qu'elles se proposent de manger dans la suite. C'est dans ces mêmes toiles qu'elles cramponnent leurs pieds toutes les fois qu'elles ont à changer de dépouille. Ces toiles les mettent à l'abri dans les temps de pluye, & elles se tiennent aussi sous ces toiles pendant que le soleil est le plus ardent, & dans la plûpart des temps où elles ne mangent pas. Quand elles sont devenuës fortes, quand elles ont acquis plus de la moitié de la longueur à laquelle elles doivent parvenir, elles se retirent plus rarement dans ces especes de nids. Dans leurs temps de repos, elles se couchent les unes auprès des autres sur quelque branche, leur corps n'est pas toujours alors en ligne droite celui de plusieurs appliquées les unes auprès des autres est en quelque sorte ondé, ce qui donne une forme assé singuliere à toute la plaque de chenilles. Ce qu'elles font voir de plus remarquable dans ces temps de repos, sur-tout lorsqu'il fait chaud, & ce qui ne leur est pas commun avec beaucoup d'autres chenilles, ce sont des especes de coups de tête, extrêmement brusques, qu'elles donnent en l'air tantôt à droit & tantôt à gauche, tantôt en haut, & tantôt en bas : il sembleroit qu'elles seroient en colere & qu'elles voudroient frapper ; ce n'est pourtant que l'air qu'elles frappent ; la partie antérieure de leur corps se meut alors avec la tête. Elles se séparent les unes des autres quelques semaines avant que de songer à faire leurs coques On ne les trouve plus alors qu'une à une.

Cette chenille que nous nommons la livrée, Goedaert la nomme la *biberonne* ; il a remarqué qu'au lieu que les feuilles suffisent aux autres pour aliment & pour boisson celle-ci boit volontiers les gouttes d'eau qu'elle trouve sur les feuilles mêmes. Je ne crois pourtant pas qu'il lui arrivât de périr faute de boire ; j'en ai gardé pendant long temps dans des poudriers où je leur donnois simplement à manger, & qui y ont fort bien vêcu ; les feuilles humides en géneral sont même contraires aux chenilles. Des sucs épanchés de la plante sur laquelle des chenilles vivent, ne sont pas une liqueur insipide, comme l'est l'eau,

& peuvent être plus de leur goût. Aussi ai-je déja fait
observer dans un autre endroit, que les grandes & belles
chenilles du titimale à port de cyprès boivent avide-
ment le lait caustique qui s'épanche des tiges brisées de
cette plante. La plûpart des chenilles semblent tirer
leur véritable aliment du suc dont les feuilles sont péne-
trées; les excremens de celles qui mangent beaucoup, ne
sont que des feuilles macerées; il semble qu'elles rejettent
tout ce que la feuille a de solide, & que leur estomach
& leurs intestins n'ayent fait qu'en exprimer le suc qui y
étoit contenu.

Les especes de chenilles dont nous venons de parler,
& qui passent une grande partie de leur vie en societé,
donnent des papillons nocturnes; il y a de semblables societés, pour un temps seulement, de chenilles d'où sortent
des papillons diurnes. Quelques especes de chenilles épineuses de l'ortie, sont de ce nombre, & entr'autres celle *
que nous avons décrite en expliquant la cause de la dorure
des crisalides; sa couleur est d'un verd foncé avec des rayes
brunes marquetées de verd. Leurs ouvrages en commun
se réduisent à des toiles semblables à celles dont la livrée
nous a donné occasion de parler.

** Tom. I.
Pl. 26. fig.
1. & 5.*

Nous nous arrêterons davantage à l'histoire d'une chenille un peu plus petite que les précedentes *, & qui
donne aussi un papillon diurne; on la trouve dans les prairies vers la fin de Septembre, mais elle y est encore plus
aisée à trouver vers le milieu d'Octobre. Dans le besoin
elle mange des feuilles des gramens des prés, mais elle
aime encore mieux le plantin, & sur-tout celui à feuilles
étroites. Quand on commence à voir de ces chenilles,
elles sont d'une couleur de maron; par la suite après avoir
mué, elles sont d'un très-beau noir, & leur tête devient
rouge. Elles semblent épineuses, elles sont pourtant comme

** Pl. 9. fig.
2.*

une claſſe moyenne entre celle des épineuſes & celle des veluës ; leur corps eſt couvert de mammelons charnus * qui ſont autant de petites pyramides coniques, diſpoſées par rangs comme le ſont les épines ou les tubercules des autres chenilles. De petits poils poſés aſſez proches les uns des autres , ſont implantés dans ces pyramides charnuës, & s'élevent parallelement à l'axe de la pyramide. Sa pointe eſt elle-même chargée de pareils poils ; il n'y en a point ou peu ſur le reſte du corps de ces chenilles.

Quoique leurs ſocietés ne ſoient pas bien nombreuſes, car je ne les ai jamais trouvées de plus d'une centaine de chenilles, les endroits où elles ſe ſont établies ſont aiſés à reconnoître ; on voit dans des prairies certaines touffes d'herbes * qui ſont recouvertes de toiles blanches, qu'on eſt d'abord porté à prendre pour des toiles d'araignées ; mais quand on les regarde de plus près, on connoît qu'elles ont été faites par d'autres ouvriéres, & pour d'autres uſages. Ce ſont des eſpeces de tentes, au-deſſous deſquelles nos chenilles mangent, ſe repoſent & changent de peau toutes les fois qu'elles ont à en changer. La diſpoſition de ces toiles n'a rien de régulier : il y en a de poſées en divers ſens, & pluſieurs les unes ſur les autres ; la figure de la touffe d'herbe, la direction des branches qu'elle jette, décide de la diſpoſition des toiles, qui ſouvent vont depuis les feuilles qui s'élevent le plus, juſqu'à celles qui ſont les plus proches de la ſurface de la terre. Le gros de la maſſe approche pourtant, pour l'ordinaire, de la figure pyramidale. L'intérieur eſt comme partagé par pluſieurs cloiſons, en différents logemens qui s'élargiſſent en s'approchant de la baſe. Ce qui a été renfermé ſous une telle tente de figure très-irréguliére, ou, ſi l'on veut, ſous pluſieurs tentes raſſemblées les unes auprès des autres, eſt deſtiné à la pâture de nos chenilles.

Quand

* Pl. 9. fig. 3.

* Pl. 9. fig. 7.

Quand elles ont rongé toutes ces feuilles, où ce qu'elles avoient chacune de meilleur & de plus tendre, elles abandonnent ce premier camp pour en aller établir un autre fur une touffe d'herbe plus fraîche; elles n'y tranfportent pas leurs tentes, mais elles s'y en font de nouvelles. Leurs différents campemens font aifés à retrouver, fouvent on voit quatre à cinq touffes d'herbe éloignées les unes des autres d'un pied ou deux, encore couvertes de toiles en affez mauvais état, & étenduës au deffus de feuilles très-maltraitées.

Lorfqu'elles fe préparent à changer de peau, & fur-tout lorfqu'elles fentent les approches de l'hyver, elles fe font un logement plus folide dans l'intérieur de la principale tente. Les toiles de la tente font minces, & fouvent affez tranfparentes pour laiffer voir les feuilles au deffus defquelles elles font tenduës; mais le logement intérieur que les chenilles fe font, foit pour y changer de peau, foit pour y paffer l'hyver, eft compofé d'une toile plus forte, plus épaiffe, & affez opaque pour ne laiffer aucunement voir celles qu'elle couvre. Cette derniére toile forme une efpece de bourfe *, c'eft-à-dire que fa figure eft arrondie, & que l'intérieur de fa cavité n'eft partagé par aucune cloifon. Les chenilles font les unes fur les autres dans cette bourfe; chacune y eft roulée, elles font auffi de celles qui fe roulent volontiers. Dans le temps où elles font occupées à manger, fi on en veut prendre quelque une, & qu'on touche, avant que de la prendre, les feuilles dont elle eft proche, auffitoft elle fe laiffe tomber *; la plûpart de fes voifines en font de même, elles tombent roulées, & paroiffent comme mortes.

* Pl. 9. fig.
10.

Fig. 8.

En 1731. j'apportai de Reaumur, c'eft-à-dire du fond du bas Poitou, plufieurs de ces bourfes dans lefquelles des chenilles s'étoient renfermées pour paffer l'hiver. Je les mis

Tome II.   Y

dans mon jardin de Paris, & je les y laiſſai pendant l'hive
ſur le gazon. Elles commencerent à ſortir de leurs nid
dès la fin de Février, ou au plus tard vers les premier
jours de Mars 1732. c'eſt-à-dire qu'elles en ſortirent u
mois avant le tems où les chenilles appellées commu
nes ſortent des leurs; auſſi les premiéres trouvent-ell
des feuilles de gramen & de plantin, lorſque les autres n
trouveroient pas encore des feuilles d'arbres.

Dès que celles d'une bourſe ou d'un nid en furent ſo
ties, elles ſe mirent à filer, elles reprirent les pratique
qu'elles avoient ſuivies avant l'hiver; elles couvrirent d
toiles les plantes des feuilles deſquelles elles vouloient ſ
nourrir. Elles ſe firent des tentes de ſoye qui ſervoient
les défendre contre la pluye. C'eſt ſur-tout pendant qu
le ſoleil brilloit, qu'elles travailloient à étendre & à fortifie
ces tentes. Elles ſe réſervent dans les toiles diverſes ouver
tures dirigées obliquement, par où elles peuvent rentre
ſous leurs tentes, ou en ſortir. Pendant des nuits douce
du mois de Mars, je les ai vûës ſouvent hors de la tente
attachées les unes auprès des autres, & même les une
ſur les autres contre une tige de gramen; mais quand le
nuits ſont froides, elles ne reſtent pas ainſi expoſées au
injures de l'air.

J'avois mis à deſſein pluſieurs bourſes ou nids de ce
chenilles les uns auprès des autres. Les chenilles de ce
différens nids ſe réunirent pour travailler enſemble
une même tente; ainſi ce ne ſont pas ſeulement celle
d'une même famille qui ſont diſpoſées à vivre enſemble
Pour raſſembler différentes familles en une même ſocieté
il ne faut que des circonſtances qui y ſoient favorables.

Entre ces chenilles d'un même nid, il y en avoit ver
le 5. Avril qui étoient près de la moitié plus petites qu
les autres. Une remarque que nous avons faite ailleurs

diſpoſe à croire que ce pouvoient être celles qui devoient donner des papillons mâles. Je n'ai point obſervé dans l'année dont je parle, c'eſt-à-dire après l'hiver, qu'elles ayent changé de peau avant le 10. Avril : alors en deux ou trois jours de temps toutes ſe dépouillérent. Vers le 17. Avril elles ſe diſperſérent, elles abandonnérent leur tente, ſans ſonger à s'en faire une nouvelle, chacune alla de ſon côté pour vivre en particulier & ſe préparer à la métamorphoſe.

Ces chenilles ſont de celles qui, pour ſe métamorphoſer, ſe pendent par les derniéres jambes la tête en embas, comme nous l'avons expliqué dans le xme Mémoire du tome I. La criſalide * qui ſort du fourreau de chenille, ſe pend dans le même endroit avec la rappe qu'elle a à ſon derriére. L'inſecte eſt reſté chez moi environ cinq ſemaines ſous cette forme de criſalide, avant que de paroître ſous celle de papillon. Les papillons de ces chenilles ſont diurnes ; ils ſont de médiocre grandeur, mais très-jolis. Le deſſus de leurs aîles, c'eſt-à-dire les ſurfaces qui ſont cachées lorſqu'ils les tiennent droites, eſt d'un aurore pâle, mais le deſſous des aîles ou les ſurfaces qui ſont en vûë, lorſque le papillon les tient droites, eſt plus varié ; l'aurore & un blanc jaunâtre y forment des bandes ſemblables à celles du point de Hongrie ; du noir & du brun qui pointillent chacune de ces bandes, y font des ondes & diverſes autres figures dont le travail plaît aux yeux.

Nous avons vû que communément nos ſócietés de chenilles ne ſont qu'une même famille, elles ſont compoſées des chenilles ſorties des œufs pondus par un même papillon, & dépoſés dans un même tas. On pourroit croire que c'eſt une régle génerale pour les chenilles qui ſortent d'œufs dépoſés les uns auprès des autres, que toutes celles qui naiſſent enſemble continuent d'y vivre. Mais ſi on ſuit les

Y ij

histoires des chenilles de diverses especes, on reconnoîtra
que ce n'est pas cette circonstance qui décide de leur façon
de vivre, que les unes naissent avec un esprit de societé
que les autres n'ont pas. Pour le prouver, nous n'a-
vons qu'à finir l'histoire de la chenille à oreilles, de l'orme
& du chêne *, que nous avons donnée presqu'en entier dans
différens Mémoires, & qu'à la comparer avec celle de la
commune. Les papillons femelles des chenilles de l'une &
de l'autre espece *, arrangent leurs œufs avec le même
art, ils les rassemblent dans un nid bien rembourré de
poils, & bien couvert de poils par dessus. Les petites
chenilles qui sortent des œufs du papillon de la commune,
travaillent de concert aux mêmes ouvrages pendant la plus
grande partie de leur vie, elles habitent ensemble ; au lieu
que dès que les chenilles à oreilles sont nées, dès qu'elles
sont sorties de leurs nids, elles se dispersent chacune de son
côté, elles ne travaillent en commun à aucun ouvrage.
A la verité les chenilles du papillon de la commune naissent en été, & les autres ne naissent qu'au printemps ; mais
le temps de la naissance n'est pas ce qui donne l'esprit
de société ; les chenilles du papillon de la livrée ne sortent, comme les dernieres, de leurs œufs qu'au printemps,
& elles vivent cependant en societé.

En 1731. ce fut le 20. Avril, que je vis sortir de leurs
nids les chenilles à oreilles, aux environs de Charenton ;
le thermométre ne monta cependant ce jour-là qu'à 13.
degrés au-dessus de la congelation ; la chaleur avoit été
plus grande quelques jours auparavant : mais le 19. il
avoit plû abondamment. La pluye qui contribue tant au
prompt accroissement des feuilles, influeroit-elle sur la
naissance des chenilles, les détermineroit-elle à percer leurs
coques & à en sortir? J'en avois plusieurs nids qui avoient
passé l'hiver dans mon cabinet, ces chenilles n'y naquirent

dans la même année, qu'un jour plus tard que celles des nids
de la campagne. Les œufs qui les renferment ont la figure
d'un fromage d'Hollande, dont le milieu d'un des bouts
est un peu enfoncé. Nous avons vû que les chenilles livrées percent un des bouts de leur œuf, celui qui est le
plus gros ; c'est-là qu'elles s'ouvrent une porte. Nos chenilles à oreilles n'ouvrent point leur coque à un de ses
bouts, elles percent quelque part le contour du corps
de l'œuf ; ce qui convient à la position où elles sont dans
l'œuf, car elles y sont roulées parallelement à ses bouts
En naissant, elles sont couleur d'ambre, & dans moins de
vingt quatre heures elles deviennent d'un noir couleur
de suye.

EXPLICATION DES FIGURES
DU TROISIEME MEMOIRE.
PLANCHE VI.

LA Figure 1, est celle d'un nid de ces chenilles de l'espece
appellée la commune. Son enveloppe extérieure est faite
de quelques feuilles de chêne courbées & tenuës ensemble par des toiles minces de soye blanche.

a b c p f e, ce nid.

En *c*, sont des queuës de feuilles détachées de leur tige.

d, la tige.

p p p, diverses portes ou ouvertures par lesquelles les
  chenilles peuvent entrer dans le nid & en sortir.

La Figure 2, represente une coupe du nid de la figure
1, faite par un plan, ou plûtôt par un couteau qui a
passé par *b f*, fig. 1.

b f, Figure 2, fait voir la coupe de ce nid, où paroissent
  les contours formés par des toiles & par des

feuilles, & qui renferment les enceintes qui fervent à loger les chenilles alors très-petites.

La figure 3, eft la partie *b f e a b*, de la figure 1, qui a été feparée de la partie *b f*, de la figure 2.ᵉ *b f*, & *b, f*, figures 2, & 3, font voir des coupes tranfverfales de ce nid.

a i b k i a, Figure 3, marquent une coupe faite parallelement à la longueur du même nid.

La Figure 4. eft celle d'une portion d'une coupe du même nid, faite par un plan parallele à la longueur du nid, ou à la tige *d*, figures 1, & 2. Cette portion de coupe eft groffie au microfcope, pour faire voir les chenilles dans leurs logemens.

e, eft un endroit, une partie d'une loge qui eft remplie d'excremens.

La Figure 5, eft celle d'une portion de la coupe *b f*, figure 2, groffie au microfcope pour rendre plus diftincts les contours des différentes enceintes dans lefquelles les chenilles font logées.

PLANCHE VII.

La Figure 1, eft celle d'un nid de chenilles de l'efpece appellée la commune, de forme différente de celui de la planche 6, fig. 1. Dans la compofition du nid de cette planche, entrent différentes feuilles de pommier ou de poirier, qui partent de différentes tiges. Les endroits de ces feuilles qui paroiffent blancs, font recouverts par des toiles qui fervent à les contenir dans les places où elles font.

d d d, t t, marquent de petites branches & une tige, qui font blanchies, parce qu'elles font auffi tapiffées de toiles.

La Figure 2. repreſente une feuille ſur laquelle des che-nilles nouvellement nées ſont arrangées parallelement les unes aux autres; elles avancent dans le même ordre vers la pointe *f*. Le parenchime de la partie *p q p*. de la feuille a été mangé par ces chenilles.

La Figure 3, eſt celle d'une de ces chenilles qui vivent en ſocieté ſur le pin.

La Figure 4, eſt celle de la coupe d'un anneau de cette chenille, priſe ſur un de ceux qui à ſa partie ſupérieure a cette eſpece de ſtigmate qui n'a rien de commun avec ceux qui ſervent à la reſpiration. Les deux levres *l m* ſont rapprochées l'une contre l'autre dans cette figure.

La Figure 5, fait voir le ſtigmate ſeul; on y voit les deux levres *l* & *m* écartées l'une de l'autre. Dans la cavité qui eſt entre elles, il paroît de la matiere cotonneuſe.

Dans la Figure 6, les deux levres ſont plus allongées & plus rapprochées l'une de l'autre.

Dans la Figure 7, les deux levres ſont écartées, & le duvet qui étoit entr'elles, fig. 5, a été emporté.

PLANCHE VIII.

La Figure 1, eſt celle d'un nid de ces chenilles qui vi-vent en ſocieté ſur le pin. Il a été deſſiné plus petit que l'original qui avoit huit pouces de longueur & quatre pou-ces de diamétre à ſa baſe, & qui cependant étoit un des plus petits; les feuilles de pin qui le forment, ſont liées par des fils de ſoye. *E*, eſt la grande ouverture par laquelle les chenilles entrent dans le nid.

La Figure 2, eſt celle d'une portion du nid de la fi-gure 1. On a cherché à y rendre plus ſenſible la grande entrée du nid *E*, & une autre entrée plus petite *e*. On voit que la grande entrée eſt un entonnoir formé par des toiles dont les fils font difpofés circulairement.

La Figure 3 , eft celle d'une coque dans laquelle une chenille du pin s'eft transformée en crifalide. La coque eft ici plus tranfparente qu'elle ne l'eft naturellement.

Les Figures 4 & 5 , font celles de la crifalide de la chenille du pin, vûë du côté du ventre. Dans la Figure 4 , la crifalide eft deffinée plus grande que nature ; il y en a qui font même plus petites que celle de la Figure 5. a le bout antérieur de la crifalide qui eft pointu. c c , deux crochets qui font au bout poftérieur ; celui-ci eft beaucoup plus gros que l'antérieur, ce qui eft remarquable.

La Figure 6 , repréfente le papillon femelle de la chenille du pin dans fon attitude ordinaire.

La Figure 7, fait voir le même papillon du côté du ventre.

La Figure 8 , le montre par deffus, ayant fes aîles écartées du corps. e e , eft cette portion du corps qui eft couverte d'écailles qui y tiennent peu.

La Figure 9, eft celle du papillon mâle, dont la femelle eft repréfentée dans les figures précedentes.

La Figure 10 , eft celle de la tête d'un des papillons des figures précedentes, repréfentée très en grand & vûe par devant. On s'eft propofé de rendre fenfibles ces efpeces de gradins écailleux qui font difpofés les uns au-deffus des autres entre les yeux & plus haut.

La Figure 11 , fait voir en grand la partie poftérieure du deffus du corps, qui eft marquée e e , fig. 8, pour montrer la difpofition des couches d'écailles qui fe trouvent fur cette partie.

La Figure 12, eft très en grand, celle d'une des écailles arrangées par lits dans la fig. 11.

PLANCHE

PLANCHE IX.

La Figure 1, eft celle de la coupe d'un nid des chenilles du pin repréfenté pl. 8. fig. 1. Cette coupe a été
faite parallelement au bout, en quelque endroit *bb*, de
la fig. 1, de la pl. 8. La couronne *ccc*, qui fait la principale
enceinte de cette coupe, eft extrêmement fournie de foye,
& de foye nette qui remplit tous les intervalles que les
feuilles laiffent entr'elles. On voit dans l'intérieur diverfes
cavités féparées par des cloifons; ces cavités font les logemens des chenilles. Le nombre de ces logemens eft plus
grand qu'il ne paroît ici. Les cloifons qui les féparent font
de foye qui eft cachée en partie par des grains verdâtres,
qui ont été dépofés deffus cette foye. Ces grains font les
excremens des chenilles.

La Figure 2, eft celle d'une de ces chenilles qui vit en
focieté dans les prairies, parvenuë à toute fa grandeur.

La Figure 3, fait voir en grand une des houpes de
poils de cette chenille. Tous les poils s'élevent & partent
d'un mammelon charnu de figure conique.

La Figure 4, montre la crifalide de la chenille de la fig.
2, du côté du dos, & penduë à une petite branche.

La Figure 5, montre la même crifalide du côté du
ventre. Celles de ces deux figures font plus grandes que
nature.

La Figure 6, eft celle du papillon diurne qui fort
des crifalides précedentes. Ce papillon eft refté chés moi
près d'un mois & demi en crifalide.

La Figure 7, repréfente un nid habité par des chenilles
telles que celles de la figure 2, mais jeunes & petites,
& telles qu'elles font dans le mois d'Octobre.

La Figure 8, eft celle d'une de ces petites chenilles du

Tome II.   Z

nid, fig. 7. roulée comme elles se roulent, dès qu'on veut les toucher.

La Figure 9, est celle d'un mammelon charnu de cette petite chenille, chargé de poils & représenté plus grand que nature.

La Figure 10, est celle d'une de ces bourses de soye blanche, dans laquelle ces petites chenilles passent l'hiver, entassées les unes sur les autres. On a coupé la bourse en *b b b*, & on a enlevé la partie du tissu de la soye qui achevoit de la fermer, pour mettre à découvert les chenilles qui en remplissent l'intérieur.

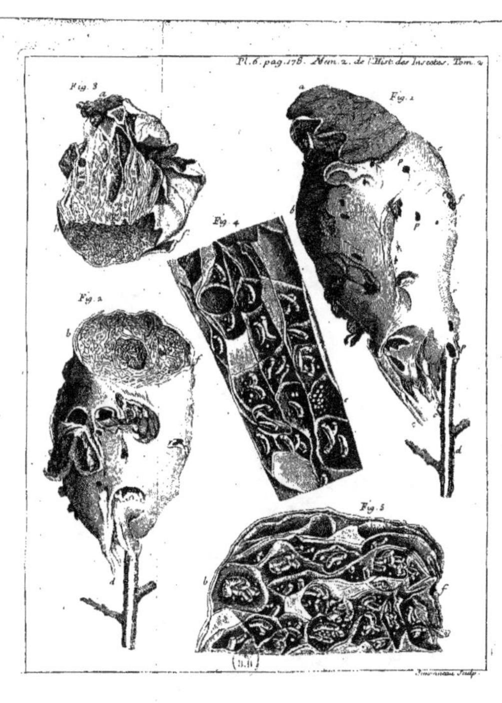

Pl.6. pag.178. Mem. 2. de l'Hist. des Insectes. Tom. 2.
Fig. 3
Fig. 1
Fig. 4
Fig. 2
Fig. 5

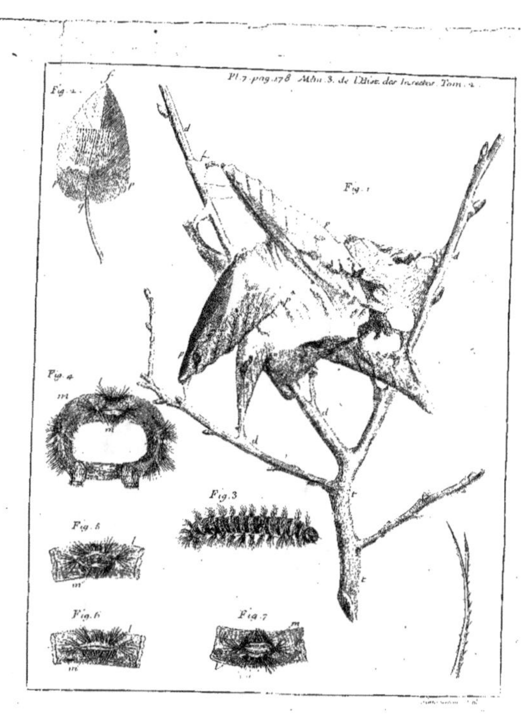

Pl. 7. pag. 178. Mém. 3. de l'Hist. des Insectes. Tom. 4.
Fig. 2.
Fig. 1.
Fig. 4.
Fig. 5.
Fig. 3.
Fig. 6.
Fig. 7.

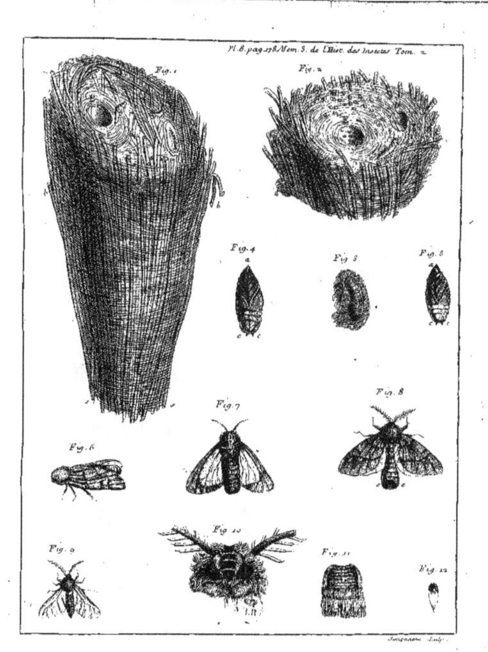

Pl. 8. pag. 178. Mem. 3. de l'Hist. des Insectes Tom. 2.
Fig. 1
Fig. 2
Fig. 4
Fig. 3
Fig. 5
Fig. 6
Fig. 7
Fig. 8
Fig. 9
Fig. 10
Fig. 11
Fig. 12

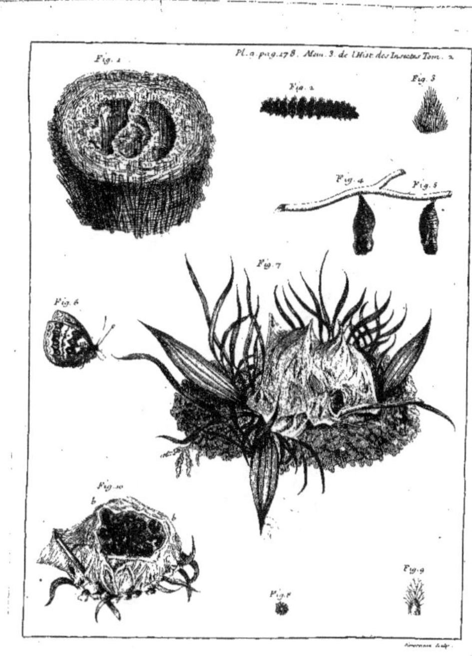
Pl. 2 pag. 178. Mem. 3. de l'Hist. des Insectes Tom. 2.
Fig. 1
Fig. 2
Fig. 3
Fig. 4
Fig. 5
Fig. 6
Fig. 7
Fig. 8
Fig. 9
Fig. 10

)※(‡)※(‡)※(‡)※(‡)※(‡)※(‡)※(‡)※(‡)※(‡)※(‡)※(‡)※(‡)※(‡)※(‡)※(‡)※(‡)※(‡

QUATRIE'ME MEMOIRE.

DES CHENILLES
QUI VIVENT EN SOCIETE'
PENDANT TOUTE LEUR VIE;

A l'occasion desquelles on examine la cause des deman-
geaisons & des cuissons de peau qui sont produites
par quelques chenilles.

DE toutes les républiques de chenilles que je connois,
les plus considérables sont celles d'une espece de chenille qui vit sur le chêne. Chacune de ces républiques,
comme les autres dont nous avons parlé, n'est pourtant
qu'une même famille, elle n'est de même formée que de
chenilles nées d'un seul papillon, mais c'est une famille
bien nombreuse; il y en a telle qui est peut-être composée de plus de 600. & même de 7. à 800. chenilles.

Cette chenille * est de la classe de celles qui ont seize
jambes, dont les membraneuses sont armées de demi couronnes de crochets; elle est de grandeur médiocre. Quand
elle vient de quitter une dépouille, sa nouvelle peau est
d'un brun presque noir au-dessus du dos, & blancheâtre
sur les côtés & sous le ventre; elle est chargée de poils
très-blancs & fort longs *; leur longueur ou pluftôt leur
hauteur est presque égale à la longueur de tout le corps
sur lequel ils s'élevent perpendiculairement jusqu'à quelque distance de leur bout supérieur, qui est recourbé alors
en crochet; ils se redressent par la suite. Ces poils & la
peau de la chenille roussissent en vieillissant; chaque fois

       * Pl. 10. fig.
       1.

       * Fig. 6. & 7.

qu'elle eſt prête à laiſſer une dépouille, ſa peau eſt preſque rouſſe. Les poils ſont arrangés par aigrettes peu fournies; ſur chaque anneau il y en a trois de chaque côté au-deſſus de la ligne des ſtigmates, & deux au-deſſous, c'eſt-à-dire, dix aigrettes en tout. Les poils de chaque aigrette partent d'un petit tubercule aſſez arrondi, de couleur feuille-morte. Cinq à ſix grands poils, & environ huit ou dix qui ont à peine le tiers ou le quart de la longueur des autres, compoſent une aigrette.

Tant que ces chenilles ſont chenilles, elles ne ſe quittent point, elles mangent enſemble, elles filent enſemble, elles ſe repoſent enſemble; non ſeulement elles demeurent en-ſemble tant que dure leur vie de chenille, elles reſtent encore toutes enſemble ſous la forme de criſalide. Mais les papillons venus de ces chenilles ſe diſperſent chacun de leur côté pour produire de nouvelles familles pareilles à celle dont ils ont fait partie.

Pendant que les chenilles de chacune de ces petites ré-publiques ſont jeunes, elles n'ont point d'établiſſement fixe; elles campent ſucceſſivement en différens endroits du chêne ſur lequel elles ſont nées; elles s'y font des toiles ſous leſquelles elles ſe tiennent peu de temps, & qu'elles abandonnent quand elles ont changé de peau, pour en aller filer d'autres ailleurs. Mais quand elles ſont parvenuës à avoir environ les deux tiers de la grandeur à laquelle elles doivent arriver, c'eſt-à dire, vers le commencement de Juin, elles ſe font une habitation fixe *, qui n'eſt aban-donnée par ces inſectes qu'après qu'ils ont pris des aîles. Toutes les chenilles ſe rendent en certain temps dans cette habitation ou dans ce nid; le plus ſouvent elles s'y tien-nent tout le jour; ce n'eſt guéres que quand le ſoleil eſt près de ſe coucher, qu'elles en ſortent. Un nid capable de contenir tant d'inſectes aſſez gros, & dans lequel ils doivent

* Pl. 11. fig. 1.

faire leurs opérations les plus difficiles, comme changer de peau, fe transformer en crifalides & en papillons, doit avoir de la capacité, auffi a-t-il une groffeur confidérable.

Ces nids font fouvent appliqués contre des troncs de chêne, quelquefois proche de la terre, quelquefois à fept à huit pieds de haut; affés fouvent il y en a d'attachés contre une des principales branches qui partent de la tige. Leur figure n'a rien de fingulier ni de bien conftant; ils forment fur l'endroit du chêne où ils font appliqués, une boffe pareille aux nœuds qu'on voit à ces arbres. Cette boffe eft quelquefois femblable à un fegment de boule; quelquefois elle eft trois à quatre fois plus longue qu'elle n'eft large : il y a de ces nids qui ont plus de 18 à 20 pouces de longueur, 5 à 6 pouces de largeur, & qui vers le milieu de leur convexité s'élevent de 4 pouces & plus au-deffus de l'arbre. Plufieurs couches de toiles appliquées les unes fur les autres, forment les parois de ce nid. Entre le tronc de l'arbre & ces parois, eft la cavité où les chenilles vont fe renfermer de temps en temps, qui n'eft partagée par aucune cloifon; de forte que le nid n'eft qu'une efpece de poche. Au haut de la toile *, près du tronc de l'arbre, elles laiffent un trou par où elles entrent & par où elles fortent quahd il leur plaît.

* Pl. 11. fig.
1. 0.

Malgré le grand volume de ces nids, quoiqu'ils foient fi peu rares qu'il y en a quelquefois trois ou quatre fur le même chêne, quoiqu'attachés contre une tige nuë & à hauteur des yeux, on ne les apperçoit que quand on cherche à les voir, autrement on les confond avec ces tubérofités, ces boffes de l'arbre auxquelles nous les avons comparés. La foye qui les couvre devient d'un blanc grifâtre qui n'imite pas mal la cou'eur des lichens dort les tiges des chênes font ordinairement recouvertes. Au refte, ce n'eft guéres que fur les grands chênes qu'on les

rencontre; ils font ordinairement fur ceux qui font proch
des liziéres, on n'en trouve guérès fur ceux qui font
milieu d'un grand bois; c'eft au moins ce que j'ai obfer
dans les bois de Vincennes & de Boulogne, où j'en
trouvé un grand nombre.

Je crois qu'il y a une très-parfaite égalité entre les h
bitans de cette république; ils marchent pourtant ayant
chef à leur tête, & ils fuivent fes mouvemens avec auta
d'exactitude qu'ils pourroient faire, s'ils l'euffent cho
pour conducteur, après avoir reconnu fa capacité. L'heu
de fortir du nid étant venuë, il y a une chenille qui fe m
la premiére en marche, une autre la fuit, & toutes fu
vent à la file. Ce n'eft pas feulement en fortant de le
nid qu'elles fuivent la premiére qui s'eft mife en marcl
elles la fuivent de même tant qu'elle eft en mouvemer
elles s'arrêtent toutes quand elle s'arrête; elles attende
pour marcher, qu'elle recommence à fe mettre en rou
Elles vont toûjours en efpece de proceffion, auffi les ai
nommées des *proceffionnaires*, ou des *évolutionnaires*. J'
ai gardé pendant du temps chés moi à la campagne; j'a
portai une branche de chêne qui en étoit couverte, da
mon cabinet, & c'eft là où j'ai mieux fuivi l'ordre &
régularité de leur marche, que je n'aurois pû faire dans
bois. Je me fuis amufé avec plaifir à la voir pendant pl
fieurs jours. J'attachai la branche fur laquelle je les avois a
portées, contre un des volets d'une de mes fenêtres. Quar
les feuilles fe furent trop defféchées, quand elles furent d
venuës trop coriaffes pour les dents des chenilles, ell
tenterent d'aller chercher ailleurs de meilleure nourritur
Il y en eut une qui fe mit en mouvement, une feconde
fuivit en queuë, une troifiéme fuivit celle-ci, & ainfi
fuite elles commencérent à défiler & à monter le long c
volet, mais étant fi proches les unes des autres, que

tête de la seconde touchoit le derriére de la premiére.
La file étoit par-tout continuë, elle formoit un véritable
cordon de chenilles sur une longueur d'environ deux pieds;
après quoi la file se doubloit: là deux chenilles marchoient
de front, mais aussi près de celle qui les précédoit, que
l'étoient les unes des autres celles qui marchoient une à
une. Après quelques rangs de nos processionnaires qui
étoient de deux de front, venoient des rangs de trois de
front; à quelques-uns de ceux-ci il en succédoit de quatre
de front; enfin il y en avoit des rangs de cinq, d'autres
de six, d'autres de sept, d'autres de huit chenilles, &c.
Celles d'un rang étoient toûjours si proches les unes des
autres, qu'elles paroissoient appliquées les unes contre les
autres parallelement à leur longueur, il n'y avoit ni intervalle entre les différens rangs, ni entre celles de chaque
rang. Cette troupe si bien ordonnée étoit conduite par
la premiere; s'arrêtoit-elle, tout s'arrêtoit; recommençoit-
elle à marcher, tout se mettoit en mouvement & la sui-
voit exactement, soit qu'elle allât le long d'une ligne droite,
soit qu'elle allât par une ligne tortueuse à un terme où
elle auroit pû arriver par une ligne plus courte. Dans la
marche que je décris, dans la premiére que je leur vis faire,
la chenille de la tête monta jusqu'au haut du volet, &
ensuite elle descendit; toutes montérent jusqu'où elle avoit
monté, & la suivirent pendant qu'elle descendoit, comme
elles l'avoient suivie pendant qu'elle montoit. Je lui presentai une branche de chêne, fraîche, elle se rendit dessus,
les autres s'y rendirent aussi; alors les rangs se formérent
autrement, ils se fortifiérent; les chenilles se distribuérent
sur les feuilles, mais elles s'y tinrent contiguës les unes aux
autres, leurs corps se touchant dans toute leur longueur;
elles restérent toûjours placées ainsi pendant qu'elles ron-
gérent les nouvelles feuilles qui leur avoient été offertes.

Le lendemain les feuilles de la branche commençant à se deſſécher, elles les quittérent, une d'elles ſe rendit encore ſur le volet, elles la ſuivirent. Celle qui conduit la troupe ne m'a jamais paru differente en rien des autres, qui prennent apparemment pour conductrice celle qui veut ſe donner pour telle. L'ordre de la ſeconde marche ne fut pas le même que celui de la marche du jour précédent; toutes ſe mirent en file une à une, mais toujours ſi proches les unes des autres, que le derriére de celle qui devançoit, étoit touché par la tête de celle qui ſuivoit. Celle qui étoit à la tête fit tout le tour du bord du volet, ainſi le volet ſe trouva avoir une bordure de chenilles. Ce contour ne ſuffiſoit pas pour les contenir toutes; la conductrice prit enſuite ſa route vers le milieu du volet, elle ſuivit des chemins contournés qui ſe trouvérent tous marqués par un cordon de chenilles. Je lui preſentai une nouvelle branche ſur laquelle elle ſe rendit, & où elle fut ſuivie par toutes les autres.

J'ai vû durer ce manége pendant pluſieurs jours, il donnoit un amuſant ſpectacle à tous ceux que j'avois chés moi à la campagne; mais enfin mon troupeau de chenilles eut un jour une plus habile conductrice que celle des jours précedens. Lorſque je voulus les voir le matin, je ne les trouvai plus ſur la branche de chêne; cela m'étoit déja arrivé quelques autres fois, mais alors je les rencontrois arrangées quelque part, ſoit ſur le plafond, ſoit ſur la tapiſſerie de mon cabinet: pour cette fois je les cherchai inutilement; leur guide avoit apparemment trouvé un chemin par lequel elle les mena dans des endroits qui leur étoient plus convenables que mon cabinet.

Au reſte, je n'ai décrit que les ordres de leurs marches les plus ſimples, elles les varient extrêmement. Quelquefois je différois à deſſein de pluſieurs heures à leur préſenter

une

une nouvelle branche de chêne, & alors ce petit corps d'armée faifoit une infinité d'évolutions tout-à-fait fingu-liéres, il fe formoit fous une infinité de figures différentes; mais il étoit toûjours conduit par une feule chenille: la tête du corps étoit toujours angulaire, le refte étoit tantôt plus, tantôt moins développé. Quelquefois, comme je l'ai dit, les chenilles étoient à la file une à une, quelquefois il y avoit des rangs de quinze à vingt chenilles.

Ce qui fe paffoit dans mon cabinet fe paffe tous les jours dans les bois où font nos chenilles; c'eft un vrai fpectacle pour qui aime l'hiftoire naturelle, que de fe trouver dans les jours chauds d'été, vers le coucher du foleil, dans un bois où il y a plufieurs nids de nos proceffionnaires fur des arbres peu éloignés les uns des autres. Quand le foleil eft près de fe coucher, on en voit fortir une de quelque nid par l'ouverture qui eft à fa partie fupérieure, & qui fuffiroit à peine à en laiffer fortir deux de front. Dès qu'elle eft fortie, elle eft fuivie à la file par plufieurs autres; arrivée environ à deux pieds du nid, tantôt plus près pourtant, & tantôt plus loin, elle fait une paufe pendant laquelle celles qui font dans le nid continuent d'en fortir; elles prennent leur rang, le bataillon fe forme; enfin la conductrice marche, & tout la fuit. Ce qui fe paffe dans ce nid fe paffe dans tous les nids des environs, on les voit tous fe vuider à la fois; l'heure eft venuë, où les chenilles doivent aller chercher de la nourriture, où elles doivent aller ronger les feuilles du chêne; ainfi c'eft pendant la nuit qu'elles fe promenent, qu'elles mangent: pendant le jour, & fur-tout pendant les jours chauds elles fe tiennent en repos dans leurs nids.

On en trouve pourtant quelquefois en plein midi fur des troncs ou fur des branches de chêne, mais alors elles y font ordinairement plaquées les unes contre les autres,

fans fe donner aucun mouvement; d'où il arrive qu'il e
difficile de les y appercevoir, quoiqu'elles y occupent un
affés grande furface, qu'elles y forment une affés grand
plaque. Quelquefois au lieu d'être fimplement couchées le
unes à côté des autres, elles font les unes fur les autres
elles y font comme lacées *, les fupérieures fe contourner
fur les inférieures, elles forment ainfi diverfes maffes affe
finguliéres.

* Pl. 10. fig. 8. *L L.* & *M M.*

Quand elles font dans leur nid, elles y font auffi arrar
gées de quelques-unes de ces maniéres. Elles s'y vuider
d'une partie de leurs excrémens qui tombent au fond
elles n'évitent pourtant pas d'en faire tomber fur la toi
des parois, peut-être même le cherchent elles; ils s'y en
barraffent, & fervent à épaiffir & à fortifier l'envelopp
du nid.

Il fe peut bien qu'il arrive quelquefois des partages dai
les familles de nos proceffionnaires, j'en ai eu chés m
qui fe font féparées au bout de quelques jours en deu
bandes, qui ne fe font jamais réunies. D'ailleurs j'ai que
quefois trouvé des nids qui n'avoient pas plus de cei
chenilles : ce pouvoient bien être des démembremens d
familles plus nombreufes.

Je n'ai point vû de famille de ces chenilles qui fe fi
fait un nid, en 1732. avant les premiers jours de Juin
ceux que j'obfervai vers ce temps-là n'étoient encore er
tourés que d'une toile auffi mince que celle des ara
gnées, elle laiffoit voir les chenilles au deffus defquell
elle fe trouvoit; toutes étoient pofées fur l'écorce de l'a
bre, & appliquées les unes contre les autres. Un démen
brement d'une de ces familles, c'eft-à-dire environ ur
foixantaine de ces chenilles que je mis de meilleure heu
dans mon jardin fur un petit chêne qui n'avoit pas tro
pieds de haut, m'a affez appris qu'elles paffent leur v

avant que d'avoir un nid, comme après s'en être conſtruit
un. Pendant le jour elles étoient appliquées les unes auprès des autres ſur quelqu'endroit de mon petit chêne ;
ſouvent elles étoient lacées & entortillées autour d'une petite tige ; là pluſieurs qui s'entrelaçoient formoient une eſpece de cordon. Ce n'étoit ordinairement que le ſoir qu'elles
ſe mettoient en mouvement pour aller manger les feuilles ; il n'y a eu que dans des jours ſombres & un peu froids
que je les ai vûës quelquefois en uſer autrement. J'en ai
nourri dans des poudriers, elles s'y tenoient de même en
repos pendant le jour. Elles ſont de même tranquilles, arrangées par plaques, ou entrelacées ſur les grands chênes de
la campagne pendant le jour ; mais il y en a qui ſont poſées
alors ſous de petites toiles qu'elles ne filent, & ſous leſ-
qu'elles elles ne ſe placent que lorſqu'elles veulent muer,
encore ne filent-elles pas toûjours des toiles pour muer.

Il ſemble qu'elles ne ſongent à faire un nid ſolide, que
lorſqu'elles ſentent que le temps de leur métamorphoſe
approche. En commençant ce nid elles lui donnent toutes les dimenſions, au moins en largeur & en épaiſſeur,
qu'il doit avoir ; mais il leur arrive quelquefois de l'allonger quand elles ne lui trouvent pas aſſés de capacité. Ce
que j'appelle l'épaiſſeur du nid, c'eſt la diſtance de la toile
à l'écorce de l'arbre ; cette épaiſſeur du nid, cette diſtance
de la toile à l'arbre ne laiſſe pas de ſuppoſer une ſorte
d'induſtrie ; car comment une toile mince peut-elle prendre une certaine courbure, & ſe ſoûtenir dans un certain
éloignement du tronc qu'elle ne touche que par les bords !
Si tous les nids étoient poſés horizontalement au-deſſous
des branches, il n'y auroit rien en cela de difficile à concevoir ; il n'en eſt pas de même dès que le nid eſt poſé
verticalement contre une tige d'arbre, & que ſon épaiſſeur,
en certains endroits, eſt beaucoup plus conſidérable que

A a ij

ne l'eſt la longueur du corps d'une chenille; car il ſuit de
que la chenille ne ſçauroit être poſée ſur l'arbre quand el
conſtruit la partie du ceintre qui s'en éloigne le plus,
faut qu'elle ſoit ſur le nid commencé, & que la portic
la derniere faite & ſur laquelle la chenille eſt poſée, ſer
d'appui à la portion qu'elle veut faire plus ceintrée, qu'el
veut tenir plus éloignée de l'arbre. Il eſt rare qu'on voy
quelques-unes de ces chenilles occupées pendant le jo
à travailler à ce nid. La nuit qui eſt le temps pendant l
quel elles mangent, eſt auſſi apparemment celui du fo
de leur travail.

Elles ont encore une fois à changer de peau après avc
commencé à ſe faire un nid. Lorſque ce temps eſt arriv
elles cramponnent leurs pieds contre la toile qui le re
ferme, & ordinairement contre la ſurface intérieure c
cette toile; la dépouille y reſte accrochée: pluſieurs ce
taines de dépouilles pareilles qui ſe trouvent ſucceſſiv
ment attachées à la toile, épaiſſiſſent & fortifient l'env
loppe, d'autant plus que par la ſuite les chenilles les lie
encore avec de nouveaux fils. Elles fortifient auſſi jou
nellement la toile de leur nid, en y étendant de no
velles couches de fils; le tiſſu que j'avois trouvé très-pe
ſerré un jour, me paroiſſoit moins tranſparent le jo
ſuivant, & au bout de ſept ou huit jours il étoit entiér
ment opaque.

Pour ſe préparer à un changement de peau qui pr
cédé le dernier, ou celui qui ſe fait dans le nid, elles
lacent de la façon ſinguliére que nous avons fait repr
ſenter *. J'en emportai chés moi d'ainſi lacées, dans u
temps où je n'avois point encore vû de nid ſur les arbre
elles ſe laiſſérent tranſporter ſans ſe donner aucun mo
vement. Renduës chés moi, elles ne s'en donnérent p
davantage, elles ne tentérent point d'aller ſur les feuille

* Pl. 10.
fig. 8. *L L.*
M M.

elles reſtérent pendant vingt-quatre heures comme mourantes, après quoi quelques-unes commencérent à quitter
leur peau; en ſix heures de temps elles ſe défirent toutes
des leurs; auſſi n'y a-t-il point de chenilles ſur leſquelles il
m'ait été plus aiſé d'obſerver comment elles ſe tirent de
leur enveloppe *. Quand elles viennent d'en ſortir *, leurs
poils ſont extrêmement blancs, comme nous l'avons déja
dit; elles ſont encore plus de vingt-quatre heures après la
dépouille quittée, ſans prendre de nourriture. C'eſt dans
leur nid que ces chenilles doivent perdre leur forme, &
devenir criſalides. Pour ſe préparer à ce changement, elles
ſe filent chacune en particulier une coque; elles joignent
à la ſoye qu'elles employent pour la former, tous leurs
poils: auſſi ſi on ouvre une coque avant que la chenille ſe
ſoit métamorphoſée, la chenille eſt méconnoiſſable, parce
qu'elle eſt toute raſe. Pendant qu'elles ont vêcu en chenilles, elles ont toujours été enſemble, & pour ainſi dire,
appliquées les unes contre les autres; pendant qu'elles
ſont criſalides, elles ſont pareillement appliquées les unes
contre les autres, autant qu'il eſt poſſible; les coques ſont
poſées les unes contre les autres, & toutes paralleles les
unes aux autres. L'aſſemblage de ces coques forme un
gâteau * dont l'épaiſſeur eſt égale à la longueur d'une coque, & dont les autres dimenſions ſont auſſi grandes que le
permet l'étenduë intérieure du nid; mais ordinairement
l'étenduë du nid ne permet pas que toutes les chenilles
diſpoſent leurs coques dans un ſeul gâteau; elles en font un
ſecond, & quelquefois un troiſiéme; ils ſont à peu près paralleles les uns aux autres, & ſe touchent par quelques endroits. Entre ces gâteaux & les parois du nid, il y a ordinairement une couche d'excrémens aſſés épaiſſe, qui
ont été jettés par les chenilles avant qu'elles travaillaſſent
à leurs coques.

** Pl. 10 fig.
3. 4. & 5.
* Fig. 6.*

** Pl. 11. fig.
3.*

A a iij

En 1731. j'emportai plusieurs de ces gâteaux de coques chés moi, les papillons * en sortirent vers le 15. d'Août; je ne sçavois pas précisément le temps où les gâteaux avoient été construits, ou ce qui est la même chose, quand les chenilles s'étoient mises en crisalides; mais il étoit sûr que les papillons n'étoient pas restés sous cette derniére forme plus d'un mois, & peut-être y étoient-ils restés moins de temps. Les derniers papillons qui sortirent, ne sortirent que vingt-quatre heures plus tard que les premiers qui avoient paru; ainsi tous les papillons d'un de ces nids naissent à peu près dans le même jour.

Le mâle & la femelle ne différent pas considérablement en grandeur, leurs couleurs sont à peu près les mêmes, le gris & le noir sont mêlés sur leurs aîles par taches & par ondes. Leur tête & leur partie antérieure sont grosses par rapport à leur longueur, ils ont l'air court. Ce sont des phalenes qui portent leurs aîles en toit; ils sont de la classe de ceux dont les antennes ont des barbes, & qui n'ont point de trompe. Plusieurs se sont accouplés chés moi; les femelles peu après l'accouplement fini, se sont mises à faire des œufs. Elles les ont arrangés en tas longs, renfermés par deux lignes à peu près parallèles; entre chaque œuf elles mettent quelques poils qui empêchent qu'ils ne se touchent les uns les autres. Ces poils s'élevent au-dessus des œufs, mais ils ne les cachent qu'imparfaitement les tas d'œufs ne sont pas aussi couverts de poils que le font d'autres tas dont nous avons parlé; lorsque ces papillons pondent dans les bois, ils couvrent peut-être mieux leurs œufs, qu'ils ne les ont couverts chés moi. Ces œufs ont la figure de petits barillets, je veux dire que leurs deux bouts sont plans, & que le milieu du fust est un peu renflé

Les gâteaux de coques que l'on trouve lorsque les papillons en sont sortis *, & que les nids ont été défaits

* Pl. 11. fig. 7.

* Pl. 11. fig. 6.

femblent des gâteaux formés par les guefpes, ou par des frelons. Chaque coque ayant été ouverte par le papillon qui en eft forti, ce gâteau paroît un amas de cellules ; leur couleur alors eft rouffâtre, & par-là encore femblable à celle des gâteaux des gros frelons.

Ceux qui peuvent avoir pris ici quelqu'envie d'obferver ces républiques de chenilles, & fur-tout leurs nids, auroient à fe plaindre de moi, fi je n'avertiffois que ce n'eft qu'avec précaution qu'on doit défaire les nids, fur-tout lorfqu'ils font remplis de gâteaux de coques, & fur-tout encore lorfque les papillons font fortis des coques. La premiére fois que je les obfervai, il m'arriva d'en trouver une grande quantité, & une trop grande quantité ; j'en détachai un bon nombre des arbres, je les brifai, je les épluchai avec les mains, & ce ne fut qu'après les avoir bien obfervés, que je m'apperçûs que je les avois trop maniés. Je fentis à mes mains, au poignet, & principalement entre mes doigts des demangeaifons cuifantes, & qui le devinrent de plus en plus ; peu après j'en fentis de pareilles en plufieurs endroits du vifage, & fur-tout à un de mes yeux, qui au bout de quelques heures fe trouva dans le même état que fi j'y avois eu une fluxion. Les paupieres, tant la fupérieure que l'inférieure étoient enflammées, je pouvois à peine les ouvrir à moitié.

C'eft une confolation pour tout homme qui fouffre, & fur-tout lorfqu'il aime la phyfique, de connoître la caufe de fon mal : celle du mal que je reffentois n'étoit pas difficile à démêler. Il nous vient des ifles de l'Amérique des efpeces de gouffes qui font couvertes de poils extrêmement fins ; fi on frotte ces gouffes contre la main, ou même fi on les touche fans précaution, on fent bientôt des cuiffons. Auffi appelle-t-on les grains de ces gouffes des *pois grattés* ; ces grains font pourtant des efpeces d'haricots.

Les poils des gouffes font de petites piquûres à la peau
dans laquelle ils reftent engagés. Quelques-uns des poils *
que nos chenilles quittent, & qu'elles font entrer dans l:
compofition de leurs coques, font auffi fins & auffi roides que ceux des pois grattés, & capables de produire ur
pareil effet.

J'avois déja été attaqué de demangeaifons une autre
fois, après avoir beaucoup manié quelques-uns de ces ta:
d'œufs qui font couverts de poils ; la caufe qui les avoi
produites étoit bien claire ; j'en fus quitte alors pou
des demangeaifons légeres & de peu de durée. Il n'er
fut pas de même cette derniére fois, la dofe des poils qu
j'avois donnée à mes mains étoit confidérablement plu:
forte ; avec mes mains trop chargées de ces poils, je m
frottai un œil & divers endroits du vifage ; des demangeaifons m'y portoient ; j'ignorois que les frottemens aux
quels j'avois recours pour les adoucir, étoient femblable
à ceux qui les avoient produites, & qu'ils n'étoient pro
pres qu'à les augmenter. Les irritations avoient été tro;
multipliées ; je ne fus quitte de mon efpece de fluxion fu
l'œil, qu'au bout de quatre à cinq jours. J'eus des doigt
où je reffentis des douleurs cuifantes pendant un auff
long temps ; je les lavai pourtant avec tout ce que je pu
imaginer, avec de l'eau fraîche, avec de l'eau-de-vie, ave
de l'huíle, rien de tout cela ne me parut amortir les cuif
fons : quand ces poils font piqués dans la peau, ce fon
autant de petites épines qu'il eft difficile d'en tirer.

Plufieurs perfonnes qui étoient avec moi à la prome
nade maniérent ces mêmes nids, mais moins que je n'avoi:
fait, elles eurent auffi des demangeaifons dont elles furen
plûtôt quittes, elles leur durérent pourtant deux jours.

Quatre dames qui étoient de la même promenade, &
qui ne maniérent ni coques ni nids, fe trouvérent le co
pleir

plein d'élevûres. Quelque difpofition que j'euffe à penfer que leur imagination avoit quelque part aux boutons dont elles fe plaignoient, & à croire qu'elles s'étoient peut-être grattées trop fort après qu'elles nous eurent entendus nous plaindre de demangeaifons douloureufes, j'ai eu des occafions de refte d'éprouver que ces nids font capables de produire quelque effet fur ceux même qui ne les manient point. Depuis que j'ai été inftruit du mal qu'ils peuvent caufer, il m'eft arrivé plufieurs fois de les défaire feulement avec ma canne, & il eft arrivé enfuite plufieurs fois que certains endroits de mes mains m'ont demangé rudement pendant plus de deux jours.

Les poils qui produifent cet effet, font fans doute des poils extrêmement fins & legers, la plus petite agitation de l'air fuffit pour les tranfporter. Ce ne font pas de ceux qui s'élevent fi haut au-deffus du corps des chenilles de cette efpece, ç'en font de beaucoup plus petits, ou ce font des fragmens des grands. Ce qu'il y a de certain, c'eft qu'ils font fi petits qu'on ne peut les diftinguer bien fûrement fur les endroits de la peau où ils ont caufé des élévations. Pendant que je défaifois avec ma canne de ces nids qui étoient pofés feulement à quelques pieds de hauteur, il eft arrivé quelquefois que les environs étoient très-éclairés du foleil; dans ces endroits éclairés je voyois voltiger des milliers de petits corps, qui étoient pourtant beaucoup plus gros & en plus grand nombre que ceux qu'on voit au milieu des rayons de lumiére qui entrent dans une chambre obfcure; ç'étoient fans doute les poils courts, ou les fragmens de poils dont l'attouchement eft capable d'exciter fur la peau des élévations accompagnées de demangeaifons cuifantes.

Au refte, les nids ne font pas également à craindre en tout temps; quand les chenilles les habitent fous la forme

de chenille, ils ne produisent des cuissons que quand on
les manie beaucoup; ils deviennent plus à craindre quand
ils sont remplis de crisalides; ils le sont encore plus quand
les papillons sont sortis, & d'autant plus qu'il y a plus long-
temps que les papillons les ont abandonnés. Ceux qui
m'ont causé des douleurs assés piquantes, quoique je les
eusse défaits avec ma canne, étoient de ces vieux nids; les
poils y sont plus détachés les uns des autres, & plus détachés de la peau; d'ailleurs les vieux poils se desséchent & se
brisent ensuite en petits fragmens. Car ces poils, au moins
les grands poils, ne sont pas toûjours en état de nous incommoder; j'ai même lieu de croire que les grands poils
ne sont jamais en état de nous causer de la douleur: j'en
ai arraché des plus grands de dessus les dépouilles de ces
chenilles, & même de dessus des dépouilles quittées depuis un an. Je m'en suis bien frotté les doigts & le poignet sans m'être donné aucune demangeaison. Mais quand
je me suis ensuite frotté avec une petite portion de la dépouille même, l'expérience m'a mieux réussi que je ne le
voulois; je me suis donné de vives cuissons dont je n'ai
pas été quitte aussi-tôt que je l'eusse souhaité. Il ne seroit
venu ni tant ni de si grosses boursouflures sur ma peau
quand je me la serois frottée avec les plus piquantes or-
ties. Aussi ayant observé les dépouilles de ces chenilles
avec une forte loupe, j'y ai distingué des poils que les yeux
aidés du secours d'une loupe qui auroit eu plusieurs pouces de foyer, n'auroient pas apperçûs. Avec la même
loupe forte, j'ai observé de petits points noirs dans les
endroits douloureux & élevés de ma peau; ç'étoient apparemment les bouts des poils à qui il est plus naturel
d'attribuer cet effet, qu'à la peau même de la chenille.

Si on manquoit de vésicatoires, si c'étoit un de ces
remedes qui paroissent mériter de nouvelles recherches

je ne sçais si on ne pourroit pas employer nos dépouilles de chenilles bien pulvérisées au lieu des mouches cantarides; je crois qu'elles seroient capables de produire autant d'effet qu'en produisent ces mouches; peut-être en produiroient-elles davantage, & plus promptement.

Non seulement la douleur causée par ces piquûres dure plusieurs jours; mais ce qui doit paroître plus singulier, c'est qu'elle parcourt successivement différens endroits du corps. Ceux qui le matin étoient élevés & cuisans, sont quelquefois applanis le soir, & ne sont plus douloureux; mais de nouvelles élévations paroissent sur la peau, & accompagnées d'une semblable douleur, quelquefois sur des endroits éloignés des premiers; quelquefois celles d'un endroit du poignet passent, & il en paroît à d'autres endroits du poignet; quelquefois celles du poignet disparoissent entiérement, & il en vient entre les doigts; & il y en a qui viennent au visage, ou à d'autres parties du corps, même cachées, mais où apparemment on a porté la main. Les poils ont causé sur le champ de la douleur aux endroits qu'ils ont piqués; mais le nombre des poils qui sont restés simplement couchés sur la peau, peut être très-grand & considérablement plus grand que celui des autres. Les mouvemens qu'on se donne par la suite les portent sur différentes parties, ou les redressent sur celles où ils étoient, & les mettent en état de les piquer. Il peut même se faire que les poils sortis d'une piquûre ne tombent pas à terre, & qu'ils aillent blesser la peau dans un autre endroit.

Après avoir été assés maltraité par ces nids, & plus d'une fois, je ne les touchois qu'avec précaution, & le moins que je pouvois; je chargeai quelqu'un à qui ils avoient fait du mal dans ma compagnie, mais moins qu'à moi, de me détacher des coques d'un gâteau, soit pour les faire dessiner, soit pour les examiner. Je lui fis bien en-

duire les mains d'huile pour voir fi alors il ne les pourroi
pas manier avec moins de rifque. Il eut plus de confianc
au préfervatif que je lui avois donné à éprouver, que j
n'en avois moi-même : il n'eft quelquefois pas mal qu
les malades ayent dans les remedes qui leur ont été pré
fentés, une confiance que les Médecins eux-mêmes n'
ont pas ; mais il n'en fut pas de même du préfervatif qu
j'avois voulu faire effayer. Mon homme, qui étoit phyf
cien, crut qu'ayant les mains enduites d'une épaiffe couch
d'huile, les poils des chenilles ne pourroient s'engage
dans fa peau, il mania & remania le gâteau, il le dépieç
beaucoup plus que je ne le lui demandois ; l'huile défend
mal fes mains, elles furent en moins d'un quart-d'heur
couvertes de boutons, de rougeurs & d'élevûres doûlou
reufes qui ne pafférent qu'après trois à quatre jours.

Le dernier reméde que j'ai éprouvé pour me déli
vrer des demangeaifons cuifantes que ces nids m'avoien
caufées, m'a bien réuffi. Pendant quelques minutes, j
frottai rudement de perfil les endroits douloureux. Le
cuiffons furent adoucies fur le champ, & j'en fus entié
rement quitte au bout de deux ou trois heures, fans avoi
eu recours à de nouvelles frictions. Peut-être que tout
autre plante réuffiroit auffi bien que le perfil ; je n'ai pour
tant éprouvé ce reméde qu'une fois. Je n'ai pas cru qu
pour m'affûrer mieux de fon efficacité, je dûffe, aprè
toutes les cuiffons vives que ces chenilles m'avoient fai
fentir malgré moi, m'en donner encore de nouvelles.

On fe plaint depuis long-temps des élevûres que fon
naître fur la peau les chenilles qui l'ont touchée, & la
crainte de ces élevûres eft peut-être la caufe de l'averfion
qu'on a affés généralement pour ces infectes. Cette haine
eft trop étenduë, elle enveloppe les innocentes avec les coupables ; toutes fouffrent parce qu'il y en a de malfaifantes,

quoique le nombre des efpeces de ces derniéres foit le
plus petit; car je ne connois aucune efpece de chenilles
rafes dont l'attouchement foit à craindre. Il n'y a même
que peu de chenilles veluës qui faffent élever la peau, &
encore ne m'ont-elles paru le faire que quand elles font
prêtes à muer, qui eft le temps où leurs poils tiennent
peu. Le vrai eft pourtant qu'on n'eft pas trop obligé de
fçavoir tout cela, & que dès qu'il eft fûr qu'il y a des efpeces de chenilles qui peuvent nous faire quelque mal, on
n'a pas tort d'être en garde contre toutes. Il y a plus, c'eft
que la chenille la plus commune de toutes, & qui en porte
le nom, celle qu'on trouve par-tout, eft une de celles qui
eft à craindre, quand elle eft près de changer de dépouille.
Nous devons pourtant adjoûter pour la défenfe de nos
chenilles, que tant qu'elles marchent fimplement fur la
main, ou fur quelqu'autre endroit de notre peau, il eft
rare qu'elles y occafionnent quelqu'élevûre; elles n'y en
produifent que quand leur dos, ou un de leurs côtés ont
été appliqués & preffés contre la peau, comme il arrive
à celles qui fe font engagées fous un mouchoir de col,
fous le col d'une chemife, ou qui ont été trop preffées
par la manche d'une chemife, dans laquelle elles étoient
entrées.

Il faut pourtant avouer qu'il y en a qui en certains
temps font même à craindre, lorfqu'on ne fait que les
obferver de près, quoiqu'on ne les touche pas. Elles font
pour ainfi dire, entourées d'une atmofphére dans laquelle
voltigent de petits poils courts, & qui font comme autant de petits dards qui pénétrent dans la peau, pour peu
qu'ils viennent à la toucher. Les chenilles qui vivent
en fi grandes focietés fur le pin *, dont nous avons   * Pl. 7. fig. 3.
parlé dans le Mémoire précedent, font de celles que je
crois entourées d'une atmofphére fi propre à exciter des

B b iij

demangeaifons; il m'eft arrivé bien des fois d'en fentir, apr
les avoir confiderées de près , fans les avoir maniées. Au
avons-nous vû dans le Mémoire précedent qu'elles o
fur leur dos des efpeces de ftigmates , différens de cei
par lefquels elles refpirent l'air ; & qu'il y a des temps c
des floccons de poils font vifiblement dardés affés loi
par ces ftigmates. Alors affûrément de leurs plus peti
poils, & qui n'étoient pas ammoncellés, peuvent êt
portés & difperfés en l'air, ils peuvent même y être port
& difperfés par des mouvemens de la chenille , qui r
fuffifent pas pour détacher des floccons.

* Pl. 12. fig. 2. Une efpece de chenilles * que l'on n'a pas befoi
d'aller chercher ailleurs que dans nos jardins fruitiers
nous fournira un fecond exemple de celles qui refter
enfemble , même après être devenuës crifalides. Dar
nos jardins elles n'en veulent qu'aux feuilles des pon
miers. Il y a eu des années où elles n'ont pas épargné u
feul pommier du mien, où il y a beaucoup de ces ai
bres, pendant qu'elles n'avoient touché à aucun poiriei
à aucun prunier, à aucun abricotier, en un mot, à aucu
autre arbre fruitier. Elles font plus petites que celles d
médiocre grandeur, quoiqu'elles ne foient pas des plu
petites; elles font rafes; leur couleur eft un blanc qui a un
teinte de jaune; elles font marquées de divers points noir
dont les plus gros forment une ligne tout du long de cha
que côté du corps; là d'autres points noirs plus petits fon
jettés plus irréguliérement; elles ont feize jambes. Elles f
font des nids, mais elles ne fe tiennent pas conftamment
ni bien long-temps dans celui qu'elles fe font fait, com
me les derniéres efpeces de chenilles, dont nous avon
parlé, fe tiennent dans le leur. Elles s'en conftruifent plu
fieurs dans leur vie, auffi le principal ufage qu'elles ei
font, demande qu'elles en changent; les autres fe retiren

ans les leurs dans les temps de repos, lorſqu'elles ſe ſont
en raſſaſiées. Celles-ci ſe repoſent dans leur nid comme
s autres, mais c'eſt auſſi dans leur nid qu'elles mangent,
elles ne mangent que quand elles y ſont. Quelquefois
n'y en a qu'une centaine, & même moins qui vivent
ans le même nid, mais quelquefois il y en a plus de
eux cens.

Ces nids * ne paroiſſent qu'un amas de toiles de forme * Pl. 12. fig.
réguliére, qui ſont très-tranſparentes, & ſemblables à 1. M. O.
elles que diverſes araignées tendent aux inſectes. Ces
oiles dont l'aſſemblage paroît confus, ſont cependant
rrangées avec un certain ordre qu'on ne ſçauroit apper-
evoir en les conſidérant elles-mêmes avec de très-bonnes
oupes, mais qu'on reconnoît aiſément par la façon dont
s chenilles ſont placées dans le nid.

Pendant toute leur vie ces chenilles ne mangent que le
arenchime, que la ſubſtance de la partie ſupérieure de la
euille, ce qui leur eſt commun avec quelques autres che-
illes dont nous avons parlé. Mais ce qui leur eſt particu-
er, c'eſt que leur corps ne touche aucunement la feuille
ue leurs dents rongent, leur nid s'étend juſqu'au-deſſus de
ette feuille; elles ſont couchées dans ce nid comme dans
ne eſpece de branle très-mollet, par de-là lequel elles al-
ongent leur tête. Quand elles ſont en repos, elles forment
nſemble une maſſe, une eſpèce de paquet qui approche
e la régularité d'un petit paquet de bâtons de bois, tels,
ar exemple, que ceux d'allumettes. Or chacune d'elles eſt
lors ſoûtenuë par une des toiles du nid; d'où il eſt aiſé de
uger que ces toiles ſont arrangées avec ordre, & de l'ordre
ans lequel elles ſont arrangées. Quand elles mangent, ce
u'elles ſont toutes aux mêmes heures, quoique leurs têtes
oient inclinées vers différentes parties de la ſurface de la
euille, leurs corps ſont preſque paralleles entr'eux; d'où il

fuit que les toiles font tellement difpofées, qu'elles lai
fent entr'elles des efpaces, des fentiers les uns au-def
des autres, & les uns à côté des autres, & tous à p
près paralleles entr'eux. Chaque chemin, chaque fent
peut-être n'eft que pour une feule chenille. Ce qui pro
ve encore très-bien cette difpofition des chemins ou c
toiles, c'eft que chaque chenille va aifément foit en avar
foit en arriére, dans une direction parallele à la longue
de fon corps, & on la détermine, quand on veut, à al
dans l'une ou dans l'autre; mais fi on veut lui faire pre
dre des routes obliques à celles-ci, on n'en vient poin
bout, fans doute parce que les toiles s'y oppofent.

Ce nid a fon origine à certaines feuilles, & finit à d'a
tres qui en font éloignées de trois à quatre pouces plus
moins; il fert aux chenilles tant que les deffus de quelqu
unes des feuilles à qui il tient, n'ont point efté entiéreme
rongés; mais quand elles ont enlevé à ces feuilles leur p
renchime fupérieur, elles abandonnent le nid, & vo
travailler à en faire un nouveau fur une touffe de feuil
fraîches, à peu de diftance du premier; c'eft-à-dire, ou
un demi pied, ou à un pied, tantôt plus près, & tant
plus loin, felon que la place leur a paru propre. Tou
s'y occupent à la fois, chacune fournit un grand nomb
de fils; enfin le nid étant fini, elles l'habitent tant qu'el
trouvent à vivre fur les feuilles dont il les met à porté
après quoi elles fongent à en aller conftruire un troifién

Chaque focieté de ces chenilles fait au moins fept
huit nids, & fouvent davantage, dont le dernier fe trou
quelquefois affés éloigné du premier. Elles défigurent fc
les pommiers; car plufieurs focietés s'établiffent fouve
fur le même, & alors la plus grande partie de fes feuill
toutes celles qui ont été rongées fe defféchent: les bra
ches ou les bouts de branches qui portent ces feuilles
féche

féchent eux-mêmes, & périffent. Les nids vuides fauvent quelquefois ces chenilles; quand on en trouve plufieurs de fuite qui ne font pas habités, on croit qu'elles ont abandonné l'arbre; mais qu'on fe donne la patience d'aller de nid en nid, & on parviendra à celui où elles logent, ou au moins à celui où font leurs crifalides, ou leurs coques, fi le temps de leur transformation eft arrivé; car elles ne quittent point le pommier fur lequel elles fe font établies, tant qu'elles font chenilles ou crifalides. Le nid qu'elles habitent eft toûjours plus difficile à trouver que ceux qu'elles ont abandonnés; ordinairement il eft moins gros; tant qu'elles y font, elles l'étendent de différens côtés. D'ailleurs il eft environné de feuilles vertes qui ne l'indiquent pas, comme les feuilles féches indiquent les autres.

C'eft dans leur nid même que ces chenilles jettent leurs excrémens; ils font ordinairement vers un des bouts, ils reftent entre les toiles. Enfin c'eft à un des bouts de leur dernier nid qu'elles fe conftruifent chacune une coque d'une foye très-blanche, dans laquelle elles fe renferment pour prendre la forme de crifalide. La figure de ces coques * n'a rien de particulier, elles font oblongues, plus renflées qu'ailleurs vers le milieu, ayant leurs deux bouts un peu pointus; elles font arrangées à peu près parallelement les unes aux autres *; elles compofent enfemble un feul & même paquet. Nous n'avons point dit d'où dépend l'arrangement régulier des coques qui ne font qu'un même gâteau, ou un même paquet, parce que celles des proceffionnaires, dont nous avons parlé ci-devant, font cachées par les toiles epaiffes du nid, & qu'on ne voit point ces proceffionnaires lorfqu'elles travaillent dans leur nid; mais les nids de nos chenilles du pommier n'empêchent point de les obferver lorfqu'elles fe filent des coques. L'arrangement de ces coques n'a plus rien qui

* Pl. 12. fig. 3.

* Fig. 10. & 11.

embarrasse, dès qu'on sçait qu'elles ne commencent pas toutes à faire les leurs en même temps. Il y en a même qui les font un jour ou deux jours plus tard que les autres : le plus grand nombre pourtant de ces coques est fini dans la même journée. Dès qu'une chenille a commencé la sienne, qu'elle en a filé la premiére enveloppe, une autre chenille se place auprès de la coque commencée, parallelement à sa direction, & commence elle-même la sienne, en attachant des fils contre celle que l'autre chenille a ébauchée : elle en trace le contour de façon que ses bouts n'excedent point ceux de la coque auprès de laquelle elle veut qu'elle soit appliquée. Une autre chenille se rend bientôt pour travailler, comme a fait la seconde, & ainsi successivement de nouvelle chenilles viennent s'appliquer de différens côtés contre les coques commencées, pour y filer les leurs. De sorte que tout le singulier consiste en ce que ces chenilles perséverent à vouloir être posées les unes auprès des autres pendant qu'elles seront crisalides, comme elles l'étoient pendant qu'elles étoient chenilles.

Au reste, les crisalides * qu'on trouve ensuite dans ce coques n'ont rien de remarquable, soit par leur couleur soit par leur figure. Environ au bout de vingt jours il sort de chacune un petit papillon nocturne *, qu'on pourroit appeller le petit deuil; ses aîles sont blanches, d'u blanc argenté, sur lequel sont piqués quantité de point noirs. Elles se courbent, pour embrasser le corps comme le font celles des oiseaux. Il a deux antennes dé liées à filets grainés, & presqu'aussi longues que les deu tiers de son corps; il a une trompe. En 1732. les premiers de ces papillons sont nés chés moi le 28. Juin plusieurs se sont accouplés dans les poudriers où je le tenois, ayant leurs têtes tournées vers des côtés opposés *

* Pl. 12. fig. 4.

* Fig. 5. 8. & 9.

* Fig. 8.

mais ils n'ont point fait d'œufs, ou leurs œufs font fi petits, que je n'ai pû les trouver.

Nous avons vû dans le Mémoire précedent, qu'il y a des chenilles qui donnent des papillons diurnes qui paffent une partie de leur vie en focieté; mais de toutes les efpeces qui donnent de ces papillons, je n'en connois aucune dont les chenilles perféverent à vivre enfemble jufqu'au temps où elles fe tranfforment en crifalides.

On trouve fur le fufain des chenilles qui n'ont de fingulier que leur parfaite reffemblance avec celles du pommier; le fond de la couleur des corps des unes & des autres eft le même blanc jaunâtre, les unes & les autres ont des points noirs diftribués de la même maniere. Enfin l'extérieur de ces deux efpeces de chenilles eft fi femblable, qu'il n'y a que les différentes plantes fur lefquelles elles vivent, qui puiffent les faire foupçonner d'être des efpeces différentes, comme elles le font réellement. Ce qui me l'a prouvé, c'eft que les chenilles du fufain fe font plûtôt laiffé mourir de faim, que de toucher aux feuilles de pommier. Quand j'offrois des feuilles de fufain à celles qui étoient encore en vie, mais prefque mourantes auprès des feuilles de pommier, elles dévoroient fur le champ celles du fufain. Les chenilles du fufain deviennent pourtant un peu plus grandes que celles du pommier; leurs focietés font plus nombreufes, & elles font auffi de plus gros nids, comme le demande un plus grand nombre d'habitans. Si les chenilles de ces deux efpeces font remarquables par leur parfaite reffemblance de figure & de couleur, elles le font encore par la grande différence de couleur qu'on voit en différens temps fur les mêmes individus de chaque efpece. Les couleurs & les mêlanges de couleurs dont nous avons parlé, font celles qui leur font le plus ordinaires; mais il eft des temps voifins de ceux de

C c ij

la muë, où chaque chenille est entiérement noire, & d'u
très-beau noir.

J'ai vû auffi fur la charmille des focietés de chenill
parfaitement femblables à celles du fufain; mais j'ai neglig
de faire l'expérience néceffaire, pour fçavoir fi malg
leur reffemblance, elles n'étoient pas d'une efpece diff
rente de l'autre.

La plante que nous appellons orpin nourrit enco
une efpece de chenille de focieté, qui reffemble bea
coup à celle du pommier, mais qui eft plus petite, & q
donne des papillons plus petits.

Au refte une reffemblance pareille à celle que no
avons trouvée dans la forme & les couleurs de toutes c
différentes efpeces de chenilles, fe trouve encore dans l
papillons qui en viennent. Les aîles fupérieures des uns
des autres font d'un très-beau blanc, piqué de poin
noirs, & leurs aîles s'appliquent contre le corps, à la m
niére de celles des oifeaux. Le deffous des aîles des u
& des autres eft d'une couleur ardoifée.

M. Baron m'a envoyé de Poitou de petites chen
les qui vivent en focieté fur l'épine noire, & j'ai au
trouvé de ces focietés aux environs de Paris. Ces chenill
font rafes, d'un brun prefque noir, ou d'une couleur aff
femblable à celle qu'ont en certains temps les chenill
du fufain & celles du pommier. Je ne les ai nourries qu
huit jours, au bout defquels elles fe font mifes en crif
lides, mais fans fe faire des coques femblables à celles d
chenilles dont nous venons de parler. Leurs crifalide
étoient fimplement foutenues par quelques fils D'ailleu
* Pl 13. fig. les papillons * qui font fortis de ces crifalides, étoier
9. femblables, à la grandeur près, à ceux des chenilles d
pommier & à ceux des chenilles du fufain.

EXPLICATION DES FIGURES DU QUATRIEME MEMOIRE.

PLANCHE X.

LA Figure 1, est celle d'une de ces chenilles que j'ai nommées processionnaires, représentée de grandeur naturelle & lorsqu'elle a pris tout son accroissement.

La Figure 2, est celle d'une chenille de la même espece, mais encore jeune, & prête à changer de peau.

Les Figures 3, 4, & 5, représentent des chenilles processionnaires, qui actuellement travaillent à se tirer de leur vieille peau. Celle de la figure 5, est presque dehors de la sienne.

La Figure 6, est celle d'une chenille processionnaire qui vient de se défaire de sa vieille peau. Elle a des poils plus grands que ceux des chenilles des figures precedentes, & des poils qui ne se font pas encore redressés.

La Figure 7, fait voir la chenille de la Figure 6, grossie à la loupe.

La Figure 8, est celle d'une branche de chêne, sur laquelle des processionnaires sont lacées, comme elles le sont en différens temps de repos, & sur tout dans ceux qui précedent la muë. En *LL,* & en *MM,* on voit deux petits tas de ces chenilles.

La Figure 9, est celle d'une partie d'un grand poil de processionnaire, vû au microscope.

Les Figures 10, 11 & 12, sont celles de poils plus courts, vûs aussi au microscope. Ils se terminent par

des pointes fines & roides, & par conféquent propres
entrer dans la peau.

PLANCHE XI.

La Figure 1 , eft celle d'un nid de proceffionnaires
d'où les chenilles fortent. On n'a pû repréfenter ici qu'un
portion de ce nid. Il faut fuppofer que l'arbre contr
lequel le refte eft attaché, eft en dehors de la planche. O
a auffi découvert une grande partie de ce nid, pour fait
voir les chenilles qui en occupent l'intérieur. En *P Q R*
il eft encore couvert de fes toiles : en *O*, eft l'ouverture pa
laquelle les chenilles fortent du nid, & par laquelle ell
y rentrent. *A*, eft la chenille qui conduit la troupe. El
eft fuivie des chenilles *a*, *a*, après lefquelles viennent l
chenilles *B* , arrangées deux à deux, & les chenilles *C C*
arrangées trois à trois.

La Figure 2 , repréfente une autre difpofition de c
chenilles dans leur marche. Chaque rang n'en a qu'un
de moins que celui qui le précéde.

La Figure 3 , eft celle d'une portion d'un gâteau fa
de plufieurs coques appliquées les unes contre les autre

La Figure 4 , fait voir trois coques , telles que cell
qui compofent le gâteau de la fig. 3 , qui, dans cette fi
4 , font féparées les unes des autres.

La Figure 5 , eft celle d'une crifalide tirée de fa coqu

La Figure 6, repréfente une portion de gâteau, d
coques duquel les papillons font fortis. Il femble alors u
gâteau conftruit par des frelons.

La Figure 7, eft celle d'un papillon de chenille pro
ceffionnaire, vû par deffus.

PLANCHE XII.

La Figure 1, repréfente une branche de pommier fur laquelle des chenilles qui vivent en focieté, fe font établies. *M O,* eft le nid occupé actuellement par ces chenilles. *N P,* eft un vieux nid qu'elles ont abandonné.

La Figure 2, eft celle d'une des chenilles qui habitent le nid *M O,* fig. 1, deffinée plus grande que nature.

La Figure 3, eft celle de deux coques filées par deux chenilles de l'efpece précedente, pour fe métamorphofer.

La Figure 4, eft celle d'une crifalide tirée d'une coque, telle que celles de la fig. 3.

La Figure 5, eft celle d'un papillon forti de la crifalide, fig. 4, vû par deffus & de côté.

La Figure 6, eft celle du papillon de la figure 5, vû du côté du ventre.

La Figure 7, repréfente en grand une des jambes de ce papillon.

La Figure 8, montre deux de ces papillons accouplés.

La Figure 9, eft celle d'un papillon venu d'une des chenilles qui vivent en focieté fur l'épine.

La Figure 10, repréfente deux feuilles de pommier, fur une defquelles eft un tas, un paquet de coques, *C C.* Chaque chenille a filé fa coque auprès de celles que d'autres chenilles avoient filées auparavant.

La Figure 11, fait voir quelques-unes des coques dont eft compofé le paquet *C C,* de la Figure 10.

La Figure 12, eſt celle d'un papillon qui vient d'une chenille qui vit en ſocieté ſur le fuſain. Il eſt repréſenté tenant ſes aîles relevées, comme il les tient quelquefois. Il les montre alors du côté où elles ſont de couleur d'ardoiſe.

La Figure 13, eſt celle du même papillon de la figure 12, mais vû par deſſus, & ayant ſes aîles ſupéricures un peu retirées de deſſus le corps.

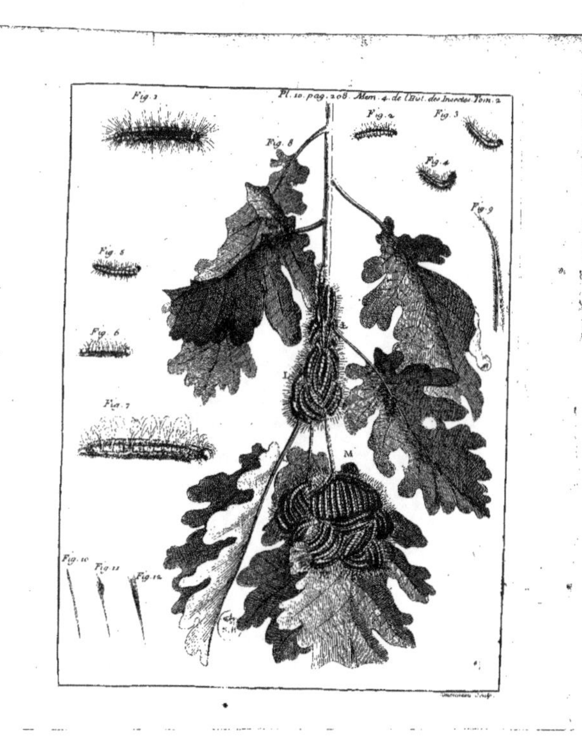

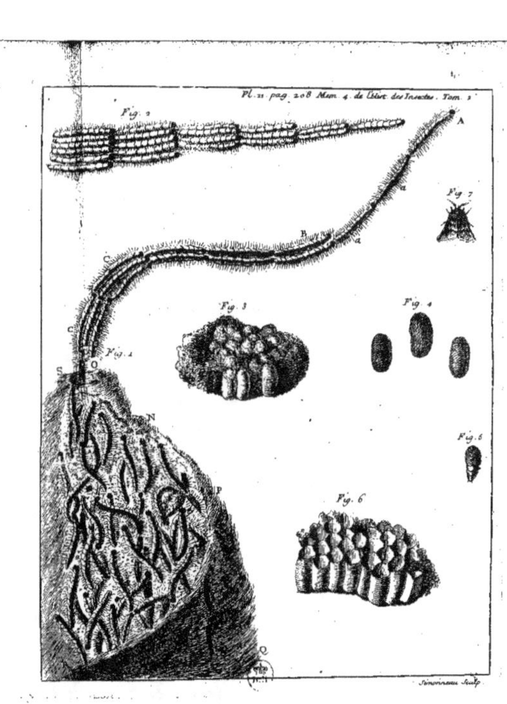

Pl. 21 pag. 208 Mem. 4. de l'Hist. des Insectes. Tom. 1.
Fig. 2
A
Fig. 7
Fig. 3
Fig. 4
Fig. 1
Fig. 5
Fig. 6
Simonneau Sculp

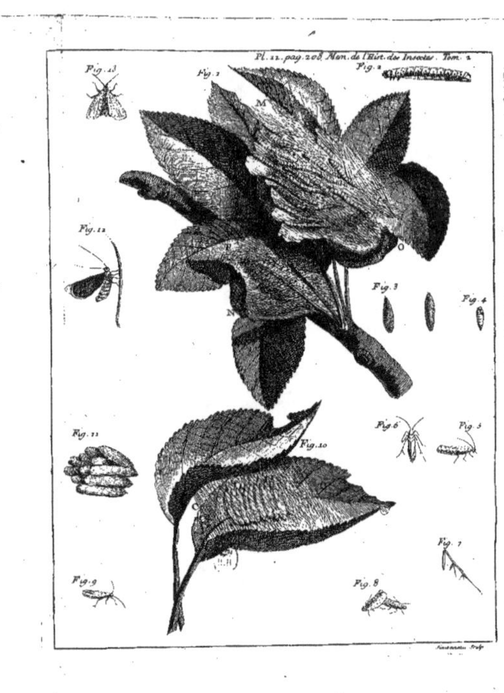

Pl. 11. pag. 208. Mem. de l'Hist. des Insectes. Tom. 2.
Fig. 1
Fig. 13
Fig. 12
Fig. 3
Fig. 4
Fig. 11
Fig. 10
Fig. 6
Fig. 5
Fig. 7
Fig. 9
Fig. 8

CINQUIE'ME MEMOIRE.
DE LA ME'CHANIQUE,

*Avec laquelle diverses especes de chenilles plient, roulent
& lient des feuilles de plantes & d'arbres,
& sur-tout celles du chêne.*

IL y a des chenilles qu'on trouve souvent en grand
nombre sur le même arbre, sur la même plante, que
nous ne laissons pas de regarder comme solitaires, parce
qu'elles ne font point d'ouvrages en commun, que les travaux des unes n'influent point sur ceux des autres; elles
vivent en compagnie, comme si elles étoient seules : telles
font les chenilles dont le maronnier d'inde est quelquefois
tout couvert, celles qui mangent les choux, &c. Mais il y en
a qui font bien plus solitaires, elles se font successivement
plusieurs habitations, où elles se tiennent renfermées, sans
se mettre à portée de communiquer avec les autres, tant
qu'elles font chenilles. C'est dans cette grande solitude que
vivent presque toutes celles qui plient, ou qui roulent des
feuilles pour s'y loger ; & toutes celles qui lient ensemble
plusieurs feuilles pour les réunir dans un paquet, vers le
centre duquel elles se tiennent.

Il ne faut point avoir fait une étude particuliére de
l'histoire naturelle, pour avoir vû dans des jardins, dans
des bois, des feuilles simplement courbées, d'autres pliées
en deux, d'autres roulées plusieurs fois sur elles-mêmes,
& d'autres ramassées plusieurs ensemble dans un paquet
informe; & pour avoir remarqué que ces feuilles font tenuës dans ces différens états par un grand nombre de
fils. Nos poiriers, nos pommiers, nos groseillers, nos

Tome II. .Dd

rofiers, & bien d'autres arbres & d'autres arbriffeaux, &
même de fimples plantes mettent chaque jour fous nos
yeux de ces fortes de feuilles. On a pû encore obferver que
la cavité que ces feuilles renferment, eft fouvent occupée
par un infecte, & ordinairement par une chenille. Le chêne,
le meilleur de tous les arbres pour nos ufages, & le plus
amufant pour un naturalifte, eft auffi de tous les arbres
celui où l'on voit plus de feuilles pliées & roulées ; on y en
apperçoit qui le font avec une régularité qui donne envie
de fçavoir comment des infectes peuvent venir à bout de
les contourner de la forte. Ce font des chenilles folitaires
qui font ces fortes d'ouvrages. J'ai cherché à découvrir
la méchanique à laquelle elles ont recours pour les executer : je vais expliquer celle qu'elles m'ont laiffé voir, &
ce fera avoir expliqué celle dont fe fervent quantité d'autres infectes, qui, comme les chenilles, fçavent filer,
pour exécuter des ouvrages du même genre, mais moins
parfaits. Après que nous aurons expliqué comment elles
roulent les feuilles, le travail de les contourner, celui de
les plier en deux, & celui d'en réunir ou d'en lier plufieurs dans un même paquet, ne demanderont pas que
nous nous y arrêtions long-temps.

Si l'on confidére les feuilles des chênes vers le milieu
du printemps, lorfqu'elles fe font entiérement développées & étenduës, on en apperçoit plufieurs roulées de
différentes maniéres, toutes capables de leur attirer de
l'attention. La partie fupérieure du bout des unes paroît
avoir été ramenée vers le deffous de la feuille, pour y décrire le premier tour d'une fpirale qui enfuite a été recouvert de plufieurs autres tours fournis par des roule-
mens fucceffifs, & pouffés quelquefois jufqu'au milieu
* **Pl. 13. fig. 1.**   de la feuille, & quelquefois par de-là *. Nos doigts ne
pourroient mieux faire pour rouler réguliérement une

feuille, que ce qu'on voit ici ; les oublis ne font pas mieux roulés. Le centre du rouleau eft vuide, c'eft un tuyau creux, dont le diamétre eft proportionné à celui du corps d'une chenille qui l'habite, & qui l'a fait pour l'habiter. D'autres feuilles des mêmes arbres, (mais le nombre de celles-ci eft plus petit), font roulées vers le deffus, comme les premiéres le font vers le deffous. D'autres en grand nombre font roulées vers le deffous de la feuille, comme les premiéres, mais dans des directions totalement différentes. La longueur, ou l'axe des premiers rouleaux, eft perpendiculaire à la principale côte & à la queuë de la feuille, la longueur de ceux-ci eft parallele à la même côte *. Le roulement de celles-cy n'eft quelquefois pouffé que jufqu'à la principale nervûre, & quelquefois la largeur entiére de la feuille eft roulée *. Les axes ou longueurs de divers autres rouleaux font obliques à la principale nervûre, leurs obliquités varient fous une infinité d'angles, de façon néantmoins que l'axe du rouleau prolongé, rencontre ordinairement la principale nervûre du côté du bout de la feuille. Quoique la furface des rouleaux foit quelquefois très-unie, & telle que la donne celle d'une feuille affés liffe, il y en a pourtant qui ont des inégalités, des enfoncemens, tels que les donneroit une feuille chiffonnée. Quelquefois plufieurs feuilles font employées à faire un feul rouleau *.

De pareils ouvrages ne feroient pas bien difficiles à faire à qui a des doigts ; mais les chenilles n'ont ni doigts, ni parties qui femblent équivalentes. D'ailleurs avoir roulé les feuilles, c'eft avoir fait au plus la moitié de la befogne, il faut les contenir dans un état d'où leur reffort naturel tend continuellement à les tirer. La méchanique à laquelle les chenilles ont recours, pour cette feconde partie de l'ouvrage, eft aifée à obferver. On voit des paquets de fils

* Pl. 13. fig. 2.

* Pl. 14. fig. 6.

* Pl. 14. fig. 8.

D d ij

attachés par un bout à la surface extérieure du rouleau ; & par l'autre, au plat de la feuille *. Ce font autant de liens, autant de petites cordes qui tiennent contre le ref-fort de la feuille. Il y a quelquefois plus de dix à douze de ces liens rangés à peu près fur une même ligne, lorf-que le dernier tour d'un rouleau a à peu près la longueur, ou feulement la largeur entiére de la feuille. Chaque lien eft un paquet de fils de foye blanche, preffés les uns contre les autres, mais qu'on juge pourtant tous féparés.

On imagine affés que ces petits cordages font fuffifans pour conferver à la feuille la forme de rouleau ; mais il ne m'a pas paru auffi aifé de deviner comment la chenille lui donnoit cette forme, comment & dans quel temps elle attachoit les liens. Tout cela m'a femblé dépendre de bien de petites manœuvres que j'ai eu très envie de fça-voir, & qu'on ne pouvoit apprendre qu'en les voyant pra-tiquer par l'infecte même. Il n'y avoit guéres d'apparence d'y parvenir, en obfervant les chenilles fur les chênes qu'elles habitent; le moment où elles travaillent n'eft pas facile à faifir, & la prefence d'un fpectateur ne les excite pas au travail. J'ai tenté un moyen qui m'a mieux réuffi que je ne l'efperois. J'ai piqué dans un grand vafe plein de terre humide, des branches de chêne, fraîchement caf-fées ; j'ai diftribué fur leurs feuilles quantité de chenilles que j'avois tirées des rouleaux qu'elles s'étoient déja faits. Par bonheur elles fouffrent impatiemment d'être à décou-vert; fçavent-elles qu'elles courent alors rifque de devenir la proye des oifeaux! ou fi elles fentent qu'elles ont be-foin d'être à l'abri des impreffions du grand air; car tou-tes les rouleufes font des chenilles rafes. Quoi qu'il en foit, elles fe font mifes à travailler dans mon cabinet & fous mes yeux, comme elles l'euffent fait en plein bois.

Ordinairement c'eft le deffus de la feuille qu'elles

roulent vers le deſſous ; mais les unes commencent le
rouleau par le bout même de la feuille *, & les autres par
une des dentelures des côtés *. Les rouleaux commencés
de la première façon, ſe trouvent perpendiculaires à la
principale côte, & ceux qui ſont commencés de la ſeconde, lui ſont ou paralleles, ou inclinés. Quelque platte
que paroiſſe une feuille, lors même que ſa ſurface ſupérieure eſt concave, il eſt rare que le bord, ou que quelque
endroit du bord d'une de ſes dentelures ne ſoit point un
peu recourbé en deſſous ; quelque petite que ſoit l'é-
tenduë de la partie recourbée, & quelque petite que ſoit
ſa courbûre, ç'en eſt aſſés pour donner priſe à la chenille,
pour la mettre en état de commencer à contourner la
feuille, & de la contourner enſuite autant qu'il lui plaira.
Des fils pareils à ceux qui maintiennent la feuille dans la
figure de rouleau, ſervent à la lui faire prendre. Ce n'eſt
qu'en la tirant ſucceſſivement en différens endroits avec
de petites cordes, qu'elle vient à bout de la plier en une
eſpece de ſpirale qui a quelquefois cinq à ſix tours qui
tournent autour du même centre.

   Notre chenille ayant donc choiſi un endroit où le bord
de la feuille eſt tant ſoit peu recourbé en-deſſous, elle s'y
établit, & commence à travailler *. Alors ſa tête ſe donne
des mouvemens alternatifs très-prompts ; elle décrit alternativement des eſpeces d'arcs en des ſens oppoſés, comme le ſont ceux des vibrations d'un pendule. Le milieu
de ſon corps, ou quelqu'endroit plus proche du derriére,
eſt l'eſpece de centre ſur lequel la tête & la partie du corps
à qui elle tient, ſe meuvent. La tête va s'appliquer contre le deſſous de la feuille, tout près du bord *, & de-là
elle va s'appliquer le plus loin qu'elle peut aller du côté
de la principale nervûre *. Elle retourne ſur le champ
d'où elle étoit partie la première fois, & revient de même

* Pl. 13. fig.
6.
* Fig. 5.

* Pl. 13. fig.
5.

* Fig. 5. a.

* Fig. 5. b.

D d iij

enfuite retoucher une feconde fois l'endroit le plus éloigné du bord. Ainfi continuë-t-elle à fe donner de fuite plus de deux à trois cens mouvemens alternatifs; c'eft-à dire, à filer autant de fils; car chaque mouvement de tête, chaque allée produit un fil, & chaque retour en produit un autre, que la chenille attache par chaque bout aux endroits où fa tête paroît s'appliquer. Chacun de ces fils eft tendu depuis la partie recourbée de la feuille, jufqu'à fa partie plane; il fert, ou doit fervir à tirer la première vers la feconde; tous ces fils enfemble doivent faire une efpece de lien. Ils ne partent pas tous d'un même point, les furfaces fur lefquelles ils font appliqués, foit du côté du bord de la feuille, foit du côté oppofé, approchent quelquefois de la circulaire, & ont près d'une ligne de diamétre *. La chenille même n'en colle pas un grand nombre endeffous près du bord de la feuille. Bien-tôt elle en colle quelques-uns contre le bord même, & ceux qu'elle file peu après, elle les attache à la furface fupérieure, à la verité à une petite diftance du bord *. Ce premier paquet de fils donne déja une augmentation de courbûre à la feuille vers le deffous; une partie fenfible paroît fe replier. L'endroit même du bord auquel le paquet de fils eft attaché, eft plus recourbé que ceux qui le fuivent, qui tendent à fe redreffer; mais bientôt une plus longue portion va fe replier. Le premier lien ayant été affés fourni de fils, la chenille va en commencer un autre à deux ou trois lignes de diftance du précedent. Pour former celui-ci, elle fait une manœuvre précifément pareille à celle qu'elle a employée pour le premier, qui a auffi un effet pareil; la partie qui eft entre le premier lien & le fecond, fe recourbe plus qu'elle ne faifoit, & ce qui eft par de-là le nouveau lien commence à fe recourber, & fe recourbera davantage, lorfque la chenille aura filé plus loin un troifiéme lien femblable aux précedens.

* Pl. 13. fig. 1. lo.

* Fig. 5. o.

L'étenduë de la partie qui doit former le premier tour du rouleau n'eſt pas grande; il en eſt ici commme d'un papier qu'on roule, en commençant à le rouler par un de ſes angles; auſſi trois à quatre paquets de fils ſuffiſent pour donner la courbûre à tout ce premier tour.

C'eſt encore au moyen de pareils fils, de pareils liens, que le ſecond tour doit être tortillé*. Il faut tirer vers le deſſous de la feuille, une portion de ſa ſurface ſupé-   * Pl. 13. fig. 7.
rieure, ſuffiſamment diſtante de celle qui a été roulée ; c'eſt-à-dire, qu'il faut que chaque nouveau lien ſoit atta- ché par un bout à une partie de la feuille plus éloignée du bord, & que par l'autre bout, il ſoit attaché plus près de la principale nervûre, ou de la queuë de la feuille. En un mot, des paquets de fils arrangés au-deſſus de ceux du premier tour, comme ceux du premier l'ont été, doi- vent produire un effet ſemblable; & comme les premiers ont fait faire à la feuille un premier, ou environ un pre- mier tour de ſpirale, de même les autres lui en feront faire un ſecond ou partie d'un ſecond, & ainſi de tours en tours.

L'effet néantmoins de ces paquets de fils, leur entier uſage, n'eſt pas encore aſſez clair, à beaucoup près: on voit bien, comme nous l'avons vû d'abord, qu'ils ſervent à tenir la feuille roulée; mais quoique je viſſe la feuille ſe courber de plus en plus, à meſure qu'un nouveau lien ſe finiſſoit, j'avoue que je n'appercevois pas la cauſe du roulement. Le paquet n'eſt que l'aſſemblage des fils filés ſucceſſivement. Dans l'inſtant que chaque fil vient de ſortir de la filiére, pendant qu'il eſt encore mol, pour ainſi dire, l'inſecte l'applique contre la feuille, il eſt aſſés gluant pour s'y coller: il peut bien avoir été tiré droit d'une partie de la feuille à l'autre, mais il ne ſçauroit avoir été aſſés tendu pour faire un effort capable de ra- mener une des deux parties de la feuille vers l'autre.

Je fçais que ce fil, quoiqu'extrêmement délié, a quelque force ; je l'ai vû en bien des circonftances, fufpendre la chenille en l'air, mais il n'a pas été poffible, que quand il a été attaché, il ait été attaché avec le degré de tenfion néceffaire pour forcer une des parties d'une feuille à s'approcher de l'autre. Si après avoir été filé, il fe raccourciffoit en féchant, ce raccourciffement le mettroit en état d'agir ; mais où peut aller le raccourciffement d'un fil fi court ! Combien feroit petite la courbûre qu'il pourroit donner à la feuille !

Une force plus puiffante agit auffi contr'elle, c'eft une grande partie du poids de la chenille, & ce n'a été qu'après avoir vû cet infecte faire fouvent de pareils ouvrages, que j'ai apperçû tout l'artifice de fa méchanique. Il dépend de la ftructure de chaque paquet de fils, de chaque lien. Nous avons confideré d'abord chaque lien comme formé de fils à peu près paralleles ; mais à prefent, pour nous en faire une idée plus exacte, nous devons le regarder comme compofé de deux plans de fils pofés l'un au-deffus de l'autre *. Tous les fils du plan fupérieur croifent ceux du plan inférieur ; la manœuvre de l'infecte m'en a convaincu ; les fils eux-mêmes obfervés à la loupe devoient me le faire voir ; enfin un paquet confideré à la vûë fimple fuffifoit pour découvrir cette ftructure qui m'avoit échappé. Il eft plus large à l'un & à l'autre de fes bouts, qu'il ne l'eft au milieu * ; le nombre des fils du milieu eft pourtant égal à celui des fils des bouts. Pourquoi y occupent-ils moins de place ! c'eft qu'ils y font plus ferrés les uns contre les autres, c'eft qu'ils s'y croifent. Regardons donc chaque lien comme compofé de deux plans de fils qui fe croifent ; fuivons la chenille pendant qu'elle file ceux de chacun de ces plans, & nous découvrirons le double ufage de ces deux plans, de ces deux efpeces de toile.

* Pl. 13. fig. 8. l m, n o, & pl. 14. fig. 1.

* Pl. 13. fig. 1. & 2. l, o.

toile. Les fils du premier plan étant tous attachés à peu près parallelement les uns aux autres, comme on le voit en *n o* *; la chenille passe de l'autre côté pour filer ceux du second plan *l m* *. Pendant qu'elle file, elle ne peut aller de *l* en *m*, sans passer sur les fils *n o*, & loin de chercher à les éviter, en soutenant son corps & sa tête plus haut, on voit sa tête & une partie de son corps s'appliquer sur le plan *n o*, fig. 4. & le presser. Les fils de ce plan font une espece de toile, ou de chaîne de toile capable de soûtenir cette pression; ils tirent par conséquent les deux parties de la feuille, l'une vers l'autre. Celle qui est près du bord céde, se rapproche de l'autre; la feuille se courbe. Il n'est plus question que de lui conserver la courbûre qu'elle vient de prendre, & c'est à quoi sert le nouveau fil que la chenille attache. Chacun de ces fils, comme je l'ai déja fait remarquer, est capable de soûtenir un effort aussi considérable que celui que la feuille fait contre lui, puisqu'il peut soûtenir une chenille en l'air. Il suit de ce que nous venons de dire, que les fils de la couche supérieure font les seuls qui soient tendus, que ceux de la couche inférieure deviennent lâches; c'est aussi ce qu'on peut remarquer, en observant le paquet avec attention.

La même disposition de fils qui s'observe dans les deux différentes couches d'un même lien, doit se trouver, & se voit bien plus aisément dans les liens des différens tours comparés les uns aux autres. Quand la feuille ne fait encore qu'un tour de spirale, les liens qui retiennent ce tour font tendus, au moins leur partie supérieure l'est. Mais quand la même feuille a fait par son roulement, un second tour, ce ne font plus que les derniers liens qui retiennent ce tour, qui font tendus; tous ceux qui arrêtoient d'abord le tour précedent, font lâches, ils ne

* Pl. 14. fig. 2.

* Fig. 3.

Tome II.. E e

* Pl. 14. fig. 9. no, pr.

produifent aucun effet *. Si on appuye légerement fur ceux du fecond tour avec une plume, on voit que la feuille eft tirée par cette preffion; mais quoiqu'on appuye davantage fur ceux du premier tour, l'action ne paffe pas jufqu'à la feuille; auffi la vûë feule apprend qu'ils font comme flottans. Il n'y a donc que les liens du dernier tour, ou plûtôt que les fils des couches fupérieures des liens du dernier tour, qui confervent la courbûre de la feuille.

Une chenille qui a à rouler une feuille de chêne épaiffe, dont les nervûres font groffes, pourroit ne pas filer des fils affés forts pour tenir contre la roideur des principales nervûres, & fur-tout de celle du milieu; mais elle fçait les rendre fouples: elle ronge en trois à quatre endroits différens, ce que ces nervûres ont d'épaiffeur de plus que le refte de la feuille. Les endroits ainfi rongés n'ont qu'une petite étenduë, ils m'ont paru fe trouver où la feuille doit être pliée, pour recommencer à faire un nouveau tour.

Quand la chenille, après avoir roulé une portion de la feuille, parvient à un endroit où il y a une dentelure qui déborde beaucoup par-delà le refte, il arrive que les fils qu'elle attache au bout de cette dentelure, au lieu de la rouler, la plient; cette portion ne fe courbe que vers le commencement du pli; le refte conferve une figure à peu près plane. Si la chenille donnoit à toute cette partie de la feuille une égale courbûre, une égale rondeur, comme elle l'a fait aux parties qu'elle a cy-devant roulées, & qui étoient d'une moindre étenduë, le vuide du rouleau auroit là beaucoup plus de diamétre qu'il n'en a ailleurs, il n'auroit plus les proportions commodes à l'infecte. Après avoir obfervé une de ces grandes dentelures de feuille qu'une chenille avoit prefque pliée à plat, j'ai vû dans la fuite que la chenille en formoit un tuyau d'un diametre auffi petit que celui des autres endroits, & un tuyau

très-bien arrondi. Pour cela elle a befoin d'avoir recours
à deux manœuvres différentes. 1.° Elle raccourcit la partie pliée, elle en retranche, pour ainfi dire, tout ce qu'elle
a de trop d'étenduë, fans en rien couper néantmoins; elle
en attache une portion à plat contre la feuille par un
millier de fils. 2°. Ce qui refte libre eft trop applati, c'eft
à coups de tête qu'il m'a paru qu'elle l'arrondiffoit. J'ai
vû des chenilles renfermées dans ces endroits trop applatis, qui agitoient leur tête vivement & alternativement en
des fens contraires; à chaque mouvement la tête frappoit
contre les parois, elle donnoit des efpeces de petits coups
de marteau dont on entendoit le bruit.

Au refte, quand la chenille a fini le premier tour du
rouleau, elle travaille prefqu'à moitié à couvert. Le
bout replié ne touche jamais entiérement la partie de
la feuille fur laquelle il a été ramené; outre que fouvent
il n'eft pas courbé autant qu'il le faudroit pour cela, c'eft
que fes bords font dentelés, & laiffent des paffages au
corps flexible de l'infecte. La chenille fe fert de ces
paffages pour faire fortir la moitié de fon corps ou plus,
lorfqu'elle file les liens qui attachent le milieu du troifiéme
ou du quatriéme tour. Les ouvertures des bouts lui donnent une libre fortie pour les liens qui font plus près des
bouts; le derriére refte dans l'intérieur du rouleau pen-
dant que la tête va filer auffi loin qu'elle peut atteindre *,   * Pl. 13. fig.
ce qui la mene affés près du milieu du rouleau.   7.

Outre les liens qui font tout du long du dernier tour
du rouleau, l'infecte a fouvent befoin d'en mettre aux
deux bouts, ou au moins à un des bouts; mais ils font
tellement difpofés, qu'ils ne lui ôtent pas la liberté de
fortir de l'intérieur de ce rouleau, & d'y rentrer. C'eft-là
fon domicile, c'eft une efpece de cellule cylindrique qui
ne reçoit le jour que par les deux bouts; & ce qu'elle a

E e ij

de commode, c'eſt que ſes murs fourniſſent la nourriture à l'animal qui l'habite. Cette chenille vit de feuilles de chêne; étant à couvert, elle les ronge à ſon aiſe & en ſûreté; elle commence par ronger le bout qui a été contourné le premier , & de ſuite elle mange tout ce qui a été tortillé, au dernier tour près. Auſſi de quatre à cinq tours que faiſoit une feuille roulée par-delà le milieu, ou même entiérement roulée, ſouvent on ne retrouve plus que le dernier tour.

Quelquefois j'ai trouvé que le rouleau avoit été formé de deux, ou de trois feuilles roulées ſelon leur longueur*; & j'ai vû enſuite que la feuille ou les feuilles qui en avoient occupé le centre, avoient été preſqu'entiérement mangées, il n'en reſtoit que les plus groſſes fibres. J'ai vû des chenilles , qui en faiſant leur rouleau, ne laiſſoient pas de manger; elles dreſſoient en même temps les endroits qui ſe ſeroient mal-aiſément pliés, elles les rongeoient.

* Pl. 14. fig. 7. & 8.

Cette induſtrieuſe & laborieuſe chenille * eſt de celles qui ſont au-deſſous de la grandeur médiocre : elle eſt raſe; elle a ſeize jambes, dont les jambes membraneuſes ſont terminées par des couronnes complettes de crochets. Sa couleur eſt d'un gris ardoiſé, quelquefois elle paroît pourtant d'un brun verdâtre; mais je crois que c'eſt quand elle eſt bien ſaoulée de feuilles. Peut-être auſſi que ſa couleur paroît différente après des changemens de peau; car elle en change ſans doute pluſieurs fois, les dépouilles qu'on trouve dans les rouleaux le prouvent. Elle eſt d'une extrême vivacité; pour peu qu'on la touche, on la voit ſe remuer en différens ſens avec une grande viteſſe, faire faire à ſon corps des ondulations *.

* Pl. 13. fig. 3. & 4. & pl. 14. fig. 2. 3. 4. & 5.

* Pl. 13. fig. 4.

Un des bouts du rouleau eſt l'ouverture par où elle jette ſes excremens, qui ſont de petits grains noirs, & à peu près ronds.

Une partie d'une feuille, ou même une feuille de chêne entiére, ne feroit pas une provifion fuffifante pour la nourriture de notre chenille pendant toute fa vie; elle fe fait un nouveau rouleau quand elle en a befoin. Après y avoir vêcu en chenille, elle s'y métamorphofe en crifalide, & enfuite en papillon.

Le dernier rouleau* que ces chenilles fe font, différe quelquefois un peu des autres, les tours en font moins ferrés; l'infecte devenu plus gros, a befoin d'un plus grand logement. Chaque tour de ce dernier rouleau n'eft pas attaché par des liens diftribués d'efpace en efpace; des fils un peu écartés les uns des autres, mais qui regnent depuis un bout jufqu'à l'autre, le retiennent*; c'eft une efpece de toile fine, dont la force n'eft pas équivalente à celle des cordages employés cy-devant. Il femble que l'infecte fçache proportionner la force qu'il employe à la réfiftance qu'il a à vaincre. Plus le diametre des tours eft petit, & plus le reffort de la feuille agit pour la redreffer, auffi eft-ce fur-tout le dernier tour qui n'eft tenu que par la toile dont nous parlons. Dans la fabrique de cette efpece de toile, on obferve la même méchanique que nous avons remarquée dans celle des liens: elle eft de même compofée de deux plans de fils qui fe croifent très vifiblement; ceux de deffous fervent à tirer la feuille, à la courber pendant que l'infecte s'appuye deffus, & qu'il file ceux du plan fupérieur qui doivent fixer la courbûre.

C'eft dans ces mêmes étuis où nos chenilles ont vêcu & crû, qu'elles fe transforment en crifalides*. La peau des crifalides eft molle & tendre dans les premiers momens de la transformation, quoique par la fuite elle devienne féche & dure; l'attouchement de la feuille feroit trop rude pour cette peau, lorfqu'elle ne vient que d'être

*Pl. 15. fig. 1.

*Pl. 15. fig. 1. ff.

*Pl. 15. fig. 3. & 4.

E e iij

dégagée de deſſous l'enveloppe de chenille. Il ſemble que l'inſecte ait prévû qu'il avoit à craindre cette incommodité; car lorſque le temps de ſa première métamorphoſe approche, il tapiſſe l'interieur du rouleau d'une légere couche de fils de ſoye, dont l'attouchement eſt plus doux que celui de la ſurface raboteuſe de la feuille.

Enfin, à l'état de criſalide, doit ſucceder celui de papillon. Je ne ſçais point aſſés préciſément la durée du temps pendant lequel l'inſecte conſerve la forme de criſalide, mais il ne m'a pas paru qu'elle fût de plus de trois ſemaines. Quand le papillon a commencé à briſer ſon enveloppe & à s'en tirer, il avance vers un des bouts du rouleau, & c'eſt dans l'ouverture même de ce bout, qu'il acheve de ſortir de ſon fourreau; les frottemens du contour de cette ouverture contre le fourreau l'arrêtent*, & donnent plus de facilité au papillon de s'en dégager, & de le laiſſer en arriére. Dès qu'il eſt en liberté, il n'a plus qu'à donner le temps à ſes aîles d'achever de ſe développer, après quoi il eſt en état de prendre l'eſſor. Si on examine dans le mois de Juillet, & même avant la mi-Juin, les rouleaux de nos feuilles du chêne, il y en aura peu à qui on ne trouve un fourreau de criſalide qui eſt reſté à un de ſes bouts, & cela parce que les papillons en ſont ſortis.

La couleur des aîles ſupérieures de ces papillons eſt compoſée de différentes nuances de brun jaunâtre, les unes plus foncées, les autres plus claires, mêlées par des eſpeces de taches qui font un agréable effet*. Les mêmes chenilles en donnent de deux groſſeurs différentes. Les plus petits, ſelon l'analogie ordinaire, devroient être les mâles; j'en ai pourtant vû d'accouplés qui ne différoient pas conſidérablement en groſſeur. Pendant leur accouplement, ils ſont placés derriére contre derriére, ayant la tête tournée vers des côtés oppofés ; ce font des phalenes à antennes à filets grainés & à trompe, & qui font du genre de ceux que nous avons nommés *larges d'épaules*.

Au refte, l'efpece de chenille grife, ou d'un gris ver- dâtre, dont nous avons parlé jufqu'ici, n'eft pas la feule qui roule des feuilles de plantes & d'arbres, ni même la feule qui roule des feuilles de chêne. J'ai obfervé d'autres efpeces, foit un peu plus groffes, foit plus petites, qui rou- lent auffi les feuilles de ce dernier arbre ; entre celles-ci j'en ai obfervé d'entiérement vertes, de verdâtres, & de diverfes autres couleurs. Il y en a une qui roule fort ar- tiftement les feuilles d'orme *, qui ne différe guéres, ni par fa grandeur, ni par fa couleur, de notre habile rouleufe des feuilles de chêne. Mais comme toutes ces diverfes efpeces n'ont point d'art différent de celui que nous avons fuivi jufqu'ici, & que leurs rouleaux ne font pas toûjours auffi bien faits que ceux que nous avons dé- crits, elles n'ont rien qui doive nous arrêter.

Les plantes, comme les arbres & les arbriffeaux, ont leurs rouleufes. Il y en a même plufieurs qui mangent les feuilles de l'ortie, après les avoir roulées. Nous avons déja parlé d'une des rouleufes de cette plante *, qui fe ren- ferme dans une coque avant l'hiver, d'où le papillon * ne fort que dans le mois de Juin fuivant ; & nous avons fait remarquer que cette chenille conferve fa forme de che- nille dans fa coque pendant huit à neuf mois. Une autre efpece de rouleufe affés commune fur l'ortie eft d'un verd céladon * ; elle eft un peu tranfparente & rafe ; elle a feule- ment quelques poils courts & blancs. Elle a feize jambes, dont les membraneufes font faites en jambes de bois, & ont des couronnes de crochets prefque complettes. Plufieurs de ces chenilles fe font mifes en crifalides chés moi vers le

* Pl. 16. fig 5. r.

* Tom. I. Pl. 49. fig. 16.

* Tom. I. Pl. 49. fig. 17. & 18.

* Pl. 19. fig. 1.

* Pl. 19. fig.
2.

* Fig. 3. 4.
& 5.

commencement de Juillet dans une coque *qu'elles avoient filée contre les parois du poudrier, & qu'elles avoient recouverte de feuilles d'ortie. Les premiers jours d'Août il est sorti de chaque coque un papillon de la seconde classe des phalenes, & du genre de celles qui portent leurs aîles en toit très sur-abaissé *. La couleur des aîles de ce papillon paroît au premier coup d'œil d'un blanc jaunâtre, avec quelques ondes plus jaunâtres que le reste ; mais si on regarde ses aîles de près, sur-tout lorsqu'elles sont suffisamment éclairées, elles semblent de vrayes opales ; elles font voir les mêmes variétés de couleurs qu'on trouve à ces pierres précieuses.

En géneral presque toutes les rouleuses sont d'une très-grande vivacité. Dès qu'on les touche, elles se donnent des mouvemens si prompts & si différens en tous sens, qu'elles semblent être en convulsion. Toutes les especes de rouleuses dont nous venons de parler, sont de la classe des chenilles à seize jambes, mais du deuxiéme genre principalement, ou de celui que nous avons composé des chenilles dont les jambes intermédiaires sont terminées par des couronnes complettes de crochets.

Il y a une rouleuse qui, quoique des plus petites, mérite que nous en fassions une mention particuliére, elle n'est pourtant remarquable ni par sa couleur, ni par sa figure. Elle est rase, d'un blanc verdâtre, sa peau est presque transparente ; à la loupe, on lui trouve trois à quatre points noirs sur le bord du premier anneau, qui lui font un petit collier ; elle a toute la vivacité des autres rouleuses. Celle-ci est de la troisiéme classe, c'est-à-dire de celle des chenilles à quatorze jambes, ou seulement à six membraneuses, dont elle n'en a aucune sur le 9, le 10, & le 11.ᵉ anneau. L'oseille est sa plante ; la maniére dont elle roule une portion d'une feuille d'oseille, est digne d'être connuë.

connuë. Le rouleau n'a pourtant rien de fingulier dans fa
forme, c'eft une efpece de pyramide conique, compofée
de cinq à fix tours qui s'enveloppent les uns les autres *;
mais c'eft la pofition de ce rouleau qui eft finguliére. Il
eft planté fur la feuille comme une quille. Outre le travail de contourner la feuille, qui eft commun à cette chenille avec celles dont nous avons parlé, elle en a donc
un particulier, qui eft celui de dreffer le rouleau, de le
pofer perpendiculairement fur la feuille. Pour voir comment elle y parvient, je n'ai eu befoin que d'employer
le petit expédient dont je m'étois fervi pour voir opérer
les chenilles du chêne. J'ai planté dans un pot plein de
terre un pied d'ofeille, fur lequel j'ai mis plufieurs chenilles tirées de leurs rouleaux; elles n'ont pas fait plus de
façon de fe mettre à l'ouvrage devant moi, qu'en avoient
fait les chenilles du chêne; je n'ai pas eu un quart-d'heure
à attendre pour les voir travailler. Au refte, c'eft dans le
mois de Septembre que je les ai obfervées : alors j'en ai
trouvé beaucoup, & même dans le mois d'Octobre; mais
je n'en ai pas encore vû dans d'autres faifons.

La pofition que cette chenille veut donner, & qu'elle
a apparemment befoin de donner à fon rouleau, ne lui
permet pas de rouler la feuille telle qu'elle la trouve. Elle
coupe une bande, une laniére de cette feuille *, mais
elle ne l'en détache pas entiérement. La plus grande largeur de la bande coupée * formera la hauteur du rouleau,
& fa longueur fournira * à tous les tours qui doivent s'y
trouver. Cette laniére eft prife à peu près parallelement à
à la côte, ou groffe nervûre. La chenille commence donc
par entailler la feuille dans une direction à peu près perpendiculaire à la principale nervûre *; ordinairement elle
ne pouffe pas cette entaille auffi avant qu'il feroit néceffaire, fi elle vouloit que la laniére eût par tout une égale

*Pl. 15. fig.
11. *s*, *rr*.

*Fig. 12.
b c d.
b c.
c d.

*Fig. 13. *c*,

largeur; elle tient fon bout un peu moins large que le reſte. Après avoir entaillé la feuille ſelon une direction perpendiculaire à la côte, elle la coupe ſelon une direction preſque parallele à cette même côte, & c'eſt cette der-niére coupe qui détache une bande du reſte de la feuille.

La chenille n'attend pas à commencer à rouler cette bande de feuille juſqu'à ce qu'elle l'ait coupée & ſéparée du reſte dans toute ſa longueur, il ne lui ſeroit pas auſſi facile alors de la contourner, la bande ne ſeroit pas aſſés fixe. Dès que l'entaille tranſverſale a été faite, la chenille commence à contourner la pointe de la partie qui eſt entre l'entaille & le pédicule, ou la queuë de la feuille; elle atta-che des fils par un de leurs bouts à cette pointe ⁎, & par l'autre bout, ſur la ſurface de la feuille ⁎. C'eſt en les char-geant du poids de tout ſon corps, manœuvre équivalente à celle que nous avons déja vû pratiquer, qu'elle oblige cet angle, cette pointe à ſe recourber. On voit quelque-fois la chenille ayant le milieu du corps ſur quelques fils, & la tête & le derriére en embas, comme poſée ſur une ou pluſieurs cordes, où elle ſeroit en équilibre ⁎.

Quand ce bout s'eſt contourné, elle commence à couper la feuille dans une direction parallele à la côte; il n'eſt pas beſoin de dire que ſes dents font ici l'office de ciſeau. A meſure qu'une portion de la laniére a été déta-chée, la chenille la roule, & en même temps elle re-dreſſe un peu le rouleau qu'elle commence à former; de ſorte qu'à meſure que le rouleau devient compoſé de plus de tours, il ſe redreſſe davantage, & quand il a ſon dernier tour, il reſte peu à faire à l'inſecte, pour achever de le redreſſer. L'artifice au moyen duquel la chenille le redreſſe peu à peu, à meſure qu'elle le forme, conſiſte dans une traction oblique, à laquelle nous aurions re-cours, ſi nous voulions élever perpendiculairement une

⁎ Pl. 15. fig. 13. ſ.
⁎ t.

⁎ Pl. 15. fig. 14. ſ ſ.

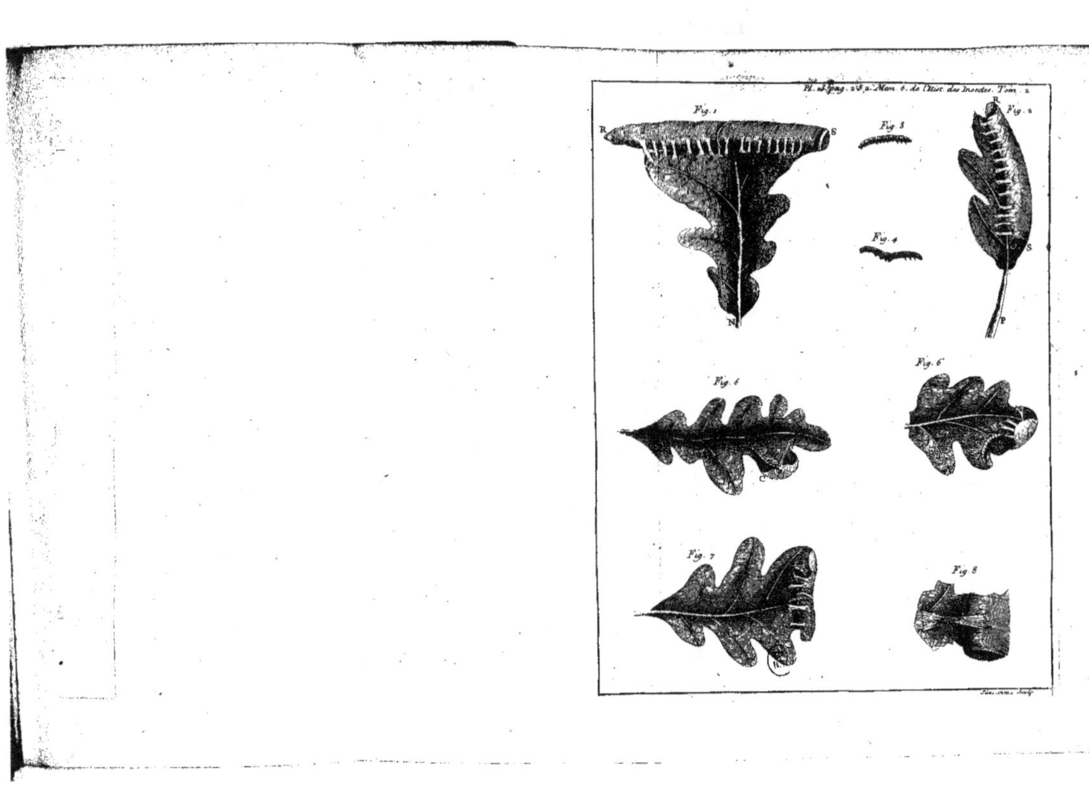

Pl. 26. pag. 252. Mem. 6. de l'Hist. des Insectes. Tom. 2.
Fig. 1
Fig. 2
Fig. 3
Fig. 4
Fig. 5
Fig. 6
Fig. 7
Fig. 8
R
S
N
P
S

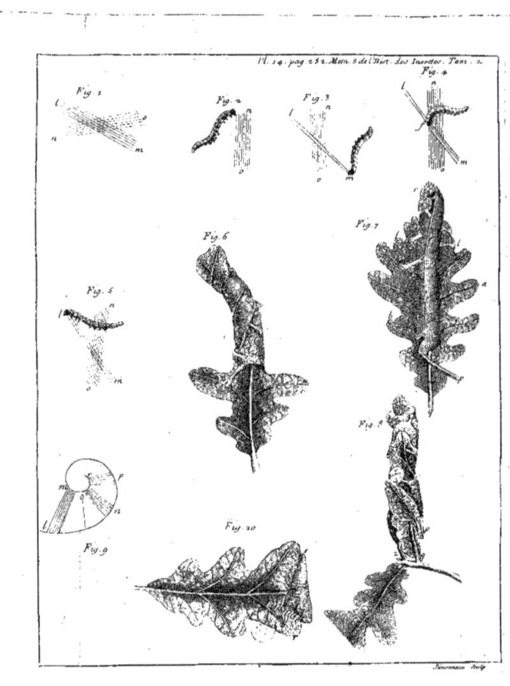

Pl. 14. pag. 252. Mém. 6 de l'Hist. des Insectes. Tom. 2.
Fig. 1
Fig. 2
Fig. 3
Fig. 4
Fig. 5
Fig. 6
Fig. 7
Fig. 8
Fig. 9
Fig. 10

Pl. 15. pag. 252. Mem. 5. de l'Hist. des Insectes. Tom. 2.
Fig. 1
Fig. 2
Fig. 3
Fig. 4
Fig. 11
Fig. 5
Fig. 6
Fig. 10
Fig. 8
Fig. 7
Fig. 9
Fig. 13
Fig. 14
Fig. 12

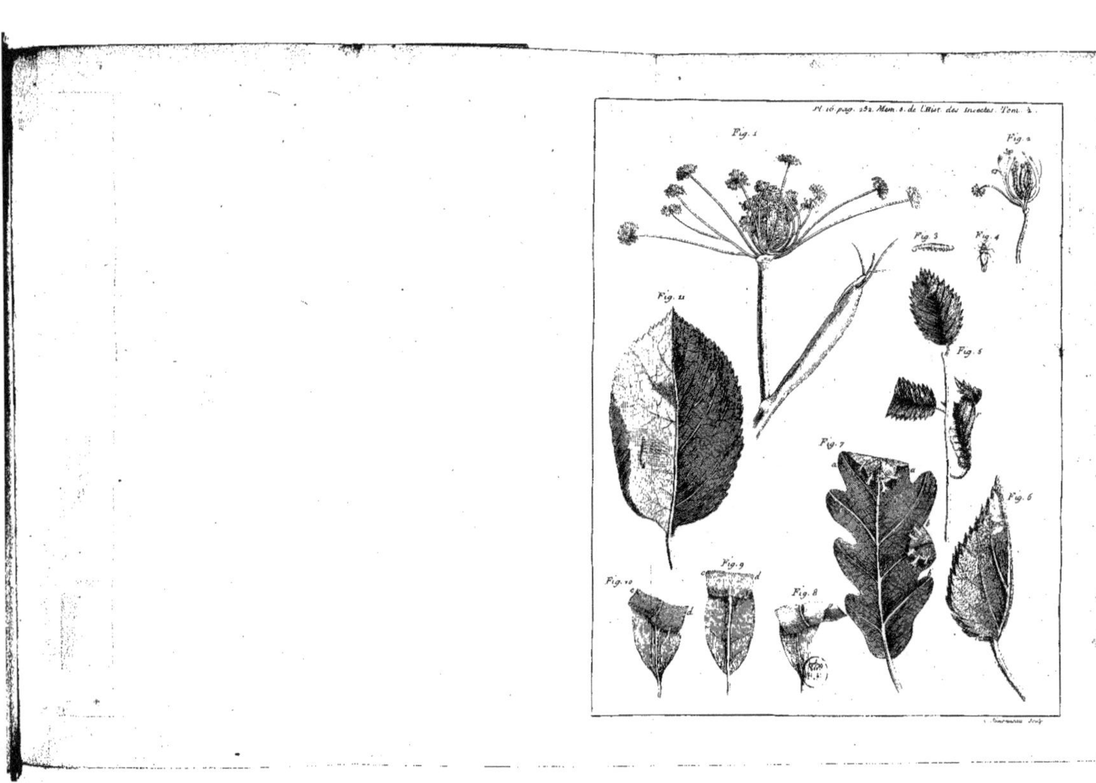

Pl. 16 pag. 252. Mem. 1. de l'Hist. des Insectes. Tom. 1.
Fig. 1
Fig. 2
Fig. 3
Fig. 4
Fig. 5
Fig. 6
Fig. 7
Fig. 8
Fig. 9
Fig. 10
Fig. 11

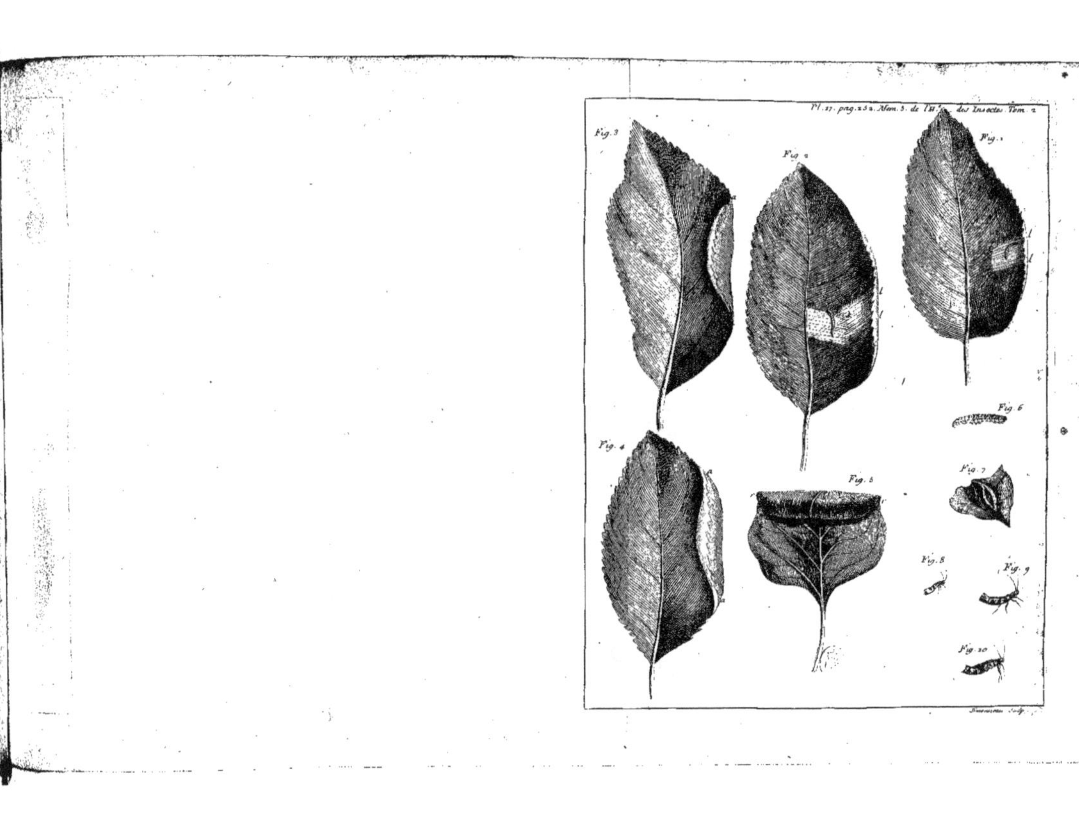
Pl. 27. pag. 252. Mem. 3. de l'H.... des Insectes. Tom. 2
Fig. 3
Fig. 2
Fig. 1
Fig. 4
Fig. 5
Fig. 6
Fig. 7
Fig. 8
Fig. 9
Fig. 10

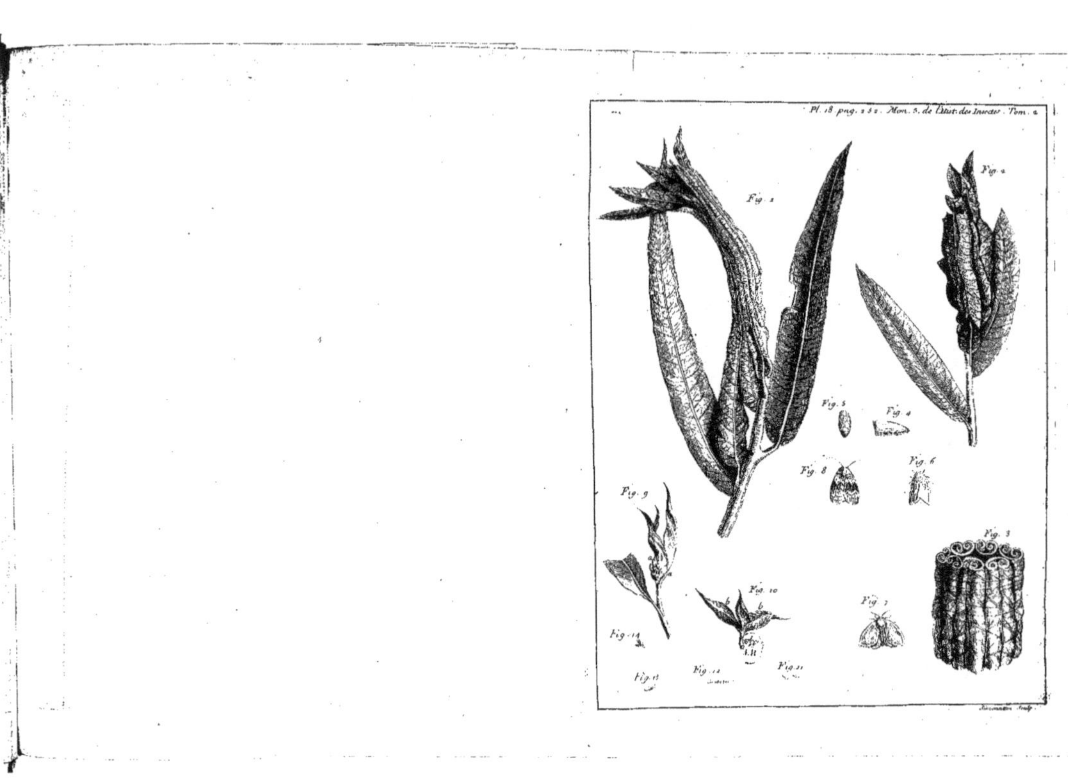
Pl. 18. pag. 252. Mon. 5. de l'Hist. des Insectes. Tom. 2.
Fig. 1
Fig. 2
Fig. 3
Fig. 4
Fig. 5
Fig. 6
Fig. 7
Fig. 8
Fig. 9
Fig. 10
Fig. 11
Fig. 12
Fig. 13
Fig. 14

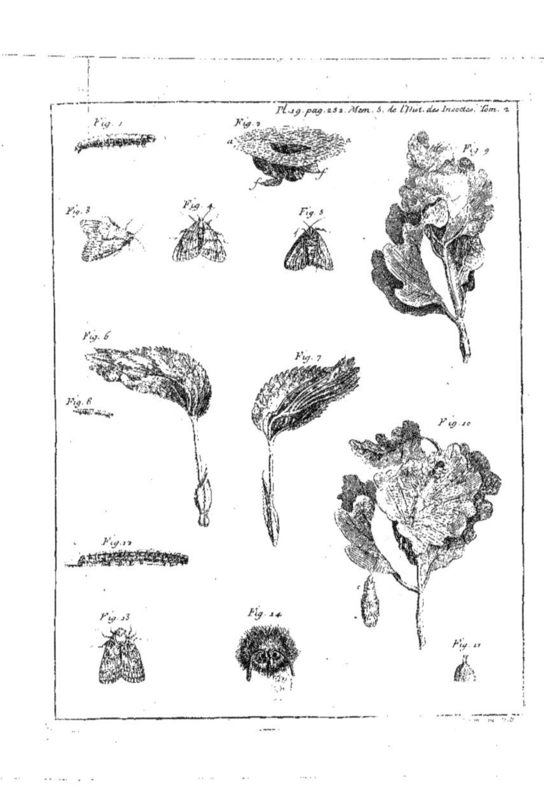

Pl. 19. pag. 232. Mem. 5. de l'Hist. des Insectes. Tom. 2
Fig. 1
Fig. 2
Fig. 3
Fig. 4
Fig. 5
Fig. 6
Fig. 7
Fig. 8
Fig. 9
Fig. 10
Fig. 11
Fig. 12
Fig. 13
Fig. 14

pyramide, ou un obelifque qui feroit très incliné à l'horifon. Elle attache des fils par un de leurs bouts vers le
milieu de ce rouleau, & même plus proche de fa partie
fupérieure, & elle attache les autres bouts de ces mêmes
fils le plus loin qu'elle peut fur le plan de la feuille; elle
charge enfuite ces fils du poids de tout fon corps. On
voit affés que l'effort de cette charge tend à redreffer le
rouleau fur fa bafe. Quand il eft fini, il n'eft pas loin
d'être pofé à plomb fur la feuille. On remarque pourtant que la chenille acheve de lui faire prendre une pofition bien perpendiculaire, en fe plaçant dans le vuide
qui eft à fon centre, qu'elle le pouffe alors, qu'elle lui
donne même des coups qui forcent l'axe à s'éloigner
du côté vers lequel il inclinoit.

Cette chenille, comme celles dont nous avons parlé,
mange tout l'intérieur de fon rouleau : c'eft auffi dans
l'intérieur du même rouleau qu'elle fe file une petite coque mince, dont le tiffu eft ferré, & de foye blanche.
Elle s'y transforme dans une crifalide fur laquelle prefque
toutes les parties du papillon font aifées à reconnoître;
elles y paroiffent prefque détachées les unes des autres.
Le papillon ne refte qu'environ quinze jours, ou au plus
trois femaines fous la forme de crifalide. J'en ai eu qui
font fortis de leurs coques le 17. Octobre. Ils font du
genre de ceux dont les aîles, après s'être appliquées tout
du long du corps à la maniére de celles des oifeaux, s'é-
levent au-deffus du derriére, pour y former une efpece
de queuë qui a quelque reffemblance avec celle des coqs.
Ils ont des antennes à grains, qu'ils portent tantôt en
avant, & tantôt couchées fur leur corps, alors elles vont
prefque jufqu'au bout des aîles. La couleur du deffus des
aîles fupérieures, eft un brun qui vû au foleil, femble tout
pointillé d'or ; le deffous des mêmes aîles a un petit
rebord blanc. F f ij

Notre petite chenille de l'oseille n'est pas la seule qui
sçache cette façon de rouler, ou elle ne roule pas seulement des feuilles d'oseille. M. Bernard de Jussieu m'a
donné depuis peu, en Septembre, des feuilles étroites de
persicaire, qui avoient été coupées en laniére d'un côté.
Cette laniére avoit été roulée, & le rouleau avoit été
posé perpendiculairement au plan de la feuille.

Il y a encore une espece de rouleau fait par une chenille du chêne, qui par sa construction mérite que nous
en disions quelque chose. Il est petit, la chenille le forme
d'une partie de la feuille qui est comprise entre deux découpûres, elle contourne cette partie en maniére de cornet.*
Elle ajuste une autre portion de la feuille contre la base ou
le gros bout de ce cornet, pour en boucher l'ouverture.
Divers liens de fils qu'on voit en dehors servent, & à
tenir le cornet roulé, & à le tenir appliqué contre la partie de la feuille qui le ferme. L'intérieur de ce rouleau
est occupé par une chenille à seize jambes, dont la peau
est transparente & blanche par tout, excepté tout du
long du milieu du corps, où il paroît une raye brune qui
peut n'être produite que par la couleur des matiéres contenuës dans l'estomach & dans les intestins.

Il nous reste à parler des chenilles qui, au lieu de rouler
les feuilles, se contentent de les plier: le nombre de ces
plieuses est encore plus grand que celui des rouleuses; leurs
ouvrages sont plus simples, mais il y en a qui malgré leur
simplicité, ne laissent pas de paroître industrieux. Le chêne
nous offre encore de ces sortes d'ouvrages. On voit de ses
feuilles dont le bout a été ramené vers le dessous*; il y a été
appliqué & assujetti presque à plat, il ne reste d'élévation
sensible qu'à l'endroit du pli. J'ai observé de ces feuilles,
où tout le contour de la partie pliée étoit logé dans une
espece de rénure que la chenille avoit creusée dans plus

* Pl. 14. fig. 10.

* Pl. 16. fig. 7. a a.

de la moitié de l'épaisseur de la feuille. Sur d'autres feuilles du même arbre, on voit que de leurs grandes dentelures ont été pliées de même en dessous *.   * Fig. 7. *b b.*

La plûpart des autres arbres nous offrent aussi des feuilles
pliées par les chenilles, mais il n'y en a point où on en puisse observer plus commodément que sur les pommiers,
ils en ont de toutes especes à nous faire voir; de seulement pliées en partie, je veux dire de simplement cour-
bées *; de pliées entierement, je veux dire où la partie pliée   * Pl. 16. fig.
a été ramenée à plat sur une autre partie de la feuille *;   11.
de courbées, de pliées vers le dessus, de courbées, ou   * Pl. 17. fig.
pliées vers le dessous. Entre ces derniéres, le pommier mê-   3. *a a.*
me en a qui ont une singularité que je n'ai observée sur aucune de celles des autres arbres, que sur les feuilles du figuier. Tout autour du bord de la dentelure de la partie repliée, il y a un bourlet comme cotonneux *, qui est pourtant   * Pl. 17. fig.
de soye d'un jaune pâle; il s'éleve d'environ une ligne   3. *b b b.*
au-dessus de la partie qu'il entoure; il la borde, comme
feroit un cordonnet, il a plus d'épaisseur que de largeur.

Au lieu que les chenilles rouleuses habitent des rouleaux, les plieuses se tiennent dans une espece de boîte
plate, elles n'y ont pas un grand espace, mais il est proportionné à la grandeur & à la grosseur de leur corps; ordinairement elles sont des plus petites chenilles. Chacune
est bien close dans cette espece d'étui plat, ou de boîte; il
reste pourtant quelquefois une ouverture à chaque bout,
mais à peine ces ouvertures sont-elles sensibles *. Elles se   * Pl. 17. fig.
renferment ainsi pour se nourrir à couvert: mais si elles   3. *a a.*
rongeoient, comme font les rouleuses, l'épaisseur entiére
de la feuille, leurs especes de boîtes seroient bientôt tout
à jour; au lieu que tant qu'elles y demeurent, jamais on
n'y voit de trous. Leur goût, & peut-être leur prévoyance
les porte à ne manger qu'une partie de l'épaisseur de la

feuille. Celles qui plient les feuilles en deſſous, épargnent la membrane qui en fait le deſſus. Les unes & les autres n'attaquent point les nervûres & les fibres un peu groſſes. Elles ſçavent ne détacher que la ſubſtance la plus molle, le parenchime qui eſt renfermé dans le rézeau fait par l'entrelacement des fibres. Auſſi la ſtructure de ce rézeau eſt-elle bien plus ſenſible dans les endroits où ces chenilles ont rongé, que dans les autres endroits.

Celles qui habitent des feuilles bien pliées, commencent à ronger la ſubſtance de la feuille à un des bouts de l'étui ; la partie qui a été rongée la premiére, eſt celle ſur laquelle elles dépoſent leurs excremens. Elles continuent de ronger en avançant vers l'autre bout, mais elles ont la propreté d'aller jetter leurs excremens dans l'endroit où ſont les premiers ; ainſi ils ſe trouvent accumulés à un coin, & jamais il n'y en a d'épars. C'eſt au moins ce qu'obſervent réguliérement les chenilles de nos pommiers, dont les étuis ſont bordés d'un bourlet, ou cordon ſoyeux *.

* Pl. 17. fig.
3.

On voit avec plaiſir, manger celles qui ſe contentent de courber des feuilles, ſur-tout ſi on les conſidére à la loupe. On remarque avec quelle adreſſe & avec quelle vîteſſe elles découpent une partie de l'épaiſſeur de la feuille. Leur tête eſt un peu inclinée vers un côté, afin apparemment qu'une ſeule de leurs dents perce d'abord une petite portion de la ſubſtance de la feuille, que les deux dents ſerrées l'une contre l'autre dans le moment ſuivant, ſçavent détacher. Les coups de dents ſe ſuccédent avec une vîteſſe prodigieuſe, & à meſure qu'ils ſont réïterés, le rézeau formé par les fibres, ſe découvre, il devient diſtinct dans les endroits où auparavant il étoit à peine ſenſible. Ce n'eſt que par petites aires que la ſubſtance de la feuille eſt emportée.

Ces chenilles qui ſe contentent de courber les feuilles,

font celles qu'on peut plus aifément obferver dans leur travail, il eft le plus fimple de ceux de ce genre; il fuffira pourtant de l'avoir détaillé, pour avoir donné une idée de tous les autres. Une petite chenille d'un verd clair, dont chaque anneau eft chargé de plufieurs petits grains noirs, eft des plus commode à fuivre; elle aime à ronger le deffus de la feuille de pommier, & par conféquent elle doit plier la feuille, ou ramener la dentelure de quelqu'endroit de fes bords vers le deffus. Elle fe contente de faire décrire un arc tantôt plus, tantôt moins courbe à la partie qu'elle contourne *; mais jamais elle ne la contourne au point de ramener une partie de fes bords à toucher le deffus de la feuille. Elle ne craint point la prefence du fpectateur, elle plie la feuille fur fa main, s'il tient fa main en repos. Une de ces chenilles étant pofée fur le deffus d'une feuille platte de pommier, n'eft donc pas long-temps fans travailler à donner à une portion de cette feuille la courbûre qu'elle lui veut. Entre les différens endroits des bords de la feuille, il y en a toûjours qui s'élevent plus que les autres; c'eft à un de ceux-là qu'elle s'adreffe; elle s'en approche à une diftance convenable, & fe fixant fur fon derriére & fur les anneaux qui en font proches, elle porte fa tête fur le bord de la feuille, & de-là la raméne fur le plat de la feuille du côté de la principale nervûre *; elle file de fuite plufieurs fils paralleles les uns aux autres, qui font partie d'une piéce de toile qu'elle va étendre *.

 Nous n'avons confidéré la feuille que comme à peu près platte, ainfi les fils qui viennent d'être filés ne font appliqués contre cette feuille que par leurs bouts, le refte de leur longueur eft en l'air. La chenille monte fur ces fils *, qui chargés de fon poids, forcent le bord de la feuille

* Pl. 16. fig. 11.

* Pl. 17. fig. 1.

*ll f f.

* Pl. 17. fig. 1.

à s'approcher de la principale nervûre. Les nouveaux fils que la chenille file en cette pofition, maintiennent le bord de la feuille dans le commencement de la courbûre qu'elle a prife. En étendant enfuite cette toile, & marchant deffus à mefure qu'elle l'étend, la chenille force toûjours de plus en plus la feuille à fe plier. Cette méchanique eft bien fimple, & ne mériteroit pas de nous arrêter, après en avoir vû pratiquer une équivalente par nos rouleufes; mais le fupplément qu'il refte à y ajoûter, ne doit pas être paffé fous filence. Les fils qui compofent la toile n'ont qu'une longueur proportionnée aux arcs que la tête de la chenille peut décrire, étant fixée fur une portion de fon corps. Si au moyen de cordes fi courtes, & dirigées comme elles le font, la chenille forçoit la feuille à fe courber entiérement, la feuille ainfi courbée décriroit une circonférence d'un très-petit rayon, telles que font celles des premiers tours de certains rouleaux; mais la courbûre qu'elle veut, & qu'elle a befoin de donner à cette partie de la feuille, doit être celle d'un cercle, ou d'une autre courbe d'un plus grand rayon. Pour parvenir à la lui donner, elle ne continuë pas à la tirer par des cordes fi courtes, ou dont les directions foient fi inclinées. Après avoir filé une certaine étenduë de toile, elle ceffe de fuivre la même ligne, elle vient fe placer plus près de la groffe nervûre*, & là elle commence à filer les fils d'un nouvelle toile*; elle colle un des bouts de chacun des nouveaux fils à la toile précedente*, & l'autre bout de ces fils le plus près qu'elle peut atteindre de la principale nervûre, ou même par-delà : ce qui produit le même effet que fi elle augmentoit près d'une fois la longueur des premiéres cordes. Elle monte alors fur ce nouveau plan, & fe place vers l'endroit où les deux piéces

*Pl. 17. fig. 2.

*mm kk.

*ffll.

de

de toiles ont été réunies. Là placée, elle attache des fils au bord de la feuille, & vers la principale nervûre; elle file une nouvelle toile; à cette nouvelle toile elle attache bientôt les fils d'une autre, qui croisent ceux de la précedente: & ainsi de suite elle continuë à faire courber la feuille, mais doucement, & sans rendre sa courbûre considérable. Des plans de toile s'élevent donc successivement les uns au-dessus des autres; & quand la chenille a avancé son ouvrage, elle paroît, par rapport à la surface de la feuille, comme sur un échaffaut.

Elle ne se tient pourtant pas toûjours sur ces plans de toiles, de temps en temps elle en descend, & vient sur la surface de la feuille: quelquefois c'est pour s'y reposer en mangeant; quelquefois on l'y voit la tête levée agiter avec vîtesse ses premiéres jambes: elles lui servent alors de mains pour briser les toiles des plans inférieurs, qui ne peuvent plus que l'incommoder, lorsqu'elle veut marcher sur la feuille, & qui peuvent même s'opposer à l'effet qu'elle a à faire produire aux toiles des plans supérieurs.

Ces chenilles, comme je l'ai assés dit, se contentent de courber une portion de la feuille; mais celles qui achevent de la plier, ne commencent pas leur ouvrage autrement. Elles commencent par faire prendre de la courbûre à la partie qui doit être ramenée à plat; & quand elle en a pris suffisamment, la chenille passe sous le plan de toile qui la tient courbée, & au-dessous de ce plan elle en file d'autres successivement, qui font tous de plus proches en plus proches du pli de la partie recourbée. L'effet de ceux-ci dépend de leur position. N'en considérons qu'un, sçavoir celui qui suit immédiatement l'extérieur. D'un côté les bouts de ses fils, au lieu d'être attachés à la dentelure, le font un peu au-dessous, & par l'autre bout ils font attachés à la partie de la feuille correspondante: d'où il est clair que quand la chenille charge ce plan de fils, cette toile, elle force à s'approcher l'une de l'autre les deux parties de la feuille. Elle les forcera à s'approcher encore davantage, & elle les conduira à s'appliquer l'une contre l'autre, en filant une troisiéme, & enfuite, s'il en eft befoin, une quatriéme couche de fils, dont les bouts fe trouveront toûjours attachés plus près de l'endroit où doit être le pli.

Les couches de fils, les toiles qui précedent la derniére filée ne produifent prefque plus d'effet. Les fils des premiéres toiles fe trouvent en dehors de la dentelure, & la chenille y pouffe ceux des toiles qui la fuivent. De-là il arrive que ces fils lâches & entrelacés, étant pouffés par-delà le bord de la partie pliée*, forment une efpece de bourlet qui femble avoir été fait avec plus d'artifice qu'il ne l'a été*. La chenille qui fait ainfi un bourlet autour de la feuille qu'elle a pliée, eft rafe, d'un jaune pâle, ou d'une couleur de karabé très-claire. Elle eft de la troifiéme claffe, c'eft-à-dire qu'elle n'a que fix jambes intermédiaires, & que la premiere paire de ces jambes n'eft féparée de la derniére paire des écailleufes, que par deux anneaux.

* Pl. 17. fig.
4. b.
* Fig. 3. bb.

On trouve fur le figuier une chenille qui, comme celle du pommier, entoure d'un bourlet cotonneux de foye le bord de la partie de la feuille qu'elle a repliée, mais ce bourlet eft plus mince que celui des feuilles de pommiers. Les feuilles pliées par la plûpart des autres efpeces de chenilles n'ont point ce bourlet. On n'en voit point, par exemple, autour de la partie de la feuille du chataignier qui a été pliée par une chenille d'un blanc verdâtre, tranfparente, & groffe par rapport à fa longueur, qui eft peu au-deffous de la longueur moyenne.

Au refte, quelle que foit la pofition de la feuille, la chenille fait toûjours le même ufage du poids de fon corps pour la courber ou plier. Si une feuille eft pofée horifontalement, & que la chenille la courbe en deffus, alors le plan des fils eft plus élevé que la furface de la feuille, & la chenille va fe mettre fur le deffus de cette toile. Mais fi la chenille roule la feuille en deffous, le plan de chaque toile eft plus bas que celui de la feuille, & la chenille charge cette toile, tantôt en fe pofant fur la furface inté- rieure, & elle eft alors dans une fituation naturelle; tan- tôt en fe mettant à la renverfe fur la furface extérieure, & tenant fes jambes cramponnées dans les fils de la toile. Il y en a même qui ne travaillent à plier les feuilles de chêne, qu'en fe tenant cramponnées de la forte.

Des circonftances déterminent quelquefois des che- nilles qui plient ordinairement des feuilles en deffous, à les plier en deffus, elles profitent des difpofitions qu'a la feuille à fe contourner plus d'un côté que de l'autre: c'eft ce que m'ont fait voir celles que j'ai fait travailler chés moi; ainfi il ne leur eft pas abfolument effentiel de ronger la feuille par une de fes furfaces plûtôt que par l'autre. Il y a des feuilles de chêne qui font pliées, comme nous l'avons déja dit, par le moyen de liens de fils, pareils à ceux qu'em- ployent les rouleufes *; mais on trouve affés ordinaire- ment dans l'intérieur du pli, des toiles, qui ont apparem- ment fervi à achever d'approcher les deux parties l'une de l'autre.

Toutes ces chenilles fe métamorphofent en des pa- pillons, très-petits pour la plûpart, ce qui m'a fait négli- ger de les faire graver.

Diverfes efpeces d'araignées courbent auffi des feuilles, d'autres les plient, & d'autres les affemblent en paquet. Ce que nous avons vû pratiquer aux chenilles, met affés au fait des différentes maniéres dont s'y peuvent prendre les araignées, qui font de maîtreffes fileufes.

Quantité de chenilles, quoiqu'auffi petites que celles

* Pl. 16. fig. 7.

dont nous venons de parler, ne se contentent pas de rouler ou de plier une seule feuille, elles en réunissent plusieurs dans un même paquet. On trouve de ces paquets sur presque tous les arbres & sur tous les arbrisseaux, composés de feuilles assés differemment arrangées, & presque toûjours irréguliérement : elles sont attachées les unes contre les autres, dans les endroits par où la chenille a eu plus de facilité à les obliger à se toucher. Cette chenille nichée vers le milieu de ce paquet, se trouve à couvert & environnée de toutes parts d'une bonne provision d'alimens convenables. On voit frequemment sur les poiriers de ces paquets de feuilles, qui ressemblent assés aux nids des chenilles communes, à cela près qu'ils ne font pas couverts de toiles; quelques fils seulement sont employés pour les contenir. Chacun des paquets de feuilles qu'on observe sur le poirier, la ronce, l'épine, &c. est ordinairement habité par une petite chenille rase à seize jambes, dont les intermédiaires sont terminées par des couronnes complettes de crochets. Cette chenille est souvent d'un brun caffé, grosse par rapport à sa longueur, son derriére est un peu pointu.

      Les paquets faits sur le rosier * sont souvent composés de plusieurs feuilles, chacune pliée en deux, & appliquées les unes sur les autres assés exactement *. La chenille brune & rase qui les a réunies, s'y est prise avant qu'elles se fussent développées. Elle perce ordinairement toutes les feuilles qui sont appliquées ainsi les unes contre les autres quelque part vers leur milieu, & autour des ouvertures des trous elle dispose des fils qui les tiennent là assujetties les unes contre les autres. Elle mange ensuite à son aise les portions des feuilles de ce paquet qui sont le plus de son goût.

      Mais en paquets de feuilles, je ne sçais rien de si bien

* Pl. 19. fig. 6.

* Fig. 7.

fait que ceux que l'on trouve sur certaines especes de saules,
& sur-tout sur une espece d'ozier. Les feuilles longues &
étroites de l'arbre & de l'arbrisseau en question, sont très-
propres à s'ajuster parallelement les unes aux autres; c'est
même la direction qu'elles ont au bout de chaque tige,
quand elles ne se sont pas entiérement développées *. Une *Pl. 18. fig.
espece de petite chenille rase à seize jambes, dont le fond 1. & 2.
de la couleur est brun & tacheté de blanc, & dont nous
avons déja parlé à l'occasion de la structure des coques
les plus singuliéres *, lie cès feuilles les unes contre les au- *Tom. I.
tres, & en fait des paquets où elles sont souvent très-bien Pl. 39. fig.
étenduës & très-bien arrangées. Sa méchanique n'a pour- 5. & 6.
tant rien ici de bien remarquable, elle fait précisément
ce que nous ferions en pareil cas; elle devide un fil autour des feuilles qui doivent être tenuës ensemble, depuis
un peu au-dessus de leur queuë, jusqu'à une assés petite
distance de leur pointe. Elle a trouvé les feuilles presque
couchées les unes auprès des autres, elle a eu peu à les
rapprocher; les tours du fil qui les maintiennent sont
très-proches les uns des autres.

Les plus jolis de ces paquets sont ceux qui sont faits
sur une espece d'ozier *, dont le bord des feuilles forme *Pl 18. fig.
en certains temps, sçavoir, avant qu'elles se soient déve- 1.
loppées, des cordons gaudronnés *; la face de chaque *Fig. 3.
feuille sur laquelle sont ces cordons, est en dehors du
paquet composé d'un grand nombre de pareilles feuilles;
ce qui le fait paroître un ouvrage très-travaillé. La surface unie & convexe de chaque feuille est tournée vers
le centre du paquet; tout du long du milieu de ce paquet, il y a une espece de tuyau creux, dans lequel la
chenille se tient, elle ronge les feuilles & les parties des
feuilles qui en sont proches.

Mais ce qu'elle mange d'abord, & ce semble, par
G g iij

prévoyance, c'est l'œilleton du bout de la tige qui se trouve renfermé vers le commencement du paquet : si elle laiſſoit cet œilleton ſain, il pourroit ſe développer, s'étendre vers le centre du paquet ; le paquet pourroit être défait, & les fils qui le tiennent ſeroient bientôt briſés, ſi le bout de la tige s'étendoit, groſſiſſoit, ou s'il pouſſoit des feuilles ; mais la chenille, en rongeant ſa pointe, le met hors d'état de croître & de pouſſer rien en dehors.

Une autre eſpece de chenille lieuſe * qui aime le fenouil, & qui vit de ſes fleurs, fait encore un aſſés joli ouvrage dans ce genre. Cette chenille eſt raſe, tranſparente, & d'une couleur d'olive un peu brun. Elle a ſeize jambes. On la trouve dans les mois de Juin, de Juillet & d'Août. La diſpoſition des fleurs du fenouil n'a pas beſoin d'être expliquée ; on ſçait qu'un grand nombre de pedicules chargés de bouquets y forment une eſpece de paraſol. Les bouquets les plus proches du centre ſont portés par des pedicules plus courts que ceux des bouquets de la circonférence. Notre chenille lie enſemble tous les bouquets qui ſont vers le centre * ; elle les réunit dans un tas, au milieu duquel elle ſe loge. J'ai eu de ces chenilles qui ſe ſont fait des coques dans le poudrier où je les avois renfermées dans le mois d'Août, d'où le papillon n'eſt ſorti que vers les premiers jours de May de l'année ſuivante. C'eſt une petite phalene * à antennes à filets coniques, & qui a une trompe ; elle porte ſes aîles à la maniére de celles des oiſeaux. La partie antérieure du deſſus de ſon corps, & du deſſus des aîles ſupérieures, eſt d'un blanc jaunâtre ; le reſte des mêmes aîles eſt d'un brun preſque noir.

Une des premiéres lieuſes de feuilles qui paroiſſent au printemps, & qui eſt extrêmement commune, c'en eſt une qui raſſemble en paquet les feuilles qui ſe trouvent au bout des jets ou des pouſſes du chêne *. Ce paquet eſt

* Pl. 16. fig. 3.

* Pl. 16. fig. 1.

* Pl. 16. fig. 4.

* Pl. 19. fig. 9.

quelquefois affés gros, mais d'ailleurs fa forme irréguliére
n'eft pas propre à s'attirer de l'attention. Si on le défait,
on y trouve pourtant une particularité qu'on peut obferver en quelques autres paquets de feuilles, mais qui ne
fe rencontre dans aucun de ceux dont nous avons parlé.
Le centre du paquet eft occupé par un tuyau de foye
blanche*, dans lequel la chenille rentre toutes les fois   * Fig. 10.
qu'elle fent qu'il fe fait quelque mouvement extraordinaire autour des feuilles qu'elle a réunies; du moins toutes les fois qu'on les écarte pour mettre le tuyau à découvert, la chenille fe cache dans ce tuyau : elle n'a pas
befoin d'en fortir entiérement pour ronger les feuilles ,
elle les a mifes fi fort à fa portée, qu'elle peut attaquer
plufieurs de celles qui font le plus loin, pendant que fa
partie poftérieure refte dans le tuyau.

Cette chenille * eft rafe & de la claffe de celles à feize   * Pl. 19. fig.
jambes, elle eft encore de celles dont les jambes font ter-   12.
minées par une couronne de crochets , fans être faites
en jambes de bois. Le fond de fa couleur eft brun caffé;
elle a trois rayes blanches, une tout du long du deffus
du corps, & une tout du long de chaque côté. Il y a des
taches plus claires dans leur brun ; mais la difpofition de
ces taches , la nuance même du brun fe trouvent fort
différentes dans ces chenilles prifes à différens âges, &
dans des temps qui précedent, & qui fuivent la mue.

Les crifalides dans lefquelles elles fe transforment font
fouvent fufpenduës à un des côtés du paquet*; elles ont   * Fig. 10. c.
à leur derriére deux crochets * qui font engagés en des   * Fig. 11.
fils de foye, & qui fuffifent pour les foûtenir en l'air.
J'ai eu un papillon * d'une de ces crifalides vers le 20   * Fig. 13.
Juin, & je crois qu'il étoit refté fous la forme de crifalide depuis environ le 15. de May. Il a des antennes à
filets grainés , & une trompe; il porte fes aîles prefque

paralleles au plan de pofition. Une couleur de tabac, &
une couleur d'un blanc-fale ou grifâtre font les deux qui
dominent fur le deffus de fes aîles fupérieures ; ces couleurs font mêlées enfemble , & nuées de façon à former
de jolies bandes de point de Hongrie. La tête eft * extrêmement veluë ; vûë de face, elle a quelqu'air de celle
d'un hibou. Le papillon qui eft reprefenté dans la planche eft une femelle.

  J'ai donné ci-devant les rouleufes pour des chenilles
qui vivent dans une parfaite folitude; c'eft la régle génerale , à laquelle pourtant j'ai trouvé quelques exceptions.
Ayant déplié & étendu des rouleaux de feuilles de lilas *,
au lieu d'une feule chenille que je croyois y voir, j'ai vû
qu'ils en renfermoient quelquefois plus d'une douzaine; &
pour le moins j'ai trouvé cinq à fix chenilles dans chaque rouleau. Elles n'ont pas la vivacité ordinaire aux
autres rouleufes. Leur grandeur eft au-deffous de la médiocre*, elles font rafes & tranfparentes; leur peau blancheâtre a quelquefois une légere teinte de verd. Elles
font de la troifiéme claffe, d'une des claffes de celles qui
n'ont que quatorze jambes , fçavoir fix intermédiaires ,
dont la premiére paire n'eft féparée de la derniére paire
des écailleufes que par deux anneaux fans jambes.

  Leurs rouleaux font des mieux faits , foit parce qu'elles
font des rouleufes très-adroites , foit parce que les feuilles
de lilas dont la tiffure eft liffe & affés égale par tout , font
des plus aifées à rouler. Conftamment c'eft le deffus de
la feuille qui forme le deffus du rouleau, la pointe a été
ramenée vers le deffous, pour faire un premier tour de
fpirale, qui par la fuite fe trouve enveloppé par environ
trois tours; les deux bouts de ces rouleaux font fermés.

  Les rouleufes du chêne mangent toute la fubftance de
la partie roulée. Avec le temps elles réduifent un rouleau

qui

* Fig. 14.

* Pl. 17. fig.
5.

* Pl. 17. fig.
6.

qui avoit quatre à cinq tours de fpirale à n'en avoir qu'un feul. Nos chenilles du lilas ont beau ronger, leur rouleau conferve tous fes tours, parce qu'elles fe contentent de manger une partie du parenchime de la partie roulée ; elles commencent par manger celle du premier tour, & de tour en tour, elles détachent celui de tout ce qui a été roulé ; alors le rouleau a la couleur d'une feuille fanée, mais encore humide. Les chenilles que j'ai tirées de leurs étuis, & que j'ai mifes fur de nouvelles feuilles, fe font contentées de ramener le bout de celles-ci fur le deffous, de plier la feuille par le bout ; elles ont mangé le parenchime de cette efpece de boifte platte, comme elles mangeoient auparavant celui du rouleau.

Quand elles veulent fe transformer en crifalides, elles abandonnent le rouleau, elles fe difperfent, elles paffent fur d'autres feuilles plattes ; chacune s'y fixe dans l'endroit qui lui convient ; elle oblige la partie fur laquelle elle s'eft arrêtée, à fe courber ; elle lui fait faire un pli, & c'eft dans ce pli qu'elle fe file une coque de foye *. Quelques-unes ont filé leur coque chés moi dans l'angle fait par les parois du poudrier & le fond.

* Pl. 17. fig. 7.

Vers la mi-Août, c'eft-à-dire, environ trois femaines après que ces chenilles eurent fait leurs coques, il fortit de chaque coque une petite phalene * de la feconde claffe, & du genre de celles dont le port des aîles eft en queuë de coq. Quand elle eft en repos, elle s'appuye fur le derriére, fa partie antérieure eft élevée, & foûtenue fur fes jambes, mais de maniére qu'elle femble n'en avoir que quatre en tout *, parce que les deux derniéres de chaque côté font appliquées l'une contre l'autre, elles femblent n'en faire qu'une. Le deffus de leurs aîles fupérieures eft richement coloré ; il eft rempli de taches d'une nuance de bronze qui approche de l'or, mêlées avec des taches

* Fig. 8. 9. & 10.

* Fig. 8. & 10.

Tome II.   . H h

d'un blanc argenté, & avec d'autres d'un beau noir. Les
aîles inférieures font d'une couleur ardoifée; elles font
frangées.

Des rouleufes fort adroites s'établiffent auffi en commun fur les feuilles du troëne. Les rouleaux qu'elles
forment font ordinairement applatis *; mais d'ailleurs ils
font très-bien faits. Leur applatiffement vient de ce que
les chenilles veulent qu'ils foient exactement fermés par
les deux bouts; chaque bout * eft appliqué exactement,
& affujetti contre le bord de la feuille. C'eft encore ici le
deffus qui eft ramené vers le deffous, & tous les tours du
rouleau font maintenus par des liens de fils, conftruits avec
la méchanique que nous avons expliquée, en parlant des
autres liens. Ces rouleufes font de la même claffe que
celles du lilas; elles n'ont de même que quatorze jambes
& diftribuées de la même maniére; leur couleur, comme
celle des autres, eft un verd blanchâtre; mais elles font
plus petites. Leurs focietés font communément moins
nombreufes; je n'ai jamais trouvé de rouleau habité par
plus de fix de ces chenilles, & fouvent je n'y ai trouvé
que deux à trois chenilles. Elles ne mangent que le par-
renchime du deffous de la feuille, ou du côté de la
feuille qui fait l'intérieur du rouleau. Je les ai vû travailler avec bien de l'activité à rouler de concert une feuille
mais leurs manœuvres ne m'ont rien offert d'ailleurs qui
demande d'être rapporté.

Si on eût voulu s'attacher dans ce Mémoire, à caractérifer toutes les différentes efpeces de chenilles qui roulent, qui plient, qui affemblent en paquet, qui collent
enfemble des feuilles, on lui eût donné l'étenduë d'un
petit volume. Dans les bornes où on le refferre, il ne
laiffe pas d'être propre à donner une idée de la prodigieufe quantité des efpeces de petites chenilles, puifqu'i

y a tant d'efpeces différentes de celles feulement qui ont recours aux induftries que nous avons expliquées.

Enfin ce ne font pas les feules chenilles qui roulent les feuilles, qui les plient, & qui les mettent en paquets. On peut remarquer fouvent que les fommités, les bouts des jets de différens arbres & de différentes plantes, font plus gonflés qu'ils ne fembleroient le devoir être *; les feuilles qui les terminent y font réunies en un paquet, fans être pourtant liées enfemble par des fils. On trouve fouvent de ces paquets au bout des tiges de quelques ef-peces de véronique ; mais ils ne font plus communs nulle part qu'aux bouts des jets de faule. Si on écarte les feuilles de faule qui s'enveloppent les unes les autres, * on trouve entr'elles des fourmilliéres de petits vers rouges *, oblongs & fans jambes, qui ont deux crochets au bout de la tête. Il feroit à fouhaiter que ces vers puffent donner une belle & bonne teinture rouge ; car il ne feroit pas difficile de faire des récoltes de ces fortes de vers. Ils fe filent chacun une petite coque de foye blanche, ordinairement entre les feuilles mêmes du paquet, lorfqu'ils doivent fubir leur première métamorphofe. Après s'être métamorphofés pour la feconde fois dans cette petite coque, ils en for-tent fous la forme d'une petite mouche, dont le corps eft d'un verd doré. Mais nous aurons occafion ailleurs de parler plus au long des feuilles réunies par différentes efpeces de vers. Il nous refte même à décrire bien des efpeces de rouleaux faits encore avec plus d'induftrie que ceux des chenilles, & pour d'autres ufages, par des infectes de différentes claffes ; des rouleaux faits par des mouches, & d'autres faits par des fcarabés.

* Pl. 18. fig. 9.

* Fig. 10.

* Fig. 11. & 12.

EXPLICATION DES FIGURES
DU CINQUIEME MEMOIRE.

PLANCHE XIII.

LA Figure 1, repréſente une feuille de chêne roulée perpendiculairement à la côte ou principale nervûre de la feuille. *R S*, le rouleau. *l o, l o,* &c. marquent quelques-uns des liens qui aſſujettiſſent le dernier tour du rouleau. *N,* la principale nervûre de la feuille. Le deſſus de la feuille a été roulé vers le deſſous; c'eſt-à-dire que la partie platte de la feuille qui eſt ici en vûë, en eſt le deſſous.

La Figure 2, fait voir une feuille roulée parallelement à la principale nervûre, & juſqu'à cette nervûre. *R S*, le rouleau. *P,* le pedicule de la feuille, qui en ſe prolongeant fournit la principale nervûre de la feuille. *l o, l o,* &c. quelques-uns des liens qui tiennent la feuille roulée.

Tous les rouleaux de feuilles n'ont pas autant de liens, ni auſſi proches les uns des autres, que les rouleaux des figures précedentes.

La Figure 3, eſt celle d'une des chenilles qui roulent des feuilles de chêne.

La Figure 4, eſt celle de la même chenille, repréſentée dans le temps où elle s'agite, où elle fait faire des ondulations à ſon corps.

La Figure 5, nous montre une feuille qu'une chenille commence à rouler; elle file le premier lien *l o.* Après avoir attaché les premiers fils contre le bord de la feuille, elle va en attacher par-delà ce bord en *o.* Cette feuille eſt une de celles qui doit être roulée parallelement à la principale nervûre.

La Figure 6, eſt celle d'une portion de feuille, au bout de laquelle une chenille a déja attaché pluſieurs liens, qui l'obligent à se courber, & qui lui font presque faire un tour de spirale. La chenille en continuant de rouler cette feuille, eût rendu le rouleau perpendiculaire à la principale nervûre.

La Figure 7, représente une feuille dont le rouleau est perpendiculaire à la principale nervûre, il fait déja deux tours. On voit comment la chenille sort en grande partie par un des bouts du rouleau, pour filer un lien qui n'est pas éloigné du milieu de ce rouleau.

La Figure 8, est celle d'une petite portion d'un rouleau, vûë au microscope, afin que la structure du lien *lm, no,* soit plus aisée à reconnoître. On voit qu'il est comme composé de deux paquets de fils *lm, no.* Les fils du paquet *lm,* sont tendus, & passent au-dessus de ceux du paquet *n o,* qui sont lâches.

PLANCHE XIV.

La Figure 1, est un plan du lien qui est représenté en grand & en perspective dans la figure 8. de la planche précedente. *no* est un paquet de fils, qui sont croisés par ceux du paquet *lm.*

La Figure 2, fait voir une chenille qui file les fils du paquet *n o.*

Dans la Figure 3, la chenille a déja filé deux des fils qui doivent entrer dans le paquet *lm.* Elle va en filer un troisiéme.

Dans la Figure 4, on voit la chenille qui file un troisiéme fil du lien *ml.* De *m* jusqu'en *f,* on voit trois fils, & seulement deux de *f* en *l;* mais ce qu'on doit sur-tout remarquer, c'est que le corps de la chenille s'appuye sur les fils du paquet *n o.*

Dans la Figure 5, la chenille a conduit le troisiéme fil *m,* en *l.* Elle est près de commencer à en filer un quatriéme. On doit encore remarquer que le corps de la chenille pose sur le paquet *n o*.

La Figure 6, représente une feuille de chêne qui est entiérement roulée parallelement à la principale nervûre.

La Figure 7, fait voir comment la chenille forme quelquefois un rouleau de deux feuilles. *p*, le pedicule d'une feuille qui a été entiérement roulée parallelement à sa principale nervûre, & qui forme le rouleau *p r*. *lrlbqal*, feuille que la chenille a entrepris de rouler sur le rouleau *p r*. Des liens *l, l, l,* obligent déja la feuille *q b a,* &c. à se contourner. D'autres liens la forceront à venir envelopper entiérement le premier rouleau.

La Fig. 8, est celle d'un rouleau composé de plusieurs feuilles, tel que celui qui est commencé dans la fig. 7. Celui de la fig. 8, a même une feuille de plus. *p q z*, sont les pedicules des trois feuilles qui entrent dans ce rouleau.

La Figure 9, est la coupe d'un rouleau simple, tels que ceux des fig. 1. & 2. pl. 13. On a voulu faire voir les coupes des différens liens, *lm, mo, pr,* qui ont servi à plier les différens tours, ou les portions de tours. On doit remarquer que les fils des liens *r p, n o,* sont lâches, & que les premiers fils du lien *l m,* sont bien tendus.

La Figure 10, est celle d'une feuille roulée en cornet. *f,* le sommet du cornet. *lm, lo, lr,* liens qui attachent la base du cornet sur la feuille.

PLANCHE XV.

La Figure 1, représente un rouleau fait par une chenille qui étoit prête à se transformer en crisalide. En *ff,* il n'y a que deux rangs de fils, l'un au-dessus de l'autre, qui se croisent. Les fils qui maintiennent ce rouleau, ne sont pas disposés par paquets, ou liens, comme dans les fig. des pl. 13. & 14. *c,* marque la dépouille de crisalide, laiſſée au bout du rouleau par le papillon venu de la chenille qui a roulé la feuille.

La Figure 2, eſt celle d'une criſalide de chenille rouleuſe, repréſentée plus grande que nature, & vûë du côté du ventre.

La Figure 3, & la Figure 4, ſont celles de la même criſalide, de grandeur naturelle. La figure 3, la fait voir du côté du dos, & la figure 4, la fait voir du côté du ventre.

Les Figures 5, 6, 7, 8, & 9, ſont celles de papillons de chenilles rouleuſes du chêne; on voit ſur leurs aîles ſupérieures quelques-unes des différentes diſtributions de taches que ces aîles offrent. Les papillons des fig. 5, 6, 7, & 8, ſont vûs ſur le dos. Ceux des fig 5, & 6, ſont du genre de ceux que nous avons appellé larges d'épaules, & qui ſeroient peut-être mieux nommés des chappiers, ils ont quelqu'air d'un homme qui porte une chappe.

La Figure 7, fait voir un de ces papillons de côté, & montre les petites houppes de poils *h*, qu'ils ont à la jonction du corps, & du corcelet.

La Figure 9, eſt celle d'un de ces papillons vû du côté du ventre.

La Figure 10, repréſente en grand la tête d'un de ces papillons, vûë par-deſſous. *a a*, les deux cloiſons barbuës, entre leſquelles eſt la trompe.

t, la trompe.

La Figure 11, eſt celle d'une feuille d'oſeille, dont une portion a été coupée & roulée. *frr*, le rouleau. *ſ*, ſon ſommet. *rr*, ſa baſe. Ce rouleau devroit paroître perpendiculaire à la partie de la feuille ſur laquelle eſt poſée la baſe *rr*.

La Figure 12, eſt encore celle d'une feuille d'oſeille. La partie *b c d*, montre la portion de la feuille qui eſt coupée par la chenille, & qui doit faire le rouleau.

La figure 13, fait voir une chenille qui commence à rouler une feuille d'oseille; elle l'a d'abord entaillée jusqu'en *e*. La chenille attache des fils à l'angle *f*, ou tout auprès, & colle leur autre bout en *t*.

La Figure 14, montre la chenille posée sur les fils qu'elle a attachés en *t*, & en *f*. & qui alors attache de nouveaux fils en *f*, & près d'*f*.

PLANCHE XVI.

La Figure 1, représente un bouquet, une ombelle de fleurs de fenouil, dont les fleurs portées par différens pedicules, ont été réunies & liées par des fils. La chenille occupe le centre de la loge formée par les fleurs & leurs pédicules.

La Figure 2, fait voir une chenille qui s'est filé une coque au milieu des feuilles du fenouil réunies. La partie antérieure de cette coque a été emportée, on n'en voit que les côtes.

La Figure 3, est celle de la chenille lieuse des fleurs du fenouil.

La Figure 4, est celle du papillon que donne cette chenille.

La Figure 5, est celle d'une feuille d'orme roulée par une chenille assés semblable aux rouleuses des feuilles de chêne. La feuille d'orme est tout autrement contournée que ne le font les feuilles de chêne des figures des planches précedentes.

La Figure 6, est celle d'une feuille d'ortie pliée en deux par une chenille épineuse qui donne le papillon diurne, gravé tome I. pl. 10. fig. 8. & 9.

La Figure 7, représente une feuille de chêne, dont le bout *a a*, a été plié. Sur la même feuille on voit une partie *b b*, comprise entre deux profondes découpûres qui a aussi été pliée.

La

La Figure 8, eſt celle d'une feuille de troëne roulée par pluſieurs chenilles, qui vivent enſemble dans le même rouleau.

Les Figures 9, & 10, ſont encore des rouleaux de feuilles de troëne, faits par des chenilles ſemblables à celles qui ont fait le rouleau de la fig. 8. Ces rouleaux ſont applatis; ce ſont des eſpeces de boiſtes. Leurs bouts *c* & *d*, ſont bien fermés.

La Figure 11, fait voir une chenille poſée ſur pluſieurs couches de fils qui tiennent une feuille de pommier courbée. Cette chenille ne cherche pas à plier davantage les feuilles du pommier.

PLANCHE XVII.

La Figure 1, repréſente une feuille de pommier, à laquelle une chenille commence à attacher des fils pour parvenir à la courber, comme celle de la fig. 11. pl. 16. *ll ff,* premiére toile compoſée de fils paralleles, attachés au bord de la feuille en *ll*, & ſur la feuille en *ff*.

La Figure 2, repréſente la même feuille de pommier de la fig. 1, où outre la toile ou la ſuite de fils *ff ll*, la chenille a filé une autre rangée de fils *mm kk*, attachés contre la feuille en *m m*, & en *k k*, aux fils de la toile *l lff*.

La Figure 3, eſt encore celle d'une feuille de pommier, mais dont la partie *a a*, a été pliée preſqu'à plat par une chenille. *b b b*, eſt un bourlet de ſoye, un bourlet cotonneux qui borde le contour de la partie pliée.

La Figure 4, repréſente une feuille qui n'eſt pas encore autant pliée que celle de la fig. 3. Le bord de la partie *a a*, n'eſt pas encore ramené ſur la feuille; mais on commence déja à voir en *b*, les fils qui doivent former le bourlet.

Tome II. I i

La Figure 5, eſt celle d'une feuille de lilas, roulée par des chenilles qui vivent en ſocieté dans ce rouleau. Les bouts *r r* du rouleau ſont bien clos.

La Figure 6, eſt celle d'une des chenilles qui travaillent de concert à rouler une feuille de lilas, comme eſt roulée celle de la fig. 5. Cette chenille eſt ici un peu plus grande que nature.

La Figure 7, eſt celle d'une coque de ſoye blanche, filée par une des chenilles, telles que celle de la fig. 6, dans une feuille de lilas pliée.

La Figure 8, eſt celle du papillon qui ſort de la coque de la fig. 7. deſſiné de grandeur naturelle.

Les Figures 9, & 10, ſont celles du même papillon repréſenté plus grand que nature. La diſpoſition de ſes jambes, telle qu'elle paroît dans la fig. 10, eſt celle qui lui eſt le plus ordinaire. Il ſemble n'avoir que quatre jambes, quoiqu'il en ait réellement ſix.

PLANCHE XVIII.

La Figure 1, repréſente des feuilles d'une eſpece d'oſier, liées enſemble par une chenille.

La Figure 2, eſt celle d'un paquet de feuilles de ſaule, qui ne ſont pas arrangées auſſi réguliérement que les feuilles d'oſier du paquet de la fig. 1.

La Figure 3, eſt celle d'une coupe tranſverſale du paquet de feuilles de la fig. 1. groſſi à la loupe. On y voit comment les deux bords de chaque feuille ſont contournés en dehors, & cela dans toute la longueur de la feuille. On y voit auſſi les tours du fil qui tient ces feuilles enſemble, & la cavité occupée par la chenille. Cette chenille a été gravée tome I. pl. 39. fig. 5.

La Figure 4, eſt celle de la coque en bateau que ſe fait la chenille lieuſe des feuilles d'oſier & de ſaule.

La Figure 5, est celle de la crisalide dans laquelle cette chenille se transforme.

La Figure 6, est celle du papillon qui sort de la coque de la fig. 5.

La Figure 7, est celle du même papillon, dont les aîles supérieures sont un peu écartées du corps.

La Figure 8, est celle d'un papillon tout autrement coloré que le précedent, qui m'est aussi venu d'une chenille qui avoit lié des feuilles de saule; mais je suis incertain si elle est la même qui donne le papillon de la fig. précedente. Celui de la fig. 8, a en couleur d'agathe tout ce qui paroît brun sur ses aîles, le reste est un blanc-jaunâtre & nué.

Les papillons des figures 7, & 8, naissent vers la fin d'Août, & ce n'est guéres que vers le commencement du même mois que les lieufes d'où ils viennent, construisent leurs coques.

La Figure 9, est celle d'une des sommités du saule dont les feuilles font courbées. Elles couvrent des milliers de petits vers rouges. Les petits grains qui paroissent en *a a,* sur l'extérieur du paquet, marquent des places occupées par plusieurs de ces vers.

La Figure 10, fait voir le paquet de la figure 9, ouvert: sur les cavités des feuilles, *b b,* on voit des fourmilliéres de vers.

La Figure 11, est celle d'un de ces vers.

La Figure 12, est un de ces vers grossi.

La Figure 13, est celle de la coque de soye dans laquelle ce ver se renferme.

La Figure 14, est celle de la mouche qui naît de ce ver.

PLANCHE XIX.

La Figure 1, est celle d'une chenille qui roule des feuilles d'ortie.

I i ij

La Figure 2, eft celle de la coque que cette chenille s'eft faite dans un poudrier. La partie fupérieure *a a*, étoit attachée au couvercle du poudrier. *ff*, font des feuilles qui couvroient le refte de la coque.

Les Figures 3, 4, & 5, font celles du papillon de cette chenille, vû de côté fig. 3, vû par-deffus fig. 4, & vû par-deffous fig. 5.

Les Figures 6, & 7, font voir des paquets de feuilles de rofier, vûs par-deffus fig. 6, & par-deffous fig. 7. Dans cette derniére figure les feuilles paroiffent difpofées comme les plis du papier d'un éventail fermé.

La Figure 8, eft celle de la chenille qui affujettit ainfi plufieurs feuilles de rofier les unes contre les autres.

La Figure 9, repréfente un paquet de feuilles de chêne, dans le centre duquel une chenille eft logée.

La figure 10, fait voir un paquet, duquel on a ôté plufieurs feuilles, pour mettre en vûë les fils de foye qui en occupent l'intérieur, & fur-tout le tuyau de foye d'où la chenille fort en partie.

c, eft une crifalide de cette chenille.

La Figure 11, repréfente en grand le derriére de cette crifalide, pour faire voir les crochets qui le terminent.

La Figure 12, eft celle de la chenille qui lie en paquet des feuilles de chêne. Elle eft ici un peu plus grande que nature.

La Figure 13, eft celle du papillon noŝurne, dans laquelle la chenille de la figure précedente fe transforme.

La Figure 14, eft celle de la tête du papillon de la fig. 13, en grand. Elle eft de celles qui ont l'air de tête de hibou.

)*(‡)*(‡)*(‡)*(‡)*(‡)*(‡)*(‡)*(‡)*(‡)*(‡)*(‡)*(‡)*(‡)*(‡)*(‡)*(‡)*(‡

SIXIE'ME MEMOIRE.

DE QUELQUES ESPECES

DE CHENILLES

Remarquables, foit par leurs attitudes, foit par leurs formes, foit par la figure de quelqu'une de leurs parties.

NOus avons cru devoir réunir dans un même Mémoire, des chenilles de genres & même de claffes différentes, qui fans être des claffes des arpenteufes, ont des attitudes ou des formes par lefquelles elles peuvent s'attirer notre attention. Des caractéres pris de ce qui eft le plus effentiel aux infectes, ne font pas toûjours auffi propres à nous les faire reconnoître, que le font certaines varietés, qui, quoique legéres en elles-mêmes, font cependant frappantes pour nous.

Le troëne qui eft un arbriffeau affés commun dans les hayes, & qu'on plante même dans les jardins, à caufe de fes grappes de fleurs blanches, nourrit de fes feuilles une des plus grandes chenilles rafes à feize jambes *, dont les membraneufes n'ont que des demi-couronnes de crochets. Elle a trois pouces & quelques lignes de long, lorfqu'elle eft étenduë. La pofition * dans laquelle elle refte plus volontiers, lorfqu'elle ne mange point, lui doit faire donner le nom de *Sphinx*. Elle tient quelque branche bien faifie avec les crochets de fes jambes membraneufes, la partie du corps qui répond à ces jambes, eft prefque parallele à cette branche; mais la partie antérieure eft redreffée, & à peu près perpendiculaire à la même branche. Elle paffe tranquillement des demi-heures, & quelquefois des

* Pl. 20. fig. 2.

* Fig. 1.

heures dans cette attitude. Un jardinier du jardin du Roy, que M. Bernard de Juffieu avoit chargé de me ramaffer de ces chenilles, étoit choqué de l'air de fuffifance qu'elles paroiffoient avoir dans cette attitude. Il difoit que ces chenilles étoient bien orgueilleufes : il n'avoit point vû d'autres chenilles porter comme celles-ci leur tête haute.

Au refte, fi elles connoiffoient leur beauté, elles auroient de quoi être fiéres ; leur couleur n'eft pourtant prefque que du verd, mais c'eft du plus beau verd de Lorraine. Ce qui fait leur plus grand ornement, ce font des efpeces de boutonniéres, dont elles ont fept de chaque côté; elles font pofées obliquement fur les anneaux; leurs figures font celles d'un oval fi allongé, que leurs deux bouts font pointus. Une moitié de chacune de ces boutonniéres, de chaque oval, l'antérieure eft d'un très-beau gris de lin, & l'autre moitié eft d'un beau blanc. Le bout inférieur de chaque boutonniére a une efpece de queuë, formée par une file de quatre petits points circulaires & blancs.

Leurs ftigmates, qui font affés petits, font jaunes. Les bouts des jambes écailleufes font bruns. Le contour du devant de la tête eft bordé d'un cordon d'un beau noir; le refte de la tête eft verd.

Cette chenille porte fur le pénultiéme anneau une corne qui eft courbée vers le derriére. Tout le deffus de cette corne eft d'un beau noir luifant, le deffous eft d'un jaune verdâtre, excepté auprès du bout, qui eft entiérement noir.

On ne trouve ces chenilles dans toute leur grandeur, que vers la fin d'Août; auffi n'ai-je eu les papillons, des œufs defquels elles naiffent, que vers la fin de Juin, ou vers le commencement de Juillet. Elles font grandes mangeufes, & ce qu'elles mangent eft employé à les faire croître en peu de temps. Quoique de toutes les feuilles, celles du troëne soient le plus de leur goût, elles mangent dans le besoin les feuilles de divers lilas. Dans le jardin du Roy, elles rongent celles du lilas à feuilles de troëne; mais lorsque les feuilles de troëne & celles de lilas qui leur ressemblent, m'ont manqué, je leur ai donné des feuilles de lilas de Perse, & même de celles de lilas ordinaire, dont elles se sont accommodées.

Les chenilles qui portent une corne sur le derriére, en changent quand elles changent de peau; elles laissent une corne sur leur dépouille; & elles en ont une semblable à l'autre sur leur nouvelle peau. Comment étoit placée cette derniére corne, avant que la chenille se défit de la premiére? étoit-elle couchée sous la peau, comme le sont les poils dont une chenille doit paroître couverte *, ou la nouvelle corne étoit-elle logée dans l'ancienne? C'est une question que nos chenilles du troëne m'ont mis en état de décider. J'en observai une qui étoit dans le travail du changement de peau; quand elle se fut presque tirée de celle dont elle vouloit se défaire, quand après en avoir fait sortir toute sa partie antérieure, & même toutes ses jambes membraneuses, & qu'en obligeant sa vieille peau de se plisser, elle l'eut poussée jusques auprès du derriére, dans l'instant enfin où tout ce qui lui restoit de plus difficile à faire, étoit de se tirer de la partie de la dépouille où étoit la corne; je coupai cette corne affés près de sa base avec des ciseaux. La chenille acheva de se dépouiller; mais elle parut avec une corne mutilée, avec une corne à qui il manquoit la moitié de sa longueur. En coupant la vieille corne, j'avois donc coupé la nouvelle; & par conséquent celle-ci étoit alors contenuë dans l'ancienne, comme dans un fourreau. J'ai eu une autre preuve presqu'aussi décisive du même fait, en

obfervant les cornes qui avoient été laiffées fur des dépouilles; j'ai vû qu'elles étoient creufes, & que leurs parois étoient affés minces. La corne que j'avois coupée,
laiffa échapper beaucoup de liqueur, autant qu'en eût
laiffé échapper en pareil cas, quelque partie charnuë de
la chenille.

C'eft depuis le premier jufqu'au 15. Septembre, que les
chenilles du troëne que j'ai nourries fe font mifes en crifalides. Quand le temps de leur transformation approche,
leurs couleurs s'altérent; elles ont quelquefois alors de
grandes & vilaines plaques de taches brunes, il femble
qu'elles fe foient falies; alors elles paroiffent inquiétes; elles
marchent continuellement, comme fi elles cherchoient
quelque chofe; elles cherchent une terre convenable, dans
laquelle elles puiffent entrer, pour y perdre leur forme,
& prendre celle de crifalide.

J'en obfervai une qui entra en terre, & qui en fortit
plufieurs fois pendant vingt-quatre heures; elle y reftoit
quelquefois cachée une heure ou deux, après quoi je la
voyois reparoître. Je penfai que la terre du poudrier n'étoit
pas telle que la chenille vouloit; cette terre étoit féche,
je la mouillai; auffi-tôt qu'elle eut été mouillée, la chenille
s'enfonça dedans, s'y couvrit, & n'en eft pas fortie
depuis.

Ces chenilles ont plus befoin que bien d'autres, de
trouver une terre fraîche. J'ai tiré de terre plufieurs des
crifalides, dans lefquelles elles s'étoient transformées, &
je ne les ai jamais trouvé renfermées dans une coque bien
liée par des fils, à peine ai-je obfervé quelques fils, qui
n'auroient pas fuffi pour foûtenir des grains d'une terre
féche. Il faut donc que la terre dans laquelle elles entrent,
foit affés humide pour que les parois de la cavité qu'elles
s'y creufent, puiffent fe foûtenir prefque d'elles-mêmes.

La

La chenille paroît ne se donner de peine que pour bien battre & bien unir les parois de la cavité où la crisalide restera logée.

Les crisalides dans lesquelles ces chenilles se transforment, sont assés grandes, & d'une grandeur proportionnée à celle de la chenille *; elles sont de celles qui sont remarquables par une espece de nez, par une partie qui part du gros bout, & qui se plie, pour venir se coucher du côté du ventre. Leur couleur est des plus ordinaires aux crisalides, c'est une espece de couleur de marron.

Le papillon * se défait de l'enveloppe de crisalide, & sort de terre vers le commencement de Juillet : il est de la première classe des nocturnes ; ses antennes sont de celles que nous avons nommées des antennes prismatiques. Il est du genre de ceux dont les aîles laissent le dessus du corps presqu'entiérement à découvert. Le dessus de son corps est aussi ce qu'il a de plus beau ; plus de la moitié de la partie supérieure de chaque anneau est couleur de rose nuée : les anneaux sont pourtant séparés les uns des autres par un bordé noir, & il y a une legére raye noire, qui s'étend presque du corcelet jusqu'au derriére. Le dessus du corcelet semble couvert d'un beau velours noir à longs poils ; mais ses côtés sont gris de lin. Les antennes sont blanches. Les aîles de dessous beaucoup plus courtes que les supérieures, sont les mieux colorées ; un rouge couleur de rose, dont les nuances sont variées, y domine. Il y a de plus sur chaque aîle inférieure deux à trois rayes d'un beau noir, à peu près paralleles à la base. Le dessus des aîles supérieures a plus de brun ; mais il a aussi des ondes rougeâtres, & des taches ondées d'un beau noir.

La trompe de ce papillon est logée entre deux épaisses barbes, ou cloisons barbuës. Cette partie de la crisalide,

qui a l'air d'une efpece de nez, eft apparemment l'étui
où ces deux barbes font renfermées.

Les fix premiéres jambes des chenilles, celles que nous
avons nommées des jambes écailleufes, font femblables,
au moins dans la même chenille. M. de Maupertuis m'a
remis une petite chenille *, qui mérite que nous en di-
fions un mot, parce qu'elle eft jufqu'ici la feule à qui
j'aye vû des jambes écailleufes de ftructure différente.
Ses quatre premiéres jambes font faites comme celles de
toutes les autres chenilles; mais les deux autres *, celles de
la troifiéme paire, ont une figure qui leur eft propre. En
s'approchant de leur bout, elles s'élargiffent, & elles grof-
fiffent. Là elles ont un air charnu, elles reffemblent en
quelque forte à un poing fermé *. Cette maffe qui eft
comme le pied, ou la main de la chenille, eft terminée
par deux courts crochets*. Au refte, ces deux jambes qui
fembleroient devoir être les plus lourdes, font les plus
agiles & les plus actives : la chenille en fait grand ufage,
pour arranger les fils des petites toiles dans lefquelles
elle fe tient fouvent. Elle n'a d'ailleurs rien de remarquable; fa couleur eft verte; je l'ai nourrie de feuilles de charmille. Elle en plia une dans laquelle elle fila une coque,
où elle fe transforma en crifalide; je n'ai pas encore eu le
papillon qni doit fortir de cette crifalide. La ftructure
particuliére de fa cinquiéme & de fa fixiéme jambe n'a-
voit pas échappé à M. de Maupertuis; c'eft même cette
ftructure qui le détermina à prendre la chenille & à me
l'apporter.

Une chenille * à feize jambes & de médiocre grandeur, qui eft des demi-rafes, c'eft-à-dire qui n'a guéres de poils que fur les côtés, mérite pourtant par la figure de fes poils, de n'être pas laiffée dans l'oubli. Si on
l'obferve à la loupe, on lui en trouve de deux fortes; les

uns font de la figure la plus fimple, femblables à des cheveux très-fins; les autres reffemblent à ces pouffiéres qui
couvrent les aîles des papillons, à cela près qu'ils ont de
longues queuës *; c'eft-à-dire que chacun de ces poils * Pl. 20. fig. 16.
s'évafe près de fon bout, & s'y termine par une efpece de
palette, dont le bord eft dentellé. Du milieu du bout
de quelques-unes de ces palettes *, fort une affés longue * Fig. 17.
pointe. Outre ces poils en palettes, on en voit d'autres qui
font faits en fer de pique *; c'eft-à-dire, qu'après s'être ren- * Fig. 18.
flés infenfiblement à une affés petite diftance de leur bout,
ils diminuent infenfiblement pour fe terminer en pointe.
Les touffes compofées des poils en cheveux, des poils en
piques, & des poils en palettes, forment de jolis bouquets *, * Fig. 15.
dans lefquels les poils en palettes imitent les fleurs.

C'eft dans le mois d'Octobre qu'on m'apporta la chenille qui a de fi jolis poils; elle mange les feuilles du pommier. Elle porte fur le pénultiéme anneau une corne
charnue affés courte. De chacun de fes anneaux, au-
deffus des jambes, il part un appendice charnu, qui fe
dirige horifontalement, & qui eft chargé de poils. Les
deux derniers appendices, ceux du premier anneau, forment deux efpeces d'oreilles à la chenille. Le fond de fa
couleur eft un gris-blanc, fur lequel un brun prefque
noir forme des taches ondées en point de Hongrie. Elle
reffemble par fes couleurs & leurs diftributions à cette
chenille que nous avons appellée lichennée *. Elle a péri * Tom. I. Pl. 32. fig. 1. & 2.
chés moi avant que de s'être transformée en crifalide.

Une chenille du chêne * de grandeur médiocre, dont * Pl. 20. fig. 7.
tout le corps eft d'un beau jaune, & qui a feulement
deux legéres rayes formées par de petites taches brunes,
eft encore plus aifée à diftinguer de bien d'autres par fon
attitude, que par fes couleurs. Sa tête qui eft affés groffe
& rougeâtre, eft prefque toûjours pofée contre un des

K k ij

côtés du corps, vis-à-vis les anneaux qui séparent les quatre paires de jambes intermédiaires des trois paires de jambes écailleuses. Les anneaux de cette chenille sont comme ridés. J'ai eu deux années de suite quelques-unes de ces chenilles, qui se sont fait des coques vers la fin de May, dans lesquelles les crisalides ont péri. Ces coques * sont d'une soye brune, d'un tissu serré, & ont une figure qui leur est particuliére; leur base est une espece d'oval dont les bouts sont aigus. La coque s'éleve sur cette base, en se rétrécissant & s'applatissant de plus en plus, comme une espece de bonnet qu'on tiendroit ouvert autour de son bord, & qu'on auroit applati au-dessus, jusqu'à obliger les deux faces opposées à se toucher, avant l'endroit où elles se rencontrent pour former la partie supérieure du bonnet.

*Pl. 20. fig. 8.

Une autre chenille du chêne, assés petite *, car elle est au plus de celles de médiocre grandeur, a une attitude qui m'a paru plus singuliére que l'attitude de la chenille précedente; la sienne semble beaucoup plus forcée; elle lui est pourtant si naturelle, qu'elle la prend dès qu'elle cesse de manger, & qu'elle la conserve dans tous les temps où elle ne mange pas. La partie supérieure de son dos est alors concave, & sa tête est renversée sur le dos *, comme le seroit celle d'un animal à quatre pieds, qui seroit renversée & posée par-delà les épaules. Dans cette attitude bizarre, ce sont les six jambes écailleuses qui sont les parties du corps les plus élevées & entiérement en l'air; elle reste des heures entiéres très-tranquille dans cette position singuliére. La couleur dominante de cette chenille est le verd, celui du dos est blancheâtre, & celui du reste du corps est assés beau; elle a pourtant une ligne bleuâtre tout du long du dos. Elle porte sur le pénultiéme anneau deux especes de cornes charnuës, ou de tubercules

*Fig. 9.

*Fig. 10. & 11.

à peu près coniques, posées à côté l'une de l'autre, dont le bout supérieur est mousse, ou arrondi : ces deux cornes sont d'un assés beau rouge. Tout du long du corps, peu au-dessus des jambes, elle a de chaque côté une étroite raye citron, coupée de distance en distance par de petites taches en partie rouges, & en partie noires. Les six jambes écailleuses sont rouges, les bouts des jambes membraneuses sont de la même couleur. Sa tête est verte, ronde, & grosse par rapport à la grosseur du corps.

C'est vers le 15. de Septembre que j'ai trouvé la premiére chenille de cette espece que j'aye vûë; elle étoit déja assés grande. Le 6. Octobre, elle prit des grains de terre sur la surface de celle qui étoit dans le poudrier; elle les lia ensemble, & s'en fit une coque *, dans laquelle elle se renferma. J'ai eu de ces chenilles qui ont fait leur coque plus tard.

Pl. 20. fig. 12.

J'ai aussi rencontré sur le tilleul deux chenilles qui me parurent si semblables aux précedentes, que je les crus être de la même espece. Comme les autres, elles mangérent les feuilles de chêne que je leur donnai; mais quand elles eurent à choisir, elles préférérent les feuilles de tilleul à celles du chêne. Une de ces chenilles, de verte qu'elle étoit, devint d'un jaune rougeâtre; la raye étroite qui étoit tout du long du dos, prit un rouge pourpre; de chaque côté de cette raye le jaune étoit lavé, sur une assés grande largeur, d'une teinte rouge; le tout ensemble faisoit une chenille bien colorée. Elle se fit, comme celles que j'avois nourries de feuilles de chêne, une coque de grains de terre liés ensemble, & elle se la fit sur la surface de la terre.

De la crisalide de cette derniére chenille, j'ai eu dans le mois de Mars un papillon *, qui est né plûtôt qu'il

Fig. 13.

n'auroit dû, parce que la crifalide avoit paffé une bonne partie de l'hiver dans une ferre chaude du Jardin du Roy. Au refte il n'a rien par lui-même de propre à lui attirer de l'attention ; il eft de la feconde claffe des phalenes ; fa trompe eft jaunâtre, & forme au moins trois tours de fpirale ; il porte fes aîles en toit élevé fur le corps. La couleur du deffus des fupérieures eft plus rougeâtre que le canelle ; on n'y voit point de taches bien marquées, on diftingue feulement diverfes nuances de rougeâtre ; le deffous des mêmes aîles, & celui des aîles inférieures, eft d'un jaunâtre plus clair.

Ce papillon étoit femelle, il a pondu un bon nombre de petits œufs, prefque blancs & prefque fphériques.

Les feuilles de l'ofier franc, de l'ofier le plus propre à lier les cerceaux, font la nourriture d'une efpece de chenille * qui varie plus fes attitudes, que les chenilles des efpeces précedentes ne varient les leurs, & qui n'en a guéres que de finguliéres ; car il eft rare de la voir allongée, comme le font les chenilles ordinaires ; elle ne l'eft pas même dans le temps qu'elle mange. On a repréfenté dans la pl. 22. fig. 9, 10, 11, & 12. quelques-unes de fes attitudes ; mais il y auroit eu de quoi remplir cette planche en entier, fi on eût voulu y montrer toutes celles qu'elle fait voir. Quelquefois elle tient fa tête plus élevée que fon derriére *. Quelquefois c'eft fon derriére qu'elle tient plus élevé que fa tête *. Affés fouvent fon derriére & fa tête font les deux parties de fon corps les plus élevées ; quelquefois la tête, le milieu du corps & le derriére font élevés, ces parties font des angles avec les autres. Il eft rare de la voir, fans que fon corps ait des inflexions dans un plan perpendiculaire à celui de pofition ; le corps fait toûjours une efpece de ziczac, & dans différens temps un ziczac différent ; le nom de ziczac peut donc être

* Pl. 22. fig. 8.

* Fig. 9. & 11.

* Fig. 10.

donné à bon titre à cette chenille, & à celles qui lui
reſſemblent. Quand elle tient ſon derriére élevé *, ſes
deux jambes poſtérieures lui font une eſpece de queuë
fourchuë.

     Pl. 22. fig. 10. & 11.

    Le devant de ſa tête eſt plat; la partie ſupérieure eſt
un peu refenduë. Elle porte deux eſpeces de cornes charnuës, la plus grande & la plus proche de la tête, eſt ſur
le cinquiéme anneau; la ſeconde, qui part de la baſe de
celle-ci, eſt ſur l'origine du ſixiéme anneau; les conca-
vités de l'une & de l'autre ſont tournées vers le derriére.
Leur figure eſt celle d'une vraye corne, elles ſe terminent par
une pointe aſſés fine; la chenille les releve tantôt plus & tantôt moins: elle peut auſſi les allonger juſqu'à un certain
point, & les raccourcir juſqu'à les faire diſparoître; elles diſparoiſſent preſqu'entiérement quand la chenille s'allonge *,
ce qui eſt pour elle une ſituation aſſés rare. Quelquefois
elle les laiſſe ſimplement tomber ſur ſon corps; elles ſont
alors peu tenduës & flaſques. Elle a ſur le derriére une
troiſiéme corne charnuë plus courte que les précedentes.

    Fig. 8.

    Cette chenille eſt raſe; le fond de ſa couleur eſt une
agathe vineuſe. Dans certains temps, depuis la tête juſqu'à la premiére corne elle a une raye d'un noir velouté,
& dans d'autres temps la même raye eſt olive. Le bout
de la premiére corne a un peu de jaune; la corne du
derriére eſt auſſi teinte en jaune ſur les deux côtés exté-
rieurs; le reſte de cette corne eſt noir ou agathe. Les côtés de la tête ſont quelquefois d'un beau noir; la partie
de la tête, qui eſt en goutiére, eſt jaune. Mais il y a des
variétés dans les couleurs des parties dont nous venons
de parler, & dans celles de quelques taches ou ondes qui
ſe trouvent ſur d'autres endroits du corps.

    J'ai eu à la fois trois de ces chenilles, dont la plus
groſſe pouvoit être miſe au rang des chenilles de grandeur

moyenne. Les derniers jours de Septembre elle se fila
une coque de soye, assés mince, qu'elle couvrit legérement de grains de terre; mais elle eut la précaution de la
poser sur la surface de la terre du poudrier, & d'attacher
dessus quelques feuilles d'osier. La crisalide dans laquelle
elle se transforma *, n'avoit rien de singulier; le bout du
derriére étoit pourtant moins pointu, plus mousse que
ne l'est le bout du derriére de la plûpart des crisalides.

  Deux papillons, tous deux mâles, sont nés de deux
crisalides des chenilles précedentes vers la mi-Mars, dans
la serre chaude du Jardin du Roy. Ce papillon * est de la
cinquiéme classe des phalenes, il a des antennes à barbes,
& n'a pour toute trompe que deux petits corps blancs,
qui se courbent plûtôt qu'ils ne se roulent; il est du genre
de ceux qui sont comme ensellés, & dont les aîles sont
disposées en toit, dont la base est étroite. Son corcelet est
très-velu, ses jambes sont aussi très-veluës: ses couleurs
tiennent de celles de la chenille; il en a de brunes qui
tirent sur des couleurs d'agathes, plus & moins rougeâtres; dans le brun du corcelet, il y a des veines noires:
près du bord extérieur du dessus de chaque aîle supérieure, il y a une longue tache blanche; d'autres endroits
sont d'une agathe pâle. Près de la base de l'aîle, se trouve
une tache blancheâtre bordée de brun. Les deux côtés
des aîles inférieures, & le dessous des supérieures, sont
d'un gris-blancheâtre qui a peu de taches. Des poils gris
forment une espece de queuë fourchuë au derriére de ce
papillon.

  Nous avons composé une classe de chenilles, la
quatriéme, de celles qui n'ont que quatorze jambes;
elles ont à l'ordinaire les six écailleuses, & elles en ont
huit membraneuses placées comme les jambes intermédiaires des chenilles de la premiére classe; mais les deux

postérieures

* Pl. 22. fig. 13.

* Fig. 14. 15. & 16.

poftérieures leur manquent. De toutes les chenilles, ce
font celles dont les formes s'écartent le plus des formes
des chenilles que nous voyons ordinairement; le derriére
de celles-ci eft à peu près de la même groffeur que le refte
du corps, au lieu que la partie poftérieure de nos chenilles de la quatriéme claffe fe termine en pointe. La figure de leur corps tient de celle du corps des poiffons.
Elles portent à leur derriére une efpece de queuë, les
unes l'ont fimple *, les autres l'ont fourchuë *. La plûpart   * Pl. 22. fig.
de ces chenilles font auffi finguliéres par leurs attitudes,   4. 5. & 6.
que par leurs formes ; on n'en connoît encore que peu   * Pl. 21. fig.
d'efpeces, & les individus de chaque efpece font rares ;   1. & 3. & Pl.
je n'ai trouvé que peu de chenilles de chacune de ces   22. fig. 1. &
efpeces finguliéres. On a déja des figures gravées de quel-   2.
ques-unes de celles que j'ai vûës, dans Goedaert, dans
M.ᵉ Merian, & dans Albin, mais elles fe font préfentées
en petit nombre à ces auteurs, comme à moi, & les figures qu'ils nous en ont données ne font pas affés cor-
rectes.

   La plus grande que j'ai eue de celles de cette claffe *,   * Pl. 21. fig.
fut trouvée fur des feuilles de faule le 20. Juillet. Dans   1. 2. & 3.
les attitudes raccourcies qui lui font ordinaires, elle a près
de deux pouces de long jufqu'à l'anus, & fans com-
prendre fon efpece de queuë fourchuë. Sa partie antérieure eft confidérablement plus groffe que celle des autres chenilles de même longueur, ou même des chenilles beaucoup plus longues. Il ne lui arrivoit que très-rarement de marcher & d'avoir le corps étendu. Sa tête
n'eft pas groffe, quelquefois elle la retire en deffous du
premier anneau à un tel point, qu'elle paroît une chenille
fans tête *. Ce premier anneau eft charnu, & eft conftruit   * Fig. 1.
de maniére, que lorfque la chenille redreffe fa partie
antérieure, & qu'elle retire moins fa tête que dans le cas

Tome II.   .Ll

dont nous venons de parler, la tête semble logée dans une espece de capuchon *; ou, si l'on veut, les rebords charnus de la cavité dans laquelle elle est logée, l'entourent comme les coëffes de taffetas noir que portent les Dames d'un certain âge, & qu'elles lient sous la gorge, entourent leur visage ; il ne manque à la ressemblance que le nœud & les pendans de la coëffe qui se trouvent au-dessous de la gorge. La partie charnuë & extérieure est tirée quarrément comme le font quelquefois les coëffes auxquelles nous la comparons.

* Pl. 21. fig. 3.

Lorsque cette chenille me fut remise, sa couleur dominante étoit un verd céladon ; elle a de chaque côté une raye blanche qui n'est pas tirée en ligne droite, elle est comme composée de trois lignes différentes, qui à leur rencontre forment des angles. Le premier angle dont la cavité est tournée vers les jambes, n'a pas son sommet fort loin de la partie supérieure du dos, & il est à peu près à la jonction du 4.ᵉ & du 5.ᵉ anneau. La cavité du second angle est tournée vers le dos, & son sommet est à la jonction du 7.ᵉ & du 8.ᵉ anneau ; c'est l'endroit où chaque raye blanche descend le plus bas ; de-là elle remonte pour rencontrer presque celle du côté opposé sur le derriére. La partie supérieure du corps comprise entre ces deux rayes, n'est pas du même verd que le reste, il est fouetté de blanc. Mais ce que cette chenille a de mieux coloré, c'est le contour & une grande partie de l'intérieur de la cavité dans laquelle la tête est logée, qui font d'un très-beau couleur de rose ; de chaque côté vers le haut de la partie que nous considérons, elle a deux petites taches noires & bien circulaires.

Son corps, comme celui des poissons, diminuë insensiblement de grosseur jusqu'à son extrémité. De l'extrémité du corps part une espece de queuë composée de deux

tuyaux * un peu plus gros à leur origine qu'à leur autre   * Pl. 21. fig.
bout. La chenille les redreffe tantôt plus & tantôt moins   1. & 3. *c e.*
à fa volonté, & elle leur fait faire un angle plus ou moins
ouvert ; quelquefois elle les applique fi exactement l'un
contre l'autre, qu'ils ne paroiffent qu'un feul & même
corps ; c'eft ce qu'on voit dans la fig. 2. qui repréfente
une des attitudes affez ordinaires à cette chenille. Après
avoir mangé tout ce qui eft de part & d'autre de la groffe
côte d'une feuille de faule, elle fe pend la tête embas, &
tient cette côte bien ferrée entre toutes fes jambes ; cette
côte eft alors pour elle une corde. Quand la chenille eft
dans cette pofition, elle réünit l'un contre l'autre les
deux tuyaux de fa queuë.

   Ces tuyaux font des parties très-remarquables ; un des
deux * étoit un peu plus court que l'autre dans la premié-   * Fig. 1. &
re chenille que j'ai euë, mais j'en ai eu une autre où ils   3. *c.*
étoient tous deux également longs. J'ai trouvé cette derniére, quoyque déja grande, un mois plûtôt que l'autre.
Dans certains temps la chenille faifoit fortir par le plus
long tuyau, une corne charnuë * d'un diamétre propor-   * Fig. 1. *fg.*
tionné à celuy du tuyau. Tantôt elle faifoit fortir une plus
grande, & tantôt une plus petite portion de cette corne ;
elle lui donnoit différentes courbûres ; quelquefois elle la
jettoit en arriére, & quelquefois du côté de la tête *. La   * Pl. 22. fig.
fubftance de cette corne eft analogue à celle des cornes des   1.
limaçons ; & la méchanique qui fert à l'allonger & à la raccourcir, à la faire fortir foit en entier, foit en partie, femble
être la même d'où dépendent les allongemens & les raccourciffemens de celles des limaçons ; je veux dire que
lorfque la chenille raccourcit fa corne, elle fait rentrer la
partie fupérieure dans l'inférieure, à mefure qu'elle fait
rentrer cette derniére dans le tuyau.

   Quoique je n'aye vû fortir la corne que d'un des

L l ij

tuyaux, il n'y a pas de doute que l'autre tuyau ne foit fourni d'une corne femblable; mais il ne plaifoit pas fouvent à la chenille de me faire voir même celle qu'elle m'a montrée. Le premier jour pourtant elle la faifoit fortir prefque toutes les fois que je l'incommodois. Le jour fuivant la chenille fe laiffoit fouvent tourmenter, fans me la montrer. Enfin dans la fuite, j'avois beau la chicanner, l'irriter, elle ne me la faifoit plus voir. Les principaux ufages de cette corne me font peut-être inconnus, tout ce que j'en fçais, c'eft que la chenille s'en fert pour chaffer les mouches, dont elle n'a peut-être que trop lieu de craindre les piquûres, puifqu'il peut y en avoir des efpeces qui cherchent à aller dépofer leurs œufs dans fon corps, comme tant de mouches dépofent les leurs dans le corps d'un grand nombre d'efpeces de chenilles. Dans un moment où celle-ci étoit fur une table, une mouche vint fe pofer fur fon corps; dans l'inftant la chenille fit fortir une corne avec vîteffe, & elle la dirigea vers l'endroit où étoit la mouche, comme fi elle eût voulu lui donner un coup de ce petit fouet: la mouche partit dans l'inftant.

Quelquefois la portion de la corne que la chenille fait fortir eft toute couleur de pourpre * ; mais quand elle en fait fortir une plus grande longueur, la partie la plus proche du tuyau * eft verdâtre.

* Pl. 21. fig. 1. f g.
* Fig. 4. f h.

On a repréfenté dans la fig. 4. le derriére de cette chenille groffi à la loupe, afin de faire mieux voir la ftructure des cornes écailleufes, ou des tuyaux qui fervent d'étuis aux cornes charnuës; ils font folides; je les ai toûjours vû droits à cette chenille, & à toutes celles de la même claffe que j'ai euës; quoiqu'une figure de M.e Merian où une chenille de la même efpece eft repréfentée, leur donne des inflexions: leurs furfaces, fur-tout du côté du dos, font hériffées d'efpeces d'épines arrangées fur des cercles qui font affés proches les uns des autres. On voit dans cette même figure le chaperon * qui couvre l'anus de la chenille, & deux petites cornes chârnuës * qui partent de deffous le chaperon.

* Pl. 21. fig. 4. *q.*
* Fig. *r ſ.*

Les jambes membraneuſes de cette chenille n'ont que des demi-couronnes de crochets ; les écailleuſes font d'un blanc verdâtre, ſur lequel trois à quatre rayes noires font difpoſées comme autant de jarretiéres. Le ventre de la chenille eſt du même verd que celui des côtés, il a ſeulement de plus deux longues taches de figure irréguliére, & de couleur de pourpre, poſées entre le derriére & la derniére paire des jambes membraneuſes.

Je n'eus la peine de faire nourrir cette chenille que ſix jours, pendant leſquels elle mangea très-bien. Le 7.ᵉ vers les onze heures du matin, je remarquai que ſon verd étoit devenu terne, & comme ſali ; vers les deux heures après midi du même jour, il n'y avoit plus aucuns veſtiges de couleur verte ſur ſa peau. A cette couleur en avoit ſuccedé une d'un brun rougeâtre ; mais les endroits que nous avons dit être blancs ou couleur de roſe, avoient conſervé à peu près leur premiére couleur. La chenille qui juſques-là avoit été tranquille, devint inquiéte, elle montoit au haut du poudrier, elle deſcendoit enſuite, elle alloit de droite à gauche, de gauche à droite ; elle reſta ainſi dans une agitation continuelle juſqu'à cinq heures du ſoir ; enfin elle ſe fixa. Goedaert nous a donné l'hiſtoire de la même chenille dans le 3.ᵉ volume de l'édition françoiſe de 1701. pag. 5. On l'y appelle un ver. Il nous y apprend que lorſqu'elle fut près de ſe métamorphoſer, il la mit dans un verre qu'il avoit rempli en partie de terre, & qu'il mit dans le même verre de petits morceaux de bois de ſaule, dont elle ſe ſervit pour ſe faire une coque plus dure que le ſaule même. Je me rappellai

que j'avois lû ce fait dans Goedaert, & je voulus voir fi
ma chenille, comme la fienne, feroit d'humeur de fe conftruire une coque avec du bois. Il y avoit dans le poudrier de petites branches de faule dont elle avoit mangé
les feuilles, mais elle ne me paroiffoit tenir aucun compte
de ces branches, elle ne cherchoit point à les ronger. Je
crus lui devoir préfenter du bois plus aifé à mettre en
œuvre, qu'un bois verd. Je coupai à peu près quarrément un morceau de bois de chêne devenu tendre, parce
qu'il commençoit à fe pourrir *; je le jettai dans le poudrier; la chenille fe gliffa entre la terre & ce morceau de
bois, & ce fut là qu'elle fe fixa. Je vis enfuite qu'elle
foûlevoit le morceau de bois, & pendant qu'elle le tenoit
élevé avec fon dos, fa tête prenoit de petits grains de
terre; elle les lioit enfemble avec des fils; & ainfi fucceffivement elle rempliffoit tout le contour du vuide qui
étoit entre la furface de la terre, & celle du morceau de
bois foûlevé. Cet efpace étant rempli, la chenille élevoit
davantage le morceau de bois ; ainfi la bafe du petit mur,
qu'elle avoit bâti fe trouvoit en l'air: alors elle travailloit
à remplir l'efpace qui étoit entre le bas de ce mur & la
terre, comme elle avoit fait la premiére fois. On voit
bien que le but de ce travail étoit de faire les parois, les
murs de la coque. Quand, à plufieurs reprifes, le bois
eut été autant foûlevé qu'il falloit pour fournir à la capacité de cette coque, je ne vis plus travailler la chenille,
l'ouvrage qu'elle avoit fait la cachoit à mes yeux. Je la crus
uniquement occupée alors à fortifier l'intérieur de la
coque, à y adjoûter de nouvelles couches de terre; je l'y
laiffai tranquille, & ce ne fut qu'au bout de trois femaines
que je tirai la coque de fa place, pour l'ouvrir & en ôter
la crifalide que je comptois y trouver. Ce fut alors que
je reconnus qu'il n'y avoit que l'enveloppe extérieure, &

* Pl. 21. fig.
6. a b d.

une affés mince enveloppe, qui fût de terre; tout le refte
avoit été bâti avec de la fciûre fine que la chenille avoit détachée du morceau de bois que je lui avois fourni : elle
avoit creufé ce morceau de bois pour en avoir de petits
fragmens; elle avoit fait de la terre le foffé, car la cavité
qu'elle avoit creufée dans le morceau de bois, pour conftruire les parois de la coque, fervoit elle-même à former
une partie de la capacité de la coque *. Les grains de fciû-   * Pl. 21. fig.
re qui compofoient le corps de la coque, étoient fi bien   7.
unis enfemble, qu'ils fembloient être les parties d'un même morceau de bois de tiffure très-ferrée; en un mot, un
bois plus dur, qui réfiftoit plus au couteau, que le bois à la
vérité un peu tendre, duquel les grains avoient été détachés. Je n'ai pû voir fi c'eft avec des fils de foye qu'elle
avoit fi bien lié les grains de bois, comme je lui avois
vû lier avec ces fils des grains de terre, mais au moins
paroît-il certain que c'eft avec de la liqueur propre à faire
de la foye, qu'ils étoient attachés enfemble. Quoi que
Goedaert ait dit pour un femblable cas, on ne fera pas
difpofé à croire que la fueur de la chenille ait fourni la
matiére qui faifoit la liaifon de ces grains.

Une autre chenille de la même efpece que j'eus l'année
fuivante, fe conftruifit auffi fa coque * de la fciûre qu'elle   * Fig. 8. c.
détacha d'un morceau de bois tendre que j'avois mis dans
le poudrier où je la tenois. La cavité qu'elle creufa dans
ce bois en enlevant des fragmens, forma une partie de la
coque; mais au lieu que la premiére chenille s'étoit gliffée
fous le morceau de bois, qu'elle l'avoit foûlevé, & qu'elle
avoit formé la premiére enceinte de fa coque avec des
grains de terre liés enfemble par des fils de foye, cette derniére s'établit fur la furface fupérieure du morceau de
bois; elle commença par filer une épaiffe toile, faite d'u-
ne groffe foye, cette toile forma l'enveloppe extérieure

de la partie de la coque qui devoit se trouver au-dessus
du bois; & c'est sous cette première enveloppe, qu'elle
en fit une seconde, solide & dure avec de la sciûre, dont
tous les grains étoient parfaitement unis les uns aux autres.

La crisalide de cette chenille * est du nombre de celles
qui sont remarquables par un double rang d'épines, qui
se trouve à la jonction de chaque anneau. Les épines
sont couchées parallelement à la longueur du corps, &
dirigées vers le derriére, ainsi elles permettent à la crisalide, ou au papillon qui se tire du fourreau de crisalide,
d'aller en avant; mais si la crisalide, ou le fourreau de
crisalide étoient poussés en arriére, comme il peut arriver, lorsque le papillon fait des efforts pour paroître au
jour, la crisalide seroit arrêtée par ces épines. J'ai eu le
papillon d'une de ces chenilles vers la mi-Mars, après
avoir laissé la crisalide pendant près d'un mois dans la
serre du Jardin du Roy, & j'en ai eu un autre dès le
21 Décembre, dont la crisalide avoit été portée dans
la même serre le 21 Novembre. Cette seconde crisalide
avoit joui plûtôt que la premiére d'un air chaud, & même
d'un air plus chaud que celui dans lequel la premiére
s'étoit trouvée.

L'un & l'autre papillon étoient mâles, & de la cinquiéme
classe des nocturnes *. Ce papillon porte de très-belles
antennes à barbe, & il n'a pour toute trompe que deux
petits filets blancs presqu'imperceptibles. Il dispose ses aîles
en toit; le dessus des supérieures est blanc, piqué de
points noirs, avec des veines noires, & quelques-unes
jaunâtres; le dessous & le dessus des aîles inférieures est
blanc, & n'a que deux taches noires & quelques-unes
brunes.

Si on se rappelle combien est solide & dure la coque
que se construit la chenille qui donne ce papillon, qu'elle

est

* Pl. 21. fig. 5.

* Fig. 9. & 10.

eſt une eſpece de petite boîte de bois, & que le papillon
qui naît dans cette coque n'a que les mêmes organes que
nous avons vûs aux autres, on ſera porté à juger que l'ouvrage de percer une pareille coque eſt au-deſſus de ſes forces: mais apparemment que pour y parvenir il n'a pas beſoin d'autant de vigueur qu'il le ſemble, il n'a peut-être à
agir que contre une coque aſſés tendre. La chenille a lié
enſemble les grains de bois avec une eſpece de colle; le
papillon a apparemment une proviſion ſuffiſante d'une
liqueur propre à délayer la colle de l'endroit où il veut
s'ouvrir un paſſage. La nature de cette liqueur doit être
ſinguliére; je n'ai pas pû faire des expériences néceſſaires
pour me la faire connoître; mais celles que j'ai faites
m'ont appris que cette liqueur n'eſt ni purement aqueuſe,
ni inflammable, ou qu'elle n'eſt pas telle que de l'eſprit
de vin. J'ai mis dans l'eau pure & dans l'eſprit de vin
affoibli, des portions de ces coques, elles ne s'y ſont point
diſſoutes, elles ne s'y ſont qu'un peu ramollies.

  J'ai eu trop peu des chenilles de cette eſpece, pour avoir
pû ſaiſir le moment où le papillon ſortoit de ſa coque, pour
avoir pû m'aſſûrer qu'il jette la liqueur dont je viens de
parler, & pour en examiner la qualité. J'ai été obligé même
de tirer une de ces criſalides de ſa coque, pour la faire
deſſiner.

  C'eſt dans une des iſles de Charenton, derriére mon
jardin, qu'on me trouva la premiére des chenilles du ſaule,
dont je viens de parler. L'après-midi du même jour une
nombreuſe compagnie ſe rendit avec moi dans la même
iſle; nous y viſitâmes avec grand ſoin les branches des
ſaules, ſans parvenir à trouver aucune chenille de l'eſpece
de celle qui m'avoit été apportée; mais nous en trouvâmes
une de la même claſſe & du même genre, mais probable-
ment d'une autre eſpece*. En un mot, une qui ne differe   * Pl. 22. fig.
                                                             1. & 2.

Tome II.   . M m

de l'autre que par fes couleurs, & parce qu'elle eft plus petite, quoiqu'elle foit encore une grande & fur-tout une groffe chenille. D'ailleurs les attitudes qui rendent l'autre remarquable, font auffi fes attitudes ordinaires. Les côtés & le deffous de fon ventre font du verd céladon, qui colore les mêmes parties de l'autre chenille; elle a auffi de chaque côté la même raye blanche qui y fait des angles femblables à ceux qu'elle fait fur les côtés de l'autre; mais de l'angle du milieu du corps il part une raye blanche qui va fe rendre près de la bafe de la feconde des jambes intermédiaires de ce côté, entr'elle & la troifiéme. La partie fupérieure du corps comprife entre les deux rayes blanches en ziczac, eft d'une couleur canelle, au lieu que dans l'autre chenille cette même partie eft d'un verd fouetté de blanc; l'intérieur de l'efpece de capuchon, ou de coëffe, dans laquelle la tête eft fouvent logée, eft encore couleur de rofe.

Cette chenille avoit, comme l'autre, une queuë fourchuë formée par deux tuyaux qui étoient les étuis de deux cornes*. Un de ces étuis étoit plus long que l'autre, & ce n'a été encore que du plus long que j'ai vû fortir plufieurs fois une corne. L'étui, le tuyau le plus long de celle-ci, étoit celui de la droite, au lieu que le plus long de l'autre, étoit celui de la gauche.

Après que cette chenille eût bien mangé pendant huit à dix jours les feuilles de faule dont je ne la laiffois pas manquer, elle parut fe difpofer à fe mettre en crifalide; mais elle périt avant que d'avoir pû y parvenir, & avant même que d'être parvenuë à fe faire une coque. J'ai eu encore depuis une chenille de la même efpece qui a péri fans faire fa coque; cette derniére me fut donnée par M. de Maupertuis avec deux autres de la première efpece; il les avoit trouvées toutes trois fur des faules.

Toutes les chenilles de la quatriéme claſſe n'ont pourtant pas des attitudes finguliéres ; j'en ai eu deux d'une petite eſpece, trouvées à Reaumur fur l'ofier franc par M. Bazin, vers le commencement de Septembre, & que j'ai nourries de feuilles de cet arbriſſeau, qui fe tenoient ordinairement comme les chenilles des eſpeces les plus communes. Ces petites chenilles * font remarquables par la longueur de leur queuë fourchuë *, qui égale au moins celle des deux tiers de leur corps. C'eſt une grande affaire pour elles lorſqu'elles muent, que de quitter la dépouille de leur queuë ; j'en ai vû périr une qui avoit tiré fa tête de fon vieux crâne, & qui avoit dégagé tout fon corps de fa vieille peau, parce qu'elle ne put venir à bout de tirer fa queuë de fon enveloppe : une autre a mué plus heureufement chés moi, deux fois en différens temps.

** Pl. 22. fig. 3.*
** Fig. 3. c c.*

Cette eſpece de chenille eſt encore caractériſée par deux eſpeces d'oreilles * qu'elle porte en oreilles de chat ; chaque oreille eſt pourtant un petit corps cylindrique qui fe termine par une pointe, & il tire fon origine du premier anneau. Ces chenilles n'ont point l'eſpece de capuchon ou de coëffe charnuë qui entoure le plus fouvent la tête de celles du faule. Leur tête eſt extrêmement groſſe, & fi groſſe, que quand la chenille la porte horifontalement, on la prendroit pour une eſpece de corcelet, & on ne prendroit pour la tête, que la partie où les dents font attachées.

** Fig. 3. o.*

Après la feconde muë, fes côtés & le deſſous du ventre étoient d'un verd prefque citron, & le deſſus du corps étoit prefque couvert d'une grande tache d'un brun foncé, de la figure d'une eſpece de lozange, dont le grand diametre étoit dirigé fuivant la longueur du dos : en d'autres temps de petites taches jaunes ont paru dans la tache brune. La tête & la partie antérieure & fupérieure font brunes.

M m ij

Les deux tuyaux qui forment fa queuë, font encore les étuis de deux cornes que j'ai vû fortir de l'un & de l'autre; mais les cornes n'alloient pas loin par-delà l'étui; elles étoient blancheâtres. Ces chenilles font péries chés moi avant que de s'être mifes en crifalides.

Le chêne m'a fourni encore une chenille de la claffe de celles qui ont quatorze jambes *, & à qui les deux poftérieures manquent, mais d'un genre particulier, & très-aifé à diflinguer des genres précedens. Celle-ci a une queuë *, mais cette queuë eft fimple; quoiqu'elle paroiffe faite d'un de ces tuyaux qui fervent d'étui à une corne, j'ai lieu de croire que ce n'eft pas fon ufage; jamais je n'en ai vû fortir de corne charnuë, & le bout même du tuyau m'a paru fermé. Celle-ci eft encore finguliére par fon attitude la plus ordinaire, qui doit lui faire donner le nom de cheval marin. Dans l'attitude dont nous parlons, elle reffemble beaucoup à l'infecte de mer à qui les naturaliftes ont donné ce nom; fa tête defcend alors plus bas qu'elle ne defcend dans la fig. 4. pl. 22. Sa couleur eft feuille-morte, mais elle a différentes nuances de cette couleur fur différens endroits de fon corps. De la partie fupérieure de fon quatriéme anneau, il s'éleve une pyramide charnuë qui fe termine par deux pointes, parce que fon bout fupérieur eft refendu; la partie fupérieure de la tête eft auffi refenduë.

Dans les premiers jours d'Octobre cette chenille s'attacha au couvercle du poudrier dans lequel je l'avois mife; elle s'y renferma dans une coque de foye jaune affés fournie de fils, mais d'un tiffu lâche. La crifalide, au lieu d'un papillon, n'a donné qu'une longue mouche, dans laquelle s'étoit transformé le ver qui avoit mangé l'intérieur de cette crifalide.

Vers la mi-Juin, on m'a trouvé fur l'aubepine une

chenille du même genre que la précedente, & qui lui reſſembloit aſſés par ſes couleurs *. J'ai pourtant recon- ⁎ Pl. 22. fig. 6.
nu qu'elle étoit d'une eſpece différente, parce qu'elle a
ſur le dos deux tubercules coniques en maniére de cornes, placés dans le même endroit où l'autre chenille
a un ſeul tubercule refendu. Auſſi cette chenille de l'é-
pine s'eſt-elle conſtruit avant la fin de Juin une coque
très-différente de celle que ſe conſtruiſit la chenille du
chêne; elle lui a donné une figure conique *; elle l'a ⁎ Fig. 7. c.
recouverte de feuilles d'épine; elle en a fait le tiſſu très-
ſerré & d'une ſoye brune; ſur ce tiſſu ſerré on voit des
eſpeces de cordons de ſoye, qui imitent les groſſes fibres
ou les groſſes nervûres des feuilles. Vers la fin de Juillet
il eſt ſorti de cette coque une petite phalene dont les aîles
étoient dérangées lorſque je la vis. Leur couleur & celle
du corps étoient blancheâtres; du reſte ce papillon ne me
parut avoir rien de remarquable.

EXPLICATION DES FIGURES

DU SIXIE'ME MEMOIRE.

PLANCHE XX.

LA Figure 1, eſt celle d'une chenille du troëne, repréſentée dans l'attitude qui lui mérite le nom de ſphinx.

La Figure 2, eſt celle de la même chenille étenduë.

La Figure 3, eſt celle de la criſalide de la chenille repréſentée fig. 1. & 2.

La Figure 4, eſt celle du papillon qui ſort de la criſalide
de la fig. 3. repréſenté ayant ſes aîles écartées du corps.

La Figure 5, repréſente une petite chenille dont les

jambes de la troifiéme paire *i*, ne font pas femblables à celles des deux premiéres paires.

La Figure 6, fait voir en grand une des jambes de la figure 5. qui ne font pas femblables à celles qui les précedent. *a*, la partie de la jambe qui s'attache au corps. *b b*, la partie de la jambe qui eft très-renflée. *c*, deux crochets par lefquels la jambe ou le pied eft terminé.

La Figure 7, eft celle d'une chenille du chêne, repréfentée dans l'attitude qui lui eft le plus ordinaire; c'eft-à-dire ayant toûjours fa tête appliquée contre un de fes côtés.

La Figure 8, fait voir la coque que fe conftruit la chenille de la fig. 5. pour fe métamorphofer en crifalide.

Les Figures 9, 10, & 11, repréfentent une même chenille, qui vit des feuilles du chêne & de celles du tilleul. Dans la figure 9, elle eft étenduë, comme les chenilles les plus communes le font ordinairement. Les figures 10, & 11, la font voir dans l'attitude où elle eft dans tous les temps de repos, ayant fa tête plus ou moins renverfée fur le dos.

La Figure 12, eft celle de la coque que fe fait la chenille des figures précedentes, en liant enfemble des grains de terre.

La Figure 13, eft celle du papillon qui vient de la chenille des fig. 9, 10, & 11.

La Figure 14, eft celle d'une chenille à demi-veluë, qui a des poils d'une figure finguliére.

La Figure 15, eft celle d'une touffe des différens poils de cette chenille; cette touffe eft vûë à la loupe.

La Figure 16, eft celle d'un des poils de cette chenille,

de ceux qui fe terminent par une palette; il eſt vû au microſcope.

La Figure 17, eſt celle d'un des poils, vû encore au microſcope. Une pointe ſort du milieu du bord de la palette de celui-ci.

La Figure 18, eſt celle d'un poil de la même chenille, groſſi encore par le microſcope; il eſt de ceux qui ſont faits en fer de pique.

PLANCHE XXI.

La Figure 1, eſt celle d'une chenille de la quatriéme claſſe, qui vit ſur le ſaule; elle eſt repréſentée dans l'attitude où elle ſemble être ſans tête, parcé qu'elle a retiré la ſienne ſous le premier anneau. *e c,* les cornes écailleuſes qu'elle porte au derriére, ou plus exactement, les étuis des deux cornes charnuës. *f g,* la partie d'une corne charnuë que cette chenille a fait ſortir de l'étui *e*. Il reſte encore dans cet étui une portion de corne charnuë, plus longue que celle qui en eſt dehors. La chenille peut jetter cette corne de différens côtés; au lieu qu'elle la jette ici par-delà ſon derriére, elle la peut jetter du côté de ſa tête, juſqu'aſſés près de laquelle elle la peut porter; d'où il eſt aiſé de juger de la longueur que la chenille peut donner à cette corne.

La Figure 2, eſt celle de la même chenille vûë du côté du ventre, la tête embas, & qui ſe tient cramponnée ſur une petite branche de ſaule, dont elle a mangé toutes les feuilles. *r,* cette branche de ſaule qui paſſe tout du long du milieu du ventre de la chenille. *e c,* les deux cornes écailleuſes qui ſont appliquées l'une contre l'autre.

La Figure 3, repréſente la même chenille dans une

attitude, & dans une position où elle laisse voir sa tête, quoiqu'elle soit logée dans une espece de capuchon charnu. *e c*, ses deux cornes écailleuses.

La Figure 4, est celle du bout du derriére de la chenille des figures précedentes, grossi à la loupe. *q*, chaperon charnu qui recouvre l'anus. *r f*, deux especes de petites cornes charnuës qui partent de dessous l'anus. *c c*, les cornes écailleuses qui sont hérissées d'épines, ou de piquans. *f h g*, corne charnuë, espece de fouet charnu qui est sorti de l'étui *e*. La partie *f h*, est verdâtre, & la partie *h g*, est pourpre.

La Figure 5, est celle de la crisalide de cette chenille, vûë du côté du ventre.

La Figure 6, représente un morceau de bois un peu pourri *b d a*, au-dessous duquel & dans lequel la chenille fit sa coque. *c c*, la coque. *f f*, quelques feuilles de saule.

La Figure 7, fait voir le morceau de bois de la fig. 6. retourné, & la coque ouverte. *a b*, la surface du morceau de bois. *c*, partie de la coque qui est dans le morceau de bois qui a été creusé.

La Figure 8, est celle d'une autre coque *c*, faite sur le dessus d'un morceau de bois. L'ouverture *o*, qui paroît à cette coque, est celle par laquelle le papillon est sorti. Ces coques sont aussi dures, & plus dures que le bois dont elles sont faites. Les petits fragmens de bois qui les composent sont exactement appliqués & collés les uns contre les autres.

La Figure 9, est celle du papillon vû par dessus, & dont les aîles supérieures laissent à découvert une partie des inférieures.

La Figure 10, fait voir le même papillon de côté.

PLANCHE

Planche XXII.

La Figure 1, est celle d'une chenille du saule, du même genre que la chenille qui est gravée pl. 21. fig. 1. & 2. mais elle est plus petite, & probablement d'une autre espece; il se pourroit pourtant faire qu'elle ne différât de l'autre qu'en sexe. L'attitude singuliére dans laquelle elle est représentée, est commune à ces deux especes de chenilles. *e, c,* ses cornes écailleuses. *fg,* corne charnuë qu'elle fait sortir pour s'en servir comme d'un fouet, pour chasser les mouches qui se posent sur son dos. L'usage de cette partie est plus important qu'il ne le paroît ; combien de chenilles de toutes especes périssent chaque année, ou ne parviennent pas à se métamorphoser en crisalides, ou en papillons, parce qu'elles ne peuvent pas chasser les mouches qui viennent se poser sur leur corps ! C'est ce que nous verrons dans le onziéme Mémoire.

La Figure 2, est celle de la même chenille de la fig. 1. vûë par dessus, & représentée étenduë, & marchant comme les chenilles ordinaires. *t,* sa tête. *c, e,* les étuis de ses cornes charnuës.

La Figure 3, est encore celle d'une chenille de la quatriéme classe, qui a au derriére deux longues cornes *c, e,* qui sont les étuis de cornes charnuës. Elle vit sur l'osier, & est très-petite. *oo,* especes d'oreilles de chat qu'a cette chenille.

La Figure 4, est encore celle d'une chenille de la quatriéme classe, mais d'un autre genre que celles dont on vient de parler. *c,* sa queuë qui n'est point fourchue; elle ne sert point d'étui à une corne charnuë. Cette chenille est celle que j'appelle le cheval marin. Elle prend des attitudes dans lesquelles elle ressemble plus à ce petit animal

Tome II. .N n

de mer, qu'elle n'y reſſemble dans celle de cette fig. 4.

La Figure 5, eſt celle de la même chenille étenduë, &
& qui montre ſa tête.

La Figure 6, eſt celle d'une chenille du même genre
que celle des fig. 4. & 5. que j'ai trouvée ſur l'aubépine.

La Figure 7, eſt celle d'une feuille d'aubépine, ſur laquelle eſt la coque conique *c*, que la chenille de la fig. 7.
y avoit filée.

Les Figures 8, 9, 10, 11 & 12, repréſentent, en différentes attitudes, cette chenille de l'oſier que nous nommons le ziczac.

La Figure 13, eſt la criſalide de cette chenille vûë du
côté du ventre.

La Figure 14, repréſente le papillon de la chenille ziczac, vû de côté, portant ſes aîles en toit.

La Figure 15, repréſente le même papillon de la figure
précedente, vû par deſſus le dos. Ses antennes paroiſſent
dans cette fig. 15.

La Figure 16, comme la fig. 14, fait voir le papillon
de côté, mais dans une attitude où il redreſſe ſes aîles,
qui laiſſent alors ſon corps à découvert. On peut remarquer dans les trois figures précedentes, que ce papillon eſt
de ceux qui ont les jambes extrêmement veluës.

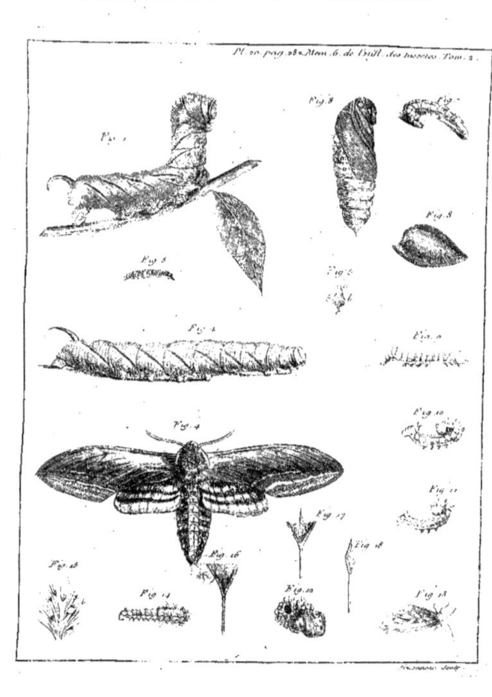

Pl. 20. pag. 282. Mem. 6. de l'Hist. des insectes. Tom. 2.
Fig. 1
Fig. 5
Fig. 2
Fig. 4
Fig. 13
Fig. 14
Fig. 15
Fig. 16
Fig. 17
Fig. 18
Fig. 12
Fig. 3
Fig. 6
Fig. 7
Fig. 8
Fig. 9
Fig. 10
Fig. 11

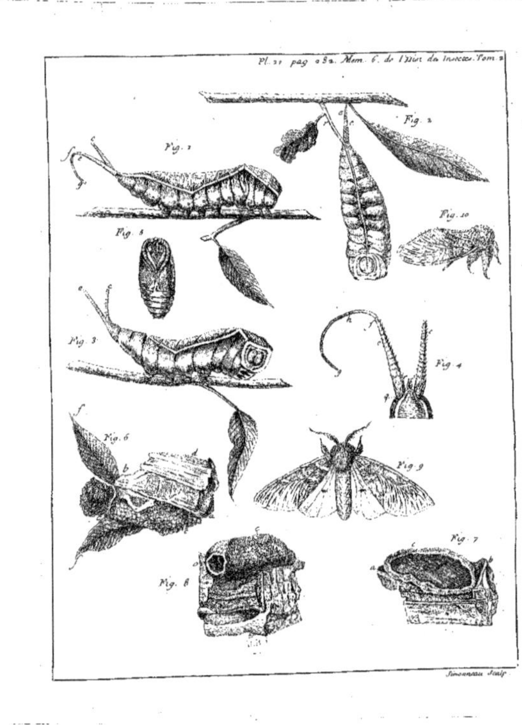

Pl. 21 pag 382. Mem. 6. de l'Hist. des Insectes. Tom. 2.
Fig. 1
Fig. 2
Fig. 3
Fig. 4
Fig. 5
Fig. 6
Fig. 7
Fig. 8
Fig. 9
Fig. 10
Simonneau Sculp.

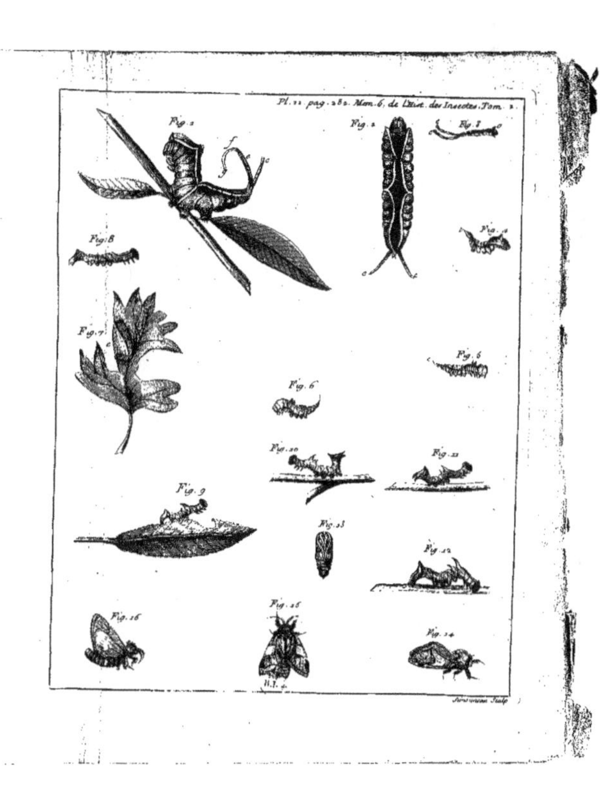

SEPTIE'ME MEMOIRE.

DE QUELQUES PAPILLONS SINGULIERS,

SÇAVOIR,

Du papillon paquet de feuilles féches, du papillon à tête de mort, & des petits papillons de l'éclair & du chou.

A La fuite des chenilles finguliéres par leurs formes, ou par leurs attitudes, nous croyons pouvoir donner place à un affés grand papillon nocturne, qui n'eſt pas remarquable par la beauté de ſes couleurs; il eſt tout brun; mais il eſt remarquable par la figure ſous laquelle il paroît lorſqu'il eſt en repos; il ſemble alors un véritable paquet de feuilles féches*. Tout concourt à faire prendre cette idée à qui le voit pour la premiére fois; ſa couleur eſt préciſément le brun un peu rougeâtre d'une feuille d'orme féche. Ses aîles ſupérieures qui couvrent tout le corps, au-deſſus duquel elles forment un toit, ont des nervûres qui par leur eſpece de relief & par leur diſpoſition imitent fort celles des feuilles; leur contour ſupérieur eſt dentelé*, comme l'eſt celui de pluſieurs feuilles. Les aîles inférieures* débordent beaucoup les ſupérieures, & ont de même & la couleur & les nervûres & les dentelures des feuilles. En devant de la tête, il a une eſpece de bec pointu* formé par les deux barbes, ou tiges barbuës, qui ſe réüniſſent-là l'une contre l'autre; elles ſemblent être le bout du pédicule d'une des feuilles. Les antennes* couchées ſur chaque côté du corcelet, & qui vont juſqu'à l'origine des aîles, paroiſſent

* Pl. 23. fig. 1. & 4.

* Fig. 1. & 4. ſſ.
* c a e.

* p.

* b c.

N n ij

être la continuation du pédicule d'une feuille. Enfin, sans expliquer davantage sur quoi la ressemblance est fondée, il est sûr que quand on voit ce papillon, & qu'on ne sçait pas qu'il est un papillon, on le regarde sans se douter qu'il en soit un. Je présentai le poudrier où il y en avoit un, à plusieurs personnes dont les yeux sont accoûtumés à observer les productions de la nature; je leur demandai ce qu'elles voyoient ; & après avoir bien regardé & bien vû, elles me répondirent que ce que je leur montrois étoit un paquet de feuilles séches; c'est aussi le nom qui doit lui rester.

Ce papillon, singulier par sa forme, n'est pas extrêmement rare dans ce pays; mais comme de tous les nocturnes il est peut-être un des plus tranquilles pendant le jour, & que quand il est tranquille on le prend pour toute autre chose que pour un papillon, il n'est pas étonnant qu'on ne le trouve pas dans la campagne. La chenille d'où il vient ne cherche point à cacher la coque qu'elle se fait pour se transformer ; cette coque est fort longue , & souvent pointuë à un des bouts à tel point, que si l'autre bout étoit plus applati, elle auroit une figure à peu près conique *. La base de la coque est d'une soye grisâtre, mais des poils entrent dans sa composition; son tissu est médiocrement épais & serré ; aussi n'est-elle pas dure; mais son intérieur est entièrement poudré d'une espece de farine qui bouche les vuides que les fils laissent entr'eux. Cette poudre blanche s'y trouve en aussi grande & plus grande quantité, que la poudre jaune dans les coques des chenilles appellées livrées *. La crisalide elle-même dont la forme n'a rien de singulier, & dont la couleur propre est semblable à celle du commun des crisalides, a ses anneaux tant du côté du dos, que du côté du ventre, entièrement blancs *. On voit qu'ils ne

* Pl. 23. fig. 5.

* Tome I. pag. 503. & suivantes.

* Fig. 6. & 7.

doivent leur blancheur qu'à une couche de farine dont ils sont couverts. La chenille avant que de se transformer en crisalide, jette apparemment une assés grande quantité d'une bouillie blanche par l'anus, comme la chenille livrée jette une espece de bouillie jaune. Elle en enduit probablement les parois de sa coque, comme l'autre enduit les parois de la sienne, de la bouillie jaune. Cette bouillie se séche, & devient une poudre blanche qui s'attache au corps de la crisalide encore humide, lorsqu'elle vient de se défaire de son fourreau de chenille, & lorsque les mouvemens qu'elle se donne alors lui font toucher les parois de la coque. Voilà ce que l'analogie nous conduit à juger de l'origine de cette poudre.

Je tirai une de ces crisalides de sa coque vers le 15. Juillet. Quelques jours auparavant un des papillons paquet de feuilles séches étoit déja sorti chés moi de la sienne. Le dessus du corcelet de cette crisalide étoit fendu*; je crus que le papillon alloit en sortir sur le champ, néantmoins le jour suivant il étoit encore renfermé sous son enveloppe de crisalide. Je craignis alors qu'il n'eût pas eu la force de s'en tirer, & qu'il ne fût près d'y périr. J'entrepris, pour ainsi dire, cet accouchement; j'emportai peu à peu par pieces tout l'habit de crisalide, & je parvins à en dépouiller entiérement le papillon, sans lui avoir fait aucun mal. Dégagé de ses enveloppes, il parut libre & vigoureux. Pendant cette opération, je me confirmai ce que j'avois déja vû, & que j'ai rapporté ailleurs, que chacune des parties extérieures du papillon a des enveloppes particuliéres, pendant qu'il est sous la forme de crisalide. Je vis très-distinctement les especes de gaines d'où je tirai les antennes*. Le papillon que je venois de mettre au jour, quoique fort, resta plus d'une heure sans que ses aîles parussent se développer; je croyois l'avoir fait naître trop

* Pl. 23. fig. 6.

* Fig. 8. g f.

N n iij

tôt; mais au bout de ce temps fes aîles commencéren
à fe pliffer, à fe chiffonner, c'eft-à-dire, à fe déployer
comme nous avons expliqué que fe déployent celles de
autres papillons *. Elles prirent leur véritable forme, & l
papillon fe mit dans fon attitude finguliére. Celui - c
étoit un mâle *, qui ne différoit de la femelle, qu'en c
qu'il étoit plus petit, & en ce que fur le brun de feuill
féche de fes aîles, il y avoit des ondes noires qui n'é
toient pas fur les aîles de la femelle.

J'ai eu les œufs de trois de ces papillons femelles, ma
qui n'ont point donné de chenilles, parce qu'ils n'avoien
pas été fécondés par l'accouplement. Ce font de petite
boules *, dont la couleur dominante eft un bleu tel qu
celui qui a été un peu trop épargné fur la fayence. Deu
bouts oppofés font d'un brun noir, & deux ou trois ce
cles du même brun paralleles entr'eux, & paralleles
ces bouts, entourent l'œuf, & le rendent un très - jo
œuf, qui femble être de fayence.

Le papillon paquet de feuilles féches appartient à
cinquiéme claffe des phalenes; il n'a point de tromp
fenfible, & il a des antennes à barbe. Il vient d'une de
plus grandes chenilles de ce pays *, elle a jufqu'à quatr
pouces de longueur, & environ fept lignes de diametre
on en trouve de plus petites, qui font celles apparem
ment qui donnent des papillons mâles. C'eft dans no
jardins qu'il faut chercher ces chenilles, elles vivent de
feuilles de poirier, & de celles de pefcher. Celle que j'a
fait repréfenter pl. 23. fig. 10. m'avoit été donnée par M
du Hamel, & elle lui avoit été envoyée pour moi par M. d
Nainvilliers fon frere, qui l'avoit trouvée fur un pefcher d
fon château de Nainvilliers, près Pluviers. Dès que je l'eu
reçûë, je lui donnai des feuilles de poirier qu'elle parut trou
ver très-bonnes. M. de la Hire grand aftronome & gran

Tom. I.
Mém. 14.

* Pl. 23. fig.
4.

* Fig. 15. &
16.

* Fig. 10.

géometre, étoit encore un attentif obfervateur de toutes les productions de la nature; il a ramaffé avec foin pendant plufieurs années les chenilles des environs de l'Obfervatoire; il tenoit un journal où il décrivoit celles qu'il avoit trouvées; il fçavoit deffiner & même peindre, à côté de fa courte defcription il efquifoit l'infecte. Ce manufcrit de M. de la Hire a paffé dans les mains de M. du Fay, qui me l'a remis. Il y eft fait mention de la chenille du papillon paquet de feuilles féches. M. de la Hire dit qu'on lui en apporta une le 20. Juin 1688. qui avoit près de quatre pouces de longueur, qu'on avoit prife fur un poirier de bergamotte dont elle mangeoit les feuilles. Quelques jours plus tard on lui apporta quatre chenilles de la même efpece, mais un peu moins grandes, dont trois avoient été trouvées fur un poirier, & la quatriéme fur un pefcher.

Cette grande chenille eft de la claffe de celles à feize jambes, & peut être placée parmi les demi-veluës. Sa couleur dominante eft un gris de fouris, qui tire un peu fur le cendré, qui tient moins de l'ardoifé que le gris de fouris ordinaire, c'eft la couleur du deffus de fon corps. Le deffous, le ventre eft d'un feuille-morte mêlé avec des taches d'un brun plus foncé. Elle porte fur le pénultiéme anneau une corne * affés courte, & de fubftance charnuë. Plufieurs particularités peuvent aider à faire reconnoître cette chenille. Dans la ligne qui marque la féparation de la partie fupérieure, & de la partie inférieure, il part de chaque anneau un appendice charnu *, dirigé perpendiculairement à la longueur du corps, & terminé par une pointe mouffe. A fa bafe, cet appendice a moins d'épaiffeur que de largeur, fon contour eft bordé d'affés grands poils roux : de pareils poils partent auffi du corps dans les intervalles des appendices. Les deux appendices * les plus proches de la tête, ont quelqu'air de deux oreilles. Les poils du deffus du corps

* Pl. 23. fig. 10. c.

* ppp. &c.

* oo.

font courts, on ne les voit bien qu'à la loupe. Elle en
pourtant de plus longs, & qu'elle ne montre qu'en certain
temps, qui font très-propres à la caractériser; c'eft princi
* Pl. 23. fig. palement à la jonction du premier anneau * avec le fecond
10. a. qu'ils fe trouvent; il y en a auffi de ceux dont je veux par
* b. ler, à la jonction du fecond anneau * avec le troifiéme
Quand la chenille courbe fa partie antérieure embas, le
jonctions de fes premiers anneaux, qui font cachées lorfqu
la chenille eft fimplement étenduë, font alors à découvert
elles fe font remarquer par leur couleur, qui eft d'un ble
foncé, mais beau. C'eft alors auffi que paroiffent des poil
* Fig. 11. de même couleur, & de figure finguliére *. La partie pa
laquelle ils fe terminent, reffembleroit très-bien à un fer d
* Fig. 13. pique, fi elle étoit auffi platte, mais elle eft plus renflée *
A la jonction du premier anneau il y a une frange de pa
reils poils : elle eft cachée quand les anneaux font autan
appliqués l'un contre l'autre, qu'ils peuvent l'être, & elle ef
à découvert quand les anneaux s'écartent l'un de l'autre
Il y a encore de ces poils finguliers, mais en moindr
quantité, à la jonction du fecond anneau avec le troifiéme
Entre les deux anneaux dont je viens de parler, il y a
encore d'autres poils d'une ftructure particuliére, & qu
m'ont échappé pendant que j'obfervois la chenille vivante
Ceux en forme de pique s'étoient apparemment faifis d
toute mon attention. C'eft dans la première enveloppe
de la coque que j'ai trouvé les poils de la feconde efpece
& leur couleur bleue, comme celle des poils en fer d
pique, me perfuade qu'ils font auffi placés dans les jon
ctions du premier anneau avec le fecond, & du fecond
avec le troifiéme. Ces nouveaux poils, font des poils
* Fig. 12. compofés * ; ils font des efpeces de poils en plume, ou en
duvet, ou, plus exactement, ils font un paquet de poils,
qui a tantôt la forme d'un petit balay, tantôt celle
d'une

d'une palme *. Deux taches blanches de figure triangulaire fe font remarquer fur la partie fupérieure du fecond
anneau. On apperçoit de plus fur la partie fupérieure de
chaque anneau deux tubercules roux, chargés chacun de
poils de médiocre grandeur. A la jonction des anneaux,
il y a des efpeces de cordons charnus, qui ne font pas fi
diftincts à beaucoup près fur les anneaux des autres chenilles. La tête eft bleuâtre, & paroîtroit bleuë, fi elle
n'étoit pas garnie de quantité de poils roux.

La peau de cette chenille mérite d'être obfervée à la
loupe, elle ne paroît qu'un rézeau *. Sa tiffure eft femblable à celle d'une éponge fine.

On trouve auffi la chenille de ce papillon parmi les
infectes d'Angleterre, qu'Albin a donnés au public. Dans
la même planche où il a repréfenté la chenille, il y a auffi
repréfenté fon papillon dans une attitude affés finguliére,
dans laquelle il a cependant l'air d'un papillon, & qui n'eft
pas celle qui lui eft le plus ordinaire.

Entre les papillons que nous avons cités pour exemple
de ceux qui appartiennent à la première claffe des phalenes,
eft celui qu'on appelle à tête de mort *, parce que la trifte
figure de cette tête fe trouve affés bien deffinée fur fon
corcelet. Lorfqu'on confidére ce papillon *, on eft frappé
de cette reffemblance; & nous avons dit que le peuple d'une
grande Province du Royaume ne l'avoit que trop remarqué;
que le peuple de Bretagne eft allarmé dans les années où il
voit de ces papillons. Il les regarde comme les avant-cou-
reurs de maladies épidémiques & peftilentielles. Un Curé
de Bretagne l'a décrit, ce papillon, dans le Mercure de
France, Juillet 1730. comme revêtu de tout ce qu'une
pompe funébre offre de plus trifte, les aîles lui ont paru
marquetées comme une efpece de drap mortuaire. Mal-
heureufement ce papillon a encore une fingularité qui a

Tome II.   .O o

* Pl. 23. fig. 12.

* Fig. 14.

* Tom. I.
Mém. 7.
Pl. 14. fig. 2.

* Pl. 24. fig. 5.

concouru avec l'autre, à le faire prendre pour un préfage funefte. Des riens font capables de faire de grands dérange-mens dans des imaginations qui aiment à s'effrayer. Les papillons, au moins tous ceux que je connois, font les plus muets de tous les animaux; s'ils font du bruit, ce n'eft qu'avec leurs aîles, & cela pendant qu'ils volent. Celui-ci dans le temps qu'il marche, a un cri qui a paru funébre; au moins eft-il le cri d'une bonne ame de papillon, s'il gé-mit des malheurs qu'il annonce. Ce cri, au refte, mérite d'être examiné par les phyficiens; dès qu'il eft particulier à une efpece de papillon, il demanderoit feul que nous re-priffions l'hiftoire de celle-ci, que nous n'avons qu'ébau-chée dans le 1. vol. Mém. 7. Le cri de notre papillon ef affés fort & aigu; il a quelque reffemblance avec celui de fouris, mais il eft plus plaintif; il a quelque chofe de plu lamentable. C'eft fur-tout lorfque le papillon marche, ou qu'il fe trouve mal à fon aife, qu'il crie; il crie dans les pou driers, dans les boiftes où on le tient renfermé; fes cri redoublent lorfqu'on le prend, & il ne ceffe de crier tan qu'on le tient entre les doigts. En général il fait grand ufa ge de la faculté de crier, que la nature lui a accordée.

Nous ne connoiffons point encore d'infectes qui ayen l'organe de la voix. S'ils nous font entendre des fons des bruits qui imitent ceux de la voix, ces fons font pro duits par les frottemens réïterés de quelques-unes de leur parties extérieures contre quelques autres de ces même parties. J'ai déja dit dans le mémoire cité ci-deffus, qu le cri de notre papillon n'eft pas dû à une autre cauf J'ai dit dans le même Mémoire, que j'ignorois quelle étoient les parties qui, par leur frottement, produifoien ce bruit, j'ai eu depuis occafion de l'examiner fur plu fieurs de ces papillons. Il m'a été aifé de reconnoîtr que les frottemens des aîles les unes contre les autres

que les frottemens des aîles contre le corps, ou contre le
corcelet, & qu'enfin les frottemens du corps contre le
corcelet, ni ceux de quelques anneaux les uns contre les
autres, n'avoient aucune part à ce cri. Les efpeces de
cris connus d'un grand nombre d'infectes, comme ceux
de certaines fauterelles, ceux des grillons, ceux des cigales,
ceux de plufieurs fcarabés de différens genres, font dûs à
quelques-uns des frottemens que je viens d'indiquer. Mais
j'avois beau tenir les aîles, le corps & le corcelet du papillon affujettis, il n'en crioit pas moins, il n'en crioit
même que plus fort. De tous les infectes il eft celui qui
feroit le plus propre à faire prendre fon cri pour une véritable voix; car le cri paroît partir du même endroit d'où
partent ces fortes de fons. La trompe eft, à proprement
parler, la bouche du papillon; la trompe de celui-ci eft
épaiffe, & affés courte, elle forme au plus deux tours de
fpirale; elle eft logée entre deux barbes, entre deux tiges
barbuës. C'eft de l'endroit où eft placée la trompe, que
fort le cri; c'eft de quoi il m'a été aifé de m'affûrer: il me
l'a été en même temps de reconnoître qu'il étoit produit
par les frottemens des tiges barbuës*contre la trompe. Cha-   * Pl. 24. fig.
cune d'elles eft un cordon plus large qu'épais, une efpece   7. *b b.*
de lame qui fe termine par un pédicule dont l'infertion
& l'attache font dans le deffous de la tête: Ces lames font
pofées de chan; la courbûre d'un de leurs côtés eft telle
que ce côté s'applique exactement contre la tête le long
de laquelle la lame s'éléve; ainfi ce côté, qui eft, à proprement parler, l'intérieur, eft concave, pendant que le
côté extérieur eft convexe: Ces lames font deux cloifons,
entre lefquelles la trompe eft logée; elles font exactement
appliquées contre la tête, mais ce n'eft qu'à leur origine
qu'elles lui font adhérentes. Un des bouts du rouleau
formé par la trompe, eft touché par une de ces cloifons,
& l'autre l'eft par l'autre.   O o ij

Pendant que je tenois le papillon affujetti, pendant qu'il crioit le plus fort qu'il lui étoit poffible, j'ai paffé une épingle dans le centre du rouleau, j'ai étendu la trompe*. Quand la trompe a été bien étenduë, quand elle n'a plus été entre les cloifons barbuës, le papillon a été entiérement muet, il n'a pas fait entendre le moindre cri. J'ai enfuite abandonné la trompe à elle-même; elle s'eft roulée fur le champ, le rouleau s'eft logé entre les barbes, & fur le champ la voix & la forte voix eft revenuë au papillon. Pour m'affûrer plus pofitivement que ce n'étoit pas de la trompe que ce bruit partoit (car roulée, elle en auroit pû faire un qu'elle ne faifoit pas étant étenduë); j'ai paffé l'épingle fous les deux bouts fupérieurs des cloifons barbuës, c'eft-à-dire entre ces cloifons & la tête * : en éloignant enfuite l'épingle de la tête, je tirois les deux barbes en-devant, je les éloignois de la trompe, je mettois à découvert les deux bouts de fon rouleau. Quand donc les bouts de la trompe n'étoient plus ni cachés, ni touchés par les cloifons barbuës, le papillon ne faifoit plus entendre de cri. Enfin j'ai écarté de la tête une feule cloifon, & j'ai laiffé l'autre en place, je n'ai découvert qu'un bout de la trompe; le cri alors a continué, mais il a été plus foible, moins fourni.

Il eft donc certain que c'eft & de la trompe & des deux barbes entre lefquelles elle eft, que dépend le cri de ce papillon, & dès qu'on fçait que cela doit être, on voit en partie comment cela eft; on eft attentif à obferver les barbes, & on remarque que pendant que le papillon crie, elles ont chacune des mouvemens affés prompts qui les éloignent un peu, & qui les rapprochent alternativement du rouleau. Elles fe meuvent parallelement à elles-mêmes en avançant vers le milieu de la tête, & enfuite en s'en écartant un peu. Voilà les mouvemens néceffaires

* Pl. 24. fig. 6. 1.

* Fig. 7. *b b.*

pour produire les frottemens d'où naît le cri.

Le vrai est néantmoins, que j'ai inutilement tenté de frotter une épingle contre un des bouts du rouleau de la trompe, je ne suis point parvenu à produire de cri; mais apparemment que le papillon ménage mieux les frottemens que je n'ai sçû les ménager. J'aurois été disposé à croire que l'air, pour produire ce bruit, demandoit à être renfermé entre les cloisons & la trompe, si le bruit ne se fût pas fait entendre lorsque je tenois une des lames éloignée de la trompe. Au-dessous de la trompe à son origine, il y a une membrane tenduë qui peut bien avoir part au bruit. Je ne me lasserai point de répéter que nous devons nous attendre que dans les plus petits sujets, il restera toûjours quelque chose que nous ignorerons.

La membrane dont nous venons de parler, paroît percée au-dessous de la trompe, de deux trous dont l'usage m'est absolument inconnu. La trompe de notre papillon à tête de mort, n'est pas faite comme les trompes longues & plattes par lesquelles passe le suc nourricier, & par lesquelles le papillon respire l'air. Ces grosses trompes ne serviroient-elles que de conduit au suc des plantes, les deux trous donneroient ils entrée ou sortie à l'air dans le corps du papillon!

Nous avons dans ce pays des phalenes dont les aîles ont plus de surface que celles de la phalene à tête de mort; mais je ne crois pas que nous en ayons dont le corps ait plus de volume & de masse. Ses couleurs dominantes sont un brun noir & le feuille-morte; sa tête est noire; ses antennes sont de celles que nous avons appellées prismatiques. Leur port a été mal représenté dans la fig. 2. pl. 14. tome I. Le papillon avoit perdu les siennes lorsqu'on le dessina; leur direction est souvent plus perpendiculaire à la longueur du corps du papillon, qu'elle ne l'est dans la fig. 4. pl. 24. Une de leurs faces la plus large, est

couverte de poils très-courts, difposés fur différentes lignes, comme les dents des limes, appellées rapes ; cett
même face eft quelquefois blancheâtre ou jaunâtre, le reft
eft brun, excepté la pointe de l'antenne qui eft blancheâtr
Toutes les parties du corps, & fur-tout le ventre & le cor
celet font bien fournis de poils ; le deffus du corcelet e
d'un noir, ou plûtôt d'un gris de maure-velouté ; mais l
tache qui fournit le fond & les contours de la figure de l
tête de mort * eft feuille-morte, & ce font des points e
de petits traits noirs qui achevent de deffiner la figure d
cette efpece de tête fur le fond feuille-morte. Tout d
long du corps regne une large raye d'un violet prefqu
noir ; les endroits de chaque anneau, fur lefquels cett
raye ne paffe point, font feuille-morte ; il y a encore d
noir fur les côtés, & il y en a encore dans le creux d
fillon formé par la jonction de chaque anneau ; ce n'e
que là qu'on voit du noir fur le ventre, tout le refte e
feuille-morte. Le deffous du corcelet,& les poils qui font fu
la partie fupérieure des jambes ou fur les cuiffes, font auf
de cette couleur ; mais le refte des jambes eft noir & poin
tillé de jaune. Le fond de la couleur du deffus des aîles fu
périeures eft encore un gris de maure-nué : dans quelque
endroits il y a des ondes & des taches d'un velouté noi
mais les taches & les ondes qui s'y font le plus remarquer
font celles qui font jaunâtres. Le deffous de ces même
aîles eft feuille-morte, mais vers la bafe ce feuille-mort
eft rayé de noir ; une raye noire pofée un peu plus prè
de la bafe que de l'origine de l'aîle, part du côté exté
rieur, & va prefque jufqu'au côté intérieur. Le fond d
la couleur des aîles inférieures eft encore un jaune feuille
morte, fur-lequel fe trouvent deux rayes noires à pe
près paralleles à la bafe de l'aîle, celle qui en eft la plu
proche eft dentelée.

* Pl. 24. fig.
5.

C'eſt encore de M. du Hamel que j'ai eu les premiéres
chenilles *, deſquelles ſont venus chés moi des papillons à   * Pl. 24. fig.
tête de mort. Il m'en donna à la fois ſept de cette eſpece,   1.
que M. ſon frere avoit trouvées à ſa Terre de Nainvilliers
ſur un jaſmin, des feuilles duquel elles ſe nourriſſoient.
Lorſque je les reçûs, le 16. Juillet, le temps où elles devoient ſe métamorphoſer étoit prochain, ainſi leurs couleurs pouvoient être altérées ; cependant un beau jaune
d'une nuance plus haute que le citron, étoit étendu ſur preſque tout leur corps ; elles avoient de chaque côté ſur leurs
anneaux, excepté ſur les trois premiers, une de ces longues
taches en maniére de boutonniére, & poſées obliquement, dont chacune étoit d'un beau verd ; leur moitié la
plus proche de la tête étoit pourtant d'un verd plus pâle
que l'autre. La partie ſupérieure de tous les anneaux qui
avoient des boutonniéres, étoit picquée de points d'un
verd preſque noir, mais les trois premiers anneaux étoient
purement jaunes. Le devant de la tête étoit du même jaune
que le reſte, mais il étoit bordé de chaque côté d'une
bande d'un brun preſque noir. Cette derniére couleur étoit
auſſi celle des jambes écailleuſes. La corne * que cette   * c.
chenille porte ſur ſon derriére, eſt remarquable par ſa courbûre, elle ſe tortille vers le deſſus du corps, comme les
queuës de quelques chiens. Vûë à la loupe, elle ſemble
faite de l'aſſemblage de quantité de petites rocailles.

Ces chenilles ne touchérent point aux feuilles de jaſmin que je leur offris, le temps où elles n'avoient plus
beſoin de manger étoit arrivé ; auſſi dès la nuit ſuivante
elles entrérent dans la terre qui rempliſſoit en partie les
grands poudriers où je les avois renfermées ; peut-être
pourtant qu'elles ne la trouvérent pas d'une conſiſtance
convenable ; deux revinrent ſur la ſurface, elles y reſtérent
tranquilles ; & enfin le 24. Juillet elles s'y transformérent

* Pl. 24. fig. 2. & 3.

en crifalides *, & les autres apparemment perdirent leu[r]
formes de chenille, à peu près dans le même temps, da[ns]
les coques qu'elles s'étoient faites en terre, & de terre. L[a]
foye n'entre pour rien ou pour peu dans la compofitio[n]
de ces coques, dont l'intérieur a le liffe & le poli d'un[e]
terre humide qui a été bien applanie.

Quoique j'euffe attendu des papillons à tête de mo[rt]
de ces chenilles, quand j'eus vû leurs crifalides, je cru[s]
qu'elles étoient celles de quelqu'autre papillon. Celui à têt[e]
de mort a une groffe trompe & affés courte, & la tromp[e]
qui étoit étenduë fur chacune de ces crifalides, paroi[f]
foit auffi longue & auffi effilée que les trompes plattes qu[i]
fe roulent en un grand nombre de tours. De ces crifalide[s]
fortirent pourtant des papillons à tête de mort & à groffe[s]
trompes & affés courtes; mais apparemment que lorfqu[e]
la trompe fe tire de fes enveloppes, elle fe raccourcit, [&]
qu'elle groffit de ce dont elle devient plus courte.

Ces papillons font nés chés moi à Paris, entre le 5
Septembre & le 29. Octobre, pendant que j'en étois ab[-]
fent. En Poitou où j'étois alors, & où on m'avoit appor[-]
té une groffe coque de terre, dans laquelle étoit un[e]
crifalide de la même chenille, le papillon en fortit le[s]
premiers jours d'Octobre. C'eft auffi vers la fin de Sep[-]
tembre & au commencement d'Octobre que l'on trouv[e]
de ces papillons. Ils entrent affés volontiers dans les ap[-]
partemens; ils volent avec grand bruit, & je fçais des Cou[-]
vens où toutes les Religieufes d'un même dortoir, ont ét[é]
très-effrayées par un feul de ces papillons qui s'étoit avif[é]
d'y venir voler. Les chenilles du papillon à tête de mort[,]
qui fe font transformées en crifalides vers la fin de Juillet[,]
donnent donc ce papillon dans la même année, vers la[]
fin de Septembre. Aucuns de ces papillons n'a pondu de[s]
œufs chés moi, peut-être ne les pondent-ils qu'après la[]
fin de l'hiver.

Les

Les papillons à tête de mort ne paroiffent pas feulement
dans les différentes provinces du Royaume, des pays plus
froids & des pays plus chauds peuvent leur convenir. Les
planches d'Albin apprennent qu'on les voit en Angleterre. M. le Marquis de Caumont, connu par fon goût
pour les arts, les fciences, & les belles lettres, m'a envoyé d'Avignon la chenille de laquelle vient ce papillon;
il l'avoit trouvée fur le jafmin, des feuilles duquel elle fait
fon aliment ordinaire. J'ai reçû d'Egypte plufieurs de ces
papillons, qui y avoient été pris par M. Granger, que nous
avons déja eu occafion de citer. Mais de tous les pays où
il vole, la Bretagne eft peut-être le feul où on fe foit avifé
de le craindre, où il jette la confternation dans l'efprit du
peuple, & où on le regarde comme un avant-coureur de
maladies funeftes. L'ame ne peut que trop fur le corps en
quelques circonftances; elle peut lui donner des difpofitions, ou au moins augmenter celles qu'il a aux maladies,
dont elle craint vivement qu'il ne foit attaqué. Mais comment guérir le peuple d'un préjugé qu'il a une fois reçû! il
fe tranfmet de pere en fils. Le peuple ne lit point. On auroit beau dire à celui de Bretagne, que le papillon à tête de
mort n'eft nulle part ailleurs de mauvais augure; que l'arrangement des taches qui font fur fon corcelet ne fignifie
rien; on auroit beau lui expliquer la caufe phyfique de fon
cri, de long-temps il ne regarderoit ce papillon avec autant
d'indifférence que les autres papillons. Les erreurs popu-
laires tiennent trop bien. Dans la feconde partie de l'extrait
que les Journaliftes de Trevoux ont donné du premier volume de ces Mémoires *, ils nous offrent des motifs pour
adoucir les regrets que nous pourrions avoir de nous trouver dans l'impuiffance de diffiper de tels préjugés; & qui
plus eft, des motifs capables de retenir ceux qui feroient
en état d'éclairer le peuple, de le defabufer fur la caufe de

* Mémoires
pour l'hiftoire
des Sciences
& des beaux
Arts. Juillet
1735. page
1261.

certains phénoménes qui l'effrayent. Dans le dernier Mémoire du premier volume de cet ouvrage pag. 667. j'ai dit qu'on ne croiroit pas que des excrémens de papillons fuffent capables de remplir les peuples de terreur, qu'ils l'ont pourtant fait, & qu'ils le feront encore apparemment: qu'entre les pluyes de fang que les hiftoriens nous ont rapportées comme d'effrayans prodiges, il y en a eu qui n'étoient autre chofe que les excrémens rouges, qui avoient été dépofés par un grand nombre de papillons : qu'une prétenduë pluye de fang tomba à Aix, & aux environs, vers le commencement du mois de Juillet 1608. & qu'heureufement il y avoit à Aix un Philofophe, M. de Peirefc, qui prouva démonftrativement que cette pluye, qui avoit été regardée comme l'ouvrage du diable & des forciers, étoit dûë à des papillons. Les Journaliftes de Trevoux, au compte qu'ils ont rendu de ce fait, ont adjoûté les réflexions fuivantes. *Le public, difent-ils, a toûjours droit de s'allarmer ; il eft coupable, & tout ce qui lui rappelle l'idée de la colere d'un Dieu vangeur, n'eft jamais un fujet faux, de quelque ignorance philofophique qu'il foit accompagné. Dieu fe fert de tout, & il a fur-tout droit de fe fervir de notre ignorance pour punir notre malice, fur-tout lorfque ce n'eft que dans des vûes de mifericorde, qu'il ne fait que menacer. M. de Peirefc eut devant les hommes la gloire de les détromper d'une erreur philofophique : ceux qui avoient crié au prodige fur une chofe qui en étoit toûjours un, rendirent fans doute un plus grand fervice à ceux qu'ils ramenérent par-là à la crainte & à l'admiration du véritable, premier, & unique Auteur de tous les prodiges, foit naturels, foit furnaturels.* Ces réflexions ont été affûrément dictées aux Journaliftes par leur piété ; je doute pourtant qu'ils vouluffent recevoir les étranges conféquences qu'on en pourroit tirer. Affûrément ils adouciroient au moins par des modifications ce qu'elles paroîtroient avoir de trop dur. *Malgré le droit que le public a de s'allarmer, & malgré le droit qu'a Dieu de se servir de notre ignorance, pour punir notre malice,* s'ils se trouvoient dans quelqu'endroit où le peuple seroit effrayé par une prétenduë pluye de sang, ou par quelqu'autre merveilleux phénoméne, & où on l'attribueroit au diable & aux sorciers, je doute qu'ils aimassent mieux appuyer sur le surnaturel du phénomene, qu'ils aimassent mieux confirmer le peuple dans son erreur, que de l'en tirer. Ne trouveroient-ils pas alors plus convenable d'exciter le peuple à l'amour de Dieu, en lui expliquant la cause de la merveille dont il est frappé, que de chercher à augmenter sa crainte, en le fortifiant dans son erreur!

Au reste, cet endroit n'est pas le seul de l'extrait que nous citons, où les Journalistes ont paru penser que pour exciter à la pieté, il ne falloit pas s'embarrasser des idées exactes, & qu'ils ont même paru craindre qu'on ne les cherchât trop. J'ai prouvé que les métamorphoses des insectes n'ont rien de réel, que l'insecte qui nous semble métamorphosé, est un insecte qui a quitté des vêtemens organisés, sous lesquels il a crû, & sous lesquels sa véritable forme avoit été cachée. En parlant, un peu auparavant, des fausses idées qu'on avoit prises de ces sortes de transformations, j'ai marqué mon étonnement de ce qu'un célébre métaphysicien, dont le génie a fait grand honneur à la nation, le Pere Malebranche en un mot, que je n'avois pas nommé, mais que je croyois avoir assés désigné; j'ai marqué, dis-je, mon étonnement de ce que le Pere Malebranche avoit cru trouver une image d'un des plus grands mystéres de notre religion, de la résurrection des corps dans les transformations des insectes. Nous mourons, nos corps se détruisent, se décomposent, & sont réduits en poussiére: cette poussiére est dispersée, elle engraiſſe nos terres, & les plantes en profitent. La foi nous enſeigne, & nous le devons croire, que nous reſſuſciterons cependant avec notre propre corps; quelle reſſemblance y a-t-il entre cette miraculeuſe réſurrection, & la transformation d'un inſecte qui n'a point ceſſé de vivre, qui eſt parvenu à prendre tout ſon accroiſſement, & qui dans un certain moment nous paroît tout à coup autre qu'il étoit, parce qu'il s'eſt défait de vêtemens qui le tenoient emmailloté! Y a-t-il apparence que la foi exige que nous croyons qu'il y a de la reſſemblance entre des faits ſi différens! Les Journaliſtes paroiſſent le vouloir prouver; ils diſent * que j'ai peut-être cru que *cette idée étoit particuliére à ce métaphyſicien, qu'elle eſt des Peres mêmes de l'Egliſe, qu'elle eſt de tout ce qu'il y a eu de grands hommes dans le Chriſtianiſme*, & pour mettre le comble à la force des authorités, *qu'elle eſt de Saint Paul; elle eſt de Jeſus-Chriſt, &c. Elle eſt au moins ſur le modéle de mille figures, allégories, paraboles, métaphores, même moins ſenſibles encore, que Jeſus-Chriſt, ſes Apôtres, & les Prophétes nous ont données de tous les divers myſtéres, & ſpecialement de celui de la réſurrection. Ne nourriſſons point une fauſſe pieté, mais n'ôtons rien à la vraye.* Quoi, ôterons-nous quelque choſe à la véritable pieté, ſi nous penſons que le Pere Malebranche ſublime métaphyſicien, & grand phyſicien, n'auroit pas dû regarder la transformation des inſectes comme une image de la réſurrection de nos corps! Il avoit étudié les inſectes, il nourriſſoit des formica-leo, & il devoit aſſurément avoir des idées plus nettes, plus préciſes des transformations, que celles que les Saints Peres en ont eues. Quand tous les Peres de l'Egliſe auroient parlé de l'immobilité de la terre, quand ils en auroient fait le ſujet de leurs métaphores, & de leurs allégories, je pourrois être étonné qu'un grand aſtronome voulût la

* Pag. 1239.

terre immobile. Pour ce qui eſt de l'authorité adorable de Jeſus-Chriſt même, citée ici, je ne ſçais pas qu'elle nous enſeigne une reſſemblance entre la réſurrection de nos corps, & les métamorphoſes des inſectes. Son admirable parabole du grain de bled qui tombe en terre, qui y pourrit en quelque ſorte, & qui y germe, n'a rien de commun avec la métamorphoſe d'une criſalide en papillon : pour qu'elle ſe faſſe cette métamorphoſe, la criſalide ne doit point ſe corrompre, elle ne doit point pourrir, ni germer. Le papillon n'a aucun accroiſſement à prendre, il n'a qu'à quitter une enveloppe, un vêtement qui le cachoit à nos yeux. Comment les Journaliſtes n'ont-ils point craint *d'allarmer la véritable piété,* en prononçant que la métamorphoſe des inſectes priſe pour une image de notre réſurrection, *eſt ſur le modéle de mille figures, allégories, paraboles, & métaphores, même moins ſenſibles encore, que Jeſus-Chriſt, ſes Apôtres, & les Prophétes nous ont données de tous les divers myſtéres, & ſpécialement de celui de la réſurrection.* Qu'eſt-ce qui les forçoit à prononcer que cette image eſt ſur le modéle de mille autres, & de mille autres moins ſenſibles, employées par Jeſus-Chriſt, &c !

Enfin pourtant les Journaliſtes veulent bien convenir *qu'il n'y a pas de réſurrection dans la transformation des inſectes, il n'y a même rien de miraculeux,* diſent-ils, *puiſque ces expreſſions révoltent : mais il y a preſque quelque choſe de ſupérieur au miracle.* Ce ſeroit préciſément cette derniére expreſſion qui pourroit révolter, auſſi l'expliquent-ils dans l'inſtant. *Il y a là quelque choſe au moins de bien propre à nous donner une idée d'une puiſſance capable d'opérer les plus grands miracles, &c.* Voilà le vrai, & ce que les Journaliſtes ſemblent vouloir me prouver ici. C'eſt cependant ce que j'ai tâché de mettre en ſon jour dans plufieurs Mémoires du premier volume. J'y ai parlé conftamment de la transformation des infectes, comme du plus furprenant, du plus merveilleux de tous les phénoménes de l'hiftoire naturelle, & j'ai dit, & de cent façons, & n'ai· pas affés dit encore à mon gré, ni apparemment à celui des Journaliftes de Trevoux, qu'on ne fçauroit affés admirer l'art avec lequel l'Etre fouverainement puiffant avoit compofé les machines des infectes qui ont à fubir des transformations.

Indépendamment des variétés de figures que la nature femble avoir pris plaifir à diftribuer aux différentes efpeces d'animaux de même claffe ou de même genre, la maniére feule dont elle a varié la grandeur des efpeces nous fournit un agréable fpectacle. On aime à voir certaines efpeces de très-grands chiens; on aime à en voir d'autres efpeces à caufe de leur petiteffe. Cette efpece de cerf du Nord, dont la taille n'excéde pas celle d'un lievre ou celle d'un lapin, & qui porte des bois femblables en petit à ceux des plus grands cerfs, nous paroît un très-joli animal, précifément parce qu'il eft petit. Il y a bien loin d'un autruche au roitelet, à la mefange de la plus petite efpece, & à l'oifeau mouche; mais il y a plus loin encore du papillon à tête de mort, & fur-tout de ce papillon diurne des Indes qui a plus de neuf pouces de vol, à ceux que nous voulons faire connoître à prefent, & qui vivent fur l'éclair & fur le chou *. Ce font auffi les plus petits de ceux que j'ai vûs; ils méritent par leur extrême petiteffe que nous donnions leur hiftoire. Ils font blancs, & ne paroiffent à la vûë fimple que de gros points blancs, à peine ont-ils la groffeur de la tête d'une épingle! Combien de milliers, & peut-être combien de millions de ces papillons faudroit-il mettre dans le baffin d'une balance pour faire équilibre contre un papillon à tête de mort mis dans l'autre baffin !

* Pl. 25. fig. 1. p.

Tout petits que font ces papillons, ils reffemblent aux grands. Si on les regarde avec un microfcope, ils paroiffent tels que des phalenes de médiocre grandeur, ou tels que de petites phalenes paroiffent à la vuë fimple *. Ils portent leurs aîles en toit écrafé, & quelquefois prefque horifontalement ; les fupérieures & les inférieures font blanches, tant par-deffus que par-deffous. Il y a cependant une tache, un endroit où le blanc eft fali, vers le milieu du deffus de chacune des aîles fupérieures ; tout près du milieu de la bafe de chacune de ces aîles, il y a une autre tache plus petite. Les quatre aîles ont de l'ampleur ; les inférieures font prefque auffi grandes que les fupérieures.

  * Pl. 25. fig. 9, 10, 11, 12, 13, & 14.

  Ce papillon eft pourvû d'une trompe *, qui, quoique proportionnée à la grandeur du corps, eft fouvent plus aifée à voir que celle de quantité de papillons beaucoup plus grands, au moins fi on la cherche avec une loupe ; & cela parce qu'elle n'eft jamais roulée & cachée, comme celle des autres, entre deux cloifons barbuës. Sa ftructure eft tout-à-fait différente de celle des trompes de tous les papillons que nous avons rangés en claffes. Le devant de la tête de celui-ci eft velu, & femble garni de ces barbes, entre lefquelles une trompe pourroit être logée, ce n'eft pourtant pas là qu'eft la fienne. Du deffous du devant de la tête * part un tuyau cylindrique qui peut être dirigé de différents côtés. Quand l'infecte eft pofé fur une feuille, il tient fouvent le tuyau perpendiculaire à la furface de cette feuille, & fon bout appliqué deffus *. Si on renverfe le papillon fur le dos, il couche ce tuyau fur le deffous de fon corcelet *, il va alors au moins jufqu'à la première paire des jambes. Il eft l'étui de la trompe ; la véritable trompe eft apparemment une petite pointe noire * qu'on voit plus ou moins fortir du bout de ce tuyau dans différens temps.

  * Fig. 14, 15, 16 & 17. t.

  * Fig. 16. o t.

  * Fig. 15. & 17. t.

  * Fig. 16. o e.

  * Fig. 16. t.

Il ne paroît pas, ce qui eft encore une fingularité, que ce papillon ait aucun goût pour les fleurs ; il fe tient contre le deffous d'une feuille d'éclair, dans laquelle la pointe de fa trompe eft ordinairement piquée, & par le moyen de laquelle il en pompe apparemment le fuc qui lui fert d'aliment. Pendant que les plus grands papillons ne fe nourriffent que du fuc des fleurs, les plus petits de tous s'accommodent donc d'alimens qui femblent plus grof-fiers, du fuc des feuilles, & d'un fuc très-cauftique. Ses antennes font de celles que nous avons appellées à filets coniques. Souvent il les porte de maniére qu'elles s'écar-tent autant l'une de l'autre qu'il eft poffible, c'eft-à-dire qu'elles font perpendiculaires à la ligne de la longueur du corps. Nous avons compofé la feconde claffe des phalenes, des papillons qui ont une trompe & des antennes à filets coniques & grainés, notre petit papillon femble à ces deux titres appartenir à cette claffe. La ftructure de fa trompe eft pourtant fi différente de celle des trompes de tous les autres papillons, qu'on jugera peut-être, qu'elle doit feule fuffire pour caractérifer une nouvelle claffe de phalenes. Je ne fçais même fi on étoit de bien mauvaife humeur con-tre les papillons, fi on ne trouveroit pas des raifons pour leur enlever l'infecte aîlé dont nous parlons, quoiqu'au pre-mier coup d'œil il leur foit très-reffemblant. Une ftructure de trompe fi différente de celle des trompes des autres pa-pillons, la différence des fucs dont il fe nourrit, feroient au nombre de ces raifons. Mais une raifon peut-être d'un plus grand poids, c'eft que, quoique ce papillon ait les aîles fari-neufes, ce que nous avons pris pour le caractére le plus propre à faire diftinguer les papillons des mouches, fes aîles ne font point farineufes comme celles des autres papillons. Nous fçavons que les pouffiéres qui couvrent les aîles des papillons, font de petits corps de figures très-réguliéres,

arrangés

arrangés avec art comme les thuilles, mais la pouſſiére blanche qui couvre les aîles de notre petit papillon, paroît abſolument ſemblable à une vraye farine; je veux dire qu'elle n'eſt point un aſſemblage de grains de figures réguliéres, ni de grains qui ſoient placés avec ordre; du moins les plus forts microſcopes dans leſquels j'ai mis de ces pouſſiéres, ne me les ont fait voir que comme de petits floccons d'une matiére cotonneuſe. Non-ſeulement les aîles, mais le corps, le corcelet, les antennes, les jambes, ſont couverts de cette poudre blanche. Lorſqu'on a enlevé celle du ventre, il paroît d'un jaunâtre qui a une légere teinte de rouge. Néantmoins juſqu'à ce qu'on ait trouvé aſſés de différens genres & de différentes eſpeces de ces petits inſectes aîlés, pour croire qu'on a beſoin d'en faire une claſſe, à qui on donnera, ſi l'on veut, le nom de claſſe des faux papillons, nous les laiſſerons parmi les véritables papillons; & nous allons continuer de leur en donner le nom.

Ce petit papillon regardé avec une forte loupe, ſemble avoir deux yeux de chaque côté *; ou, ſi l'on veut, chaque globe d'œil eſt diviſé en deux de haut en bas, par un trait blanc couvert du même duvet qui blanchit tout le corps.

Malgré la petiteſſe de ces papillons, il n'en eſt guéres de plus aiſés à trouver. Ils ſe tiennent volontiers ſur la plante même dont ils ſe ſont nourris ſous la forme de chenille. Qu'on regarde avec quelque attention le deſſous des feuilles d'éclair, & cela dans tous les mois de l'année, mais ſur-tout dans les mois de Juin, Juillet & Août, & l'on y découvrira aiſément de ces papillons. Quelques-uns s'envolent lorſqu'on touche la feuille, mais d'autres reſtent attachés deſſus, ſi on a attention de ne la pas retourner trop bruſquement.

On trouve encore des papillons très-ſemblables à ceux de l'éclair ſur une plante plus généralement connuë, ſur

* Pl. 25. fig. 16. c. m.

le deffous des feuilles de chou; mais je n'y en ai jamais
autant vû que fur l'éclair. Les feuilles d'éclair ne font pourtant pas dans tous les pays & dans tous les cantons d'un
même pays également peuplées de ces papillons, & je
crois qu'il y a peu d'endroits où elles en foient auffi fournies, que le font celles qui croiffent tous les ans dans
une partie de mon jardin de Charenton au-deffous de très
grands & très-anciens ormes. Là les pieds d'éclair fe font
extrêmement multipliés, tout le terrain en eft rempli; nos
petits papillons s'y font multipliés de même. Dans la faifon
la plus convenable, il n'eft guéres de feuilles d'éclair fur
le deffous de laquelle on ne trouve un de ces papillons, &
celles fur lefquelles on en trouve des douzaines, ne font pas
rares. Ils y font tranquilles, & comme de véritables phalenes, ils ne volent pas pendant le jour, à moins qu'on
ne les détermine à voler en les inquiétant. Là les mâles
cherchent les femelles pour s'accoupler avec elles, & les
femelles après l'accouplement s'occupent à pondre leurs
œufs; auffi fur le même côté de la feuille où font ces papillons, on trouve ordinairement de leurs œufs, & on y trouve
de plus en même-temps des chenilles & des crifalides.

Sur ce même côté de feuille, on trouve encore dans
le même temps une autre efpece d'infectes qui y naiffent
& qui y naiffent, parce qu'ils fe doivent nourrir des chenilles & des crifalides, dont fortent nos petits papillons. Ce
font des vers * qui fe métamorphofent en fcarabés *; il
y en a de tous âges & en tous états comme des papillons; de forte qu'il eft ordinaire de rencontrer fur la même
feuille d'éclair des papillons, leurs œufs, les chenilles forties de ces œufs, les vers qui mangent les chenilles, les
nymphes de ces vers & leurs fcarabés.

Voilà donc bien de quoi obferver à la fois, & n'en voilà
que trop pour l'obfervateur qui n'avoit pas encore donné

*Pl. 25. fig.
18, 19 &
20.

*Fig. 21.

fon attention à ce qui fe préfente fur le deffous d'une feuille d'éclair. Entre tant d'objets fi petits, qui font mêlés enfemble, il ne fçait pas diftinguer les chenilles de leurs crifalides, ni même les chenilles des œufs femblables à ceux d'où elles font forties. Il peut encore moins les diftinguer des vers deftinés à les manger elles-mêmes; il ne fçait en un mot quels font les infectes d'où doivent fortir les papillons, & quels font ceux d'où doivent fortir les fcarabés; d'autant plus qu'ici les chenilles & leurs crifalides n'ont pas des figures femblables à celles des chenilles & des crifalides ordinaires. Tout cela ne peut être démêlé que par des obfervations fuivies pendant plufieurs jours.

Pour y parvenir, & pour avoir l'hiftoire de notre petit papillon, le 25. Juin je choifis une feuille fur laquelle il y en avoit un feul très-tranquille, & que je jugeai y vouloir faire fes œufs; je marquai l'endroit de la feuille où il étoit. Je trouvai, le lendemain 26. le papillon dans la même place; le 27. il n'en avoit pas changé, mais tout auprès de lui il y avoit un petit efpace à peu près circulaire *, aifé à diftinguer du refte de la feuille; il étoit tout poudré d'une poudre blanche, de celle qui blanchit toutes les parties de ce papillon; là elle éteignoit la vivacité du verd. Cet efpace avoit environ une ligne de diamétre. Sur fa circonférence j'obfervai trois petits corps que je crus être des œufs, & qui en étoient réellement. Enfin le 28. le papillon s'étoit éloigné d'un demi pouce au plus de la place où je l'avois toûjours trouvé pendant les jours précédens. Il me fut plus aifé alors d'obferver fans crainte de l'inquiéter, les petits corps qui étoient arrangés autour de la circonférence du petit efpace qu'il avoit blanchi *. Avec le fecours d'une forte loupe, je reconnus que leur figure étoit affés femblable à celle des œufs ordinaires, elle tenoit pourtant plus de la cylindrique. Ces œufs font oblongs, ce font

* Pl. 25. fig. 2.

* Fig. 2.

Q q ij

de petits cylindres dont les deux bouts font amenés en
pointes arrondies ; leur plus grand diametre étoit à peu
près dirigé vers le centre de l'efpace circulaire.

La ponte complette de ce papillon confiftoit en neuf
œufs. Je n'ai point obfervé de nichée où il y en eût plus
de treize ou quatorze. Affés ordinairement je les ai vû arrangés comme ceux-ci autour de la circonférence d'une
efpece de cercle, qu'ils ne rempliffent pas tout entier à
beaucoup près. Ils y font diftribués irréguliérement, il y
en a tantôt plus & tantôt moins de pofés près les uns
des autres, & tantôt plus & tantôt moins qui font ifolés:
ce qui eft de conftant, c'eft que toute la place autour de
laquelle ils font, eft legérement couverte de poudre blanche; quelquefois cependant on trouve de ces œufs difperfés fur le deffous de la feuille.

Les œufs font auffi quelquefois legérement poudrés
de duvet blanc ; quand ils n'en ont point, ils paroiffent
très-tranfparents , & femblent ne contenir qu'une eau
claire ; mais ils prennent enfuite une teinte jaunâtre ,
qui augmente de jour en jour; on en voit auffi de grifâtres. Ce fut le 8. ou le 9. de Juillet que les petites chenilles fortirent des neuf œufs, dont j'avois marqué la
place, de ceux qui avoient été pondus entre le 26. & le
28. de Juin ; c'eft-à-dire, que jufqu'au 8. de Juillet
j'obfervai les œufs pofés comme je les avois vûs le 28.
Juin. Mais je ne trouvai plus le même arrangement le
9. Juillet; je vis un nombre de petits corps, égal à celui
des œufs, & tout autrement placés que les œufs, dont
il ne reftoit aucun fur la circonférence autour de laquelle
ils étoient auparavant. Ces petits corps ne pouvoient être
pris que pour les chenilles qui étoient forties des œufs ;
au moins n'étoient-ils pas des œufs, puifqu'ils avoient
marché. Il eft vrai qu'ils n'avoient pas fait beaucoup de

chemin, ceux qui avoient été le plus loin, avoient eu au plus deux ou trois lignes à parcourir.

Pour reconnoître ces petits corps pour des insectes, il m'étoit très-nécessaire de sçavoir qu'ils avoient marché; la première fois que je les observai avec une forte loupe, non-seulement je ne leur trouvai aucune ressemblance avec les chenilles, je n'apperçûs même rien qui me prouvât qu'ils avoient vie. Ce à quoi ils ressembloient le plus, c'étoit à l'écaille d'une tortuë * : ils étoient pourtant plus applatis; le contour du corps étoit un ovale moins ouvert d'un côté que de l'autre, & le côté le moins ouvert est celui de la tête. Pour leur couleur, elle étoit presque blanche; on remarquoit seulement deux taches jaunâtres près d'un de leurs bouts. Ces insectes restérent jusqu'au 13. c'est-à-dire quatre à cinq jours après leur naissance, sans avoir paru changer de place, & dans tout le reste de leur vie ils ne firent pas grand chemin. Néantmoins ils croissoient journellement, & assés vîte par rapport à la grandeur à laquelle ils devoient parvenir; mais quelque considérable que fût leur accroissement, par rapport à eux, il eût été insensible pour moi, si je n'eusse eu des termes de comparaison; je les trouvois dans d'autres insectes que j'avois vû naître depuis ceux que je suivois.

Il a fallu avoir recours à un microscope qui grossit beaucoup, pour parvenir à voir les jambes de ces petites chenilles. Avec le secours de cet instrument, les jambes écailleuses, c'est-à-dire celles qui sont placées près de la tête, sont aisées à appercevoir; on les voit même dans le temps où elles sont ramenées sous le corps, & cela en regardant du côté du dos l'insecte bien éclairé; son corps est si transparent, qu'il ne les cache point. Mais je ne suis pas parvenu à lui voir des jambes membraneuses. Il ne m'est donc

* Pl. 25. fig. 3. & 4.

pas poffible, & après tout il nous importe peu, de déterminer à laquelle des claffes des chenilles cette efpece
appartient, ni même fi elle a les caractéres des véritables
chenilles.

Une de ces petites chenilles étant très-éclairée par le
foleil, & placée au foyer du bon microfcope, m'a laiffé
voir dans fon intérieur une infinité de petits corps qui
fourmilloient, comme nous voyons fourmiller dès infectes dans certaines eaux. Outre ce mouvement qu'on
peut appeller de fourmillement, ces petits corps en avoient
un commun qui les portoit le long du dos, je ne fçais fi
c'eft vers la tête, ou vers le derriére.

De fi petites chenilles ont bien pû changer de peau,
fans que je m'en fois apperçû; des dépouilles auffi minces
que celles dont elles fe feroient défaites, m'auroient
échappé aifément; mais le changement qui s'étoit fait
dans mes neuf chenilles le 15. Juillet, ne pouvoit pas
m'échapper de même. Nous avons dit que le contour de
leur corps étoit ovale, & jufques-là il avoit été tel; le
15. je leur trouvai à toutes une figure beaucoup plus
allongée, qui tenoit quelque chofe de la triangulaire *;
un de leurs bouts étoit arrondi, il y avoit fon premier
diametre; c'eft près de-là auffi que l'infecte en avoit le
plus, il en diminuoit enfuite infenfiblement, & fe termi-
noit à l'autre bout par une pointe fine.

Lorfque j'eus obfervé ce changement de figure, je fus
porté à croire que l'infecte s'étoit métamorphofé en crifalide, que c'étoit-là la forme de fa crifalide; mais le 20. je
les vis tous avec une nouvelle forme & raccourcie *, qui
revenoit affés à leur premiére, elle n'en différoit guéres
que parce qu'elle étoit plus renflée, que parce que l'infecte paroiffoit moins plat qu'il ne l'étoit dans fes premiers
jours. Ce changement de figure s'étoit fait peu à peu,

* Pl. 25. fig. 5.

* Fig. 6.

trois à quatre jours y furent employés, pendant chacun desquels j'obfervai que le corps fe raccourciffoit de plus en plus. Sur la partie fupérieure, près du bout le moins évafé, il y avoit deux taches brunes placées & figurées comme des yeux; on voyoit auffi ailleurs diverfes taches diftribuées irréguliérement.

Sous cette derniére forme raccourcie, l'infecte étoit réellement métamorphofé en une crifalide qui a quelque reffemblance avec les crifalides des chenilles cloportes, dont nous avons parlé dans le premier volume, Mém. XI. pl. 28. fig. 6. Enfin neuf papillons fortirent le 24. Juillet des neuf crifalides que j'avois fuivies conftamment. Cette derniére opération eft de toutes celles de ces infectes, celle que j'ai le mieux vûë. Pour parvenir à la bien voir, je détachai un grand nombre de feuilles d'éclair fur lefquelles il y avoit de ces petites crifalides, je les mis fur mon bureau, prefque fous mes yeux; dans des intervalles de travail, muni d'une loupe, je parcourois les petites crifalides des feuilles, & j'ai eu plufieurs fois le plaifir d'en obferver dans le moment où le papillon fe tiroit de fon enveloppe. J'ai vû de ces papillons qui ne faifoient que commencer à obliger leur enveloppe à fe fendre fur le dos. J'en ai vû d'autres qui ne faifoient que commencer à en fortir, & d'autres qui achevoient de s'en dégager. Mais ce qui fe paffe ici très en petit, eft fi femblable à ce qui fe paffe dans la métamorphofe des papillons ordinaires, que nous répéterions une grande partie de ce que nous avons dit ailleurs, fi nous nous arrêtions à décrire ce que nos petits infectes nous ont permis d'obferver.

Ces petits papillons, comme les plus grands, ne femblent naître que pour perpétuer leur efpece, ils s'accouplent peu de temps après leur naiffance; la femelle fait bien-tôt des œufs, & les arrange de la maniére dont nous l'avons expliqué. Si on se rappelle que nous avons dit qu'elles ne font guéres chacune plus de douze œufs, & quelquefois que neuf à dix, il semblera que la nature n'a pas accordé à cette petite espece de papillon, une fécondité qui approche de celle qu'elle a donnée aux grandes, & à celles de grandeur médiocre. Nous avons vû qu'un papillon de chenille livrée, forme une bague d'œufs qui en contient plus de 300; qu'un papillon de processionnaire pond plus de 500 à 600 œufs. Si on fait pourtant attention, qu'il n'y a par an qu'une génération de papillons & de chenilles livrées, qu'une génération de papillons & de chenilles processionnaires, & si on fait attention ensuite au nombre de générations qu'il peut y avoir, & qu'il y a de nos petits papillons de l'éclair, on verra au contraire que la nature semble avoir tout arrangé pour que ces petits papillons se multipliassent beaucoup plus que ceux de grandeur médiocre. Un seul papillon femelle de la chenille livrée peut donner 300 papillons à l'année suivante, un seul papillon de processionnaire peut aussi donner naissance à 500 ou 600 papillons qui paroîtront l'année suivante; mais au moyen des générations multipliées de nos petits papillons de l'éclair, plus de deux cens mille de ces petits papillons, peuvent dans la même année devoir la naissance à une seule de nos petites femelles. Le calcul en est aisé à faire. Des œufs ont été pondus le 26. ou le 27. Juin; les insectes sortis de ces œufs étoient des papillons parfaits, en état de s'accoupler le 24. Juillet; dans moins d'un mois on a donc une génération complette de ces papillons. Avant que de commencer le calcul des papillons qui peuvent dans la même année devoir la vie à une premiére mere, nous ferons remarquer que non-seulement on trouve de ceux-ci dans tous les mois, mais probablement qu'il y en a qui pondent, & qu'il y a de petites chenilles qui

sortent

fortent des œufs dans tous les mois; ce qui me difpofe à le penfer ainfi, c'eft que dans le milieu de l'hiver, dans le mois de Décembre & dans celui de Janvier, après des gelées affés fortes, j'ai vû, comme en été, fur la même feuille d'éclair, des papillons, des œufs, des chenilles naif-fantes, des chenilles prêtes à fe métamorphofer en crifali-des, & des crifalides. L'accroiffement de l'infecte dans ces différens états, fe fait pourtant plus lentement en hiver qu'en été; j'en ai eu des preuves, & le premier Memoire de ce volume en fournit de refte. Ne calculons donc pas fur le pied de douze générations par an; mais fuppofons qu'il y en a fept, & calculons comme fi elles fe faifoient toutes dans fept mois confécutifs, pendant lefquels l'air eft temperé, ou chaud, & comme fi elles étoient cha-cune précifément d'un mois. Suppofons qu'une femelle a commencé à pondre le premier Mars, à la fin du même mois il y aura eu une génération que nous pouvons fup-pofer de dix papillons, puifque la femelle ne fait pas moins de neuf œufs, & qu'elle en fait fouvent treize à quatorze: que parmi ces dix papillons, il y ait autant de mâles que de femelles, nous avons au commencement d'Avril cinq femelles en état de pondre, qui donneront cinquante œufs, & par conféquent à la fin d'Avril on aura cinquan-te nouveaux papillons. Vingt-cinq femelles de ces der-niers donneront naiffance à deux cens cinquante papil-lons, qui feront parfaits & en état de multiplier à la fin de Mai. En fuivant ce calcul, on aura une 4.e génération de 1250. papillons à la fin de Juin, & on en aura une 5.e à la fin de Juillet de 6250. papillons. A la fin d'Août on en aura une 6.e de 31250. & enfin à la fin de Sep-tembre une 7.e génération de 156250. Si on prend la fomme de tous ces papillons qui doivent leur origine à une mere qui a commencé fa ponte le premier de Mars, on la trouvera de 195310; elle feroit peut-être même de plus de 200000, parce que nous avons mis le nombre des œufs au-deſſous du nombre moyen.

Il s'en faut pourtant bien, quelque communs que deviennent en été ces papillons, que leur multiplication foit auſſi confidérable que celle que le calcul vient de nous donner; ils font deſtinés, ou au moins ils fervent à nourrir une efpece de vers, qui quoique très-petits, font pourtant plus grands que les chenilles ou les crifalides de ces papillons. Ces vers * font blancheâtres; leur corps eſt long par rapport à fa groſſeur; les anneaux dont il eſt compofé font très-marqués. Ce ver a fix jambes placées comme les premiéres des chenilles, au moyen defquelles il marche bien. Il ne lui eſt pas difficile de trouver des crifalides de nos petits papillons, ou de leurs chenilles, prefque auſſi immobiles que leurs crifalides; quand il s'eſt attaché à quelqu'une des unes ou des autres, il la ronge & la fucce jufqu'à ce qu'il n'en reſte plus que partie de la peau. On trouve prefque toûjours un de ces vers fur les feuilles qui font bien fournies d'œufs, de chenilles & de crifalides de nos petits papillons; chaque ver en mange apparemment un bon nombre dans fa vie. Quand ce ver a pris tout fon accroiſſement, il fe transforme en une nymphe qui reſte attachée contre la feuille de l'éclair, & qui s'y métamorphofe en un petit fcarabé * aſſés court par rapport à fa groſſeur, & dont la couleur eſt un brun peu foncé. Le ver vû au microfcope paroît hériſſé de très-longs poils *; chacun de fes anneaux a de chaque côté des appendices à peu près triangulaires; fur fon derriére il a deux de ces efpeces d'appendices charnus & plus arrondis, du bout de chacun defquels part un long poil, ils lui font une queuë fourchuë.

Le peu de temps néceſſaire pour l'accroiſſement de

*Pl. 25. 18. & 19.

*Fig. 21.

*Fig. 20.

notre petit papillon est un fait remarquable; en été il ne reste qu'environ trois jours sous la forme de crisalide. Il est vrai que communément la nature employe moins de temps à amener à leur état de perfection les petits corps organisés, qu'elle n'en employe à y amener les grands. Tel grand arbre croît presque pendant un siecle, pendant que l'accroissement d'un arbrisseau se fait en peu d'années, & celui d'une plante en peu de mois ou de semaines. Un lapin croît en moins de temps qu'un chien, & un chien croît en moins de temps qu'un cheval. Ceci pourtant ne doit pas être pris pour une regle générale, nous verrons dans la suite des papillons dont la petitesse approche de celle des papillons de l'éclair, qui restent plusieurs mois sous la forme de crisalide.

J'ai eu beau observer des feuilles d'éclair sur lesquelles vivoient plusieurs de ces petites chenilles qui donnent les petits papillons blancs, je n'ai point apperçû que ces feuilles fussent aucunement entamées, qu'elles eussent été percées ou rongées; ce qui me porte à croire qu'elles se nourrissent tout autrement que les autres chenilles qui nous sont connuës; que comme quelques insectes dont nous parlerons ailleurs, & comme leurs papillons, elles ne font que succer le suc des feuilles: si cela est, elles doivent être pourvuës d'une espece de trompe.

Plus on considere un très-petit papillon qui vient sur le chou, & plus on le trouve semblable à celui de l'éclair. Les crisalides & les chenilles desquelles l'un & l'autre viennent, ne se ressemblent pas moins. Je n'hésiterois donc pas à les regarder comme étant de la même espece, si une expérience que j'ai faite ne m'avoit donné quelqu'incertitude. Sur un petit chou que j'avois planté dans la terre d'un grand poudrier que je tenois dans mon cabinet, je mis plusieurs papillons de l'éclair; ils firent des œufs sur les feuilles du chou; je ne fçais fi les chenilles font forties de ces œufs, mais je fçais qu'en cas qu'elles foient nées, elles ont péri de bonne heure; ce qui fembleroit prouver que le feuilles de chou ne font pas propres à élever les petites chenilles de l'éclair. Dans tous les mois de l'année on trouve de ces petits papillons fur les feuilles du chou, comme on en trouve fur celles de l'éclair.

Parmi les œuvres de M. Valifnieri, & fur-tout dans la derniére édition qui en a été faite *in-folio* à Venife, en 1733. on a imprimé plufieurs obfervations très-curieufes de M. Ceftoni, fur les infectes, qui y tiennent bien leur place. Le premier Volume de l'édition que nous venons de citer, pag. 372. nous donne une lettre dans laquelle M. Ceftoni raconte à fon illuftre ami l'hiftoire du très-petit papillon du chou; il croit être le premier qui l'ait obfervé, & ce qui eft la même chofe & pour lui & pour le public, c'eft qu'il eft le premier qui l'ait fait connoître. Il lui a paru qu'il devoit nommer une petite brebis la chenille dont il vient, parce qu'elle eft couverte d'un duvet qui eft comme une efpece de laine blanche. Si ce duvet fe trouvoit conftamment fur les petites chenilles du chou, ou s'il s'y trouvoit conftamment en plus grande quantité que fur celles de l'éclair, c'en feroit affés pour prouver que les petites chenilles du chou ne font pas de la même efpece que celles de l'éclair; mais ce qui m'empêche d'appuyer fur cette preuve, c'eft que quoique j'aye vû affés fouvent plus de ce duvet fur celles du chou que fur celles de l'éclair, j'ai vû auffi en certain temps des chenilles du chou & de celles de l'éclair qui n'en avoient point du tout. Je ne fçais même fi le nom de toifon lui convient, s'il n'eft pas une matiére étrangére à la chenille. Nous avons fait obferver qu'il y a quelquefois une poudre blanche fur les œufs; ils la tiennent des papillons. Le duvet des chenilles a une si grande ressemblance avec la poudre blanche qui tombe aisément de tout le corps de ces papillons, que je ne sçais si ce ne sont point ces papillons qui poudrent les chenilles, lorsqu'ils marchent sur leur corps, ce qui arrive assés souvent.

M. Cestoni a observé que celles du chou sont mangées par des insectes, qu'il appelle les loups de ces petites brebis. Ce ne sont pas les insectes que nous avons vû se transformer en scarabés ; ce sont des vers qui se transforment en de très-petits moucherons, & qui n'épargnent les petites chenilles, ni pendant qu'ils sont vers, ni lorsqu'ils sont moucherons. Ces moucherons déposent leurs œufs tantôt dans les propres œufs des papillons, tantôt dans les corps des petites chenilles, & des petites crisalides. Des œufs de ces moucherons sortent des vers qui mangent impitoyablement ces tranquilles chenilles & ces crisalides du chou, comme d'autres vers & des scarabés mangent celles de l'éclair.

M. Cestoni auroit mérité un dessinateur qui eût fait des desseins, qui par la vérité de la ressemblance eussent mieux répondu à celle de ses observations. Le petit papillon du chou est très-mal représenté en grand dans les œuvres de M. Valisnieri.

EXPLICATION DES FIGURES
DU SEPTIÉME MEMOIRE.
PLANCHE XXIII.

LA Figure 1, est celle du papillon paquet de feuilles seches, dans l'attitude où il a l'air d'un pareil paquet. Ce qui contribuë beaucoup à lui donner cette ressemblance, manque pourtant ici ; je veux dire la couleur. *p*, les

barbes ou cloifons barbuës qui ont quelqu'air du pédicule
d'une des feuilles, ou de deux pédicules réünis. *b c,* une
des antennes couchée fur le côté du corcelet, qui femble
le pédicule de la feuille prolongé, & qui fe joint au bord
c d de l'aîle fupérieure qui paroît une feuille. *a e,* l'aîle
inférieure. Les bords *ff* de l'aîle fupérieure, & ceux *a e*
de l'aîle inférieure, font découpés comme les bords de
certaines feuilles.

La Figure 2, repréfente le même papillon vû par-
deffus, & ayant fes aîles paralleles au plan de pofition. *p*
les barbes ou cloifons barbuës. *b b,* les deux antennes. *c d*
le côté extérieur. *ff,* le bout de l'aîle, qui fe trouve en
haut en *ff,* fig. 1.

La Figure 3, fait voir le même papillon du côté du
ventre. C'eft la figure 1, retournée; avec cette feule différence que les antennes *b b,* ne font pas couchées fur le
corcelet dans la figure 3. *a e,* les aîles inférieures. *d d,* les
bouts des aîles fupérieures.

Le papillon repréfenté fig. 1, 2 &3. eft une femelle.

La Figure 4, eft celle du papillon mâle. Les mêmes lettres ont été employées dans cette figure, que dans les
figures 1. & 2. & elles y marquent les mêmes parties.

La Figure 5, eft celle de la coque dans laquelle le papillon des figures précedentes a vécu fous la forme de
crifalide.

La Figure 6, eft celle de la crifalide vûë par deffus.

La Figure 7, eft celle de la crifalide vûë par deffous.

La Figure 8, repréfente un peu plus en grand que nature la portion fupérieure de la crifalide fig. 7, pour faire
voir le fourreau *gf,* dans lequel l'antenne *b,* étoit logée,
& duquel elle acheve de fe tirer.

La Figure 9, eft celle d'une aîle inférieure du papillon.
En *h i,* elle a ici un pli, & c'eft ce pli qui fait que dans le

fig. 1, 3 & 4. elle déborde par-delà l'aîle fupérieure, & qu'elle tend à fe redreffer comme dans la figure 3.

La Figure 10, eft celle de la chenille qui donne le papillon des figures précedentes. Dans les jonctions *a* & *b*, des premiers anneaux, font des poils d'une figure finguliére. *ppp, &c.* appendices qu'elle a de chaque côté. *o o*, les deux premiers qui lui font deux efpeces d'oreilles. *c*, corne charnuë.

La Figure 11, repréfente en grand, la portion fupérieure de la jonction de deux anneaux, prife en *a*, & fait voir les poils qui s'y trouvent.

La Figure 12, eft en grand un des poils en figure de branche de palmier, qui fe trouvent dans les jonctions des anneaux *a* & *b*, fig. 10.

La Figure 13, repréfente encore en grand des poils en forme de fer de pique, tels que font la plûpart de ceux qui font dans les jonctions des anneaux *a* & *b*, fig. 10.

La Figure 14, eft celle d'une portion de la peau de la chenille fig. 10, vûë à la loupe, alors elle paroît un rézeau.

La figure 15, eft celle d'un tas d'œufs du papillon, fig. 1, 2 & 3.

La Figure 16, repréfente deux de ces œufs plus grands que nature.

PLANCHE XXIV.

La Figure 1, eft celle de la chenille qui donne le papillon à tête de mort. *c*, la corne tortillée qu'elle porte fur le derriére.

La figure 2, eft celle de la crifalide dans laquelle fe transforme la chenille de la fig. 1. vûë du côté du ventre.

La Figure 3, eft celle de la crifalide fig. 2, vûë du côté du dos.

La Figure 4, est celle du papillon à tête de mort, vû du côté du ventre.

La Figure 5, représente le papillon à tête de mort, ayant ses aîles supérieures écartées de dessus son corps, & qui laissent les inférieures à découvert.

La Figure 6, est celle de la partie antérieure du papillon à tête de mort; sa trompe *t,* est tenuë déroulée par une épingle, & alors il ne fait plus entendre de cri.

La Figure 7, est la même partie antérieure du papillon de la figure 6 ; mais dans la fig. 7, les deux barbes *b,* sont tenuës éloignées de la trompe par une épingle, & c'est encore une circonstance qui rend ce papillon muet.

La Figure 8, fait voir le dessous d'une des aîles supérieures.

Planche XXV.

La Figure 1, est celle d'une feuille d'éclair, vûë par dessous. *p,* un de ces papillons qui vivent sur cette espece de feuille. *t t t,* divers tas d'œufs déposés par ces petits papillons. *c,* chenilles, ou crisalides sorties de ces œufs.

La Figure 2, représente en grand une portion de feuille d'éclair, à peu près ronde, autour de laquelle sont arrangés les œufs, dans lesquels consiste la ponte d'un des petits papillons.

La Figure 3, est celle d'une chenille sortie d'un des petits œufs fig. 2. Elle est ici considérablement grossie.

La Figure 4, est celle de la chenille fig. 3, devenuë plus grande.

La Figure 5, représente la chenille des deux figures précedentes, dans un temps où elle a changé sa figure ovale en une figure pointuë par un bout.

La Figure 6, est celle de la crisalide dans laquelle la chenille de la figure 5. s'est transformée.

La

La Figure 7, eſt celle d'un fourreau de criſalide, duquel le papillon s'eſt tiré. La figure de cette dépouille eſt plus groſſie que les figures précedentes. La fente par laquelle le papillon ſort, eſt à la partie ſupérieure. Quand le papillon a été ſorti, les deux parties du fourreau, qui avoient été écartées, ſe ſont rapprochées l'une de l'autre, & ont fermé l'ouverture qui avoit donné paſſage au papillon.

La figure 8, eſt celle de la dépouille fig. 7. qui n'eſt pas entiére; le papillon, en ſortant, a fait tomber deux pieces, qui ſont reſtées à la fig. 7.

La Figure 9, eſt celle du papillon de l'éclair, groſſi, & vû par deſſus.

La Figure 10, eſt celle du même papillon, groſſi, & vû par deſſous.

Dans la Figure 11, le papillon de l'éclair eſt beaucoup plus groſſi que dans les figures précedentes.

La Figure 12, repréſente le même papillon ayant ſes ailes écartées du corps, les ſupérieures y laiſſent les inférieures à découvert.

La Figure 13, fait voir le même papillon par deſſous.

Dans la Figure 14, il eſt vû par deſſous & de côté, ſa trompe *t,* en eſt plus aiſée à diſtinguer.

Dans la Figure 15, il eſt vû de côté & par deſſus, il tient ſa trompe piquée en *t.*

La Figure 16, repréſente, en très-grand, la partie antérieure de ce papillon, vûë par deſſous. En *o,* eſt l'origine de la trompe. *o e,* eſt l'étui de la trompe. *t,* eſt la trompe.

La Figure 17, repréſente encore en très-grand, la partie antérieure de ce papillon, vûë de côté, & cela pour rendre ſenſibles les deux taches brunes *i, m,* qui ſemblent être deux yeux. *t,* la trompe.

La Figure 18, eſt celle d'un des vers qui mangent les

Tome II. .Sſ

chenilles, & les crifalides du papillon de l'éclair. Ce ver
eft beaucoup groffi dans cette figure.

Dans la Figure 19, le ver eft occupé à manger une
chenille, ou crifalide *a*.

La Figure 20, eft celle de ce ver vû au microfcope. *iii, &c.* fes fix jambes écailleufes. Divers tubercules
charnus fe font remarquer fur fon corps. Un grand poil
part de chacun de ces tubercules. *aaa, &c.* marquent
quelques-uns des appendices charnus qui partent de chaque anneau. *pp,* les deux appendices poftérieurs qui ont
une figure différente de celle des autres, & qui, avec le grand
poil auquel ils fervent de bafe, forment une efpece de queuë
au ver; les appendices des côtés ont auffi des poils, mais
moins grands.

La Figure 21, eft celle du fcarabé, dans lequel le ver
des figures précédentes fe transforme. Quoiqu'il foit petit dans cette figure 21, il y eft pourtant plus grand que
nature.

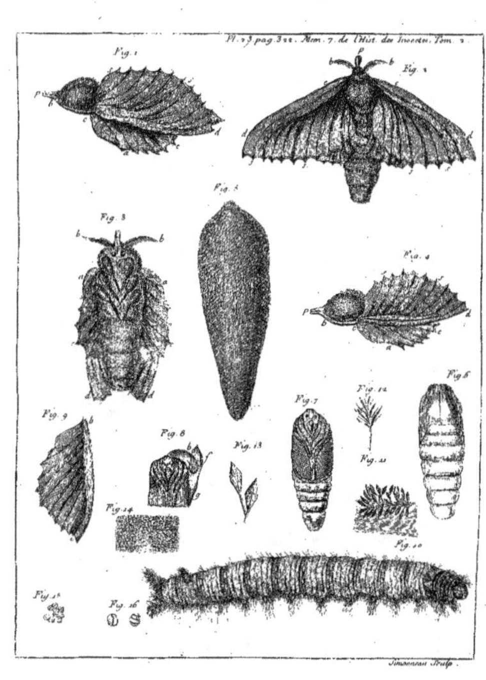

Pl. 23 pag. 322. Mem. 7. de l'Hist. des Insectes. Tom. 2.
Fig. 1
Fig. 2
Fig. 3
Fig. 4
Fig. 5
Fig. 6
Fig. 7
Fig. 8
Fig. 9
Fig. 10
Fig. 11
Fig. 12
Fig. 13
Fig. 14
Fig. 15
Fig. 16
Simonneau Sculp.

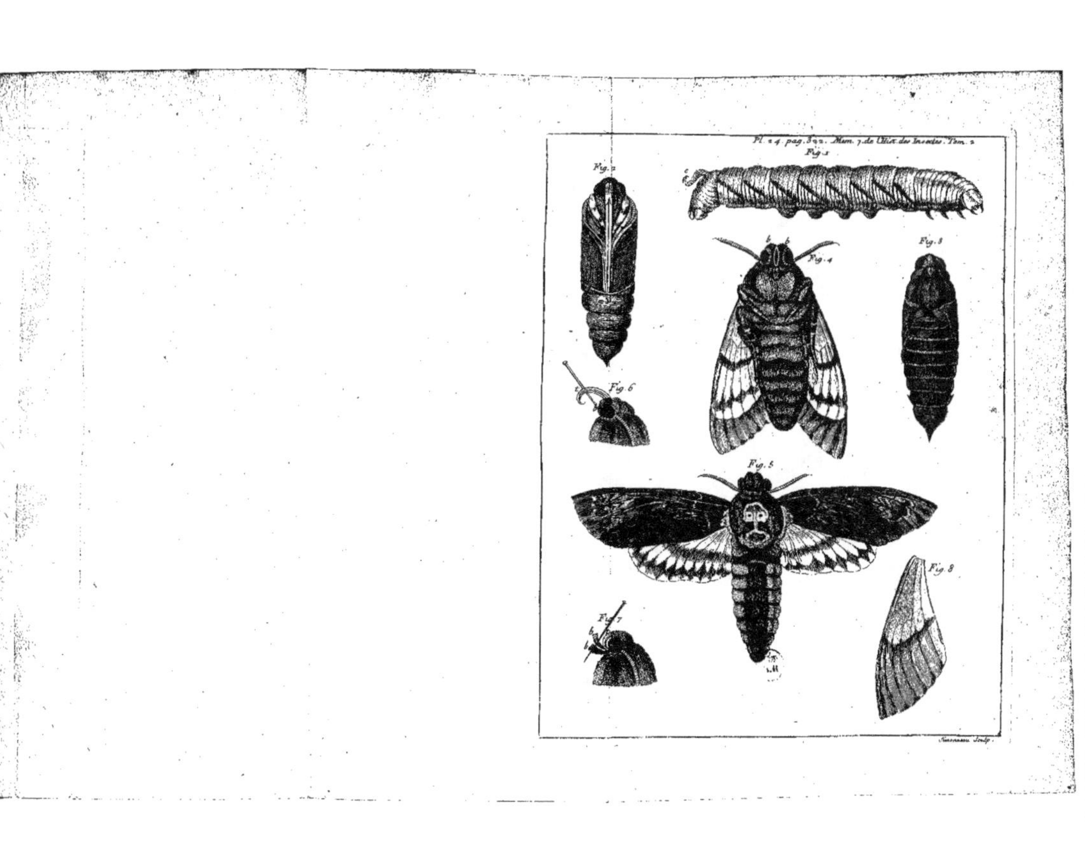

Pl. 14. pag. 522. Mem. 7. de l'Hist. des Insectes. Tom. 2
Fig. 1
Fig. 2
Fig. 3
Fig. 4
Fig. 5
Fig. 6
Fig. 7
Fig. 8
Fig. 9

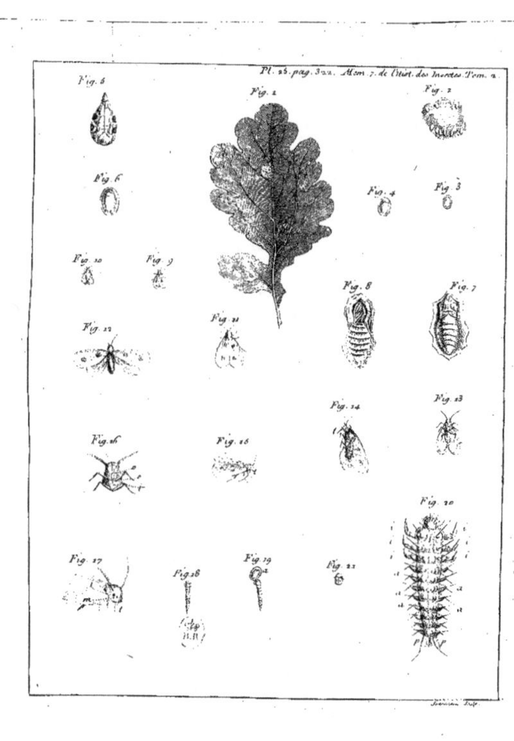

Pl. 25. pag. 322. Mem. 7. de l'Hist. des Insectes. Tom. 2.
Fig. 5
Fig. 1
Fig. 2
Fig. 6
Fig. 4
Fig. 3
Fig. 10
Fig. 9
Fig. 8
Fig. 7
Fig. 12
Fig. 11
Fig. 14
Fig. 13
Fig. 15
Fig. 16
Fig. 20
Fig. 17
Fig. 18
Fig. 19
Fig. 21

HUITIÉME MEMOIRE.

DES ARPENTEUSES
A DOUZE JAMBES,

Ou des chenilles qui ont fait de grands défordres en 1735. dans les légumes du Royaume.

LOrfque nous avons rangé les chenilles en fept claffes *, nous avons mis dans la cinquiéme les ar- * *Tom. I.* *Mem. 2.*
penteufes qui n'ont que quatre jambes intermédiaires, ou que douze jambes en tout. Dans le pays que nous habi-
tons, la claffe des chenilles à douze jambes ne fait voir que peu d'efpeces; je fuis incertain même fi elle y en a plus d'une. Elle m'a pourtant fourni des chenilles affés différemment colorées, & qui ont vécu de plantes différentes. Ces varietés qui fembloient fuffire pour caracté-
rifer des efpeces, ne m'ont paru être que des varietés d'individus, lorfque de chenilles différemment colorées, & qui avoient vécu de plantes différentes, j'ai vû fortir des papillons fi femblables, que je n'ai pû appercevoir entr'eux aucune différence fenfible.

C'eft fur le chou que j'ai vû la premiére fois une arpenteufe à douze jambes *, & depuis j'y en ai trouvé * Pl. 27. fig. 1.
quelques-unes de temps en temps, mais affés rarement. J'ai trouvé, & même dans le milieu de l'hiver, quelques arpenteufes femblables à celles du chou, fur la chicorée; les unes & les autres font des chenilles d'une grandeur médiocre; mais j'ai rencontré fur la jacobée une chenille * * Fig. 3.
fenfiblement plus grande que les précedentes. D'ailleurs ces chenilles du chou, de la chicorée & de la jacobée

S f ij

étoient très-semblables, elles étoient toutes d'un même verd un peu pâle; c'étoit la seule couleur qui paroissoit sur leur corps, sur lequel quelques poils blancs étoient dispersés çà & là.

La différence de grandeur m'avoit fait soupçonner que la chenille que j'avois prise sur la jacobée, n'etoit pas la même que celles que j'avois trouvées plus souvent sur le chou & sur la chicorée. Je lui offris néantmoins des feuilles de chou, & pendant plus de quinze jours que je la nourris dans un poudrier, elle ne les entama pas; non-seulement elle donna la préference aux feuilles de jacobée, elle aimoit même mieux jeûner, lorsqu'elles lui manquoient, que de manger de celles de chou. Cependant le papillon que j'ai eu de cette chenille ne m'a pas paru différer de ceux que j'ai eus des arpenteuses qui n'avoient vécu que de feuilles de chou. Plusieurs observations m'ont fait soupçonner que des chenilles qui sont nées sur une plante, qui ont vécu de ses feuilles jusqu'à un âge avancé, les préferent aux feuilles d'une autre plante, dont elles se fussent très-bien nourries, si elles fussent nées dessus. Leur goût s'est fait aux feuilles qu'elles ont mangées constamment pendant un certain temps, ce sont celles qu'elles aiment le mieux. On ne doit donc pas toûjours regarder comme des chenilles de différentes especes, celles qui paroissent aimer des plantes de différens genres.

Je n'avois pas soupçonné que les chenilles de la cinquiéme classe, que nos arpenteuses à douze jambes fussent de celles que nous avions à craindre : je n'avois pû m'assûrer qu'il y en eût plus d'une espece, & je n'avois vû chaque année que peu d'individus de cette espece. Elles nous ont pourtant appris en 1735. qu'elles doivent être mises au rang des chenilles les plus capables de nous faire du mal. Depuis les derniers jours de Juin

jufqu'à la fin de Juillet il a paru un grand nombre de chenilles vertes, telles que celles que nous avons décrites cy-
deffus. Mais il a paru encore beaucoup plus de chenilles *,
qui, comme les précedentes, n'avoient que douze jambes, & que quatre intermédiaires, dont le fond de la couleur du corps étoit un verd plus brun; le verd de quelques-
unes tiroit fur le noir. Quatre rayes citron regnent tout
du long du corps de ces fortes de chenilles : une de ces
rayes eft placée de chaque côté au-deffus de l'origine des
jambes, & les deux autres font pofées un peu plus haut.
Des tubercules applatis, & quelquefois fi applatis qu'ils
ne paroiffent que des taches, font diftribués avec quelque
régularité, tant deffus que deffous le corps. Souvent ce
ne font prefque que des cercles dont la circonférence eft
brune, & dont l'intérieur eft d'un verd affés clair. Les
nuances de verd varient beaucoup fur différentes chenilles
de cette efpece : le verd de quelques-unes eft peu foncé,
& les rayes citron de celles-cy fe rapprochent plus du verd.
Toutes n'ont que quelques poils écartés les uns des autres.

* Pl. 26. fig. 1. 2 & 3.

Il n'eft pas aifé de fe repréfenter la quantité de ces chenilles, qui a paru cette année aux environs de Paris & dans une
grande étenduë du Royaume, comme depuis Paris jufqu'à
Tours, en Auvergne, en Bourgogne, &c. Elles ont commencé par attaquer les légumes; elles ont ravagé prefque
tous les jardins potagers des environs de Paris, appellés
Marais, à un tel point, qu'on n'y voyoit au plus que des
fragments de feuilles; les plantes n'avoient plus que des
tiges, & des côtes de feuilles. Nous donnerons auffi à ces
chenilles le nom de *Chenilles de légumes*, qu'elles n'ont
que trop bien mérité par la maniére dont elles les ont traités. Le peuple, qui cherche toûjours à adjoûter au mal
réel, a cru avoir remarqué que des gens étoient tombé
malades, & même étoient morts après avoir mangé des

falades dans le temps où ces chenilles s'étoient multipliées ;
il en a conclu & a débité comme un fait certain, qu'ils
avoient été empoifonnés pour avoir mangé des chenilles
qui étoient reftées dans des feuilles trop negligemment
épluchées. De pareils difcours ont produit un tel effet,
qu'il falloit avoir du courage & aimer beaucoup la falade
pour ofer en manger ; pendant quelques femaines les herbes ont été prefque généralement profcrites des foupes.
On a débité comme un fait certain, que le Magiftrat qui
veille avec tant d'attention à la Police de Paris, avoit dé-
fendu qu'on n'y apportât aucuns légumes, pendant que
fa prévoyance l'avoit feulement engagé à faire en forte
qu'on n'y apportât pas des légumes trop mal condition-
nés, qu'on n'y vendît pas des tiges avec quelques reftes
de feuilles, pour des feuilles.

Les laitues romaines ont été les premiéres attaquées
par ces chenilles, qui ont enfuite paffé aux autres efpeces
de laitues, aux pois, aux groffes féves, aux haricots, &
qui n'ont épargné prefque aucunes plantes de nos jardins.
Mais ce n'étoit pas dans les jardins feulement que ces chenilles s'étoient fi fort multipliées, les campagnes en étoient
remplies. J'ai vû des champs de pois d'une vafte étenduë,
où il ne reftoit que les tiges & les gouffes des pois ; toutes
les feuilles, à quelques-unes de leurs fibres près, avoient
été dévorées. Pour donner quelque idée de la prodigieufe
quantité de ces chenilles, je dirai qu'on n'avoit qu'à regarder dans les grands chemins, à chaque coup d'œil on
en découvroit des vingtaines, ou plus, qui les traverfoient
pour paffer d'un champ à un autre.

Les légumes, au refte, ne font pas les feules plantes
de leur goût ; elles s'accommodent des feuilles d'un très-
grand nombre d'autres plantes, & de faveurs très-différentes, comme de celles de la renouée, du trefle, du gramen,

des chardons, & fur-tout des chardons à grandes feuilles,
de celles de la bardanne, de la fauge, de l'abfinthe. Elles
n'aiment que trop le chanvre. En Alface elles ont attaqué
les plantes de tabac, & elles y ont fait de fi grands defor-
dres, que M. Bazin m'a écrit que les Vicaires venoient
demander permiffion à M. l'Evêque de Paros, fuffragant
de Strafbourg, de faire des proceffions pour obtenir d'être
délivrés de ces chenilles. Enfin il feroit plus court peut-être
de nommer les plantes de nos jardins, de nos champs &
de nos prairies dont elles ne mangent pas les feuilles, que
de nommer celles dont elles les mangent. Il eft bien heureux que nos bleds de différentes efpeces, nos froments,
nos feigles, nos orges foient du nombre des plantes qui ne
font pas de leur goût. Que feroient devenuës les recoltes
des grains qui nous font fi effentiels, fi les chenilles euffent
aimé les plantes qui les produifent! Nous devons voir avec
autant d'admiration que de reconnoiffance, que la provi-
dence n'a pas voulu que les plantes abfolument néceffaires à notre fubfiftance, fuffent dévorées par ces infectes.
On fçait combien les feuilles font néceffaires aux plantes,
fouvent les plantes périffent fi on les dépouille trop tôt
de leurs feuilles, ou au moins leurs fruits ne viennent pas à
parfaite maturité : les pois fe fanoient dans les gouffes portées par des tiges dont les feuilles avoient été mangées par
les chenilles ; & fi les feuilles euffent été mangées pluftôt,
peut-être que les pois ne fe fuffent pas formés dans les
gouffes, ou que les gouffes elles-mêmes ne fe fuffent pas
montrées. Dans quelques pays ces chenilles ont attaqué
les avoines, M. de Nainvilliers écrivit à M. du Hamel fon
frere, qu'elles commençoient à les manger aux environs
de Pluviers ; c'étoit heureufement dans un temps où
leurs grains avoient pris la groffeur convenable, & où ils
n'avoient plus qu'à achever de meurir. Mais des témoins

oculaires m'ont aſſûré qu'à quelques lieuës de Chartres
les feuilles des avoines avoient été mangées de meilleure
heure, & que la recolte de cette eſpece de grain en avoit
été beaucoup diminuée.

Un des plus grands maux qu'aient fait ces chenilles,
ç'a été dans quelques provinces du Royaume, dans certains cantons de l'Auvergne, de la Bourgogne, &c. où elles
ſe ſont attachées aux chanvres encore trop jeunes ou trop
éloignés de la maturité. Là les chanvres en ont ſouffert
à un point qui les a fait rencherir. Mais il y a beaucoup
d'autres endroits où elles n'ont attaqué les chanvres, que
lorſqu'ils avoient pris preſque tout leur accroiſſement, &
là ils ſont venus à bien.

Les lentilles ſont une des plantes qu'elles ont le plus
épargnées. J'en ai vû de grandes planches, dont les
feuilles étoient bien entiéres, & bien ſaines, pendant que
des planches de groſſes féves, des planches d'haricots, qui
étoient à côté de celles des lentilles, n'avoient pas une
feuille. La perte qu'on a faite en haricots dans certains
cantons des environs de Paris, a été conſidérable; les haricots qu'on y avoit ſemés, ne ſont point parvenus à donner même des gouſſes.

Avant que de nous arrêter à faire quelques réflexions ſur
les cauſes qui ont pû contribuer cette année à une ſi étonnante multiplication de ces chenilles, & ſur leur prétendu
venin, achevons tout de ſuite leur hiſtoire. Quoique ces
chenilles marchent aſſés ſouvent à la maniére des arpenteuſes, c'eſt-à-dire en faiſant une eſpece de boucle d'une partie
de leur corps *, & en l'allongeant enſuite, elles marchent,
auſſi à la maniére des chenilles ordinaires *. Quand les chenilles vertes à douze jambes, que j'avois trouvées ci-devant
ſur le chou, ſur la chicorée & ſur la jacobée, ont été prêtes
à ſe transformer en criſalides, elles ont filé des coques aſſés

minces

* Pl. 26. fig.
3.
  * Fig. 1. &
2.

minces * d'une foye blanche, qu'elles ont attachées contre   * Pl. 27. fig.
les parois des poudriers dans lesquels elles avoient été 2.
nourries. Les chenilles purement vertes, les chenilles
d'un verd foncé, & rayées d'un citron plus ou moins
jaune, qui ont ravagé les plantes de nos jardins, de nos
campagnes, se sont fait de semblables coques. Les coques de celles qui avoient mangé les feuilles des pois d'un
grand champ, étoient attachées contre les tiges de ces
pois, & y étoient à découvert. Mais celles qui ont filé
leurs coques dans des endroits où il leur étoit plus aisé
de trouver des feuilles, avoient soin de plier & rouler,
souvent avec art, une feuille, de façon qu'elle couvroit
leur coque de toutes parts. J'en ai vû qui ont contourné
ainsi les feuilles de divers arbres fruitiers. Dans d'autres
années j'ai rencontré de temps en temps des coques de
ces chenilles, attachées assés près du bord d'une feuille
d'un grand chou. Cette feuille difficile à plier assés pour
couvrir entiérement la coque, avoit au moins été courbée
en une goutiére qui la cachoit en partie.

Un jour ou deux au plus après que la chenille a filé
sa coque, elle se transforme en une crisalide * qui est   * Pl. 26. fig.
de celles, où l'on voit, non-seulement que le papillon 4. & 5.
qui en doit sortir, a une trompe, on voit même qu'il l'a
très-longue; car on peut remarquer que la trompe, après
s'être étenduë en ligne droite jusqu'assés près du derriére,
se recourbe pour retourner vers la tête *. Cette crisalide   * Fig. 4. &
est du genre de celles dont la figure est représentée tome I. 5. t.
pl. 21. fig. 14. La crisalide a près du derriére deux crochets qu'elle engage dans la coque, & qui l'empêchent
d'y être trop flottante.

Au bout de seize à dix-sept jours, les papillons rejettent leur enveloppe de crisalide, ils percent la coque de
soye, & ils en sortent. Tous ceux qui me sont venus des

Tome II.   . T t

chenilles différemment colorées, dont nous avons parl[e]
ci-deſſus, ont été très-ſemblables; j'ai trouvé au plus de
différences extrêmement legéres dans les nuances des cou[-]
leurs. Mais ceux qui ſont ſortis de plus grandes chenilles
& de chenilles qui avoient été mieux nourries, étoien[t]
plus grands que ceux qui ſont ſortis de chenilles plus pe[-]
tites. Nous avons déja fait graver un papillon de cette eſ[-]
pece, tome I. pl. 19. fig. 2. nous l'avons donné pou[r]
exemple des phalenes qui portent ſur le corcelet & ſur l[e]
corps des eſpeces de huppes de poils, qui peuvent êtr[e]
priſes pour des caractéres génériques, ou au moins pou[r]
des caractéres d'eſpeces.

* Pl. 27. fig.
4. & 5.

Ce papillon * eſt de la ſeconde claſſe des nocturnes, &
du genre de ceux qui, lorſqu'ils ſont en repos, porten[t]
leurs aîles en un toit dont la baſe eſt aſſés large, & qu[i]
ſe termine par une vive arrête au - deſſus de la parti[e]
poſtérieure du corps. Nous avons négligé dans le pre[-]
mier volume, de faire remarquer que les deux aîles ſu[-]
périeures ne ſe rencontrent pas ſur la partie antérieure d[u]
corps, & nous n'y avons pas déterminé aſſés préciſémen[t]
la poſition des huppes. La premiére eſt placée ſur le cor[-]
celet, & eſt en gouttiére tournée vers la tête. La ſecond[e]
eſt ſur le premier anneau, & faite auſſi en gouttiére, mai[s]
dont la concavité eſt tournée vers le derriére. Outre ce[s]
deux grandes huppes, il y en a encore deux plus petite[s]

* Pl. 26. fig.
6, 7, 8 & 9.

ſur les anneaux ſuivans. Ce papillon *, quoique brun, [a]
une ſorte de beauté; du rougeâtre, du jaunâtre, du gris, &
du brun différemment combinés, & nués, compoſent l[e]
brun du deſſus des aîles ſupérieures, qui eſt une eſpec[e]
d'agate ; mais ce qui ſe fait le plus remarquer ſur ce[s]
mêmes aîles, c'eſt une tache qui a quelque choſe de l[a]
figure d'un y; elle eſt d'un jaune brillant, qui tire ſu[r]
l'or pâle. Le deſſous des quatre aîles eſt d'un gris plus

brun que le cendré, & n'offre aucune tache remarquable.
Cette couleur est aussi celle du corps & du dessus des
aîles inférieures; mais on voit de plus sur celles-ci une
bande brune & large qui les borde, & qui se noye vers le
milieu de l'aîle, avec le gris.

Quoique ce papillon ait tous les caractéres des nocturnes, ou phalenes, il n'est peut-être pas de papillon diurne
qui vole plus constamment & plus continuellement en
plein jour. On le voit tantôt se soûtenir au-dessus des
fleurs, dans lesquelles il plonge sa trompe, tantôt se poser
auprès de la fleur, pour enfoncer dedans sa trompe plus
à son aise, & en puiser plus tranquillement le suc; alors
il redresse ses aîles *, il les tient élevées. Jamais pourtant
il ne les redresse autant que les papillons diurnes redressent les leurs; jamais les deux supérieures ne se trouvent appliquées l'une contre l'autre, au-dessus du corps.
Si pendant le jour il paroît un papillon diurne, il montre pendant la nuit les inclinations des nocturnes. Il continuë de voler sur les fleurs, lorsque le soleil a passé au-
dessous de notre horison, c'est-à-dire, dans un temps
où tous les papillons diurnes sont en repos. J'ai eu de
ces nocturnes chés moi dans des poudriers, où ils ne
commençoient à voltiger que le soir; ils y étoient souvent déterminés par une lumiére qui venoit à paroître.
De-là nous voyons que les papillons nocturnes ne sont
pas ceux qui ne volent jamais pendant le jour, mais ceux
qui volent pendant la nuit. Je serois même disposé à
croire, que c'est pendant la nuit que ceux de nos chenilles
à douze jambes s'accouplent; car quoique j'en aye observé
cette année des milliers, je n'en ai jamais vû deux accouplés.

Les parties au moyen desquelles le mâle se joint à
la femelle, sont très-semblables à celles des mâles de

* Pl 26. Fig.
8. & 9.

T t ij

quelques autres papillons nocturnes qui font gravées pl. 3.
fig. 1 & 2. Il a au derriére un crochet * avec lequel il peut
harponner, pour ainfi dire, le derriére de la femelle. Il
peut le faifir enfuite avec deux lames écailleufes *, toutes
deux armées de crochets. Enfin la partie qui caractérife
véritablement le mâle, eft figurée & placée comme elle
l'eft dans d'autres papillons. Mais il a près du derriére du
côté du ventre, deux jolies houppes de poils * qui lui
font une parure fingulierement placée, & qu'il ne montre
apparemment que quand il veut s'accoupler. J'avois vû
des centaines de ces papillons, je les avois pris & maniés
fans avoir jamais apperçu ni dû appercevoir les jolies houppes dont je parle. Je m'avifai de preffer entre deux doigts
le derriére d'un mâle, pour l'obliger à me montrer les
parties qui lui font néceffaires pour l'accouplement : la
preffion força le derriére à s'allonger. Dès que le derriére
fut allongé, je vis paroître dans un clin d'œil deux houppes hémifphériques, auffi fournies de poils, & de poils
auffi bien arrangés que deux houppes le peuvent être.
J'augmentai un peu la preffion, les deux houppes fe réunirent, elles n'en formérent plus qu'une plus groffe, &
encore très-bien faite *. Je ceffai de preffer le derriére;
fur le champ le derriére fe raccourcit, & la houppe compofée, les deux houppes difparurent. Je pris plaifir pendant quelque temps à les faire reparoître & difparoître.

Pour voir la mécanique d'où tout cela dépend, il faut
commencer par preffer très-legerement le derriére, &
n'augmenter la preffion que peu à peu. Le dernier anneau
dont le bout eft chargé des parties propres au mâle, quoiqu'affés long, dans l'état ordinaire eft entiérement logé
fous celui qui le precéde, comme un des tuyaux d'une lu-
nette raccourcie, l'eft dans un autre tuyau plus large. Lors
même que le dernier anneau eft entiérement rentré fous

* Pl. 26. fig.
11. c.
* Fig. 10. 11.

* Fig. 10.
p, p.

* Fig. 11.
p p.

le penultiéme, mais fur-tout lorfqu'une foible preffion
commence à l'en faire fortir, on diftingue les deux bouts
de deux paquets de poils *. Si on augmente la preffion,   * Pl. 26. fig.
le dernier anneau fort davantage, & alors les deux paquets   12. *pp*.
de poils font plus à découvert *. On voit qu'ils font l'un   * Fig. 13.
& l'autre plus larges qu'épais, quoiqu'ils ayent une épaif-   *p p.*
feur fenfible. Les poils qui les compofent font droits,
bien appliqués & étendus les uns fur les autres; leur couleur eft rouffe. Il y a une petite féparation entre deux paquets, dans la ligne du milieu du ventre; le bord extérieur
de chacun d'eux eft affés près d'un des côtés. En continuant de preffer davantage, ou, ce qui eft la même chofe,
en obligeant le dernier anneau de fortir prefqu'entiérement de deffous le penultiéme, on oblige les deux paquets
de poils à paroître à découvert dans prefque toute leur
longueur *: leurs poils ont environ deux lignes de long.   * Fig. 14.
Les paquets reftent toûjours plats, mais ils commencent   *pp.*
à fe redreffer, c'eft-à-dire, qu'ils ne font plus couchés
comme ils l'étoient ci-devant, fur le derriére, ils s'en
éloignent. Qu'on donne alors un degré de preffion de
plus, les deux paquets de poils fe renverfent, leurs bouts
s'éloignent davantage du corps *. Enfin fi alors on preffe   * Fig. 15.
un peu davantage, dans un clin d'œil les deux paquets   *p p.*
s'épanouiffent comme une fleur; tous les poils s'arrangent
comme des rayons dirigés vers le centre d'une fphére, &
alors paroiffent deux touffes bien faites * : les bouts des   * Fig. 10.
poils de l'une rencontrent, ou croifent un peu les bouts   *p p.*
des poils de l'autre vers le milieu du ventre. Si la preffion
eft pouffée plus loin, les deux aigrettes fe confondent,
& n'en compofent plus qu'une *.   * Fig. 11.

Pendant que ces poils forment deux houppes, & pendant que la preffion leur conferve cet arrangement qu'elle
leur a fait prendre, fi on les emporte par un frottement

T t iij

leger, on verra clairement pourquoi on oblige les poils à se disposer en houppe, lorsqu'on force le derriére à s'allonger. Dès qu'on aura emporté les poils par le frottement, on mettra à découvert deux petits tubercules d'un brun rougeâtre, & hémisphériques *. Une forte louppe fera découvrir sur ces tubercules les petits trous dans lesquels les poils étoient piqués. Il n'est plus étonnant que des poils plantés perpendiculairement sur une surface sphérique, se disposent sphériquement, ou en houppe, dès qu'ils sont libres, c'est-à-dire, dès que la portion de sphére dans laquelle un de leurs bouts est engagé, se trouve sortie de dessous l'anneau, sous lequel elle étoit logée. Quand cette portion sphérique rentre sous l'anneau, les poils sont obligés de se coucher les uns sur les autres, de se mettre en paquet. Il y a plus encore, ces deux tubercules, ces deux mammellons ne sont sphériques, que tant que la pression dure; j'ai observé que dès qu'elle cesse, ils deviennent concaves *; ce qui étoit en dehors, ce qui formoit leur convéxité, rentre en dedans, & dès lors on voit que les poils doivent se réunir dans une espece de faisceau. Quand on pousse loin la pression, on rapproche les deux tubercules, & on oblige les deux houppes à se confondre *.

L'état dans lequel nous avons mis le derriére du papillon par la pression, est l'état où le papillon le met, lorsqu'il cherche à s'accoupler; alors il fait sans doute paroître les deux jolies houppes, ou les deux houppes réunies en une. Mais de quel usage lui sont-elles pendant l'accouplement! On voit bien qu'elles sont des especes de coussins, au moyen desquels le ventre du mâle presse plus mollement celui de la femelle; mais n'ont-elles point d'autres usages! c'est sur quoi nous ne sçaurions prononcer.

Le derriére de la femelle * est fait à peu près comme

celui de diverses autres femelles de papillons nocturnes; l'anus * est au bout d'une espece de tuyau membraneux; ce tuyau est renfermé dans une espece d'étui, formé par deux lames courbes, écailleuses & pointuës par leur extrêmité *. Ces deux lames peuvent s'écarter l'une de l'autre, comme les lames semblables à celles-ci, dont d'autres papillons nous ont donné occasion de parler. C'est à l'ordinaire par l'anus que les œufs sortent. La fente * destinée à recevoir la partie du mâle qui féconde les œufs, est à quelque distance de l'anus; elle n'est pas faite en croissant, comme elle l'est dans plusieurs especes de papillons femelles, elle suit une partie du contour d'un anneau. Entre le derriére & cette fente, mais tout près de la fente, est une tache brune *; si on la touche avec la pointe d'un canif, on reconnoît qu'elle est écailleuse.

Les femelles ont-elles été plus fécondes qu'à l'ordinaire en 1734. ou en 1735! car comment les chenilles qui sortent de leurs œufs, & qui m'ont paru être des chenilles assés rares pendant plusieurs années, sont-elles devenuës si communes dans les mois de Juin & de Juillet 1735! Qu'est-ce qui a pû occasionner une si étonnante multiplication! Dans la campagne, les jardiniers & les paysans n'ont pas été embarrassés à en assigner la cause; cette multiplication a été l'effet d'un sort. Dans quelques endroits, on m'a assuré avoir vû le vieux soldat qui avoit jetté ce sort. Dans d'autres endroits, on a vû la laide & méchante vieille qui avoit operé tout le mal. De telles multiplications sont des especes de prodiges, dont les causes ne semblent pas devoir être cherchées dans les loix ordinaires de la nature. Si cependant nous faisons attention qu'en douze mois il y a au moins deux générations des papillons qui produisent ces chenilles, & si nous nous rappellons la grande fécondité de presque tous

* Pl. 26. fig. 19. a.

* ll.

* o,d

* c,

les papillons femelles, ce qui nous paroîtra la véritable merveille, c'est que les plantes de nos jardins & de nos campagnes ne soient pas autant, ou plus ravagées tous les ans par ces chenilles, qu'elles l'ont été en 1735. Nous admirerons avec quelle sagesse, & quelle prévoyance tout a dû être combiné, pour que ces sortes d'insectes nous nuisissent si rarement. Nos arpenteuses à douze jambes, qui désoloient les jardins & les campagnes dans les mois de Juin & de Juillet, sont devenuës des papillons dans le mois d'Août; ces papillons ont fait leurs œufs, & de ces œufs, sont écloses des chenilles semblables à celles que j'ai trouvées en hiver sur la chicorée, & déja grandes. Ces chenilles qui ont passé l'hiver, sont donc en état de se transformer en crisalides dans le mois d'Avril. Les papillons de ces chenilles paroissent au mois de Mai, & des œufs qu'ils pondent, naissent des chenilles qui rongent nos légumes en Juin & en Juillet, & qui sont transformées en papillons au mois d'Août. Nous avons donc au moins chaque année deux générations de ces papillons, & de leurs chenilles. Les papillons femelles sont des œufs en forme de boutons, & très-joliment sculptés; ils sont petits, le corps de la femelle en doit contenir un grand nombre. Quoique quelques-unes ayent commencé leur ponte dans les poudriers où je les avois renfermées, elles ne l'y ont pas finie; ainsi je n'ai pû m'assurer exactement du nombre d'œufs de chacune. Mais quand nous supposerons qu'elles en font autant, à peu près, que les papillons femelles des vers à soye, c'est-à-dire, environ 400, peut-être ne supposerons-nous rien de trop. Supposons encore que le nombre des femelles est égal à celui des mâles. Si dans un assés grand jardin il n'y avoit que vingt chenilles de ces papillons, distribuées sur différentes plantes, elles y seroient si rares, qu'on auroit peine, après

bien

bien des recherches, à y en trouver une. Cependant si ces chenilles se transformoient en papillons, & que tous les œufs des papillons femelles vinssent à bien; si les chenilles sorties de ces œufs se transformoient toutes, à leur tour, en papillons au mois de Mai de l'année suivante, & si les œufs des femelles de ces derniéres donnoient encore tous des chenilles; ce jardin dans lequel il n'y avoit eu que vingt chenilles au mois de Juillet, en auroit huit cens mille au mois de Juin de l'année suivante, & par consé-quent beaucoup plus qu'il n'en faudroit pour y faire de terribles ravages. Le calcul en est simple. Des vingt papil-lons de la premiére année, il y en a eu dix qui ont fait chacun 400 œufs. Ils ont donc produit 4000 chenilles, dans la supposition que tous les œufs ont réussi. Ces 4000 chenilles qu'on suppose s'être transformées au printemps en 4000 papillons, ont donné 2000 papillons femelles, chacun desquels a pondu 400 œufs. Voilà donc 800000 œufs, desquels un pareil nombre de chenilles doit sortir.

Il s'agit donc moins d'expliquer pourquoi il a paru tant de nos chenilles des légumes en 1735. que pourquoi il en paroît si peu dans les autres années. Un autre Mé-moire de ce volume nous fera connoître les ennemis com-muns à toutes les especes de chenilles, & les ennemis particuliers à certaines especes; nous y verrons qu'elles en ont tant, qu'il est surprenant qu'ils ne parviennent pas à les détruire toutes. D'ailleurs elles sont sujettes à des maladies, qui causent parmi elles de grandes morta-ités. Il n'y auroit pas de justice à exiger que nous assi-gnassions bien précisément pourquoi certaines maladies regnent parmi les chenilles, pendant que nous sçavons si peu les causes des maladies épidémiques qui attaquent les hommes, & même les causes de leurs maladies ordinaires. Il nous suffit, ce me semble, pour n'être pas surpris de

ce que nos chenilles se font si fort multipliées en 1735,
de sçavoir qu'il y a des années qui peuvent être saines
aux chenilles & aux papillons, & qu'il peut arriver que
ces mêmes années soient mal saines aux insectes qui leur
font la guerre. Lorsque ces deux circonstances se réunissent, & apparemment elles se font réunies en 1735, la
multiplication de certaines especes de chenilles doit nous
paroître étonnante. Enfin ce qui est arrivé cette année
nous authorise à prédire, que de temps en temps il doit
y avoir des années où des chenilles qui avoient paru
rares jusques-là, paroîtront en nombre prodigieux, & cela
doit sur-tout arriver à des especes dont il y a deux générations dans une année.

Le froid du mois de Décembre 1734. & celui des mois
de Janvier & Fevrier 1735. ont été assés médiocres, nos
chenilles des légumes n'ont donc pas eu beaucoup à souffrir pendant l'hiver, elles ont mangé & crû pendant cette
saison; la plûpart sont parvenuës à devenir des papillons au
printemps 1735. aussi étois-je surpris dans le mois de
May, devoir beaucoup plus de ces papillons que je n'en
avois vû jusqu'alors; mais je n'avois pas prévû que les chenilles qui sortiroient des œufs de ces papillons, trouveroient une année aussi favorable à leur accroissement, que
cette année l'a été.

Quand ces chenilles se font multipliées jusqu'à un certain point, on a beau leur faire la chasse, on ne sçauroit
suffire à les détruire. Nous avons tâché de décrire leur
papillon de maniére à le faire reconnoître, & il seroit à
souhaiter que les jardiniers le connussent bien. Dans les
années où il en paroîtra beaucoup, sur-tout dans le mois
d'Août, ils ne perdroient pas leur temps, s'ils s'occupoient
à les prendre. En tuant alors deux papillons, ils détrui-
roient la semence de 80000 chenilles pour le mois de

Juin de l'année fuivante. Leur peine ne feroit pas même
mal employée dans le mois de May, puifque chaque papillon femelle tué alors, les délivreroit d'environ 400 chenilles pour le mois de Juin fuivant. Parmi leurs outils, les
jardiniers devroient avoir des filets tels que ceux qui font
repréfentés dans la Vignette de ce volume; & fans autant de fatigues & de travail qu'ils en ont à bêcher & à arrofer, ils travailleroient plus utilement pour leurs jardins,
fi tous les jours péndant une heure ou une demi-heure,
vers le midy, ils fe divertiffoient à chaffer aux papillons.
Combien fauveroient-ils de choux, par exemple, en prenant les deux efpeces de papillons blancs, & diurnes, dont
les chenilles vivent des feuilles de cette plante !

Le mal que les chenilles des légumes ont fait dans
nos jardins & dans nos champs, eft affûrément très-réel ;
mais eft-il bien fûr qu'elles foient capables de produire
encore un mal plus grand, qu'elles foient une efpece
de poifon, & qu'elles ayent empoifonné des hommes
qui en ont mangé, en mangeant des falades, ou de la
foupe ! eft-il bien fûr même en général qu'il y ait des
chenilles venimeufes ! Le quatriéme Mémoire nous a appris, qu'entre les chenilles veluës, il y en a qui dans certains temps laiffent tomber leurs poils ; que ces poils s'en-
gagent dans notre peau, & y caufent des demangeaifons
cuifantes, pareilles à celles qui font excitées par les poils
dont font couvertes les gouffes de certaines féves de l'A-
mérique, qu'on appelle des pois grattés. On ne dit
point que ces gouffes font venimeufes, on ne doit pas
dire non plus que les chenilles qui produifent fur notre
peau un effet femblable à celui de ces gouffes, le font.
L'averfion qu'on a pour les chenilles en général, & l'idée
qu'on s'eft faite de leur venin, ont pourtant bien l'air de
tirer leur origine des demangeaifons que quelques chenilles

excitent dans notre peau. Nous avons vû néantmoins dans le quatriéme Mémoire, qu'aucune des chenilles rafes n'eſt capable de produire de pareilles demangeaiſons; que toutes ces derniéres peuvent être touchées impunément. On peut manier tant qu'on voudra nos chenilles des légumes, ſans craindre qu'elles cauſent la moindre élevation, la moindre rougeur, la moindre cuiſſon à la peau; en un mot, on peut les toucher avec grande confiance comme toutes les autres eſpeces de chenilles rafes.

De ce que les chenilles peuvent être touchées ſans riſque, il ne s'enſuit nullement qu'elles ne ſoient pas capables d'empoiſonner, ſi elles paſſent cuites ou cruës dans l'eſtomach. On peut manier l'arſenic, & bien d'autres poiſons; mais les preuves qu'on a rapportées des mauvais effets que ces chenilles ſont capables de produire dans notre intérieur, ne ſont pas ſuffiſantes pour les rendre redoutables. Quelques perſonnes ſe ſont trouvées mal après un ſouper, & d'autres après un dîner, & cela eſt arrivé dans un temps où les chenilles étoient très - communes, dans un temps où on ne parloit que de chenilles; on a cru alors bien deviner la cauſe de ces maladies ſubites, en les attribuant à des chenilles qui avoient été dans la ſalade & dans la ſoupe, mais qu'on n'y a pas vûës; car ſi on les eût vûës, on ne les eût pas mangées. La maladie n'a été attribuée à aucun des autres mets qui ont été ſervis, & on n'a pas imaginé que la diſpoſition de quelqu'un pût être telle, qu'après avoir dîné ou ſoupé, & peut-être trop, il pût être malade.

Quelque perſuadé que je ſois qu'on pourroit faire manger ſans riſque des chenilles à des hommes, je n'ai pourtant pas cru que cette expérience fût du nombre de celles qu'il eſt permis de tenter : mais il n'eſt peut-être pas beſoin de la faire, elle a apparemment été faite & refaite

bien des fois. Il n'eſt perſonne peut-être à qui il n'arrive
chaque année, pluſieurs fois, de manger de la ſoupe dans
laquelle des chenilles ont cuit. Quand les Cuiſiniéres &
les Cuiſiniers apporteroient beaucoup plus d'attention à
éplucher les herbes qu'ils n'y en apportent, il ſeroit preſqu'impoſſible qu'ils ne miſſent ſouvent au pot avec l'o-
ſeille, avec la laitue, avec la poirée, &c. de petites chenilles qui ſe trouvent ſur ces plantes. En mangeant de la
ſalade il doit ſouvent arriver qu'on mange une petite chenille cachée dans un cœur de laitue, qu'on en mange de
cachées ſous les replis de quelques feuilles. Qu'eſt-ce qui
porte à croire que les chenilles des plantes & des fruits ſont
plus dangereuſes que les vers des fruits & des plantes!
Combien mange-t-on de vers en mangeant des bigareaux!
ces vers ne ſont aucun mal à ceux qui les ont avalés.
Nous verrons dans un autre Mémoire que de véritables
chenilles vivent dans l'intérieur des prunes, des chataignes,
des poires, des pommes, des navets, &c. il arrive quelquefois que l'on mange, ſans le vouloir, de ces petites chenilles, & il n'arrive point qu'on en ſoit incommodé.

Mais nos chenilles des légumes, nos chenilles à douze
jambes ne ſeroient-elles point plus dangereuſes que les
autres! rien ne conduit à le penſer. Les oiſeaux de bien
des eſpeces les trouvent très-bonnes, & en prennent le
plus qu'ils peuvent; elles ſont fort du goût des moineaux;
les oiſeaux domeſtiques, comme les poules, ne les épargnent pas. Combien de chenilles des légumes ont dû être
mangées cette année par les moutons, les vaches, les
bœufs, les chevaux, &c. Il y avoit des cantons où il étoit
preſqu'impoſſible que ces animaux ſe rempliſſent l'eſtomach d'herbes, ſans y faire entrer beaucoup de chenilles,
car ils n'épluchent pas les herbes qu'ils mangent. Tel âne
en broutant un ſeul chardon, a dû avaler des centaines
de chenilles.   V u iij

Les infectes qui font fûrement venimeux, qui nous empoifonnent par leurs piquûres, peuvent être mangés & digerés fans nous faire du mal; la chair des viperes eft mê-me reconnuë pour un aliment utile, capable de rétablir la fanté dans certaines circonftances. Redi nous a appris qu'on peut manger du pain bien humecté de cette li-queur même de la vipere, dans laquelle réfide tout le venin de ce reptile redoutable, fans en fentir le moindre effet. L'araignée eft un des infectes contre lequel on eft le plus prévenu; on conte dans chaque pays des hiftoi-res de gens empoifonnés, pour en avoir avalé quelqu'une; cependant M. de la Hire le fils, celui qui fucceda à la place d'aftronome de fon pere, m'a affûré qu'il avoit connu une demoifelle qui mangeoit des araignées, qui, quand elle fe promenoit dans les allées d'un jardin, n'en voyoit aucune qu'elle ne prît, & qu'elle ne croquât fur le champ.

Nous fommes peu familiarifés avec les infectes, & nous fçavons qu'il y a des circonftances, où quelques-uns font capables de nous faire du mal, ç'en eft affés pour nous les faire craindre prefque tous, & en tout temps. Si les groffes chenilles rafes devenoient auffi communes dans ce pays, que le font les fauterelles en quelques autres, & fur-tout fi elles devenoient communes dans une année de famine, peut-être que les payfans mangeroient en France les chenilles, comme on mange les fauterelles en Afrique. Que fçait-on fi elles ne feroient pas regardées par la fuite, comme un mets agréable & fain! Plufieurs efpeces de vers fe nourriffent & croiffent dans l'intérieur du bois de différens arbres; il y a de ces vers de différentes groffeurs, on en trouve affés communément d'auffi gros que le petit doigt; & il y en a de beaucoup plus gros. La plûpart ont le corps ras & blanc, ils font pefans &

lourds, ceux qui ont été tirés de leurs trous, peuvent à peine se traîner sur leurs anneaux; ils ont enfin un air fort dégoûtant. Si on condamnoit quelqu'un à manger une chenille rase ou un de ces vers du bois, il se détermineroit apparemment pour la chenille. Cependant Pline nous apprend liv. 17. chap. 24. que les Romains avoient mis ces vers au nombre des animaux qu'ils engraissoient avec de la farine, pour les servir sur leurs tables, comme des mets fort recherchés & fort délicats. Après avoir parlé des vers qui attaquent les arbres, *Jam quidem,* dit-il, *& in hoc luxuria esse cœpit, prægrandesque roborum delicatiore sunt in cibo, cossos vocant: atque etiam farina saginati hi quoque altiles fiunt.* Les ouvriers qui fendent des chênes, & sur tout de vieux chênes, seroient aujourd'huy inutilement attentifs à ramasser les vers qui s'y trouvent, c'est un gibier dont ils n'auroient pas le débit. Ælien liv. 14. chap. 13. nous parle d'un Roy des Indes, qui au lieu des fruits qu'on servoit aux Grecs au dessert, faisoit servir un ver rôti qui naît sur une plante; *Indorum Rex secundis mensis, & bellariis non iisdem delectatur quibus Græci, qui palmarum pumilarum fructus expetunt; at ille vermem quemdam in planta quadam nascentem secundis mensis igne tostum adhibet, suavissimum quidem illum, ut Indi aiunt, & eorum qui gustaverunt nonnulli asserunt.*

Mais sans remonter à des temps si éloignés, des vers d'une grosseur énorme, qui se transforment ensuite dans les plus gros scarabés qui nous soient connus, ces vers, dis-je, vivent dans l'intérieur de quelques arbres de nos Isles de l'Amérique. On y fait rôtir ces vers, on les mange, & il y a des gens qui les trouvent succulents.

Loin de déclamer avec Pline contre le luxe de la table, qui avoit conduit les Romains à engraisser les vers des chênes, il me paroît très à souhaiter qu'un pareil goût pût nous venir, que nous devinffions auffi friands de ces vers que l'étoient les Romains. Les vers qui fe transforment en hanetons ordinaires, ceux qui fe transforment dans les fcarabés monoceros, font blancs, gras & dodus, comme ceux du chêne, & ils feroient peut être d'auffi bons plats. Si on en étoit venu à les fervir en entremets, on feroit chercher ces vers fous terre, comme on y cherche les truffes; on les chercheroit dans les couches de fumier; on en diminueroit ainfi confidérablement le nombre, & ils ne nous nuiroient plus autant qu'ils font, foit fous la forme de vers, foit fous celle de fcarabés.

Avec le temps nous pouvons guérir notre imagination, nous pouvons l'accoûtumer à voir, fans répugnance, des objets contre lefquels elle fe révoltoit; & cela, quand en nous familiarifant avec ces objets, nous venons à reconnoître, que non-feulement ils ne font pas à craindre, mais qu'ils peuvent même faire fur nos fens des impreffions agréables. On s'eft accoûtumé à manger les grenouilles, les ferpens, les lezards; en différentes Provinces du Royaume, on n'a aucun dégoût pour les limaçons, foit de terre, foit de mer. Les huîtres paroiffent bien dégoûtantes à qui les voit pour la premiére fois; peut-être que celui qui en a mangé le premier, y a été forcé par une preffante faim. Si en défaifant une perdrix, ou un poulet cuits très à propos, & d'ailleurs très-appétiffans, on trouve dans leur intérieur quelques reftes d'inteftins, en voilà affés, pour que des gens même médiocrement délicats, ayent de la répugnance à manger de cette perdrix, de ce poulet. Cependant les inteftins des bécaffes, remplis de tous leurs excremens ne nous dégoûtent point; nous nous fommes accoûtumés à les voir fans averfion, parce que l'expérience nous a appris qu'ils ont un goût agréable.

Laiffons pourtant les chenilles en partage aux oifeaux,
auxquels

auxquels la nature paroît les avoir principalement deſtinées; elles leur ſont néceſſaires, elles en nourriſſent bien des
eſpeces, & elles feroient aſſûrément pour nous une très-
mauvaiſe reſſource. Mais concluons au moins de tout ce
qui vient d'être dit, que nous avons tort de les redouter
tant; que quand des hazards feroient entrer dans notre
eſtomach des alimens aſſaiſonnés, pour ainſi dire, du ſuc
des chenilles, nous n'aurions aucune ſuite fâcheuſe à en
craindre; qu'il eſt probable que des chenilles entiéres &
même vivantes pourroient être conduites dans notre eſtomach comme elles l'ont été en 1735. dans les eſtomachs
de tant de bœufs, de chevaux, de moutons, d'ânes, &c.
ſans que nous en ſouffriſſions plus que ces animaux en
ont ſouffert. Quoiqu'il y ait des vers, & même pluſieurs
eſpeces de vers qui vivent dans nos inteſtins & dans différentes parties de notre corps, une chenille qui y feroit
parvenuë ſans être bleſſée, y périroit bien vîte, non-ſeulement parce que les alimens convenables lui manqueroient,
mais ſur-tout parce qu'elle ne feroit pas en état de ſoûtenir la chaleur d'un tel climat; elle y feroit d'ailleurs bientôt noyée.

EXPLICATION DES FIGURES
DU HUITIE′ME MEMOIRE.

PLANCHE XXVI.

LEs Figures 1, 2 & 3, repréſentent trois chenilles à
douze jambes, de celles qui ont fait tant de ravages dans
les légumes en 1735. Les chenilles des fig. 1 & 2, ſont
étenduës, & celle de la fig. 3, eſt diſpoſée à marcher à la
maniére des arpenteuſes. On peut remarquer dans les teintes des rayes des chenilles de ces trois figures, des variétés;

on en trouve de telles & de plus grandes entre les chenilles de cette efpece.

La Figure 4 & la figure 5, font celles d'une crifalide
d'une des chenilles de la figure précedente. Elle eft vûë
de côté, fig. 4; & de face, & par deffous fig. 5. *t,* marque
l'endroit où la trompe fe recourbe.

La Figure 6, eft celle du papillon de la chenille des légumes, ou de la chenille des fig. 1, 2 & 3. Il eft repréfenté
dans cette figure ayant fes aîles fupérieures écartées du
corps, & qui laiffent les inférieures à découvert.

La Figure 7, eft celle du papillon de la figure 6, vû
par deffous.

La Figure 8, repréfente encore le même papillon, ayant
fes aîles droites, comme il les porte lorfqu'il fucce les fleurs.
Ici fa trompe *t,* eft déroulée. Le papillon de cette figure eft
la femelle.

La Figure 9, eft encore celle d'un papillon de la chenille
des légumes, ayant fes aîles redreffées, & plus redreffées
que les aîles de celui de la fig. 8. Celui de la fig. 9, eft un
mâle.

La Figure 10, repréfente le bout du derriére du papillon
mâle de la figure précédente, vû du côté du ventre, &
groffi à la loupe, & dans l'état où il eft lorfque la preffion
des doigts l'a forcé de s'allonger & de montrer fes deux
houppes de poils. *pp,* les deux houppes de poils. *ll,* les
deux lames entre lefquelles l'anus eft placé, vûës par leur
tranche; elles font chargées de quantité de poils.

La Figure 11, montre le derriére du papillon dans
un inftant où la preffion a plus agi deffus, que fur celui
qui eft repréfenté fig. 10. Alors les deux houppes *pp,* font

réunies en une. Dans cette même figure, dont le bout est un peu forcé, on voit un crochet, *c,* celui avec lequel le mâle cramponne la femelle. *a,* est l'anus. *m,* la partie qui caractérise le mâle, qui ici ne commence qu'à paroître, & qui pourroit être beaucoup plus allongée.

La Figure 12, fait voir du côté du ventre, comme les précedentes, le bout du derriére du papillon, mais dans l'inftant où il n'a été preffé que très-legérement. *pp* les bouts des deux paquets de poils, qui doivent former les houppes.

Dans la Figure 13, on voit le derriére du papillon, que la preffion a forcé de devenir plus allongé qu'il ne l'eft dans la figure 12. Auffi les deux paquets de poils *p, p,* qui doivent faire les houppes, font plus à découvert.

Dans la Figure 14, les deux paquets de poils *p p,* font encore plus fortis de deffous le pénultiéme anneau, qu'ils ne le font dans la fig. 13. Ils commencent à s'éloigner du derriére.

Dans la Figure 15, les deux paquets de poils *p p* commencent à fe renverfer, & font tout près de former chacun une houppe, telle que celles de la fig. 10.

La Figure 16, repréfente le derriére du papillon qui, par la preffion, a été mis dans le même état que celui de la figure 10, mais à qui on a enlevé, par le frottement, les poils des houppes. Les deux tubercules hémifphériques *t t,* qui ci-devant étoient chargés de poils, ont été mis à découvert.

La Figure 17, repréfente les deux tubercules *t t,* de la figure précedente, dans l'inftant où il font devenus concaves; leur convexité eft rentrée en dedans lorfque la preffion a ceffé.

X x ij

La Figure 18, est, en grand, celle d'un des poils dont font composés les paquets & les houppes des figures précedentes.

La Figure 19, représente le derriére de la femelle, grossi au microscope, & vû du côté du ventre. *a*, l'anus. *ll*, les deux lames écailleuses. *e*, la plaque écailleuse qui est au-dessus de l'ouverture qui reçoit la partie du mâle. *o*, cette ouverture.

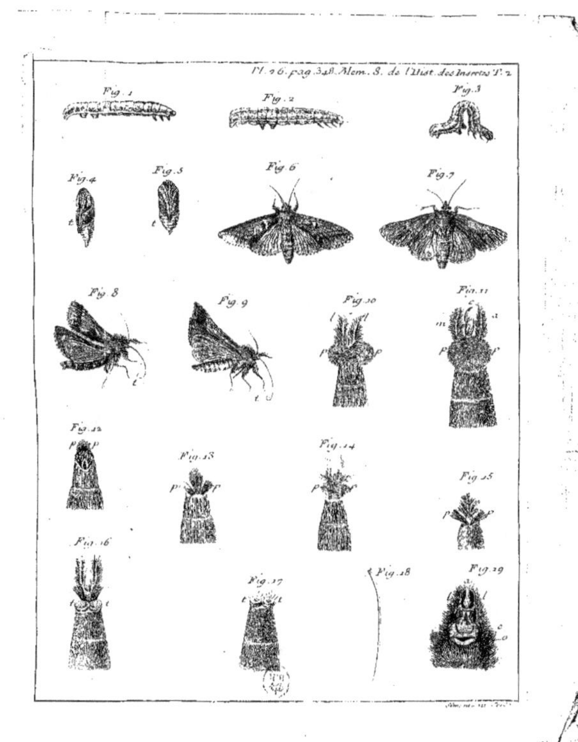

Pl. 26. pag. 348. Mem. 8. de l'Hist. des Insectes T. 2
Fig. 1
Fig. 2
Fig. 3
Fig. 4
Fig. 5
Fig. 6
Fig. 7
Fig. 8
Fig. 9
Fig. 10
Fig. 11
Fig. 12
Fig. 13
Fig. 14
Fig. 15
Fig. 16
Fig. 17
Fig. 18
Fig. 19

NEUVIE'ME MEMOIRE.

DES ARPENTEUSES

A DIX JAMBES;

Et de quelle maniére les chenilles fçavent fe defcendre
& fe remonter par le moyen d'un fil.

TOutes les arpenteufes qui n'ont que dix jambes, c'eft-à-dire, celles qui n'ont que deux jambes inter-médiaires, vivent folitaires; je n'en connois point du moins, qui fe tiennent & qui travaillent enfemble. Si la claffe de celles à douze jambes eft peu nombreufe en ef-peces, en revanche la claffe de celles-ci l'eft prodigieufe-ment. Nous ne pouvons refufer un Mémoire aux efpeces qui lui appartiennent; il deviendroit un volume, fi nous voulions nous arrêter à dépeindre toutes celles que nous avons vûes, qui ne doivent pourtant être qu'une très-petite partie de celles qui exiftent : mais nous nous bor-nerons à donner des idées générales des variétés qu'elles offrent, & à rapporter ce que quelques-unes nous ont fait voir de particulier. D'ailleurs les chenilles de cette claffe font communément affés petites; dans ce pays, il eft rare de trouver de grandes arpenteufes; il y en a pourtant beau-coup qui ont plus d'un pouce de longueur, ou qui excé-dent cette longueur, que nous avons déterminée pour celle des chenilles de grandeur médiocre : mais quoi-que longues, elles paroiffent petites, parce qu'elles font communément très-effilées, leur corps a peu de dia-metre, il n'eft pas fait fur les proportions fur lefquelles les corps des autres ont été faits. Telle chenille à feize

X x iij

jambes fera auffi groffe qu'une arpenteufe qui fera deux
ou trois fois plus longue qu'elle ne l'eft. Il y a pourtant
des arpenteufes faites fur des proportions qui s'éloignent
moins de celles du corps des autres chenilles, c'eft même
de-là que nous croyons devoir tirer des caractéres des
claffes fubordonnées, ou des genres premiers d'arpenteufes. Nous compoferons le premier de ces genres, des
arpenteufes dont le corps eft à peu près conformé comme
celui du commun des autres chenilles *; de forte que lorfqu'elles font en repos, le premier coup d'œil n'apprend
point qu'elles font des arpenteufes. Pour les reconnoître,
il faut voir leur allûre, ou, après les avoir renverfées, obferver le nombre de leurs jambes. Les divifions de leurs
anneaux font fenfibles; ils femblent mollets & charnus, ils
n'ont point un air de dureté & de roideur qu'ont ceux
des autres.

Les arpenteufes de ce premier genre rongent les feuilles
de tous les arbres les plus communs dans ce pays, dès
qu'elles commencent à pouffer, les feuilles des chênes,
celles des ormes, celles des charmes, celles des hêtres,
celles des érables, celles des noifetiers, celles des aubépines,
&c. Il eft pourtant rare d'en voir fur les arbres qu'elles ont
déja très-maltraités, & fur lefquels elles font encore; les
feuilles mêmes qu'elles mangent, fervent à les cacher. La
plûpart ignorent néantmoins l'art de les rouler, de les plier,
de les raffembler en un même paquet; elles n'ont point
recours à ces procedés induftrieux, que nous avons vû
pratiquer par tant d'autres chenilles dans le V.ᵉ Mémoire.
L'expédient dont elles fe fervent, eft plus fimple, & eft
le meilleur de tous, fi elles ne fe propofent que de fe
cacher à nos yeux, de façon que rien ne les décéle. Elles
fe tiennent entre deux feuilles appliquées à plat l'une fur
l'autre en entier, ou en partie *. Ces feuilles font retenuës

en cet état par des fils de foye collés contre les deux furfaces qui fe touchent; leur pofition n'a rien qui détermine
l'obfervateur le plus attentif à les confidérer ; elles font
placées, l'une par rapport à l'autre, comme le font mille
autres feuilles qui ne doivent leurs fituations qu'au hazard.
Mais ce qui diftingue les feuilles entre lefquelles les chenilles ont été, c'eft qu'elles font percées, découpées &
rongées ; qu'on les fépare doucement, on appercevra
qu'elles font tenuës l'une contre l'autre par des fils. Si elles
ne font pas encore trop mangées, on trouvera entre les
parties qui fe touchent, & qui n'ont point été attaquées,
on trouvera, dis-je, la chenille qui eft pliée prefqu'en
deux, ayant la tête affés proche du derriére *.

* Pl. 27. fig.
8.

Il n'eft pas particulier à ces feules arpenteufes de fe cacher entre deux feuilles qu'elles ont affujetties à plat l'une
contre l'autre ; il y a des chenilles à feize jambes à qui
cette rufe n'eft pas inconnuë. Le maronnier de nos jardins m'a fait voir une de ces dernieres qui y a recours. Elle
eft verte, prefqu'auffi longue que les chenilles de médiocre
grandeur, mais elle eft menuë par rapport à fa longueur.
Ses anneaux font comme féparés par des entailles affés confidérables ; fes huit jambes intermédiaires ont des couronnes de crochets complettes.

Toutes les arpenteufes qui attachent deux feuilles à plat
l'une fur l'autre, font rafes ; les efpeces les plus communes
font d'un verd un peu pâle, d'un verd qui tire fur le céladon, plufieurs ont des rayes blanches qui fuivent la longueur du corps. Ces rayes font fouvent très-étroites, ce ne
font prefque que des lignes ; quelques-unes n'en ont que
trois, d'autres que quatre, d'autres que cinq, & d'autres en
ont un plus grand nombre. Il y en a qui entre deux rayes
blanches font piquées de points noirs, arrangés eux-mêmes
fur deux lignes, de façon que ceux d'une ligne font vis-à-
vis les intervalles de ceux de l'autre ligne.

J'ai nourri dans des poudriers de ces arpenteuses d'un verd céladon, qui ont d'étroites & legéres rayes blanches, de celles qui en ont trois, de celles qui en ont quatre, & de celles qui en ont cinq; & j'en ai nourri qui avoient été prises sur différens arbres, sur le chêne, sur le tilleul, sur l'orme femelle, sur la charmille, sur l'érable & sur le noisetier. J'en ai renfermé quelques-unes vers le 15 Avril, & les autres quelques jours plus tard. Toutes sont entrées en terre pour s'y faire chacune une coque* composée de grains de terre liés par des fils de soye. Quelques-unes y ont travaillé dès le commencement de May; les plus paresseuses ne se sont cachées sous terre que vers le 15 & le 18. du même mois. Les papillons n'étoient pas encore sortis de terre le 12. Novembre, & je les trouvai tous nés, & même morts le 24. Décembre. La fin de Novembre, ou le commencement de Décembre ne sont pas des temps où les autres papillons naissent; peut-être aussi que ceux-là n'ont paru si tard au jour, que parce que la terre dans laquelle ils étoient, ne pouvoit être échauffée par les rayons du soleil. Les poudriers où étoient les crisalides, avoient passé l'été dans un lieu assés frais. Les papillons de diverses autres arpenteuses, dont nous parlerons dans la suite, sont nés chés moi dans le même temps.

Quoi qu'il en soit du temps où ces papillons doivent se tirer de leurs fourreaux de crisalides dans l'ordre naturel, ceux que je trouvai dans cinq poudriers différens, & qui étoient venus de chenilles qui avoient vêcu des feuilles de cinq différens arbres, & de chenilles qui avoient entr'elles quelques varietés, tous ces papillons, dis-je, me parurent aussi semblables que le peuvent être ceux de même espece. Ils étoient tous des nocturnes*. La couleur du dessus des aîles supérieures est un gris cendré; on apperçoit cependant des ondes formées par des nuances de gris

gris plus brun , & de gris plus clair. Le deſſous des quatre
aîles eſt d'un gris plus uniforme, on n'y apperçoit point,
ou peu de taches & d'ondes. Le gris du deſſus des aîles d'un
de ces papillons, venu d'une chenille du noiſetier, avoit
un peu plus de jaunâtre que celui des autres; il y avoit auſſi
des papillons dont le gris étoit plus brun que celui des autres; mais toutes ces varietés ſont ſi legéres, qu'elles ne
méritent pas que nous nous y arrêtions.

Ils ont tous de petites trompes blanches qui ne ſe roulent qu'un tour, ou un tour & demi. Leurs antennes regardées attentivement, ou avec une loupe qui groſſit peu,
paroiſſent être de celles que nous avons nommées à barbes *; obſervées avec une loupe qui groſſit davantage, elles
reſſemblent à certaines palmes *. Mais ſi on les voit avec
une loupe extrêmement forte, ou avec un microſcope ,
on reconnoît que leurs barbes ne ſont que des aſſembla-
ges de poils , que des bouquets, ou des aigrettes de poils *,
ſtructure différente de celle que nous avons vûë juſqu'ici
aux véritables antennes à barbes. Dans celles-ci la tige
principale a d'autres petites tiges diſpoſées comme les dents
des peignes , & qui quelquefois reſſemblent à ces ſortes de
dents, qui quelquefois ne ſont pas chargées de poils; ſouvent au contraire ces dents, ces petites tiges, ces groſſes
barbes portent des poils. La tige des antennes * de nos derniers papillons n'a point de ces barbes, ou de ces dents ,
elle eſt ſimplement chargée de touffes, ou d'aigrettes de
poils; ce qui fait un caractére fort différent, auquel on
pourroit avoir recours, ſi pour bien diſtinguer les papillons
les uns des autres, on ne voyoit point d'inconvenient à
employer de fortes loupes.

Toutes les arpenteuſes dont le corps eſt un peu applati,
& qui ont une forme aſſés ſemblable à celle des chenilles
ordinaires, ne ſe tiennent pourtant pas entre deux feuilles

* Pl. 27. fig.
12.

* Fig. 13.

* Fig. 14.

* Fig. 14.

appliquées l'une contre l'autre. Telles font deux chenilles dont l'une a été trouvée fur le frêne *, & l'autre fur le tilleul *; toutes deux font d'un affez beau verd; mais ce qu'elles ont de plus remarquable, c'eft une raye d'un violet clair qui regne tout du long de leur dos; elle eft faite de diverfes croix mifes bout à bout, dont quelques-unes font femblables aux croix de Lorraine, d'autres aux croix d'Archevêques; je veux dire qu'elles ont quatre bras différemment difpofés fur chaque croix, quelques-unes en ont jufqu'à fix. Je ne fçais fi les deux chenilles dont je parle, font les mêmes; celle du frêne eft périe dans fon poudrier, mais celle du tilleul entra en terre vers la mi-May, elle s'y fit une coque de terre *, dont elle tapiffa l'intérieur d'une épaiffe couche de foye. Ce fut encore entre le 12 & le 24 de Décembre que la phalene fortit de cette coque, & je ne l'ai vûë que morte. Elle a une trompe ordinaire qui fe roule plufieurs tours *; fes antennes font à filets coniques; le deffous de fes quatre aîles eft d'un gris cendré; le deffus des fupérieures a auffi cette couleur, mais diverfes nuances de gris y tracent des ondes legéres *.

On pourroit mettre dans un fecond genre, des arpenteufes qu'on reconnoît pour telles au premier coup d'œil, quoiqu'on apperçoive les féparations de leurs anneaux; mais ces féparations n'y font pas auffi marquées qu'elles le font fur les chenilles du premier genre d'arpenteufes, & qu'elles le font fur les chenilles à feize jambes; leur corps plus arrondi & plus allongé que celui du commun des chenilles, & qui a quelque chofe de plus roide, eft ce qui les fait juger des arpenteufes & qui les fait diftinguer de celles du premier genre, dont le corps eft auffi court par rapport à fa groffeur, que l'eft celui des autres chenilles.

D'un très-grand nombre d'efpeces qui appartiennent à ce fecond genre, nous n'en confidérerons actuellement qu'une feule, qui mérite cette diftinction par la maniére dont le papillon qu'elle donne, porte fes aîles. Cette arpenteufe * vit fur le genêt; je l'y ai trouvée vers la mi-Octobre, alors elle avoit pris tout fon accroiffement; fa couleur dominante eft un verd brun, affés femblable à celui de la plante dont elle fe nourrit. Elle a de chaque côté, tout du long du corps, une étroite raye jaune. Elle fe tient affés fouvent allongée & étenduë fur les branches de genêt, attitude fi ordinaire au commun des chenilles, mais où il eft rare de voir les autres arpenteufes. Vers la fin d'Octobre elle entra en terre, & s'y transforma en une crifalide qui ne m'offrit rien de particulier. Après que cette crifalide eût paffé plus d'un mois dans la ferre du Jardin Roy, il en fortit les premiers jours de Mars, un papillon * dont la claffe ne pourroit être déterminée par la méthode de M. Ray. Par fes antennes, qui font de vrayes & de belles antennes à barbes, il appartiendroit aux phalenes, & par le port de fes aîles il devroit être mis au nombre des papillons diurnes. Il les tient conftamment toutes quatre perpendiculaires au plan de pofition, & toutes quatre auffi appliquées les unes contre les autres, que le font celles des papillons diurnes de nos premiéres claffes. Mais fi on s'en tient à la premiére notion qui a fait diftinguer les papillons en diurnes & en nocturnes, & à celle dont je n'ai pas cru qu'on dût fe départir, la place de ce papillon doit être parmi les nocturnes. Les nocturnes doivent être ceux qui ne volent que pendant la nuit, ou au moins qui volent pendant la nuit. Celui de notre arpenteufe du genêt fe tenoit tranquille dans fon poudrier pendant que le foleil étoit au-deffus de notre horifon, mais dès que le foleil étoit couché, dès qu'on avoit befoin de lumiéres, & qu'on les apportoit, je le voyois s'agiter dans fon poudrier, voler de toutes parts pour chercher à s'échapper.

* Pl. 28. fig. 7.

* Fig. 8. & 9.

Y y ij

Ce papillon nous fournit au moins le caractére d'un nouveau genre de phalene de la quatriéme claffe, car avec fes antennes à barbes, il a une longue trompe bien roulée. Il n'y reftera pas feul apparemment de fon genre, on trouvera dans la fuite d'autres papillons qui demanderont à être placés avec lui.

Quoiqu'il porte les aîles auffi perpendiculaires au plan de pofition, & auffi appliquées les unes contre les autres, que le font celles des papillons diurnes des premiéres claffes, fon port d'aîles a pourtant quelque chofe de différent de celui des autres : les aîles inférieures de plufieurs diurnes fe recourbent pour embraffer le corps par deffous, pour couvrir le ventre; les aîles inférieures des autres fe recourbent pour embraffer le deffus du corps, pour le couvrir; d'autres ont peut-être leurs aîles fimplement appliquées contre les côtés du corps : au lieu que le côté extérieur de chaque aîle inférieure de notre phalene eft appliqué fur la ligne du dos, ou du milieu du corps.

Dans fon attitude la plus ordinaire, dans celle où il refte pendant la plus grande partie du jour, l'aîle inférieure & qui eft alors l'extérieure, couvre prefqu'en entier l'aîle *fupérieure du même côté *, qui eft alors l'intérieure, de forte qu'il ne paroît qu'une très-petite partie de cette derniére. Quelquefois, & cela lorfqu'il marche, ou qu'il fe prépare à marcher, il éleve davantage fes aîles fupérieures, il y en a alors une plus grande portion à découvert *.

Ses aîles inférieures femblent avoir des cannelures très-marquées & dirigées du fommet vers la bafe, mais dans le vrai, c'eft qu'elles ont des rayes qui paroiffent avoir plus de relief qu'elles n'en ont réellement, parce qu'elles font d'un jaunâtre prefque blanc, & que le refte eft brun & même prefque noir. Ce brun ou ce noir eft pourtant piqué de points jaunâtres. Le deffous ou le côté de l'aîle fupérieure

* Pl. 28. fig. 8.

* Fig. 9.

qui touche l'aîle inférieure ou extérieure, est un aurore
piqué de noir. Jamais je ne lui ai vû ouvrir ses aîles, & les
tenir horifontalement, aussi n'a-t-il été représenté dans
l'attitude de la figure 10. que pour faire voir le deffus de
ses quatre aîles. Le deffus des fupérieures * est d'un affés   * Pl. 28. fig.
bel aurore; leur bafe eft bordée par une bande noire; le   10. *ff.*
côté extérieur de la même aîle a un étroit bordé noir. Le
deffus de chaque aîle inférieure * eft un aurore très-piqué   * Fig. 10. *ii.*
de noir, & eft bordé de noir.

Les arpenteufes dont on peut faire un troifiéme genre,
font celles qui font très-bien nommées des arpenteufes
en bâton; leur corps paroît fouvent avoir la roideur d'un
brin de bois, & lorfqu'il en a la couleur, comme l'a celui de plufieurs de ces chenilles, on les prend, au premier
coup d'œil, pour de petits bâtons. Les féparations de
leurs anneaux ne font point fenfibles, on a affés de peine
à les appercevoir, même lorfqu'on cherche avec attention
à les obferver. Si le terme d'infectes étoit pris à la rigueur,
s'il ne fignifioit, comme dans fa première inftitution, que
les petits animaux, dont différentes portions du corps font
diftinguées par des efpeces d'incifions, ces arpenteufes de
la troifiéme claffe ne devroient pas être mifes au rang des
infectes; mais nous avons averti dès le premier Mémoire
du tome premier, que le terme d'infectes a à prefent une
fignification bien plus étenduë. Entre les arpenteufes qui
ont la roideur d'un bâton, les unes femblent des bâtons
affés liffes *, & les autres ont des tuberofités qui les font   * Pl. 27. fig.
paroître des bâtons raboteux *.   15. & Pl. 29.
   fig. 7.

Outre les variétés confidérables qui font entre les productions de la nature de tout genre, il y a, comme nous   * Pl. 27. fig.
l'avons déja remarqué ailleurs, une infinité de nuances de   17.
ces varietés, qui font que des genres & des efpeces différentes fe rapprochent extrêmement les uns des autres, &

Y y iij

qui font qu'ici on fera quelquefois embarraffé à déterminer
fi une arpenteufe doit être mife dans le fecond ou dans
le troifiéme genre. Ils contiennent chacun un grand nombre d'efpeces; il vaut mieux inviter à les obferver, que de
s'arrêter à décrire leurs différences, qui feroient fouvent
très difficiles à déterminer; fouvent elles ne confiftent que
dans les couleurs ou dans des arrangemens différens des
mêmes couleurs. Le blanc & le noir de la gravûre ne fçauroient guéres aider à faire entendre ces fortes de varietés,
c'eft tout ce que pourroit le pinceau le plus délié & qui
fçauroit le mieux employer & combiner les couleurs. Celles
qu'on trouve à plus d'efpeces font des nuances de jaune &
des nuances de brun de couleur de bois, plus claire ou plus
foncée; le brun eft la couleur dominante de quelques-unes,
le jaune eft la couleur qui domine plus fur quelques-autres;
tantôt ces couleurs font diftribuées par rayes longitudinales,
tantôt par rayes tranfverfales, ce qui eft plus rare. La même arpenteufe a fouvent différentes nuances de brun & de
jaune; quelquefois le brun & le jaune font mêlés par ondes,
comme le font les couleurs de ces taffetas qu'on nomme
flambés, ou comme celles des taffetas qu'on appelle lachi-
nés. Il y en a de plufieurs autres couleurs, de toutes vertes,
de toutes jaunes, de toutes brunes, de noires, d'un noir de
fuye, de toutes blanches d'un affés beau blanc, & qui a
peu de verdâtre; d'autres tirent fur l'agate, fur le violet. Mais
ce que nous venons d'indiquer fuffit pour faire entrevoir
qu'il y a un prodigieux nombre d'efpeces de ces chenilles.

 Quelques efpeces pourtant nous fourniffent des varietés, par lefquelles il eft plus aifé de les diftinguer, que par
celles des couleurs; quelques-unes ont fur leur corps des
tubercules de groffeur fenfible *; les plus gros font quelquefois difpofés de maniére qu'ils forment une ou plufieurs efpeces de boffes à l'arpenteufe *; les unes ont plus,

* Pl. 28. fig.
11, 12 &
13.
* Pl. 27. fig.
17.& Pl.28.
fig. 15.

les autres ont moins de ces tubercules fur leurs anneaux,
& les unes en ont fur plus, & les autres fur moins d'anneaux. Je n'en connois encore aucune efpece qui foit véritablement veluë, mais entre celles qui ont des tubercules, quelques-unes ont quelques poils fenfibles * qui partent immédiatement de leur peau, & ordinairement c'eft
proche de la tête.

    La peau de quelques-unes eft comme un chagrin ex-
trêmement fin, comme compofée par des fillons tirés lon-
gitudinalement & tranfverfalement, & qui fe croifent à
angles droits. Le deffus du corps de quelques-autres a une
infinité de cannelures tranfverfales, des efpeces de cordons *; on ne les voit bien qu'à la loupe fur le corps de
quelques-unes, comme fur celui d'une arpenteufe en
bâton qui vit fur le gramen, qui eft d'un joli gris-blanc,
nué, qui tire fur la couleur de la cendre *.

    Ce qui doit encore aider à les diftinguer les unes des
autres, & ce qui pourroit fournir les caractéres de quelques genres premiers, ce font les variétés qui fe trouvent
dans les formes des têtes; il y en a de formes arrondies,
de prefque fphériques; d'autres plus écrafées, plus applaties, n'ont que la partie fupérieure un peu convexe, n'ont
que le crâne arrondi; leur figure fe rapproche plus de celle
de la tête des quadrupedes *. D'autres ont le devant de la
tête plat *, leur tête femble faite d'une portion d'une efpece
de difque affés mince, dont un des plans fait le devant de
la tête, & l'autre en fait le derriére, de façon que ces deux
plans font perpendiculaires à celui fur lequel la chenille
eft étenduë; ces fortes de têtes tiennent plus de celles des
hommes, que de celles des quadrupedes. Entre les têtes
de cette derniére forme, il y en a de plus ou de moins
applaties, & il y en a dont la partie fupérieure eft plus ou
moins échancrée *.

* Pl. 28. fig.
12. & 13.

* Pl. 27. fig.
15.

  * Tome I.
Pl. 1. fig. 14.
15 & 16.

* Pl. 27. fig.
17.
* Pl. 27. fig.
16. & Pl. 28.
fig. 14.

* Pl. 27. fig.
16.

La façon de marcher de ces chenilles est remarquable; mais nous en avons suffisamment parlé dans le second Mémoire du tome I. Il y a pourtant des temps où j'ai vû marcher des arpenteuses à la manière ordinaire des chenilles; elles se traînoient en avant sur leurs jambes antérieures & se poussoient avec les postérieures, mais elles n'alloient de la sorte ni loin ni long-temps.

Elles nous font voir des attitudes bien singuliéres, dont nous avons déja dit quelque chose dans le Mémoire que nous venons de citer. Cramponnées avec leurs deux derniéres jambes & sur les intermédiaires, qui sont très-proches des précedentes, elles soûtiennent leur corps roide comme un bâton *, & cela dans toutes sortes d'inclinaisons; quelquefois elles lui font prendre les courbûres, les contorsions les plus bizarres *, & ne le tiennent pas moins roide, quoique si extraordinairement contourné: elles semblent de vraies convulsionnaires quand elles prennent des postures qui semblent si peu naturelles; & quand elles restent fixes pendant long temps dans ces postures bizarres, on les croiroit cataleptiques. Mais ce qui est véritablement admirable, c'est la prodigieuse force & la durée de la force qui les soûtient pendant des temps très-longs, pendant des heures entiéres, dans toutes sortes d'inclinaisons, n'ayant qu'un point d'appui très-proche de leur derriére, quoique le reste de leur corps soit proportionnellement très-long *.

On a représenté deux attitudes singuliéres, pl. 27. fig. 17 & 18. d'une arpenteuse en bâton raboteux qui vit de feuilles de chêne, mais on eût rempli la planche en entier de figures différentes de cette chenille, si on y eût voulu faire voir toutes les attitudes extraordinaires dans lesquelles elle aime à se mettre & à rester pendant long-temps comme morte. Elle est d'une couleur de bois assés

brune

* Pl. 27. fig. 15. Pl. 29. fig. 7. &c.
* Pl. 27. fig. 17. & 18.

* Pl. 28. fig. 13. Pl. 29. fig. 6 & 7. Pl. 30. fig. 1.

brune, mais veinée. Les deux figures gravées montrent la difposition des différents tubercules qui fe trouvent fur fon corps; elles peuvent auffi apprendre que les deux jambes écailleufes de la troifiéme paire partent d'une partie charnuë qui faille du côté du ventre, ce qui leur eft particulier. C'eft en Octobre que j'ai eu cette chenille, elle ne s'eft transformée en crifalide que dans le mois de Novembre, & je n'en ai pas encore eu le papillon.

Dans toutes les autres chenilles, dans les chenilles à feize jambes, par exemple, il y a quelqu'inégalité de grandeur entre les anneaux qui compofent le corps; les plus proches de la tête font ordinairement plus courts que ceux qui font près du derriére: mais cette inégalité n'eft rien en comparaifon de celle qui eft entre ceux des arpenteufes. Les termes des anneaux font à la vérité difficiles à voir dans les arpenteufes en bâton, mais avec la loupe on diftingue fort bien leurs ftigmates; on leur en trouve neuf de chaque côté, comme à toutes les autres chenilles, & les ftigmates étant obfervés, aident à reconnoître les anneaux, car il n'y a que le dernier, le troifiéme & le fecond qui manquent de ftigmates. Par-là on voit que les arpenteufes, comme les autres chenilles, ont douze anneaux, mais on voit en même temps que fix de ces anneaux qui feroient mis bout à bout, fçavoir les trois premiers & les trois derniers, égaleroient à peine en longueur un de ceux du milieu du corps. Les trois premiers font bien déterminés par les trois premiéres paires de jambes, & les trois derniers le font par l'anus & par deux ftigmates de chaque côté.

Il y a de ces chenilles qui ne mangent que pendant la nuit, mais la plûpart mangent pendant le jour, & font grandes mangeufes, ce qui eft ordinaire à toutes les chenilles qui ne font pas long-temps à prendre leur accroiffement.

On trouve des arpenteufes, comme des autres chenilles,

Tome II. .Z z

dans toutes les faifons de l'année, & on en trouve fur toutes fortes d'arbres & de plantes; mais il n'y a aucun temps où on en rencontre autant fur les arbres, qu'au printemps, alors les chênes, les ormes, les érables, les charmes, &c. font bien peuplés de celles des deux derniers genres, & nous avons déja dit qu'ils le font auffi de celles du premier. Il y en a des efpeces qui font particuliéres à quelques-uns de ces arbres, & il y en a qui font communes à plufieurs. Mais lorfque le printemps eft doux, tant d'efpeces de chenilles qui habitoient ces arbres & différens arbriffeaux, difparoiffent vérs le 15 de May; elles font alors déja parvenuës à leur parfait accroiffement, & elles fe font déja transformées en crifalides.

La plûpart de ces arpenteufes fi communes au printemps, entrent en terre pour s'y faire une coque, dans laquelle elles perdent leur forme pour prendre celle de crifalide. Pour avoir ignoré qu'elles ont befoin de s'enfoncer en terre, j'ai nourri inutilement pendant une année, une grande quantité d'efpeces différentes de ces chenilles; prefque toutes périrent dans les poudriers où je les tenois, quand le temps de faire leurs coques fut arrivé. Mais depuis que j'ai été inftruit qu'il faut toûjours mettre de la terre dans les poudriers où l'on nourrit des chenilles, dont on ne connoît pas encore le génie, depuis que j'en ai mis dans ceux où vivoient les arpenteufes, j'ai eu les papillons de la plûpart de ces efpeces de chenilles, que j'ai pris foin de faire nourrir. Les coques qu'elles fe font en terre n'ont rien de particulier, elles font compofées de différens grains de terre liés par des fils de foye, d'une maniére qui a efté affés expliquée dans le tome I. Mémoire XIII.

Il y en a pourtant des efpeces qui fe font des coques dans des feuilles pliées ou raffemblées en paquet; telle eft, par exemple, une petite arpenteufe brune en bâton, de

l’ofeille, qui contourne une feuille de cette plante, dans
laquelle elle fe file une petite coque de foye blanche.

D’autres, après avoir contourné une feuille fe contentent de difpofer quelques fils dans fa cavité, qui ne forment
pas, à proprement parler, une coque, mais qui fuffifent
pour empêcher de tomber la chenille & enfuite la crifalide.
Une arpenteufe du frêne * dont les anneaux font un peu   * Pl. 29. fig.
plus marqués que ceux des véritables arpenteufes en bâton,   6. & 7.
mais dont le corps paroît fouvent auffi roide que celui de
ces derniéres, nous donnera un exemple de celles qui fe
transforment au milieu de la cavité d’une feuille roulée,
fans s’y faire une vraie coque *. J’ai eu cette chenille enco-   * Fig. 10.
re petite, avant la fin de May ; elle mange peu, auffi croît-
elle lentement. Elle ne s’eft trouvée en état de faire fa coque que vers le 10. Octobre. Il eft vray qu’elle avoit eu
à foûtenir un affés long jeûne, qu’elle ne fe feroit pas
prefcrit ; petite encore, elle fut oubliée pendant près de
trois femaines. Pendant tout ce temps on la laiffa avec des
feuilles qui furent bientôt fi dures, qu’elle n’auroit pû les
entamer. Mieux nourrie dans la fuite, elle parvint à être
une affez grande arpenteufe. Le devant de fa tête eft prefque plat * ; la couleur de prefque tout fon corps eft un jaune   * Fig. 6.
citron ; elle a feulement une raye rougeâtre tout du long
du ventre ; elle a encore un peu de rougeâtre auprès de la
tête & auprès des premiéres jambes. Mais ce qui peut le
plus aider à la faire reconnoître, c’eft que fon derriére fe
termine par une efpece de fourche formée par deux cornes prefque charnuës, dirigées ordinairement dans la ligne
de la longueur du corps *. Ces cornes font des appendi-   * Fig. 8. r r
ces des jambes poftérieures, dont la direction eft fouvent
perpendiculaire ou inclinée à la leur. Elles fervent autant à
la chenille pour fe cramponner, qu’y pourroient fervir deux
jambes de plus bien armées de crochets. La chenille faifit,

Z z ij

tient ferré entre les bouts de ces deux cornes, tantôt le
bord d'une feuille *, & tantôt la principale côte de cette
feuille. Cette chenille eſt du nombre des arpenteuſes qui
m'ont le plus fait admirer leur force prodigieuſe : je l'ai
quelquefois vû ſoûtenir horiſontalement toute la partie de
ſon corps qui eſt depuis la tête juſqu'aux jambes intermédiaires *, c'eſt-à-dire, preſque tout ſon corps, pendant pluſieurs minutes de ſuite.

Elle ſe transforma en criſalide dans le rouleau d'une
feuille de frêne * vers le 10. Octobre; le papillon * parut
au jour vers le commencement de Novembre, & il ne périt qu'au bout d'un mois. Il a une trompe logée entre deux
cloiſons barbuës, qui forment au bout de la tête une eſpece de bec; ſes antennes ſont à filets coniques, c'eſt-à-dire,
qu'il eſt de la ſeconde claſſe des phalenes. Quand il eſt en
repos, il porte ſes aîles horiſontalement; la couleur qui
domine ſur le deſſus des ſupérieures eſt un aſſés beau verd,
des nuances plus claires & plus brunes de verd, du noir &
un blanc jaunâtre y ſont employés pour former une eſpece
de point d'Hongrie. Tous les deſſous des aîles ſont d'un
blanc jaunâtre, ou d'un jaune extrêmement pâle; la baſe
des aîles inférieures eſt bordée d'un petit trait noir ; il y a
auſſi des points noirs jettés ſur ces mêmes aîles. Quand le
papillon marche, il lui arrive ſouvent de redreſſer ſes aîles *.

Nous avons aſſés parlé dans le Mémoire XI. du tome
premier, de l'art qu'ont certaines chenilles à ſeize jambes,
de ſe ſoûtenir en l'air par le moyen d'une ceinture, d'un
cordon de fils qui leur entoure le corps, & qui ſoûtient enſuite la criſalide dans laquelle elles ſe transforment. Cette
adroite façon de ſe ſuſpendre n'eſt pas inconnuë à toutes
les arpenteuſes. J'en trouvai ſur le chêne vers le commencement d'Octobre, qui étoient d'un beau verd, ayant ſeulement de chaque côté une étroite & legére raye citron. Le

devant de leur tête étoit très-plat, d'ailleurs elles n'avoient
rien de remarquable. Mais elles me parurent dignes d'attention, lorsque quelques jours après, je vis la crisalide dans
laquelle une de ces chenilles s'étoit transformée *; je vis
qu'elle étoit accrochée par le derriére, contre le couvercle
du poudrier, & retenuë horisontalement par un lien de fils
de soye *. J'eus peu après dans une pareille attitude & semblablement soûtenuë, une chenille de la même espece qui se
préparoit à la transformation *. Les manœuvres auxquelles
elles devoient avoir eu recours pour se lier, n'étoient pas ce
que j'étois curieux de sçavoir ; nous avons assés suivi ailleurs * celles que différentes chenilles employent pour y
parvenir; mais j'étois très-curieux de sçavoir de quelle classe
seroit le papillon qui sortiroit de cette crisalide. Jusques-là
je n'avois point vû d'arpenteuse qui donnât un papillon
diurne, & je ne sçache pas qu'on en ait vû. Toutes étoient
connuës pour en donner de nocturnes. Jusques-là aussi toutes les chenilles que j'avois vû se suspendre par un lien qui
suspend aussi leurs crisalides, m'avoient donné des papillons
diurnes ; & on avoit cru que des crisalides ainsi suspenduës,
il en devoit constamment sortir des papillons diurnes. Ainsi
une des deux regles générales devoit ici être démentie, soit
que le papillon fût diurne, soit qu'il fût nocturne. Pour
avoir plûtôt ce papillon si attendu, je portai dans le mois de
Janvier les crisalides dans la serre la plus chaude du Jardin
du Roy. D'une d'elles il sortit le 12. Mars un papillon qui
m'apprit que la regle qui veut que les chenilles qui se lient
donnent des papillons diurnes, étoit celle dont la généra-
lité étoit détruite par notre arpenteuse verte du chêne. Son
papillon étoit un nocturne de la quatriéme classe *. Il porte
des antennes à barbes, & il a une trompe jaunâtre qui se
roule en plusieurs tours; il est du quatriéme genre de port
d'aîles; ses supérieures étenduës horisontalement laissent

* Pl. 29. fig.
2.

* l.

* Fig. 1.

Tom. I.
Mém. 11.

*Fig. 3. & 4.

Zz iij

les inférieures presqu'entiérement à découvert. La couleur
du dessus de toutes les quatre est un jaune très-pâle, lavé
de rougeâtre en quelques endroits, & sur-tout près du sommet des aîles supérieures; à quelque distance de-là elles
font par-tout piquées de points bruns; ces points plus ferrés les uns auprès des autres vers le milieu de la longueur de
chaque aîle, y forment une raye qui les traverse toutes
quatre. Il a des ergots ou de longs piquans aux jambes.
Les jambes des papillons qui ont de ces fortes d'ergots, ne
font pas veluës comme celles à qui elles manquent, elles
paroissent plus seches que les autres. On pourroit aussi
appeller les unes des jambes seches, & les autres des jambes
grasses ou veluës.

La crisalide d'où sort ce papillon est verte; elle a seulement du côté du ventre, près de la tête, trois petits points
noirs qui y dessinent une espece de visage. Ce qu'elle a
de plus particulier, c'est que le gros bout, celui qui est
arrondi dans les crisalides ordinaires des phalenes, est applati; son contour est ovale, & de chaque côté de cet ovale
il y a une petite éminence * qui saille plus que le reste. Ces
éminences semblent demander qu'on mette ces crisalides
dans la classe des angulaires, si on n'aime mieux en faire
une classe particuliére.

Quoique cette phalene ait des antennes à barbes, elles
différent des autres antennes à barbes dont nous avons
parlé jusqu'ici, parce que la principale tige de l'antenne
n'en est chargée que depuis sa base * jusqu'un peu au-dessus du milieu de sa longueur *. La partie supérieure de
cette tige * en est entiérement dépourvûë, comme il paroît dans la fig. 5. Mais on verra encore mieux cette structure dans l'antenne d'une autre phalene où elle est à peu
près la même, & dont nous avons fait faire une figure beaucoup plus grande.

*Tom. I.
Pl. 22. fig.
3 & 4.

*Pl. 29. fig.
5. a.
* b.
*b d.

Dans cette derniére figure *, la partie fupérieure de la
tige eft fimplement compofée d'efpeces de vertebres arti-
culées les unes au bout des autres, comme le font celles qui
compofent quelques-unes des antennes que nous avons
nommées des antennes coniques & grainées. De chacune
des vertebres du refte de la tige * il part de chaque côté une
longue barbe, bordée d'un côté de poils bien allignés &
pofés proche les uns des autres. Le bout de chacune de
ces barbes eft terminé par deux ou trois poils plus longs,
plus gros & plus roides que les autres, ils paroiffent de
petites épines. Une articulation voifine de la bafe * manque de barbes; on n'en trouve point non plus d'un côté à
quelques-unes de celles qui en font proches; mais du
même côté les articulations qui précedent, jettent des
barbes plus longues que les ordinaires.

Le papillon à qui appartient cette antenne *, eft, comme
le précedent, de la quatriéme claffe des phalenes, il a de
même une trompe qui fait plufieurs tours fur elle-même;
il a auffi le port d'aîles du quatriéme genre; fes aîles fupérieures, qui font toûjours paralleles au plan de pofition,
laiffent les inférieures beaucoup à découvert. Mais le contour de la bafe de ces derniéres fembleroit demander que
tous les papillons nocturnes qui ont des aîles faites fur le
même modéle, fuffent mis dans un genre particulier. La
bafe des inférieures femble formée par deux lignes courbes
qui fe joignent vers le milieu de cette bafe & y font une
efpece de pointe ou de queuë *. Plufieurs autres phalenes
qui ont cette pointe vers le milieu de la bafe de leurs aîles
inférieures, appartiendroient à ce nouveau genre.

Au refte, quoique le papillon que nous examinons n'ait
prefque qu'une feule couleur, il eft un très-joli papillon;
les deux côtés des quatre aîles font d'un bleu tendre. Celui
du deffous des aîles eft plus pâle que celui de leur deffus,

* Pl. 29. fig.
14. d b.

* b a.

* c.

* Pl. 29. fig.
15, 16 &
17.

* Fig. 15.
16 & 17.
p, p.

qui eſt un bleu céleſte très-éclatant ; il y a dans cette couleur quelque choſe de nacré, de luiſant, qui lui donne une
vivacité que n'a pas le bleu ordinaire. Le corps du papillon eſt d'un blanc - bleuâtre & argenté. Il vient d'une petite arpenteuſe * que j'ai trouvée ſur la ronce vers le commencement d'Octobre, & encore ſur le chêne vers la fin
du même mois ; elle eſt verte, mais ce qui la caractériſe,
c'eſt que tout du long du dos, elle a ſur chaque anneau un
point rouge ; ſa tête eſt de celles dont le deſſus eſt le plus
refendu. Celles que j'ai euës ſe ſont métamorphoſées en
criſalides avant la fin de Novembre. Les criſalides étoient
ſoûtenuës en l'air par un ſi petit nombre de fils, & ſi écartés les uns des autres, que l'on ne ſçauroit donner le nom
de coque à leur aſſemblage. Le bout antérieur de ces criſalides eſt échancré en cœur *. J'en portai une vers la fin
de Janvier dans la ſerre chaude du Jardin du Roy ; le papillon en ſortit le 3 ou le 4. de Mars.

    Nous avons cru devoir négliger de faire deſſiner quanti-
té de différentes arpenteuſes, de celles dont on trouve le
plus au printemps ſur les arbres les plus communs en ce
pays, comme le chêne, la charmille, l'érable, le tilleul, &c.
La couleur principale de ces chenilles, eſt une couleur de
bois plus ou moins brune, & plus ou moins rougeâtre,
qui eſt mêlée avec du jaune en plus ou moins grande quantité, & diſtribué de différentes maniéres ſur différentes
chenilles. Ces variétés de couleurs ne ſeroient pas aiſées
à repréſenter en petit ; nous négligeons même d'en donner des deſcriptions qui pourroient être ennuyeuſes, & qui
n'apprendroient rien qu'on crût devoir retenir ; d'ailleurs
nous ne ſommes point ſûrs que ces variétés ſoient des variétés d'eſpeces. Mais nous n'avons pas négligé de nourrir
dans des poudriers différens celles de ces chenilles ſur leſquelles les diſtributions des couleurs étoient différentes, &
celles

* Pl. 29. fig.
19.

* Fig. 18. c.

celles que nous avions trouvées fur des arbres ou fur des arbriffeaux différens. Toutes ces arpenteufes dont les formes tiennent de celles en bâton, ou qui font de vrayes arpenteufes en bâton, font entrées en terre, & s'y font mifes en crifalides avant la fin de May; leurs papillons ne font éclos qu'entre le 12. de Novembre & le 24. de Décembre, peut-être parce que je leur avois fait paffer l'été dans un endroit affés frais. Ils appartiennent à la fixiéme claffe des phalenes, à cette claffe finguliére dont les papillons femelles reffemblent fi peu aux papillons mâles de la même claffe, ou aux autres papillons, qu'on les méconnoît pour des papillons. Toutes les femelles paroiffent dépourvûës d'aîles, ou celles qu'elles ont ne femblent être que des moignons d'aîles *; quelques-unes font fi courtes qu'on ne les apperçoit qu'avec le fecours de la loupe. Un peintre qui a beaucoup de goût & de talent pour donner des portraits des papillons, qui éleve des chenilles pour avoir leurs papillons & pour les peindre, avoit été fort furpris que des crifalides de quelques arpenteufes qui s'étoient métamorphofées chés lui, il fût forti des infectes qui reffembloient fi peu aux papillons; il n'avoit pas même foupçonné que ce puffent être des papillons auxquels les aîles manquoient, ou des papillons réduits à n'en avoir que d'extrêmement petites. Les corps * de ces papillons à aîles fi courtes aidoient encore à le tromper, ils n'ont pas précifément les formes & les proportions des corps des autres papillons; auffi les regardoit-il comme ces infectes dont nous parlerons dans la fuite, qui s'introduifent petits dans les chenilles, qui les dévorent, & qui en fortent grands après avoir confumé toute leur fubfiftance intérieure, ou celle des crifalides.

Entre les papillons fans aîles qui viennent de différentes efpeces d'arpenteufes, il y a des varietés & même confidérables, telles que font celles qui fe trouvent entre

* Pl. 30. fig. 8. 9. 19. &c.

* Fig. 8.

les papillons aîlés. Nous donnerons ici quelques exemples de ces varietés, & nous nous fixerons d'abord aux papillons fans aîles qui viennent d'arpenteufes *, qui ont du jaune combiné avec une couleur de bois. Une arpenteufe du chêne dont le deffus du corps eft d'une couleur de bois un peu rougeâtre, fur laquelle font tirées des veines & des ondes jaunes, & dont les côtés font jaunes, m'a donné un de ces papillons, qui au premier coup d'œil ont beaucoup moins de reffemblance avec un papillon qu'avec des infectes de diverfes autres claffes *. Ses aîles font fi peu fenfibles, qu'on ne verroit pas qu'il en a, fi on ne cherchoit à les voir avec une loupe; les deux fupérieures couvrent les inférieures par deffus *. D'ailleurs c'eft un affés joli infecte, fon corps plus large par rapport à fon épaiffeur & à fa longueur, que ne l'eft celui des papillons ordinaires, eft réguliérement tigré; le fond de fa couleur eft un chamois, fur lequel des taches d'un beau noir font diftribuées avec une forte de régularité; les plus grandes de ces taches font fur le dos: il eft tigré jufqu'au bout des jambes & jufqu'au bout des antennes; les fiennes font à filets coniques.

Au refte, ce papillon doit toutes les couleurs de fon corps à celles des écailles dont il eft couvert, & qui reffemblent aux écailles des aîles des autres papillons. Il en a de différentes figures; les unes vûës au microfcope paroiffent des tridents *; les autres ne font prefque que des bidents *; d'autres font fimplement refenduës comme les bâtons d'écrans *. Le bout du derriére de ces papillons * eft terminé par une efpece de mammelon très-chargé de poils, qu'il allonge de temps en temps, comme d'autres phalenes allongent le leur pour faire leurs œufs. Je ne fçais s'il eft né en Novembre ou en Décembre, mais il eftoit encore en vie le 26. de ce dernier mois.

Ce papillon eft de ceux qui n'ont point de véritable

trompe, de trompe qui fe roule. La fienne eft compofée
de deux parties qui, appliquées l'une contre l'autre, forment une efpece de triangle ifofcéle * ; enfemble elles
compofent une efpece de langue femblable à celle des
ferpents ; elle eft placée entre deux barbillons * qui ne fe
redreffent point en haut.

    Une arpenteufe que j'ai nourrie des feuilles de l'épine,
fur lefquelles elle avoit été trouvée, depuis le 28. Avril
jufqu'au 28. May qu'elle entra en terre, étoit auffi de celles
dont la couleur de bois eft la couleur dominante. Le deffus de fon corps étoit pourtant plus rougeâtre que le maron, & fes côtez étoient jaunes. Cette chenille m'a donné
auffi un papillon fans aîles, qui ne différoit pas fenfiblement de celui que je viens de décrire, dont les antennes
& la partie qui tient lieu de trompe, étoient femblablement
conftruites. J'ai eu un femblable papillon, mais dont la
partie qui tient lieu de trompe étoit plus petite que celle
des papillons précedens, d'une arpenteufe du tilleul couleur de bois, qui avoit fur le corps plufieurs rayes jaunes
& longitudinales. Une arpenteufe du chêne d'une couleur
de bois, qui différoit de la premiére dont nous avons parlé,
en ce qu'elle n'avoit du jaune que fur les côtez, m'a encore donné un papillon fans aîles, femblable aux précedens, mais plus petit. Tous ces papillons font nez entre
le 12. & le 24. Décembre, & leurs chenilles étoient entrées en terre avant la fin de May; les crifalides avoient été
gardées dans un lieu affez frais.

    Entre ces papillons fans aîles, même entre ceux qui pa-
roiffent femblables au premier coup d'œil, il y en a pourtant qui font de différens genres, & qui même ont des
caractéres qui femblent demander qu'on les mette dans
différentes claffes. Il m'en eft né un dans le même temps
que les précedens, qui, comme eux, avoit le corps couleur

* Pl. 30. fig.
11. *t.* fig. 12.
top.
*Fig. 11. *cc.*

A a a ij

de chamois & tigré de noir, mais un peu moins régu- *Pl. 30. fig. liérement *; il en différoit encore en ce qu'il avoit des 17, 18 & ailes un peu plus sensibles *. Mais ce qui mettoit une dif- 19. férence essentielle entre lui & les autres, c'est qu'il avoit *mm une véritable trompe, qui faisoit au moins deux tours de spirale *. Il venoit d'une arpenteuse du noisetier, de cou- *Fig. 20. t. leur de bois, comme les précedentes, qui avoit du jaune distribué à peu près comme il l'est sur quelques-unes des autres, elle avoit pourtant plus de jaune.

J'ai eu les papillons mâles de quelques-unes de ces chenilles, & entr'autres de celles du noisetier; soit qu'ils ne soient pas si vivaces que leurs femelles, soit qu'ils fus- sent nés un peu plûtôt, je les ai trouvé tous morts le 24. Décembre: ce qui me laisse quelqu'incertitude sur le port de leurs ailes, qui m'a paru pourtant devoir être parallele au plan de position. La couleur du dessus des ailes supé- *Fig. 2. rieures * est entre la couleur de bois & la couleur fauve, sur laquelle ils ont des ondes noires & des points noirs. Leur corps est tigré de noir & de fauve en différens en- droits, comme l'est celui de leurs femelles. Quelques-uns n'avoient point de véritable trompe, ils n'avoient que cette *Fig. 12. espece de langue triangulaire composée de deux pieces *. J'ai négligé d'observer si le mâle venu de cette arpenteuse du noisetier, dont la femelle sans ailes avoit une trompe, avoit aussi une trompe semblable à celle de la femelle.

Les antennes de ces papillons paroissent encore des an- tennes à barbes, mais le microscope fait voir qu'elles sont des antennes à houppes de poils différentes de celles des antennes dont nous avons déja parlé dans ce Mémoire: les *Fig. 3. f. bouquets de poils * semblent partir d'une tige * chargée *e elle-même de poils, & composée de poils plus courts; les plus longs forment des especes de balays, de goupillons: il y en a qui imitent ces fouets qui ont un très-grand nom- bre de branches.

Les papillons fortent de toutes ces crifalides par l'ouverture qui eſt faite par la piece de la poitrine qui a été détachée *, il ne m'a pas paru que les fourreaux ſe fendiſſent * Pl. 30. fig.
ſur le corcelet. Mais ce qui m'a paru plus ſingulier, c'eſt 7. o.
que les crifalides d'où ſont ſorties des femelles ſans aîles,
avoient ces deux endroits plus élevés, qui dans les autres
crifalides couvrent les aîles.

Une aſſés grande arpenteuſe trouvée ſur la jacée le 26.
Juin, entra en terre trois à quatre jours après. Tout ſon
corps étoit d'une couleur de citron pâle. Un papillon *, * Pl. 31. fig.
de ceux qui ont les aîles ſi courtes qu'ils paroiſſent en man- 7. & 8.
quer, ſortit de terre & apparemment de la crifalide, vers le
8. Février de l'année ſuivante, environ quinze jours après
que la crifalide eût été portée dans une ſerre chaude du Jardin du Roy. De tous les papillons à aîles comme manquées, que je connois, c'eſt le plus joli. Ses anneaux ſont
d'un brun preſque noir; mais ce qui l'orne extrêmement,
c'eſt que ces mêmes anneaux ſont bordés de poils couleur
de roſe très-preſſés les uns contre les autres; les contours
de ſes courtes aîles ſont bordés de poils de même couleur,
très-longs par rapport à la longueur des aîles; enfin ſon
ventre eſt ſi couvert de ces poils couleur de roſe, qu'ils
ne permettent pas de voir les anneaux.

Ses antennes ſont à filets coniques, & bien recouvertes
d'écailles. Je n'ai pû ni lui trouver une trompe, ni même
bien reconnoître la figure des barbes, parce qu'en-deſſous
de la tête, il a un toupet de poils couleur de roſe, qui couvre la place que les barbes devroient occuper.

Nous avons fait repréſenter dans le tome I. pl. 4. fig. 10.
une grande & belle arpenteuſe de l'abricotier. Au premier
coup d'œil elle paroît toute entiére d'un rouge qui tire ſur
le violet; regardée plus attentivement, on voit que ſa couleur eſt compoſée d'un violet rougeâtre mêlé par ondes &

A a a iij

par veines longitudinales avec un rouge qui n'est pas bien
vif; elle a sur le premier anneau, tout près de la tête, un petit
collier d'un beau jaune; elle a aussi sur chaque anneau deux
ou trois petites taches d'un jaune couleur d'or. Après que
je l'eus nourrie pendant plus d'un mois, & qu'elle eut pris
chés moi tout son accroissement (car je l'avois euë très-
petite) elle entra en terre le 8. de Juillet. Le papillon
sortit de terre le 8. Février; sa crisalide avoit été mise trois
semaines auparavant dans la serre chaude du Jardin du
Roy. Ce papillon * étoit une de ces femelles qui n'ont
que des especes d'aîles manquées; les siennes * étoient
pourtant plus grandes & plus aisées à reconnoître pour des
aîles, que celles des papillons dont nous avons parlé ci-
devant. Le dessus de son corps est très-couvert de poils;
sa couleur est un gris-brun, qui vû dans certains sens, paroît olivâtre. Le corcelet est chargé de poils bien plus
longs que ceux du reste du corps, & parmi lesquels il y en
a de blancs; aussi le gris du corcelet est-il plus blancheâtre
que celui des autres endroits, il a aussi des poils roux.
Le fond de la couleur de ses étroites & courtes aîles est du
noir, sur lequel il y a des écailles blanches; le dessous du
corps est un peu plus blancheâtre que le dessus. Ses antennes
sont à filets coniques. En la place de la trompe, il n'a que
deux petits corps blancs trop courts pour se rouler.

    Cette phalene a pondu quantité d'œufs verds & de fi-
gure ordinaire. Pour les conduire hors de son corps elle
allongeoit son derriére, elle en faisoit sortir une partie charnuë qui alors étoit presqu'aussi longue que le reste du corps;
elle étoit composée de trois à quatre tuyaux, qui, comme
ceux des lunettes, pouvoient rentrer les uns dans les autres. Quand ils étoient mis les uns au bout des autres, il
y avoit dans le dernier une file de trois à quatre œufs, mais il
n'y en avoit point dans les autres tuyaux. Je n'ai point eu le

* Pl. 31. fig.
9. & 10.
* m m, n.

papillon mâle. Les fig. 11, 12 & 13. pl. 31. font celles
de divers poils, ou de ces écailles à longue queuë qui
couvrent le corcelet de ce papillon. Les fig. 14 & 15.
font celles de quelques écailles de fes aîles.

Au refte, il y a des arpenteufes dont le papillon, comme celui de quelques chenilles à feize jambes, ne refte
pas long-temps fous les enveloppes de la crifalide; j'ai eu
une arpenteufe en bâton, de l'érable, de moyenne grandeur, qui étoit toute verte & d'un beau verd; elle fe transforma en crifalide le 21. Juin fans entrer en terre. Le pa-
pillon *parut au jour le premier Juillet; il eft de la feconde   * Pl. 31. fig.
claffe des phalenes. Sa trompe blanche fe roule au moins 16.
trois à quatre tours; fes antennes font à filets coniques.
Il eft du quatriéme genre, ou du genre de ceux dont les
aîles fupérieures laiffent les inférieures prefqu'entiérement
à découvert; le deffus de toutes les quatre eft un blanc
jaunâtre, lavé legérement de rougeâtre. Des taches brunes
forment fur toutes les quatre une raye affés large, qui eft
plus proche de leur bafe, que de leur fommet; d'autres
taches brunes plus legéres contribuent avec la raye précédente, à rendre ces aîles des aîles agréablement marquetées.

La plûpart des arpenteufes qui font fur des feuilles, fe
laiffent tomber lorfque la main qui les veut prendre, agite
les feuilles fur lefquelles elles font; foit qu'elles y fuffent
en repos, foit qu'elles y fuffent en mouvement, foit qu'elles y fuffent occupées à manger, elles fe jettent à bas de
la feuille pour fe fauver. Néantmoins elles ne tombent pas
ordinairement à terre; il y a une corde prête à les foûtenir
en l'air *, & une corde qu'elles peuvent allonger à leur gré.   * Fig. 14
Cette corde n'eft qu'un fil très-fin, mais qui a de la force
de refte pour porter une chenille. Nous avons affés dit que
celles-ci doivent leur nom à la façon dont elles marchent,
qu'elles femblent mefurer avec leur corps le chemin

qu'elles parcourent, comme un arpenteur toife le terrein avec une chaîne. Plufieurs de ces arpenteufes que j'ai fait marcher fur ma main ou fur des plans où il m'étoit très-aifé de les obferver, m'ont fait voir de plus qu'elles laiffent fur un fil la mefure du chemin qu'elles ont parcouru; je veux dire qu'en chaque endroit où la tête s'arrête, elle m'a paru attacher un fil. La tête fe porte-t-elle auffi loin en avant qu'il eft néceffaire pour faire un pas, pendant qu'elle avance il fe dévide de la filiére une longueur de fil égale à celle dont la tête a avancé. La tête fe fixe-t-elle pour finir fon pas, elle attache le bout de ce fil dans l'endroit où elle s'arrête une feconde fois, & ainfi de fuite la trace du chemin de la chenille eft marquée par un fil. Si elle agit ainfi, ce n'eft pas pour marquer fon chemin, ni pour le mefurer, ni pour le retrouver; les chenilles de ces efpeces ne retournent pas aux endroits qu'elles ont quittés, comme font nos chenilles de focieté : mais ce fil qui fe trouve toûjours attaché affés près de l'endroit où eft la chenille, & qui par fon autre bout tient à la filiére, a un autre ufage aifé à reconnoître. Toutes les fois que la chenille tombe de deffus une feuille, foit volontairement, foit involontairement, une petite corde eft toûjours prête & difpofée pour la foûtenir en l'air; la chenille ne court point rifque de tomber jufqu'à terre.

Nos arpenteufes ne fe fervent pas feulement d'une femblable corde pour fe fufpendre un peu au-deffous d'une feuille, elles s'en fervent pour defcendre des plus hauts arbres, & pour remonter jufqu'à la cime de ces mêmes arbres ; une chenille fçait defcendre du plus haut chêne, du plus haut orme jufqu'à terre, & elle y fçait remonter par une voye plus courte & plus commode que celle qu'elle feroit obligée de fuivre en marchant. Les petites manœuvres auxquelles elles ont recours pour aller ainfi de haut en bas, ou de bas en haut, au moyen d'une efpece de corde,

méritent

méritent affûrément que nous nous arrêtions à les examiner, d'autant plus que quoique ces faits foient connus, les procedés qu'ils exigent n'ont pas été expliqués. Plufieurs autres chenilles que les arpenteufes les fçavent mettre en pratique, mais les arpenteufes font celles qui y ont plus fouvent recours, & qu'il eft plus aifé de déterminer à ces fortes d'actions.

Dès que la chenille eft fufpenduë par un fil qui tient par un bout à une feuille, à une tige d'arbre, & par l'autre à la filiére, c'eft-à-dire à la liqueur vifqueufe contenuë dans la filiére & dans les réfervoirs à foye, il n'eft pas étonnant que ce fil s'allonge, que de nouvelle liqueur foit continuellement tirée hors des réfervoirs & de la filiére; le poids de la chenille eft une force plus que fuffifante pour cela. Tout ce qui fembleroit être à craindre, c'eft que le fil ne s'allongeât trop vîte, & que la chenille tombât plûtôt à terre qu'elle n'y defcendît; c'eft-à-dire qu'elle ne vînt frapper la terre avec tout le poids de fon corps & la vîteffe acquife. Mais ce que nous devons remarquer d'abord, & même admirer, c'eft que la chenille eft maîtreffe de ne pas defcendre trop vîte; elle defcend à plufieurs reprifes; elle s'arrête en l'air quand il lui plaît. Ordinairement elle ne defcend de fuite que d'un pied de haut au plus, & quelquefois d'un demi pied, ou que de quelques pouces; après quoi elle fait une paufe plus ou moins longue à fa volonté. Ainfi elle arrive à terre fans jamais la frapper rudement, parce que jamais elle n'y tombe de bien haut.

Il fembleroit que dès qu'un poids tire fur le fil de foye auquel il eft attaché, & que l'autre bout de fil tient à la filiére, une nouvelle portion de fil devroit fortir à chaque inftant de la filiére: la manœuvre que nous examinons, nous apprend néantmoins que tant que le poids n'eft que celui du corps de la chenille, elle eft maîtreffe d'empêcher

Tome II.   . B b b

de nouvelle matiére vifqueufe de paffer par la filiére ; d'où il paroît que cette filiére eft mufculeufe, que fon bec, au moins, a un fphincter qui peut preffer la partie du fil qui eft dans fon ouverture, & l'y arrêter. Ceci nous apprend encore un autre fait, c'eft que la matiére vifqueufe qui forme le fil de foye, eft devenuë fil de foye, a pris de la confi-ftance avant que d'être fortie de la filiére, puifque la partie qui vient d'arriver dans l'ouverture de la filiere, eft en état de foûtenir le corps de la chenille en l'air. La liqueur s'eft donc defféchée en partie en faifant un fi court trajet, elle a acquis le dégré de confiftance néceffaire pour foûtenir le poids de la chenille ; je dis le dégré de confiftance nécef-faire pour foûtenir le poids de la chenille, parce que fi une force plus grande, comme celle des doigts, tire la che-nille en bas, alors on contraint une nouvelle portion de fil à fortir de la filiére ; le fphincter de fon ouverture n'a de force, & n'a befoin d'en avoir, que pour tenir contre le poids de la chenille.

Le même fil qui a fervi à notre chenille pour defcen-dre du haut d'un arbre, lui fert auffi pour y remonter. Une corde qui a des nœuds d'efpace en efpace, ou même une corde fans nœuds devient une efpéce d'échelle pour des hommes exercés à la manœuvre de grimper. Le fil de noftre chenille eft auffi pour elle une échelle ; mais la mé-chanique par laquelle elle fe remonte le long de fon fil, eft tout-à-fait différente de celle de l'homme qui grimpe le long d'une corde. Plufieurs efpeces de chenilles peu-vent nous faire voir cette méchanique, mais les arpenteu-fes en bâton & un peu groffes, font celles qu'il eft le plus aifé d'obliger d'y avoir recours, & celles que j'ai le plus obfervées pendant qu'elles la pratiquoient. Quand on prend une de ces arpenteufes, on peut appercevoir le fil qui tient à fa filiére ; qu'on faififfe ce fil entre deux doigts,

& qu'on fasse tomber la chenille de dessus le corps où elle
étoit posée, elle se trouve en l'air penduë au fil. Si alors on
secoue le fil, c'est-à-dire, si on éleve & abaisse brusquement
la main à diverses reprises, le fil s'allonge, la chenille descend plus bas; si on la tiroit en bas avec l'autre main, on
produiroit le même effet, mais on courroit plus de risque
de rompre le fil. Qu'ensuite on laisse la chenille tranquille,
ordinairement on la voit sur le champ travailler à se remonter le long du fil, & elle s'y remonte vîte. C'est une manœuvre qu'on lui fait recommencer autant de fois qu'on
veut, & qu'il faut lui faire recommencer plusieurs fois,
pour voir comment elle l'exécute, & pour s'assûrer qu'on
a bien vû, parce que tous les mouvemens sont plus prompts
qu'on ne les voudroit. Si pourtant on fatigue une chenille
à force de l'obliger de se remonter un grand nombre de
fois, on ralentit son activité.

Pour se remonter elle saisit le fil entre ses deux dents, le
plus haut qu'elle peut le prendre *; aussi-tôt sa tête se contourne, se courbe d'un côté *, & cela de plus en plus *,
elle semble descendre au-dessous de la derniére des jambes
écailleuses qui est du même côté. Le vrai est pourtant, que
ce n'est pas la tête qui descend, l'endroit du fil qu'elle
tient saisi est un point fixe pour elle & pour tout le reste du
corps; c'est la partie du dos qui répond aux jambes écailleuses que la chenille recourbe en haut, par conséquent
ce sont les jambes écailleuses & la partie à qui elles tiennent, qui remontent alors *. Quand celles de la derniére paire se trouvent au-dessus des dents de la chenille,
une de ces jambes, celle qui est du côté vers lequel la tête
est inclinée, saisit le fil & l'améne à la jambe correspondante qui s'avance pour prendre ce même fil. Il n'est pas
aisé de voir laquelle des deux le retient, mais dès qu'on
suppose la partie du fil qui étoit auprès de la tête, saisie &

* Pl. 31. fig.
2.
* Fig. 3.
* Fig. 4. & 5.

* Fig. 4. & 5.

tenuë par les derniéres jambes écailleufes, il eft clair que
voilà un nouveau point fixe. Si la tête alors fe redreffe,
ce qu'elle ne manque pas de faire dans l'inftant, elle eft en
état d'aller faifir le fil entre fes dents, dans un endroit plus
élevé que celui où elle l'avoit pris d'abord, ou, ce qui
eft la même chofe, la tête & par conféquent tout le corps
de la chenille fe trouve remonté d'une hauteur égale à la
longueur du fil qui eft entre l'endroit où les dents l'avoient
faifi la premiére fois, & celui où elles le faififfent la feconde fois. Voilà, pour ainfi dire, le premier pas fait en
haut. A peine eft-il achevé que la chenille en fait un fecond; elle fe recourbe du côté oppofé à celui où elle
s'étoit recourbée la premiere fois; la derniére des jambes
écailleufes de ce même côté vient accrocher le fil, quand
elle s'en trouve à portée; la jambe correfpondante fe préfente pour lui aider à le prendre ou à le tenir; la tête fe
redreffe enfuite; & ainfi la même manœuvre fe répete, la
tête s'inclinant alternativement de l'un & de l'autre côté,
& fe redreffant lorfque le fil a été faifi par les derniéres
jambes, & cela jufqu'à ce que la chenille foit arrivée affés
près des doigts par lefquels nous avons fait tenir le bout du
fil, pour pouvoir monter deffus ces doigts & y marcher.

J'ai cru voir des chenilles dont la tête devenoit inclinée
toûjours vers le même côté, & paroiffoit fe remonter par le
côté oppofé, c'eft-à-dire des chenilles qui fembloient dé-
vider le fil en écheveau autour de leurs fix jambes écailleufes, mais je n'ai jamais été bien fûr d'avoir vû cette manœuvre. Il arrive fouvent à la chenille de pirouetter fur le fil qui
la tient fufpenduë, & ces pirouettemens peuvent faire
qu'on fe méprenne fur le côté vers lequel la tête fe trouve
au-deffous des jambes, ils peuvent faire croire qu'elle
s'eft courbée toûjours vers le même côté, quoiqu'elle fe
foit courbée vers un autre côté.

Si on faifit la chenille qui eft arrivée à fon terme, au plan fur lequel elle peut marcher, on lui voit un paquet de fils mêlés, entre les quatre derniéres jambes écailleufes. Ce paquet eft plus ou moins gros, felon qu'elle s'eft plus ou moins remontée; tous les tours du fil qui le compofent font mêlés. Auffi la chenille n'en tient-elle aucun compte; dès qu'elle peut marcher, elle s'en défait, elle en débarraffe fes jambes, & elle le laiffe avant que de faire un premier, ou au plus un fecond pas. Chaque fois donc qu'elle fe remonte il lui en coûte la corde dont elle s'eft fervie pour fe remonter, mais c'eft une dépenfe à laquelle elle fournit tant qu'elle veut; elle a en elle-même la fource de la matiére néceffaire à la compofition du fil, & c'eft une fource où ce qui en a été tiré, fe répare continuellement. D'ailleurs la façon du fil lui coûte peu, auffi avons-nous vû que les arpenteufes font fi peu ménagéres de ce fil, que la plûpart en laiffent fur tous les chemins qu'elles parcourent.

EXPLICATION DES FIGURES
DU NEUVIEME MEMOIRE.
PLANCHE XXVII.

LEs Figures 1, 2, 3, 4 & 5, appartiennent au huitiéme Mémoire.

La Figure 1, eft celle d'une arpenteufe à douze jambes, ou une de celles que nous avons nommées chenilles des légumes. Celle-ci eft toute verte, & pofée ici fur un morceau de feuille du chou fur lequel elle vivoit.

La Figure 2, eft celle de la coque dans laquelle la chenille de la fig. 1. s'eft renfermée.

La Figure 3, repréfente une chenille de même couleur & de même genre au moins que celle de la fig. 1,

Bbb iij

mais une chenille plus grande. Elle a été trouvée fur la jacobée; on la voit ici au travers d'une coque mince qu'elle fila contre les parois du poudrier.

Les Figures 4 & 5, font celles du papillon de la chenille de la fig. 3, femblable à tous ceux que donnent les chenilles à douze jambes qui mangent les légumes. Il eft repréfenté dans l'attitude qui lui eft ordinaire lorfqu'il eft en repos. La figure 4, montre prefque tout le deffus de fes aîles fupérieures. La figure 5, dans laquelle il n'eft vû que de côté, fait mieux voir le bout du toit aigu que fes aîles forment au-deffus de fon derriére. *h, i, k,* fes huppes.

La Figure 6, eft celle d'une arpenteufe à dix jambes, & de celles du premier genre de ces arpenteufes, c'eft-à-dire de celles dont les anneaux font auffi diftincts que ceux des chenilles à feize jambes.

La Figure 7, repréfente deux feuilles d'érable appliquées l'une fur l'autre, comme fi le hazard les y avoit placées. Elles font pourtant liées l'une contre l'autre, & elles cachent une chenille telle que celle de la fig. 6. *fp,* une des feuilles d'érable. *rq,* l'autre feuille.

La Figure 8, repréfente la feuille d'érable *r q,* de la figure précedente, de deffus laquelle la feuille *fp,* a été ôtée. Sur la feuille de cette figure 8, la chenille eft à découvert, & pliée en deux comme il lui eft affés ordinaire de fe plier.

La Figure 9, eft celle du papillon de la chenille des figures 6 & 8, vû par-deffus.

La Fig. 10, eft celle du même papillon, vû par deffous.

La Figure 11, eft celle de la coque d'où eft forti le papillon des figures 9 & 10, de la coque conftruite de grains de terre par la chenille de la fig. 6.

La Figure 12, repréfente une portion d'une antenne du papillon fig. 9 & 10, groffie à la loupe.

La Figure 13, repréfente une partie de l'antenne de la figure 12, mais plus groffie.

La Fig. 14, montre encore une plus petite portion de l'antenne des figures précedentes, mais encore plus grossie.

La Figure 15, est celle d'une arpenteuse du chêne, de figure de bâton. Les taches qu'elle a sur son corps ne sont dans certains temps que de simples taches, mais dans d'autres temps elles sont des tubercules. Près de la derniére paire des jambes, il y a une ceinture faite de pareils tubercules.

La Figure 16, représente en grand la tête de l'arpenteuse de la fig. 15 ; elle donne un exemple de tête platte par devant, & dont le haut est refendu.

Les Figures 17 & 18, représentent une même arpenteuse à dix jambes, en deux différentes attitudes ; elle en prend des plus bizarres & de très - différentes ; mais toûjours a-t-elle l'air d'un morceau de bois raboteux.

PLANCHE XXVIII.

La Figure 1, est celle d'une arpenteuse de la classe de celles dont les anneaux sont distincts & à peu près égaux, qui a vêcu de feuilles de tilleul ; son corps est verd, mais elle a tout du long du dos une raye violette, comme divisée en plusieurs petites croix à plusieurs bras.

La Figure 2, représente plusieurs de ces taches faites en croix, qui, mises bout à bout, font la raye du dos de la chenille précedente.

La Figure 3, est celle d'une arpenteuse qui vit de feuilles de frêne, de même genre que celle de la fig. 1. & qui de même a des taches couleur pourpre en forme de croix, fig. 2.

La Figure 4, est celle de la coque de soye que s'est faite en terre la chenille de la fig. 1, & qu'elle avoit recouverte de terre. *c*, partie de cette coque dont on a emporté la terre.

La Figure 5, eſt celle du papillon de la chenille de la fig. 1. vû par deſſus.

La Figure 6, eſt celle du papillon précedent, vû de côté, & tenant ſes aîles redreſſées, au moyen de quoi il en montre le deſſous.

La Figure 7, eſt celle d'une arpenteuſe du genêt étenduë, comme elle l'eſt ordinairement ſur un brin de genêt.

La Figure 8, eſt celle du papillon ſingulier par ſon port d'aîles, que donne l'arpenteuſe de la fig. 7.

Dans la Figure 9, les aîles ſont encore perpendiculaires au plan de poſition, mais les ſupérieures plus élevées ici que dans la fig. 8. ſont plus à découvert.

La Figure 10, eſt celle du papillon des deux figures précedentes, qui a ſes aîles paralleles au plan de poſition, & dont les ſupérieures laiſſent les inférieures à découvert.

La Figure 11, & la Figure 12, ſont celles de la même chenille repréſentée de grandeur naturelle fig. 11, & groſſie fig. 12. Cette derniére figure fait voir des tubercules chargés de poils, & des poils aux environs de la tête qui n'ont point des tubercules pour baſes.

La Figure 13, eſt encore celle d'une arpenteuſe à tubercules, qui ſe ſoûtient en l'air ſur ſes jambes poſtérieures.

La Figure 14, repréſente en grand & preſque de face, la tête platte d'une arpenteuſe.

La Figure 15, eſt l'arpenteuſe dont la tête eſt vûë, en grand, fig. 14. Je l'ai trouvée ſur l'herbe vers la mi-Novembre. Elle eſt d'un marron nué. Elle eſt de celles dont les anneaux ſont peu marqués & inégaux. Sur le ſixiéme anneau elle a un mammelon plat, dont le bout eſt refendu; tantôt elle le tient droit, & tantôt elle le couche en le faiſant tomber du côté de la tête; il a une courbûre convenable pour s'appliquer ſur le corps.

La Figure 16, eſt celle d'une grande arpenteuſe du chêne;

chêne; fa couleur eft affés femblable à celle dont elle paroît dans la gravûre.

. La Figure 17, eft celle de la crifalide de la chenille précedente. Le papillon qui vint de cette crifalide s'échappa du poudrier mal couvert, avant que je l'euffe fait deffiner.

La Figure 18, repréfente en grand une portion du corps d'une arpenteufe du gramen, gravée tome I. pl. 1.fig. 14, 15 & 16, pour faire voir les cordons très-proches les uns des autres, dont le corps eft ceint.

PLANCHE XXIX.

La Figure 1, eft celle d'une petite arpenteufe verte du chêne, finguliére en ce que pour fe transformer, elle fe fufpend par un lien, comme fe fufpendent les chenilles qui donnent des papillons diurnes, quoique cette arpenteufe comme toutes celles que j'ai obfervées jufqu'ici, donne un papillon nocturne. En *l,* eft le lien qui tient cette chenille fufpenduë.

La Figure 2, eft celle de la crifalide de la fig. 1. foûtenuë par le lien *l.*

La Figure 3, eft celle du papillon qui fort de la crifalide de la fig. 2, vû du côté du dos, avec le port d'aîles qui lui eft ordinaire lorfqu'il eft tranquille.

La Figure 4, eft celle du papillon de la fig. 3. vû du côté du ventre.

La Fig. 5, repréfente une antenne du papillon des figures précedentes, groffie au microfcope. Depuis *a* jufqu'en *b,* elle a de longues barbes; elle eft totalement dépourvûë de barbes depuis *b* jufqu'en *d.*

La Fig. 6, repréfente une arpenteufe qui vit de feuilles de frêne, encore jeune; elle a au derriére une efpece de fourche charnuë, formée par deux appendices des derniéres jambes; elle ferre la feuille en *f,* avec cette efpece de queuë fourchuë.

La Figure 7, est celle de la même arpenteuse, dessinée après qu'elle a eu pris toute sa grandeur, au lieu que dans la figure 6, elle a été dessinée lorsqu'elle étoit jeune. *p*, une de ses jambes intermédiaires. *q*, une des jambes postérieures. *r*, une des moitiés de la queuë fourchuë, une des branches de la fourche.

La Figure 8, représente, en grand, la partie postérieure de cette chenille, prise dans le temps que cette chenille est étenduë. *p*, une des deux jambes intermédiaires. *q*, une des deux jambes postérieures. *rr*, appendices des deux jambes postérieures qui font une espece de queuë fourchuë dont la chenille se sert comme d'une pince.

La Figure 10, est celle de la crisalide dans laquelle la chenille de la fig. 7. se transforma; elle est posée dans une feuille de frêne pliée par quelques fils.

Les Figures 11, 12 & 13, font celles du papillon qui sort de la crisalide de la figure précedente. La fig. 11, le représente vû sur le dos, ayant ses aîles paralleles au plan de position, comme il les a ordinairement. La fig. 12, le montre dans le temps où il tient ses aîles élevées, comme il les tient quelquefois. La fig. 13. le fait voir du côté du ventre.

La Figure 14, est celle d'une antenne du papillon des fig. 15, 16 & 17, extrêmement groffie au microscope. *a*, la base de l'antenne. Vers *c*, elle manque de quelques barbes. Depuis *b*, jusqu'en *d*, elle est dénuée de barbes, comme l'antenne de la fig. 5.

Les Figures 15, 16 & 17, font celles du papillon d'une petite arpenteuse que j'ai nourrie de feuilles de ronce & de feuilles de chêne. Il est d'un genre remarquable par la figure de ses aîles inférieures qui ont une espece de pointe en *p*, vers le milieu de leur base. Ses aîles tant dessus que dessous, font bleuës. La fig. 15. le fait voir par dessus, ayant ses aîles écartées du corps. Dans la fig. 16. où il est vû encore par deſſus, ſes aîles ſont placées comme elles le ſont quand il eſt en repos. La fig. 17. le repréſente vû par deſſous.

La Figure 18, eſt celle de la criſalide de laquelle ſort le papillon des derniéres figures, vûë du côté du ventre. En *c*, elle a une entaille faite comme celle d'un cœur; elle eſt repréſentée ici plus grande que nature.

La Figure 19, eſt celle de l'arpenteuſe qui s'eſt transformée dans la criſalide de la fig. 18. & qui a donné le papillon des fig. 15, 16 & 17.

PLANCHE XXX.

La Figure 1, eſt celle d'une arpenteuſe couleur de bois, & tachetée de jaune, qui vit ſur la charmille, & qu'on y trouve dès qu'elle commence à avoir des feuilles.

La Figure 2, eſt celle d'un papillon mâle, venu d'une arpenteuſe qui mange les feuilles du chêne, & qui eſt ſemblable à celle de la fig. 1, par ſa figure & ſes couleurs, mais ſur laquelle le jaune forme de chaque côté une raye longitudinale.

La Figure 3, repréſente une portion d'antenne du papillon de la fig. 2. extrêmement groſſie au microſcope.

La Figure 4, repréſente une portion de la même antenne, priſe plus près de ſon bout. *a b*, tige de l'antenne. *c, d*, marquent quelques-unes de ſes cannelures. Quoiqu'elle ait des bouquets de poils des deux côtés, on a cru qu'il ſuffiſoit de faire paroître ceux d'un côté. *e f*, bouquet de poils fait en goupillon. *e*, le manche du goupillon. *f*, le bouquet de poils.

La Figure 5, eſt celle de la criſalide du papillon mâle de la fig. 2. vûë du côté du ventre.

La Figure 6, eſt celle de la criſalide du papillon femelle & ſans aîles, qui vient de la même arpenteuſe, & cette criſalide eſt vûë du côté du ventre.

La Figure 7, est celle de la crisalide de la fig. 6, vûë encore du côté du ventre, & dans l'état où elle est lorsque le papillon sans aîles en est sorti. *o,* ouverture d'où la piece, appellée la piece de la poitrine, a été emportée.

La Figure 8, est celle d'un papillon sans aîles, qui est la femelle du papillon de la fig. 2.

La Figure 9, représente le même papillon grossi à la loupe. *m m,* les moignons de ses aîles.

La Figure 10, fait voir en grand, & par devant, la tête de ce papillon. *i i,* les yeux. *t t,* les deux moitiés de la trompe, qui, quand elles sont appliquées l'une contre l'autre, ressemblent à une langue de serpent.

La Figure 11, est encore celle de la tête de la fig. 10. mais les deux moitiés de la trompe y sont appliquées l'une contre l'autre, & composent une espece de langue *t. c c,* les deux cloisons entre lesquelles la trompe est placée.

La Figure 12, représente encore plus en grand cette trompe en langue, & vûë séparément. *o t, p t,* les deux parties dont elle est composée.

La Figure 13, est celle du bout du derriére du papillon de la fig. 8. représenté en grand. *m,* mammelon dans lequel est l'ouverture de l'anus.

La Fig. 14, est celle d'une écaille en forme de trident, de celles qui se trouvent sur le corps du papillon de la fig. 8, grossie au microscope.

La Figure 15, est celle d'une écaille du même papillon à qui la pointe du milieu manque, ou est très-courte.

La Figure 16, est celle d'une écaille du même papillon, refenduë en bâton d'éventail. *b,* la pointe qui s'engage dans le corps du papillon. *ff,* les deux parties dans lesquelles cette écaille est refenduë.

La Figure 17, est encore celle d'un papillon à moignons d'aîles, mais plus grands que ceux du papillon de la fig. 8.

Il vient d'une arpenteuse du noisetier, qui est brune, marquée de jaune, & assés semblable à celle qui donne le papillon de la fig. 8. Celui de la fig. 17. y est vû du côté du ventre.

Les Figures 18 & 19. sont celles du papillon de la fig. 17. grossi. Il est vû du côté du ventre fig. 18, & du côté du dos fig. 19. *m, m,* les moignons d'aîles.

La Figure 20, représente en grand, & pardevant, la tête du papillon des derniéres figures. *1,* sa trompe qui est une trompe roulée, & qui apprend que ce papillon ne doit pas être confondu avec celui de la fig. 8.

PLANCHE XXXI.

Les six premiéres Figures sont prises sur une arpenteuse qui vit de feuilles de maronnier d'Inde. Le fond de la couleur de son dos est un verd brun, qui tire sur l'olive; & la couleur de son ventre est un verd jaunâtre. De chaque côté du dos elle a une raye d'un brun presque noir. Sur le derriére une raye transversale noire va d'une des rayes longitudinales à l'autre. La chenille est représentée plus grande que nature dans toutes ces figures.

La Figure 1, représente la chenille penduë à un fil.

La Figure 2, représente la chenille qui se dispose à se remonter; elle a saisi le fil entre ses dents.

La Figure 3, représente la chenille dans l'instant où elle commence à renverser sa tête sur un des côtés, & qui en même temps remonte ses jambes.

La Figure 4, représente la chenille vûë du côté du dos, dans l'instant où elle a remonté sa derniére paire de jambes écailleuses au-dessus de la hauteur où étoit sa tête dans la fig. 1. Sa tête se trouve ici au-dessous de la premiére paire de jambes. On n'a pas eu une petite attention qu'on auroit dû avoir en faisant graver les quatre figures précedentes & la 5.ᵉ c'est de placer sur une même ligne & à une même hauteur la tête de la chenille de chaque figure; cette

Ccc iij

pofition auroit mieux fait voir dans les figures 4 & 5, fur-
tout, que la partie du corps à laquelle les jambes tiennent,
a été remontée plus haut que la tête.

La Figure 5, repréfente la chenille dans le même état
où eft celle de la fig. 4. mais elle la repréfente vûë du côté
du ventre. On y doit remarquer qu'une jambe de la derniére paire *c,* fe préfente pour faifir le fil qui eft déja pris
par l'autre jambe de la même paire.

La Figure 6, fait voir la chenille dans une attitude qui revient à celle de la fig. 5. elle y eft vûë pourtant plus de face,
& beaucoup plus groffie. Les deux derniéres jambes écailleufes tiennent le fil. Entre celles-ci & les précedentes, il y a
un paquet de fils qui ne paroît pas trop ici, & qui ne fçauroit
paroître fans cacher les jambes les plus proches de la tête.

La Figure 7, eft celle d'un joli papillon fans aîles, ou à
moignons d'aîles, qui vient d'une arpenteufe qui vit de
feuilles de jacée.

La Figure 8, repréfente le même papillon femelle, groffi.
m m, n n, fes quatre moignons d'aîles.

Les Figures 9 & 10, font celles d'un autre papillon à aîles
en moignons, qui eft venu d'une belle arpenteufe qui a été
nourrie de feuilles d'abricotier. Cette chenille eft gravée
tome I. pl. 4. fig. 10. Ici fig. 9, le papillon eft vû par deffus, &
il eft vû par deffous fig. 10. *m m,* & *n,* fes moignons d'aîles.

Les Figures 11, 12 & 13, font celles des poils ou des
longues écailles qui couvrent le corcelet du papillon des
derniéres figures, groffis au microfcope.

Les Figures 14 & 15, repréfentent des écailles qui couvrent le corps du même papillon, vûës au microfcope.

La Figure 16, eft celle du papillon d'une arpenteufe
toute verte qui mange les feuilles d'érable. Il eft repréfenté
ici dans l'attitude qui lui eft ordinaire lorfqu'il eft en repos.

）（

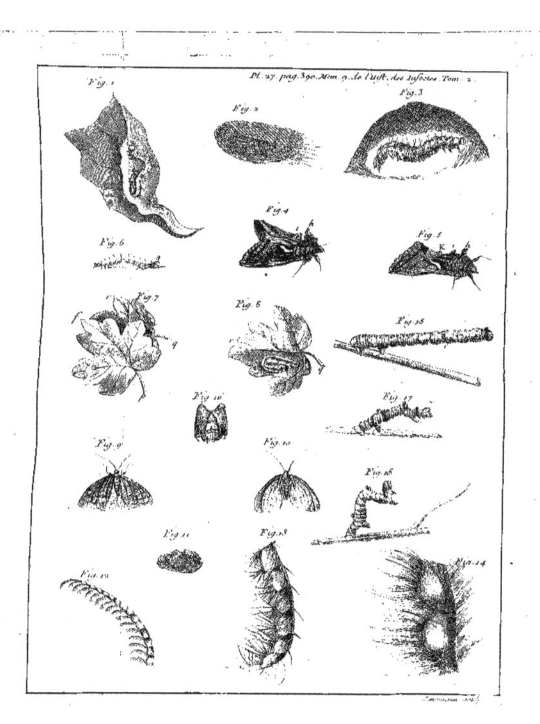

Pl. 27. pag. 390. Mém. 9. de l'Hist. des Insectes Tom. 2.
Fig. 1
Fig. 2
Fig. 3
Fig. 4
Fig. 5
Fig. 6
Fig. 7
Fig. 8
Fig. 15
Fig. 10
Fig. 17
Fig. 9
Fig. 10
Fig. 16
Fig. 11
Fig. 13
Fig. 12
Fig. 14

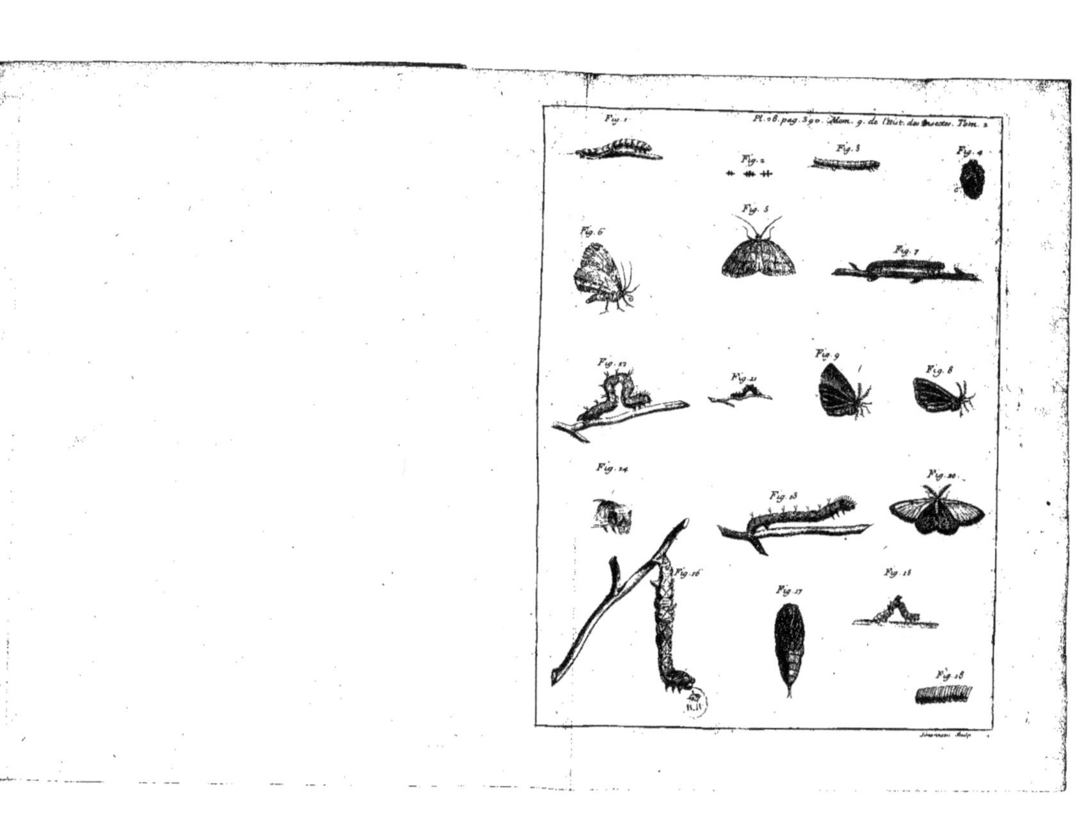

Fig. 1
Pl. 18. pag. 390. Mem. 9. de l'Hist. des Insectes. Tom. 2
Fig. 2
Fig. 3
Fig. 4
Fig. 5
Fig. 6
Fig. 7
Fig. 12
Fig. 11
Fig. 9
Fig. 8
Fig. 14
Fig. 20
Fig. 13
Fig. 16
Fig. 17
Fig. 15
Fig. 18

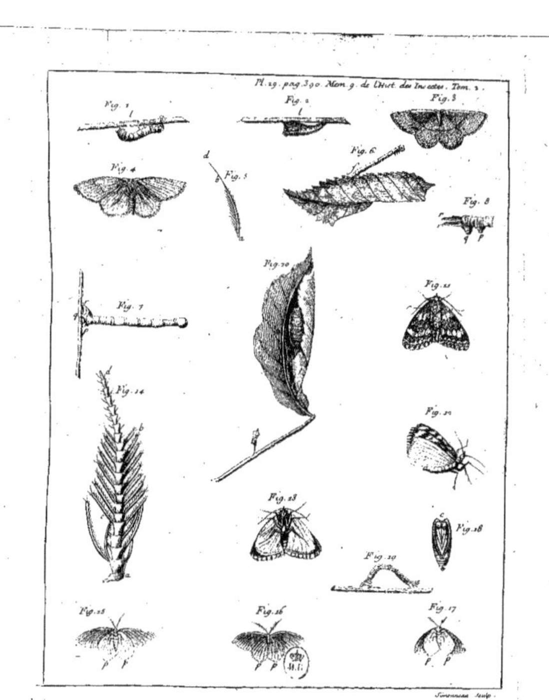

Pl. 29. pag. 390. Mem. 9. de l'Hist. des Insectes. Tom. 2.
Fig. 1
Fig. 2
Fig. 3
Fig. 4
Fig. 5
Fig. 6
Fig. 8
Fig. 7
Fig. 10
Fig. 11
Fig. 14
Fig. 12
Fig. 13
Fig. 18
Fig. 19
Fig. 15
Fig. 16
Fig. 17

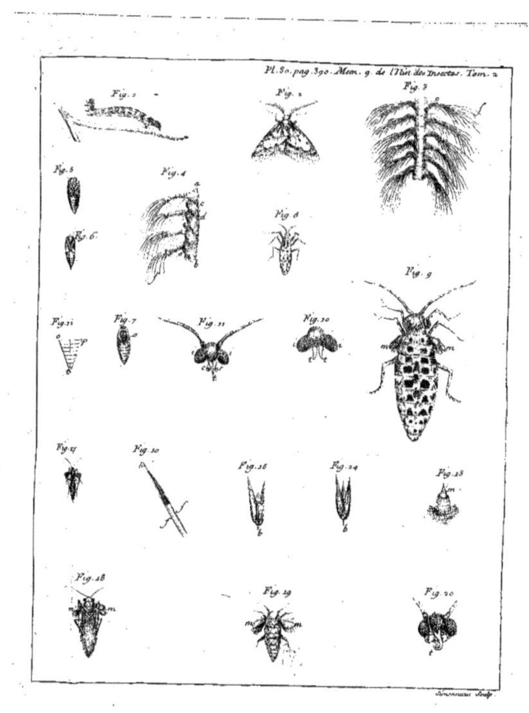

Pl. 80. pag. 390. Mem. 9. de l'Hist. des Insectes. Tom. 2.
Fig. 1
Fig. 2
Fig. 3
Fig. 5
Fig. 4
Fig. 6
Fig. 8
Fig. 9
Fig. 21
Fig. 7
Fig. 11
Fig. 10
Fig. 17
Fig. 16
Fig. 15
Fig. 14
Fig. 13
Fig. 18
Fig. 19
Fig. 20

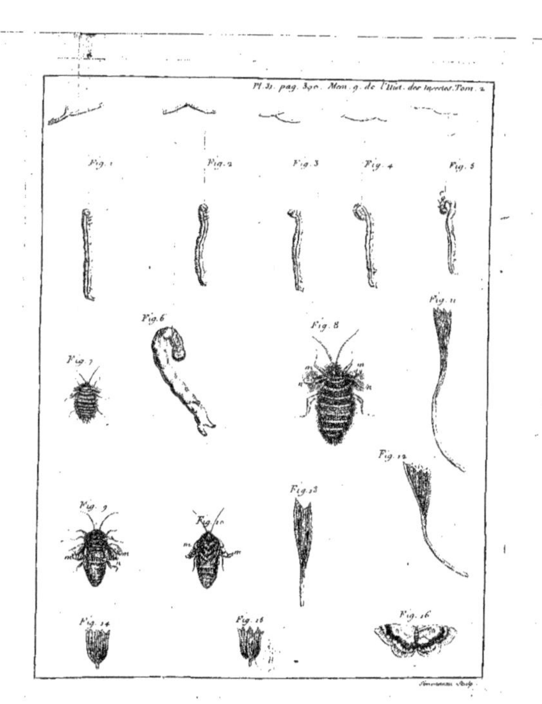

Pl. 31. pag. 390. Mem. 9. de l'Hist. des insectes. Tom. 2.
Fig. 1
Fig. 2
Fig. 3
Fig. 4
Fig. 5
Fig. 6
Fig. 7
Fig. 8
Fig. 11
Fig. 9
Fig. 10
Fig. 12
Fig. 13
Fig. 14
Fig. 15
Fig. 16

DIXIE'ME MEMOIRE.

DES CHENILLES
AQUATIQUES.

LES plus communes & les plus connuës des efpeces d'animaux qui fe tiennent fous les eaux, ont des formes très-différentes de celles des animaux qui habitent la terre. Le nombre des efpeces des premiers égale & furpaffe peut-être celui des efpeces des autres. Combien y a-t-il d'efpeces de poiffons connuës, & combien y en a-t-il plus d'efpeces que nous ne connoiffons point ! Mais il y a fous les eaux quantité d'efpeces d'animaux, finguliéres en cela même que leurs formes extérieures fe rapprochent beaucoup de celles des animaux terreftres. Comme fi les eaux cependant n'étoient pas peuplées d'affés de différens animaux qui leur font propres, on a voulu qu'elles en euffent précifément de tous les genres que nous trouvons fur terre. On a donné à quelques-uns des leurs le nom de vaches, de veaux, de loups, de renards, de chiens de mer, &c. On a voulu trouver de véritables reffemblances entre plufieurs de ces animaux de mer & ceux de terre de même nom. On a été jufqu'à voir des hommes marins, & qui plus eft, des évêques marins, à qui même on a vû faire des actions épifcopales; avant que de fe replonger fous l'eau, ils ont donné la bénédiction aux matelots auxquels ils s'étoient montrés. Entre les animaux aquatiques connus, l'hippopotame eft peut-être le feul qui ait une vraye reffemblance avec nos grands quadrupédes. A l'égard des hiftoires des hommes marins, quelque bien circonftanciées qu'elles ayent été, elles n'ont encore été reçûës pour **vraies** que par des gens exceffivement crédules.

Ce qui eft plus certain, c'eft que les eaux peuvent nous offrir des infectes de tous ou de prefque tous les genres de ceux que nous trouvons fur terre; la fuite de cette hiftoire fera connoître des fcarabés, des punaifes, des teignes, des mittes, des vers, des limaçons d'eau, &c. qui ont les caractéres propres aux genres de ces infectes qui vivent fur terre. Elle nous fera connoître quantité d'efpeces d'infectes qui naiffent & qui croiffent fous les eaux, qui y changent de forme, & qui après s'être métamorphofés pour la derniére fois, deviennent des habitans de la terre & de l'air, deviennent des infectes à qui l'eau eft enfuite redoutable. C'eft dans les eaux qu'ont pris tout leur accroiffement un grand nombre d'efpeces de mouches, foit à deux aîles, foit à quatre aîles, qui volent dans nos campagnes. Nous allons commencer à donner des exemples de ces infectes qui, après être nés & avoir crû dans l'eau, en fortent pour n'y plus rentrer, en fuivant l'origine de quelques papillons qui s'élevent fous les eaux, & qui n'en fortent qu'après s'être tirés de leurs dépouilles de crifalides; ils nous feront voir fous les eaux des chenilles & des crifalides femblables à celles que nous n'avons encore vû vivre que fur terre.

Les infectes aquatiques font communément plus difficiles à trouver que ceux qui fe tiennent fur terre, & leur hiftoire eft prefque toûjours plus difficile à fuivre que celle des autres. Quoique je n'aye encore obfervé que peu d'efpeces de chenilles d'eau, il ne s'enfuit donc aucunement que les eaux foient extrêmement pauvres en infectes de ce genre. J'ai trouvé il y a plufieurs années des coques de foye attachées contre des pierres qui étoient au fond de grandes rivieres, & contre d'autres pierres qui étoient dans de
petits

petits courans. Ayant ouvert de ces coques, il y en a eu
qui m'ont fait voir une chenille qui y étoit renfermée, &
il y en a eu d'autres où j'ai mis à découvert la crifalide qui
y étoit contenuë. Mais deux efpeces de chenilles que j'ai
eu la facilité de mieux fuivre, fuffiront pour apprendre
que quoiqu'on regarde ces infectes comme propres à la
terre, il y en a qui le font à l'eau; les deux efpeces même
dont je veux parler méritent une place parmi les chenilles
induftrieufes.

La première de ces chenilles appartient à la claffe des
infectes qui font remarquables par l'art qu'ils ont de fe
faire des fourreaux, des efpeces d'habits, & que nous com-
prendrons dans la fuite fous le nom général de *teignes*.
Dans un endroit du Bois de Boulogne, peu éloigné de
Longchamp, eft une grande mare que je n'ai jamais vû
féche pendant l'été : elle a fouvent été le terme de ma
promenade. Elle eft entourée de très-hauts chênes. Une
plante du genre nommé par les Botaniftes *potamogeton*, &
l'efpece de ce genre qui eft le *potamogeton foliis latis fplen-*
dentibus. C. B. pin. 193. cette plante, dis-je, croît dans
la mare du Bois de Boulogne. Ses feuilles * luifantes &   * Pl. 32. fig.
auffi grandes que celles du laurier ou de l'oranger, & plus   2. & 3.
épaiffes & plus charnuës, font étenduës fur la furface de
l'eau. Ayant fait arracher plufieurs de ces feuilles vers la
mi-Juin, fur le deffous d'une des premiéres que je confi-
dérai, je vis une élévation dont le contour étoit ovale *, &   * Fig. 3. *dd*
qui étoit formée par une portion d'une feuille de même
efpece. Un morceau de feuille dont le contour avoit quelque régularité, ainfi appliqué fur une feuille entiére, qui y
faifoit une boffe & qui y étoit bien attaché, devoit y avoir
été mis pour quelque deffein; quelqu'un inftruit du génie des infectes, & attentif à l'obferver, ne pouvoit douter
que ce ne fût là l'ouvrage de quelqu'un d'eux. Je tirai

Tome II. · D d d

doucement la piece de rapport, & je reconnus que des liens de foye étoient attachés à tout fon contour. Je forçai les liens, je foûlevai un des bouts, & je vis une cavité dans laquelle une chenille étoit logée. Il ne falloit qu'avoir trouvé cette première chenille pour en trouver beaucoup d'autres de même efpece. Je fis amener au bord de l'eau, autant que l'on put, de feuilles & de tiges de *potamogeton*; & j'eus bientôt plus d'une centaine de loges, dont les unes étoient habitées par des chenilles, & les autres l'étoient par des crifalides. Enfin quelques-unes de ces loges me firent voir des particularités que la première ne m'avoit pas montrées. Non-feulement je retrouvai plufieurs feuilles de *potamogeton* fur lefquelles une portion ovale de feuille faifoit une boffe *, je trouvai de véritables coques de figure ovale & applatie *, formées de deux morceaux de feuille, égaux & femblables, appliqués l'un contre l'autre, & qui tous deux étant un peu convexes vers le dehors, renfermoient une cavité qui étoit le logement d'une chenille ou d'une crifalide; en un mot, c'étoient des coques faites de deux pieces égales & femblables, proprement attachées l'une contre l'autre, & qui fembloïent fuppofer bien de l'adreffe & de l'intelligence dans l'infecte qui les avoit ainfi difpofées pour s'y mettre à couvert. Quelques-unes de ces coques étoient attachées par un endroit de leur bord perpendiculairement contre le deffous d'une feuille; d'autres l'étoient contre la queuë d'une autre feuille *; les unes étoient attachées par un de leurs bouts, & les autres par des endroits pris à différentes diftances des bouts.

La chenille * qui fçait faire de ces fortes de coques eft rafe, prefque tout fon corps eft blanc, & d'un blanc qui a du luifant. Si on l'obferve à la loupe, on lui trouve quelques poils qui font blancs eux-mêmes; la partie fupérieure des deux ou trois premiers anneaux a une téinte de brun. La tête qui est affés petite, est brune. Quand il plaît à la chenille, elle la fait rentrer plus d'à moitié fous le premier anneau, comme fous un capuchon.

La claffe des chenilles à laquelle celle-ci appartient, est la claffe de celles qui ont feize jambes, dont les huit intermédiaires ont des couronnes de crochets complettes. Ces derniéres jambes font très-courtes, même lorfque la chenille en fait ufage pour marcher; la couronne de crochets qui les borde est même alors ovale; quand elles font dans l'inaction, la couronne de crochets est fi allongée & fi rétrecie, qu'elle ne femble faite que de deux rangs de crochets appliqués l'un contre l'autre.

Il ne manque enfin à cette chenille aquatique aucun des caractéres des chenilles terreftres. Elle a, comme elles, des ftigmates fur les côtés, elle en a le même nombre, & ils y font difpofés de la même maniére. Ses ftigmates différent pourtant un peu par leur figure, de ceux des autres chenilles; vûs à la loupe *, ils paroiffent de petits mam-   * Pl. 32. fig.
melons qui s'élevent fur la peau, & qui font percés à leur   7. f.
bout. Du refte, leur ufage est le même que celui des autres ftigmates. Pour m'en convaincre & pour fçavoir fi cette chenille, qui est toûjours fous l'eau, refpiroit l'air, au moins par les endroits par lefquels les chenilles terreftres le refpirent, j'ai huilé fes ftigmates; la chenille a paru foûtenir mieux cette opération, que les chenilles ordinaires ne la foûtiennent; elle a pourtant expiré en moins d'un quart-d'heure. Les ftigmates des chenilles aquatiques doivent être auffi plus à l'épreuve des liquides, que ne le font les ftigmates des chenilles qui vivent au milieu de l'air.

Quoique les chenilles du potamogeton foient toûjours au milieu de l'eau, je ne crois pas qu'elles doivent être mifes au rang des poiffons, au rang des animaux qui

D d d ij

respirent l'eau. Elles ont un art qui m'a paru remarquable, c'est de se tenir dans l'eau sans que la plus grande partie de leur corps soit mouillée. J'ai nourri & élevé chés moi de ces chenilles dans des vases pleins d'eau. J'ai tiré de l'eau des coques qui n'étoient faites que de deux pieces égales de potamogeton, collées l'une contre l'autre *, & même j'ai tiré de l'eau de ces coques immédiatement après avoir vû qu'une chenille avoit fait sortir sa tête * & ses premiers anneaux en dehors; tantôt j'ai écarté les deux pieces l'une de l'autre, & tantôt j'ai coupé la coque transversalement, & je n'ai jamais trouvé d'eau dans son intérieur; le corps de l'insecte y étoit toûjours à sec. Cette chenille qui vit au milieu de l'eau a donc l'art d'y tenir son corps dans une cavité pleine d'air; la tête sçait sortir de cette cavité & y rentrer sans donner de passage à l'eau. Quand la tête sort de la coque, l'anneau qui est dans l'ouverture fait l'office d'un bouchon qui la remplit assés exactement, & quand la tête rentre, l'ouverture qui lui a donné passage se referme: les bords de la coque qui avoient été écartés, sont ramenés l'un sur l'autre tant par leur propre ressort que par celui des fils qui les assujettissent ensemble. Tout cela est aisé à imaginer, mais il ne paroît pas possible que la chenille empêche l'eau d'entrer dans la coque qu'elle se construit, il faut donc qu'elle sçache encore l'en faire sortir. Imagineroit-on que lorsque la coque est finie, elle la transporte sur la surface de l'eau au-dessus de quelque plante, qu'elle donne le temps à l'eau qu'elle contient & qui ne s'attache pas à une feuille si lisse, de s'égoûter! Cet expédient pourroit servir pour les coques mobiles, pour celles que la chenille peut transporter, mais il en faut un autre pour les coques qui ne sont faites que d'une piéce rapportée contre une feuille entiére de potamogeton * qui tient à la tige de la plante, & qui par conséquent est toûjours

plongée dans l'eau. Cette chenille peut pourtant se tenir
dans l'eau immédiatement, & cela lui arrive au moins toutes les fois qu'elle a besoin de se faire une coque, & elle
s'en fait plusieurs dans sa vie. Elle proportionne son logement à la grandeur de son corps. J'ai trouvé les petites
ou les jeunes chenilles logées dans des coques, qui dans le
sens où elles avoient le plus de diametre, n'avoient que
deux lignes, & on trouve des coques qui ont plus de quinze
à seize lignes de longueur.

Pour se faire une nouvelle coque la chenille se cramponne contre le dessous d'une feuille de potamogeton.
Avec ses dents elle perce quelque part cette feuille, &
elle la ronge ensuite peu à peu en suivant la ligne courbe
que doit avoir le contour de la piece qu'elle veut détacher. Si on considére les feuilles de potamogeton, on
en trouvera plusieurs entaillées * comme si on les eût percées avec avec un grand emporte-piece; il y en a dont *Pl. 32. fig.
un seul morceau a été ôté, & il y en a dont deux & quel- 1. *a.*
quefois trois morceaux ont été détachés.

Quand la chenille a coupé, comme dans une piéce de
drap, un morceau de feuille de grandeur & de figure convenable, elle a la moitié de l'étoffe nécessaire pour se faire un
fourreau; elle saisit cette piece avec les dents, elle la transporte quelque part ou sous un autre endroit du dessous de
la même feuille *, ou sous le dessous d'une autre feuille *; * Fig. 2. *be.*
elle l'arrête & l'attache dans la place qui lui a paru convena- * Fig. 3. *dd.*
ble. Mais il est à remarquer qu'elle l'y pose de façon que le
dessous du morceau, le côté qui étoit le dessous de la feuille
entiére, est tourné vers le dessous de la nouvelle feuille,
de sorte que les parois intérieures de la coque sont toûjours
faites de la surface du dessous de deux portions de feuillle.
La chenille est déterminée à en user constamment ainsi
par une bonne raison; quoique les feuilles du potamogeton

foient affés planes, elles font un peu concaves en-deſſous;
ainſi les deſſous de deux portions de feuilles étant tournés
l'un vers l'autre, quoique les bords de l'un foient appliqués contre les bords de l'autre, il reſte entr'eux une cavité qui fera le logement de la chenille; cette cavité feroit
plus difficile à ménager ſi le deſſus d'une feuille étoit appliqué contre le deſſous de l'autre.

Quelquefois la chenille ſe contente d'attacher la piece
contre le deſſous de la feuille ſur laquelle elle l'a appliquée, elle l'y aſſujettit tout autour avec des fils d'une ſoye
blanche; je veux dire que quelquefois elle ne cherche pas
à ſe faire une coque qu'elle puiſſe tranſporter, & cela
lorſqu'elle ſe fait un logement dans un temps où elle eſt
près de ſe transformer en criſalide. Alors elle file dans la
cavité renfermée par les portions de feuilles, une coque
* Pl. 32. fig. aſſés mince, mais dont le tiſſu eſt très-ſerré *. Là elle ſe
6. renferme pour ne plus paroître que ſous la forme de papillon; elle s'y transforme bientôt en criſalide. Dans cette
coque de ſoye qui ſert d'enveloppe immédiate à la criſalide, il n'y a point du tout d'eau; cependant la coque
de feuilles, doublée de ſoye, a été conſtruite ſous l'eau, &
n'a pû être tirée de deſſous l'eau; ceci prouve encore que
la chenille a un art particulier & pour chaſſer l'eau d'entre les feuilles quand elle y eſt entrée, & pour empêcher
l'eau qu'elle a chaſſée d'y rentrer.

Quand la chenille qui a tranſporté & poſé un morceau
de feuille contre une autre feuille, n'eſt pas prête à ſe
transformer en criſalide, elle ſonge à ſe faire une coque,
un logement qu'elle puiſſe porter par-tout où elle aura
envie d'aller. Elle commence par arrêter legérement,
par faufiler, pour ainſi dire, la piece contre la feuille entiére; elle laiſſe apparemment tout autour entre la feuille
& la piéce, d'intervalles en intervalles, mais aſſés proches

les uns des autres, des endroits par où elle peut faire fortir
fa tête. Ce qui eft de fûr, c'eft que la piece qu'elle a attachée lui fert de modéle pour en couper une égale & femblable dans la derniére feuille *. Ce font ces deux pieces
enfemble qui font un habit complet; la chenille acheve
de les affembler très-bien dans leur contour, excepté à
un des bouts où les deux moitiés de la coque reftent fimplement appliquées l'une contre l'autre; là elles peuvent
s'écarter l'une de l'autre toutes les fois que la tête de l'infecte * fait effort pour fortir; & il y a bien des temps où
non-feulement la tête, mais où les premiers anneaux avec
les jambes écailleufes, font en dehors de la coque.

 Lorfque la chenille veut changer de place, c'eft avec
fes jambes écailleufes, cramponnées fur quelque feuille ou
fur quelque tige de plante, qu'elle fe tire en avant; les jambes membraneufes cramponnées contre les parois intérieures de la coque l'obligent à fuivre la partie antérieure
du corps, à mefure que cette partie avance.

 La chenille fait auffi fortir fa tête de la coque toutes les
fois qu'elle veut manger *; elle n'attaque ordinairement
avec fes dents que le parenchime d'un des côtés de la
feuille; ces feuilles qui font épaiffes en fourniffent beaucoup. J'ai vû fouvent que les deux côtés de la feuille avoient
été mangés, il ne reftoit qu'une membrane blanchâtre qui
occupe naturellement le milieu de l'épaiffeur de cette
feuille; tout ce qu'il y avoit eu de fubftance graffe & verte
fur cette membrane avoit été emporté. La quantité d'excremens d'un brun verdâtre qui fe raffemblent au fond
des poudriers dans lefquels on tient ces chenilles avec
une fuffifante quantité de feuilles, prouve qu'elles mangent beaucoup.

 Au refte, tant que la chenille a à croître, fon logement
n'eft précifément compofé que de deux morceaux de

* Pl. 32. fig.
2. *b.*

* Fig. 4. *t.*

* Fig. 4. *t.*

feuilles collés l'un contre l'autre par leurs bords, mais elle le tapisse, elle se fait une coque de soye blanche * lorsque le temps de sa transformation approche. La crisalide * dans laquelle elle se métamorphose est semblable aux crisalides terrestres les plus communes, aux plus communes de celles d'où sortent des papillons nocturnes; elle n'a de particulier que le relief de ses stigmates *. Elle en a trois à quatre de chaque côté qui sont plus élevés que ceux de la chenille, chacun d'eux est une espece de petit mammelon presque cylindrique, dont le bout est arrondi & percé.

Je n'ai point saisi le papillon dans le temps qu'il sortoit de sa dépouille, mais on imagine assés que dès qu'il s'en est tiré il va se poser sur quelque feuille au-dessus de la surface de l'eau, & que c'est là que ses aîles se développent & se séchent.

Je connoissois déja les papillons de ces chenilles aquatiques, avant que de les avoir vû paroître dans les poudriers pleins d'eau où j'avois nourri les chenilles. Dans le temps où la mare du Bois de Boulogne me fournissoit beaucoup de ces chenilles & de leurs crisalides, je voyois voler sur l'eau, se poser sur les feuilles du potamogeton & y rester tranquilles quantité de phalenes * de la même espece, qu'il étoit naturel de croire les phalenes de ces chenilles. Elles se posent ayant les aîles presqu'horisontales, ou disposées en toit fort écrasé. Ce sont d'assés jolies phalenes qui ont des antennes à filets grainés & une trompe. Le fond du dessus & du dessous de leurs quatre aîles est un gris de perle qui est divisé en taches de diverses figures, les unes presque rondes, les autres allongées & de figure irréguliére; ce gris de perle, dis-je, est divisé en taches par un lizéré feuille-morte, qui lui-même est couché par taches en quelques endroits. Le feuille-morte du dessous des aîles est plus brun que celui du dessus.

En

En deſſous, & près des bords de pluſieurs feuilles de potamogeton, j'ai trouvé de petites plaques minces d'une matiére viſqueuſe, dans leſquelles étoient de petits œufs jaunâtres * mais plus tranſparens que ceux des papillons ordinaires. Je les ſoupçonnai être les œufs pondus par ces papillons, & mon ſoupçon a été vérifié par un papillon de cette eſpece né chés moi. Je ne l'eus pas plûtôt tiré de deſſus la ſurface de l'eau pour le mettre à ſec, qu'il pondit contre les parois du poudrier dans lequel je le renfermai, des œufs ſemblables à ceux dont j'avois vû des plaques attachées contre des feuilles de potamogeton. Le papillon dont je parle, quoique femelle, étoit aſſés petit, & beaucoup plus petit que d'autres que j'ai eus des chenilles aquatiques de la même plante; ce qui me diſpoſe à croire que cette plante nourrit deux eſpeces de chenilles aſſés ſemblables, & qui donnent des papillons qui ne différent ſenſiblement qu'en grandeur. Le papillon, pour cacher ſes œufs, a une adreſſe pareille à celle qu'a la chenille pour ſe couvrir. Chaque plaque d'œufs eſt preſque toûjours couverte par un morceau de feuille de potamogeton, ou par un petit paquet de feuilles de lentilles aquatiques, collé contre le tas d'œufs. Je n'ai pû examiner d'aſſés près ces papillons pendant qu'ils pondent leurs œufs, pour voir comment ils parviennent à les recouvrir ainſi.

Avant la fin de Juillet, ou vers le commencement d'Août les petites chenilles écloſent des œufs; elles ne ſont pas plûtôt nées que chacune ſonge à ſe faire un fourreau préciſément ſemblable à ceux des plus grandes. On voit alors de très-petits morceaux de feuilles de potamogeton collés ſur des feuilles entiéres; ſi on leve chacun de ces petits morceaux, on ne manque pas de trouver une chenille deſſous.

Le potamogeton nourrit encore une eſpece de chenilles

* Pl. 32. fig. 12.

différente de celle dont nous avons parlé jufqu'ici, &
à peu près de même grandeur, mais plus ronde & d'une
couleur différente; elle eft d'un brun verdâtre. Je l'ai
trouvé recouverte par divers petits morceaux de feuilles
de potamogeton, de figure irréguliére, attachés contre
une grande feuille de la même plante. Le logement de
cette chenille eft informe & groffier, fi on le compare à
celui de la premiére. Je n'ai point eu le papillon dans
lequel fe transforme cette nouvelle chenille, c'eft vers le
commencement d'Août que je l'ai vûë.

Dès que nous fçavons qu'il y a des chenilles aquatiques,
il eft à préfumer qu'il y en a des efpeces qui fé nourriffent
de certaines efpeces de plantes aquatiques par préference,
& qui ne touchent pas à plufieurs autres, comme certaines efpeces de chenilles terreftres ne tirent leurs alimens
que de certaines plantes terreftres. Une nouvelle efpece
de chenille aquatique que nous voulons faire connoître,
fervira à le prouver. Une des plus petites plantes eft la
lentille aquatique; fes feuilles prefque rondes n'ont guéres
plus de diametre que la tête d'une groffe épingle; fa tige
n'eft qu'un filet délié. Les eaux qui croupiffent font fouvent couvertes de cette plante qui forme un beau tapis
verd fur leur face. En-deffous des tapis de cette lentille
aquatique, on trouve une chenille * plus petite que celles
dont nous avons parlé cy-deffus, & qui de même eft rafe;
ce n'eft qu'avec le fecours de la loupe, qu'on lui découvre
quelques poils. Le fond de fa couleur eft un brun un peu
olive, fur lequel des teintes de fuye ou de biftre font étenduës. Ces teintes font plus fortes fur le deffus des premiers
anneaux que fur le refte du corps. Sa tête eft petite, & d'un
blanc jaunâtre ou d'une couleur plus claire que celle du
corps; la chenille la cache fouvent en grande partie fous le
premier anneau, qui eft luifant & comme écailleux. Elle

* Pl. 32. fig.
13.

eſt de la claſſe des chenilles à ſeize jambes, dont les huit
intermédiaires ont des couronnes de crochets complettes.
Il faut la loupe pour bien voir ſes ſtigmates qui ſont très-
petits.

Les deux premiéres chenilles de cette eſpece que j'ai
vûës, me furent apportées par M. l'Abbé Nollet qui, en
donnant ſes ſoins aux inſectes de mes petites menageries,
a pris beaucoup de goût à les obſerver, & qui a un grand
talent pour découvrir ceux qui ſont le mieux cachés. Les
deux chenilles qu'il m'apporta le 4. May étoient chacune
dans une eſpece de petite maſſe de feuilles de lentilles *.   * Pl. 32. fig.
Ces maſſes conſiderées de plus près étoient des coques   14 & 15.
d'une ſoye blanche, recouvertes de toutes parts de petites
feuilles. J'ai trouvé depuis pluſieurs chenilles de la même
eſpece, & je les ai toûjours trouvées dans de pareilles coques. Je fendis la coque d'une des deux premiéres que j'a-
vois euës, pour en tirer la chenille & la faire deſſiner ; je
mis cette chenille dans une ſoûcoupe pleine d'eau. Pendant tout le temps qu'on la deſſina, elle reſta ſur la ſurface
de l'eau, ſoit qu'elle fût trop legére pour s'enfoncer ſous
l'eau, ſoit qu'elle craignît de s'y enfoncer lorſqu'elle étoit
nuë. Cette chenille & les autres que nous avons décrites,
quoiqu'aquatiques, ſçavent très-mal nager.

Après que cette chenille eût été deſſinée, je la jettai
dans un poudrier plein d'eau dont la ſurface étoit couverte
de feuilles de lentilles. Je jettai auſſi auprès d'elle le reſte
de l'eſpece de tuyau d'où je l'avois tirée, qui avoit été raccourci & fendu. Sur le champ elle entra dans ce reſte informe de tuyau, & elle travailla auſſi-tôt à le réparer, à
l'allonger, en un mot, à ſe faire un logement aſſés ſpa-
cieux & ſolide. Elle ſortoit en partie de ſon fourreau dé-
labré ; la tête alloit ſaiſir quelquefois une ſeule feuille,
quelquefois une plante entiére de lentille ; elle retournoit

E e e ij

enfuite en arriére & entraînoit avec elle la feuille ou la plante de lentille ; elle l'appliquoit contre les débris de fon ancien fourreau ; elle l'y affujettiffoit par le moyen de plufieurs fils de foye. L'inftant d'après elle refortoit pour aller chercher, faifir & amener de nouveaux matériaux. Quand elle eut affemblé affés de feuilles en deffus, elle forçoit les autres à defcendre fous l'eau. Elle eut ainfi achevé en peu la carcaffe, pour ainfi dire, de fon edifice, car les feuilles ne furent d'abord ajuftées & affemblées que groffiérement, elles laiffoient des vuides entr'elles. La chenille fongea enfuite à perfectionner fon ouvrage, elle faifoit paffer fa tête dans les vuides qui étoient entre les feuilles ; elle arrangeoit mieux ces feuilles ; elle les rapprochoit les unes des autres ; & elle rempliffoit le peu d'efpace qui pouvoit être entr'elles, par un tiffu de foye qu'on voyoit très-bien avec la loupe. Enfin quand elle fut contente de fon ouvrage, elle conduifit le fourreau dans lequel elle étoit, auprès des parois du poudrier ; elle fixa avec des fils de foye un des bouts de fon logement contre l'endroit des parois qu'il touchoit. Elle ne fut pas long-temps à s'y transformer en une crifalide qui ne m'a rien fait voir de particulier. L'autre chenille, celle dont je n'avois pas défait la coque, fe métamorphofa deux ou trois jours plûtôt que la précedente. D'une de ces deux crifalides, je ne fçais pas de laquelle, il fortit le 5. Juin un papillon nocturne *, qui ne différoit en rien d'effentiel de tant de phalenes qui viennent des chenilles qui vivent fur terre. Il a des antennes à filets grainés, une trompe logée & roulée entre deux barbes. Quand il eft en repos, fes aîles forment un toit très-écrafé, & dont la bafe eft large. Son corps, les deux côtés de fes aîles inférieures, & le deffous des fupérieures font d'un beau blanc qui a quelque chofe d'argenté. Le fond de la couleur du deffus des aîles fupérieures eft plus gris de

* Pl. 32. fig. 16 & 17.

perle que blanc; & sur ce fond sont joliment distribuées
des taches d'un brun-clair & jaunâtre.

EXPLICATION DES FIGURES
DU DIXIEME MEMOIRE.
PLANCHE XXXII.

LA Figure 1, est celle d'une chenille aquatique qui vit
de feuilles de potamogeton.

La Figure 2, est celle d'une feuille de potamogeton. La
partie qui remplissoit le vuide marqué *a*, a été détachée
& emportée par une chenille qui l'a employée à faire la
moitié de son fourreau. En *be*, on voit un fourreau complet & presque détaché de la feuille. La piece *b e*, qui est
en vûe, est semblable à celle qui remplissoit l'espace *a*. En
c, est un fourreau plus petit que le précedent *b e*, attaché
par un bout contre la queuë de la feuille.

La Figure 3, est encore celle d'une feuille de potamogeton, sur laquelle un morceau d'une autre feuille *dd*, a
été transporté & collé pour faire une coque; mais la partie
sur laquelle est posée la piece *d d*, n'a pas encore été
coupée.

La Figure 4, fait voir une chenille qui a fait sortir sa tête *t* de son fourreau, & qui mange un morceau de feuille
de potamogeton.

La Figure 5, représente un fourreau *c*, de chenille, dont
la figure est un peu différente de celle des fourreaux des
figures précedentes, qui est attaché contre le pédicule *p*,
d'une feuille.

La Figure 6, laisse voir une crisalide, ou une chenille
prête à se transformer, au travers de la coque de soye

blanche qu'elle s'eſt filée. Il ne reſte qu'une des moitiés du fourreau de feuille *ff;* l'autre moitié a été emportée pour mettre la coque de ſoye à découvert.

La Figure 7, eſt, en grand, une portion d'un anneau de la chenille de la fig. 1, ſur laquelle paroît le ſtigmate *ſ.*

Les Figures 8 & 9, ſont celles de la criſalide de la chenille fig. 1, vûë du côté du ventre fig. 8. & de çôté fig. 9.

La Figure 10, eſt celle d'une portion d'anneau groſſie de la criſalide, ſur laquelle eſt un ſtigmate *ſ.*

La Figure 11, eſt celle du papillon qui ſort de la criſalide, fig. 8 & 9, vû par deſſus.

La Figure 12, eſt celle d'un morceau de feuille, ſur lequel le papillon de la figure précedente a laiſſé ſes œufs en *o.*

La Figure 13, eſt celle de la chenille aquatique qui ſe nourrit de feuilles de lentille aquatique.

Les Figures 14 & 15, repréſentent des coques ou fourreaux faits de feuilles de lentilles par la chenille de la figure précedente.

Les Figures 16 & 17, ſont celles du papillon de la chenille de la fig. 13. vû par deſſus fig. 16. & par deſſous fig. 17.

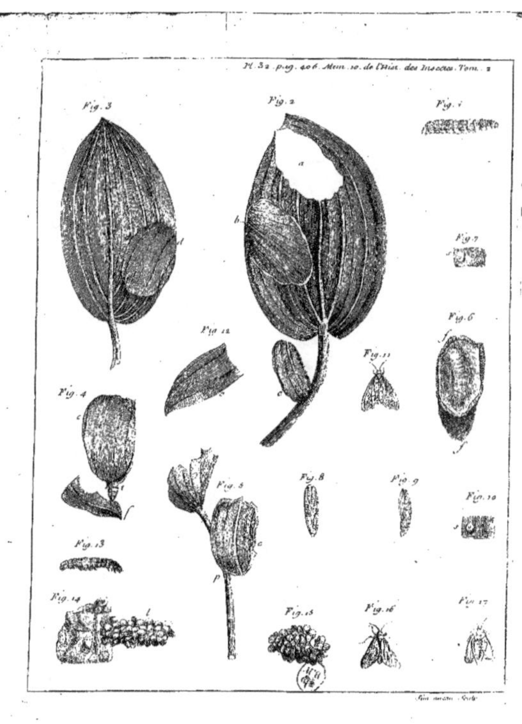

Pl. 32 pag. 406. Mem. 10. de l'Hist. des Insectes. Tom. 2

ONZIEME MEMOIRE.

DES
DIFFERENTES ESPECES D'ENNEMIS
DES CHENILLES.

QUAND la nature a rendu certains genres d'animaux prodigieusement féconds, elle a pris soin en même temps d'empêcher que malgré leur grande fécondité, ils ne se multipliassent trop. Elle a produit d'autres animaux pour les détruire; c'est-à-dire qu'elle a rendu extrémement fécondes les especes qui étoient destinées à en nourrir beaucoup d'autres; ainsi les chenilles sont destinées à nourrir quantité d'especes de grands & de petits animaux. Elles ont un prodigieux nombre d'ennemis; les uns les mangent toutes entiéres, ils n'en font qu'une bouchée; les autres les hachent, les rongent; d'autres les succent peu à peu, & ne les font pas moins périr. Quelque grand que soit le nombre de leurs destructeurs, on le trouve peut-être encore trop petit, lorsqu'on voit qu'elles dépouillent les arbres & les arbrisseaux de nos jardins & de nos campagnes, de leurs feuilles, qu'elles mangent nos légumes; on est peu touché alors de tout ce que nous avons pû rapporter à leur éloge; il y a long-temps qu'elles ne sont pas aimées, & nous n'aurons pas fait changer les sentimens qu'on avoit pour elles. On nous sçauroit plus de gré si nous donnions des receptes sûres pour les détruire, qu'on ne nous en sçaura de toutes les merveilles que nous en avons rapportées. On est si indisposé contr'elles, qu'on les détruiroit toutes volontiers sur le champ, si on en étoit maître. Quelques réflexions sur nos propres intérêts, arrêteroient néantmoins les effets de cette haine. Si nous aimons à voir les arbres de nos jardins & de nos bois ornés de feuilles, nous aimons à voir fur ces mêmes arbres des oifeaux, dont le chant & le ramage nous plaifent. Nous aurions peine à nous réfoudre à dépeupler nos bois de roffignols & de fauvettes, & de cent autres efpeces d'oifeaux, moins grands muficiens, mais dont les chants variés & les gazouillemens nous amufent & nous égayent, ou nous portent à de douces rêveries : faifons périr toutes les chenilles, & nous nous priverons bientôt de la plûpart de ces efpeces d'oifeaux. Tout a été affûrément bien fait, bien combiné, mais nous ne voyons pas les rapports que tant d'êtres différens ont les uns avec les autres ; ces rapports n'en font pas moins réels & moins néceffaires, pour être fouvent très-éloignés. En fuppofant que nous fommes le centre de tout, que tout fe rapporte à nous, comme nous aimons à le penfer, nous ne fçavons pas voir les relations utiles, mais un peu éloignées que peuvent avoir avec nous certains êtres que nous ne connoiffons que par des relations plus prochaines, & qui nous font quelquefois nuifibles.

M. Bradley Profeffeur de Botanique dans l'univerfité de Cambridge, a inferé dans fon traité géneral de l'Agriculture & du Jardinage *, une lettre qu'il affûre lui avoir été écrite, & dans laquelle on prend la défenfe des oifeaux contre ceux qui fe plaignent du mal qu'ils font aux jardins. L'Auteur de la lettre y prouve qu'ils leur font beaucoup de bien en détruifant les infectes nuifibles. Il y prouve qu'une feule paire de moineaux qui a des petits à nourrir, détruit dans une femaine 3360 chenilles. Voici le calcul qu'il en donne. Il prétend avoir obfervé que chaque moineau qui a des petits, entre vingt fois par heure dans le nid pour y porter la béquée ; le pere & la mere l'y portent

tour

* a general trealife of hufbandry and gardening. Imprimé à Londres en 1726.

tour-à-tour. Voilà donc quarante béquées portées par heure; & fuppofant que les moineaux portent la béquée chaque jour pendant douze heures, voilà 480 béquées portées par jour; & dans une femaine, fept fois 480 béquées, ou 3360 béquées; c'eft-à-dire 3360 chenilles, fi chaque béquée a été d'une chenille. Mais le moineau porte auffi dans fon nid des papillons, ce qui vaut bien des chenilles, pour diminuer le nombre même des chenilles dans un jardin. Enfin lorfqu'ils ne portent pas des chenilles, ils portent des araignées, des vers, &c.

Nous avons dit ailleurs que les nids des chenilles appellées les communes, font une reffource pendant l'hiver, pour les chardonnerets, qu'ils les dépiécent avec leur bec pour parvenir à trouver les petites chenilles qui y font renfermées. Il eft vrai pourtant que la plûpart des oifeaux ne mangent pas volontiers les chenilles veluës; mais tous les papillons font fort du goût de ceux qui aiment les chenilles rafes, & les veluës, comme les autres, deviennent papillons par la fuite.

Les papillons & les chenilles font peut-être de trop grands animaux, ou font au moins des animaux que n'aiment pas certains oifeaux qui prennent plus volontiers des mouches & des moucherons. Les chenilles, & les plus veluës fervent cependant à nourrir ces mêmes oifeaux, au goût defquels elles ne font pas, & qui ne les mangent jamais. Ce font-là de ces rapports qui, quoiqu'affés prochains, font déja éloignés pour nous. Les chenilles font néceffaires pour faire croître, pour fournir de leur propre fubftance de quoi vivre à un très-grand nombre d'efpeces de vers qui fe transforment en mouches & en moucherons, que les oifeaux fçavent très-bien attraper & avaler.

On a remarqué avant nous que fi les roffignols, que fi les hirondelles paroiffent au printemps dans ces pays,

Tome II. . Fff

ce n'eſt pas une temperature d'air plus douce, comme
plus douce, qui les y attire ; ils arrivent chés nous quand
ils peuvent y trouver de quoi vivre ; ils nous abandonnent
pour retourner dans d'autres climats , lorſque les alimens
convenables commencent à leur manquer. Les hirondelles ne trouvent plus aſſés de moucherons vers le milieu
de l'automne. Les inſectes qui font du goût des roſſignols
leur manquent apparemment de meilleure heure. Ce que
nous avons dit des vers & des moucherons, peut être dit
d'inſectes de divers autres genres , & d'alimens de toutes
autres natures qui aménent chés nous d'autres oiſeaux ,
même pour y paſſer l'hiver. J'ai vû les bords de la mer
ſe peupler en certains cantons du Poitou, de canards ,
de ſarcelles & de beaucoup d'autres oiſeaux marécageux,
vers la fin de l'automne, parce que les marais des environs
ſont remplis d'une plante graſſe, qui appartient, je crois,
au genre des kalis, dont les feuilles ſont róndes , & qu'on
y appelle de la *rouſſiere ;* elle eſt alors en graine, & elle y
reſte tout l'hiver. De vraies nuées de ces oiſeaux viennent
toutes les nuits manger cette plante. Les bécaſſes trouvent apparemment des vers de terre en plus grande quantité & plus aiſément pendant l'hiver, tant qu'il ne gele
pas, que pendant l'été ; alors il arrive plus ſouvent aux vers
de ſortir de leurs trous.

Si les chenilles nous font du mal , elles nous donnent
des dédommagemens. D'ailleurs, pour prendre un peu
leur défenſe, on a pour elles une haine trop génerale qui
enveloppe des milliers d'eſpeces d'innocentes avec quelques eſpeces de coupables. Les Mémoires précedens ont
dû donner idée d'un prodigieux nombre d'eſpeces de chenilles qui ſe trouvent dans ce pays ; cependant il n'y en
a peut - être pas une douzaine d'eſpeces qui nous ſoient
incommodes. Si on nous délivroit, 1.º de celle que nous

avons nommé la commune, 2.º de celle à oreilles, 3.º de
la livrée, 4.º de la petite chenille qui vit en société sur les
pommiers, 5.º de celle qui vit sur l'abricotier & divers autres
tres arbres, & qui a un mammelon charnu sur le dos, 6.º
de la chenille lievre, 7.º de quelques especes de chenilles du
chou, 8.º de celles des légumes, & dans certaines années
de quelques autres especes qui se multiplient plus que de
coutume, affurément il ne resteroit pas dans ce pays assés
de chenilles pour entretenir l'averfion qu'on a pour elles;
celles qui paroîtroient fur nos plantes & sur nos arbres n'y
feroient pas de dégât fenfible, & fourniroient un spectacle
agréable aux yeux curieux.

Mais l'ordre établi par la nature exige qu'il y en ait des
especes qui multiplient beaucoup, qui nous procurent à
nous-mêmes des agrémens qui nous coûtent une grande
quantité de feuilles d'arbres & de plantes. Ces chenilles,
comme nous l'avons déja dit, servent à élever des mouches & des moucherons, & d'autres insectes de différens
genres.

En suivant dans ce Mémoire les principales especes
d'insectes qui font une cruelle guerre aux chenilles, nous
allons entamer l'histoire des vers, celle des mouches,
celle des fcarabés, &c. avant que d'avoir même fini celle
des papillons & des chenilles : cette espece de dérange-
ment est une suite de la méthode pour laquelle nous nous
fommes déclarés dans le premier Mémoire du tome I. Le
vrai ordre, celui qui nous a paru préférable, est celui qui
est le plus propre à faire retenir les faits, à donner pour
eux plus d'intérêt, & qui conduit le plus à les vérifier les obfervateurs qui en feront tentés. Ce que quantité de vers, de
mouches & d'autres insectes ont de plus propre à les graver
dans notre fouvenir, c'est qu'ils font des destructeurs de
chenilles. C'est d'ailleurs en obfervant les chenilles, qu'on

Fff ij

obſerve tout ce qui a rapport à ces vers. Enfin en obſervant les chenilles, il faut être inſtruit de tous les faits qu'elles nous donnent occaſion de voir; d'autant plus qu'il eſt bon d'offrir quelque dédommagement au curieux qui a nourri pendant long-temps une chenille, à qui cette chenille a quelquefois donné une criſalide, de laquelle, au lieu du papillon qu'il en attendoit, il ne voit ſortir qu'une mouche, ou que des moucherons. Nous n'avons peut-être que trop cherché à juſtifier la place que nous donnons à ce Mémoire, auſſi comptons-nous que ce que nous venons de dire, ſera dit pour d'autres cas ſemblables qui ſe préſenteront dans la ſuite.

La maxime ſi ſouvent citée contre nous, qu'il n'y a que l'homme qui faſſe la guerre à l'homme, que les animaux de même eſpece s'épargnent, a aſſurément été avancée & adoptée par gens qui n'avoient pas étudié les inſectes. Leur hiſtoire nous fera voir en plus d'un endroit, que ceux qui ſont carnaciers en mangent fort bien d'autres de leur eſpece quand ils le peuvent. Mais ce qui eſt pis & particulier à quelques chenilles, c'eſt que, quoique faites, ce ſemble, pour vivre de feuilles, quoiqu'elles les aiment & qu'elles en faſſent leur nourriture ordinaire, elles trouvent la chair de leurs compagnes un mets préférable, elles s'entre-mangent quand elles le peuvent. Il n'y a pourtant qu'une ſeule eſpece de chenilles * qui vit ſur le chêne, qui m'ait encore donné occaſion de faire cette remarque; elle n'a d'ailleurs rien qui la fît juger d'un ſi mauvais naturel; elle paroît auſſi douce qu'aucune chenille que ce ſoit; elle n'a ni air de ferocité, ni grande activité. Elle eſt de la première claſſe; elle a ſeize jambes à demi-couronnes de crochets; elle eſt très-raſe, à peine la loupe fait-elle appercevoir quelques poils ſur ſon corps. Le fond de ſa couleur eſt noir, ou brun-noir; elle eſt parée par trois rayes d'un

* Pl. 33. fig. I.

beau jaune, dont l'une regne tout du long du dos; chaque côté a une pareille raye située au-deffus de la ligne
des ftigmates.

J'avois mis une vingtaine de chenilles de cette efpece
dans un poudrier; on avoit le même foin de les nourrir,
que de nourrir celles de plufieurs autres efpeces, c'eft-à-
dire, de leur donner des feuilles de chêne nouvelles, dès
que celles qu'elles avoient commençoient à fe faner. On
remarqua que le nombre de ces chenilles diminuoit journellement : on ne trouvoit pas cependant les cadavres des
mortes. Cette obfervation rendit plus attentif à les examiner, & l'on vit que lorfque quelqu'une d'elles * rencon-
troit une de fes compagnes *, elle tâchoit de la faifir avec
fes dents, vers les premiers anneaux; qu'elle lui faifoit des
bleffures mortelles, fi l'attaquée ne fe dégageoit par de
prompts efforts, avant que d'avoir reçû des coups de dents.
Les chenilles qui ont été percées quelque part périffent,
& fi elles ne périffent pas fur le champ, bientôt au moins
elles deviennent très-foibles; ainfi l'attaquante, la meur-
triere fe trouvoit bientôt maîtreffe de fa proye. Quand
elle ne pouvoit plus lui échapper, elle la fucçoit & la ron-
geoit tranquillement. Celles qui attaquoient, paroiffoient
toûjours les plus fortes, elles ne s'adreffoient apparemment qu'à celles dont elles connoiffoient l'état de foibleffe,
peut-être qu'à celles que l'approche de la muë rendoit languiffantes. Ce qui eft de fûr, c'eft que de mes vingt chenilles & plus il ne m'en refta qu'une, qui fut deffinée pendant qu'elle mangeoit la derniére de fes camarades. Elle
y étoit fi acharnée qu'elle fe laiffa tirer du poudrier fans
abandonner fa proye, à laquelle elle refta attachée; elle
continua de fuccer & de manger pendant tout le temps
qui fut employé à la deffiner. Ce ne font pourtant que les
parties intérieures qu'elles mangent, elles laiffent non-

* Pl. 33. fig.
1. a.
* b.

F ff iij

feulement la tête & les jambes, elles laiffent même toute la peau. Le cadavre alors eft réduit à peu de chofe, & c'eft ce qui empêchoit de trouver dans le poudrier ceux des chenilles qui avoient été mangées, parce qu'on croyoit devoir y trouver des chenilles mortes, ayant la forme & la grandeur des vivantes. Celle qui m'étoit reftée, périt fans fe transformer en crifalide.

M.ᵉ Merian affûre qu'elle a vû auffi des chenilles à tubercules, qui font celles que nous avons fait repréfenter tome I. pl. 49. fig. 1, ou celles de la pl. 50. fig, 1. qui s'entre-mangeoient, mais j'ai nourri de ces derniéres chenilles, fans les avoir vû fe traiter avec une pareille barbarie.

Pour l'ordinaire les chenilles n'ont pas à s'entre-redouter; non-feulement celles de la même efpece ne fe font point de mal les unes aux autres, celles d'efpeces différentes vivent enfemble très-pacifiquement dans le même endroit, dans le même poudrier. Auffi ont-elles affés d'ennemis contre lefquels elles font hors d'état de fe défendre; plufieurs efpeces de vers les rongent toutes vivantes; les uns fe tiennent en partie fur le corps de la chenille même, ils le percent & le fuccent. D'autres vivent dans l'intérieur de la chenille, ils y font fi bien cachés, qu'on ne foupçonneroit pas quelquefois qu'une chenille qui en a le corps farci, en eût un feul; elle paroît fe porter à merveilles; fon extérieur n'eft en rien changé, malgré les vers qui dévorent continuellement fes parties intérieures.

On peut divifer ces vers qui mangent les chenilles, comme les chenilles mêmes, en vers qui vivent en focieté, & en vers folitaires. Ils doivent tous fubir une métamorphofe. J'appelle vers qui vivent en focieté, ceux qui fe tiennent en bon nombre dans le corps d'une chenille, & qui en fortent enfemble pour fe métamorphofer les uns auprès des autres. Les vers folitaires font ceux dont on ne peut trouver qu’un ou deux dans le corps d’une chenille. Il y en a plufieurs efpeces, tant de ceux qui vivent en focieté, que des folitaires. Il y en a de l’une & de l’autre claffe qui fe filent des coques de foye pour fe transformer, & d’autres qui fe transforment fans fe renfermer dans des coques.

Les chenilles de la plus belle des efpeces qui s’élevent fur le chou, font de toutes les chenilles celles à qui il eft plus ordinaire de nourrir dans leur intérieur des vers de la claffe de ceux qui vivent en focieté, & fur-tout d’en nourrir de ceux des efpeces qui fçavent fe filer de très-jolies coques de foye qu’ils attachent les unes auprès des autres. Ce font ceux qui en ont impofé à plus de Naturaliftes. Goedaert & beaucoup d’autres avant lui ont regardé ces vers comme les vrais enfans des chenilles; ils ont cru même voir que la chenille s’intéreffoit pour fes enfans nouvellement nés, que dès qu’ils étoient fortis de fon corps elle filoit pour les envelopper de foye. Au lieu qu’une chenille n’auroit dû, pour ainfi dire, enfanter qu’une crifalide, ils croyoient qu’il lui arrivoit quelquefois d’enfanter des vers. Mais comme ces vers étoient confidérablement plus petits que la crifalide, ils imaginoient apparemment que la chenille qui auroit dû produire une groffe crifalide qui fe feroit transformée en un grand papillon, ne produifoit quelquefois que des vers qui fe transformoient en de petites mouches, mais qu’en revanche elle produifoit un grand nombre de ces vers.

Quoique des apparences groffiéres ayent pû favorifer cette idée, il feroit cependant étonnant qu’elle eût pû être reçûë, fi l’on ne fçavoit qu’il y a eu des temps où on admettoit les faits, & où on en tiroit des conféquences trop legérement. N’auroit-on pas trouvé du ridicule à faire accoucher une chatte tantôt de cinq à fix chats, & tantôt d'une centaine de fouris! Mais quand on n'a pas des idées affés philofophiques, quand on ne voit pas bien que le grand & le petit ne font que des chofes relatives, les diffé-rences du petit au grand en impofent aifément; ce qu'on ne croiroit pas poffible dans les grands animaux, on le croit poffible dans des animaux beaucoup plus petits. S'il eût plû à l'Auteur de la nature de faire des chats auffi petits que les chenilles, ils engendreroient auffi conftamment, auffi invariablement des chats de leur efpece, que les grands chats en engendrent de la leur. Nos chenilles d'ailleurs font dans un état d'enfance, elles ne produifent pas même des chenilles. L'ordre établi par rapport à elles, c'eft qu'il en doit fortir une crifalide qui fe transforme en papillon.

Les vers qui paroiffent naître des chenilles, n'ont pas trompé les obfervateurs qui avoient de plus juftes idées de l'invariabilité des productions de la nature, tels qu'ont été Swammerdam, Leeuwenhoek, Vallifnieri, &c. Il a dû pa-roître certain que les vers qui s'étoient élevés dans le corps des chenilles, qui en fortoient, & qui fe transformoient enfuite en mouches ou en moucherons, devoient leur naiffance à des mouches ou à des moucherons fembla-bles à ceux fous la forme defquels ils devoient paroître un jour. Sur quoi feulement il pouvoit y avoir de l'incertitude, c'eft fur la maniére dont ces vers étoient entrés dans le corps de la chenille. 1.°. Doit-on croire que les œufs dans lefquels ils ont été contenus, avoient été dépofés fur une feuille, & qu'ils avoient paffé dans les inteftins de la chenille lorfqu'elle avoit mangé inconfidérement les por-tions de la feuille à laquelle ils étoient attachés! 2.° Ou doit-on penfer que la mouche a dépofé fimplement fes œufs fur le corps de la chenille, à peu près comme les mou-ches ordinaires laiffent les leurs fur la viande! 3.° Enfin la mouche

la mouche a-t-elle quelqu'induſtrie particuliére pour mettre
ſes œufs hors de tout riſque, pour empêcher que la chenille ne s'en puiſſe défaire, & pour les faire éclore ſûrement!

La nature a appris à nos mouches, comme elle l'a appris
aux autres animaux, les moyens les plus ſûrs de perpétuer
leur eſpece, & elle a appris des moyens différens à des mouches d'eſpeces différentes. Vers la fin d'Août je vis ſur une
des belles chenilles du chou une petite mouche, qui me parut ſemblable à celles qui étoient nées chés moi, de vers
qui avoient crû dans des chenilles de la même eſpece; ſon
corps étoit d'un beau verd doré; elle portoit ſes aîles horiſontalement, mais de façon qu'elles ſe croiſoient: la ſupérieure cachoit preſqu'en entier l'inférieure. Je fus attentif à l'obſerver; pour le faire même plus à mon aiſe, je
détachai doucement du reſte de la feuille la portion ſur laquelle étoit la chenille. La petite mouche ſe trouvoit bien
où elle étoit, elle étoit où elle vouloit être, auſſi y reſta-
t-elle; elle me permit de l'obſerver autant que je le ſou-
haitai, même avec une loupe aſſés forte. Occupée d'autres ſoins, elle ne paroiſſoit pas ſonger à moi; quelquefois
elle marchoit ſur le corps de la chenille, mais ſeulement
pour changer de place; elle ſe fixoit enſuite. Je vis que
lorſqu'elle étoit en repos, elle faiſoit ſortir de ſon derriére
une eſpece d'aiguillon très-fin & preſqu'auſſi long que
tout ſon corps; elle en piquoit la pointe dans le corps de
la chenille; elle l'y enfonçoit peu à peu juſqu'à y faire
entrer l'aiguillon tout entier. La chenille ſouffroit aſſés
patiemment cette piquûre, quelquefois pourtant elle ſe
donnoit des mouvemens, dont la petite mouche ne paroiſſoit pas s'inquiéter. La petite mouche retiroit enſuite
ſon aiguillon pour l'enfoncer aſſés près de l'endroit d'où
elle l'avoit retiré. Après avoir fait là quelques piquûres,
elle changeoit de place pour aller ailleurs en faire d'autres.

Tome II. . G g g

Il me parut qu'elle choififfoit par préference les jonctions
des anneaux; c'eft près de la jonction du huitiéme avec le
neuviéme & de celle du neuviéme avec le dixiéme, qu'elle
enfonça fon aiguillon en différens endroits & à différentes reprifes.

Il n'étoit pas mal-aifé de deviner à quoi tendoient toutes ces piquûres; la mouche ne cherchoit pas à piquer la
chenille, pour la piquer, précifément pour lui faire du mal.
Les aiguillons que les infectes portent au derriére ne font
point des organes au moyen defquels ils prennent de la
nourriture; mais on fçait que les efpeces d'aiguillons que
quelques-uns portent au derriére, fervent à percer les corps
dans lefquels ils veulent dépofer leurs œufs, & font de plus,
les canaux qui conduifent les œufs dans les trous qu'ils
ont percés. Cette efpece de fabre ou d'épée dont le derriére de plufieurs efpeces de fauterelles femelles eft armé,
nous donnera occafion ailleurs d'expliquer comment elles
s'en fervent pour cacher leurs œufs fous terre. Il y a donc
tout lieu de croire que chaque fois que la petite mouche
enfonçoit fon aiguillon dans le corps de la chenille, elle y
dépofoit un œuf qui devoit être couvé par une chaleur
douce, qui le feroit bientôt éclore; & que dès que l'infecte
feroit forti de l'œuf, il trouveroit une nourriture convenable; qu'il n'auroit qu'à fuccer ou qu'à ronger les parties
de la chenille. La profondeur à laquelle les œufs étoient
dépofés, les mettoit en fûreté, elle étoit telle que la chenille pouvoit changer de peau, fans que les œufs puffent
être rejettés avec la dépouille.

J'eus foin de nourrir cette chenille, & je comptois
qu'elle nourriroit elle-même plufieurs vers; elle ne me parut pas moins vigoureufe que les autres de fon efpece. Au
bout de dix à douze jours elle fe transforma en crifalide;
mais de jour en jour je vis dépérir cette crifalide, & il n'y en

avoit pas quatre qu'elle étoit née, que je trouvai tout fon
intérieur mangé par des vers, à qui peut-être elle ne donna
pas affés d'alimens, car ils ne parvinrent pas à fe transformer en mouches.

Il arrive tantôt que les vers fortent du corps de la chenille, & tantôt qu'ils fortent de celui de la crifalide, & cela
felon que l'accroiffement de la chenille étoit plus ou moins
avancé, lorfque les œufs ont été dépofés dans fon corps.

Vers le commencement de Décembre 1733. je trouvai
fur des choux un affés bon nombre de leurs plus belles
chenilles; j'en mis plus d'une trentaine dans un même
poudrier; elles me donnérent des occafions de refte d'obferver comment les vers fortent du corps des chenilles. Plus
de vingt-cinq de ces trente fe trouvérent en être pleines.
Les premiéres coques de vers que je vis auprès d'une de ces
chenilles, du corps de laquelle les vers étoient fortis, m'a-
vertirent d'être attentif à obferver s'il n'en fortiroit point
de quelqu'une des autres chenilles. Dès le lendemain vers le
midi, j'apperçûs un petit tubercule blancheâtre fur un des
côtés d'une de ces chenilles. Ce tubercule avoit quelqu'air
d'une jambe membraneufe, mais pofée dans un endroit
où il ne doit pas y en avoir. Je foupçonnai que ce tubercule étoit un ver, & bientôt je vis que ç'en étoit un. Le
tubercule s'éleva de plus en plus, prefque perpendiculairement à la furface de la peau; je le vis enfuite fe raccourcir
un peu pour s'allonger bientôt davantage, & s'élever davantage au-deffus de la peau. Enfin je ne fus pas long-temps
fans voir une feconde inégalité s'élever fur un autre endroit
du même côté de la chenille; fa peau venoit d'être percée
là par un autre ver: ainfi fucceffivement elle fe trouva cri-
blée des deux côtés par différens vers *. Il en fortit d'un
côté quatorze à quinze, & quinze à feize de l'autre côté, &
cela dans moins d'une demi-heure. C'étoit à force de

* Pl. 33. fig.
2.

G g g ij

raccourciffemens & d'allongemens fucceffifs qu'ils parvenoient chacun à avancer en dehors de la chenille. Enfin
ils parvinrent tous à fe tirer de fon corps, & allérent fe
placer auprès de fes côtés.

Pendant cette cruelle opération, la chenille étoit tranquille, elle fembloit morte, elle ne l'étoit pourtant pas.
Quand elle fut délivrée de tant d'ennemis élevés dans fon
propre corps, elle fe courba plufieurs fois, elle fe donna
divers mouvemens, elle marcha même un peu, mais elle
périt au bout de quelques jours.

Les vers ne fortirent de quelques-unes de ces chenilles,
qu'après qu'elles fe furent liées, comme nous l'avons expliqué ailleurs *, pour fe transformer en crifalides. Quelques-
unes même malgré toutes les playes qui leur avoient été
faites pour donner des forties à tant de vers, fe métamor-
phoférent en crifalides, mais en crifalides qui périrent bientôt. Enfin ce fut des crifalides mêmes que fortirent d'autres vers de la même efpece, mais ces derniéres crifalides,
comme celles des chenilles criblées, ne donnérent point
de papillons.

Ce font au refte des obfervations qui feront aifées à
faire, dès qu'on voudra prendre des chenilles du chou de
l'efpece dont nous venons de parler, dans le temps où
elles font prochs de leur transformation. Rien n'eft plus
ordinaire que d'en trouver qui ont le corps plein de vers.
Pendant l'automne 1735. c'eft-à-dire vers la fin de Septembre, & dans le commencement d'Octobre, j'ai ouvert
un grand nombre de ces chenilles; communément de 23.
à 24 chenilles que j'ouvrois, je n'en trouvois qu'une ou
deux qui n'euffent pas le corps rempli de vers. Ainfi géneralement parlant, il n'y a peut-être pas la dixiéme ou la
vingtiéme partie de ces chenilles qui parvienne à fe transformer en papillons.

* Tom. 1.
Mém. XI.
Pl. 28. fig.
12.

Les vers des chenilles de cette efpece font blancs, leur
peau eft rafe, ils n'ont aucuns poils; ils font dépourvûs
de jambes. Lorfqu'on les obferve au microfcope *, on
voit du côté du dos une efpece de chapperon charnu *,
legérement bordé de brun, fous lequel la tête fe renfonce
quelquefois en partie. Lorfque la tête en eft dehors, fa partie fupérieure a des inégalités *, qui enfemble ont la figure
d'une fleur de lys ou d'un trefle. Si on regarde le devant
de la même tête au microfcope *, on reconnoît très-bien
la bouche formée par une levre fupérieure & une levre
inférieure; deux traits noirs qui partent de chaque côté,
& qui fe prolongent vers le milieu de la bouche, ne peuvent être pris que pour les dents ou les crochets avec lefquels le ver hache les parties de la chenille.

Dès que ces vers font fortis du corps de la chenille, &
fouvent avant que d'en être entiérement fortis, ils commencent à filer; ils tirent des fils çà & là en différens fens;
mais il femble que ces premiers fils ne foient tirés que pour
mettre la filiére en train d'en fournir, pour s'effayer à filer.
La filiére, comme celle des chenilles, eft placée à la levre
inférieure, & m'a paru y former un petit bec.

Tous les vers qui font fortis d'un côté defcendent du
même côté, & fans s'éloigner les uns des autres, ni de la
chenille, ils continuent à tirer quelques fils irréguliérement en différens fens. Il fe forme de ces fils une petite
maffe cotonneufe qui va fervir de bafe à la coque de chaque ver *. Chacun d'eux fonge bientôt tout de bon à s'en
faire une, & s'en fait une d'une belle foye, & d'une forme
qui différe fi peu de celle de la coque d'un ver à foye, que
cette derniére, vûë au travers d'un ver concave qui diminueroit autant les objets que les bonnes loupes les augmentent, paroîtroit telle que font les coques de ces vers. Leur
foye eft d'ailleurs d'un beau jaune, & fi forte, qu'il feroit à

G g g iij

* Pl. 33. fig. 3.
* c c.

* f f.

* Fig. 4.

* Fig. 7.

défirer qu'on pût en faire des récoltes pareilles à celles de la foye des vers à foye, elle pourroit être employée aux mêmes ouvrages.

Il m'a paru y avoir une petite particularité à obferver dans la maniére dont chaque ver s'y prend pour ébaucher, pour ainfi dire, fa coque. Quand il la commence, il eft ordinairement placé fur le tas ou fur les bords du tas de foye dont nous venons de parler *; il fe raccourcit & fe recourbe, & colle quelque part près de fon derriére, le bout du fil * qu'il va faire fortir de la filiére. Ce bout étant collé, le ver s'allonge peu à peu autant qu'il peut s'allonger, il file par conféquent un brin de fil auffi long à peu près que tout fon corps *: alors il s'arrête un inftant, & retournant enfuite en arriére, & fe raccourciffant & fe recourbant, il revient coller le fil une feconde fois, près de l'endroit où il l'avoit déja collé. Il m'a femblé que l'endroit du fil où le ver s'étoit arrêté après s'être autant allongé qu'il le pouvoit, l'endroit où le fil devoit former un coude devenoit un point d'appuy, qui tiroit hors de la filiére une nouvelle portion de fil, pendant que la tête retournoit au point d'où elle étoit partie; je veux dire que le ver formoit une maille d'un fil de foye qui avoit une longueur prefqu'égale à celle de fon corps. Quand le fil fuivroit la tête pendant qu'elle retourne en bas, la maille auroit toûjours une longueur égale à celle de la moitié du corps du ver, car il tient les deux moitiés de la longueur du fil très-proches l'une de l'autre. Il entoure ainfi fucceffivement de longues mailles le cercle qui doit former la circonférence du bout de la coque; enfuite il lie enfemble toutes ces mailles, & cela va fi vîte, qu'en moins d'un quart-d'heure la coque a fa véritable forme: elle renferme le ver de toutes parts, quoiqu'elle permette encore de le voir. Mais il ne faut pas au ver une demi-heure ou trois quarts-

d’heure pour la finir entiérement, ou au moins pour en
avoir rendu le tiſſu ſi épais & ſi ſerré, qu’il s’y trouve très-
bien caché. Ainſi il y a ordinairement de chaque côté de
la chenille un petit tas de coques poſées les unes contre
les autres. Quelquefois pourtant les vers d’un côté ſe partagent en deux bandes; quelquefois des circonſtances dé-
terminent un ver à s’éloigner des autres, & à filer ſa coque un peu à l’écart.

C’eſt dans ces coques qu’ils doivent ſe transformer en
nymphes pour en ſortir mouches. Nous avons vû que
quelques chenilles reſtent long-temps dans leurs coques
avant que de ſe transformer en criſalides; il en arrive de
même à nos vers, au moins cela eſt-il arrivé à ceux qui
ſont ſortis des chenilles au commencement de Décembre.
J’ai ouvert pluſieurs de leurs coques dans différens temps,
juſqu’au 23. d’Avril, dans leſquelles j’ai toûjours trouvé
le ver avec ſa premiére forme; je vis pourtant des mouches
qui étoient ſorties de quelques-unes de ces coques vers le
29. de ce dernier mois. J’en ouvris alors d’autres, dans
chacune deſquelles je trouvai une nymphe blanche *, & la   * Pl. 33. fig.
dépouille du ver. Il ſuit de cette obſervation que l’inſecte   10 & 11.
reſte pendant pluſieurs mois dans ſa coque ſous ſa premiére
forme, & qu’il ne conſerve celle de nymphe que pendant
peu de jours, car au commencement de May toutes les
petites mouches étoient ſorties des coques. Ces petites
mouches ont quatre aîles *, dont les deux ſupérieures ont   * Fig. 12.
chacune une tache brûne vers le milieu de leur côté extérieur. Leur corps eſt noir; leurs jambes ſont jaunâtres ;
elles ſont pourvûës de longues antennes. Lorſqu’elles ſont
en repos, elles portent leurs aîles croiſées ſur leur corps &
paralleles au plan de poſition *.   * Fig. 13.

Il y a des vers qui s’élevent en plus grand nombre que
ceux dont nous venons de parler, dans les corps de diverſes

eſpeces de chenilles, & qui ſemblent avoir encore plus
d'inclination que les précedens, à reſter enſemble, après
en être ſortis, juſqu'à ce qu'ils ſoient devenus de très-petites mouches. Toutes leurs petites coques, arrangées les
unes auprès des autres, ſont entourées d'une enveloppe cotonneuſe de fils de ſoye qui les cache très-bien *. La
ſoye de quelques-unes eſt jaune, mais d'un jaune plus pâle
que la ſoye des coques précedentes; d'autres ſont blanches comme les coques blanches des vers à ſoye. Quand
on rencontre pour la première fois une maſſe compoſée
de toutes ces petites coques, on la prend pour la coque
d'une chenille; elle n'a point l'air du tout d'être l'ouvrage
de pluſieurs inſectes. Ce ſont auſſi de toutes les coques,
celles qui en ont le plus impoſé aux premiers obſervateurs, à ceux mêmes qui ſçavoient que l'intérieur de cette
maſſe étoit occupé par un grand nombre de petits vers;
chacun logé dans une cellule particuliére, & qui tous
étoient ſortis du corps d'une chenille, Ils ont cru cette
chenille la vraye mere de tous ces petits vers, & qu'elle
en faiſoit les fonctions, en les couvrant tous, dès qu'ils
étoient nés, d'une épaiſſe & cependant legére couche
de ſoye.

Une chenille de la premiere claſſe, veluë & rouſſe,
qui avoit été trouvée ſur l'ariſtoloche, & qui étoit ſemblable à une de l'ortie & du pourpier *, me donna occaſion de voir les vers de cette derniére eſpece dans le
temps où ils ſe filoient chacun une petite coque *, & de
voir comment il arrive que l'aſſemblage de toutes ces petites coques ſe trouve renfermé ſous une enveloppe commune. C'eſt vers la fin de Juillet que j'eus la chenille dont
l'intérieur étoit peuplé de tant de petits inſectes qui y vivoient à ſes dépens. Elle paroiſſoit ſe porter très-bien;
pendant huit jours elle continua à ſe porter de même,

mangeant

* Pl. 35. fig. 1 & 6.

* Pl. 34. fig. 8.

* Pl. 35. fig. 2.

mangeant les feuilles d’ariſtoloche qu’on avoit ſoin de lui donner. Le jour où tant de vers en devoient ſortir, je la vis l’après midi qui avoit ſa vigueur ordinaire, & le ſoir, ſur les huit heures, ſon corps avoit été criblé par les vers qui avoient cherché à voir le jour. Lorſque je les obſervai ils étoient preſque tous ſortis, chacun d’eux étoit occupé à ſe filer une coque. Les premiers s’étoient fixés ſur une tige d’ariſtoloche peu éloignée de la chenille; c’eſt-là qu’ils avoient travaillé à ſe faire chacun une petite cellule de ſoye; ceux qui ſortoient enſuite ſe rendoient auprès des autres, & prenoient les coques commencées pour appui de celles qu’ils alloient ſe faire. C’eſt de-là qu’il arrive que toutes ces petites coques forment enſemble une même maſſe; & ce qui fait que ce maſſif de coques ſe trouve entouré d’une enveloppe bourreuſe, comme cotonneuſe, c’eſt que chaque ver file une enveloppe de ſoye lâche pour couvrir le côté & le bout de ſa coque, qui ne ſe trouvent pas poſés ſur d’autres coques. Ainſi l’enveloppe extérieure, eſt comme le reſte, l’ouvrage d’un grand nombre de vers; elle eſt principalement faite de la ſoye qui a été filée lâche par chacun de ceux dont les coques avoient un de leurs bouts & un de leurs côtés ſur la ſurface extérieure de la maſſe formée par toutes les coques.

La vîteſſe avec laquelle ces vers filent, eſt étonnante; chacun d’eux acheve ſa coque au moins une fois plus vîte que les vers dont nous avons parlé cy-devant, n’achevent les leurs, quoique ceux-cy aillent bon train. Il y avoit à la verité pluſieurs coques ébauchées lorſque je commençai à voir les vers dans le travail; une quatriéme partie de la maſſe totale pouvoit être faite, mais en moins d’un quart-d’heure la maſſe entiére fut finie ſous mes yeux; en moins d’un quart-d’heure toutes les coques furent renfermées ſous l’enveloppe cotonneuſe.

Tome II. .Hhh

* Pl. 35. fig. 3 & 4.

Ces vers *, comme les premiers dont nous avons parlé, n'ont point de jambes, ils font blancheâtres de même ; leur tête auffi m'a paru avoir affés de reffemblance avec celle des autres.

J'ai vû depuis des vers de la même efpece fortir de deux * Pl. 34. fig. 8. chenilles * femblables à celle de l'ariftoloche, dont il vient d'être parlé ; ces chenilles avoient été prifes fur le pourpier en Septembre. C'eft près de la fin du même mois, après que je les eus nourries pendant quelques jours, que je les obfervai, dans l'inftant où les vers leur perçoient le corps. Ils fe tiroient d'une prifon où ils s'étoient bien trouvés jufques-là, & parvenoient à fe mettre en liberté au moyen de mouvemens précifement femblables à ceux que fe donnent en pareil cas les vers des chenilles du chou. Plus de 80 vers fortirent fous mes yeux du corps d'une de ces deux chenilles du pourpier. Dès que les vers furent fortis des corps de ces deux chenilles, ils fe mirent à filer ; je vis qu'ils commençoient chacun à travailler à grandes mailles, à mailles plus longues que la moitié de leur corps, & que ce font ces fortes de mailles qui forment le tiffu cotonneux qui fait l'enveloppe de la maffe des coques.

La chenille qui s'étoit nourrie d'ariftoloche, & une de celles qui s'étoient nourries de pourpier, vivoient encore deux à trois heures après qu'elles eurent reçû tant de bleffures confidérables ; mais elles paroiffoient foibles & languiffantes. Je les délivrai un peu cruellement d'une vie peut-être douloureufe. Je leur ouvris le corps d'un bout à l'autre, & je trouvai dans la capacité du ventre de chacune de ces chenilles plus de quinze vers femblables aux premiers, mais qui pour être nés plus tard, ou pour n'avoir pas crû fi vîte, n'avoient pas été en état de paroître au jour auffi-tôt que les autres.

Quand on voit tant de vers, & affés gros fortir du corps

d'une chenille, on a peine à concevoir comment ils avoient
pû y être tous contenus. Mais il paroît bien plus difficile
de concevoir comment tant de vers ont pû naître dans le
corps de cette chenille, & y croître, sans qu'elle soit périe. Il y a plus encore, cette chenille non - seulement
ne périt pas, elle croît elle-même pendant que des vers
semblent remplir toute la capacité de son ventre, & être occupés à dévorer les visceres & toutes les parties essentielles
à sa vie, que cette capacité renferme. Le commencement
de ce Mémoire nous a appris que les plus belles des chenilles du chou sont si sujettes, dans certaines saisons, à
avoir des vers, qu'il est beaucoup plus aisé de trouver de
ces chenilles qui en ont dans leur corps, que d'en trouver
qui n'en ayent pas. Si on ouvre de ces chenilles dans un
temps où les vers n'ont pas encore commencé à leur percer le corps, mais où ils sont près d'y travailler, on voit
les vers pressés les uns contre les autres *, & qui occupent   * Pl. 34. fig.
dans la capacité du ventre beaucoup plus de place que n'y   1.
en occupent les parties qui seules devroient remplir cette
capacité. Ces vers ont les instrumens nécessaires pour hacher & pour percer, puisqu'ils viennent à bout de se faire
un passage au travers des chairs de la chenille & de sa peau
plus dure que les chairs. On est porté à imaginer que l'intérieur de la chenille a été tout haché, tout mis en pieces
par de pareils habitans. Comment donc a-t-elle pû vivre!
Mais non - seulement elle a vécu, elle a crû pendant que
tant d'ennemis si terribles se nourrissoient de son intérieur.
Nous ne pouvons assés admirer la sagesse & la prévoyance
avec laquelle tout a été combiné & préparé pour perpétuer des especes de petites mouches que nous ne connois-
sons presque pas. La mere mouche a été instruite à aller déposer ses œufs dans le corps d'une chenille; elle a été pour-
vûë des organes au moyen desquels elle y peut parvenir.

H h h ij

C'eſt-là que ſes petits doivent naître, c'eſt le ſeul endroit
où ils puiſſent trouver un aliment convenable. Mais ſi la
chenille qui doit leur fournir cet aliment pendant un certain nombre de ſemaines ou de jours, périſſoit, les vers
eux-mêmes périroient. Tant que ces vers ont beſoin de
croître, juſqu'à ce qu'ils ſoient prêts à ſe transformer, ils
ne doivent donc pas porter d'atteintes mortelles à la chenille. Ils ſçavent auſſi épargner les parties qui lui ſont eſſentielles; jamais ils ne percent, ni n'attaquent même le long
canal qui eſt compoſé de l'œſophage, de l'eſtomach & des
inteſtins *. Dans les chenilles que j'ai ouvertes & qui
étoient les plus farcies des eſpeces de vers que nous examinons, j'ai toûjours trouvé ce canal très-ſain & ſouvent
bien rempli de feuilles hachées, & en partie digérées. Les
vers ſçavent donc ménager les organes néceſſaires pour
faire vivre, & pour faire croître les chenilles. Ils trouvent
moyen de ſe nourrir à leurs dépens, ſans leur faire des bleſ-
ſures mortelles. Dans le Mémoire où nous avons décrit les
principales parties des chenilles, nous avons dit que la plus
conſidérable portion de la capacité de leur ventre eſt occupée par un corps organiſé, que nous avons appellé le
corps graiſſeux *. C'eſt ce corps qui remplit tous les vuides
qui ſont entre les parois de la capacité du ventre, les tra-
chées, les vaiſſeaux à ſoye, l'eſtomach, les inteſtins, &c. ſon
volume ſurpaſſe ſouvent celui de toutes les parties que nous
venons de nommer. Ce corps graiſſeux dont le volume eſt
ſi conſidérable, m'a paru une partie plus eſſentielle à l'inſecte
lorſqu'il a pris la forme de criſalide, qu'elle ne lui étoit lorſqu'il avoit la forme de chenille. J'ai tâché de prouver que
c'eſt dans ce corps graiſſeux que ſe raſſemble & ſe prépare la
matiére propre à fortifier les parties du papillon, cachées
ſous les enveloppes de criſalides; qu'il eſt en quelque ſorte,
par rapport au papillon, ce que le blanc de l'œuf eſt par

*Pl. 34. fig. 2. *e e i a.*

*Fig. 2. *ggg. &c.*

rapport au poulét. C'eſt préciſément ce corps graiſſeux que les vers de nos chenilles attaquent ; je crois que c'eſt de ce corps graiſſeux qu'ils ſe nourriſſent. Ce qui me le prouve, c'eſt que dans toutes les chenilles que j'ai ouvertes, & dont l'intérieur étoit rempli de vers qui avoient preſque pris tout leur accroiſſement, le corps graiſſeux * étoit ré- *Pl. 34. fig. duit preſqu'à rien. La chenille dont la capacité du ventre eſt 1. 8 8 8. remplie d'un grand nombre de vers, peut donc vivre, croî- tre même ; mais elle ne parviendra pas à ſe transformer en papillon, parce que la matiére propre à nourrir en quelque ſorte le papillon ſous la forme de criſalide, eſt conſommée par les vers. Entre les chenilles, les unes parviennent donc à ſe métamorphoſer en papillons qui ſervent à perpétuer les eſpeces de ces chenilles ; les autres ne ſortent jamais de l'état de chenilles, ou au moins elles ne vont pas par-delà celui de criſalides ; elles n'ont été deſtinées qu'à ſervir à perpétuer les eſpeces de certaines mouches.

Les parties intérieures de la chenille ne ſont pas autant ménagées par toutes les eſpeces de vers, qu'elles le ſont par les eſpeces que nous avons ſuivies juſqu'ici. Nous verrons qu'un ver ou deux font quelquefois périr la chenille dans laquelle ils ont crû, pendant qu'elle eſt encore jeune ; mais nous verrons en même temps que ces vers, pour prendre tout l'accroiſſement qui leur eſt néceſſaire, n'ont pas beſoin que la chenille puiſſe prendre tout le ſien. C'eſt une nou- velle combinaiſon digne encore d'être admirée, & propre à augmenter notre admiration pour la précedente.

Des maſſes de coques ſemblables à celle que nous ve- nons d'examiner, & que nous avons vû filer ſur une tige d'ariſtoloche, ſe trouvent ſur toutes ſortes de plantes ; mais il n'en eſt point où on en voye plus ſouvent que ſur les tiges du gramen *. Je n'ai pas obſervé le temps que les vers * Pl. 35. fig. y reſtent renfermés, mais ils ſont ſortis chés moi ſous la 6.

H h h iij

forme de mouches, vers la mi-Juillet, de coques qui pour le plûtôt avoient été filées dans le mois de May : c'eſt de quoi il étoit aiſé de juger par la hauteur des tiges vertes de gramen, contre leſquelles elles étoient attachées. Ces mouches * ſont extrêmement petites; leur corps eſt brun, il ne tient au corcelet que par une partie auſſi déliée qu'un fil; elles ont quatre aîles qui ſont croiſées ſur leur corps & paralleles au plan de poſition; leurs antennes ſont longues. Ces mouches appartiennent au genre de celles qui ſont appellées *ichneumons*; nous ne croyons pas devoir différer au temps où nous traiterons des mouches, à donner les caractéres de celles qui doivent porter le nom d'ichneumons; puiſque ce Mémoire nous apprendra où naiſſent & croiſſent les vers qui ſe transforment dans différentes eſpeces, grandes & petites, de ces ſortes de mouches.

Nous verrons ailleurs qu'il y a un genre de mouches qui venge toutes les autres mouches de leurs plus redoutables ennemis. Au moyen de filets tendus avec un art admirable, les araignées attrappent des milliers de mouches, & elles s'en nourriſſent. Il y a des mouches moins adroites que les araignées, mais plus courageuſes & plus fortes, qui les attaquent, qui fondent ſur elles comme les oiſeaux de proye fondent ſur les plus timides oiſeaux : quelquefois elles emportent en l'air leur proye, comme ces oiſeaux carnaciers emportent la leur; mais toûjours viennent-elles à bout, à coups de dents, de tuer l'araignée qu'elles mettent ſouvent en pieces pour la manger. On a donné le nom d'ichneumon à un quadrupéde de la grandeur d'un chat, qui ſe trouve ſur les bords du Nil; c'eſt un des animaux que les E'gyptiens avoient jugé digne de leur adoration par les ſervices qu'ils croyoient qu'il leur rendoit, ſoit en caſſant les œufs du crocodile, ſoit en attaquant le crocodile même, & en venant à bout, à ce qu'ils prétendoient, de lui ronger

les inteſtins. Les Naturaliſtes ont auſſi donné le nom
d'ichneumon à ces mouches guerriéres qui attaquent &
tuent les araignées. Elles ſont armées de deux fortes dents
ou ſerres; elles ont quatre aîles; leur corps ne tient au corcelet que par un filet; elles ont d'aſſés longues antennes
qu'elles agitent continuellement. L'agitation continuelle
dans laquelle ſont leurs antennes, a déterminé Jungius à
donner à ces mouches un nom qui me plaît fort; il les a appellé des *vibrantes*. De quelque grandeur que ſoient les
mouches qui auront ces caractéres, elles ſeront pour nous
des mouches ichneumons, quoiqu'elles ne ſoient pas de
celles qui font la guerre aux araignées. Il y a au reſte des
ichneumons ou vibrantes qui ſont de grandes mouches.
Telle eſt celle qui eſt repréſentée pl. 34. fig. 6. Elle eſt ſortie d'une coque * que s'étoit faite une grande chenille veluë   * Pl. 34. fig.
de l'eſpece de celle qui eſt repréſentée tome I. pl. 35. fig. 7.
1, & dans laquelle cette chenille avoit péri, pour avoir été
mangée par le ver qui s'eſt enſuite transformé dans cette
grande mouche. La planche 35. de ce II. volume, fig. 22
& 23, fait voir deux mouches ichneumons de moyenne
grandeur. Le ver de chacune de celles - ci avoit crû dans
le corps d'une chenille à pyramide charnuë *. Au lieu   * *Tome I.*
du papillon qui devoit ſortir de la coque que s'étoit faite *Pl. 42. fig.*
chaque chenille, il en ſortit une des mouches dont nous *6.*
parlons. Enfin, pluſieurs eſpeces de ces vers qui peuvent
vivre en grand nombre dans le corps d'une ſeule chenille,
ſe transforment en de très-petites mouches ichneumons.

    Je n'ai point vû ſortir du corps des chenilles une eſpece
de vers, que je regarde néantmoins comme une de celles
qui y naiſſent & qui y croiſſent: tout me le prouve. Les
vers dont je veux parler, ſont ceux qui arrangent le mieux
leurs coques les unes auprès des autres; enſemble elles
forment un petit gâteau * terminé par deux plans paralleles,   * Pl. 35. fig.
 7 & 8.

fur chacun defquels eft un des bouts de chaque coque. Les coques font exactement appliquées les unes contre les au-tres, mais fimplement appliquées, je veux dire qu'elles n'ont point d'enveloppe commune qui les cache à nos yeux. On trouve de ces petits gâteaux de coques atta-chés contre des branches d'arbres & d'arbriffeaux de diffé-rentes efpeces. J'en ai trouvé fur des branches d'if, fur des branches de jafmin, & fur celles de divers arbres. De pe-tites mouches, dont le corps eft brun, dont les jambes font affés longues, & d'un jaunâtre prefque blanc, & dont chacune des aîles fupérieures a une petite tache noire affés près du milieu du côté extérieur, de telles mouches, dis-je, font forties de ces coques dans les poudriers où je les avois renfermées. Le bout par lequel les unes fortent, eft fur un des côtés du gâteau, & celui par où d'autres fortent, fur le côté oppofé.

Des vers un peu plus gros que les derniers s'élevent dans le corps des chenilles, mais ils s'y élevent en plus petit nombre, une chenille ne fçauroit fuffire à en nourrir plus de dix à douze de ceux-ci. Après leur fortie, ils fe rendent ordinairement fur une même feuille, où ils fe fabriquent chacun une coque de foye blanche *; elles font pofées ir-réguliérement les unes auprès des autres, mais elles n'ont point d'enveloppe commune. Les mouches qui fortent de ces coques font un peu plus grandes que celles qui for-tent des autres. Il y a des vers qui après être fortis du corps de la chenille, filent des coques *d'une grandeur moyenne, entre celle des derniéres & celle des précedentes. Quinze de ces vers, ou environ, ont crû enfemble dans le corps de la chenille.

Quelques efpeces de mouches femblent fonger à mettre leurs petits encore plus à leur aife; elles ne dépofent qu'un œuf ou deux dans le corps d'une chenille; ainfi un ver ou
deux

* Pl. 33. fig. 17.

* Fig. 14.

deux ont en partage le corps entier d’une chenille. Nous
verrons bientôt que ce n’eſt pas trop pour certains vers, qui
parviennent chacun à une groſſeur qui n’eſt guéres moindre que celle de la chenille même. Mais il y a des vers qui
ne viennent pas plus grands que ceux dont nous avons parlé
cy-deſſus, & dont il n’y en a ordinairement qu’un ou deux
dans une chenille qui devroit devenir aſſés grande. La mouche a donné ce ver à nourrir à la chenille pendant qu’elle
étoit encore très-petite, il a fait ſon croît, & fait périr la chenille avant qu’elle ſoit arrivée à la moitié du ſien. Les chenilles à oreilles, du chêne & de l’orme, & diverſes autres eſpeces de chenilles, encore très-jeunes, ont ſouvent un de
ces vers dans leur corps, & qui ſouvent y parvient à prendre
tout ſon accroiſſement, avant que la chenille ait pris le tiers
ou le quart du ſien. Alors il perce quelque part le ventre
de la chenille, & il n’eſt pas plûtôt ſorti qu’il ſe file une coque de ſoye blanche ou d’un blanc jaunâtre, entre le ven-
tre de la chenille, & la feuille ſur laquelle elle eſt poſée *. · * Pl. 34. fig.
Les fils qui forment un tiſſu lâche & comme cotonneux 3. c.
autour de cette coque, dont l’intérieur eſt un tiſſu ſerré,
ſont attachés en partie au ventre de la chenille. Elle eſt
donc poſée ſur cette coque; il ſemble qu’elle la couve;
j’ai vû des obſervateurs qui le penſoient ainſi, & que j’ai
eu bien de la peine à déſabuſer. La coque, qui a quelque
reſſemblance avec un œuf, la maniére dont la chenille eſt
placée deſſus, la conſtance & la tranquillité avec laquelle
elle y reſte, donnent l’image d’une chenille qui couve. Mais
ſa tranquillité n’eſt que foibleſſe; elle eſt dans un état de
langueur qui lui ôte l’envie de marcher; peut-être ſent-elle
qu’elle eſt retenuë par des fils, très-fins à la verité, mais
pourtant capables de tenir contre les forces qui lui reſtent.
J’ai obſervé des chenilles qui ont vécu conſtamment pluſieurs jours ſur une pareille coque ſans prendre aucune

Tome II.   . I i i

nourriture, & fur laquelle elles périffoient à la fin. Mais j'en ai vû d'autres qui au bout d'un jour ou deux fe tiroient de deffus la coque, elles n'alloient pas loin, & mouroient en peu de jours.

Ce font encore de petites mouches qui fortent de ces derniéres coques, mais que j'ai négligé de décrire, & de faire deffiner lorfque je les ai euës.

D'autres vers, dont il n'y en a encore qu'un, ou au plus que deux qui fe nourriffent dans le corps de la même chenille, après l'avoir percée, marchent, ou plûtôt fe traînent pour fe rendre fur quelque feuille ou fur quelque tige voifi-ne, & pour filer une coque très-bien faite, qui n'eft prefque qu'un cylindre arrondi par les deux bouts *. Le tiffu de ces derniéres coques eft ferré; mais ce qu'elles ont de plus re-marquable, c'eft qu'elles font de deux couleurs, elles font noires & blanches. Le milieu de quelques - unes eft en-touré d'une bande bien blanche, qui dans tout fon con-tour a une largeur à peu près égale; la coque eft là comme ceinte par un ruban blanc, & tout le refte eft noir ou brun. D'autres, outre la bande blanche du milieu, en ont une de même couleur près de chaque bout *. D'autres n'ont que les deux bandes blanches pofées près des bouts, l'entre-deux eft brun, avec des marques blanches diftribuées irréguliérement. On doit avoir envie de fçavoir, & il doit paroître de la difficulté à expliquer comment le ver par-vient à faire ces diftributions, foit réguliéres, foit irrégu-liéres, de noir & de blanc.

Nous avons expliqué ailleurs * d'où les chenilles tirent leur foye, comment eft faite, & où eft placée la filiére par où la foye fort, & comment elles fe fabriquent des coques de pure foye *. Tous les vers dont nous avons parlé juf-qu'ici, ont leur filiére placée, comme celle des chenilles, fur la lévre inférieure. La foye qui fort par cette filiére,

* Pl. 35. fig. 13, 14, 15 & 16.

* Fig. 13 & 14.

* Tom. I. Mem. IV.

* Tome I. Mem. XII.

vient de même de réservoirs contenus dans la capacité du ventre. Nous avons vû aussi que la matiére propre à former la soye contenuë dans les réservoirs de la chenille, est quelquefois de deux couleurs ou de différentes nuances de la même couleur, & que de-là il arrive que l'extérieur d'une coque est quelquefois de soye blanche, ou d'un blanc jaunâtre, & que l'intérieur de la même coque est d'un très-beau jaune; la matiére qui est vers le milieu du réservoir n'est tirée en fils que quand la portion de matiére soyeuse qui la précede a été toute filée. Si la varieté de la distribution du noir & du blanc de nos coques de vers dépendoit précisément de cette cause, il faudroit que certaines portions de la matiére à soye fussent alternativement blanches & d'autres alternativement noires, mais avec des varietés incomparablement plus grandes que celles que la coque même nous fait voir; je veux dire que pour faire une coque qui a trois bandes blanches & le reste brun, il ne suffiroit pas qu'il y eût dans le réservoir à soye cinq portions de matiére, trois blanches & deux noires distribuées comme le blanc & le noir de la coque; & cela parce que chaque zone de la coque est faite à bien des reprises, peut-être à plus de vingt. Il faudroit donc qu'il y eût plus de cent distributions alternatives de matiére blanche & de matiére noire dans les réservoirs, & qu'elles y fussent dans les proportions qui doivent fournir aux bandes; qu'il y eût alternativement comme de petits pelotons de soye blanche & de petits pelotons de soye noire, & que l'insecte les employât avec un choix pareil à celui d'une ouvriére en tapisserie, qui employe des laines de différentes couleurs.

Il n'y a ici ni autant d'art de la part de l'insecte, ni autant de préparatifs faits par la nature, que l'extérieur de ces coques semble en demander: tout se réduit à ce que le ver peut faire ſa coque de ſoye de deux couleurs, en ce que la ſoye qui ſort la premiére de la filiére eſt blanche, & a une circonſtance de plus, qui eſt celle qui donne le dénouement; ſçavoir que quand le ver commence ſa coque, la ſolidité de ſon ouvrage exige qu'il donne plus d'épaiſſeur à certains endroits qu'à d'autres. Le milieu d'une coque commencée doit, par exemple, être ſoûtenu par un cerceau de ſoye plus épais que le reſte; il eſt bon que d'autres parties de la même coque, ou de quelques autres coques, ayent chacune une eſpece de pareil cerceau près de chaque bout. Suppoſons que la portion de la matiére des réſervoirs qui devient de la ſoye, ne peut ſuffire qu'à ébaucher ainſi la coque, qu'elle ne ſçauroit fournir la ſoye néceſſaire pour lui donner l'épaiſſeur convenable, & que le reſte de la matiére contenuë dans les réſervoirs à ſoye, donne de la ſoye brune. Cela ſuppoſé, tout l'intérieur de la coque ſera brun; l'extérieur de la coque paroîtra à peu près de ce brun dans les endroits qui ne ſont faits que d'un rézeau de ſoye blanche, mince & tranſparent; mais la coque paroîtra toûjours blanche dans les endroits qui ont demandé à être fortifiés par des couches de ſoye plus épaiſſes, & aſſés épaiſſes pour être opaques.

Il eſt aiſé de ſe convaincre que c'eſt de-là que dépend la varieté des couleurs extérieures des coques dont nous parlons. Si on en ouvre une, on voit que les couches intérieures ſont brunes. On en a une preuve bien plus déciſive, ſi on ratiſſe avec la pointe d'un canif quelque portion d'un endroit blanc, & qu'on enleve partie de ſa ſoye; la portion qu'on gratte devient brune à meſure qu'on ôte ce qu'elle avoit de plus d'épaiſſeur que les autres endroits.

Lorſqu'on a ouvert une de ces coques, on remarque aiſément que tout ce qui eſt brun eſt fait de pluſieurs

couches qui peuvent être féparées les unes des autres ;
elles font prodigieufement minces, auffi font-elles faites
d'une foye fi fine, que les yeux armés d'une forte loupe,
ne peuvent s'affûrer qu'elles font tiffuës ; j'en douterois
prefque, fi je n'avois mis des vers dans la néceffité de filer,
pour boucher les ouvertures que j'avois faites à des coques
de cette efpece, dans lefquelles ils s'étoient renfermés.
Mais auffi leur foye a un brillant dont celui d'aucun de nos
tiffus de foye ne fçauroit approcher ; c'eft un éclat pareil
à celui des vernis ou des corps durs les mieux polis.

J'ai trouvé de ces coques rayées tranfverfalement de blanc
& de noir, qui étoient attachées à quelques-unes des plus
belles des chenilles du chou, & aux corps de quelques autres
chenilles que j'ai nourries ; mais où j'en ai trouvé le plus, ç'a
été dans le commencement d'Octobre fur des branches de
genêt. Les vers qui avoient conftruit les coques étoient fans
doute fortis de chenilles qui vivent fur cet arbriffeau. Je
ne fuis parvenu à voir les vers qu'après avoir ouvert leurs
coques : ils étoient plus raccourcis que dans leur état naturel ; leur blanc étoit verdâtre. Ils paffent l'hiver dans leur
coque fans fe métamorphofer, & alors ils font prefque
verts. Je ne leur ai point vû de jambes bien marquées,
je doute pourtant s'ils n'en ont point. Les jambes femblent être affés différentes des ftigmates, pour qu'on ne les
prenne pas les unes pour les autres ; on voit pourtant du
côté du ventre fur chacun des deux premiers anneaux,
deux petites éminences noires qui ont l'air ou de ftigmates,
ou de jambes naturellement très-courtes, qui fe feroient
retirées en dedans ; on voit auffi du côté du ventre fur le
pénultiéme anneau & fur celui qui le précede, deux femblables éminences noires. Mais ce qui les feroit juger plûtôt
des ftigmates que des jambes, c'eft que les deux premiers
anneaux, outre les deux éminences dont nous avons parlé,

I ii iij

en ont encore chacun une de chaque côté fur un endroit
qui paroît trop éloigné du ventre, pour être une place convenable aux jambes; mais auffi elles ne font pas placées
où les ftigmates ont coûtume de l'être fur les chenilles &
fur les autres vers, & peut-être ne font-elles ni des jambes
ni des ftigmates. En devant de la tête de ces vers, on diftingue aifément, avec une forte loupe, deux taches brunes,
rondes & convexes, qui ont bien l'air d'être les yeux. On
voit auffi leur bouche, les deux levres qui la forment, &
deux crochets bruns, dont un part de chaque côté & fe
dirige vers le milieu de la bouche; ils fervent fans doute à
hacher l'intérieur des chenilles. Ces vers fe transforment
en ichneumons.

Les chenilles qui fe renferment dans des coques pour
fe métamorphofer en crifalides, ne font pas plus exemptes
que les autres, d'être mangées par les vers. Pendant que
la chenille fait fa coque, pendant qu'elle fe prépare à fa
transformation, le ver vit & croît dans fon intérieur; il
fort par la fuite du corps de la chenille; & lorfqu'il eft de
l'efpece de ceux dont nous venons de parler, il fe file une
jolie coque dans celle de la chenille; ainfi le travail même de la chenille qu'il a dévorée, fert à le mettre plus à
couvert.

Après avoir ouvert dans le mois d'Octobre une coque
de terre & de foye, très-bien conftruite par une chenille *
qui vit fur le bouillon blanc, au lieu de la crifalide que j'y
cherchois, je trouvai dedans une coque * qui par fa couleur
de marron clair, par fa forme allongée & par fa groffeur,
avoit quelqu'air d'une crifalide. Elle étoit faite d'une foye
extrêmement fine & tiffuë très-ferré; auffi cette coque
avoit-elle, fur-tout dans l'intérieur, un éclat pareil à celui
des vernis; elle étoit compofée d'un nombre prodigieux
de couches ou de feuilles de foye étonnamment minces,

* Tom. I. Pl. 43. fig. 3 & 4.

* Pl. 35. fig. 11.

que pourtant je féparois affés facilement les unes des autres. Le canif dont je me fervis pour ouvrir la coque, bleffa
le gros ver qui étoit renfermé dans fon intérieur, & qui ne
s'étoit pas encore transformé.

Une petite arpenteufe verte de l'épine s'étoit filé, dans
le poudrier où je l'avois fait nourrir, une coque de foye
dont le tiffu étoit lâche *; ayant ouvert cette coque pour
obferver la crifalide, je trouvai qu'elle fervoit d'étui à une
coque de foye brune d'un tiffu très-ferré *, & qui avoit
au milieu une raye tranfverfale d'un beau blanc. De cette
coque il fortit une mouche ichneumon, qui lorfqu'elle
étoit fous la forme de ver, avoit vécu dans le corps de la
petite chenille.

Dans ces coques * de chenilles que leur figure finguliére
nous a fait nommer des coques en batteau, j'ai fouvent
trouvé une feconde coque qui avoit été filée par un ver
forti, foit du corps de la chenille, foit de celui de la crifalide, & qui fe transformoit en une affés grande mouche
ichneumon *.

Enfin, & nous l'avons déja dit, il y a des chenilles qui,
quoiqu'elles ayent dans leur corps des vers qui les rongent,
ne laiffent pas de fe transformer en crifalides. Les crifalides
d'où le papillon devroit fortir en quinze à feize jours, font
fujettes à être mangées par de pareils vers, comme le font
les crifalides d'où le papillon ne doit fortir qu'au bout de
neuf à dix mois. En 1732. année où les chenilles avoient
multiplié à un point qui donnoit de juftes inquiétudes
au public, heureufement que leurs ennemis fe multipliérent encore dans une plus grande proportion. L'automne de 1731. & le printemps de 1732. qui avoient
été favorables aux chenilles, l'avoient été également aux
mouches qui fçavent loger leurs œufs dans l'intérieur de
leur corps. Les trois quarts, & quelquefois plus, des crifalides

* Pl. 35. fig. 10.

* Fig. 9.

* Tom. I. Pl. 39. fig. 11.

* Fig. 20.

de la commune, de la livrée, de la chenille à oreilles, en un mot des chenilles qui font le plus de défordre, avoient dans leur corps des vers qui les faifoient périr.

Entre les vers qui, après être nés & avoir vécu dans la chenille, achevent de croître dans la crifalide, il y en a qui ne fortent de cette derniére que fous la forme de mouche, & qui fe filent une coque fous l'enveloppe, fous la peau même de la crifalide. La figure 14. pl. 36. repréfente une coque d'une chenille que j'avois ouverte, & l'enveloppe de la crifalide venuë de cette chenille; cette enveloppe eft brifée par un bout, dont une partie a été emportée pour laiffer voir une coque de foye qui avoit été filée par un ver, & qui rempliffoit tout l'intérieur de la crifalide. Cette coque étoit d'une foye d'un brun-clair. Lorfque je l'ouvris, je trouvai dedans une nymphe dans laquelle le ver s'étoit transformé; cette nymphe étoit très-longue, & fi elle n'eût point péri pour avoir été trop maniée & mife à l'air, elle fût devenuë une grande mouche ichneumon.

Des vers de plufieurs efpeces différentes ne fe filent point de coques dans les corps des chenilles ou des crifalides, quoiqu'ils y reftent jufqu'à ce qu'ils foient devenus mouches. Ils s'y transforment en nymphes, & n'ont pour toute enveloppe que celle de la peau de la chenille ou de la crifalide qu'ils ont mangée pendant qu'ils étoient vers. On ne trouve quelquefois auffi qu'un ou deux de ces vers dans le corps d'une chenille ou d'une crifalide; quelquefois on y en trouve de plus petits qui y font en fi grand nombre, & pour ainfi dire, fi empilés qu'on ne fçait comment ils y peuvent refter.

D'autres vers de plufieurs efpeces qui ne fe filent point de coques, ne laiffent pas de fortir du corps de la chenille ou de celui de la crifalide, lorfqu'ils font près de fe métamorphofer. J'ai quelquefois vû percer le corps d'une

chenille

chenille que je croyois prête à perdre fa forme, par un ver fi gros * que j'avois peine à concevoir qu'il eût pû être logé dans le corps de la chenille. Le ver s'allongeoit, & n'ayant pas de jambes, il fe traînoit fur fes anneaux jufqu'à ce qu'il eût trouvé une place qui lui parût convenable ; un paquet de matiére gluante fuivoit le derriére auquel il étoit attaché. Dès que le ver s'étoit fixé, & après avoir rejetté de l'eau par le derriére, fon corps fe raccourciffoit, & il fe transformoit à la maniére des vers des mouches de la viande. La nymphe, fans rompre fa peau de ver, fans la percer & fans en fortir, s'en dégageoit. Cette peau prenoit la forme d'un œuf, elle fe durciffoit & devenoit une coque dans laquelle la nymphe étoit bien à couvert. C'eft auffi la façon dont plufieurs efpeces de vers fe métamorphofent dans le corps des chenilles & des crifalides, d'où ils ne fortent que lorfqu'ils font devenus mouches.

* Pl. 36. fig. 17.

Les mouches * que j'ai euës de ces fortes de vers n'ont que deux aîles, comme les mouches les plus communes, & ont une forme qui approche fort de la leur, mais il y en a de différentes grandeurs & de différentes efpeces. Près du temps où les papillons des crifalides des chenilles du maronnier & des crifalides des chenilles du pin devoient naître, j'ai vû fortir de ces crifalides des vers qui, quelques femaines après, font devenus des mouches grifes d'une grandeur médiocre, plus grandes que les mouches communes qui nous incommodent dans nos maifons. J'ai eu des mouches noires plus petites que les précedentes, qui font venuës de vers qui avoient mangé d'autres chenilles. Les vers de quelques-unes de ces efpeces fe raccourciffent peu à peu, ils font 24 heures à prendre la forme d'un œuf * ou d'une coque, & pendant ces 24 heures ils confervent leur blancheur. Mais quand le ver s'eft entiérement raccourci, & quand apparemment il s'eft dégagé de fa peau

* Fig. 12, 15 & 20.

* Fig. 16.

Tome II.   . K k k

extérieure, cette peau qui lui forme une coque, devient d'abord rougeâtre & ensuite rousse ou brune en moins d'une heure. La première métamorphose de quelques autres de ces vers est si prompte, que je l'ai vû s'achever peu de minutes après que le ver avoit commencé à se raccourcir; c'est-à-dire quelques minutes après sa sortie du corps de la chenille ou de la crisalide.

Il seroit difficile de déterminer les caractéres de tous les différens genres, & encore plus des différentes espèces de vers mangeurs de chenilles; c'est d'ailleurs un détail pour lequel on peut être assés indifférent, & dans lequel nous ne croyons pas devoir nous engager. Nous remarquerons seulement qu'en géneral ces vers sont ras, qu'ils ont une peau blancheâtre, telle que celle des vers de la viande; qu'ils ne paroissent pas avoir de jambes; qu'il y en a de formes plus ou moins allongées. Il y en a de très-raccourcis, presqu'aussi gros que longs, un peu pointus seulement près du derriére & de la tête. Il y en a d'également gros à l'un & à l'autre bout de leur corps. D'autres ont leur partie postérieure plus renflée que tout le reste, depuis laquelle jusqu'à leur tête qui est pointuë, ils diminuent insensiblement de diametre. Leur tête offre les varietés les plus remarquables. Deux crochets viennent se rencontrer l'un *Pl. 36. fig. l'autre au milieu de la bouche de quelques-uns *. Il m'a 7 & 8. semblé que quelques autres ont deux crochets de chaque côté, ces quatre sont placés comme les deux dont nous venons de parler. On voit à quelques-uns deux éminences brunes qu'on est disposé à prendre pour les yeux. Il y en a d'autres à qui on ne voit rien qui ait l'air d'yeux. Ceux dont la partie antérieure est moins grosse que la postérieure & assés effilée, ont au bout de la partie antérieure *Fig. 18. deux crochets *, dont les tiges sont dans le corps du ver, & parallèles l'une à l'autre, & parallèles toutes deux à la longueur du corps. Les crochets par lefquels elles fe terminent, font recourbés du côté du ventre; le ver les fait fortir tantôt plus & tantôt moins. J'en ai trouvé qui avoient deux crochets qui partoient d'une même tige. Le ver fe tire fur ces crochets pour aller en avant. D'autres vers ont deux tiges femblables à celles dont le bout extérieur eft recourbé en crochet, mais elles en différent par leurs bouts qui ne fe recourbent point; la partie qui les termine reffemble au fer d'une piquë *. Ce font des inftrumens propres à percer; ils font toûjours en dehors du ver, mais tantôt il les dirige en avant, tantôt il recourbe la partie charnuë dans laquelle leurs tiges font logées, de façon que les deux pointes triangulaires fe trouvent couchées fur le ventre.

* Pl. 36. fig.
5 & 6.

Si on obferve le deffus du corps des chenilles appellées communes, des livrées, des chenilles à oreilles du chêne & de l'orme, on y voit affés fouvent une ou deux petites plaques blanches, qui pour l'ordinaire font placées fur le pli que fait le premier anneau à l'endroit de fa jonction avec la tête, ou dans le petit fillon qui fépare le premier anneau du fecond, & cela fur le côté; quelquefois pourtant on trouve de ces petites plaques blanches affés près du derriére de l'infecte. Vûës à la loupe, ou touchées avec une pointe fine, elles femblent pierreufes, ou plûtôt elles reffemblent à la matiére de la coquille des œufs de poule. Je ne doute point auffi qu'elles ne foient les coques d'œufs dépofés fur les chenilles par des mouches, & qui y ont été bien collées contre la peau : l'union y eft fi parfaite, qu'on prendroit ces coques pour des parties propres de l'infecte à qui elles font attachées, fi on les trouvoit à toutes les chenilles de même efpece & de même âge, & toûjours dans les mêmes places; & cela d'autant plus que fi on tente de les détacher avec la pointe d'un canif, on

K k k ij

emporte plûtôt la peau de la chenille, qu'on ne détache
l'œuf. La playe est aussi grande que l'œuf; je ne les en
crois pas moins des œufs, & nous devons admirer la soli-
dité avec laquelle la mouche sçait les attacher. C'est une
coque que le ver perce, pour percer aussi-tôt qu'il en est
sorti, le corps de la chenille dans lequel il n'est pas long-
temps à pénetrer. J'ai observé qu'un pareil œuf, que j'a-
vois détaché avec beaucoup d'attention, avoit un trou dans
un endroit qui touch'oit la peau de la chenille. Le dedans
de l'œuf étoit vuide; j'ai ensuite disséqué la chenille à qui
Pl. 36. fig. je l'avois ôté, & j'ai trouvé dans son corps un grand ver
4. bien nourri, de ceux dont la tête est armée de pointes en
*Fig. 5 &.6. forme de fer de pique *.

Nous n'avons parlé que des vers qui se tiennent dans
l'intérieur des chenilles, il y en a qui sont sur leur extérieur. J'en ai vû quelquefois un ou deux sur le corps
Pl. 34. fig. d'une chenille. J'en ai vû quelquefois cinq à six attachés
4. II. auprès des jambes membraneuses d'une autre chenille. J'ai
vû d'autres chenilles qui en avoient sur leur corps plus
Pl. 36. fig. d'une vingtaine, elles en étoient hideuses; ils étoient blan-
2. cheâtres, comme tous ceux dont nous avons parlé. Une petite portion de la partie antérieure de chacun de ces derniers vers me paroissoit pénétrer au-dessous de la peau de
chenille. J'en ai observé de ces derniers qui après avoir pris
tout leur accroissement, & être parvenus au temps où ils devoient se métamorphoser, filoient sur le corps même de la
chenille, mais ils ne s'y faisoient pas des coques d'un tissu
serré. On prendra une idée assés juste de la disposition &
de l'arrangement de leurs fils, dès qu'on sçaura que la chenille sur laquelle ils filoient, étoit rase, & qu'après que leur
ouvrage étoit fini, cette même chenille paroissoit une che-
*Fig. I. nille extrêmement veluë *. Les fils posés les uns auprès des
autres, s'élevoient sans former des coques bien distinctes.

C'eſt entre ces mêmes fils qu'ils ſe transformoient en nymphes, & enſuite en mouches, qui ne m'ont rien offert de
remarquable. D'autres vers, & ſur-tout ceux qui ſe tiennent en dehors du corps de la chenille près de ſes jambes
membraneuſes, après avoir pris tout leur accroiſſement,
filent de petites coques qui font des ſegmens de ſphere;
leur baſe eſt platte & circulaire.

Pour continuer à parcourir les principaux faits que nous
fournit l'hiſtoire de nos vers mangeurs de chenilles, nous
avons encore à parler de quelques eſpeces de vers, dont
les uns habitent dans l'intérieur des chenilles, & dont les
autres ſe tiennent ſur leur corps, qui lorſqu'ils abandonnent la chenille, ne ſe quittent point pour ſe mettre en
criſalides; cependant ils ne filent point de coques, mais ils
vont tous ſe transformer ſur une même feuille, où leurs
nymphes ou criſalides ſe trouvent raſſemblées en un aſſés
petit eſpace, ſans être pourtant les unes ſur les autres *.   * Pl. 36. fig.
J'ai vû pendant long-temps de ces eſpeces de criſalides ſur   10.
des feuilles, & ſur-tout ſur des feuilles de chêne, ſans connoître leur origine; elles ont une figure applatie & comme
triangulaire *, qui n'eſt pas ordinaire, & qui me donnoit   *. Fig. 11.
de la curioſité pour elles. J'étois étonné d'en trouver ſi
communément, & de ne rencontrer jamais ſur les feuilles
les inſectes ſous la forme deſquels elles devoient avoir vécu.
Je n'avois garde de les voir ſous leur premiére forme, au
moins ceux qui ne ſortent du corps des chenilles, dans lequel ils ont vécu, que pour la perdre; mais j'en ai trouvé
dans la ſuite qui ſe tiennent en dehors même du corps de
la chenille; j'ai eu une chenille griſâtre du chêne qui en
avoit le corps tout couvert.

Il eſt arrivé enfin que d'autres vers qui ſe transforment
dans ces ſortes de criſalides, ſont ſortis du corps de chenilles que je nourriſſois; j'en ai vû qui ont tous percé la

K k k iij

peau de la chenille dans la même heure, & qui tous font allés fe rendre fur la même feuille. La figure de ces derniers vers ne m'a rien offert de remarquable *; ils font courts par rapport à leur groffeur. Leur partie antérieure eft plus menuë que la poftérieure; j'ai cru voir à leur tête deux crochets plus bruns que le refte, difpofés comme ceux des vers de la viande. Si leur forme n'a rien qui mérite attention, la maniére dont ils la perdent, mérite d'être décrite: ils nous donnent un exemple d'une efpéce de transformation finguliére, on ne fçait à laquelle des claffes de transformations que Swammerdam a déterminées, on doit la ramener; peut-être croira-t-on qu'elle doit former une claffe particuliére.

Après que ces vers font fortis du corps de la chenille, & après être arrivés fur l'endroit d'une feuille où ils veulent fe fixer *, ils y appliquent le milieu de leur dos; il y eft bientôt retenu & collé par une liqueur dont le corps eft humecté, & qui fe féche peu à peu. Voilà les infectes dans la place où ils refteront jufqu'au temps où ils paroîtront avec des aîles.

Dix à douze heures après s'être ainfi fixés, ils rejettent par leur anus divers petits grains gris; ils fe vuident alors comme le font les chenilles qui font prêtes à fe métamorphofer. Avant qu'ils ayent rejetté cette matiére grife, on peut l'appercevoir dans leur corps au travers de fes peaux qui font blanches & tranfparentes; on diftingue même les mouvemens que font les parties intérieures pour la faire fortir par l'anus. Ces grains ont quelque rondeur, ils s'amoncelent dans un petit tas tout auprès du derriére de l'infecte. Par la fuite on voit donc un petit tas de grains près du derriére de chaque ver ou de chaque crifalide *, que gens mal inftruits prendroient volontiers pour un petit tas d'œufs. Chaque petit grain regardé à la loupe, femble fait d'une terre grife & très-fine.

* Pl. 36. fig. 9.

* Fig. 9.

* Fig. 11. e.

Enfin ces vers commencent à changer de forme; peu à peu leur corps s'applatit; la tête qui étoit pointuë, devient plus mouſſe, elle s'élargit, elle devient taillée quarrément, elle devient la baſe d'une eſpece de triangle iſoſcéle dont le derriére eſt le ſommet; les côtés du corps ſont pourtant plus courbes que l'exactitude de la comparaiſon ne le demanderoit. A chaque bout de la tête il y a une petite éminence qui ſemble une petite corne. Dans la ſuite, ſi on examine avec une loupe le ventre, ou la face de l'inſecte qui ſe préſente aux yeux du ſpectateur, on y diſtingue les jambes & les antennes mieux qu'on ne pourroit faire ſur les criſalides ordinaires.

Mais la remarque eſſentielle, c'eſt que ce changement arrive dans le ver ſans qu'il ſe défaſſe d'aucune peau, ſans qu'il quitte de dépouille; cette métamorphoſe n'eſt donc pas de la même claſſe que celle des chenilles, & des vers qui ne paroiſſent ſous la forme de criſalides ou de nymphes, qu'après s'être défaits de leur enveloppe. On aura peine auſſi à mettre cette métamorphoſe dans la claſſe connuë des vers qui ſe transforment ſans ſortir de leur peau, parce que ceux de cette claſſe, s'ils ne ſe défont pas de leur peau, ils s'en détachent; ils lui font prendre la forme d'une eſpece d'étui ou de boîte opaque, dans laquelle toutes leurs parties ſont bien renfermées & bien cachées.

Ces vers ſemblent donc nous fournir le caractére d'une claſſe de transformation, dont le caractére eſt que l'inſecte transformé a la figure d'une criſalide, mais qu'il l'a priſe ſans ſe défaire de ſa peau. A meſure que les parties qui doivent paroître dans l'inſecte ailé ſe développent, & peut-être à meſure qu'elles prennent un nouvel arrangement, la peau les ſuit & s'applique deſſus, & cette peau mince n'empêche pas de les voir.

Pendant que les vers que nous examinons ſe transforment,

ils reftent blancs, & ils le font encore quelque temps après
que la transformation eft finie. Leur peau jaunit ou rouffit
enfuite peu à peu, & devient de couleur de tabac d'Efpa-
gne; les antennes, les jambes & les autres parties de la crifalide n'en font pas moins vifibles; les crifalides de quelques
efpeces de ces vers reftent rouffes jufqu'au temps de la derniére transformation. J'en ai vû de celles qui ont confervé
cette couleur, beaucoup plus grandes que celles de la fig.
10. auffi grandes que celle qui eft groffie à la loupe fig.
11. mais les crifalides des petites efpeces de vers qui fe font
transformées chés moi, de rouffes font devenuës noires en
moins de deux jours, & font reftées de cette couleur tant
que l'infecte y a été renfermé.

C'eft près de la fin de Juin que les vers de la fig. 10. pl.
36. fortirent du corps de la chenille, & qu'ils devinrent des
efpeces de crifalides. L'année fuivante près de la mi-Avril,
je trouvai dans le poudrier où je les avois renfermées, une
vingtaine de petites mouches; elles étoient encore en vie,
mais je n'ai pas fçû le jour qu'elles étoient nées. Leur corps
étoit d'un très-beau verd éclatant & un peu doré; elles
avoient deux antennes de longueur médiocre; leur forme
étoit affés femblable à celle des mouches ordinaires; elles
avoient pourtant quatre aîles noires, mais dont le contour
étoit femblable à celui des mouches les plus communes.
Leurs jambes font d'un jaune pâle; j'ai cru leur voir une
trompe; je fuis pourtant incertain fi elles en ont une, parce
que je ne l'ai cherchée que fur de ces petites mouches
mortes depuis plufieurs jours, & dont les parties étoient
trop defféchées.

Enfin il y a des mouches qui vont dépofer leurs œufs ou
leurs vers dans les œufs mêmes des papillons; ainfi il y a des
vers qui mangent les chenilles avant même qu'elles foient
nées. J'ai eu de très-jolies nichées, compofées d'un grand
nombre

nombre d'œufs de papillons, dont il n'y eut que peu d'où des chenilles fortirent; chacun des autres œufs fut percé par une petite mouche qui y avoit crû fous la forme de ver.

Il me refte à parler de deux efpeces de vers qui fe font des coques dignes de quelqu'attention; j'ai cru devoir regarder les vers qui les conftruifent comme des mangeurs de chenilles, avant que de les avoir vû fortir du corps des chenilles; par la fuite mes conjectures ont été vérifiées par rapport à une des efpeces, mais elles ne l'ont pas encore été par rapport à l'autre efpece. Chaque ver de cette derniére efpece fe fait une coque de foye blanche bien tiffuë; le tiffu forme une efpece de rézeau affés ferré, mais dont on voit pourtant les mailles. La figure de la coque eft oblongue, telle que celle d'un œuf. Mais ce qu'elle offre de plus fingulier, c'eft qu'elle eft penduë en l'air par un de fes bouts à un fil affés fort, qui a trois à quatre pouces de longueur, tantôt plus pourtant & tantôt moins; l'autre bout du même fil eft attaché à une feuille ou à une branche ou tige d'arbre. Où j'ai vû le plus de ces coques, c'eft autour des nids des proceffionnaires, c'eft-là où j'en allois chercher quand j'en voulois trouver; j'en rencontrois quelquefois des douzaines penduës à un même nid, & j'en voyois d'autres penduës aux environs à l'écorce de l'arbre; d'où il eft très-vraifemblable que ces coques avoient été faites par des vers qui avoient vécu dans le corps de quelques chenilles de ce nid. J'ai depuis vû des mouches qui m'ont paru femblables à celles qui fortent de ces coques, pofées fur le nid de ces chenilles; elles y allongeoient leur derriére, elles lui faifoient faire les mouvemens ordinaires à celui d'une mouche qui pond des œufs.

Les autres coques, que je fçais fûrement être l'ouvrage d'une efpece de ver mangeur de chenilles, font, comme les précedentes, penduës à un fil de foye dont un des bouts

est attaché à un de ceux de la coque, & dont l'autre bout
est attaché à une petite branche ou à une feuille *. C'est
sur le chêne que je les ai rencontrées le plus souvent. La
coque a aussi la forme d'un œuf, mais raccourci; le milieu
est entouré d'une bande d'une couleur blancheâtre, ou au
moins, d'une couleur plus claire que celle du reste qui est
caffé-brun. Par cette raye blanche & par leur tissure extrêmement serrée, ces dernieres coques ressemblent à d'autres
coques que nous avons examinées cy-devant*; elles sont
pourtant moins oblongues. Mais leur différence la plus singuliére, & ce qui m'engage à en parler, c'est que celles de
ces petites coques, dont j'avois rompu le fil de soye qui les
suspendoit, & que je tenois dans des boîtes ou dans des
poudriers, y sautoient quand il leur en prenoit envie, & il
leur en prenoit envie assés souvent. On les déterminoit presque toûjours à sauter quand on les posoit sur la main; la
chaleur les y excitoit apparemment; elles faisoient tantôt de
grands & tantôt de petits sauts. Les petits sauts ne les portoient qu'à huit ou dix lignes de l'endroit d'où elles étoient
parties, & quelquefois elles sautoient à trois à quatre pouces de-là, & quelquefois plus loin. La hauteur de leur
saut n'est guéres moins grande que sa longueur.

J'ai ouvert de ces petites coques, & j'ai vû que leur fabrique est la même que celle des coques rayées transversalement, dont nous avons parlé cy-dessus; tout l'intérieur est brun, leur tissure est si serrée qu'il ne semble pas qu'elle ait pû être faite de différens tours d'un
fil, appliqués les uns contre les autres. Mais un de ces
vers *, de la coque duquel j'avois seulement emporté un
des bouts, ne fut pas long-temps à me convaincre qu'il
sçavoit filer; il travailla bientôt à boucher l'ouverture que
j'avois faite, & il y parvint en huit à dix heures. La piece
de soye qu'il y mit, étoit mince, elle étoit faite de fil plus

* Pl. 37. fig.
1.

* Pl. 35. fig.
13, 14, 15
& 16.

* Pl. 37. fig.
4.

gros que le reste, & le tissu étoit moins serré; j'avois obligé
le ver à travailler dans un temps où sa provision de matiére
soyeuse étoit presqu'épuisée; il l'employoit avec plus d'œ-
conomie. La piece qu'il mit étoit blancheâtre, elle avoit
une couleur approchante de celle de la bande extérieure.
Il est à remarquer que cette bande, comme celle de la
piece, est d'une soye moins fine que celle du tissu brun.
Ce qui étoit resté de matiére soyeuse dans les reservoirs,
étoit peu confidérable, & propre à donner de la soye
blanche.

Le corps du ver est tout blanc, il a seulement la tête
un peu brune ou noirâtre; elle m'a paru semblable à celle
des vers des guefpes *. Quoique la coque soit d'un tissu
serré, & affés épaisse, elle a pourtant un degré de tranfparence, tel que quand on la considére en plein air dans
un endroit bien éclairé, & pour le mieux, dans un endroit
où le soleil donne, sa transparence permet de voir le ver.
J'ai cherché à l'obferver dans le temps où il se préparoit à
fauter, ou, ce qui est la même chofe, à faire fauter fa
coque. Tout ce que j'ai vû, c'est ce qu'on imagineroit
affés fans le voir, car il ne se préfente qu'une méchanique
à laquelle on conçoit que ce ver doive avoir recours pour
faire fauter fa coque, celle d'un reffort qui se débande.
Repréfentons - nous le ver logé affés à l'aife dans la coque, & couché fur un de fes côtés *, qu'il se recourbe enfuite peu à peu, de façon que le milieu de fon dos foit le
milieu de la convexité de la courbûre qu'il a prife, que
la partie la plus convexe touche la furface intérieure & la
plus élevée de la coque, mais que fon ventre ne touche
pas la partie intérieure & inférieure de la même coque,
que cette derniére foit feulement touchée par chacun des
bouts du corps, par la tête & par le derriére de l'infecte.
C'est dans cet état où j'ai vû le ver lorfque le faut alloit se

* *Memoires
de l'Acad.*
1719.

* Pl. 37. fig.
7.

faire. Accordons à ce ver un principe de force & de mouvement, par lequel il peut donner à son corps, & très-subitement, une courbûre contraire à celle que nous venons de lui voir, que le milieu de son ventre, qui étoit concave, se redresse, qu'il devienne convexe, & même l'endroit le plus convexe. Le ventre va être porté vers le bas de la coque, le derriére & la tête seront portés vers la partie supérieure de la même coque; mais supposons que la partie supérieure de la coque est frappée *, & même brusquement, avant que le ventre soit parvenu à toucher la partie inférieure, les deux coups donnés par la tête & par la queuë pousseront la coque en haut, l'éleveront, la feront sauter, & la détermineront à s'élever obliquement, à aller en avant, en s'élevant selon la direction composée, qui résulte de l'obliquité avec laquelle les deux coups ont été donnés. Enfin on conçoit assés que pour faire sauter la coque, tout ce qui est nécessaire ici, c'est que les deux bouts du corps du ver frappent le haut de la coque avant que le ventre soit parvenu à en frapper ou toucher la partie inférieure.

* Pl. 37. fig. 8.

On ne voit pas trop quels avantages peut tirer un ver du talent de sçavoir faire sauter une coque, qui dans l'état naturel est penduë en l'air par une espece de petite corde. Il faut pourtant qu'il lui soit utile de sçavoir la faire sauter. La situation de la coque qui convient le mieux au ver est sans doute celle où elle est penduë, ayant un bout en haut & l'autre en bas. Le vent peut quelquefois mettre cette coque dans une autre position, il peut la porter sur quelque feuille, ou sur quelque petite tige voisine; quand cela arrive, quand la coque se trouve couchée ou arrêtée sur quelque corps; le ver peut la retirer de-là, en lui faisant faire un saut.

J'ai aussi vérifié que le ver fait sauter sa coque dans de pareilles circonstances. Une chenille que je nourrissois de feuilles de lilas, nourrissoit elle-même dans son corps un des vers dont nous parlons; il en sortit; il se construisit une coque qu'il suspendit par un fil à une des feuilles qui avoient été données à la chenille. Quand je vis cette coque elle étoit finie; mais ce que j'observai plusieurs fois, c'est que lorsque je tenois la feuille à la main, & que j'inclinois une portion de cette feuille de façon qu'elle touchoit la coque, bientôt le ver faisoit faire un saut à sa coque: au bout de quelques jours pourtant il souffroit plus patiemment que sa coque touchât la feuille, il sembloit s'y être accoûtumé.

Dans l'histoire de l'Académie de 1710. pag. 42. M. de Fontenelle rapporte d'après un sçavant Académicien & très-zélé pour les progrès des sciences, d'après feu M. Carré, des observations sur de petites coques qui avoient paru très-singuliéres; ç'en étoient du genre, & probablement de l'espece même de celles dont nous venons de parler; elles sautilloient dans les allées d'un jardin. Chaque coque tenuë dans une main chaude, ou exposée aux rayons du soleil, faisoit de petits sauts, en s'élevant quelquefois d'un demi pouce, & quelquefois de deux pouces. Les dimensions, les figures, les couleurs de ces coques trouvées par M. Carré étoient telles que celles des nôtres; enfin chacune des siennes renfermoit un ver semblable à celui que nous avons vû dans chacune des autres. M. Carré garda de ces coques pendant deux mois sans y voir aucun changement. *Ce petit animal*, dit le célebre Historien de l'Académie, *est une énigme assés difficile à expliquer. Comment se nourrit-il dans cette coque si bien fermée! Comment se multiplie-t-il dans cette prison! Car quand même il se multiplieroit à la maniére des moules, comment ses œufs sortiroient-ils !* Mais ce qui pouvoit être une énigme alors n'en est plus une à présent. Ce ver, comme tant d'autres, & comme tant d'especes de chenilles, n'a plus befoin de prendre de nourriture, dès qu'il s'eft renfermé dans fa coque. Si M. Carré eût gardé de ces coques jufqu'à l'année fuivante, il eût vû que chaque ver devoit fe transformer en un infecte aîlé, qui forti de fa prifon, travailleroit à multiplier fon efpece.

Dès la mi-May, j'ai trouvé & porté chés moi plufieurs de ces petites coques penduës à des branches & à des feuilles de chêne. Les vers de chacune y reftérent renfermés juf-qu'aux premiers jours de l'année fuivante; alors je vis paroî-tre une petite mouche ichneumon * à quatre aîles, qui étoit fortie d'une des coques : la pofition de fes longues anten-nes étoit finguliére, elles étoient étenduës tout du long de fon dos. Au bout de deux jours un ichneumon fem-blable au premier perça auffi fa coque.

Deux jours après j'ouvris moi-même deux autres co-ques, & je vis que chacune renfermoit une mouche * bien différente des premiéres que j'avois euës. Elles avoient pourtant quatre aîles, mais leur corps étoit court, & d'un bleu-noir : elles étoient très-ventruës; leurs antennes étoient affés courtes; une moitié de chacune, comme une moitié de celles des mouches ordinaires de la viande, fe logeoit dans une cavité creufée de chaque côté en devant de la tête *.

Laquelle des deux efpeces de mouches étoit l'habitante naturelle de la coque? Une des deux venoit d'un ver qui avoit mangé celui qui avoit filé la coque. J'ai bon nombre d'exemples que les mangeurs d'infectes font fouvent man-gés eux-mêmes par d'autres infectes; j'ai ouvert plufieurs fois des coques faites par des vers qui avoient mangé des chenilles, & qui fe devoient transformer en mouches ichneumons, que j'ai trouvées remplies de vers qui avoient vécu des mangeurs. Quelquefois je n'y en ai trouvé qu'un ou deux, quelquefois j'y ai trouvé des vingtaines, des cinquantaines de vers extrêmement petits qui y étoient

empilés, & qui m'ont donné des mouches de la feconde
efpece de celles que j'ai trouvées dans nos coques fautan-
tes. Quelquefois ces vers mangeurs de ceux qui mangent
les chenilles, fe multiplient au point de faire périr le plus
grand nombre de ces derniers. De neuf à dix coques de
foye, groffes comme des grains de bled, que j'avois renfermées dans un poudrier, il n'y en eut qu'une dont le
ver fe transforma en une mouche ichneumon. De chacune des autres il fortit une trentaine oû une quaran-
taine de mouches extrêmement petites, qui venoient de
vers qui avoient mangé celui qui cy-devant avoit lui-même mangé une chenille. Ayant ouvert une de ces coques
de meilleure heure, je la trouvai remplie peut-être de plus
de quarante petits vers, gros par rapport à leur longueur,
& pointus par les deux bouts.

Les chenilles ont parmi les infectes bien d'autres ennemis que les vers qui croiffent dans leurs corps. Les punaifes des bois & des jardins, dont nous donnerons ailleurs
l'hiftoire, ont une longue trompe qu'elles portent ordinairement appliquée contre leur ventre. Jai trouvé de ces
punaifes qui, après avoir redreffé leur trompe, la tenoient
enfoncée dans le corps d'une groffe chenille, & qui la
fucçoient tranquillement.

Un des infectes des plus redoutables pour les chenilles, eft
un ver noir* qui a feulement fix jambes écailleufes attachées
aux trois premiers anneaux; il devient auffi long & plus gros
qu'une chenille de médiocre grandeur. Le deffus de fon
corps eft d'un beau noir-luftré; il femble que fes anneaux
foient écailleux ou cruftacées, ils font pourtant plus mols
que les anneaux écailleux. En devant de la tête, il porte deux
pinces écailleufes, recourbées en croifant l'une vers l'autre,
avec lefquelles il a bientôt percé le ventre d'une chenille;
car c'eft ordinairement par le ventre qu'il les attaque. La

* Pl. 37. fig. 14.

chenille qu'il a une fois percée, a beau se donner des mouvemens, s'agiter, se tourmenter, marcher, il ne l'abandonne pas jusqu'à ce qu'il l'ait entiérement, ou presqu'entiérement mangée. La plus grosse chenille ne suffit qu'à peine pour le nourrir un jour, il en tuë & il en mange plusieurs dans la même journée, quand il les trouve.

Ces vers très-gloutons sçavent se placer à merveille pour que la proye ne leur manque pas, ils sçavent trouver les nids des processionnaires & s'y établir. Il ne m'est guéres arrivé de défaire un nid de ces chenilles, où je n'aye rencontré quelque ver de cette espece, & souvent j'y en ai rencontré cinq à six. Là ils peuvent assûrément manger autant qu'ils veulent; il n'y a pas de jour apparemment où chacun d'eux ne fasse périr un bon nombre de ces chenilles ou de leurs crisalides, car ils continuent à se tenir dans les nids des processionnaires après qu'elles se sont métamorphosées en crisalides.

Ce ver n'est pas en tout temps précisément de même couleur; le temps où il paroît d'un plus beau noir, est celui où il a besoin de manger, ou au moins celui où il ne s'est pas rassasié à son gré. Quand il a bien mangé, quand il s'est, pour ainsi dire, trop guédé, comme il lui arrive souvent, sa peau devient tenduë, ses anneaux sont plus déboîtés, & laissent voir du brun sur le corps & du blanc sur les côtés. A force de manger il se met quelquefois dans un état où sa peau paroît prête à crever, il semble presqu'étouffé : aussi quoiqu'ils soient vifs & farouches dans d'autres temps, ils se laissent prendre alors & manier comme s'ils étoient morts; & j'ai souvent cru qu'ils l'étoient, ou au moins qu'ils étoient mourans. Mais quand leur digestion étoit avancée, & qu'ils s'étoient vuidés, ils commençoient à se mouvoir & à reprendre l'agilité qui leur est ordinaire.

J'ai vû quelquefois les plus gros de ces vers bien punis
de leur

de leur gloutonnerie; lorfqu'elle les avoit mis hors d'état
de fe pouvoir remuer, ils étoient attaqués par d'autres vers
de leur efpece, encore jeunes & affés petits, qui leur perçoient le ventre, & les mangeoient. Rien ne mettoit ces
jeunes vers dans la néceffité d'en venir à une telle barbarie,
car ils attaquoient fi cruellement leurs camarades dans des
temps où les chenilles ne leur manquoient pas.

Ces vers font au nombre des infectes qui doivent vivre
fucceffivement fous des formes différentes, mais le goût
qu'ils ont de s'entre-manger, eft caufe que je n'ai pas vû
leur transformation complette. D'un bon nombre que
j'avois nourris dans de grands poudriers, & enfuite dans
des cloches de ver, il ne m'en refta qu'un ou deux qui
parvinrent à quitter leur premiére forme pour prendre celle
de nymphe, fous laquelle ils périrent *. Je crois pourtant   * Pl. 37. fig.
qu'ils fe métamorphofent en fcarabés, & en fcarabés qui   17.
font apparemment auffi voraces qu'ils l'étoient lorfqu'ils
étoient vers. Nous allons parler d'un fcarabé grand mangeur de chenilles, qui pourroit bien être celui que donne
notre gros ver noir.

Nous avons vû que le chêne eft peut-être de tous les
arbres celui qui nourrit plus d'efpeces d'infectes, & fur-tout
plus d'efpeces de chenilles; lorfqu'il s'eft couvert de feuilles,
on trouve auffi fur fes branches, plus que fur celles de tout
autre arbre, de gros fcarabés d'une belle efpece *; ils y font   * Fig. 18.
à la chaffe des chenilles. La préférence qu'ils donnent au
chêne, marque qu'ils fçavent choifir les endroits où ils
doivent efpérer de trouver plus de gibier. Ils marchent
bien, ils fe proménent de branches en branches, & quand
ils ont faim, ils attaquent la premiére chenille qu'ils trouvent; ils la percent avec les crochets * qu'ils ont en-deffous   * Fig. 19.
de la tête, & la mangent à leur aife.

Ce fcarabé eft un fort bel infecte; les étuis de fes aîles

Tome II.   . M m m

font d'un verd-doré, changeant & mêlé d'un peu de roügeâtre, d'un peu de couleur de cuivrée. Sur ces mêmes étuis on apperçoit des bandes paralleles à la longueur du corps, qui changent de couleur & de place, selon que l'œil qui les regarde, est placé. Cet effet est produit par de très-petites cannelures paralleles les unes aux autres, & qui toutes le font à la longueur de l'étui. Tout le reste du corps de ces scarabés est d'un beau noir très-luisant. Il est monté sur de grandes jambes. La forme de son corps un peu raccourcie, a quelque chose de quarré. Les antennes tant du mâle, que celles de la femelle, font à grains; c'est la femelle qui est ici représentée pl. 37. fig. 18. Le mâle n'en différe que parce qu'il est plus petit. J'en ai vû souvent s'accoupler; le mâle monte sur la femelle. Les femelles m'ont pondu en terre des œufs blancs de la forme des œufs ordinaires, d'où font sortis des vers qui, autant que leur petitesse permettoit d'en juger, étoient de l'espece de nos vers noirs mangeurs de chenilles; mais je n'ai pû parvenir à les élever. Si ce scarabé est beau, en revanche il est bien puant; l'odeur qui en exhale, est pénétrante, on a peine à soûtenir celle de plusieurs de ces insectes rassemblés en un petit endroit; les doigts qui l'ont touché, sentent mauvais pendant quelque temps.

EXPLICATION DES FIGURES DU ONZIEME MEMOIRE.

PLANCHE XXXIII.

LA Figure 1, représente une chenille du chêne *a,* qui mange une autre chenille *b,* de son espece.

La Figure 2, fait voir une chenille du chou dans l'instant où les vers qui ont crû dans son corps, en sortent.

La Figure 3, est celle d'un des vers sortis du corps de

la chenille de la fig. 2, deſſiné au microſcope.

Les Figures 4, 5 & 6, font voir la tête du ver fig. 4, groſſie auſſi au microſcope, & elles la font voir en différens temps & en différens ſens. Elle eſt vûë de face fig. 4; par derriére fig. 5, & de côté fig. 6. Dans les fig. 5 & 6. elle a été priſe ſur celle d'un ver occupé à filer, & qui l'allongeoit beaucoup fig. 5. La tête de la fig. 6, au contraire eſt retirée en partie ſous le premier anneau.

La Figure 7, repréſente pluſieurs coques de ſoye, filées les unes auprès des autres, par des vers ſortis du corps de la chenille fig. 2.

La Figure 8, eſt celle d'une des coques de la fig. 7. groſſie. *c,* cette coque. *ff,* fils auxquels elle tient.

Dans la fig. 9, deux vers *n,* & *p,* ſont occupés à ſe filer chacun une coque. Le ver *n,* fait une des mailles qui doivent ſervir à la ſienne, plus de la moitié de cette maille eſt faite. Le ver *p,* va commencer une maille de ſa coque.

La fig. 10, eſt celle de la nymphe d'un des vers cy-deſ-ſus, groſſie au microſcope, & vûë du côté du ventre.

La Figure 11, eſt celle de la même nymphe vûë du côté du dos.

La Figure 12, eſt celle de la mouche qui étoit en nym-phe dans les fig. 10 & 11, groſſie au microſcope. Elle a ici ſes aîles écartées du corps.

La Figure 13, repréſente la même mouche, d'une gran-deur moins éloignée de la naturelle, ayant ſes aîles croi-ſées ſur le corps.

La Figure 14, fait voir ſur une feuille de gramen plu-ſieurs coques de ſoye blanche, filées par des vers qui ont mangé une chenille, mais par des vers différens de ceux qui ſont repréſentés cy-deſſus.

La Figure 15, eſt celle d'une mouche ſortie d'une coque de la figure 14, groſſie à la loupe.

Mmm ij

La Figure 16, est celle de la mouche de la fig. 15, à peu près dans sa grandeur naturelle.

La Figure 17, est celle d'une portion de feuille de chê-ne, sur laquelle sont quelques coques de soye blanche, plus grosses que celles de la fig. 14. filées par des vers qui ont crû dans une chenille qui vit de feuilles de chêne.

PLANCHE XXXIV.

Les Fig. 1 & 2, représentent deux chenilles du chou de l'espece de celle qui est gravée pl. 33. fig. 2. Celles-ci sont grossies au microscope, & ouvertes tout du long du dos. Elles l'ont été dans un temps où les vers qui se nourris-soient dans leur intérieur, avoient pris presque tout leur accroissement, & étoient près de sortir.

La Figure 1, fait voir un grand nombre de vers qui ont été mis à découvert. Ces vers ont réduit à peu de chose, ils ont presqu'entiérement mangé cette partie que nous avons nommée le corps graisseux, & qui occupe tant de place dans la cavité intérieure. *ggg*, marquent diffé-rens endroits du corps graisseux rendus très-minces. *t*, la tête de la chenille. *q*, sa partie postérieure. Ce que cette figure ne sçauroit faire voir, c'est qu'il y a autant de vers dans cette chenille, du côté du ventre qui est caché ici, qu'il y en a du côté du dos. On remarquera aussi que les vers ne sont pas toûjours si paralleles les uns aux autres, qu'ils l'étoient dans l'instant où cette figure a été dessinée.

La Figure 2, fait voir une chenille ouverte, comme la précedente, tout du long du dos, mais dans laquelle il y avoit moins de vers; aussi le corps graisseux *g g g, &c.* y est en meilleur état, il n'a pas été si consommé. Ce qu'on doit y remarquer, c'est que le canal *e, e, i, a,* qui est celui de l'estomach & des intestins, est gonflé par les alimens qui le remplissent; il est bien sain & bien entier, les vers ne l'ont aucunement entamé.

La Figure 3, montre une chenille à oreilles, posée fur une petite coque *c*, de foye blanche, qu'elle femble couver. Cette coque eft celle d'un ver forti du corps de cette chenille, qui s'eft filé cette enveloppe, & qui l'a attachée à la feuille, & au corps de la chenille.

La Figure 4, eft celle d'une chenille qui vit dans les têtes & dans les tiges du chardon à bonnetier. *u*, marque un ver attaché contre le corps de cette chenille.

La Figure 5, eft celle du ver marqué *u*, fig. 4, repréfenté en grand. Il a deux efpeces de cornes *cc*. Je n'ai pû lui voir ni crochets, ni dents. Il m'a paru qu'il avoit une efpece de fucçoir à l'ouverture de la bouche. Ce ver eft blanc.

La Figure 6, eft celle d'une grande mouche ichneumon, fortie de la coque qui avoit été filée par une groffe chenille veluë.

La Figure 7, eft celle de la coque d'où la mouche de la fig. 6, eft fortie par l'ouverture *o*, que cette mouche y a faite. La coque avoit été filée par une chenille de l'efpece de celle qui eft repréfentée tome I. pl. 35. fig. 1.

La Figure 8, eft celle d'une chenille qui vit de graines d'ortie, & qui mange volontiers les enveloppes des graines du pourpier, quoiqu'elle n'épargne pas les feuilles de la même plante; elle mange auffi des feuilles d'ofeille & celles de quelques autres légumes; elle s'accommode encore de celles de la ronce; je la crois de la même efpece que la chenille que j'ai nourrie de feuilles d'ariftoloche. Le papillon de cette chenille fe trouve tome I. pl. 15. fig. 6. & la chenille elle-même eft repréfentée tome I. pl. 37. fig. 11. mais elle y eft dans une attitude allongée, qui ne lui eft pas auffi ordinaire que l'attitude plus raccourcie, fous laquelle elle paroît dans cette fig. 8. Dans la defcription que j'ai donnée de cette chenille tome I.

M m m iij

pag. 539. j'ai oublié de dire que tout du long du dos, elle a fur chaque anneau deux taches d'un rouge-orange. Une de ces taches un peu oblongue, eft pofée en long fur la partie fupérieure de l'anneau, & l'autre eft pofée tranfverfalement à la jonction de deux anneaux.

PLANCHE XXXV.

La Figure 1, femble être celle d'une feule coque de foye, & elle eft celle de l'amas de cellules, ou de petites coques qui ont été filées par des vers fortis d'une chenille de l'ariftoloche. Toutes les petites loges fe trouvent fous une enveloppe commune.

La Figure 2, fait voir quantité de vers qui travaillent chacun à fe couvrir de foye, & à fe donner une enveloppe femblable à celle de la fig. 1.

La Figure 3, eft celle d'un des vers de la fig. 2. de grandeur naturelle.

La Figure 4, eft celle du même ver groffi.

La Figure 5, eft celle de la mouche dans laquelle fe transforme le ver de la fig. 4.

La Figure 6, repréfente une autre maffe de foye qui paroît une coque, & qui couvre un amas d'un très - grand nombre de petites coques.

Les Figures 7 & 8, font voir des efpeces de gâteaux de petites coques bien arrangées les unes auprès des autres, & filées par des vers qui ont mangé des chenilles. Ces gâteaux de coques n'ont point une enveloppe commune, comme en ont les maffes de coques des fig. 1 & 6.

La Figure 9, eft celle d'une coque filée par un ver qui avoit mangé une arpenteufe de l'épine; cette coque avoit pour enveloppe la coque que la chenille s'étoit filée.

La Figure 10, eft celle d'une petite branche d'épine, fur laquelle eft une coque filée par une arpenteufe. C'eft fous cette coque qu'étoit la coque de la fig. 9.

La Figure 11, eft celle d'une coque filée dans une coque de terre, d'une grande chenille du bouillon-blanc, par le ver qui avoit vécu dans cette chenille.

La Figure 12, eft celle d'une mouche ichneumon qui eft fortie d'une coque telle que celle de la fig. 11.

Les Figures 13, 14, 15 & 16, font celles de coques rayées tranfverfalement de blanc, & de noir, ou de brun, & filées par des vers fortis du corps de chenilles.

La Figure 17, eft celle d'une coque de foye blanche, filée par un ver qui a crû dans le corps d'une chenille.

La Figure 18, eft celle d'une mouche ichneumon repréfentée plus grande que nature, qui eft fortie d'une coque telle que celles des fig. 13, 14, 15 & 16.

La Figure 19, eft celle d'une mouche ichneumon, fortie d'une coque telle que celle de la fig. 17.

La Figure 20, eft celle d'une mouche ichneumon fortie d'une coque en bateau. Cette coque avoit été faite par une chenille verte du chêne, gravée tome I. pl. 40. fig. 7.

La Figure 21, eft encore celle d'une petite coque de ver mangeur de chenilles, tirée de la coque d'une petite chenille.

Les Fig. 22 & 23, font celles de deux ichneumons fortis, avant l'hiver, de deux crifalides de ces chenilles à pyramide charnuë, qui vivent fur-tout de feuilles d'abricotier, ou de prunier. Celui de la fig. 23 eft tout noir, excepté fes jambes qui font de couleur de caffé-clair. La queuë qu'on lui voit eft une efpece d'aiguillon écailleux de couleur de caffé-clair, logé entre deux demi-goutiéres qui lui fervent d'étui. Lorfqu'on a deffiné cette mouche, fes antennes avoient été caffées.

La Figure 22, repréfente un ichneumon, dont les anneaux ont des bandes jaunes tranfverfales. Le refte du corps & des anneaux eft noir. Certaines portions de fes jambes font brunes, & d'autres font jaunes.

La Fig. 1, est celle d'une chenille qui étoit rase, & qui semble veluë, parce qu'elle est hérissée de fils de soye, filés sur son corps par des vers qui en ont mangé l'intérieur.

La Figure 2, représente une chenille dont le corps est couvert de vers qui se tiennent dessus, & qui le rongent.

La Figure 3, montre deux des vers qui sont sur la chenille de la fig. 2. grossis à la loupe. On y en voit un par dessus, & l'autre par dessous.

La Figure 4, est celle d'un ver trouvé dans le corps d'une chenille.

Les Figures 5 & 6, représentent, en grand, le bout de la tête du même ver. La fig. 5. le montre par dessus, & dans le temps où les deux dards *d d*, sont allongés. La fig. 6. le fait voir par dessous, & les deux dards retirés dans le corps; ils ne paroissent que parce que la peau, au travers de laquelle ils sont vûs, est transparente.

La Figure 7, est celle d'un ver que j'ai trouvé dans le corps d'une crisalide de la chenille livrée.

La Figure 8, est, en grand, celle de la tête du ver de la fig. 7. *c c,* ses deux crochets.

La Figure 9, est celle d'une feuille de chêne couverte de vers qui sont sortis du corps d'une chenille verte & rase, qui mange ces sortes de feuilles.

La Figure 10, est encore celle d'une feuille de chêne, sur laquelle les vers de la fig. 9. sont en nymphes, ou en crisalides.

La Figure 11, représente, en grand, une des nymphes, ou crisalides, qui sont vûës de grandeur naturelle sur la feuille de la fig. 10. *e,* tas d'excrémens qui est auprès de leur derriére.

La Fig. 12, est celle d'une mouche brune à deux aîles. J'ai vû les vers qui donnent ces sortes de mouches, sortir

d'une

d'une chenille qui a péri. Ces vers font femblables à ceux de la viande.

La Figure 13, eft celle de la coque d'où eft fortie la mouche de la fig. 12.

La Figure 14, repréfente une coque de la chenille livrée, qu'on a ouverte. *c c*, cette coque. *d*, la peau de la crifalide qu'on a brifée exprès au-deffus de *d. e*, coque d'une foye brune filée dans la crifalide, par un ver qui avoit vécu dans fon intérieur, & qui l'avoit entiérement mangée.

La Figure 15, eft celle d'une mouche grife à deux aîles, dont le ver avoit vécu dans une crifalide de la chenille du maronnier.

La Figure 16, eft celle de la coque de laquelle eft fortie la mouche de la figure 15.

La Figure 17, eft celle d'un ver forti d'une chenille du pin, deffiné d'un tiers plus grand que nature.

La Figure 18, repréfente, en grand, la partie antérieure du ver de la fig. 17.

La Figure 19, eft celle d'une mouche grife dans laquelle s'eft tranformé, à la maniére ordinaire, le ver de la fig. 17.

La Figure 20, eft celle de la nymphe trouvée dans l'intérieur de la coque *e*, fig. 14. de la coque de foye qui étoit enveloppée par la peau de la crifalide.

PLANCHE XXXVII.

La Figure 1, eft celle d'une jolie coque dont le tiffu eft ferré, & qui eft fufpenduë par un fil *f*, à une petite branche. Elle eft l'ouvrage d'un ver mangeur de chenilles, & d'un de ces vers qui fçavent fauter, & faire fauter leur coque avec eux.

La Figure 2, eft celle du ver de la coque précedente, de grandeur naturelle.

La Figure 3, eft celle d'une coque telle que celle de la fig. 1. repréfentée groffie à la loupe.

La Figure 4, eft une coque telle que celle de la fig. 3.

Tome II. N n n

qui a été ouverte. On y voit le ver en partie, qui eſt occupé à filer pour fermer ſa coque.

La Figure 5, eſt celle de la tête du ver, repréſentée ſépa-
rément.

La Fig .6, eſt celle de la coque couchée pour montrer
la poſition dans laquelle elle eſt, lorſque le ver la fait ſauter.

La Figure 7, eſt celle d'une coque poſée comme celle
de la fig. 6. On la ſuppoſe tranſparente, pour faire voir
comment le ver eſt ſitué lorſqu'il ſe prépare à faire un ſaut.

La Figure 8, eſt celle auſſi d'une coque ſuppoſée tranſparente, dans laquelle on voit comment le ver eſt contourné dans l'inſtant du ſaut.

La Figure 9, eſt celle d'une mouche ſortie de la coque
de la fig. 1.

La Fig. 10, eſt celle de la tête de la mouche de la fig. 11.

Les Figures 11 & 12, repréſentent une mouche ſortie
de la coque de la fig. 1. Dans la fig. 11, elle eſt groſſie, &
dans la fig. 12, elle eſt de grandeur naturelle.

La Fig. 13, eſt encore celle d'un ichneumon repréſenté
de grandeur naturelle, qui eſt ſorti d'une groſſe criſalide.

La Figure 14, eſt celle d'un ver chaſſeur de chenilles, qui
ſe tient volontiers dans les nids des proceſſionnaires.

Les Fig. 15 & 16, repréſentent ce ver raccourci, comme
il l'eſt lorſqu'il ſe prépare à ſe métamorphoſer en nymphe.

Dans la Figure 17, on voit la nymphe qui s'eſt preſqu'entiérement tirée de ſa peau de ver.

La Figure 18, eſt celle d'un ſcarabé qui va à la chaſſe
des chenilles. Celui-ci eſt la femelle.

La Figure 19, repréſente, en grand, la tête du ſcarabé
de la fig. 18, vûë par deſſous.

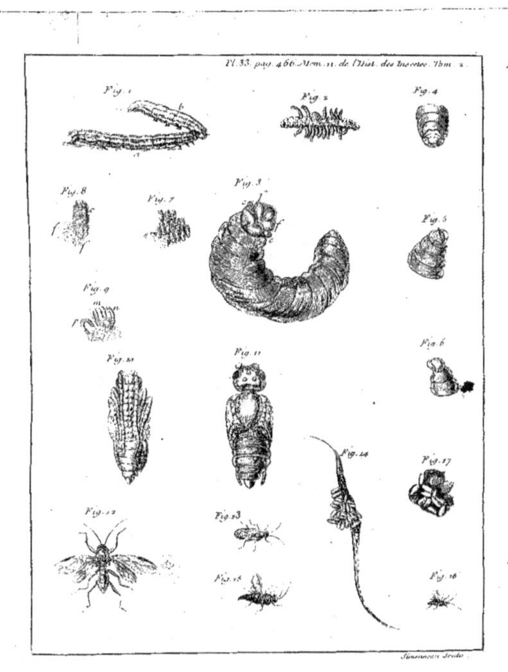

Pl. 33. pag. 466. Mem. ii. de l'Hist. des Insectes. Tom. i.
Fig. 1
Fig. 2
Fig. 4
Fig. 3
Fig. 8
Fig. 7
Fig. 5
Fig. 9
Fig. 6
Fig. 10
Fig. 11
Fig. 14
Fig. 17
Fig. 12
Fig. 13
Fig. 15
Fig. 16
Simonneau Sculp.

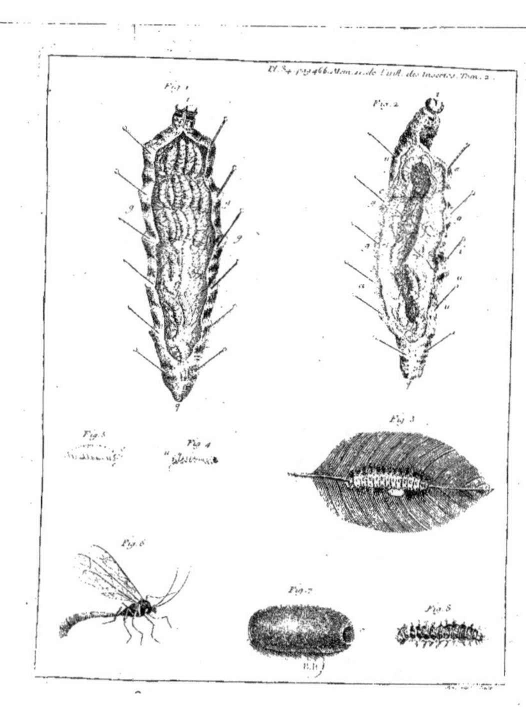

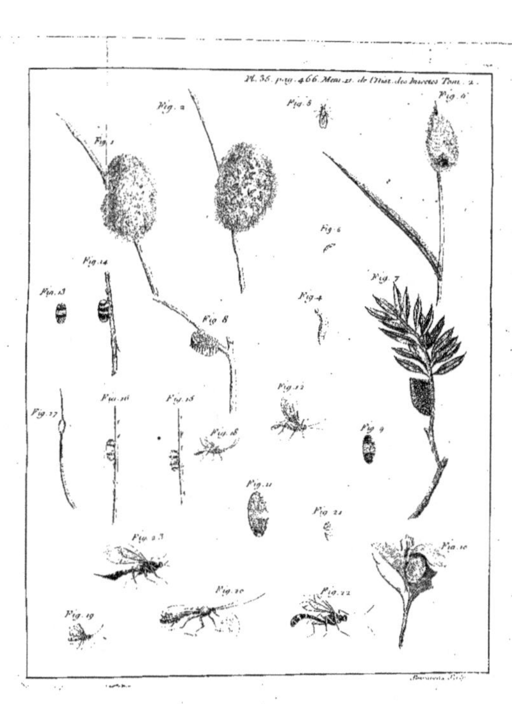

Pl. 35. pag. 466. Mem. II. de l'Hist. des Insectes Tom. 2.
Fig. 1
Fig. 2
Fig. 3
Fig. 4
Fig. 5
Fig. 6
Fig. 7
Fig. 8
Fig. 9
Fig. 10
Fig. 11
Fig. 12
Fig. 13
Fig. 14
Fig. 15
Fig. 16
Fig. 17
Fig. 18
Fig. 19
Fig. 20
Fig. 21
Fig. 22
Fig. 23

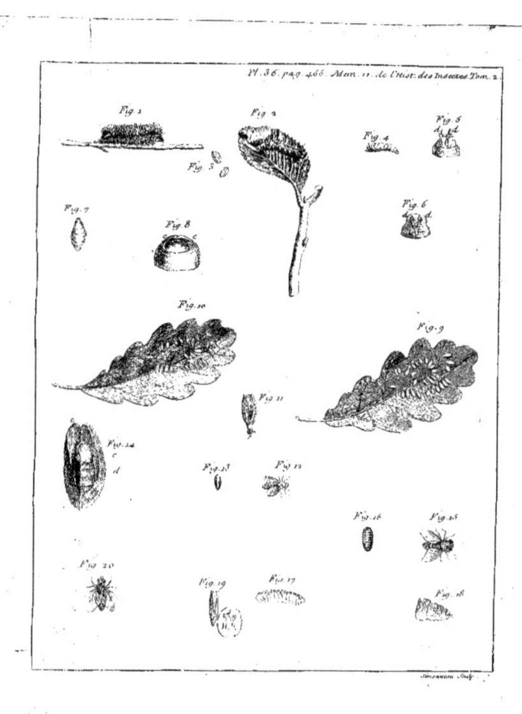
Pl. 36. pag. 466. Mem. 11. de l'Hist. des Insectes. Tom. 2.

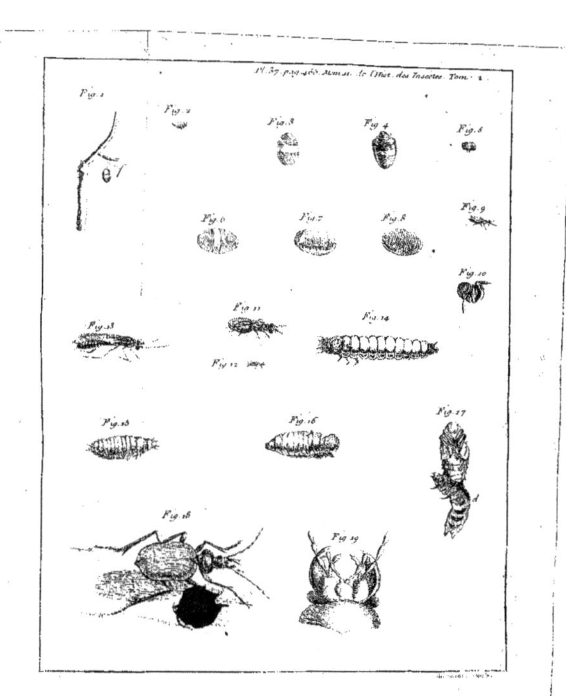

Pl. 37. pag. 468. Mem. s. le Hist. des Insectes. Tom. 1.
Fig. 1
Fig. 2
Fig. 3
Fig. 4
Fig. 5
Fig. 6
Fig. 7
Fig. 8
Fig. 9
Fig. 10
Fig. 11
Fig. 12
Fig. 13
Fig. 14
Fig. 15
Fig. 16
Fig. 17
Fig. 18
Fig. 19

DOUZIEME MEMOIRE.

DES CHENILLES
QUI VIVENT DANS LES TIGES,
LES BRANCHES,
ET LES RACINES DES PLANTES ET DES ARBRES;

*Et des chenilles, & de quelques vers qui vivent
dans l'intérieur des fruits.*

APrès avoir vû * combien d'ennemis attaquent &   * *Mém. xi.*
détruifent les chenilles, on craindra peut-être moins
qu'elles ne fe multiplient exceffivement, & on fera peut-
être moins fâché de voir qu'il nous refte encore à en faire
connoître beaucoup d'efpeces. C'eft fur les plantes & fur
les arbres que vivent les chenilles que nous avons fuivies
cy-devant; pour l'ordinaire, elles mangent leurs feuilles;
quelques-unes même rongent leurs fleurs; d'autres n'épargnent pas leurs fruits; enfin, ce font leurs racines que d'autres attaquent : mais beaucoup d'autres chenilles vivent
dans l'intérieur même de différentes parties des arbres &
des plantes. Là elles ne font point expofées à nos regards.
La peau de ces derniéres chenilles, fouvent plus tendre
que celle des autres, n'eft pas auffi en état de réfifter à
l'action de l'air; fi elle y étoit expofée, elle fe deffécheroit
trop. Cachées dans de fi obfcures retraites, elles font cependant fouvent attaquées par les mêmes vers, ou par des
vers femblables à ceux qui attaquent celles qui vivent à
découvert. Nous avons déja parlé dans le vii.ᵉ Mémoire

N n n ij

** Tom. I.*
Pl. 17. fig. 1.

du tome I. pag. 309. d'une chenille * qui fe tient dans l'intérieur des branches de chêne & d'orme, & ordinairement dans l'aubier ; elle préfere même aux autres les branches qui commencent à fe carier, quoiqu'elle perce, quand il le faut, le bois le plus dur. C'eft une des plus grandes & des plus groffes chenilles que nous connoiffions ; elle a le deffus du corps liffe & rouge, ou rougeâtre. M. Bazin en a trouvé une autre efpece à Reaumur, qui avoit la peau jaunâtre & pointillée de brun. J'ai eu, il y a long-temps, une groffe phalene que je négligeai alors de décrire & même de garder, venuë d'une chenille qui avoit vécu dans l'intérieur de la tige très-faine d'un jeune pommier en plein vent. De la fciûre que je voyois fortir journellement par un trou dont l'ouverture étoit à la furface extérieure de l'écorce, m'avertit qu'il y avoit un infecte qui hachoit les fibres intérieures. Perfuadé qu'il n'acheveroit pas fes jours dans la tige du pommier, j'attachai un fac de toile contre cette tige, de maniére que l'infecte ne pouvoit fortir par l'ouverture par laquelle il jettoit la fciûre, fans entrer dans le fac ; auffi au bout de quelques femaines, trouvai-je dans ce fac une groffe phalene d'un blanc-grifâtre, autant que je puis m'en fouvenir.

** Pl. 38. fig. 3. & 4.*

Mais j'ai mieux obfervé une autre efpece de papillon * qui vient auffi d'une chenille qui fe nourrit du bois de l'intérieur des branches du pommier. Vers la fin de May, je reçûs de M. Baron, Médecin à Luçon, deux morceaux de branches de pommier de la groffeur du doigt, dans chacune defquelles une chenille de même efpece s'étoit

** Fig. 2.*

établie. Elles avoient creufé * les branches, elles y avoient fait un long tuyau qui n'étoit couvert que par l'écorce, & par une couche de bois affés mince. Je n'eus pas la peine de tirer une de ces chenilles de fa longue cellule, je l'en

** Fig. 1.*

trouvai dehors lorfqu'elle m'arriva. Elles font rafes *, &

un peu plus grandes que celles de médiocre grandeur. Prefque tout leur corps eft d'un jaune de karabé, & piqué de points d'un brun-noir. Leur partie antérieure & leur partie poftérieure font d'un brun prefque noir & luifant. De-là il arrive que lorfque la chenille eft dans une attitude où elle ne montre pas fes jambes, on ne fçait auquel des deux bouts eft la tête; le dernier anneau qui eft comme écailleux, a prefqu'autant l'air de tête, que l'autre bout où elle eft réellement. Le premier anneau, celui auquel la tête tient, eft écailleux, & plus large qu'aucun des autres, ce qui eft contraire à ce qui s'obferve dans le commun des efpeces de chenilles, dont le premier anneau eft le plus étroit. Celle-ci a feize jambes, dont les membraneufes ont des couronnes de crochets, prefque complettes. Sa tête & fon premier anneau font fouvent un angle obtus, avec le refte du corps.

J'emportai une partie du bois qui couvroit la chenille, qui n'avoit point quitté fon logement *, & cela jufqu'à ce que je puffe voir la partie antérieure de cette chenille; & que je puffe reconnoître qu'elle étoit femblable à celle que je viens de décrire. A peine eut-elle été mife à découvert, qu'elle travailla à fe cacher. Elle détacha de la fciûre avec fes dents qui font très-tranchantes; elle apporta les grains détachés, aux bords de l'ouverture que j'avois faite *; elle les y lia avec de la foye; & enfin, au bout de quelques heures fa cellule fut clofe. Dans la même cellule elle fe fila, peu de jours après, une coque entourée de fciûre, dans laquelle elle fe métamorphofa en crifalide.

Dans les premiers jours d'Août, le papillon * fortit de cette crifalide; c'eft un nocturne qui a des antennes à filets grainés; & qu'on mettra dans la troifiéme claffe des phalenes, fi on juge à propos d'accorder à cette claffe, pour débaraffer la feconde déja très-chargée, les papillons qui

N n n iij

* Pl. 38. fig. 2. oo ff.

* ff.

* Fig. 3.

ont des trompes très-petites & différentes des autres. Celle
de cette phalene est composée de deux filets jaunes écartés
l'un de l'autre, & qui ne m'ont pas paru propres à se réunir; il semble qu'au défaut d'une trompe bien sensible,
le papillon en ait deux très - déliées & d'une longueur
médiocre. Il porte ses aîles en toit, dont la base est assés
étroite; elles lui donnent un air plus allongé, que ne l'a le
commun des papillons nocturnes; elles sont étroites proportionnellement à leur longueur. Le dessus des supérieures paroît, au premier coup d'œil, blanc & piqué de points
noirs. Mais si on les regarde de plus près, on trouve que
plusieurs endroits ont une legére teinte de jaunâtre, & on
reconnoît que les taches qui sembloient noires, sont d'un
verd-foncé, & cependant assés beau. Tout le corps presque
est d'un autre verd-foncé, d'un verd-foncé qui a du bleuâtre; les anneaux sont bordés de blanc. Les taches qui sont
sur le corcelet, sont noires. Les jambes sont de cette derniére couleur.

Le papillon que j'ai eu étoit femelle, il fit beaucoup
* Pl. 38. fig. d'œufs*, de véritable figure d'œufs, & d'un jaune pâle.
5 & 6.

Au bout, & en - dehors de la coque que l'insecte s'est
* Fig. 2. d. faite dans le bois, il laisse sa dépouille de crisalide *. On
voit sur cette crisalide des épines dirigées vers la queuë,
comme on en voit sur la crisalide de la grosse chenille qui
vit dans l'intérieur du chêne & de l'orme. Ces épines permettent à la crisalide d'aller en avant, mais elles l'arrêtent
quand quelque force la pousse en arriére.

M. Bernard de Jussieu m'a donné depuis peu, une
branche de troëne, dans laquelle s'étoit établie & avoit crû
une chenille qui m'a paru si semblable à celle dont nous
venons de parler, que je la crois de même espece. Entre
les chenilles qui vivent de bois, il y en a à qui les bois de
différentes especes d'arbres conviennent, comme entre

celles qui mangent des feuilles, il y en a qui mangent celles
de plantes d'efpeces différentes.

J'ai trouvé, en hiver, entre l'écorce & l'aubier de l'orme,
une chenille dont le corps étoit menu par rapport à fa longueur, alors elle étoit plus petite que celles de médiocre
grandeur: j'ignore fi elle ne feroit pas devenuë beaucoup
plus grande; elle a péri chés moi; elle étoit grifâtre; elle
avoit quelques poils difperfés ça & là.

Comme il n'y a que des hazards affés rares qui puiffent
mettre à portée de nos yeux les chenilles qui vivent dans
l'intérieur des troncs & des branches d'arbres, plufieurs de
leurs efpeces peuvent nous être inconnuës, & peut-être le
feront-elles encore long-temps. Mais d'autres chenilles fe
tiennent dans des tiges & dans des racines dont les fibres
font plus aifées à couper que celles des tiges d'orme, de
chêne, de pommier, &c. & qu'il nous arrive plus fouvent
de brifer. Dans des tiges de fcrophulaire, dans des racines
d'orobante, j'ai eu des chenilles qui m'ont paru parfaitement femblables entr'elles, & femblables à des chenilles *   * Pl. 39. fig.
qui fe tiennent dans les tiges des laituës & des chicons;   2.
toutes les trois m'ont paru être de la même efpece. Il y
a des années où ces chenilles fe multiplient beaucoup dans
les laituës, elles les font périr avant qu'elles ayent eu le
temps de pommer. Ordinairement cette chenille perce la
tige * affés près de l'origine des racines: à mefure qu'elle   * Fig. 1. o.
mange, elle aggrandit fon logement. Elle eft extrêmement
vive, elle a, au moins, toute la vivacité des rouleufes; fa
grandeur eft au-deffous de la médiocre. Sa peau eft très-
tranfparente & blancheâtre, mais quatre tubercules bruns *,   * Fig. 3. t t,
difpofés fur la partie fupérieure de chaque anneau, font   u u.
paroître cette chenille grife. Deux des tubercules * font   * t t.
plus gros que les deux autres *. Un poil part de chacun   * u u.
d'eux. Cette chenille a feize jambes, dont les membraneufes

ont des couronnes de crochets complettes. Quand elle
marche, on croit voir une feconde peau, une peau intérieure qui gliffe fur l'extérieure. Il n'y auroit guéres de
chenille, au travers des peaux & des chairs de laquelle il
fût plus aifé de voir ce qui fe paffe dans l'intérieur, fi fa
vivacité permettoit de l'obferver à l'aife. Tout ce qu'elle a
de différemment coloré dans fon intérieur, paroît fur fon
extérieur, & y fait des taches. J'ai eu de ces chenilles qui
ont quitté les tiges de laituës où elles avoient crû, vers le
commencement de Juin; elles fe font fait d'affés mau-
vaifes coques de terre, dans lefquelles elles ont péri fans
me donner de papillon; peut-être parce que j'ai laiffé trop
deffécher la terre dans laquelle elles étoient.

    Mais une chenille très-femblable aux précedentes, & qui
m'a paru être de la même efpece, quoiqu'elle eût été trouvée dans une racine de fcrophulaire, m'a donné un papillon nocturne *. Il parut le 17. Août dans le poudrier où la
chenille avoit été mife le 27. May, avec la racine dans laquelle elle étoit logée. Ce papillon eft de la cinquiéme
claffe des phalenes, fes antennes ont de chaque côté des
barbes dont la figure approche de celle de longues dents de
fcie, dont la pointe auroit été un peu arrondie; quelques
poils partent de cette pointe de la barbe. Cette phalene n'a
point de trompe. Elle eft du genre de celles dont les aîles
forment un toit bien arrondi & à bafe étroite. Son corcelet
très-velu, eft d'un gris affés blancheâtre. L'origine de l'aîle
eft de cette derniére couleur; une grande partie de chaque aîle eft remplie par une tache triangulaire qui a un de
fes angles vers le milieu du deffus du corps, lorfque le
papillon eft en repos; la portion antérieure de ce triangle
eft d'un brun un peu rougeâtre, fa portion poftérieure fe
nuë infenfiblement de couleurs plus claires; le refte de l'aîle
eft plus brun; d'où il arrive que la bande qui eft à la bafe de

l'aîle,

* Pl. 39. fig.
4.

l'aîle femble une piéce appliquée contre ce qui précede.

Dans le commencement d'Octobre, M. de Villars, Docteur en Médecine, m'apporta encore à Reaumur une chenille * qu'il avoit trouvée dans une tige d'*enula campana*. Je fendis cette tige * en deux, peu à peu, pour parvenir à mettre la chenille à découvert fans la bleffer. Elle étoit de la même claffe que les précedentes, c'eft-à-dire, à feize jambes, dont les membraneufes avoient des couronnes de crochets complettes; mais elle en étoit une efpece diffé-rente, qui d'ailleurs n'avoit rien de remarquable. Sa tête & fon premier anneau étoient d'un brun noir & luifant; le refte du corps étoit d'un blancheâtre qui avoit une teinte de couleur d'olive. Elle étoit rafe; on pouvoit pourtant, avec une forte loupe, remarquer de chaque côté, fur cha-que anneau, deux poils noirs qui paroiffoient partir d'un petit tubercule noir. Cette chenille, par rapport à fa lon-gueur, eft plus groffe que celles dont nous venons de parler. C'eft dans la moëlle de la tige qu'elle habitoit, & qu'elle s'étoit creufé un canal *; & c'eft de cette moëlle qu'elle fe nourriffoit. Après qu'elle eût été deffinée, je rejoignis les deux parties de la tige que j'avois féparées l'une de l'autre; je les liai enfemble, & je remis la chenille dans fon ancienne habitation; elle n'y fut pas long-temps, fans con-tinuer de la creufer, elle apporta des fragmens de moëlle au bord du trou, elle y jetta auffi des excremens. Ces di-vers grains furent liés avec des fils, & formérent un bou-chon de plufieurs lignes d'épaiffeur.

La nature en formant les cellules dans lefquelles font contenuës les graines d'une efpece de chardon, en raffem-blant ces cellules les unes auprès des autres, pour en com-pofer une forte de tête * longue & ronde, & enfin, en les hériffant de longues pointes qui n'ont qu'un certain degré de roideur, nous a préparé des inftrumens très-utiles

Tome II. · O o o

* Pl. 39. fig. 5.
* Fig. 6.

* Fig. 6. c d.

* Fig. 8.

pour la perfection de nos draps. Les têtes de ce chardon, nommé *chardon-à-bonnetier*, font des efpeces de cardes, auxquelles l'art auroit peine à parvenir à en faire de femblables, ou d'équivalentes. Une petite chenille rafe * & blanche, à feize jambes, dont les intermédiaires ont des couronnes de crochets complettes, fe tient volontiers dans le centre de ces têtes de chardons *; elle mange une forte de moëlle qui s'y trouve; elle y file; elle s'y transforme en crifalide. La chenille ne fe borne pourtant pas à habiter cette tête, fouvent elle creufe la tige qui la porte, fur une longueur de fept à huit pouces ou plus. Elle mange la moëlle qui occupe l'intérieur de cette tige, comme elle a mangé celle de la tête. La première chenille de cette efpece que j'ai vûë, me fut montrée par M. de Villars, & depuis j'en ai trouvé un grand nombre en 1735. dans le mois d'Octobre. Dans près de la moitié des têtes de chardon que j'ouvrois, je trouvois une de ces chenilles. Je n'ai pourtant pas encore eu leurs papillons, mais j'ai actuellement plufieurs chenilles en bon état, qui me les feront voir apparemment, avant que ce volume paroiffe.

Le peu d'exemples que nous venons de citer, fuffit pour prouver que l'intérieur des tiges des plantes & des arbres doit être rongé par bien des efpeces de chenilles différentes qui ne nous font pas connuës. Ces mêmes tiges font rongées par quantité d'efpeces de fauffes chenilles, & par quantité d'efpeces de vers dont nous parlerons dans d'autres temps.

On n'a pas befoin d'être favorifé du hazard pour parvenir à trouver un grand nombre d'infectes de différentes efpeces qui croiffent cependant dans l'obfcurité, & cachés de toutes parts, comme ceux des tiges & des branches des plantes & des arbres; & qui doivent nous fembler bien pourvûs de meilleurs alimens. Des fruits de tant d'efpeces, dont le goût nous plaît, ne nous ont pas été accordés à nous seuls; la nature a voulu que des insectes de différens genres les partageassent avec nous. Des insectes croissent dans l'intérieur de la plûpart de nos fruits. Des poires, des pommes, des prunes, &c. qui sont plûtôt à maturité que les autres fruits des mêmes arbres, tombent tous les ans dans nos jardins; & ces fruits ne sont devenus plus précoces que les autres fruits de leur espece, & ne sont tombés que parce que quelqu'insecte a crû dans leur intérieur. On accuse souvent des vents froids de faire tomber au printemps les fruits avant qu'ils ayent eu le temps de grossir, peu de temps après qu'ils ont été noués, & on les en accuse quelquefois avec raison; mais très-souvent les fruits qui ne sont presque que noués, tombent comme ceux qui sont plus près d'avoir acquis leur véritable grosseur, parce que des insectes ont pénétré dans leur intérieur, & s'en sont nourris. C'est sur le compte de ces insectes qu'on devroit mettre ce qu'on met à tort sur le compte du froid, ou, selon le langage ordinaire, sur le compte des mauvais vents.

Enfin, les plus importans de nos fruits, ceux qui sont la base de nos alimens, ne sont pas encore en sûreté après que la récolte en a été faite. On ne sçait que trop que nos bleds de toutes especes, nos fromens, nos seigles, nos orges, &c. sont quelquefois consommés dans les greniers par des insectes.

Ceux qui se trouvent dans les fruits soit verds, soit à maturité, de nos arbres fruitiers, dans les poires, les pommes, les prunes, &c. sont nommés des vers, & on appelle les fruits où ils sont logés des fruits verreux. Mais, comme nous en avons déja averti ailleurs, s'il y a de ces insectes qui sont des vers, c'est-à-dire qui se doivent transformer en mouches, ou en scarabés, il y en a, & en grand nombre, qui sont des chenilles. J'ai ouvert beaucoup de

O o o ij

* Pl. 38. fig.
11 & 12.
petites poires * qui étoient tombées peu après avoir été
nouées, & j'ai trouvé dans l'intérieur de chacune une fausse
* Fig. 13.
chenille *, c'est-à-dire un insecte qui a plus de jambes que
les chenilles, auxquelles il ressemble d'ailleurs, & qui
doit devenir une mouche à quatre aîles. M. Grandjean
ayant ouvert de ces mêmes poires, & lui étant arrivé d'é-
craser de ces fausses chenilles, remarqua qu'écrasées, elles
ont une véritable odeur d'amandes améres. Lorsque les
fleurs de plusieurs poiriers étoient à peine développées, j'ai
vû souvent de petites mouches aller dessus. Entre ces mouches il y en avoit à quatre aîles, d'un genre dont nous par-
* Fig. 14.
lerons ailleurs au long *. Les femelles portent au derriére
une scie d'une structure tout-à-fait admirable, mais qu'il
n'est pas temps de décrire, avec laquelle elles font des entailles dans les corps dans lesquels elles veulent déposer leurs
œufs. Ce sont des mouches de cette espece qui sont cause
que tant de nos fruits tombent peu après qu'ils ont été
noués. La queuë du fruit dont la substance intérieure est
rongée, se desséche & se détache de la branche; le fruit
tombe par terre; & c'est ce qui convient à la fausse chenille
qui a crû dans son intérieur. Alors elle est prête à se métamorphoser, & pour se métamorphoser, elle sort de la
poire, & entre en terre, où elle se fait une petite coque,
de laquelle l'insecte sort quelquefois dès l'été, sous la forme
d'une mouche à quatre aîles, pareille à celles qu'on avoit vû
au printemps se tenir sur les fleurs du poirier. On fait périr
les mouches qui nous incommodent dans nos appartemens, en mêlant de l'arsénic, ou quelqu'autre poison
avec de l'eau sucrée, ou quelque sirop que les mouches
aiment. On sauveroit bien des fruits, si dans le temps où
les arbres sont en fleur, on mettoit sur chaque arbre un
petit vase rempli d'un mets empoisonné, dont les mouches à quatre aîles, qui viennent de fausses chenilles, fussent

friandes. C'eſt une expérience que je n'ai pas encore ſuivie, & qui mérite de l'être.

M. Redi nous a appris il y a long-temps, que les vers * ſi ordinaires dans les eſpeces de ceriſes douces, & ſur-tout dans celles que nous appellons des bigareaux *, ſe trans-forment en mouches.

* Pl. 38. fig. 19.
* Fig. 17 & 18.

L'inſecte qui fait le plus de ravages dans nos greniers, eſt une eſpece de petit ſcarabé qui y ronge les grains, & ſous cette forme, & ſous celle de ver qu'il a avant ſa métamorphoſe.

Mais de tous les inſectes qui s'élevent dans nos fruits, ceux auxquels nous nous arrêterons dans ce Mémoire, ſont ceux qui appartiennent aux claſſes des chenilles, nous remettons à un autre temps à parler des autres. Comme entre les chenilles qui vivent de feuilles, les unes rongent celles de certaines plantes, ou de certains arbres, auprès deſquels d'autres chenilles mourroient de faim, de même certaines eſpeces de chenilles mangent des fruits qui ne conviendroient pas à celles de pluſieurs autres eſpeces. Celles qui s'élevent dans les poires périroient apparemment dans les noiſettes, & réciproquement celles qui croiſſent dans les noiſettes, périroient dans les poires.

Nos différentes eſpeces de fruits ne ſont pas pourtant auſſi géneralement attaquées par les chenilles, que le ſont les feuilles; je ne ſçais s'il y a des feuilles de quelque plante qui ſoient épargnées par les chenilles, mais il y a des eſpeces de fruits dans ce pays, dans leſquels elles ne s'élevent point du tout, ou très-rarement. Il ne ſeroit pas plus aiſé de donner la raiſon pourquoi certaines eſpeces de fruits ſont épargnées, pendant que d'autres eſpeces ſont maltraitées, que de rendre raiſon pourquoi les feuilles de chou ſont plus attaquées par les chenilles, que les feuilles de la poirée : pourquoi beaucoup plus d'inſectes vivent ſur le

O o o iij

chêne, que fur le tilleul. Celui qui a fait tant de merveilleux
ouvrages, l'a voulu ainfi, mais nous ne fçavons pas pourquoi il l'a voulu. Les prunes font très-fujettes à être verreufes, une efpece de petite chenille croît dans leur intérieur.
Je n'ai jamais trouvé de pêche dans laquelle il y eût une
chenille, ou un ver qui s'y fût élevé. Je n'en ai jamais vû
auffi dans les abricots. On trouve quelques infectes dans
ces derniers fruits, fçavoir des perce-oreilles, des mille-pieds,
mais ils s'y introduifent par des ouvertures que le fruit leur
a offertes dans des endroits où il s'eft crevé, ou dans des endroits où il a été rongé par des limaçons, ou par d'autres
infectes. Aucun infecte, que je fçache, ne s'éleve dans l'intérieur des grains de raifin; il ne s'en éleve point ordinairement dans les amandes communes, & il y en a beaucoup
qui croiffent dans les amandes des noifettes. Dans les fruits
où je n'ai pas trouvé d'infectes, & où on n'en trouve pas
ordinairement, il y en peut naître néantmoins dans des cas
extraordinaires. Dans les Mémoires manufcrits de M. de
la Hire, il eft fait mention d'une petite chenille verte, d'environ quatre lignes de long, & à feize jambes, qu'il trouva
dans un abricot le 9. Août; elle fe fila le 13. une petite
coque de foye blanche qu'il perdit. Les abricots devoient
commencer à paffer lorfque M. de la Hire trouva cette
chenille; elle pouvoit être entrée dans un abricot entre-
ouvert.

Les années où il y a le moins de fruits, font celles où
l'on croit qu'il y en a plus de verreux, & on ne manque pas
de s'en plaindre. Quoique la quantité des vers & des chenilles ne foit pas plus grande dans ces années ftériles en
fruits, que dans des années abondantes, fi elle eft la même,
fi la caufe qui a fait périr les fruits n'a point diminué le
nombre des mouches & des papillons dont les petits doivent
croître dans les fruits, le nombre des vers & des chenilles

des fruits doit paroître plus grand; quoiqu'il ne le foit pas réellement, il l'eſt proportionnellement à la quantité des fruits de cette année. Car ſi dans une année fertile en poires, de ſix poires on en trouve une attaquée par des vers, ou par des chenilles, dans une année où il n'y aura que le tiers des poires qu'il y avoit dans l'année que nous avons priſe pour exemple, de deux poires on en trouvera une gâtée par les vers, ou par les chenilles, ſi la quantité des vers & des chenilles eſt la même qu'elle étoit dans l'année trois fois plus abondante en fruits.

Nous avons vû plus d'une fois que les papillons ne jettent pas leurs œufs à l'avanture; leur principale attention, s'il eſt permis de parler ainſi, eſt de les dépoſer dans des endroits tels que les chenilles qui en doivent ſortir, puiſſent trouver, dès l'inſtant de leur naiſſance, des alimens convenables & tout prêts. Ainſi les papillons dont les chenilles doivent ſe nourrir de fruits, collent leurs œufs ſur des fruits, ſouvent ſi jeunes que les petales de la fleur ne ſont pas encore tombées, & c'eſt quelquefois entre les petales mêmes qu'ils les laiſſent contre ce piſtile, qui eſt l'embrion du fruit. Les chenilles qui ne ſont pas long-temps à éclore, dès leur naiſſance ſe trouvent placées ſur un fruit tendre qu'elles percent aiſément, elles s'introduiſent dans ſon intérieur; là elles ſe trouvent au milieu des alimens qu'elles aiment, & bien à couvert.

L'endroit même par où elles ſont entrées ſe referme quelquefois de façon, qu'il eſt difficile, ou même impoſſible de retrouver le petit trou qui leur a donné paſſage.

Les chenilles qui vivent dans les fruits, ſont communément petites, bien au-deſſous de celles de grandeur médiocre. Je n'en ai jamais vû qu'une de grandeur médiocre* qui fut trouvée chés moi à Reaumur, au commencement d'Octobre, dans une gouſſe d'haricots à maturité & preſque féche. L'endroit par où cette chenille, groffe par rapport à la capacité du lieu où elle étoit logée, s'étoit introduite, ne paroiffoit pas; elle étoit fans doute extrêmement petite lorfqu'elle avoit pénetré dans la gouffe. Elle en avoit mangé toutes les féves, à une près dont il ne reftoit pas grand-chofe. La gouffe étoit pleine d'excrémens rougeâtres un peu humides. J'entr'ouvris une autre gouffe * qui avoit toutes fes féves, & je mis la chenille fur cette gouffe. Dans l'inftant elle fit entrer fa tête & fes premiers anneaux * dans la gouffe; elle laiffa en-dehors & étendit le refte de fon corps qui en étoit la plus longue partie. Ainfi pofée, elle demeura tranquille, comme morte pendant plus de trois heures, pendant lefquelles on la deffina. J'étois incertain fi elle reftoit volontairement dans cette fituation, fi elle n'y étoit point retenuë, contre fon gré, par le reffort des deux moitiés de la gouffe; mais elle m'apprit qu'elle y étoit libre, lorfque je vins à la toucher; elle changea de place, & elle me permit de voir que pendant que fon corps avoit été en repos, fes dents avoient beaucoup agi. Je vis qu'une féve d'haricot, la plus proche de la queuë de la gouffe, celle fur laquelle la tête étoit appliquée, avoit été mangée en partie; il reftoit au plus les deux tiers de fa longueur, & il y avoit bien la moitié de cette féve de mangée, parce que le bout entamé avoit été creufé *. Dans le mouvement que fit la chenille, elle fe retourna bout pour bout, & elle alla attaquer la féve la plus proche de la pointe ou extrémité de la gouffe; elle la rongea encore pendant quelques heures, au bout defquelles elle l'avoit mis dans l'état où elle avoit mis la première.

Cette chenille eft rafe, elle a pourtant quelques poils affés courts, écartés les uns des autres, qui partent chacun d'un petit tubercule. Elle a feize jambes dont les membraneufes & intermédiaires n'ont que des demi-couronnes de

crochets,

*Pl. 40. fig. 11.

* *

*Fig. 12.

crochets. Elle paroît brune au premier coup d'œil; si on
l'observe avec plus d'attention, on distingue tout du long
du dos une raye d'un verd presqu'olive, qui est suivie de
chaque côté de rayes moins bien terminées, dans lesquelles
il y a du rougeâtre vineux; sur le reste du corps, & sous le
ventre, les couleurs mêlées diversement ensemble par des
especes d'ondes, sont du brun clair, du verdâtre, & du
brun vineux.

Celle que j'avois mise avec une gousse d'haricot dans
un poudrier affés mal couvert, s'en échappa pendant la
nuit, je la retrouvai un jour après sur une table de ma
chambre, dans laquelle elle avoit fait apparemment bien
du chemin. Je lui offris des haricots, soit dans les gousses,
soit hors des gousses, auxquelles elle ne daigna pas toucher;
ce n'étoit pas ce qu'elle cherchoit. Mais j'avois pourvû à
ses besoins actuels, en mettant de la terre dans le fond du
poudrier où je la renfermai avec des haricots. Après avoir
marché sur la terre pendant moins d'un quart-d'heure,
elle entra dedans, & s'y cacha; & c'est sous cette terre
qu'elle se transforma en crisalide; mais le papillon périt sans
pouvoir se tirer de ses enveloppes.

J'ai eu l'histoire plus complette d'une autre espece de
chenille qui se tient dans les gousses du bagnaudier, & qui
vit des grains qui y sont renfermés. Cette chenille * est du
genre de celles à qui leur figure a fait donner le nom de
chenilles cloportes. Sa couleur est un olive brun; le dessus
du corps est jaspé par des taches rougeâtres. Elle a seize
jambes. Quatre chenilles de cette espece me furent envoyées de Luçon par M. Baron. Elles se portoient affés
bien à leur arrivée à Paris, mais je crus qu'elles pouvoient
avoir faim, parce que les gousses du bagnaudier s'étant
desséchées totalement, les graines s'étoient au moins desséchées en partie. N'ayant pas de graines fraîches de cette

* Pl. 38. fig.
7.

Tome II.   . P p p

plante, que je puſſe leur offrir ſur le champ, je leur donnai des pois verds; elles s'en accommodérent très-bien; elles les creuſérent pour en ronger l'intérieur *. Deux de ces chenilles s'attachérent au bout de quelques jours contre les parois du poudrier, avec un lien de ſoye, de la même maniére que s'attachent les autres chenilles cloportes, dont nous avons parlé ailleurs *, lorſqu'elles veulent ſe métamorphoſer. Elles ſe transformérent auſſi en des criſalides * ſemblables à celles des autres chenilles cloportes, c'eſt-à-dire en des criſalides à peu près également groſſes par les deux bouts, & qui ſe trouvérent ſoûtenuës par les liens que les chenilles avoient filés. Un papillon ſortit de chacune de ces criſalides, l'un le 14. & l'autre le 16. d'Août; c'étoit le 2. & le 5. que les criſalides s'étoient dépouillées de leur peau de chenille.

Le papillon * que donne cette chenille, eſt de la premiére claſſe des diurnes; il a ſix jambes ſemblables, ſur leſquelles il ſe poſe; il eſt d'une grandeur au-deſſous de la médiocre. Quand il eſt en repos, il tient ſes aîles perpendiculaires au plan de poſition. Le côté des ſupérieures, qui paroît alors & qui en eſt le deſſous, eſt d'un gris médiocrement brun, ſur lequel ſont des ondes d'un gris plus clair, & preſque d'un cendré blanc; il y a auſſi de petites ondes jaunâtres près de la jonction de la baſe avec le côté extérieur. Chaque aîle inférieure a deux yeux dont le centre eſt noir, & qui ſont bordés à moitié du côté extérieur, par une petite bande brillante, & de la couleur d'un or pâle; leur autre moitié, ou l'intérieure a un bordé plus large, de couleur feuille-morte, & ſans brillant. Le deſſus des quatre aîles eſt d'un beau violet, bordé du côté de la baſe par un trait noir qui eſt ſuivi d'une petite frange griſe. Le deſſus de chaque aîle inférieure a de plus deux taches noires, qui ſont l'envers des deux yeux qu'elles ont ſur la face oppoſée.

Les pois font très-fujets à être rongés par un ver qui fe transforme en un fcarabé qu'on nomme *coffon* en plufieurs provinces du Royaume; nous en parlerons plus au long, lorfque nous en ferons à l'hiftoire des fcarabés. Nous dirons feulement que les coffons ne fortent que des pois fecs; mais que les pois verds, les pois renfermés dans des gouffes encore vertes & moins renflées qu'elles ne le doivent devenir, font mangés par une petite chenille, bien plus ordinairement que les haricots & les graines du bagnaudier ne le font par les chenilles de grandeur médiocre, dont nous venons de parler. Sans avoir vû la chenille, dès qu'on **a** ouvert une gouffe, on apprend qu'elle en renferme une, lorfqu'auprès de quelqu'un des pois, on apperçoit de petits grains noirs ou grifâtres; ce font fes excrémens qu'elle lie ordinairement enfemble avec des fils de foye. Elle a feize jambes; elle eft blancheâtre, ou d'un blanc verdâtre, & piquée de points noirs. Quand elle a pris tout fon accroiffement, elle eft encore très-petite. Elle fort alors de la gouffe des pois. Quelques-unes fe font filé à fleur de terre, contre la furface du poudrier où je les tenois, de petites coques d'un tiffu très-ferré, & d'un brun couleur de caffé. Je ne fuis point parvenu à voir les papillons qui auroient dû fortir des coques.

Je dirai encore un mot de certains vers fans jambes, qu'on trouve quelquefois dans les gouffes de pois verds, & qu'on trouve dans quelques-unes en très-grand nombre. Ils font très-petits, à peine leur corps a-t-il un diametre égal à celui d'une épingle de groffeur médiocre, & leur longueur eft proportionnée à leur groffeur, elle n'eft guéres que d'une ligne, ou d'une ligne & demie. On voit quelquefois plufieurs centaines de ces vers dans la gouffe qu'on vient d'ouvrir. Ils font blancs; ils font affés femblables, au premier coup d'œil, aux vers de la viande; ils rampent de même; mais ils

Ppp ij

fçavent plus que ramper, ils fçavent fauter, & faire des
fauts qui les élevent d'un pouce ou deux, & qui les portent
à trois ou quatre pouces de l'endroit d'où ils font partis.
Après avoir ouvert plufieurs gouffes qui en étoient peuplées, en peu d'inftants, j'ai quelquefois vû tous les papiers
blancs qui étoient fur mon bureau, couverts de ces vers qui
avoient fauté deffus. Quand on les obferve, ils montrent
la méchanique par laquelle ils viennent à bout de faire de
fi grands fauts. Le ver qui fe prépare à en faire un, femble
plus tranquille que les autres; peu à peu il approche fon
derriére de fa tête, élevant le refte du corps au-deffus du
plan que la tête & la queuë touchent feules alors. Enfin il
donne à fon corps la figure d'un cerceau prefque complet.
Alors le reffort eft bandé, & il eft prêt à agir; le ver s'éleve
en l'air, comme s'y éleveroit en pareil cas un brin de baleine
plié en cerceau, qui poferoit par fes deux bouts feulement
fur un plan. Je n'ai point encore eu les mouches dans lefquelles j'ai lieu de croire que ces vers fe transforment.
Leur propre peau leur fert de coque pendant qu'ils font en
nymphes. Il m'a paru que c'eft de la gouffe même du pois
qu'ils tirent la fubftance dont ils fe nourriffent. Ils fortent
de la gouffe pour fe transformer.

Les petites chenilles des pois ne cherchent point, non
plus que celles des gouffes d'haricots, & des gouffes de bagnaudier, à fe cacher dans le fruit qu'elles mangent, elles
en font dehors en partie; elles font affés bien cachées par
la gouffe qui renferme ces grains: mais les chenilles qui
mangent des fruits qui ne font pas renfermés dans des
gouffes, fe tiennent toûjours dans l'intérieur du fruit. Les
chenilles des pommes, par exemple, ne fortent des pommes que lorfqu'elles font prêtes à fe métamorphofer, &
quand elles en fortent, c'eft pour n'y jamais rentrer. Ces
chenilles, & généralement toutes celles que j'ai trouvées

dans les différentes efpeces de fruits, font rafes, elles ont au plus quelques poils difperfés fur leur corps. Si les poils n'ont été accordés aux animaux que pour les couvrir, une épaiffe fourrure feroit très-inutile à des chenilles qui doivent croître dans des endroits bien clos. D'ailleurs leurs habitations font étroites & humides, leurs poils y feroient toûjours mouillés & expofés à frotter contre les parois de la cavité. Toutes celles que j'ai obfervées ont feize jambes, dont les membraneufes ont des couronnes de crochets complettes. Quelques-unes montrent très-peu leurs jambes membraneufes, même pendant qu'elles marchent. On feroit tenté de leur en croire autant que d'anneaux, de prendre pour des jambes membraneufes, des appendices qui font pofés de chaque côté vers la partie inférieure de chaque anneau, & qui paroiffent alors plus longs que dans d'autres temps.

Les chenilles des pommes * & celles des prunes font fouvent prefque rouges, d'un rouge d'une nuance beaucoup plus haute que la couleur de chair. Il y en a d'une couleur plus pâle dans les mêmes fruits. Celles des poires font ordinairement plus blancheâtres, & celles de quelques autres fruits, comme celles des noifettes, font ordinairement blanches, ou prefque blanches.

Malgré ces petites variétés, on feroit porté à regarder ces chenilles comme étant toutes de même efpece; des alimens différens pourroient bien donner diverfes teintes à leur peau. Les variétés fpécifiques qui peuvent être entre de fi petits animaux, ne font pas aifées à faifir; mais on conclut fûrement qu'ils font de différentes efpeces, quand on obferve des différences dans leurs procedés, & fur-tout quand, après les avoir fuivis jufqu'à leur derniére transformation, on voit que des chenilles femblables en apparence, donnent des papillons qui ont entr'eux des différences fenfibles.

* Pl. 40. fig. 2.

Une remarque qui ne doit pas être obmife, & que Redi a faite il y a long-temps, par rapport aux vers des cerifes, c'eft que dans chaque fruit on ne trouve jamais, ou prefque jamais, qu'une chenille. Une groffe pomme de rambour pourroit cependant fournir de la nourriture de refte à plu-fieurs chenilles, telles qu'eft la feule qu'on trouve fouvent dans fon intérieur. Quelquefois pourtant j'ai rencontré dans un fruit beaucoup plus petit qu'une pomme, dans un gland, deux infectes, mais l'un étoit une chenille, & l'au-tre un ver. Les meres papillons portent-elles l'attention jufqu'à ne laiffer qu'un feul œuf fur chaque pomme ! veulent-elles donner un fruit tout entier à chacun de leurs petits ! craignent-elles que deux jeunes chenilles qui au-roient à fe partager une pomme, ne le fiffent pas en bonnes fœurs, qu'elles ne fe fiffent la guerre, ou au moins qu'elles ne s'incommodaffent mutuellement ! Ce n'eft pas même affés de l'attention de la mere, dont nous venons de par-ler, il faut encore celle des autres meres papillons de la même efpece. Pourquoi une autre femelle ne feroit-elle pas invitée par la pomme bien conditionnée, fur laquelle la premiére a laiffé un œuf, à y venir placer un des fiens ! Le papillon commence-t-il par examiner s'il n'y a pas déja un œuf fur cette pomme !

Tout cela a pourtant l'air très-vrai-femblable, & je fuis bien difpofé à le croire vrai, par rapport à quelques infe-ctes, mais il ne l'eft pas par rapport à tous. J'ai beaucoup fuivi une petite chenille * qui vit dans les grains de différens bleds, & principalement dans les grains d'orge. Nous don-nerons fon hiftoire dans un moment. Le papillon femelle qui vient de cette efpece de chenille, laiffe un paquet d'œufs, peut-être de vingt ou trente, fur chaque grain d'or-ge ; c'eft ce que m'ont fait voir non-feulement les papil-lons qui font éclos dans des poudriers, mais ce que m'ont

* Pl. 39. fig. 9.

fait voir également ceux qui font nés dans les greniers. Il
eft donc fûr au moins que la prévoyance de ce papillon ne
mérite pas les éloges que nous avons foupçonné être dûs
à celle de quelques autres papillons; car que deviennent les
petites chenilles qui éclofent fur le même grain? La premiére qui y naît s'empare-t-elle de l'intérieur du grain, &
quand elle en a une fois pris poffeffion, les autres qui naiffent enfuite ont-elles la difcrétion de ne pas faire de tentatives pour pénétrer dans ce même grain? ou, la première
défend-elle le grain dont elle s'eft emparée? Les grains dont
nous parlons, ont un endroit plus tendre que le refte, &
il y a grande apparence que la jeune chenille qui a à percer le grain d'orge, fçait choifir cet endroit. En ce cas il
eft aifé à la chenille qui ne s'eft pas encore logée, de voir
fi celui des grains qui eft le plus à fa bienféance, n'eft point
déja occupé, & la chenille qui s'y eft logée, doit être en
état d'en garder les avenuës.

Au refte, il y a grande apparence que dans certaines
circonftances il y a des guerres, & des guerres très-meurtriéres, pour s'affurer la paifible poffeffion d'un grain d'orge, plus important pour chacune de nos chenilles, que ne
le font pour nous les plus riches héritages; & je puis avoir
fait naître beaucoup de pareilles guerres. Dans des poudriers, où j'ai tenu des grains d'orge, dans lefquels de nos
chenilles s'étoient nichées, des papillons font nés; ils ont
fait des œufs en un nombre qui devoit furpaffer beaucoup
celui des grains entiers qui reftoient dans le même poudrier.
Suppofons, & nous ne fuppoferons rien de trop, qu'il y a
eu tel cas où les papillons ont fait un nombre d'œufs qui
furpaffoit fix à fept fois celui des grains, ou, ce qui eft la
même chofe, qu'il eft né à peu près fept fois plus de chenilles qu'il n'y avoit de grains : il y a donc eu fix à fept
fois plus d'habitans qu'il n'y avoit d'endroits pour les loger.

Tous les grains se sont trouvés occupés, mais il n'y a eu dans chaque grain qu'une seule chenille. Chaque chenille qui est restée en possession d'un grain, a donc dû, l'une portant l'autre, avoir à défendre son grain contre cinq à six chenilles. Peut-être y auroit-il moyen de voir de tels combats, quelque petits que soient les insectes qui se les livrent; mais j'ai négligé de faire les observations qui auroient pû m'apprendre si une chenille qui s'est renduë maîtresse du grain, peut s'y maintenir, ou si une autre chenille ne pénétre pas dans son habitation & ne vient pas à bout de l'y égorger.

Mais suivons l'histoire de cette derniére espece de peti-tes chenilles *. Si nous l'avons nommée la chenille de l'orge, ce n'est pas, comme nous en avons averti, que l'orge soit le seul de nos grains qu'elle aime. Dans un pou-drier où ces chenilles devoient se transformer en papillons, j'ai mis un mélange de grains de froment & de grains d'orge. L'année suivante il y a eu des chenilles & dans les grains d'orge, & dans les grains de froment; mais il m'a paru que ceux d'orge étoient plus de leur goût que les autres. Chacune de ces chenilles ne nous coûte dans sa vie qu'un grain de bled quelconque; celui dans lequel elle s'est introduite, peu après être sortie de l'œuf, contient la provision de farine nécessaire pour la nourrir, jusqu'à ce qu'elle ait pris tout son accroissement, & qu'elle soit en état de se transformer. C'est dans ce grain même qu'elle devient crisalide, & l'insecte n'en sort que sous la forme de papillon *. Dans ce dernier état il ne fait plus de mal au bled, il est incapable de le ronger; ainsi ces chenilles nous en quittent à meilleur marché que les petits scarabés que nous nommons des *charençons;* ceux-ci, comme nous le verrons dans leur histoire, sous leur premiére forme, sous leur forme de ver, mangent aussi chacun leur grain

de bled,

*Pl. 39. fig. 9 & 10.

* Fig. 18.

de bled, & devenus charençons ils percent encore le bled
& le rongent; généralement parlant même ces chenilles
font moins communes que les charençons. Il y a encore
une autre chenille qui fait beaucoup de ravages dans les
greniers, & qui eft plus connuë que la précedente; on les
peut aifément diftinguer l'une de l'autre. La derniére ne
fe tient pas dans les grains de bled, elle les ronge fans fe
renfermer dedans; elle en attaque plufieurs dans fa vie, parce qu'elle ne s'embarraffe pas de manger chaque grain en
entier: enfin dans les endroits où elle s'eft établie, les grains
font liés enfemble par des fils de foye. Leeuwenhoek a
déja donné beaucoup d'obfervations fur cette derniére
chenille, ce qui ne nous empêchera pas de rapporter les
nôtres dans un autre temps, dans celui où nous donnerons
l'hiftoire des teignes & des fauffes teignes.

Les trois efpeces d'infectes les plus redoutables pour
nos greniers, dans ce pays, font donc les charençons, les
fauffes teignes, ou ces chenilles qui lient enfemble les grains
de bled, & enfin les petites chenilles qui fe logent dans
les grains mêmes. Celles-ci nous font du mal avec moins
de fracas, des tas de froment & des tas d'orge peuvent
en être remplis, fans qu'on s'apperçoive qu'il y en ait une
feule qui les ronge. Les grains dans lefquels elles font logées, & dont elles ont dans certains temps mangé toute
la fubftance, paroiffent tels que les autres, ils n'en font
en rien différens à l'extérieur, parce qu'elles en ont épargné l'écorce. Mais qu'on preffe entre deux doigts différens grains, on diftinguera aifément ceux qui font habités, de ceux qui ne le font pas. On reconnoîtra même,
jufqu'à un certain point, l'âge de la chenille qui eft dans le
grain. Si le grain céde de toutes parts fous le doigt qui le
preffe, il renferme une chenille qui a pris tout fon accroiffement, ou la crifalide de cette chenille. S'il y a feulement

Tome II.   . Q qq

quelqu'endroit du grain qui se laisse applatir, la chenille
n'a pas encore mangé toute la substance intérieure du grain,
elle a encore à croître. Les grains qui ne sont point habités,
sont durs de toutes parts. On voit pourtant que ce genre
d'épreuve a des limites, & que dans le grain qui ne ren-
fermeroit qu'une chenille naissante, il seroit difficile de
reconnoître qu'elle y est logée, en se contentant de presser
le grain, ou il faudroit le tâter avec des instrumens plus fins
& plus durs que les doigts.

Cette petite chenille * est très-rase & toute blanche, sa
tête seule est un peu brune; elle a seize jambes dont les huit
intermédiaires & membraneuses ne sont que de petits boutons, & si petits qu'on ne les apperçoit qu'avec une forte
loupe. Avec le secours du même instrument, le bout de
ces mêmes jambes m'a paru bordé d'un cordon brun qui
m'a semblé une couronne complette de crochets.

Un grain de bled ou un grain d'orge contient la juste
provision d'alimens nécessaire pour faire vivre & croître
cette chenille depuis sa naissance jusqu'à sa transformation.
Si l'on en ouvre un qui renferme une de ces chenilles prête
à se métamorphoser, on voit qu'il n'a plus précisément
que l'écorce; toute sa substance farineuse a été mangée.
Dans la cavité qu'occupe alors la chenille, & qui est le
plus grand logement qu'elle ait eu de sa vie, on trouve
quelques petits grains bruns ou jaunâtres, qui sont des
excrémens. Si on ouvre un grain habité par une plus
jeune & plus petite chenille, on trouve qu'il reste plus ou
moins de la substance du grain à consommer, selon la grandeur de la chenille. Mais ce qui est plus à remarquer, c'est
que dans ce dernier on trouve au moins autant, & peut-
être plus d'excrémens, & d'excrémens plus gros qu'on n'en
trouve dans le grain occupé par une chenille plus avancée
en âge. Ils sont même d'une couleur plus claire, plus

* Pl. 39. fig. 2.

blancheâtre, & ils ont fouvent une rondeur propre à les faire prendre pour de petits œufs. Si on fe rappelle à préfent que le grain n'a aucune ouverture fenfible, aucune ouverture par où la chenille puiffe jetter fes excrémens dehors, on en concluera que dans les commencemens elle vit avec peu d'œconomie, & que par la fuite elle en vient à remanger ce qu'elle avoit déja mangé, & peut-être à le remanger plus d'une fois. Ainfi toute la farine de ce grain eft employée à faire croître les parties de la chenille, excepté le peu qui refte d'excrémens bruns. Nous parlerons ailleurs de quelques autres infectes qui font paffer les mêmes matiéres par leur corps plus d'une fois.

Quand notre chenille a confommé toute la fubftance de fon grain, elle travaille à fe filer une coque de foye blanche ; les parois intérieures du grain même fervent à foûtenir cette coque, qui femble n'être faite que pour les tapiffer. La toile mince, mais ferrée, qui forme cette coque, ne fuit pourtant pas par-tout les contours de la cavité, elle fe foûtient feule vers un des côtés. Là, il y a un petit retranchement *, une cloifon qui partage la cavité * Pl. 39. fig. felon la longueur du grain, en deux parties inégales. Le 14 & 15. *c,d.* plus petit réduit eft deftiné à contenir les excrémens ; c'eftlà que la chenille les a tous pouffés, elle ne veut pas être renfermée avec eux.

On voit mieux ce petit réduit dans les grains de froment, que dans ceux d'orge. J'y ai toûjours trouvé la cavité du grain divifée, comme une trop grande chambre le feroit, en deux pieces plus petites par une cloifon ; une des deux pieces, celle où la chenille doit fe transformer, eft pourtant de quelque chofe plus grande que l'autre. Tout du long de chaque grain de froment, fur la furface la plus platte, il y a une rainure, une efpece de goutiére *. La * Fig. 17. *c,* cloifon de foye * qui divife le grain en deux, eft attachée * *c d.*

Q q q ij

dans l'intérieur du grain tout du long de cette rainure, &
partage le grain en deux, comme le partageroit un plan
que l'on auroit fait paſſer par cette rainûre, & conduit
juſqu'à la face oppoſée. La peau du grain pénétre là plus
avant qu'ailleurs dans la ſubſtance farineuſe, elle y fait tout
du long une languette qui eſt un appui commode pour la
toile, & dont la chenille ſçait profiter. Comme la couliſſe
n'eſt jamais exactement au milieu du grain, ſa cavité eſt
diviſée en deux parties inégales par la toile. La plus grande
piece eſt occupée par la chenille, ou par la criſalide. Le
côté de la toile qui ſe trouve dans le logement de la chenille, eſt net. Pluſieurs grains d'excrémens ſont attachés
contre l'autre côté. Pour bien voir cette petite cloiſon &
les deux cavités qu'elle ſépare, on coupera un grain de bled
tranſverſalement près de ſon bout le plus pointu; ſi on
coupe enſuite le même grain tranſverſalement près de ſon
gros bout, près de celui ſur la convexité duquel les enfans
croyent voir une face humaine, la cloiſon ſera moins aiſée
à diſtinguer, mais on n'y verra pas moins ſon uſage; une
des parties de la ſection paroîtra remplie de petits grains
entaſſés les uns ſur les autres, & il n'y en aura aucun ſur
le reſte de la même ſection. Les excrémens ont été amoncelés par la chenille dans le bout de la cavité qui en peut
contenir davantage.

Je ne ſçais pas préciſément combien la chenille reſte
dans ſa coque avant que d'y perdre ſa forme; ce que je
ſçais, c'eſt que vers la fin de Novembre, j'ai trouvé encore
pluſieurs chenilles dans des grains, & qu'au printemps je
n'ai preſque trouvé que des criſalides. La déciſion de cette
queſtion n'eſt pas bien importante, & ce qui la rendroit
difficile, à moins qu'on ne prît des précautions dont elle
ne vaut peut-être pas la peine, c'eſt qu'il y a de ces chenilles qui naiſſent beaucoup plûtôt que les autres, parce

que les œufs, d'où elles font forties, ont été pondus de
meilleure heure.

C'eſt vers le commencement de May que j'ai d'abord
eu le plus de ces papillons dans les poudriers. Une autre
année je les ai eus dans le mois de Juin; j'en ai eu quelques-uns dans le mois de Novembre, quoiqu'ils ne puiſ-
fent vivre que deux ou trois femaines au plus.

Le papillon fe tire de fes enveloppes de criſalide dans
le grain même, duquel il fort par un petit trou rond *, qui
eſt percé dans un des côtés, ordinairement plus près du
petit bout que du gros bout de ce grain; il n'y a cependant rien de conſtant fur cela. Sur quelques-uns des grains,
d'où le papillon eſt forti, on voit encore une petite piece
bien ronde qui ne tient au grain que par une portion de
fa circonférence qui n'a pas plus d'étenduë qu'un cheveu
n'a de diamétre. La petite piece ronde eſt préciſément
la portion de la peau qui a été coupée circulairement.
J'ai été fort embarraſſé pour expliquer comment le papillon, qui n'a pour inſtrumens que fes jambes, fa trompe
& fes yeux, pouvoit détacher une telle piece de l'écorce
dure & écailleufe d'un grain d'orge. Cet ouvrage me paroiſſoit au-deſſus de fes forces, & je ne pouvois faire, & je
n'avois fait que de mauvais raiſonnemens fur la maniére
dont il y parvenoit. Pendant que M.ᶦᶦᵉ * * * deſſinoit
les coupes de ces grains, pour faire voir les cloifons de
foye qui partagent en deux cavités, ceux dont tout l'intérieur a été rongé, elle eut befoin de couper quelques-
uns de ces grains pour mieux voir & revoir leurs cloifons;
elle en coupa par préference de ceux qui étoient percés.
Elle ne vouloit pas fans néceſſité s'expofer à couper le
corps d'une chenille en deux, & je lui avois débité comme
un principe fûr, que dans tous les grains fur lefquels il y
avoit un trou ouvert, il n'y avoit plus ni chenille, ni criſalide;

* Pl. 39. fig.
11. o.

Q q q iij

ni papillon. Le hazard voulut pourtant qu'en coupant des grains percés, elle coupât une chenille, & ce hazard même lui arriva deux fois ; elle me fit voir ce qui lui étoit arrivé.

Il n'en falloit pas davantage pour me faire penser que l'insecte sous la forme de chenille, pendant qu'il a des dents qui lui manqueront lorsqu'il sera papillon, a la prévoyance de s'en servir pour se faire une ouverture, qui lui sera absolument nécessaire lorsqu'il sera devenu papillon. Je pensai donc que c'étoit la chenille qui perçoit le grain de bled. Le vrai est que les grains que j'avois ouverts ci-devant, & dans chacun desquels j'avois trouvé une chenille qui avoit filé sa coque, ne m'avoient pas paru percés ; mais tout ce que je crus en devoir conclurre, c'est que quoique ces grains fussent réellement percés, ils n'avoient pas dû le paroître à qui ne soupçonnoit pas qu'ils le fussent ; que l'insecte qui avoit songé à faire un ouvrage qui lui seroit nécessaire, pendant qu'il seroit papillon, avoit fait ensorte que ce même ouvrage ne l'incommodât pas, pendant qu'il resteroit sous la forme de chenille, & sous celle de crisalide ; qu'en un mot la chenille avoit coupé avec ses dents tout le contour de la piece, qui, étant emportée, laisseroit une ouverture suffisante au papillon pour sortir du grain, mais qu'elle avoit eu l'attention de laisser cette piece en sa place, qu'elle y étoit restée comme une porte dans sa baye ; au moyen de quoi la coque étoit close tant que l'insecte l'habitoit ; & le plus petit effort du papillon devoit suffire pour lui ouvrir une porte ; qu'il n'auroit qu'à pousser la piece circulaire qui bouchoit le trou, pour la soûlever. Toutes ces conjectures furent bien-tôt vérifiées ; j'observai avec une loupe quantité de grains qui ne montroient point de trou, & je vis distinctement sur chacun, le contour de la piece qui étoit coupée. Cette piece fermoit bien le trou, mais il m'étoit aisé de le faire paroître, en

élevant la piece avec la pointe d'une épingle. Des accidens
peuvent faire tomber cette piece, fur-tout fi on remuë les
grains, & c'eſt apparemment quelqu'accident qui l'avoit
fait tomber de ces grains, fur leſquels Mlle * * * avoit
vû des trous, & dans leſquels elle avoit trouvé des chenilles.

Ce petit papillon * eſt de la feconde claſſe des phale-   * Pl. 39. fig.
nes. Il a une trompe & des antennes à filets grainés. Il   18.
porte fes aîles paralleles au plan de poſition ; le côté intérieur d'une des fupérieures étant appliqué contre le côté
intérieur de l'autre aîle fupérieure. Le deſſus de celles-ci
eſt d'un canelle extrêmement clair, & a du luiſant; leur
deſſous, & le deſſous & le deſſus des aîles inférieures font
plus blancheâtres, plus gris. Le côté intérieur * des aîles   * Fig. 21.
inférieures eſt bordé d'une frange de poils très-longs, &
qui font plus longs que par-tout ailleurs à la jonction de
ce côté avec la baſe. Cette aîle eſt étroite par rapport à ſa
longueur.

Un des caractéres des plus marqués de ce papillon peut
être pris de la figure & de la grandeur des deux barbes ou
cloiſons barbuës * entre leſquelles ſa trompe eſt logée ; elles   * Fig. 19. cc.
font de celles dont nous avons parlé tome I. Mém. VII.
pag. 315. qui en ſe recourbant, s'élevent au-deſſus de la tête, & qui ſe terminent chacune de maniére que cette tête
paroît porter deux cornes femblables aux cornes de bélier.

L'amour de la liberté n'empêche pas ceux de ces papillons qui naiſſent dans d'aſſés petits poudriers, de s'y accoupler. Pendant l'accouplement leurs corps font fur une même ligne, & leurs têtes font tournées vers des côtés oppoſés. Les aîles de l'un recouvrent alors une grande partie
des aîles de l'autre. Si on prend une femelle entre les
doigts, & qu'on lui preſſe le bout du derriére, on l'oblige
de s'allonger à un point, où il a lui ſeul autant de longueur
qu'en a tout le corps dans l'état naturel. Le bout de cette

partie allongée eſt l'anus, par l'ouverture duquel les œufs ſortent. A la baſe de cette même partie, en-deſſous, on peut diſtinguer une autre ouverture ronde qui eſt celle qui eſt deſtinée à laiſſer paſſer la partie du mâle qui féconde les œufs.

Ces papillons reſtent long-temps accouplés, au moins pendant pluſieurs heures. Quand l'accouplement eſt fini, la femelle ſonge bien-tôt à ſe délivrer de ſes œufs. Nous avons déja dit qu'elle a l'attention de les dépoſer ſur un grain de bled; elle y choiſit ordinairement la place où ils ſont le plus en ſûreté, où ils ſont moins expoſés à être détachés par les frottemens, lorſqu'il arrive à l'endroit du tas où eſt le grain, de s'ébouler. C'eſt dans la petite rainure *, qui eſt tout du long du grain, qu'elle les niche les uns auprès des autres à la file, ou dans un petit tas oblong.

* Pl. 39. fig. 12. r.

Je n'ai aſſés ſuivi ces œufs pour ſçavoir préciſément le nombre de jours, au bout duquel chaque petite chenille ſort du ſien; ce qui ſeroit plus curieux à ſçavoir, comme je l'ai déja dit, c'eſt ce que deviennent toutes les chenilles nées ſur un grain qui ne peut ſuffire qu'à en nourrir une. Mais ce qu'on aimeroit mieux ſçavoir encore, apparemment c'eſt le moyen de détruire ces chenilles. Nous n'éxaminerons les expédiens qui nous ont paru les meilleurs, pour défendre nos bleds contre ces inſectes, que dans le temps où nous donnerons l'hiſtoire des charençons.

Ces chenilles ne ſont pas pourtant ſans ennemis qui en font périr beaucoup, mais ils n'en font pas périr autant que nous voudrions. Sous la forme de chenille, & ſous celle de criſalide, ces inſectes ſont expoſés à être mangés par de très-petits vers qui, après avoir crû à leurs dépens, ſe transforment en moucherons dans le grain de bled. J'ai trouvé quelquefois plus de quinze à vingt petites mouches prêtes à ſortir du grain de bled, dans lequel je comptois trouver une chenille, ou une criſalide.

J'ai

J'ai eu beau examiner avec la loupe des grains de froment ou des grains d'orge dans lefquels il y avoit de ces
petites chenilles, je ne fuis point parvenu à appercevoir
l'endroit par où la chenille étoit entrée dans le grain : quand
elle y entre elle eft bien petite, un trou très-petit fuffit pour
lui donner paffage. Je crois pourtant qu'on le verroit s'il
étoit percé fur le corps du grain, où il eft liffe & luifant ;
mais les bouts du grain, fur-tout à chaque extrémité de la
cannelure, ont de petites inégalités; on y voit fouvent de
petits feuillets détachés en partie ; là, l'écorce dure eft comme enlevée ; c'eft probablement là que la chenille s'introduit dans le grain. M. Baron Médecin à Luçon ayant eu un
gros tas d'orge mangé par ces chenilles, voulut au moins fe
dédommager de ce qu'elles lui coûtoient, en les obfervant,
& en me faifant le plaifir de m'en envoyer; il les a obfervées avec attention, il a très-bien vû les œufs des papillons,
l'endroit où ils les dépofent; & il croit, ce qui n'eft pas fans
probabilité, que l'endroit même par où le germe doit fortir, eft celui que la petite chenille choifit pour pénétrer
dans le grain, que c'eft l'endroit le plus tendre, & qu'elle y
trouve une efpece de canal. Si ce feul endroit peut donner un paffage facile pour y entrer, la chenille qui s'eft établie dans un grain, eft en état d'en défendre les avenuës
contre celles qui voudroient la déloger.

La vie d'un infecte qui eft toûjours renfermé dans l'intérieur d'un fruit, ne fçauroit nous fournir beaucoup de
faits, auffi en avons-nous peu à rapporter des chenilles qui
vivent dans les pommes, dans les poires, dans les prunes,
&c. Tout ce qu'elles font, c'eft de manger, de rejetter des
excrémens, & de filer. Il femble qu'elles ne filent alors
que pour lier enfemble les grains de leurs excrémens : ainfi
affujettis les uns contre les autres, & contre le fruit, ils
ne les incommodent pas comme ils feroient, s'ils rouloient

Tome II. .R r r

de différens côtés, toutes les fois que le vent fait prendre différentes pofitions au fruit. Si on ouvre une pomme prête d'être à maturité, dans laquelle il y a une chenille, on y trouve une grande quantité de grains noirs *, ou un peu rougeâtres liés enfemble.

*Pl. 40. fig. 1. e e e.

Quand la chenille a pris tout fon accroiffement, quand le temps de fa métamorphofe approche, on voit quelque part fur la pomme un petit tas de grains rougeâtres ou noirs *. Il n'eft perfonne qui n'ait vû cent fois les petits tas de grains, dont nous parlons, fur des pommes, fur des poires & fur plufieurs autres de ces fruits qu'on appelle verreux, c'eft même ce qui fait connoître qu'ils le font. Au lieu de ce petit tas de grains, on voit fouvent un petit trou * bordé de noirâtre; les grains font tombés alors, & l'ouverture par laquelle ils font fortis de l'intérieur du fruit, eft à découvert. Ces grains font encore ordinairement des excrémens de la chenille. Il vient un temps où elle les jette dehors, parce qu'il arrive un temps où la chenille, qui s'étoit tenuë vers le centre de la pomme, s'ouvre un chemin jufqu'à fa circonférence; elle entretient ce chemin ouvert, & vient pendant quelques jours de fuite, jetter fes excrémens à l'endroit où il fe termine.

* Fig. 1. o.

* Pl. 38. fig. 12. o.

Notre chenille de l'orge & du froment fe métamor-phofe dans le grain même où elle a vécu; il n'en eft pas de même des chenilles des pommes, de celles des poires, de celles des prunes, & de celles de divers autres fruits. Elles ne fe tiennent dans ces fruits que tant qu'elles ont befoin de manger; elles les quittent, quand le temps où elles doi-vent fe transformer en crifalides, approche. On voit donc ce qui les détermine à ouvrir un chemin qui aboutit à la furface du fruit.

Lorfque le fruit verreux tombe, ou eft prêt à tomber, la chenille en eft fouvent fortie, ou eft prête à en fortir.

J'ai quelquefois ouvert cent pommes verreufes qui étoient tombées, fans en trouver plus de deux ou trois où la chenille fût encore. Mais on trouve fûrement la chenille dans le fruit, quand l'ouverture de ce trou dont nous venons de parler, eft couverte par le petit tas d'excrémens *. * Pl. 38. fig. 11. & Pl. 40. fig. 1. o.

Le 17. Juillet je mis des pommes de rambour entiéres & des morceaux de ces pommes, dans chacun defquels une chenille étoit logée, dans de grands poudriers de verre. Chaque chenille ne fut au plus qu'un ou deux jours fans fortir de fa pomme, quelques-unes même en fortirent fur le champ; elles montérent le long des parois du poudrier, & la plûpart fe fixérent dans l'efpeçe de couliffe formée par la rencontre du couvercle de papier avec les bords du vafe. Cette place leur parut la plus analogue de toutes à celle qu'elles choififfent pour l'ordinaire; apparemment qu'elles font de ces chenilles qui aiment à filer leur coque fous les écorces d'arbres qui ont commencé à fe détacher du tronc. Quoi qu'il en foit, ce fut dans cette efpece de couliffe, moitié papier, & moitié verre, que chacune de ces chenilles fe fila une petite coque de foye blanche. La plûpart rongerent, ou piûtôt ratifferent avec leurs dents le couvercle de papier; elles fe fervirent de ce qu'elles en détacherent, à fortifier la furface extérieure de leur coque.

Vers le 15. Août il fortit d'une de ces coques un petit papillon * de la feconde claffe des phalenes, du genre de celles qui portent leurs aîles en toit arrondi, & à bafe affés large; fes quatre dernieres jambes ont de longs ergots. A la vûë fimple la partie antérieure & une affés grande portion des aîles fupérieures font d'un gris clair; la partie poftérieure & le contour extérieur des aîles eft brun; le gris-clair eft pourtant féparé en deux par une bande brune tirée tranfverfalement. Lorfqu'on confidére le gris-clair à la loupe *, il paroît compofé de bandes tranfverfales, ondées * Pl. 40. fig. 9.

* Fig. 10.

Rrr ij

en point d'Hongrie, dans lefquelles il entre du jaunâtre
& du brun. Le brun a auffi du jaunâtre, trois à quatre
taches de cette derniére couleur y font difpofées fur une
ligne qui a la courbûre de la bafe de l'aîle.

Les feuilles du même arbre, du même pommier, fourniffent de la nourriture à des chenilles d'efpeces différentes; il n'y auroit rien de bien fingulier quand les mêmes
fruits, les mêmes pommes ferviroient à nourrir des chenilles de différentes efpeces; & cela eft probablement ainfi.
J'ai examiné le fond du poudrier dans lequel j'avois mis
des pommes de rambour avec leurs chenilles, j'ai, dis-je,
examiné le fond du poudrier vers le 20. Novembre, & j'y
ai trouvé une coque attachée contre un morceau de pomme defféché. Une chenille étoit dans cette coque fous fa
première forme, elle ne s'étoit pas encore métamorpho-
fée en crifalide; elle n'avoit point la couleur rougeâtre de
celles qui avoient été renfermées le même jour, elle étoit
piquée de points noirs allignés. Cette différence de couleur ne feroit pas bien décifive pour prouver la différence
d'efpece, elle pourroit être la fuite d'une longue diette;
mais ce qui paroît plus décifif, c'eft qu'entre des chenilles
renfermées le même jour 17. Juillet, les unes font devenuës papillons avant la fin d'Août, & une autre étoit encore chenille vers la fin de Novembre.

Si des chenilles de différentes efpeces peuvent s'élever
dans le même fruit, il peut fe faire auffi que des chenilles
de même efpece s'élevent dans des fruits différens; que
comme les mêmes chenilles peuvent vivre des feuilles de
poirier, de pommier & de prunier, &c. une même efpece
de chenilles vive dans les poires, dans les pommes & dans
les prunes. La chenille rougeâtre des pommes, que nous
avons décrite cy-deffus, eft très-femblable à une chenille qu'on trouve dans les prunes, & à une qu'on trouve

dans les poires. Toutes les trois se sont fait des coques de soye blanche, & les ont attachées dans des endroits semblables. On ne peut pourtant pas assûrer que ces trois chenilles sont de la même espece, il faudroit avoir comparé ensemble leurs papillons, & des hazards qui ont empêché d'éclorre chés moi les papillons des chenilles des poires & des prunes, sont cause que je ne puis décider cette question, peut-être la décidera-t-on dans la suite. Une observation rappotée dans le manuscrit de M. de la Hire, paroît prouver que ces chenilles, malgré leurs ressemblances, sont de différentes especes. Le 25. Août il trouva dans une poire de bon-chrêtien une chenille longue de sept à huit lignes, qu'il dit être de couleur de chair salie ; elle se fila une coque composée d'un peu de soye, & de la sciûre qu'elle détacha de la boîte dans laquelle il l'avoit renfermée. Le 25. Juin de l'année suivante elle avoit encore sa forme de chenille qu'elle étoit près de perdre ; car le 4. Juillet il sortit de la coque un papillon d'un gris musc, dont le bout des aîles tiroit sur le doré. Ce papillon de la chenille de la poire de bon-chrêtien étoit donc autrement coloré que celui de la chenille de la pomme de rambour. Il avoit, comme l'autre, des ergots aux jambes, c'étoient des papillons visiblement différens, venus de chenilles qui nous pouvoient paroître semblables.

Mais nos propres observations suffisent au moins pour établir que, quoique nous ne soyons point frappés des différences qui sont entre les chenilles de différens fruits, elles peuvent être d'especes différentes. Les glands sont sujets à être mangés par deux sortes d'insectes, par un ver blanc à tête écailleuse, & par une chenille à seize jambes, qui est rougeâtre, & souvent d'un rouge plus haut que la couleur de chair, ainsi que l'est celui des chenilles des pommes, des poires & des prunes. Quelques-unes pourtant

R rr iij

des chenilles du gland ont leur partie antérieure grisâtre.
Ces chenilles, qui ont beaucoup de ressemblance avec
celles des pommes, se transforment en un papillon qui
est différent de celui des chenilles des pommes.

Il en est encore des insectes qui vivent dans le gland,
comme de ceux qui vivent dans les autres fruits, ils aiment,
comme je l'ai déja dit, à y vivre seuls. J'ai ouvert bien
des centaines de glands verreux, & il ne m'est jamais arrivé
de trouver dans le même gland deux chenilles, ou deux
vers; il m'est arrivé quelquefois, mais bien rarement, de
trouver dans le même gland une chenille & un ver. Dans
ce dernier cas, le ver & la chenille avoient crû ensemble
dans le même fruit ; pourquoi deux chenilles ou deux
vers n'y pourroient-ils pas vivre ensemble ! Ceci semble
confirmer ce que nous avons soupçonné cy-dessus, que
chaque papillon des chenilles du gland, & que chaque
mouche des vers de ce fruit ne laissent qu'un œuf sur le
jeune fruit, & qu'ordinairement le papillon distingue non-
seulement des autres, les jeunes glands sur lesquels un
autre papillon a déja déposé un œuf, qu'il n'y en laisse pas
un des siens, mais qu'il reconnoît même les glands sur
lesquels un œuf a été attaché par une mouche, & que la
mouche sçait voir si quelque papillon n'a point laissé un
œuf sur le gland où elle veut pondre. Il y a telle chenille
aussi qui n'a pas trop d'un gland de médiocre grosseur.
J'ai ouvert des glands qui étoient remplis d'excremens,
& dont presque toute la substance avoit été mangée. J'en
ai ouvert d'autres dont il n'y avoit que le tiers de mangé.
Entre les insectes de même espece, comme entre les autres animaux, il y en a qui ont un plus grand appetit, ou
plus de besoin que les autres.

C'est vers la fin de Septembre que les glands habités
par des chenilles, ou par des vers, commencent à tomber.

Si on observe ceux qui font alors à terre, on les trouve
pour la plûpart percés par un trou bien rond *; c'est l'ouverture que l'infecte s'est faite pour en fortir. Si le trou n'y
paroît pas encore, on pourra appercevoir fouvent un petit
endroit dont la couleur est plus brune que celle du reste, &
un endroit qui a un peu plus de relief, c'est précifément
celui où il y aura bien-tôt un trou ; la chenille travaille à
le percer.

Le trou par où la chenille ou le ver fortent du fruit,
n'est pas, comme on le pourroit croire, celui par lequel
ils y font entrés, mais aggrandi à un point convenable.
Le trou par lequel chaque chenille & chaque ver fort du
gland, est différemment placé fur différens glands ; mais jamais il n'est percé dans la partie du gland qui est contenuë
dans le calice. L'infecte agit comme il agiroit, s'il avoit
vifité les dehors du gland, comme s'il avoit appris que s'il
perçoit le gland près de fa bafe, il auroit enfuite à percer un
calice auffi dur, & plus dur que le gland même. Si les endroits qui commencent à fe deffécher font ceux où il lui
est plus aifé d'ouvrir un trou rond, il est déterminé par-là à
ne pas percer la partie du gland qui étant moins expofée
aux impreffions de l'air, reste fraîche pendant plus long-
temps ; cette derniére étant plus tendre, réfifteroit pourtant
moins aux dents de l'infecte. Si on tire ce gland de fon calice, on apperçoit fur quelqu'endroit de la partie qui y étoit
logée, une petite tache, un petit point brun ou noirâtre,
d'autant plus aifé à diftinguer, que la partie du gland où
il est, & qui a toûjours été enveloppée, est blancheâtre.
Cette petite tache, ce point est la petite cicatrice de l'ouverture par laquelle l'infecte est entré dans le gland. Ce
qui en convainc, c'est qu'on la trouve à tous les glands
verreux, & qu'on ne la trouve point aux autres. Sur les
parois intérieures du calice, on voit la même cicatricule,

* Pl. 40. fig. 13.

celle du calice eft pofée immédiatement fur celle du gland.
On apperçoit encore cette petite cicatrice fur les parois extérieures du calice. Tout cela apprend que l'infecte, pour
pénétrer dans le fruit, en a percé le calice. Qu'on n'en con-
cluë pourtant rien contre le génie de l'infecte nouvellement né ; tout ce qu'on doit en conclurre, c'eft qu'il s'eft
introduit dans le gland qui étoit très-petit, qu'il s'y eft
introduit dans le temps où le gland étoit renfermé de toutes parts dans fon calice : alors pour parvenir dans l'intérieur du gland, il étoit de toute néceffité de percer le
calice.

Dans le commencement d'Octobre j'ai renfermé dans
de grands poudriers, des glands dont chacun avoit une
chenille, ou un ver. Les vers & les chenilles en font fortis
quelques jours après. Les vers fe font tous enfoncés dans
la terre que j'avois eu foin de mettre dans le poudrier.
Quelques chenilles font auffi entrées en terre, mais moins
avant. Elles fe font chacune filé une coque * ; les unes
l'ont attachée contre la furface du poudrier, foit un peu
au-deffus, foit un peu au-deffous de la furface de la terre ; les autres ont attaché les leurs contre des glands qui
étoient fur la terre ; d'autres les ont filées fur la terre même.
Quelques-unes des coques qui étoient appliquées contre
les parois du poudrier, étoient de pure foye ; prefque toutes les autres étoient recouvertes de petits grains de terre
engagés dans la foye *. La foye de toutes ces coques étoit
brune.

Les papillons * ne font fortis des coques dans lefquelles
les chenilles s'étoient renfermées, que vers la fin de Juillet.
Ils font de la feconde claffe des phalenes ; ils portent leurs
aîles horifontalement ; le deffus des fupérieures n'a pas de
couleurs remarquables, celle qui domine eft un grifâtre formé par différentes nuances de brun plus ou moins clair.

Les

* Pl. 40. fig.
14.

* Fig. 14. gh.

* Fig. 15.

Les chataignes font un des fruits des plus fujets à être
attaqués par les chenilles. Dans certaines années où les
chataigniers promettent la plus abondante récolte, ils ne
nous tiennent pas ce qu'ils nous avoient promis; leurs
fruits tombent de bonne heure, avant que d'être à maturité, & il n'en refte prefque pas fur les arbres qui achevent d'y meurir. Les chataignes*, qu'on trouve alors tombées, font applaties & ridées, & comme mal nourries. Leur
chûte prématurée, qui arrive dans le mois de Septembre, ne
pourroit guéres être attribuée aux gelées, auffi nos payfans
de certains cantons du bas-Poitou la mettent fur lè compte
des brouillards; ils appellent *brime*, les brouillards qu'on
nomme, en terme de marine, brume, & ils difent que les
chataignes ont été *brimées*, lorfqu'ils voyent tomber en trop
grande quantité, ces fruits, dont la récolte eft pour eux un
objet important. Mais tant de chataignes ne tombent alors
que parce que l'année a été trop féconde en papillons qui
ont fait leurs œufs fur ces mêmes chataignes, dès qu'elles
ont commencé à paroître. J'ai ouvert & fait ouvrir bien des
centaines de ces chataignes, qu'on prétendoit être tombées
parce que les brouillards les avoient gâtées, mais j'ai vû que
c'étoit aux chenilles, & non aux brouillards, qu'il falloit s'en
prendre. Dans l'intérieur de chaque chataigne, ou j'ai
trouvé une chenille, ou j'ai trouvé une grande quantité
d'excremens, & peu de la fubftance du fruit de refte.

    Cette chenille * qui s'éleve dans les chataignes, eft en-
core de la premiére claffe, ou de celles à feize jambes, &
du genre de celles dont les intermédiaires ont des couronnes de crochets complettes. Elle n'a d'ailleurs rien
de remarquable; elle eft rafe comme les autres chenilles
des fruits; fa tête eft brune, & fon corps eft blancheâtre;
elle a feulement fur le corps une affés grande tache brune
de figure irréguliére & peu conftante; cette tache eft dûë

Tome II.   . S ff

* Pl. 40. fig. 16.

* Fig. 17.

probablement à la couleur de quelqu'une des parties intérieures qui paroît au travers du transparent de la peau.

Après avoir crû dans la chataigne, cette chenille la perce, comme font, en pareil cas, la plûpart des autres chenilles des fruits; elle en sort, & va se filer une coque *. Celles que j'ai renfermées dans des poudriers ont attaché leurs coques contre les parois de ces vases. Leur tissu est serré, & la soye est d'un brun couleur de maron, ou de celui de coque de chataignes, mais la soye est recouverte par une enveloppe de grains de terre. La plûpart aussi ont fait leur coque sous terre, mais quelques-unes l'ont faite deux ou trois lignes au-dessus de la surface de la terre. Celles-là même ont employé des grains de terre pour en former la couche extérieure. De chacune de ces coques, il est sorti, vers la fin de May, un petit papillon nocturne * qui a des antennes à filets grainés, d'une médiocre longueur. Il porte ses aîles supérieures en toit arrondi. Elles sont brunes, piquées, vers le milieu du dessus du corps, de quelques points grisâtres. Il y a aussi trois points de cette derniére couleur qui sont comme placés aux trois angles d'un triangle isoscéle. Le corps & les aîles inférieures sont d'un gris cendré. Ce papillon a une trompe qui ne se roule guéres qu'un tour.

Malgré la dureté de leurs enveloppes les parties de divers fruits ne sont pas assés défendues contre les chenilles & les vers de certaines especes. Ces enveloppes sont percées, soit par la mere de l'insecte, soit par l'insecte naissant, dans un temps où elles sont tendres. L'amande d'une noisette donne un logement à un ver qui la mange, long-temps avant que sa coque soit devenuë ligneuse; à la vérité lorsque le ver ou la chenille veut sortir du fruit, il est obligé de percer une coque dure, mais alors il a pris tout son accroissement, ses dents sont devenuës assés fortes pour agir

avec fuccès contre les murs de la prifon. La dureté des coques des noifettes n'eft rien en comparaifon de celle des
noyaux de dattes qui font auffi durs, ou plus durs qu'aucuns noyaux connus; j'ai eu une chenille qui avoit crû dans
un de ces noyaux, & qui ne devoit en être fortie que long-
temps après qu'il eût pris toute fa dureté. Cette chenille
me fut donnée par M. de Maupertuis. Parmi plufieurs dattes, venuës ici du Levant, il en obferva une dans laquelle
une chenille étoit actuellement entre la chair du fruit & le
noyau, & qui y filoit. Elle étoit affés femblable à celles de
nos pommes, de nos chataignes, &c. mais un peu plus
grande. Je mis, à la fin de Juillet, la datte, dans laquelle
elle étoit, dans un poudrier couvert de papier; elle étoit
prête alors à fe métamorphofer en crifalide. Entre le 8. Septembre & la fin d'Octobre, temps où j'étois abfent de
Paris, il fortit un papillon * de la crifalide de cette chenille, * Pl. 38. fig.
que je trouvai mort à mon retour. Il étoit d'une grandeur 16.
au-deffous de la médiocre, quoique plus grand que ceux
des chenilles de nos pommes. Sa couleur, tant fur les aîles,
que fur le corps, étoit uniforme; c'étoit un brun clair,
& bronzé, ou luifant. Il me fut permis alors d'examiner
fon habitation, & je reconnus que c'étoit dans le noyau
de la datte * que l'infecte avoit crû fous la forme de che- * Fig. 15.
nille. Ce noyau étoit percé d'un trou * de diamétre pro- * a.
portionné à celui du corps de la chenille. En faifant entrer une épingle dans ce trou, on pouvoit s'affûrer que
toute la fubftance, tendre renfermée fous une fi dure enveloppe, avoit été confommée par la chenille, & qu'elle
n'y avoit laiffé que fes excrémens. Après être fortie du
noyau, entre ce noyau & la chair du fruit, elle avoit filé
un paquet de fils blancs écartés les uns des autres, au centre
duquel elle s'étoit fait une coque de foye de même couleur, & d'un tiffu médiocrement ferré. Je trouvai dans cette

S ff ij

coque la dépouille de crisalide qui n'avoit rien de particulier.

Au reste, en voilà assés pour faire connoître le génie
des chenilles qui s'élevent dans les fruits; nous ennuyerions
sûrement, si nous nous arrêtions à suivre plus d'especes
de ces insectes, qui n'ont entr'elles que des varietés legéres pour nous, & qui n'ont que des procedés semblables
à ceux que nous avons rapportés.

EXPLICATION DES FIGURES

DU DOUZIE'ME MEMOIRE.

PLANCHE XXXVIII.

LA Figure 1, est celle d'une chenille qui vit dans l'intérieur des branches de pommier, & dans celles de troëne.
t, sa tête. *a,* plaque écailleuse qui recouvre le premier anneau. *e,* autre plaque écailleuse qui recouvre le dernier
anneau, & qui laisse incertain à quel bout est la tête de la
chenille, dans les temps où la chenille ne la montre pas,
comme elle fait dans cette figure.

La Figure 2, représente une partie d'une branche de
pommier, dans laquelle la chenille de la figure 1, a vécu &
s'est métamorphosée. *obf, fb do,* marquent la partie de la
branche, dont une portion a été enlevée pour mettre à
découvert la cavité que la chenille y avoit creusée. *d,* fourreau de la crisalide, qui a été laissé dans le bout de la coque, lorsque le papillon s'en est tiré. *ff, bb,* portion de la
coque faite de sciûre de bois. Une partie de cette sciûre *ff,*
bouchoit un trou qui étoit dans cet endroit de la branche.

La Figure 3, est celle du papillon de la chenille précedente, vû par dessus.

La Figure 4, eſt celle du même papillon, vû par deſſous.

La Figure 5, eſt celle d'un petit tas d'œufs pondus par le papillon des figures précedentes.

La Figure 6, eſt celle d'un des œufs du tas précedent, groſſi à la loupe.

La Figure 7, eſt celle d'une chenille cloporte, qui ſe tient dans les gouſſes du bagnaudier, & qui en mange les graines.

La Figure 8, eſt celle d'un pois qui fut rongé par une chenille à qui les graines du bagnaudier manquoient.

La Figure 9, eſt celle de la criſalide de la chenille de la fig. 7.

La Figure 10, eſt celle du papillon ſorti de la criſalide précedente.

La Figure 11, repréſente une jeune poire de virgouleuſe dans laquelle vit une fauſſe chenille. Les petits grains bruns, amoncelés en *e,* ſont les excrémens que l'inſecte **a** fait ſortir hors de la poire.

La Figure 12, fait voir une autre petite poire de virgouleuſe qui eſt rongée intérieurement par une fauſſe chenille. L'ouverture *o,* par laquelle elle fait ſortir ſes excrémens, eſt miſe ici à découvert.

La Figure 13, eſt celle de la fauſſe chenille d'une des poires repréſentées cy-deſſus.

La Figure 14, eſt celle de la petite mouche dans laquelle ſe transforme la fauſſe chenille de la figure 13.

La Figure 15, eſt celle d'un noyau de datte percé en *o.*

La Figure 16, eſt celle du papillon dont la chenille eſt ſortie par l'ouverture *o,* du noyau de datte de la figure précedente, après avoir vécu & crû dans ce noyau.

La Figure 17, eſt celle d'un bigarreau.

La Figure 18, eſt celle du même bigarreau ouvert, qui a un ver en *u.*

S ſſ iij

La Figure 19, eſt celle du ver du bigarreau, un peu groſſi.

La Figure 20, & la Figure 21, ſont celles de la coque du ver du bigarreau; cette coque eſt faite de la propre peau du ver. La figure 20, la repréſente de grandeur naturelle, & la figure 21, la repréſente groſſie au microſcope. La couleur de cette coque eſt un blanc-jaunâtre, au lieu que celle des coques des autres vers eſt pour l'ordinaire une couleur de maron, ou même plus foncée. Les vers des bigarreaux entrent en terre pour ſe mettre en coque.

La Figure 22, eſt celle de la mouche du ver du bigarreau, de grandeur naturelle; & la figure 23, eſt celle de la même mouche groſſie au microſcope. Cette mouche n'a que deux aîles marquées tranſverſalement de taches brunes. Redi a donné la vraye image de la diſpoſition, de la figure, & même de la couleur de ces taches, en les comparant à celles des plumes des aîles des éperviers. Le gris brun eſt la couleur dominante du corps de la mouche & de ſon corcelet; ſur le bout ſupérieur de ce dernier, il y a une tache d'un beau jaune; l'entre-deux des yeux eſt preſque de ce même jaune. Les yeux ſont verds, & les jambes ſont d'un jaune pâle. Ce n'eſt que vers la fin du printemps que cette mouche ſe tire de ſa coque. Elle ſaute; elle a encore quelques autres particularités qui nous obligeront d'en parler dans d'autres temps.

PLANCHE XXXIX.

La Figure 1, repréſente une laituë qui a été arrachée de terre. La tige de cette laituë a un trou en *o*, qui eſt l'ouvrage d'une chenille qui ronge l'intérieur de cette même tige.

La Figure 2, eſt celle d'une chenille qui vit dans l'intérieur des tiges des laituës.

La Figure 3, fait voir, en grand, la portion supérieure d'un anneau de la chenille précedente. *t, t,* deux grands tubercules de l'anneau. *u, u,* deux tubercules plus petits que les précedens. *p,* poil qui part de chaque tubercule.

La Figure 4, est celle du papillon d'une chenille qui vit dans les racines de la scrophulaire, & qui est semblable à la chenille des racines de laituës de la fig. 2.

La Figure 5, est celle d'une chenille trouvée dans l'intérieur d'une tige d'*enula campana*.

La Figure 6, est une moitié de la tige d'*enula campana,* dans laquelle vivoit la chenille de la fig. précedente. *a b, a b,* marquent la partie ligneuse de cette tige. *c d,* une cavité creusée dans la moëlle.

La Figure 7, est celle d'une chenille qui se tient dans les têtes & dans les tiges du chardon à bonnetier.

La Figure 8, est celle d'une moitié de tête d'un chardon à bonnetier. La cavité qui est au milieu est le principal logement de la chenille; elle l'allonge cependant en creusant la tige *t.*

La Figure 9, est celle d'une chenille qui se tient principalement dans les grains d'orge.

La Figure 10, est celle de la même chenille, grossie à la loupe.

La Figure 11, est celle d'un grain d'orge, vû du côté arrondi. *o,* y marque une ouverture par laquelle est sorti un petit papillon, dont la chenille a crû dans l'intérieur du grain.

La Figure 12, fait voir le grain d'orge du côté où il a une cannelure.

La Figure 13, est celle d'un grain d'orge grossi à la loupe. Une partie de son écorce a été emportée en *p r,* pour mettre à découvert une portion de la cavité qui a été creufée par une petite chenille. Cette portion de cavité qui paroît ici, eft remplie des excrémens de la chenille.

Les Figures 14 & 15, repréfentent les deux parties d'un grain d'orge coupé tranfverfalement, & dans lequel une chenille avoit filé fa coque pour fe métamorphofer en crifalide. *c d,* cloifon faite d'un tiffu de foye, qui partage en deux, depuis un bout du grain jufqu'à l'autre, la cavité qui a été creufée dans fon intérieur. *n,* la portion de la cavité, le logement qui eft occupé par la chenille ou par la crifalide. *e,* la portion de la cavité dans laquelle les ex-crémens font renfermés. Ils ne rempliffent pas cette cavité en entier, auffi n'en voit-on en *e,* que dans la fig. 15.

La Figure 16, eft celle d'un grain de froment, où une de nos chenilles s'eft logée.

La Figure 17, repréfente un grain de froment coupé tranfverfalement, pour montrer la languette *c,* qui part de la cannelure, & qui pénétre affés avant dans l'intérieur du grain. Cette languette fert d'appui à une cloifon plus complette, que la chenille conftruit.

La Figure 18, eft celle du papillon de la chenille de l'orge.

La Figure 19, repréfente, en grand, la partie antérieure de ce papillon. *a, a,* les antennes. *c, c,* deux efpeces de cornes formées par les cloifons barbuës, par les cloifons de la trompe.

La Figure 20, eft celle d'une des aîles fupérieures du papillon, groffie à la loupe.

La Figure 21, eft celle d'une des aîles inférieures du même papillon, vûë à la loupe.

PLANCHE XL.

La Figure 1, fait voir la moitié d'une pomme dans laquelle vit une chenille. *c,* cette chenille. *e e e,* partie des

excrémens

excrémens qui ont été laiffés, & liés enfemble par la chenille dans les endroits qu'elle a rongés. *o,* ouverture à l'extérieur de la pomme, par laquelle la chenille en fort, & par
laquelle elle fait fortir, quelque temps auparavant, fes
excrémens.

La Figure 2, eft celle de la chenille qui eft dans la pomme fig. 1.

La Figure 3, repréfente, en grand, la tête de cette chenille, vûë par deffus. *dd,* fes dents.

La Figure 4, repréfente la même tête, en grand, vûë
par deffous. *dd,* les dents. *f,* la filiére.

La Figure 5, eft celle de la filiére, vûë féparément. *f,*
efpece de bec par lequel la foye en fort.

La Figure 6, eft celle d'une dent vûë par deffous.

La Figure 7, repréfente, en grand, une des jambes
membraneufes de cette chenille. *i,* la partie qui eft adhé-
rente au corps. *p,* le pied, le bout qui eft entouré d'une
couronne complette de crochets.

La Figure 8, eft celle de la coque de foye que s'eft
filée la chenille de la fig. 2, pour fe transformer en crifalide.

Les Figures 9 & 10 font celles du papillon dans lequel fe métamorphofe la chenille de la fig. 2. Il eft beaucoup plus grand que nature dans la fig. 10, & feulement
un peu plus grand que nature dans la fig. 9.

La Figure 11, eft celle d'une gouffe d'haricots entr'ouverte, & dans laquelle une chenille *c,* a introduit fa partie
antérieure *t,* pour manger une des féves de cette gouffe.

La Figure 12, eft celle d'une féve dont le bout a été
rongé & creufé par la chenille de la figure précedente.

La Figure 13, eft celle d'un gland dont une chenille,
ou un ver eft forti par l'ouverture circulaire marquée *o.*

La Figure 14, repréfente une coque *g h,* fabriquée par

Tome II.   . T t t

une chenille des glands. *h d,* eſt la dépouille de criſalide que le papillon a laiſſée au bout de la coque qu'il a percée, pour paroître au jour.

La Figure 15, eſt celle d'un papillon d'une chenille des glands.

La Figure 16, fait voir une chataigne ridée, & telle que ſont ſouvent celles dans l'intéricur deſquelles il y a une chenille. *o,* ouverture par laquelle la chenille eſt ſortie de la chataigne.

La Figure 17, eſt celle de la chenille des chataignes.

La Figure 18, eſt celle d'une coque que s'étoit filée la chenille de la fig. 17. Cette coque eſt vûë par le côté qui étoit attaché contre le poudrier.

La Figure 19, eſt celle du papillon de la chenille des chataignes.

Fin du Tome ſecond.

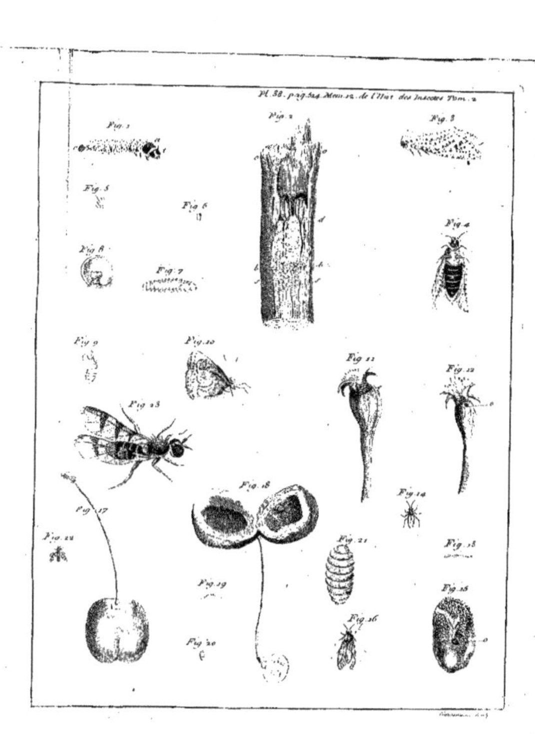

Pl. 38. pag. 544. Mem. ca. de l'Hist. des Insectes Tom. 2.
Fig. 1
Fig. 2
Fig. 3
Fig. 4
Fig. 5
Fig. 6
Fig. 7
Fig. 8
Fig. 9
Fig. 10
Fig. 11
Fig. 12
Fig. 13
Fig. 14
Fig. 15
Fig. 16
Fig. 17
Fig. 18
Fig. 19
Fig. 20
Fig. 21
Fig. 22

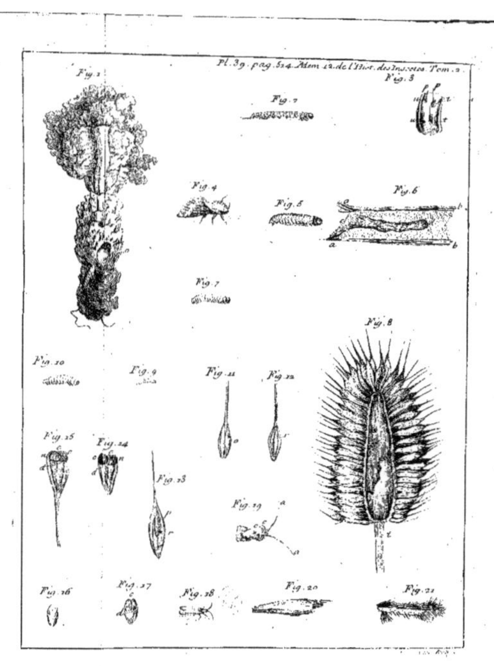

Pl. 39. pag. 514. Mem. 12. de l'Hist. des Insectes. Tom. 2.
Fig. 1
Fig. 2
Fig. 3
Fig. 4
Fig. 5
Fig. 6
Fig. 7
Fig. 8
Fig. 9
Fig. 10
Fig. 11
Fig. 12
Fig. 13
Fig. 14
Fig. 15
Fig. 16
Fig. 17
Fig. 18
Fig. 19
Fig. 20
Fig. 21

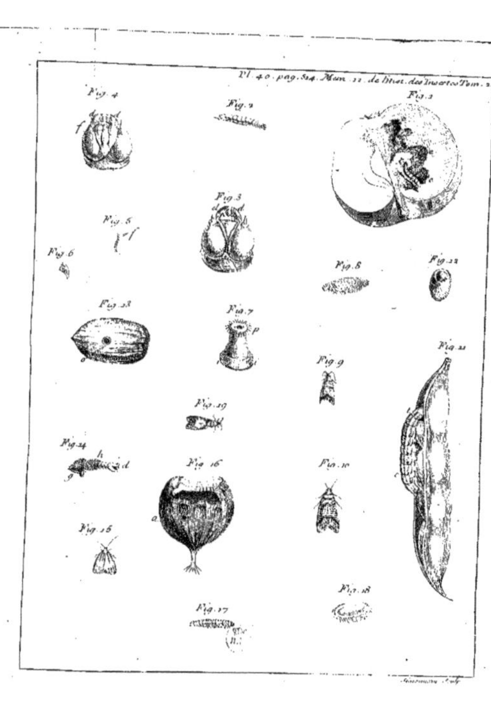

Pl. 40. pag. 514. Mem. 11. de l'hist. des Insectes Tom. 2.
Fig. 1
Fig. 2
Fig. 3
Fig. 4
Fig. 5
Fig. 6
Fig. 7
Fig. 8
Fig. 9
Fig. 10
Fig. 11
Fig. 12
Fig. 13
Fig. 14
Fig. 15
Fig. 16
Fig. 17
Fig. 18
Fig. 19

AVERTISSEMENT.

J'Espere que le troisiéme Tome de ces Mémoires tardera
encore moins à paroître, que n'a fait celui-ci. Les matiéres qui y doivent entrer, sont plus variées que celles des
deux Volumes qui le précedent. Il s'y agira de plus de différens genres d'insectes, à la vérité très-petits pour la plûpart,
mais qui n'en sont pas moins propres à s'attirer notre admiration. Nous y en ferons connoître de plusieurs genres & especes,
à qui l'épaisseur d'une feuille donne un logement suffisamment
spacieux. Nous y donnerons les histoires des insectes qui sçavent
l'art de se vêtir. Nous y verrons que des especes différentes
de ces derniers employent aussi des matiéres très-différentes
pour se faire des especes d'habits, des matiéres semblables à
celles des nôtres, & des matiéres, dont nous ne nous sommes
pas encore avisés de nous servir à cet usage. Les arbres, les
arbrisseaux & les plantes nous montrent souvent des tubérosités, tantôt de figure réguliére, tantôt de figure bizarre,
qu'on a appellé galles; nous décrirons dans ce même Volume
ces sortes de galles, qui ne sont produites que pour fournir des
habitations & de la nourriture à des insectes, jusqu'à ce qu'ils
se soient transformés pour la derniére fois. La classe des pucerons, si nombreuse en especes, que nous voyons à regret dans
nos jardins, est une dépendance de l'histoire des galles; plusieurs especes de pucerons vivent dans ces sortes de tubérosités.
Des insectes, qui méritent d'être connus, naissent ennemis mor-
tels des pucerons, dont ils détruisent un nombre prodigieux;
après avoir parlé des pucerons, nous parlerons des insectes
qui leur font une si cruelle guerre. Nous viendrons ensuite à
des insectes qui, pendant la plus grande partie de leur vie,
ont la figure & l'immobilité des galles; aussi ont-ils été pris
par de très-habiles Naturalistes pour de véritables galles

d'arbres & d'arbriſſeaux. Nous les avons nommés des galles-
inſectes. Le kermes employé utilement pour les teintures rouges, & qui a des uſages dans la médecine, appartient à la
claſſe des galles-inſectes. Nous avons donné le nom de fauſſes
galles-inſectes à d'autres petits animaux, qui nous engageront
à parler d'un inſecte plus précieux pour la teinture que le kermes, de celui qui porte le nom de cochenille. Voilà en gros les
matiéres que nous eſperons faire entrer dans le troiſiéme Volume. Si on eſt curieux de voir un peu plus loin ſur l'ordre
pour lequel nous nous ſommes déterminés, nous dirons que les
hiſtoires générales, & les hiſtoires particuliéres des mouches
à deux aîles, & des mouches à quatre aîles, ſe trouveront placées à la ſuite des matiéres que nous venons d'indiquer. Les
abeilles ſeules ſeroient capables de rendre cette partie de l'hiſtoire des inſectes intereſſante ; mais elle nous fera connoître
beaucoup d'autres mouches qui ne cédent point aux abeilles
en induſtrie.

Monsieur [illegible]

[illegible signature]